Linux 命令应用大全

张洪波　陈洪彬　吴　君　编著

清华大学出版社

北　京

内 容 简 介

本书围绕 Linux 命令行下的命令进行深入而细致的讲解。本书的编写基于 Linux Fedora 8 操作系统 2.6 内核，几乎涵盖了 Linux 命令行下所有的命令，并介绍其对应的功能说明、语法说明、选项介绍、典型示例和相关命令，对每一个命令都做了较为详尽的介绍并结合大量的实例进行具体说明。读者可以通过对本书的学习，深入理解 Linux 命令。

本书所介绍的命令同时也适用于其他 Linux 版本，是 Linux 用户必备的参考用书。

图书在版编目（CIP）数据

Linux 命令应用大全/张洪波，陈洪彬，吴君编著．—北京：清华大学出版社，2009.1

ISBN 978-7-302-19102-5

I．L…　II．①张…　②陈…　③吴…　III．Linux 操作系统　IV．TP316.89

中国版本图书馆 CIP 数据核字（2008）第 196822 号

责任编辑：许存权　郭　伟
封面设计：刘　超
版式设计：侯哲芬
责任校对：姜　彦　焦章英
责任印制：何　芊

出版发行：清华大学出版社　　　　　　　　　地　　址：北京清华大学学研大厦 A 座
　　　　　http://www.tup.com.cn　　　　　　邮　　编：100084
　　　　社　总　机：010-62770175　　　　　　邮　　购：010-62786544
　　　　投稿与读者服务：010-62776969，c-service@tup.tsinghua.edu.cn
　　　　质　量　反　馈：010-62772015，zhiliang@tup.tsinghua.edu.cn
印　装　者：三河市春园印刷有限公司
经　　销：全国新华书店
开　　本：185×260　印　张：37.75　字　数：866 千字
版　　次：2009 年 1 月第 1 版　　　印　　次：2009 年 1 月第 1 次印刷
印　　数：1～4000
定　　价：65.00 元

本书如存在文字不清、漏印、缺页、倒页、脱页等印装质量问题，请与清华大学出版社出版部联系调换。联系电话：(010)62770177 转 3103　　　产品编号：029680-01

前　言

计算机发展到现在，已经出现了很多类型的操作系统，如 Windows、Linux 等。而 Linux 是一个免费、开源的优秀操作系统，其具有很多优点：开放性、稳定性、低成本并且高性能，不但在大型主机里使用，而且在越来越多的场合得到了广泛的应用。虽然目前的 Linux 操作系统已经出现了图形化操作界面，但 Linux 是一个基于命令行的操作系统，命令行的命令是 Linux 操作系统的灵魂和精华所在。只有学会并掌握命令行技术，才能真正精通 Linux，并成为一个真正的 Linux 高手。

当前市场上关于 Linux 命令行类的图书并不多，并且大部分只是对命令行的常用命令作简要介绍，既不全面也不深入，无法满足读者的要求。针对这种现状，本书对 Linux 命令行下的主要命令进行了非常详尽的系统介绍，弥补了该类图书的一个市场空白。

本书的最大特点是全面和详细，几乎涵盖了 Linux 系统命令行下的所有命令，每个命令均有详细的解说，并列举了大量应用实例，力求把每一个命令的使用方法及其功能都介绍清楚，让读者能够更加深入地学习。本书按照"功能说明、语法说明、选项介绍、典型示例、相关命令"的结构讲述每个命令（没有选项的命令将省略选项介绍）。首先对每个命令的基本作用与使用的语法进行全面而又详尽的讲述，然后详细讲解各个命令参数的作用，并针对具体应用列举了大量典型示例，让读者通过示例生动地体会到 Linux 命令行的作用。这样做的好处在于，不仅让读者充分了解各个命令的具体使用方法，而且使读者迅速掌握命令的各种具体应用。因此，这是一本非常有用的工具书。

除此以外，最新和方便也是本书的亮点。

随着不同 Linux 版本的不断推出和 Linux 应用的不断增加，新的 Linux 命令层出不穷，原有的命令也在不断更新，所以市场上缺乏与命令行发展同步的参考用书。本书针对最新版本的 Linux 内核，重新整理和归纳了许多重要的常用命令和新增命令，力图为读者提供最新的命令参考。

鉴于使用方便上考虑，本书对 Linux 命令进行了详细的分类，将功能相通或相近的命令放在一起，使读者可以触类旁通，举一反三，达到全面掌握的目的。对于初、中级用户来说，对许多命令并不熟悉，而且对于命令的参数并不了解，需要查阅相应的资料，此时，就可以像查阅字典一样来查找相应命令的详细使用方法。

本书的编写基于 Linux Fedora 8 操作系统 2.6 内核，几乎涵盖了 Linux 命令行下所有的命令。这些命令同时也适用于其他 Linux 发行版，是 Linux 用户必备的参考用书。

作为一本系统管理与维护、网络配置与管理的工具类用书，本书适合所有系统管理员、网络管理员，以及 Linux 的初中级读者，对于相关工程技术人员也是一本不可多得的参考书。

本书由具备丰富的教学及科研经验的人员负责编写。全书由电子科技大学软件学院邓天权教授担任主编，电子科技大学陈洪彬讲师担任整本书的策划及编审。参与编写的人员有冯平兴、张洪波、胡霞、李晓瑜、朱玺君、赵鹏飞、谢哲、王昕、颜廷强、刘艳艳、宋庆华、陈瑞东、陈洪彬、张梨、秦兵锋、徐园、徐义强、胡暇、李红艳、徐谡、王俊如、武晓琳、吴雷、莫晓翔、储建轩、汤婷、林燕霞、董茜等。图书编写过程中也得到了登巅资讯团队的成员的大力支持，同时在编写过程中参考了其他相关文献，在此向这些文献的作者深表感谢。鉴于时间仓促及水平有限，本书中难免会出现一些不足及错漏，希望广大读者能够给予批评和指正，我们将努力改正，做到精益求精。联系 Email：xswordzhang@yahoo.com.cn。

编　者
于成都电子科技大学

目　录

第1章 系统管理命令

1. adduser 命令: 增加一个系统用户

（1）语法

adduser [options] LOGIN

adduser -D

adduser -D [options]

（2）选项及作用

选　　项	作　　用
-b<用户目录>	在指定目录下建立所有的用户登录目录
-c<备注>	添加备注文字，可以是任意文本字符串
-d<登录目录>	指定用户登录的开始目录
-e<有效期限>	设定账号的有效期限
-f<缓冲天数>	设定密码在过期后账号自动关闭的天数
-g<组>	指定用户所属的组
-G<组>	指定用户所属的附加组
-h	显示帮助信息
-l	不将用户加入到最后登录的log文件中，该选项由Red Hat添加
-m	如果用户的home目录不存在，则自动建立该目录
-M	不自动建立用户home目录
-n	不建立以用户名为名的组，默认将建立一个与用户名同名的组
-o	允许建立同名账户
-p <password>	输入账户密码，默认情况下（或不指定密码时）无密码
-r	建立系统账号
-s<shell>	指定用户登录时使用的shell，缺省时选择系统默认的登录shell
-u<uid>	指定用户ID，以数字表示

（3）典型示例

示例1：增加一个普通用户。在命令行提示符下输入：

adduser jerry ↙

如图 1-1 所示，增加了一个普通用户 jerry。

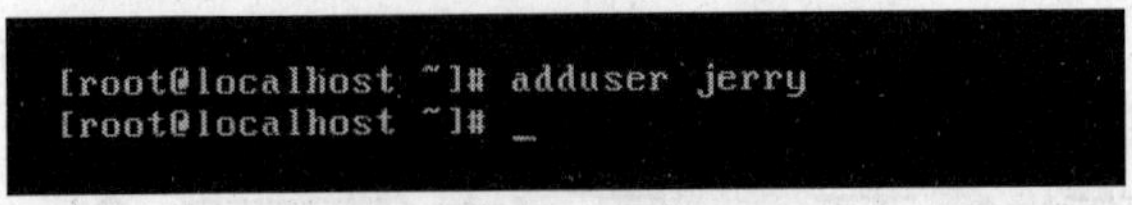

图 1-1　增加一个普通用户

示例 2：增加一个系统用户。在命令行提示符下输入：

adduser -r jerry ✓

如图 1-2 所示，增加了一个系统用户 jerry。

图 1-2　增加一个系统用户

示例 3：增加一个普通用户，并指定该用户所属的组。在命令行提示符下输入：

adduser -g root jerry ✓

如图 1-3 所示。

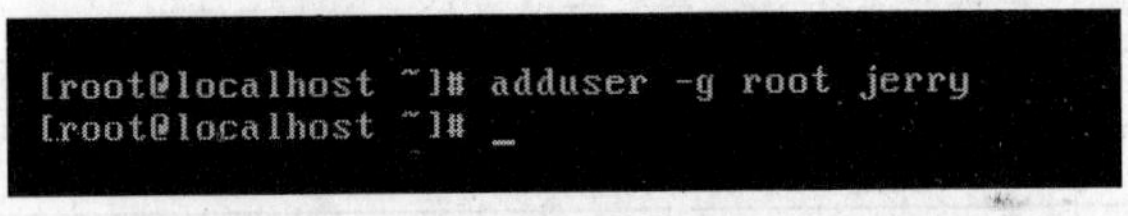

图 1-3　指定新增用户所属的组

（4）相关命令

useradd、passwd、groupadd、groupdel、groupmod、userdel、usermod。

2. apmd 命令：高级电源管理

（1）语法

apmd [-quvVw] [-p<百分比变化量>] [-w<百分比值>]

（2）选项及作用

选　项	作　用
-q	取消选项-w的功能
-u	将BIOS的时间设置为格林威治标准时间
-v	记录所有的AMP事件
-V	显示版本信息
-w	向所有登录者发出警告信息
-p <百分比变化量>	当电源的变化幅度超过指定的百分比时将会记录事件
-w <百分比值>	当电池不在充电状态时，且充电量低于指定的值，则会记录该事件

（3）相关命令

apm、apmsleep。

3. apmsleep 命令：产生配置脚本

（1）语法

apmsleep [-dnpsSw] [--help] [--version]

（2）选项及作用

选　　项	作　　用
-d	显示正在进行的任务信息
-n	设置时钟警告
-p	设置等待的时间警告和实际时间相同
-s	进入备用模式
-S	进入备用模式，并关闭显示器、磁盘和CPU
-w	等待时间跳
--help	显示帮助信息
--version	显示版本信息

（3）相关命令

apm、apmd。

4. apropos 命令：查找用户手册的名字和相关描述

（1）语法

apropos keyword …

（2）典型示例

查找与关键字相关的命令信息及其描述。例如，查询命令 apropos 的相关命令及其描述。在命令行提示符下输入：

```
apropos keyword |more ✓
```

如图 1-4 所示。

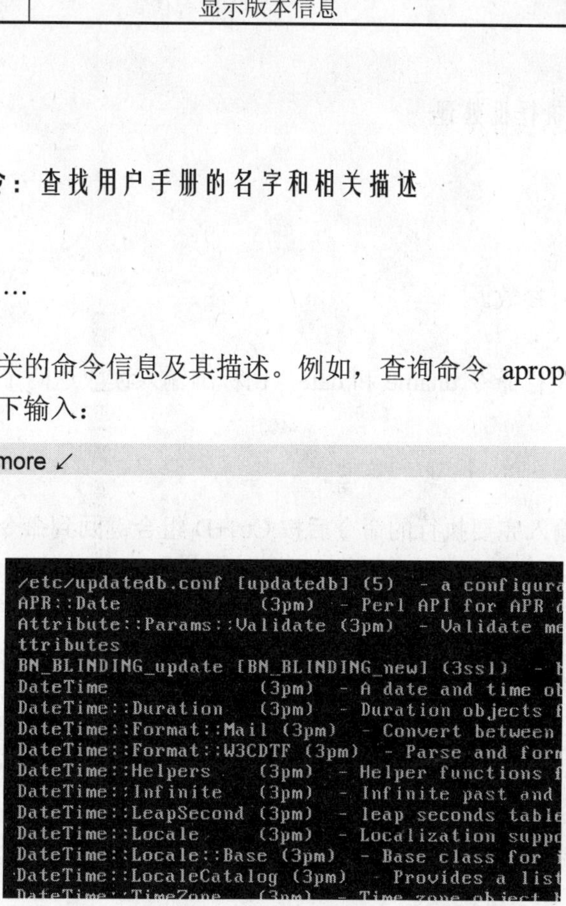

图 1-4　查询关键词

（3）相关命令

whatis、man。

5. arch 命令：输出主机的体系结构

（1）语法

arch

（2）典型示例

显示计算机体系结构。在命令行提示符下输入：

arch ✓

如图 1-5 所示。

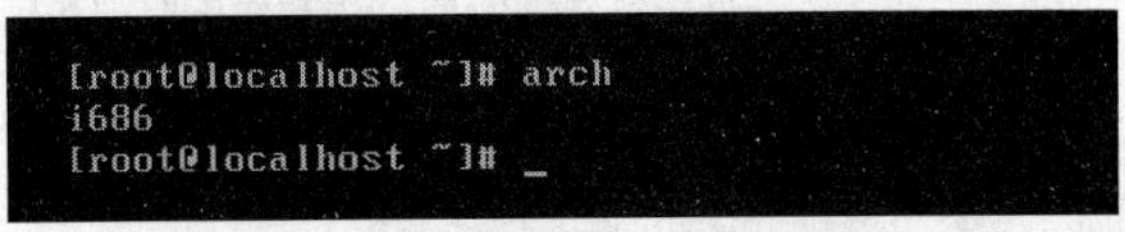

```
[root@localhost ~]# arch
i686
[root@localhost ~]# _
```

图 1-5　显示计算机体系结构

（3）相关命令

uname。

6. batch 命令：执行批处理

（1）语法

batch

（2）选项及作用

该命令不接受任何参数。

（3）典型示例

利用批处理命令执行命令 uname 和 date，由标准输入读取这两个命令。在命令行提示符下输入：

batch ✓

如图 1-6 所示，输入完要执行的命令后按 Ctrl+D 组合键回到命令行提示符下。

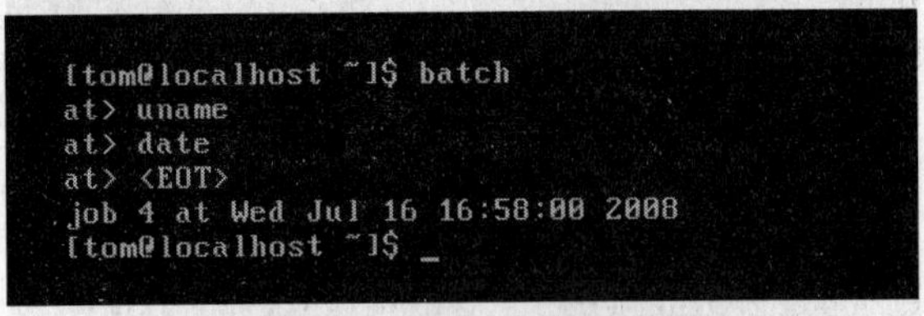

```
[tom@localhost ~]$ batch
at> uname
at> date
at> <EOT>
job 4 at Wed Jul 16 16:58:00 2008
[tom@localhost ~]$ _
```

图 1-6　利用批处理执行命令

（4）相关命令

cron、nice、sh、umask、atd。

7. bg 命令：将程序放在后台执行

（1）语法

bg [job_spec …]

（2）典型示例

将指定程序放在后台执行。例如，将命令 top 放到后台运行，先运行 top 命令，然后按 Ctrl+Z 组合键暂停程序，可以看到其工作编号为 2，在命令行提示符下输入：

bg 2 ↙

如图 1-7 所示。

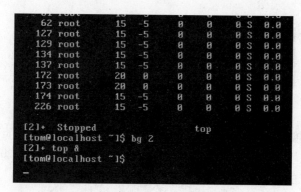

图 1-7　将指定程序放在后台执行

bg 命令将指定正在运行的任务放到后台运行，与"&"的效果相同。该命令在没有添加指定的工作编号时，会将当前的工作移到后台处理。工作编号的查询可以通过 jobs 实现。

（3）相关命令

&。

8. cd 命令：切换目录

（1）语法

cd [-L | -P] [dir]

（2）选项及作用

选　项	作　用
-L	强制跟踪符号链接
-P	使用真实的目录结构而非符号链接

（3）典型示例

示例 1：切换目录到指定位置。例如，切换工作目录到/etc。在命令行提示符下输入：

cd /etc/ ↙

如图 1-8 所示。

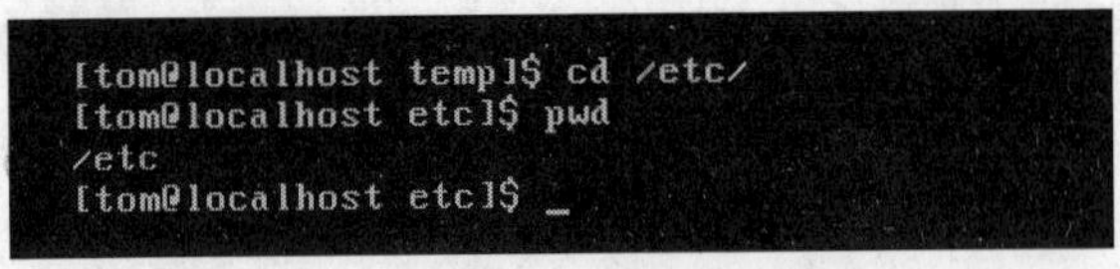

图 1-8　切换目录到指定位置

示例 2：切换工作目录到用户主目录。不带选项的 **cd** 命令将默认切换工作目录到当前用户的主目录。在命令行提示符下输入：

cd ✓

如图 1-9 所示。

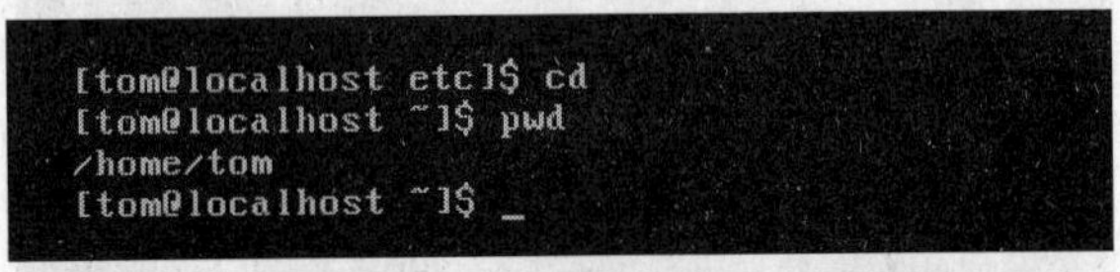

图 1-9　切换工作目录到用户主目录

示例 3：快速切换到指定用户主目录。如果当前用户对指定用户的目录拥有操作权限，则可以快速切换到该用户的主目录。例如，root 用户当前的工作目录为/root，通过 **cd** 命令快速切换到用户 tom 的主目录下。在命令行提示符下输入：

cd ~tom ✓

如图 1-10 所示。

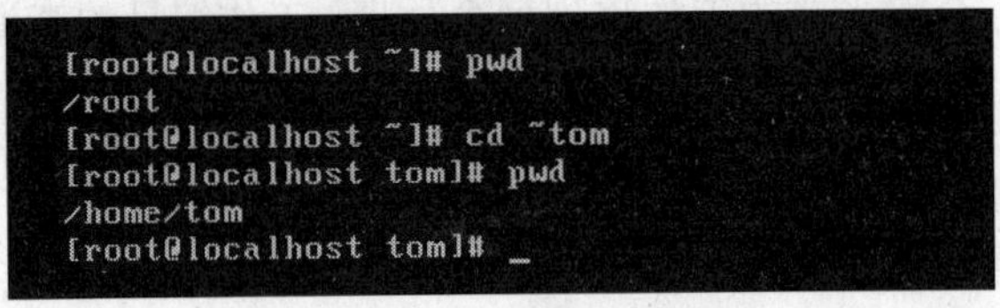

图 1-10　快速切换到指定用户主目录

（4）相关命令

pwd。

9．chfn 命令：设置 finger 信息

（1）语法

chfn [-f full-name] [-o office] [-p office-phone] [-h home-phone] [-u] [-v] [username]

（2）选项及作用

选　　项	作　　用
-u，--help	显示帮助信息
-v，--version	显示版本信息

续表

选　　项	作　　用
-f，--full-name	设定真实的姓名
-h，--home-phone	设定家庭联系电话
-o，--office	设定办公联系地址
-p，--office-phone	设定办公联系电话

（3）典型示例

示例 1：指定用户的真实姓名。例如，设定用户 tom 的真实姓名为 Thomas。在命令行提示符下输入：

chfn -f Thomas tom ✓

如图 1-11 所示。

```
[tom@localhost ~]$ chfn -f Thomas tom
Changing finger information for tom.
Password:
Finger information changed.
[tom@localhost ~]$ finger tom
Login: tom                            Name: Th
Directory: /home/tom                  Shell: /
On since Sun Jul 13 11:39 (CST) on tty2
On since Sun Jul 13 11:27 (CST) on tty7 from :0
    40 minutes 56 seconds idle
On since Sun Jul 13 11:28 (CST) on pts/0 from :0
    51 minutes 31 seconds idle
No mail.
No Plan.
[tom@localhost ~]$ _
```

图 1-11　设定用户真实姓名

示例 2：设定家庭电话。例如，设定用户 tom 的家庭联系电话为 12345678。在命令行提示符下输入：

chfn -h 12345678 tom ✓

如图 1-12 所示。

```
[tom@localhost ~]$ chfn -h 12345678 tom
Changing finger information for tom.
Password:
Finger information changed.
[tom@localhost ~]$ _
```

图 1-12　设定家庭电话

示例 3：设定办公联系地址。设定用户 tom 的办公所在地为"SiChuan China"。在命令行提示符下输入：

chfn -o "SiChuan China" tom ✓

如图 1-13 所示。

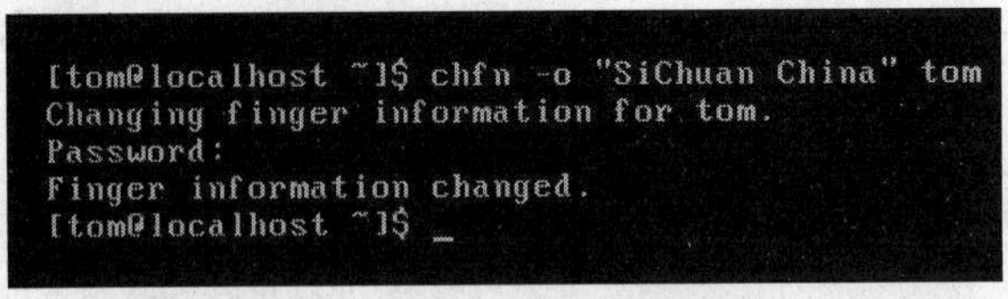

图 1-13　设定办公联系地址

示例 4：设定办公联系电话。例如，设置用户 tom 的办公联系电话为 87654321。在命令行提示符下输入：

chfn -p 87654321 tom ✓

如图 1-14 所示。

图 1-14　设定办公联系电话

（4）相关命令

finger、passwd。

10. chsh 命令：改变登录系统时的 shell

（1）语法

chsh [-s shell] [-l] [-u] [-v] [username]

（2）选项及作用

选　　项	作　　用
-l，--list-shells	显示当前系统可用的shell列表，这些shell被列在文件/etc/shells中
-s，--shell	指定登录使用的shell
-u，--help	显示语法帮助信息
-v，--version	显示版本帮助信息

（3）典型示例

示例 1：显示当前系统可用的 shell。在命令行提示符下输入：

chsh -l ✓

如图 1-15 所示。

示例 2：指定登录使用的 shell。例如，指定用户 jerry 登录时使用的 shell 为 sh。在命令行提示符下输入：

shell -s /bin/sh jerry ✓

如图 1-16 所示，指定 shell 名时应给出 shell 的完整路径名。

```
[root@localhost ~]# chsh -l
/bin/sh
/bin/bash
/sbin/nologin
/bin/zsh
[root@localhost ~]# _
```

图 1-15　显示当前系统可用的 shell

```
[root@localhost ~]# chsh -s /bin/sh jerry
Changing shell for jerry.
Shell changed.
[root@localhost ~]# _
```

图 1-16　指定登录使用的 shell

示例 3：以互动方式指定用户的登录 shell。例如，更换用户 jerry 的登录 shell，但不在命令行中指定 shell 名。在命令行提示符下输入：

chsh jerry ↙

如图 1-17 所示。

```
[root@localhost ~]# chsh jerry
Changing shell for jerry.
New shell [/bin/sh]: /bin/bash
Shell changed.
[root@localhost ~]# _
```

图 1-17　以互动方式指定用户的登录 shell

（4）相关命令

login、passwd、shells。

11．clear 命令：清除终端屏幕

（1）语法

clear

（2）典型示例

清除终端屏幕。在命令行提示符下输入：

clear ↙

如图 1-18 所示，运行该命令后将显示一个干净的终端屏幕。

该命令可在纯文本或图形界面中的文字窗口中执行，其作用类似于 MS-DOS 中的 cls 命令。

（3）相关命令

tput。

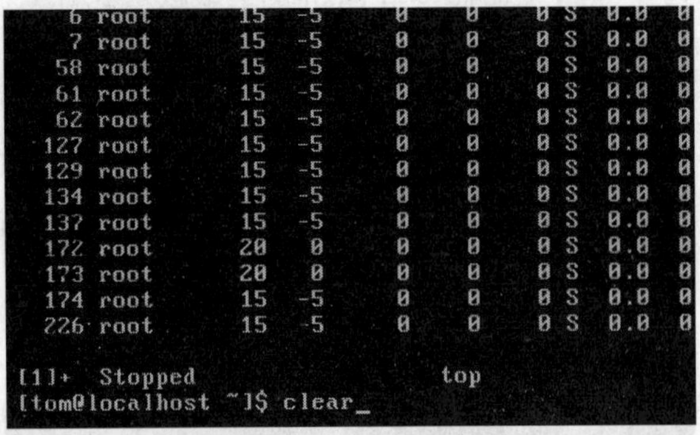

图 1-18　清除终端屏幕

12. date 命令：显示或设置系统时间

（1）语法

date [OPTION]… [+FORMAT]

date [-u | --utc | --universal] [MMDDhhmm[[CC]YY][.ss]]

（2）选项及作用

选　　项	作　　用
%a	星期的简要名称，例如：Sun
%A	星期的完整名称，例如：Sunday
%b	月份的简要名称，例如：Jan
%B	月份的完整名称，例如：January
%c	显示系统的日期和时间，例如：Thu Mar 3 23:05:25 2005
%C	世纪；类似于%Y，但是省略了最后两个数字，例如：21
%d	日期，例如：01表示每月的1号
%D	显示日期（年、月、日），与选项%Y-%m-%d有相同效果
%e	显示该月中的第几天，空格填补，与选项%_d有相同效果
%H	显示小时（24小时制，00~23）
%I	显示小时（12小时制，01~12）
%j	显示该年中的第几天，001~366
%k	显示小时（24小时制，0~23）
%l	显示小时（12小时制，0~12）
%m	显示月份，01~12
%M	显示分钟，00~59
%n	显示时，插入新的一行
%N	纳秒，000000000~999999999
%p	以AM或PM显示上下午时间
%P	以am或pm显示上下午时间
%r	显示时间（含时分秒、上下午，12小时制），例如：11:11:04 PM

续表

选　项	作　用
%s	显示总的秒数（起始时间为1970-01-01 00:00:00 UTC）
%S	显示秒数，00~60
%t	显示时插入Tab
%T	显示时间（含时分秒，24小时制），同选项%H:%M:%S有相同效果
%u	一周的第几天（1~7），例如：1表示星期一
%U	显示该年中的第几周（00~53），以星期日作为一周的第一天
%w	显示该周中的第几天（0~6），0表示星期日
%W	类似于%U，但是以星期一作为一周的第一天
%x	本地日期的惯用表示，例如：07/13/2008
%X	本地时间的惯用表示，例如：01:08:35 PM
%y	显示年份，只显示最后两位数（00~99）
%Y	显示年份（4位数）
%z	+hhmm数字时区，例如：+0400
%:z	+hh:mm数字时区，例如：+04:00
%::z	+hh:mm:ss数字时区，例如：+04:00:00
%:::z	更为精确地表示数字时区
%Z	显示时区缩写，例如：EDT
%%	输出%
CC	显示年份的前两位数
DD	显示日期

（3）典型示例

示例 1：显示当前系统的日期和时间。在命令行提示符下输入：

date ↙

如图 1-19 所示。

图 1-19　显示当前日期和时间

示例 2：显示当前日期，并且以 MM/DD/YY 的形式显示。在命令行提示符下输入：

date +%D ↙

如图 1-20 所示。

图 1-20　以完整形式显示日期

示例 3：以自定义格式显示日期和时间。例如，通过 date 命令显示形如 "Nice weekend 21:16:05 Sunday 07/13/08" 的格式。在命令行提示符下输入：

date '+Nice weekend %k:%M:%S %A %D' ✓

如图 1-21 所示。

```
[tom@localhost ~]$ date '+Nice weekend %k:%M:%S
Nice weekend 21:16:05 Sunday 07/13/08
[tom@localhost ~]$ _
```

图 1-21　以自定义格式显示日期和时间

示例 4：显示当前时间。在命令行提示符下输入：

date +%r ✓

如图 1-22 所示。

```
[tom@localhost ~]$ date +%r
08:44:44 PM
[tom@localhost ~]$ _
```

图 1-22　显示时间

如果要以 24 小时制显示时间，可以在命令行提示符下输入：

date +%T ✓

如图 1-23 所示。

```
[tom@localhost ~]$ date +%T
20:46:35
[tom@localhost ~]$ _
```

图 1-23　以 24 小时制显示时间

示例 5：显示本周属于一年中的第几周。如果以星期日作为一周的第一天进行计算，在命令行提示符下输入：

date +%U ✓

如图 1-24 所示。

```
[tom@localhost ~]$ date +%U
28
[tom@localhost ~]$ _
```

图 1-24　显示本周为第几周（1）

如果以星期一作为一周的开始计算本周属于一年的第几周，在命令行提示符下输入：

```
date +%W ↙
```

如图 1-25 所示。

```
[tom@localhost ~]$ date +%W
27
[tom@localhost ~]$ _
```

图 1-25　显示本周为第几周（2）

（4）相关命令

cal。

13. echo 命令：显示文本行

（1）语法

echo [OPTION]... [STRING]...

（2）选项及作用

选　　项	作　　用
-e	解释转义字符；如果在字符串中出现以下字节，则会加以特别处理，而不会作一般的输出 \a：发出警告声 \b：删除前一个字符 \c：最后不添加换行符号 \f：换行，但是光标仍然停留在原来位置 \n：换行，并且光标移到首行 \r：光标移到首行，但不换行 \t：插入空格键“Tab” \v：和“\f”效果相同 \\：插入\字节 -nnn：插入八进制ASCII码所标示的字符
-E	不解释转义字符
-n	不在最后自动换行
--help	显示帮助信息
--version	显示版本信息

（3）典型示例

示例 1：显示输入的字符串。例如，在命令行显示 "The Love Song of J. Alfred Prufrock"。在命令行提示符下输入：

```
echo The Love Song of J. Alfred Prufrock ↙
```

如图 1-26 所示，默认在输出完文本后换行。

加入选项-n 可以取消输出完文本后的自动换行功能。

图 1-26　显示输入的字符串

示例 2：显示当前用户环境变量内容。在命令行提示符下输入：

echo $PATH ✓

如图 1-27 所示。

图 1-27　显示当前用户环境变量内容

示例 3：解释转义字符。例如，输出同示例 1 中相同的内容，并使用转义字符实现输出完文本后不换行的功能，而不使用选项-n。在命令行提示符下输入：

echo -e　"The Love Song of J. Alfred Prufrock\c" ✓

如图 1-28 所示，加入转义字符后，输出的文本内容须使用引号。

图 1-28　解释转义字符

14. exec 命令：执行命令后交出控制权

（1）语法

exec [-cl] [-a name] file [redirection …]

（2）典型示例

示例 1：执行完指定命令后退出当前 shell，返回到登录界面。在命令行提示符下输入：

exec ls ✓

如图 1-29 所示。

图 1-29　执行完指定命令后退出当前 shell

示例 2：切换 shell。例如，切换当前 shell 为 zsh。在命令行提示符下输入：

exec zsh ✓

如图 1-30 所示。

图 1-30 切换 shell

（3）相关命令

bash、sh。

15. exit 命令：退出 shell

（1）语法

exit [n]

（2）典型示例

退出当前 shell。在命令行提示符下输入：

exit ✓

如图 1-31 所示，运行该命令将退出该用户，回到登录界面。

图 1-31 退出当前 shell

（3）相关命令

bash、sh。

16. fc 命令：修改或执行命令

（1）语法

fc [-e ename][-nlr] [first] [last]

fc -s [pat=rep] [cmd]

（2）选项及作用

选　　项	作　　用
-e<文本编辑程序>	指定使用的文本编辑程序，默认编辑器顺序是FCEDIT、EDITOR、vi
-l	仅列出首个和末尾命令范围内的所有命令，而不是编辑
-n	显示命令列表时不显示编号
-r	显示命令列表时采用逆向排序
-s<命令日志内的命令>	在命令日志内由后往前查找符合条件的最后一个命令并执行

（3）典型示例

示例 1：编辑最后执行过的命令。在命令行提示符下输入：

fc ↙

如图 1-32 所示。

图 1-32　编辑最后执行过的命令

示例 2：列出之前运行过的 10 个命令，而不是对它们进行编辑。在命令行提示符下输入：

fc -l -10 ↙

如图 1-33 所示。

```
[tom@localhost ~]$ fc -l -10
510     clear
511     top
512     bg 2
513     clear
514     clear
515     bg
516     bg
517     clear
518     fc -l 10
519     clear
[tom@localhost ~]$ _
```

图 1-33　列出之前运行过的 10 个命令

示例 3：列出指定编号范围内的命令。例如，列出编号 510~515 范围内的所有命令。在命令行提示符下输入：

fc -l 510 515 ↙

如图 1-34 所示。

```
[tom@localhost ~]$ fc -l 510 515
510     clear
511     top
512     bg 2
513     clear
514     clear
515     bg
[tom@localhost ~]$ _
```

图 1-34　列出指定编号范围内的命令

示例 4：在命令日志内由后往前查找符合条件的最后一个命令并执行。例如，示例 3 中执行了 fc 命令，通过 fc 命令的-s 选项运行 fc 命令，则运行的结果与示例 3 一样，而不会出现示例 1 和示例 2 的结果。在命令行提示符下输入：

fc -s fc ↙

如图 1-35 所示。

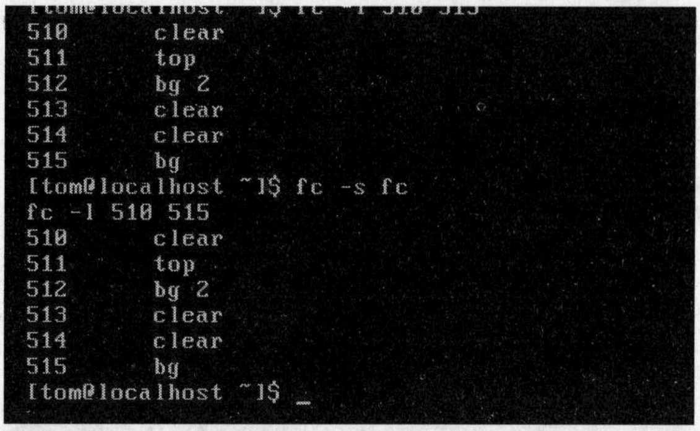

图 1-35 执行命令日志中符合条件的最后一个命令

（4）相关命令

bash、sh。

17. fg 命令：将后台任务拉到前台执行

（1）语法

fg [job_spec]

（2）典型示例

将后台运行的程序调回前台。例如，将后台运行的 top 命令，其工作编号为 2，调回到前台运行。在命令行提示符下输入：

fg 2 ∠

如图 1-36 所示。

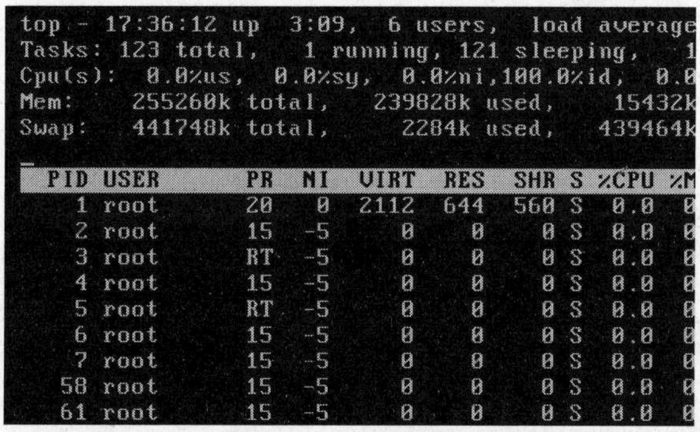

图 1-36 将后台运行的程序调回前台

（3）相关命令

bash、sh。

18. fgconsole 命令：打印虚拟终端的数目

（1）语法

fgconsole

（2）典型示例

打印虚拟终端号。在命令行提示符下输入：

fgconsole ↙

如图 1-37 所示。

```
[tom@localhost ~]$ fgconsole
2
[tom@localhost ~]$ _
```

图 1-37　打印虚拟终端号

如果激活的虚拟终端是/dev/ttyN，则打印 N 到标准输出。

（3）相关命令

chvt。

19. finger 命令：查找并显示用户的信息

（1）语法

finger [-lmps] [user …] [user@host …]

（2）选项及作用

选　项	作　　　用
-l	以多行格式显示用户所有信息，如列出用户的账号名、真实姓名、用户根目录、登录所用的shell、登录时间、邮件地址和电子邮件状态
-m	排除查找用户的真实姓名
-p	在不显示用户的项目和计划文件内容的情况下，列出用户的账号名、真实姓名、用户根目录、登录所用的shell、登录时间、邮件地址和电子邮件状态
-s	显示用户账号名称、真实名称、终端名称、空闲时间、登录时间、办公地址和办公电话等信息

（3）典型示例

示例 1：显示当前用户的相关信息。在命令行提示符下输入：

finger -l ↙

如图 1-38 所示。

示例 2：以排除查找用户的真实名字的方式列出当前用户的相关信息。在命令行提示符下输入：

finger -m ✓

如图 1-39 所示。

```
[tom@localhost ~]$ finger -l                    Name: (n
Login: tom                                      Shell: /
Directory: /home/tom
On since Fri Jul 11 20:31 (CST) on tty1
No mail.
No Plan.
[tom@localhost ~]$ _
```

图 1-38   显示当前用户的相关信息

```
[tom@localhost ~]$ finger -m
Login      Name        Tty      Idle  Login Time
tom                    tty1           Jul 11 20:3
[tom@localhost ~]$ _
```

图 1-39   排除查找用户的真实名字

示例 3：显示指定用户的相关信息。例如，显示用户 jerry 的相关信息，在命令行提示符下输入：

finger -l jerry ✓

如图 1-40 所示。

```
[tom@localhost ~]$ finger -l jerry              Name: (
Login: jerry                                    Shell: /
Directory: /home/jerry
Never logged in.
No mail.
No Plan.
[tom@localhost ~]$ _
```

图 1-40   显示指定用户的相关信息

示例 4：显示指定用户的相关信息，但不以列表方式列出。例如，显示用户 jerry 的信息。在命令行提示符下输入：

finger -s jerry ✓

如图 1-41 所示。

```
[tom@localhost ~]$ finger -s jerry
Login      Name        Tty      Idle  Login Time
jerry                  *        *  No logins
[tom@localhost ~]$ _
```

图 1-41   不以列表方式显示指定用户信息

示例 5：在不显示用户的项目和计划文件内容的情况下，列出指定用户的相关信息。在命令行提示符下输入：

finger -p jerry ✓

如图 1-42 所示。

```
[tom@localhost ~]$ finger -p jerry
Login: jerry                              Name: (n
Directory: /home/jerry                    Shell: /
Never logged in.
No mail.
[tom@localhost ~]$ _
```

图 1-42　不显示用户计划文件

（4）相关命令

chfn、passwd、w、who。

20. free 命令：显示内存信息

（1）语法

free [-b | -k | -m] [-o] [-s delay] [-t] [-V]

（2）选项及作用

选　　项	作　　用
-b	以B为单位显示内存的使用状态
-k	以KB为单位显示内存的使用状态，此选项为默认
-m	以MB为单位显示内存的使用状态
-o	不显示缓冲区的调节行
-t	显示内存的总和
-V	显示版本信息
-s <delay>	每隔指定时间执行一次该命令，以连续观察内存的使用状态，时间的单位为s

（3）典型示例

示例 1：以字节为单位显示内存的使用状态。在命令行提示符下输入：

free -b ✓

如图 1-43 所示。

```
[tom@localhost ~]$ free -b
                total        used        free        sha
Mem:        261386240   251191296    10194944
-/+ buffers/cache:   152412160   108974080
Swap:       452349952           0   452349952
[tom@localhost ~]$ _
```

图 1-43　以字节为单位显示内存的使用状态

示例 2：显示系统的内存使用状态，但是不显示缓冲区调节行。在命令行提示符下输入：

free -o ✓

如图 1-44 所示。

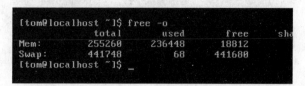

图 1-44　不显示缓冲区调节行

示例 3：显示系统的内存使用状态，并显示所有内存的总和行。在命令行提示符下输入：

free -t ✓

如图 1-45 所示。

```
[tom@localhost ~]$ free -t
              total       used       free       sha
Mem:         255260     236584      18676
-/+ buffers/cache:      155412      99848
Swap:        441748         68     441680
Total:       697008     236652     460356
[tom@localhost ~]$ _
```

图 1-45　显示所有内存的总和

示例 4：每隔指定时间执行一次该命令。例如，每隔 5 秒钟运行一次 free 命令，以便可以连续地观察内存的使用情况。在命令行提示符下输入：

free -s 5 ✓

如图 1-46 所示，按 Ctrl+C 组合键回到命令行提示符。

```
[tom@localhost ~]$ free -s 5
              total       used       free       sha
Mem:         255260     236584      18676
-/+ buffers/cache:      155404      99856
Swap:        441748         68     441680

              total       used       free       sha
Mem:         255260     236584      18676
-/+ buffers/cache:      155404      99856
Swap:        441748         68     441680

_
```

图 1-46　每隔指定时间执行一次命令

示例 5：以 Mb 为单位显示内存使用状态。在命令行提示符下输入：

free -m ✓

如图 1-47 所示。

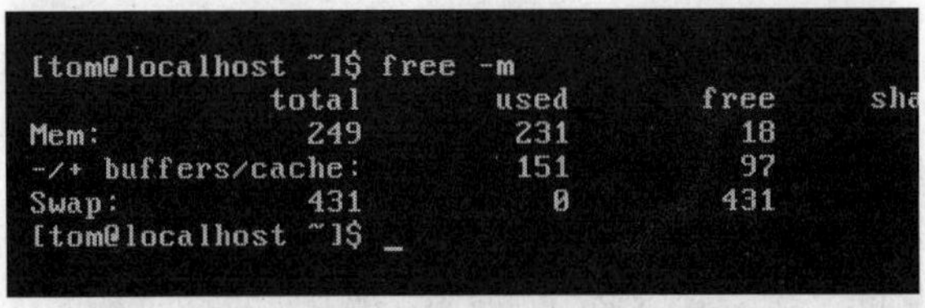

图 1-47　以 Mb 为单位显示内存使用状态

（4）相关命令

ps、slabtop、vmstat、top。

21. fuser 命令：用文件或者套接口表示进程

（1）语法

fuser [-a | -s | -c] [-4 | -6] [-n space] [-k [-i] [-signal]] [-muvf] name …

fuser -l

fuser -V

（2）选项及作用

选　　项	作　　用
-a	显示在命令行指定的所有文件；默认情况下，至少被一个进程访问的文件才能显示出来
-c	同选项-m，用于同POSIX进行兼容
-f	忽略，用于同POSIX进行兼容
-i	结束进程前询问用户意见
-k	结束正在访问文件的所有进程
-l	列出所有已知的信号名字
-m	挂载文件系统
-n <space>	选择一个不同的名字空间，名字空间是指文件（默认为文件名）、udp和tcp
-s	不显示处理信息，选项-u和-v在此模式下将被忽略，选项-a不能与该选项一起使用
-signal	结束进程时使用指定的信号而不是SIGKILL，当不使用选项-k时，该选项将被忽略
-u	PID显示用户名
-v	显示运行时的详细信息
-V	显示版本信息
-	清零

（3）典型示例

示例 1：列出所有已知的信号名字。在命令行提示符下输入：

fuser -l ↙

如图 1-48 所示。

```
[root@localhost ~]# fuser -l
HUP INT QUIT ILL TRAP ABRT IOT BUS FPE KILL USR
STKFLT CHLD CONT STOP TSTP TTIN TTOU URG XCPU X
UNUSED
[root@localhost ~]# _
```

图 1-48 列出所有信号名字

示例 2：显示进程。例如，显示与/home/tom/目录相关的所有进程。在命令行提示符下输入：

fuser -a /home/tom ↙

如图 1-49 所示。

```
[root@localhost ~]# fuser -a /home/tom/
/home/tom/:          2476c  2597c  2598c  2600c
30c  2696c  2731c  2733c  2954c 18851c 19072c 19
[root@localhost ~]# _
```

图 1-49 显示进程

示例 3：结束正在访问文件的所有进程。例如，结束所有正在访问目录/home/tom/temp/的所有进程。在命令行提示符下输入：

fuser -k /home/tom/temp/ ↙

如图 1-50 所示。

```
[root@localhost ~]# fuser -a /home/tom/temp/
/home/tom/temp/:          2734c 19900c 19903c
[root@localhost ~]# fuser -k /home/tom/temp/
/home/tom/temp/:          2734c 19900c 19903c
Could not kill process 19900: No such process
Could not kill process 19903: No such process
[root@localhost ~]# _
```

图 1-50 结束正在访问文件的所有进程

示例 4：PID 显示用户名。例如，显示所有访问目录/home/tom/的进程，并显示进程的用户名。在命令行提示符下输入：

fuser -u /home/tom/ ↙

如图 1-51 所示。

```
[root@localhost ~]# fuser -u /home/tom/
/home/tom/:          2476c(tom)  2597c(tom)  25
  2625c(tom)  2626c(tom)  2629c(tom)  2630c(tom
tom)  2954c(tom) 18851c(tom) 19072c(tom) 19239c
261c(tom) 28268c(tom)
[root@localhost ~]# _
```

图 1-51 显示用户名

（4）相关命令

kill、killall、lsof、ps。

22. fwhois 命令：显示用户的信息

（1）语法

fwhois [username]

（2）选项及作用

fwhois 命令的功能有点类似于 finger 命令，可以查找并显示指定账号的用户相关信息。不同之处在于 fwhois 命令是到 Network Solutions 的 WHOIS 数据库中去查找，该账号名称必须在上面注册才能寻获，且名称没有大小写的差别。

（3）相关命令

whois。

23. gcov 命令：coverage 测试工具

（1）语法

gcov [-v｜--version] [-h｜--help]

       [-a｜--all-blocks]

       [-b｜--branch-probabilities]

       [-c｜--branch-counts]

       [-n｜--no-output]

       [-l｜--long-file-names]

       [-p｜--preserve-paths]

       [-f｜--function-summaries]

       [-o｜--object-directory directory｜file] sourcefile

       [-u｜--unconditional-branches]

（2）选项及作用

选　　项	作　　用
-b	显示程序的分支数据
-c	打印分支数据
-coverage	为gcov创建镜像
-f	打印每一个函数的概要
-n	创建长文件名
-o	.bb、.bbg和.da文件存放目录
--help	显示帮助信息
--version	显示版本信息

（3）典型示例

计算每行代码的运行次数，并标记出没有被执行的代码。在使用 gcov 命令前必须先用

gcc 或 g++进行编译。例如，通过 vim 编辑器，编辑一个 C++程序 wordsorted.cpp，该程序可以提取一行中首次出现的第一个单词，读者可以自己编辑一个 C 源程序进行该命令的测试。为 gcov 命令准备镜像，在命令行下对该源程序进行编译，需要打开 fprofile-arcs 和 ftest-coverage 两个选项。在命令行提示符下输入：

> g++ wordsorted.cpp -o wordsorted -fprofile-arcs -ftest-coverage ✓

如图 1-52 所示，将生成一个.gcno 文件。

```
[tom@localhost temp]$ g++ wordsorted.cpp -o word
erage
/tmp/ccIUofWd.o: In function `main':
wordsorted.cpp:(.text+0x2b2): warning: the `gets
ld not be used.
[tom@localhost temp]$ ls *.gcno
wordsorted.gcno
[tom@localhost temp]$ _
```

图 1-52　为 gcov 准备镜像

运行生成的可执行文件 wordsorted，在命令行提示符下输入：

> ./wordsorted ✓

如图 1-53 所示，将生成一个.gcda 文件。

```
[tom@localhost temp]$ ./wordsorted
This program will creat a file nameed wordsorted
source file (path and filename):direct.txt
Done!
[tom@localhost temp]$ dir *.gcda
wordsorted.gcda
[tom@localhost temp]$ _
```

图 1-53　生成.gcda 文件

运行 gcov 命令，该命令将生成所需要的.cpp.gcov 报告文件。在命令行提示符下输入：

> gcov wordsorted.cpp ✓

如图 1-54 所示。

```
File '/usr/lib/gcc/i386-redhat-linux/4.1.2/../../.
uf'
Lines executed:0.00% of 2
/usr/lib/gcc/i386-redhat-linux/4.1.2/../../../.
ating 'streambuf.gcov'

File '/usr/lib/gcc/i386-redhat-linux/4.1.2/../.
tream.tcc'
Lines executed:0.00% of 1
/usr/lib/gcc/i386-redhat-linux/4.1.2/../../.
tcc:creating 'istream.tcc.gcov'

[tom@localhost temp]$ dir *.cpp.gcov
wordsorted.cpp.gcov
[tom@localhost temp]$ _
```

图 1-54　生成 gcov 的报告文件

（4）相关命令

gcc。

24. gdialog 命令：从 shell 显示文本信息

（1）语法

gdialog --clear

gdialog --create-rc <file>

gdialog --print-maxsize

gdialog <common-options> <box-options>

（2）选项及作用

选　　项	作　　用
--title	为对话框指定一个标题
--clear	清屏
--ascii-lines	对话框周围画ASCII的"+"和"-"，而不是图形模式的直线
--aspect <ratio>	控制对话框比例大小
--begin <y> <x>	指定对话框左上角在屏幕上的位置
--cancel-label <string>	重新设置Cancel按键上的文字
--color	设置对话框颜色
--cr-wrap	设置对话框中文本的换行
--defaultno	设置yes/no对话框的默认值为No
--exit-label <string>	重新设置EXIT按键上的标签为指定字符串<string>
--extra-button	在OK和Cancel按键的中间显示一个额外的按键
--extra-label <string>	设置额外按键上的标签为指定字符串<string>
--help	将帮助信息输出到对话框
--help-button	在OK和Cancel按键后显示帮助按键
--help-label <string>	设置帮助按键上的标签为指定字符串<string>
--nocancel	取消Cancel按键
--shadow	在对话框的右侧和底部显示阴影
--stdout	直接输出到标准输出

（3）典型示例

其选项及用法与命令 dialog 相同，但该命令基于 GNOME 图形界面，将显示真正的图形界面对话框。

（4）相关命令

dialog、kdialog、Xdialog、tk、wish。

25. gitps 命令：显示程序情况

（1）语法

gitps [user_name]

（2）选项及作用

选　项	作　用
-a	显示所有进程的信息
-c	仅显示进程的真实名
-e	显示环境变量
-f	显示进程间的关系
-n	用数字显示
-p <进程号>	指定进程
-t <终端>	指定终端
-U <用户>	指定用户
-v	以虚拟内存的形式显示
-x	不区分终端

（3）典型示例

显示指定用户的进程信息。例如，显示用户 tom 的进程信息。在命令行提示符下输入：

gitps tom ∠

如图 1-55 所示。

```
[tom@localhost ~]$ gitps tom_
```

图 1-55　显示指定用户的进程信息

（4）相关命令

ps。

26. groupadd 命令：创建一个新的群组

（1）语法

groupadd [-g <gid> [0]] [-r] [-f] [组名称]

（2）选项及作用

选　项	作　用
-f	强制建立已经存在的组；新增一个已经存在的群组账号，系统会提示错误信息并结束groupadd。这种情况下，不会新增这个群组，也可以同时加上-g选项，当加上一个gid时，gid就不用是唯一值，可不加-o选项，建好群组后会显示结果。这是RED HAT额外增设的选项
-g <gid>	群组的ID值。除非使用-o选项，否则该值必须是唯一的，不可相同，数值不可为负，预设为不得小于500，而逐次增加；0~999传统上保留给系统账号使用
-o	重复使用群组识别码，该选项须和选项-g联合使用
-r	建立系统组

（3）典型示例

示例 1：建立新群组。例如，新增名为 jerry 的群组。在命令行提示符下输入：

groupadd jerry ✓

如图 1-56 所示。

```
[root@localhost ~]# groupadd jerry
[root@localhost ~]# _
```

图 1-56　建立新群组

示例 2：新建群组并指定识别码。新增名为 jerry 的群组，并指定其识别码为 600。在命令行提示符下输入：

groupadd -g 600 jerry ✓

如图 1-57 所示。

```
[root@localhost ~]# groupadd -g 600 jerry
[root@localhost ~]# _
```

图 1-57　新建群组并指定识别码

示例 3：重复使用群组识别码。新增名为 Alex 的群组，并重复使用 jerry 的识别码 600。在命令行提示符下输入：

groupadd -og 600 Alex ✓

如图 1-58 所示。

```
[root@localhost ~]# groupadd -og 600 Alex
[root@localhost ~]# _
```

图 1-58　重复使用群组识别码

示例 4：建立系统组。新增一个名为 Alex 的系统组。在命令行提示符下输入：

groupadd -r Alex ✓

如图 1-59 所示。

```
[root@localhost ~]# groupadd -r Alex
[root@localhost ~]# _
```

图 1-59　建立系统组

示例 5：强制建立已经存在的组。在默认情况下，建立一个已经存在的组时，命令行会提示错误并退出 groupadd 命令，通过选项-f 可以让系统强制接受该命令。在命令行提示符下输入：

groupadd -rf Alex ✓

如图 1-60 所示。

```
[root@localhost ~]# groupadd -r Alex
groupadd: group Alex exists
[root@localhost ~]# groupadd -rf Alex
[root@localhost ~]# _
```

图 1-60　强制建立已经存在的组

（4）相关命令

groupdel、groupmod、useradd、userdel、usermod、passwd、chfn、chsh。

27．groupdel 命令：删除一个群组

（1）语法

groupdel [组名称]

（2）典型示例

删除群组。例如，删除名为 Alex 的群组。在命令行提示符下输入：

groupdel Alex ✓

如图 1-61 所示。注意：要删除的群组必须是一个已经存在的群组，且该群组未在使用中。

```
[root@localhost ~]# groupdel Alex
[root@localhost ~]# _
```

图 1-61　删除群组

（3）相关命令

groupdel、groupmod、useradd、userdel、usermod、passwd、chfn、chsh。

28．groupmod 命令：改变系统群组的属性

（1）语法

groupmod [-g <gid> [-o]] [-n <group_name>] [group]

（2）选项及作用

选　　项	作　　用
-g <gid>	强制设定组识别码。必须为唯一的ID值，除非与-o选项一起使用。数值不可为负数，预设值不得小于999而逐次增加、0~499传统上保留给系统账号使用。如果有档案使用旧的群组ID，而此时新增的群组ID恰好与旧的相同，则需要手动修改这些档案的群组ID

续表

选　　项	作　　用
-n <group_name>	更改群组名
-o，--non-unique	运行使用相同的组识别码
-h，--help	显示帮助信息

（3）典型示例

示例 1：设定组识别码。为群组 jerry 设定组识别码为 600。在命令行提示符下输入：

groupmod -g 600 jerry ✓

如图 1-62 所示。

```
[root@localhost ~]# groupmod -g 600 jerry
[root@localhost ~]# _
```

图 1-62　设定组识别码

示例 2：使用相同的组识别码。给群组 Alex 设定与 jerry 组相同的组识别码 600，这时，必须采用选项-g 进行组识别码的强制设定。在命令行提示符下输入：

groupmod -og 600 Alex ✓

如图 1-63 所示。

```
[root@localhost ~]# groupmod -og 600 Alex
[root@localhost ~]# _
```

图 1-63　使用相同的组识别码

示例 3：更改群组名。例如，将群组 jerry 更名为 jerry1。在命令行提示符下输入：

groupmod -n jerry1 jerry ✓

如图 1-64 所示。

```
[root@localhost ~]# groupmod -n jerry1 jerry
[root@localhost ~]# _
```

图 1-64　更改群组名

（4）相关命令

groupdel、groupmod、useradd、userdel、usermod、passwd、chfn、chsh。

29. halt 命令：关闭系统

（1）语法

halt [-dfinpw]

（2）选项及作用

选　项	作　用
-d	不在wtmp文件中记录，选项-n隐含该选项
-f	强制关机，不调用shutdown(8)
-h	关闭系统或断电之前让系统的所有硬件进入待机（备用）模式
-i	在关闭系统之前关闭所有的网络接口
-n	在关闭系统前不执行sync命令
-p	执行halt命令后关闭电源
-w	仅在wtmp（/var/log/wtmp）文件中写入记录而不关闭系统

（3）典型示例

示例1：关闭系统。在命令行提示符下输入：

halt ↙

如图1-65所示。

[tom@localhost ~]$ halt_

图1-65　关闭系统

示例2：关闭系统后关闭电源。在命令行提示符下输入：

halt -p ↙

如图1-66所示。

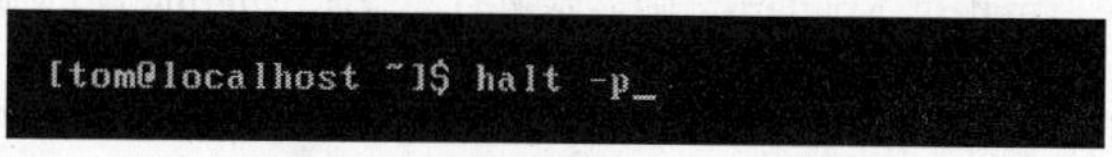

[tom@localhost ~]$ halt -p_

图1-66　关闭系统后关闭电源

示例3：在关闭或重新启动系统之前关闭所有的网络接口。在命令行提示符下输入：

halt -i ↙

如图1-67所示。

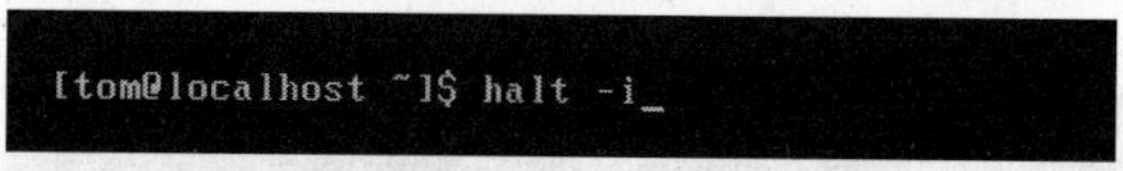

[tom@localhost ~]$ halt -i_

图1-67　关闭网络后再关闭系统

示例4：不将内存数据写入硬盘就将系统关闭。在命令行提示符下输入：

halt -n ↙

如图1-68所示。通常，在执行命令halt时默认先将内存数据写入硬盘，然后关闭系统，有时为确保关闭系统前数据已完全写入硬盘，也可先执行一次 sync 命令。

```
[tom@localhost ~]$ halt -n_
```

图 1-68　在关闭或重新启动系统前不执行 sync 命令

示例 5： 仅在 wtmp 文件中写入记录而不关闭系统。在命令行提示符下输入：

halt -w ✓

如图 1-69 所示。

```
[tom@localhost ~]$ halt -w
[tom@localhost ~]$ _
```

图 1-69　仅在 wtmp 中写入记录而不关闭系统

（4）相关命令

shutdown、init、pam_console。

30. help 命令：显示 shell 的内建命令的帮助信息

（1）语法

help [-s] [pattern …]

（2）选项及作用

选　项	作　用
-s	以简洁模式显示符合范本pattern的内建命令的语法信息
pattern	如果指定该范本pattern，则显示所有与范本pattern匹配的命令的详细帮助信息，否则显示全部的内建命令列表

（3）典型示例

示例 1： 显示与指定范本匹配的所有帮助信息。例如，显示 wait 命令的帮助信息。在命令行提示符下输入：

help wait ✓

如图 1-70 所示。

```
[tom@localhost ~]$ help wait
wait: wait [n]
    Wait for the specified process and report i
    N is not given, all currently active child
    and the return code is zero.  N may be a pr
    specification; if a job spec is given, all
    pipeline are waited for.
[tom@localhost ~]$ _
```

图 1-70　显示指定命令的帮助信息

示例 2：以简洁模式显示命令语法。例如，以简洁模式显示 wait 命令的语法帮助信息。在命令行提示符下输入：

help -s wait ✓

如图 1-71 所示。

```
[tom@localhost ~]$ help -s wait
wait: wait [n]
[tom@localhost ~]$ _
```

图 1-71 以简洁模式显示命令语法

（4）相关命令

bash、sh。

31. history 命令：显示历史命令

（1）语法

history [OPTION]...

（2）选项及作用

选　　项	作　　用
-a	在history文件中添加记录
-c	清除记录
-d <编号>	删除指定编号命令
-n <文件>	读取指定文件
-r	仅读取history文件，不添加记录
-w	覆盖原来的history文件
N	显示最近N次所有的输入命令

（3）典型示例

示例 1：显示最近 10 次所输入的命令。在命令行提示符下输入：

history 10 ✓

如图 1-72 所示。

```
[tom@localhost ~]$ history 10
  880  clear
  881  help wait
  882  help -s wait
  883  clear
  884  help wait
  885  clear
  886  help -s wait
  887  man help
  888  clear
  889  history 10
[tom@localhost ~]$ _
```

图 1-72 显示最近 N 次输入的命令

示例 2: 删除指定编号命令。例如,删掉编号为 887 的命令。在命令行提示符下输入:

history -d 887 ✓

如图 1-73 所示。

```
[tom@localhost ~]$ history -d 887
[tom@localhost ~]$ _
```

图 1-73 删除指定编号命令

示例 3: 清除记录。在命令行提示符下输入:

history -c ✓

如图 1-74 所示。

```
[tom@localhost ~]$ history -c
[tom@localhost ~]$ history 10
    1  history 10
[tom@localhost ~]$ _
```

图 1-74 清除记录

(4) 相关命令

bash、sh。

32. htpasswd 命令:创建和更新用户的认证文件

(1) 语法

htpasswd [-bcdDhnmps] [文件] [用户名]

htpasswd [-c] [-m] [-D] passwdfile username

htpasswd -b [-c] [-m | -d | -p | -s] [-D] passwdfile username password

htpasswd -n [-m | -d | -s | -p] username

htpasswd -nb [-m | -d | -s | -p] username password

(2) 选项及作用

选 项	作 用
-b	在命令行输入密码
-c	创建一个密码文件
-d	使用crypt()进行加密
-D	删除指定用户
-h	显示帮助信息
-n	在标准输出显示输出结果而不更新文件
-m	使用MD5加密文件,在Windows、NetWare和TPF上,默认以MD5进行加密
-p	不进行密码加密
-s	使用SHA进行加密

（3）典型示例

示例 1：创建一个 HTTP 用户的密码认证文件，用户名为 tom。在命令行提示符下输入：

htpasswd -c /home/tom/.htpasswd tom ✓

如图 1-75 所示。

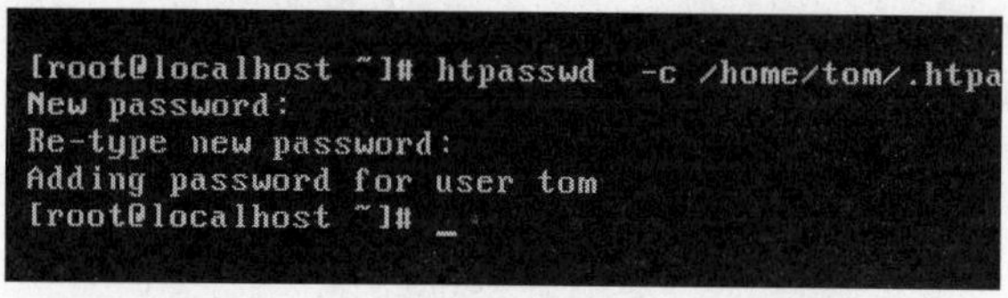

图 1-75　创建 HTTP 用户认证文件

示例 2：使用 MD5 加密文件。将认证文件使用 MD5 进行加密。在命令行提示符下输入：

htpasswd -m /home/tom/.htpasswd tom ✓

如图 1-76 所示。

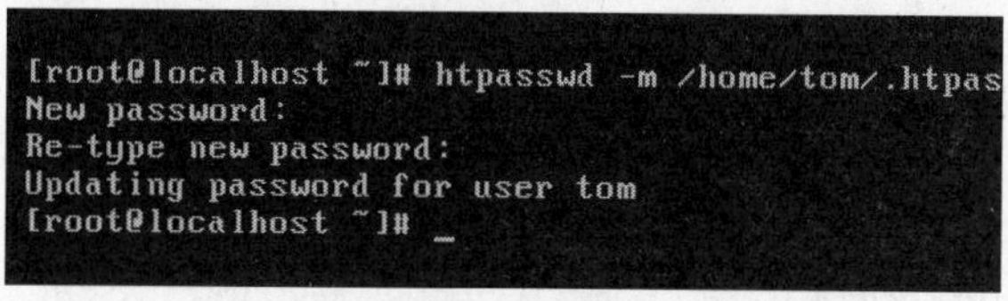

图 1-76　使用 MD5 加密文件

示例 3：在命令行输入密码。建立认证文件.htpasswd，并在命令行输入加密的密码。在命令行提示符下输入：

htpasswd -b -c ~tom/.htpasswd tom fedora ✓

如图 1-77 所示，在用户 tom 的主目录下建立了认证文件.htpasswd，用户名为 tom，密码为 fedora。

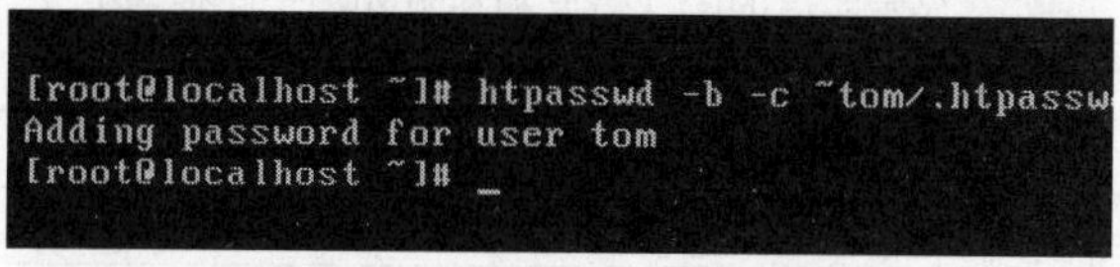

图 1-77　在命令行输入密码

示例 4：在标准输出显示输出结果而不更新文件。例如，对前面示例建立的认证文件进行操作。在命令行提示符下输入：

htpasswd -n tom ✓

如图 1-78 所示。

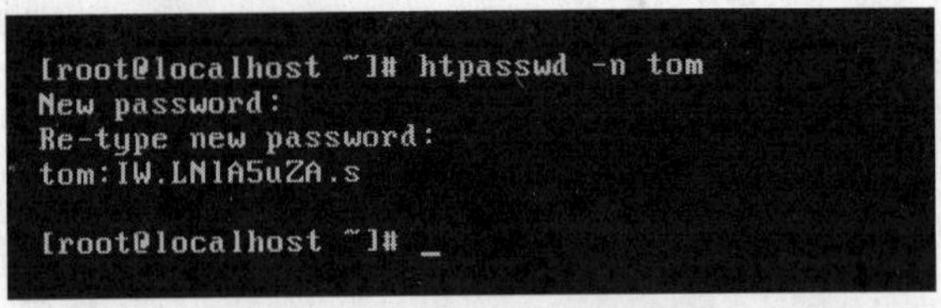

图 1-78　在标准输出显示输出结果而不更新文件

示例 5：删除指定用户。删除用户 tom。在命令行提示符下输入：

htpasswd -D ~tom/.htpasswd tom ✓

如图 1-79 所示。

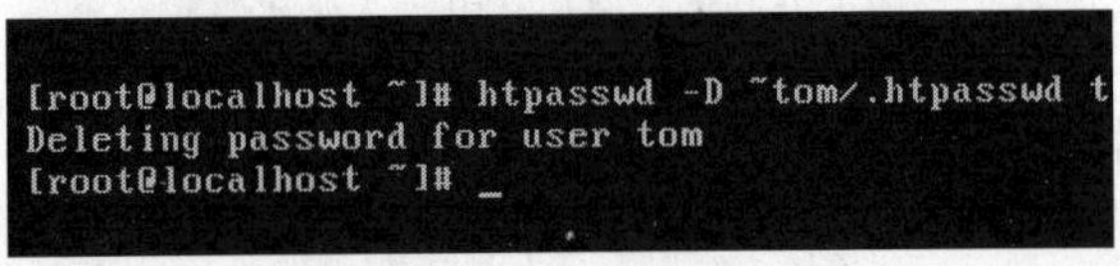

图 1-79　删除指定用户

（4）相关命令

apachectl。

33. id 命令：显示用户及群组的 ID

（1）语法

id [OPTION]... [用户名称]

（2）选项及作用

选　　项	作　　用
-a	忽略；主要解决与其他版本的兼容性
-g，--group	仅显示有效群组ID
-G，--groups	显示所有群组ID
-n，--name	显示用户、所属组或附加组的名称而不是数字，用于组合选项-ugG
-r，--real	显示实际的ID（需要和参数g或u一起使用）
-u，--user	仅显示有效用户的ID
-Z，--context	仅显示文本内容
--help	显示帮助信息
--version	显示版本信息

（3）典型示例

示例 1：显示当前用户及所属群组的名称和识别码。在命令行提示符下输入：

id ✓

如图 1-80 所示。

```
[tom@localhost ~]$ id
uid=500(tom) gid=500(tom) groups=500(tom)
[tom@localhost ~]$ _
```

图 1-80　显示当前用户及所属群组的 ID

示例 2：显示当前用户群组。例如，显示当前用户群组的识别码。在命令行提示符下输入：

id -g ✓

如图 1-81 所示。

```
[tom@localhost ~]$ id -g
500
[tom@localhost ~]$ _
```

图 1-81　显示当前用户群组的识别码

如果要显示群组的名称，可以加入选项-n。例如，显示当前用户所属群组的名称，而非数字识别码。在命令行提示符下输入：

id -gn ✓

如图 1-82 所示。

```
[tom@localhost ~]$ id -g
500
[tom@localhost ~]$ id -gn
tom
[tom@localhost ~]$ _
```

图 1-82　显示当前用户群组的名称

示例 3：显示指定用户的 ID。例如，显示用户 jerry 的 ID。在命令行提示符下输入：

id -u jerry ✓

如图 1-83 所示。

```
[tom@localhost ~]$ id -u jerry
501
[tom@localhost ~]$ _
```

图 1-83　显示指定用户的 ID

示例 4：显示指定用户所有群组的名称。例如，显示用户 jerry 所属附加组的名称，而非数字。在命令行提示符下输入：

id -Gn jerry ✓

如图 1-84 所示。

```
[tom@localhost ~]$ id -u jerry
501
[tom@localhost ~]$ id -Gn jerry
jerry Alex
[tom@localhost ~]$ _
```

图 1-84 显示指定用户所有群组的名称

示例 5：显示实际的 ID。例如，显示用户 jerry 所属群组的实际 ID。在命令行提示符下输入：

id -gr jerry ✓

如图 1-85 所示。

```
[tom@localhost ~]$ id -gr jerry
501
[tom@localhost ~]$ _
```

图 1-85 显示实际的 ID

（4）相关命令

hostname、uname。

34. info 命令：读取目录信息

（1）语法

info [OPTION]… [MENU-ITEM…]

（2）选项及作用

选　　项	作　　用
--apropos=<字符串>	在所有的手册文件中查找指定字符串
-d，--directory=<目录>	将目录添加到info搜索路径中
--dribble=<文件>	将执行info过程中所输入的按键记录到指定的文件中
-f，--file=<文件>	指定读取的info文件
--index-search=<字符串>	根据选项中的字符串，在索引中寻找参照的节点
-n，--node=<主题>	设定首次访问的info文件的节点
-o，--output=<文件>	将选定的节点输出到指定的文件
--restore=<文件>	开启说明文件之后，先执行文件所记载的按键
-O，--show-options，--usage	转到命令行选项节点
--subnodes	输出所有的菜单项目
--vi-keys	使用类似于vi和less的按键功能
-w，--where，--location	显示info文件的物理位置
-h，--help	显示帮助信息
--version	显示版本信息

（3）典型示例

示例 1：查看 info 节点。在命令行提示符下输入：

info ✓

如图 1-86 所示。

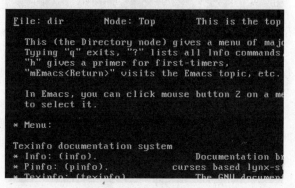

图 1-86　显示 info 节点

示例 2：显示 info 命令的 info 文档帮助信息。在命令行提示符下输入：

info info ✓

如图 1-87 所示。

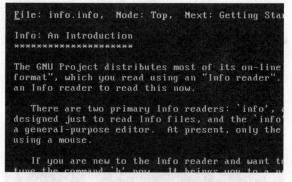

图 1-87　显示 info 命令的帮助信息

示例 3：显示 ipcs 命令的帮助信息。在命令行提示符下输入：

info ipcs ✓

如图 1-88 所示。

示例 4：将命令的帮助保存到指定文件。例如，将 ipcs 的帮助信息保存到文件 ipcs.info 中。在命令行提示符下输入：

info ipcs -o ipcs.info ✓

如图 1-89 所示。

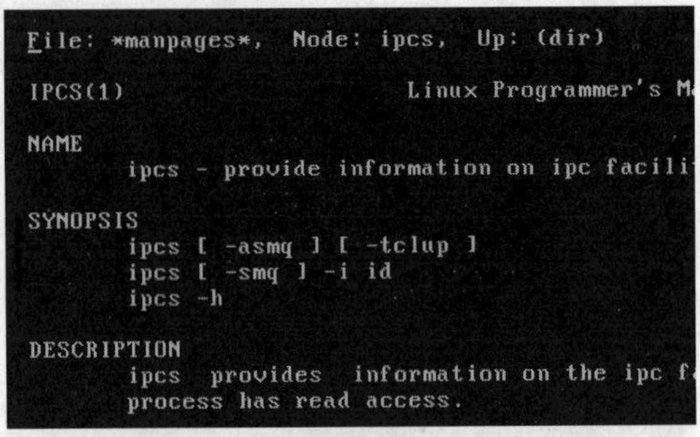

图 1-88　显示 ipcs 命令的帮助信息

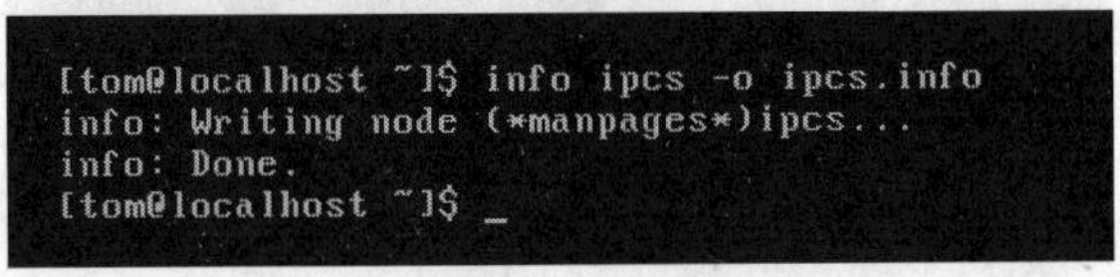

图 1-89　将帮助信息保存到指定文件

示例 5：读取指定文件，而不是到目录中进行搜索。例如，指定读取文件 info.info。在命令行提示符下输入：

info -f info.info ✓

如图 1-90 所示。

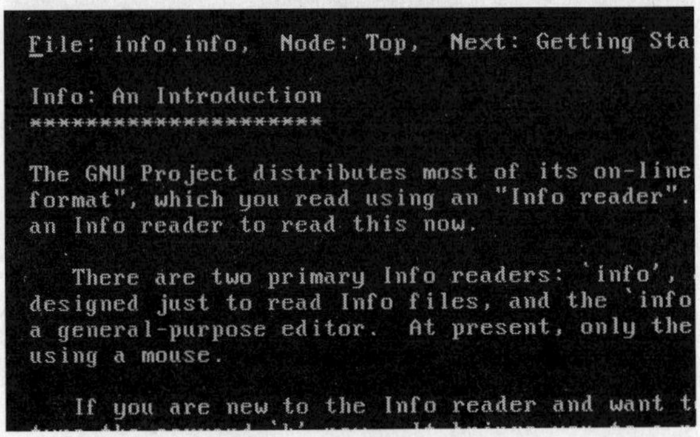

图 1-90　读取指定文件

示例 6：显示 info 文件的位置。例如，显示帮助文件 info.info 保存的位置。在命令行提示符下输入：

info -w info.info ✓

如图 1-91 所示。

（4）相关命令

man。

```
[tom@localhost ~]$ info -w info.info
/usr/share/info/info.info.gz
[tom@localhost ~]$ _
```

图 1-91　显示帮助文件的位置

35. init 命令：开关机设置

（1）语法

/sbin/init [-a] [-s] [-b] [-z xxx] [0123456s]

（2）选项及作用

选　项	作　用
0	运行等级0，关闭系统
1	运行等级1，关闭系统进入单用户模式
3	运行等级3，进入字符界面
5	运行等级5，进入图形界面
6	运行等级6，重启系统
-a	自动设置
-b	直接进入用户模式而不用运行任何其他启动脚本
-S、-s	单用户模式
-z xxx	设置给-z的参数将被忽略

（3）典型示例

示例 1：关闭系统。在命令行提示符下输入：

init 0 ✓

如图 1-92 所示。

```
[tom@localhost ~]$ init 0_
```

图 1-92　关闭系统

示例 2：关闭系统进入单用户模式。在命令行提示符下输入：

init 1 ✓

如图 1-93 所示。

```
[tom@localhost ~]$ init 1_
```

图 1-93　关闭系统进入单用户模式

示例 3：关闭图形界面。在图形界面的终端输入：

init 3 ↙

如图 1-94 所示运行。

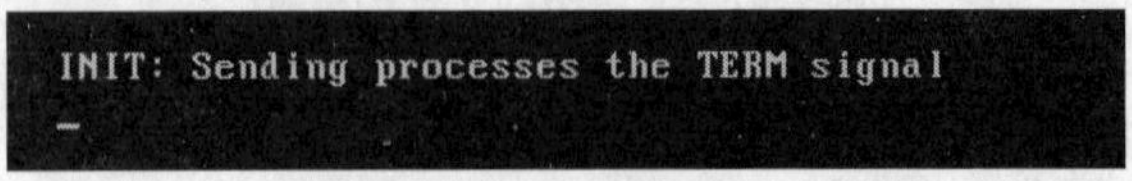

图 1-94　关闭图形界面

示例 4：进入图形界面。在命令行提示符下输入：

init 5 ↙

如图 1-95 所示，随后将进入图形界面的登录界面。

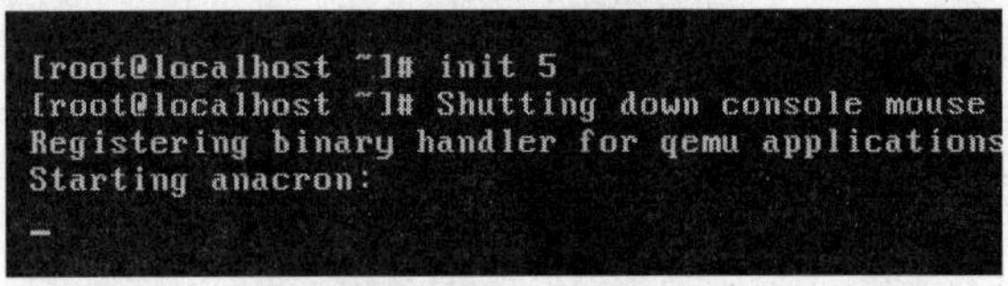

图 1-95　进入图形界面

示例 5：重启系统。在命令行提示符下输入：

init 6 ↙

如图 1-96 所示。

图 1-96　重启系统

（4）相关命令

getty、login、sh、runlevel、shutdown、kill、inittab、initscript、utmp。

36. ipcs 命令：显示进程间通信的信息

（1）语法

ipcs [-asmq] [-tclup]

ipcs [-smq] -i <id>

ipcs -h

（2）选项及作用

选　　项	作　　用
-a	全部，该选项默认
-c	创建

续表

选　　项	作　　用
-i	允许指定一个源id，并显示该id的信息
-l	限制
-m	共享内存
-p	进程ID（PID）
-q	消息队列
-s	旗语阵列
-t	时间
-u	总结

（3）典型示例

示例 1：显示进程间通信的信息。在命令行提示符下输入：

ipcs ✓

如图 1-97 所示，不加任何选项时与选项-a 的效果相同，显示出所有信息。

```
[tom@localhost ~]$ ipcs

------ Shared Memory Segments --------
key         shmid      owner       perms       byte
0x00000000  32768      tom         600         39321
0x00000000  65537      tom         600         39321
0x00000000  98306      tom         600         39321
0x00000000  131075     tom         600         39321
0x00000000  163844     tom         600         39321
0x00000000  196613     tom         600         39321
0x00000000  229382     tom         600         39321
0x00000000  262151     tom         600         39321
0x00000000  294920     tom         600         39321
0x00000000  327689     tom         600         39321
0x00000000  360458     tom         600         39321
```

图 1-97　显示进程间通信的信息

示例 2：显示进程间通信的消息队列。在命令行提示符下输入：

ipcs -q ✓

如图 1-98 所示。

```
[tom@localhost ~]$ ipcs -q

------ Message Queues --------
key         msqid      owner       perms       us

[tom@localhost ~]$ _
```

图 1-98　显示进程间通信的消息队列

示例 3：显示进程间通信信息的总结报告。在命令行提示符下输入：

ipcs -u ✓

如图 1-99 所示。

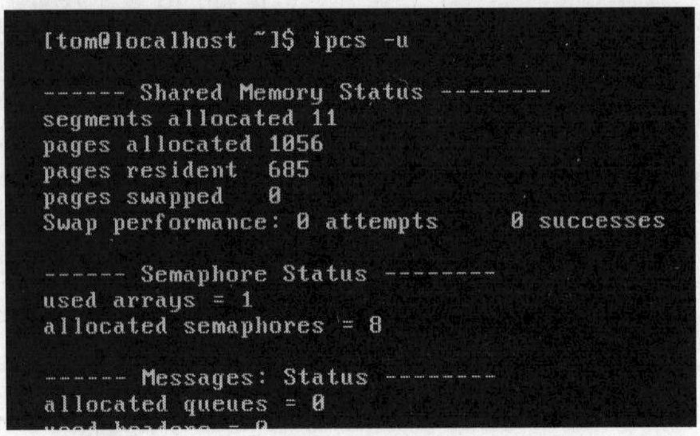

```
[tom@localhost ~]$ ipcs -u

------ Shared Memory Status --------
segments allocated 11
pages allocated 1056
pages resident  685
pages swapped   0
Swap performance: 0 attempts     0 successes

------ Semaphore Status --------
used arrays = 1
allocated semaphores = 8

------ Messages: Status --------
allocated queues = 0
```

图 1-99　显示进程间通信信息的总结报告

示例 4：删除指定进程号 PID 的共享内存。例如，删除进程 98306 的共享内存。在命令行提示符下输入：

```
ipcs -m 98306 ↙
```

如图 1-100 所示。

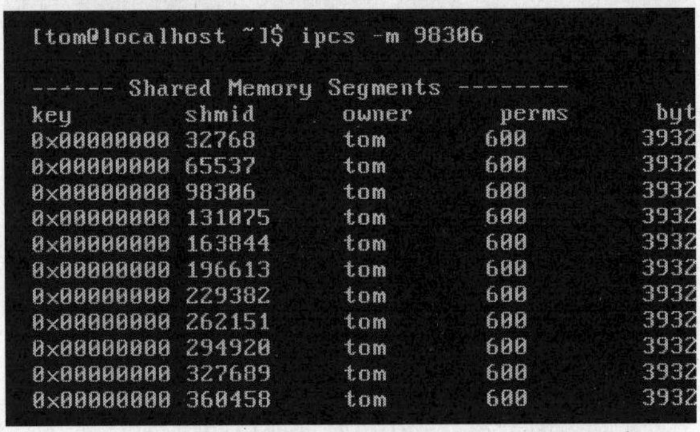

```
[tom@localhost ~]$ ipcs -m 98306

------ Shared Memory Segments --------
key        shmid      owner      perms      byt
0x00000000 32768      tom        600        3932
0x00000000 65537      tom        600        3932
0x00000000 98306      tom        600        3932
0x00000000 131075     tom        600        3932
0x00000000 163844     tom        600        3932
0x00000000 196613     tom        600        3932
0x00000000 229382     tom        600        3932
0x00000000 262151     tom        600        3932
0x00000000 294920     tom        600        3932
0x00000000 327689     tom        600        3932
0x00000000 360458     tom        600        3932
```

图 1-100　删除指定进程号的共享内存

（4）相关命令

ipcrm。

37. ipcrm 命令：删除消息队列、旗语设置或者共享内存的 ID

（1）语法

ipcrm [-M key | -m id | -Q key | -q id | -S key | -s id] …

ipcrm [shm | msg | sem] id …

（2）选项及作用

选　项	作　用
-m <进程号>	删除指定进程号的共享内存
-M <shmkey>	删除由shmkey建立的共享内存

续表

选　　项	作　　用
-msg <进程号>	删除指定进程号的消息队列
-q <进程号>	删除指定进程号的消息队列
-Q <msgkey>	删除由msgkey建立的消息队列
-s <进程号>	删除指定进程号的旗语
-S <semkey>	删除由semkey建立的旗语
shm <进程号>	删除指定进程号的共享内存
sem <进程号>	删除指定进程号的旗语

（3）典型示例

删除指定进程号的共享内存。例如，删除进程号为 65536 的共享内存。在命令行提示符下输入：

ipcrm -m 65536 ✓

如图 1-101 所示。

```
[tom@localhost ~]$ ipcrm -m 65536
[tom@localhost ~]$ _
```

图 1-101　删除指定进程号的共享内存

（4）相关命令

ipcs。

38. jobs 命令：显示所有的后台程序

（1）语法

jobs [-nprs] [jobspec …]

jobs -x command [args]

（2）选项及作用

选　　项	作　　用
-l	列出工作执行程序的ID号及一般信息
-n	仅显示状态更改过的工作
-p	仅显示工作的执行程序ID
-x	指定参数args中的所有工作被工作进程组的进程ID取代后再执行指定命令command

（3）典型示例

示例 1：不带任何选项时，显示所有在后台运行的程序。在命令行提示符下输入：

jobs ✓

如图 1-102 所示。

```
[tom@localhost ~]$ jobs
[1]-  Stopped                     top
[2]+  Stopped                     ftp
[tom@localhost ~]$ _
```

图 1-102   显示所有在后台运行的程序

示例 2：仅显示工作的执行程序 ID。在命令行提示符下输入：

jobs -p ✓

如图 1-103 所示。

```
[tom@localhost ~]$ jobs -p
19072
19239
[tom@localhost ~]$ _
```

图 1-103   仅显示工作的执行程序 ID

（4）相关命令

bash、sh。

39. kill 命令：终止执行中的程序

（1）语法

kill [-s signal | -p] [-a] [--] pid …

kill -l [signal]

（2）选项及作用

选　　项	作　　用
-a	当处理当前进程时，不限制命令名和进程号的对应关系
-l \<signal>	单独输入 "-l" 时会显示全部信号名，添加\<signal>时则会附带显示编号的信号名称
-p	指定kill命令只打印相关进程的进程号，而不发送任何信号
-s \<signal>	指定要送出的信息

（3）典型示例

示例 1：显示全部信号名。在命令行提示符下输入：

kill -l ✓

如图 1-104 所示。

示例 2：终止指定进程。例如，通过 ps 命令查看进程及进程 ID，然后终止进程 ID 为 19890 的进程 top。在命令行提示符下输入：

kill 19890 ✓

如图 1-105 所示。

```
[tom@localhost ~]$ kill -l
 1) SIGHUP       2) SIGINT       3) SIGQUIT
 5) SIGTRAP      6) SIGABRT      7) SIGBUS
 9) SIGKILL     10) SIGUSR1     11) SIGSEGV
13) SIGPIPE     14) SIGALRM     15) SIGTERM
17) SIGCHLD     18) SIGCONT     19) SIGSTOP
21) SIGTTIN     22) SIGTTOU     23) SIGURG
25) SIGXFSZ     26) SIGVTALRM   27) SIGPROF
29) SIGIO       30) SIGPWR      31) SIGSYS
35) SIGRTMIN+1  36) SIGRTMIN+2  37) SIGRTMIN+3
39) SIGRTMIN+5  40) SIGRTMIN+6  41) SIGRTMIN+7
43) SIGRTMIN+9  44) SIGRTMIN+10 45) SIGRTMIN+11
47) SIGRTMIN+13 48) SIGRTMIN+14 49) SIGRTMIN+15
51) SIGRTMAX-13 52) SIGRTMAX-12 53) SIGRTMAX-11
55) SIGRTMAX-9  56) SIGRTMAX-8  57) SIGRTMAX-7
59) SIGRTMAX-5  60) SIGRTMAX-4  61) SIGRTMAX-3
```

图 1-104　显示全部信号名

```
[tom@localhost ~]$ ps
  PID TTY          TIME CMD
18851 tty2     00:00:00 bash
19072 tty2     00:00:00 top
19239 tty2     00:00:00 ftp
19890 tty2     00:00:00 top
20219 tty2     00:00:00 ps
[tom@localhost ~]$ kill 19890
[tom@localhost ~]$ _
```

图 1-105　终止指定 PID 的进程

示例 3：强制终止进程。例如，当用 kill 命令无法终止指定进程时，可以通过“-KILL”命令强制终止该进程。在命令行提示符下输入：

```
kill -KILL 19890 ↙
```

如图 1-106 所示。

```
[tom@localhost ~]$ ps
  PID TTY          TIME CMD
18851 tty2     00:00:00 bash
19072 tty2     00:00:00 top
19239 tty2     00:00:00 ftp
19890 tty2     00:00:00 top
20228 tty2     00:00:00 ps
[tom@localhost ~]$ kill -KILL 19890
[tom@localhost ~]$ _
```

图 1-106　强制终止进程

（4）相关命令

bash、tcsh、killall、sigvec、signal。

40. killall 命令：终止同名的所有进程

（1）语法

killall [-Z,--context pattern] [-e,--exact] [-g,--process-group]
[-i,--interactive] [-q,--quiet] [-r,--regexp] [-s,--signal signal]

[-u,--user user] [-v,--verbose] [-w,--wait] [-I,--ignore-case]

[-l,--list]

[-V,--version] [--] name ...

（2）选项及作用

选　　项	作　　用
-e，--exact	精确匹配进程的名称
-g，--process-group	终止进程组
-i，--interactive	终止进程前先询问用户
-I，--ignore-case	忽略大小写
-l，--list	显示所有已知信号的名称
-q，--quiet	不显示警告信息
-s，--signal	发送指定的信号，而不是SIGTERM
-u，--user	终止指定用户的进程
-v，--verbose	报告信号是否发送成功
-w，--wait	等待进程终止
-Z，--context	仅终止拥有context的进程（SELinux）
--help	显示帮助信息
-V，--version	显示版本信息

（3）典型示例

示例 1：通过进程名终止进程。例如，终止进程 top。在命令行提示符下输入：

killall top✓

如图 1-107 所示。

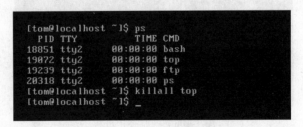

图 1-107　通过进程名终止进程

示例 2：向进程发送指定信号。例如，通过命令"killall -TERM ftp"终止进程 ftp，如果不够权限，则需要获取相应权限后方可执行。在命令行提示符下输入：

killall -TERM ftp ✓

如图 1-108 所示。

（4）相关命令

kill、fuser、pgrep、pidof、pkill、ps。

```
[tom@localhost ~]$ killall -TERM ftp
ftp(19695): Operation not permitted
[tom@localhost ~]$ su -
Password:
[root@localhost ~]# killall -TERM ftp
[root@localhost ~]# _
```

图 1-108   向进程发送指定信号

41. last 命令：显示目前和过去登录系统的用户相关信息

（1）语法

last [-adRx] [-f<记录文件>] [-n<显示列数>] [账户名]

last [-R] [-num] [-n num] [-adiox] [-f file] [-t YYYYMMDDHHMMSS] [name...] [tty...]

（2）选项及作用

选 项	作 用
-a	在最后一栏显示主机名
-d	对于非本地登录，Linux系统不仅保存了远程主机的主机名，还保存了远程主机的IP地址，通过该选项将IP地址转换成主机名
-f<记录文件>	指定记录的文件，而不是默认的/var/log/wtmp
-i	与选项-d类似，但是显示远程主机的IP地址而非主机名
-n<显示列数>	设定last命令显示的行数
-<num>	同-n选项，指定显示的行数为<num>
-o	读取一个旧类型的wtmp文件（该文件为Linux-libc5应用程序写入）
-R	不显示登录系统的主机名或IP地址
-t YYYYMMDDHHMMSS	根据指定的时间显示登录状态
-x	显示关机、重启和执行等级等更改信息

（3）典型示例

示例 1：查询过去登录系统的用户相关信息。例如，查询最后登录系统的 10 位用户。在命令行提示符下输入：

last -10 ✓

如图 1-109 所示。

示例 2：在最后一栏显示主机名。查询最后登录系统的 10 位用户，并在最后一栏显示主机名。在命令行提示符下输入：

last -10 -a ✓

如图 1-110 所示。

示例 3：查询指定用户登录系统的情况。例如，列出用户 jerry 登录系统的情况。在命令行提示符下输入：

last jerry ↙

如图 1-111 所示。

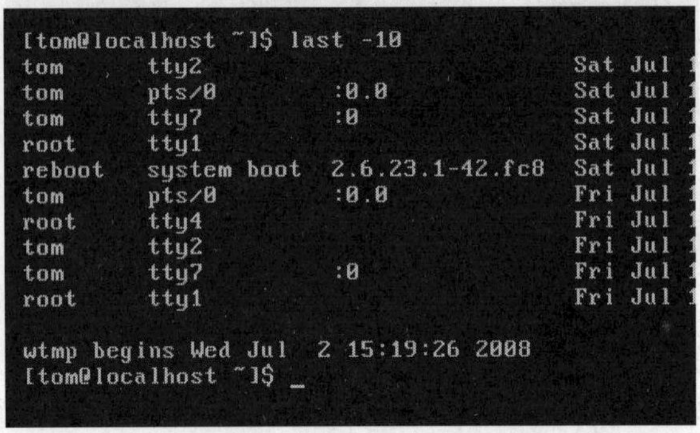

```
[tom@localhost ~]$ last -10
tom      tty2                          Sat Jul 1
tom      pts/0        :0.0             Sat Jul 1
tom      tty7         :0               Sat Jul 1
root     tty1                          Sat Jul 1
reboot   system boot  2.6.23.1-42.fc8  Sat Jul 1
tom      pts/0        :0.0             Fri Jul 1
root     tty4                          Fri Jul 1
tom      tty2                          Fri Jul 1
tom      tty7         :0               Fri Jul 1
root     tty1                          Fri Jul 1

wtmp begins Wed Jul  2 15:19:26 2008
[tom@localhost ~]$ _
```

图 1-109　查询过去登录系统的用户相关信息

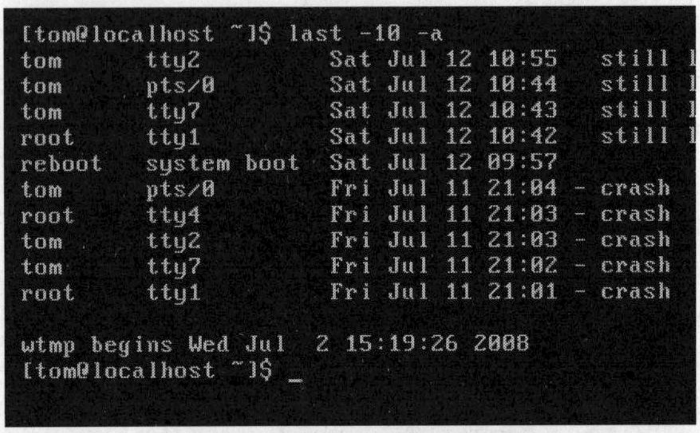

```
[tom@localhost ~]$ last -10 -a
tom      tty2         Sat Jul 12 10:55   still l
tom      pts/0        Sat Jul 12 10:44   still l
tom      tty7         Sat Jul 12 10:43   still l
root     tty1         Sat Jul 12 10:42   still l
reboot   system boot  Sat Jul 12 09:57
tom      pts/0        Fri Jul 11 21:04 - crash
root     tty4         Fri Jul 11 21:03 - crash
tom      tty2         Fri Jul 11 21:03 - crash
tom      tty7         Fri Jul 11 21:02 - crash
root     tty1         Fri Jul 11 21:01 - crash

wtmp begins Wed Jul  2 15:19:26 2008
[tom@localhost ~]$ _
```

图 1-110　最后一栏显示主机名

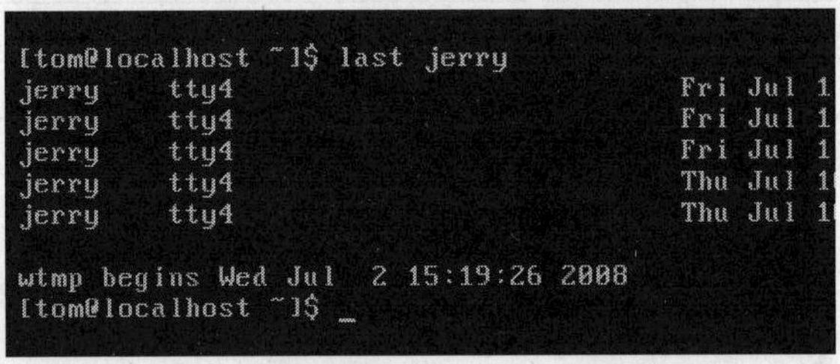

```
[tom@localhost ~]$ last jerry
jerry    tty4                          Fri Jul 1
jerry    tty4                          Fri Jul 1
jerry    tty4                          Fri Jul 1
jerry    tty4                          Thu Jul 1
jerry    tty4                          Thu Jul 1

wtmp begins Wed Jul  2 15:19:26 2008
[tom@localhost ~]$ _
```

图 1-111　查询指定用户的登录情况

示例 4：以 IP 地址而非主机名方式显示。例如，显示最后 10 位登录系统的用户信息，不显示用户主机名，而以 IP 地址（数字和小圆点）的方式显示。在命令行提示符下输入：

last -10 -i ↙

如图 1-112 所示。

示例 5：不显示登录系统的主机名或 IP 地址。显示最后登录系统的 10 位用户，不显示其主机名或 IP 地址。在命令行提示符下输入：

last -n 10 -R ↙

如图 1-113 所示。

```
[tom@localhost ~]$ last -10 -i
tom      tty2         0.0.0.0          Sat Jul 1
tom      pts/0        0.0.0.0          Sat Jul 1
tom      tty7         0.0.0.0          Sat Jul 1
root     tty1         0.0.0.0          Sat Jul 1
reboot   system boot  0.0.0.0          Sat Jul 1
tom      pts/0        0.0.0.0          Fri Jul 1
root     tty4         0.0.0.0          Fri Jul 1
tom      tty2         0.0.0.0          Fri Jul 1
tom      tty7         0.0.0.0          Fri Jul 1
root     tty1         0.0.0.0          Fri Jul 1

wtmp begins Wed Jul  2 15:19:26 2008
[tom@localhost ~]$ _
```

图 1-112　以 IP 地址而非主机名方式显示

```
[tom@localhost ~]$ last -n 10 -R
tom      tty2         Sat Jul 12 10:55   still
tom      pts/0        Sat Jul 12 10:44   still
tom      tty7         Sat Jul 12 10:43   still
root     tty1         Sat Jul 12 10:42   still
reboot   system boot  Sat Jul 12 09:57
tom      pts/0        Fri Jul 11 21:04 - crash
root     tty4         Fri Jul 11 21:03 - crash
tom      tty2         Fri Jul 11 21:03 - crash
tom      tty7         Fri Jul 11 21:02 - crash
root     tty1         Fri Jul 11 21:01 - crash

wtmp begins Wed Jul  2 15:19:26 2008
[tom@localhost ~]$ _
```

图 1-113　不显示登录系统的主机名或 IP 地址

示例 6：显示关机、重启和执行等级等信息。在命令行提示符下输入：

```
last -x ↙
```

如图 1-114 所示。

```
reboot   system boot  2.6.23.1-42.fc8  Wed Jul
tom      pts/1        :0.0             Wed Jul
tom      pts/0        :0.0             Wed Jul
tom      tty7         :0               Wed Jul
tom      tty2                          Wed Jul
root     tty2                          Wed Jul
runlevel (to lvl 5)   2.6.23.1-42.fc8  Wed Jul
reboot   system boot  2.6.23.1-42.fc8  Wed Jul
shutdown system down  2.6.23.1-42.fc8  Wed Jul
runlevel (to lvl 6)   2.6.23.1-42.fc8  Wed Jul
runlevel (to lvl 5)   2.6.23.1-42.fc8  Wed Jul
reboot   system boot  2.6.23.1-42.fc8  Wed Jul

wtmp begins Wed Jul  2 15:19:26 2008
[tom@localhost ~]$ _
```

图 1-114　显示关机、重启和执行等级等信息

（4）相关命令

shutdown、login、init。

42. lastb 命令：显示登录系统失败的用户相关信息

（1）语法

lastb [-R] [-num] [-n num] [-f file] [-adiox] [name...] [tty...]

（2）选项及作用

选 项	作 用
-a	在最后一栏显示主机名
-d	对于非本地登录，Linux系统不仅保存了远程主机的主机名，还保存了远程主机的IP地址，通过该选项将IP地址转换成主机名
-f<记录文件>	指定记录的文件，而不是默认的/var/log/wtmp
-i	与选项-d类似，但是显示远程主机的IP地址而非主机名
-n<显示列数>	设定last命令显示的行数
-<num>	同-n选项，指定显示的行数为<num>
-o	读取一个旧类型的wtmp文件（该文件为Linux-libc5应用程序写入）
-R	不显示登录系统的主机名或IP地址
-x	显示关机、重启和执行等级等更改信息

（3）典型示例

示例 1：显示登录失败的用户。在命令行提示符下输入：

lastb ✓

如图 1-115 所示。使用该命令时，变更用户身份为 root，或者使用 sudo，否则将提示权限不够，拒绝访问。

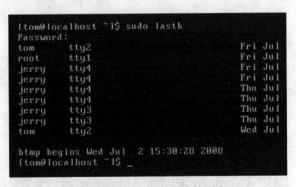

图 1-115　显示登录失败的用户

示例 2：显示最后登录失败的 5 位用户。在命令行提示符下输入：

lastb -n 5 ✓

如图 1-116 所示。

（4）相关命令

shutdown、login、init。

```
[tom@localhost ~]$ sudo lastb -n 5
tom      tty2                          Fri Jul
root     tty1                          Fri Jul
jerry    tty4                          Fri Jul
jerry    tty4                          Fri Jul
jerry    tty4                          Thu Jul

btmp begins Wed Jul  2 15:30:28 2008
[tom@localhost ~]$ _
```

图 1-116 显示最后登录失败的用户

43. login 命令：登录系统

（1）语法

login [name]

（2）典型示例

切换用户。例如当前用户为 tom，可以在当前用户的命令行下快速切换到另一个存在的用户 jerry。在命令行提示符下输入：

```
sudo login ↙
```

如图 1-117 所示。

```
Fedora release 8 (Werewolf)
Kernel 2.6.23.1-42.fc8 on an i686

localhost login: login: jerry
Password:
Last login: Sat Jul 12 22:00:36 on tty2
[jerry@localhost ~]$ _
```

图 1-117 切换登录用户

（3）相关命令

logname。

44. logname 命令：显示登录账号的信息

（1）语法

logname [OPTION]

（2）选项及作用

选　项	作　用
--help	显示帮助信息
--version	显示版本信息

（3）典型示例

显示当前登录系统的用户名。在命令行提示符下输入：

logname ↙

如图 1-118 所示。

```
[tom@localhost ~]$ logname
tom
[tom@localhost ~]$ _
```

图 1-118　显示当前用户名

（4）相关命令

login。

45. logrotate 命令：处理 log 文件

（1）语法

logrotate [-dv] [-f | --force] [-s | --state file] config_file+

（2）选项及作用

选　　项	作　　用
-d	开启debug模式，并且默认包含选项-v；没有任何记录文件或者状态文件会被修改或变动
-f，--force	强制执行文件维护操作，即使logrotate命令认为该操作是不必要的
-m，--mail <command>	当邮寄log文件时告诉logrotate需要执行的命令
-s，--state <statefile>	使用指定的状态文件
--usage	显示命令的基本用法
-v	开启verbose模式，显示命令执行的详细过程

（3）典型示例

示例 1：管理指定记录文件。例如，在命令行提示符下输入：

logrotate /home/log.config ↙

如图 1-119 所示。

```
[root@localhost ~]# logrotate /home/log.config_
```

图 1-119　管理指定记录文件

示例 2：强制执行文件维护操作。在命令行提示符下输入：

logrotate /etc/logrotate.conf ↙

如图 1-120 所示。

（4）相关命令

gzip。

图 1-120 强制执行文件维护操作

46. logout 命令：退出系统

（1）语法

logout

（2）典型示例

退出系统。在命令行提示符下通过该命令退出登录用户，并回到登录界面。在命令行提示符下输入：

logout ↙

如图 1-121 所示。

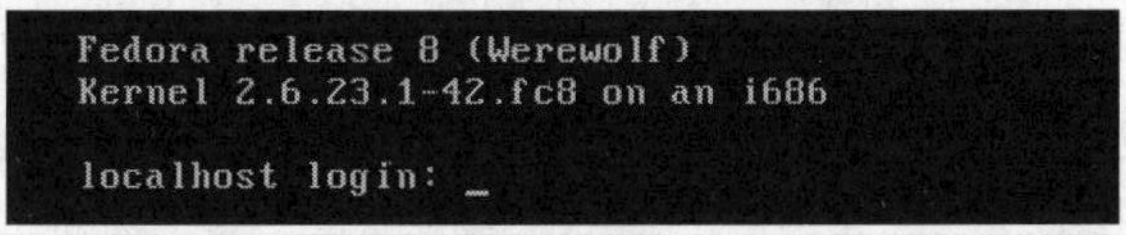

图 1-121 退出系统

（3）相关命令

login。

47. lsmod 命令：显示 Linux 内核模块信息

（1）语法

lsmod

（2）典型示例

显示 Linux 内核的模块状态信息。在命令行提示符下输入：

lsmod ↙

如图 1-122 所示，该命令需要 root 权限。

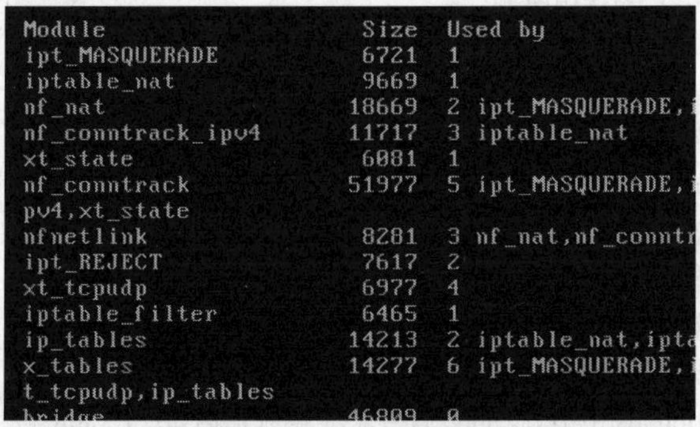

图 1-122 显示内核的模块状态信息

（3）相关命令

modprobe、lsmod.old。

48．man 命令：格式化和显示在线手册

（1）语法

man [-acdfFhkKtwW] [--path] [-m system] [-p string] [-C config_file] [-M path-list] [-P pager] [-B browser] [-H htmlpager] [-S section_list] [section] name...

（2）选项及作用

选　　项	作　　用
-a	man默认在找到第一个符合的帮助文件后立即停止查找，该参数可强制显示所有符合的帮助文件
-B	指定HTML文件的浏览器
-c	即使是已经排版的文件，也强制执行重新排版
-C <config_file>	指定man的环境设置文件，默认文件是/etc/man.config
-d	仅显示排错的信息，而不真显示手册页
-D	显示和打印出帮助信息及排错信息
-f	显示系统命令和工具程序的简单帮助，同whatis命令
-h	显示帮助信息
-H	指定将HTML文件作为文本文件的命令
-k	同命令apropos
-K	在所有的帮助文件中查找包含关键字的帮助文件
-m system	根据给定的系统名字指定要搜索的手册页
-M <path>	指定查找手册页的搜索路径
-p <预处理程序>	指定要排版帮助文件前的处理程序，可选项有eqn(e)、grap(g)、pic(p)、tbl(t)、vgrind(v)和refer(r)
-P <pager>	指定浏览方式；该命令将重写MANPAGER的环境变量，默认情况下，man命令使用/user/bin/less -is
-S <section_list>	所有帮助主题都隶属于不同的小节，其小节的划分如下 小节1：用户命令 小节2：系统调用 小节3：程序库调用 小节4：设备 小节5：文件格式 小节6：游戏 小节7：杂项 小节8：系统命令 小节9：kernel内部命令 小节n：Tcl或Tk命令 section_list中小节之间以冒号 ":" 隔开，例如：1:2:8:n

续表

选　　项	作　　用
-t	用/usr/bin/gruff -Tps -mandoc来排版帮助文件，并输出到标准输出
-w，--path	只显示帮助主题的位置，不显示其内容，同manpath命令
-W	和参数-w效果相同，分行显示文件名，该选项通常用于shell命令中，例如：man -aw man | xargs ls -l

（3）典型示例

示例 1：查找指定命令的帮助文件。例如，查找 which 命令的手册页帮助。在命令行提示符下输入：

man which ✓

如图 1-123 所示。

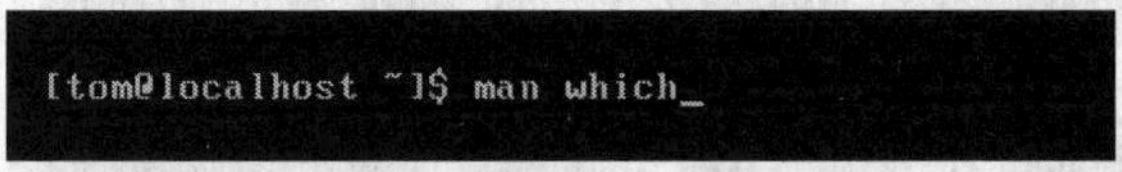

[tom@localhost ~]$ man which_

图 1-123　查找指定命令的帮助文件

示例 2：强制显示所有符合的帮助文件。例如，查找 which 命令的帮助信息，并强制显示所有符合的帮助文件，man 命令默认情况下只显示查找到的第一个帮助文档。在命令行提示符下输入：

man -a which ✓

如图 1-124 所示。

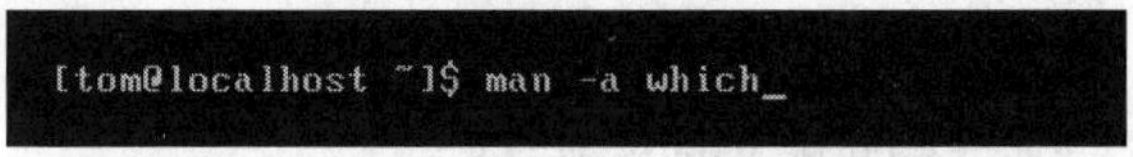

[tom@localhost ~]$ man -a which_

图 1-124　强制显示所有符合的帮助文件

示例 3：强制执行重新排版。查找 which 命令的手册页帮助文件，即使该文件已经排版，也强制执行重新排版并显示该命令的帮助文件。在命令行提示符下输入：

man -c which ✓

如图 1-125 所示。

[tom@localhost ~]$ man -c which_

图 1-125　强制执行重新排版

示例 4：指定 man 的环境设置文件。man 命令默认的设置文件为/etc/man.conf，可以为其指定设置文件来显示指定命令的帮助文件。在命令行提示符下输入：

man -C /home/tom/man.config which ✓

如图 1-126 所示。

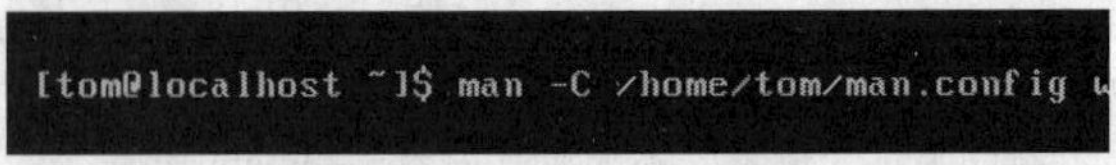

图 1-126　指定环境设置文件

示例 5：仅显示排错的信息，而不真显示手册页。例如，以 debug 模式查询命令 which。在命令行提示符下输入：

man -d debug ✓

如图 1-127 所示。

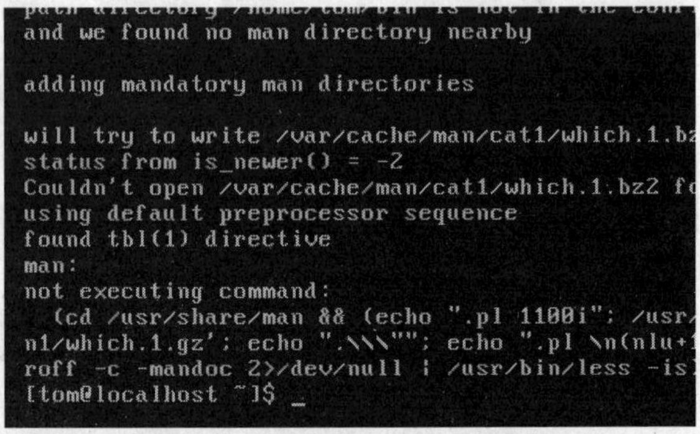

图 1-127　仅显示排错的信息

示例 6：显示系统命令和工具程序的简单帮助，而不显示数页的详细文档。例如，以该方式查询命令 which。在命令行提示符下输入：

man -f which ✓

如图 1-128 所示，该命令等同于 whatis 命令。

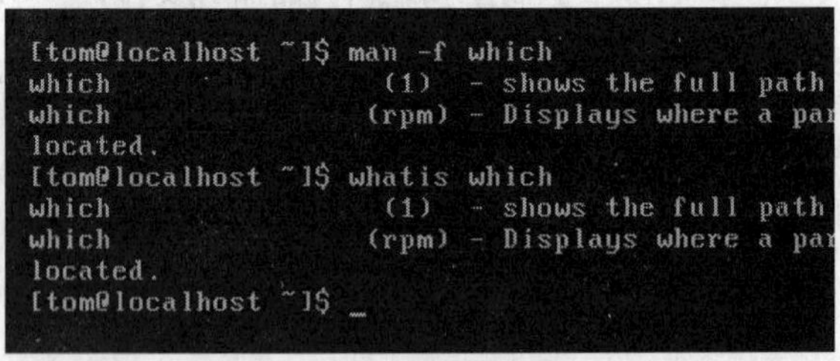

图 1-128　显示简单帮助信息

示例 7：只显示帮助主题的位置，不显示其内容。例如，显示 which 命令帮助文件所在的路径。在命令行提示符下输入：

man -w which ✓

如图 1-129 所示。

图 1-129　显示帮助主题的位置

（4）相关命令

apropos、whatis、less、groff、man.config。

49. manpath 命令：设置 man 手册的查询路径

（1）语法

manpath

（2）典型示例

显示帮助文件的查找路径。在命令行提示符下输入：

manpath ↙

如图 1-130 所示。

图 1-130　显示帮助文件的查找路径

（3）相关命令

man。

50. mkfontdir 命令：创建字体文件目录

（1）语法

mkfontdir [-n] [-x suffix] [-r] [-p prefix] [-e encoding-directory-name] [--] [directory-name …]

（2）选项及作用

选　　项	作　　用
<directory-name>	指定搜查和生成文件的目录
-e	设定一个含有编码文件的目录
-n	不搜查字体及写入字体目录文件，仅生成编码目录
-p	指定编码文件生成路径的前缀
-r	当向encodings.dir文件中写入数据时保持非绝对编码目录的相关形式
-x <suffix>	搜查字体文件时忽略suffix类型文件
--	结束点

（3）典型示例

在目录中创建一个字体文件的索引文件。例如，有一个字体目录 fontdir，在该目录下创建一个字体文件的索引文件。在命令行提示符下输入：

mkfontdir ✓

如图 1-131 所示。

```
[tom@localhost fontdir]$ mkfontdir
[tom@localhost fontdir]$ ls fonts.dir
fonts.dir
[tom@localhost fontdir]$ _
```

图 1-131　创建字体文件的索引文件

（4）相关命令

X、Xserver、xfs、xset。

51. mount 命令：挂载文件系统

（1）语法

mount [-lhV]

mount -a [-fFnrsvw] [-t vfstype] [-O]

mount [-fnrsvw] [-t vfstype] [-o options] device dir

（2）选项及作用

选　项	作　用
-a	加载/etc/fstab中设置的所有设备
-f	完成除真正系统调用外的所有挂载工作
-F	和选项-a一起使用，以并行顺序为每个设备挂载
-h	显示帮助信息
-i	不调用/sbin/mount.\<filesystem\>的帮助，即使文件存在
-l	在挂载输出中增加ext2、ext3和XFS标签
-L \<label\>	加载有指定标签label的分区
-n	不将加载的信息记录在/etc/mtab文件中
-o \<options\>	指定加载的选项，其中的选项如下 async：以异步的方式执行输入输出 atime：每次存取时都更新inode的存取时间 auto：必须在/etc/fatab文件中指定此选项，执行-a选项时会加载为auto的设备 defaults：使用默认的选项 dev：解读文件系统上的字符或设备 exec：执行二进制文件 _netdev：设备上的文件系统需要有网络访问才运行挂载 noatime：每次存取时不更新inode的存取时间

选　　项	作　　用
-o \<options>	noauto：设定无法使用-a参数加载 nodev：不解读文件系统上的字符或设备 noexec：设定无法执行二进制文件 nosuid：关闭设置用户ID和设置组ID nouser：设定一般用户无法加载的操作 remount：重新加载设备 ro：以只读模式加载 rw：以读写模式加载 suid：启动设置用户ID和设置组ID sync：以同步的方式执行输入输出 user：允许一般用户加载设备
-O	与选项-a一起使用，限制-a选项应用的文件系统，如mount -a -O no_netdev
-r	以只读的方式加载设备
-t \<vfstype>	指定设备的文件系统类型，目前支持的文件系统类型包括adfs、affs、autofs、cifs、coda、coherent、cramfs、debugfs、devpts、efs、ext、ext2、ext3、hfs、hfsplus、hpfs、iso9660、jfs、minix、msdos、ncpfs、nfs、nfs4、ntfs、proc、qnx4、ramfs、reiserfs、romfs、smbfs、sysv、tmpfs、udf、ufs、umsdos、usbfs、vfat、xenix、xfs、xiafs
-U \<uuid>	加载有指定uuid的分区
-v	verbose模式，显示执行的详细信息
-V	显示版本信息
-w	以可读写模式加载文件系统，该选项默认
--bind	重新挂载一个设备，在两个挂载点下设备都可以使用
--move	把一个挂载树移到其他位置

（3）典型示例

示例 1：挂载/etc/fstab 中设置的所有设备。在命令行提示符下输入：

```
mount -a ✓
```

如图 1-132 所示。

```
[root@localhost ~]# mount -a
[root@localhost ~]# _
```

图 1-132　挂载/etc/fstab 中设置的所有设备

示例 2：挂载软盘的 MS-DOS 文件系统。在命令行提示符下输入：

```
mount -t msdos /dev/fd0 /media/disk/ ✓
```

如图 1-133 所示。

```
[root@localhost ~]# mount -t msdos /dev/fd0 /med
[root@localhost ~]# _
```

图 1-133　挂载软盘

示例 3： 挂载 Windows FAT 文件系统。例如，将/dev/sda1 挂载到/media/win/目录。在命令行提示符下输入：

```
mount -t vfat /dev/sda1 /media/win/ ↙
```

如图 1-134 所示。

```
[root@localhost ~]# mount -t vfat /dev/sda1 /med
[root@localhost ~]# _
```

图 1-134　挂载 Windows FAT 文件系统

示例 4： 挂载光驱。在/media/目录下新建目录 cdrom/。在命令行提示符下输入：

```
mount -t iso9660 /dev/cdrom /media/cdrom ↙
```

如图 1-135 所示。

```
[root@localhost ~]# mount -t iso9660 /dev/cdrom /
mount: block device /dev/sr0 is write-protected,
[root@localhost ~]# _
```

图 1-135　挂载光驱

示例 5： 列出当前挂载的 ext3 文件系统。在命令行提示符下输入：

```
mount -t ext3 ↙
```

如图 1-136 所示。

```
[root@localhost ~]# mount -t ext3
/dev/sda5 on / type ext3 (rw)
/dev/sda8 on /tmp type ext3 (rw)
/dev/sda7 on /home type ext3 (rw,usrquota,grpquo
/dev/sdb on /media/disk type ext3 (rw)
[root@localhost ~]# _
```

图 1-136　列出当前挂载的指定文件系统

示例 6： 模拟挂载/dev/sda5 的 ntfs 文件系统。在命令行提示符下输入：

```
mount -f -t ntfs /dev/sda5 /media/win ↙
```

如图 1-137 所示。

图 1-137　模拟挂载文件系统

示例 7：挂载/etc/fstab 配置文件中除指定文件系统类型的所有设备。例如，挂载所有的设备，文件系统类型为 VFAT 的除外。在命令行提示符下输入：

mount -a -t novfat ✓

如图 1-138 所示，只需在指定文件类型前加 "no" 即可。

```
[root@localhost ~]# mount -a -t novfat
[root@localhost ~]# _
```

图 1-138　挂载除指定类型外的所有设备

（4）相关命令

umount、fstab、swapon、nfs、xfs、e2label、xfs_admin、mounted、nfsd、mke2fs、tune2fs、losetup。

52. mpost 命令：系统的绘画工具

（1）语法

mpost [options] [commands]

（2）选项及作用

选　　项	作　　用
-halt-on-error	在第一个错误处停止处理
-ini	采用inimpost模式
-8bit	使所有的默认字符可以打印
[no]-file-line-error	禁止打开 "文件：行：错误" 格式的信息
[no]-parse-first-file	禁止使用解析输入文件的第一行
-interaction=<模式>	设置交换模式
-jobname=<名字>	设置工作名字
-kpayhsea-debug=<数字>	根据数字设置路径搜查标志
-mem=<名字>	使用指定的名字替代程序名或%&字符行
-output-directory=<目录>	指定写入文件的目录
-program=<字符串>	设置程序名为指定的名称
-recorder	打开文件名记录
-stranslate-file=<文件>	使用指定的TCX文件
-tex=<字符串>	设定指定的字符串为文本标签
--help	显示帮助信息
--version	显示版本信息

（3）相关命令

tex、mf、dvips。

53. msgcat 命令：合并消息目录

（1）语法

msgcat [OPTION] [INPUTFILE]…

（2）选项及作用

选　　项	作　　用
-e	不在输出中使用C转码序列
-F	按照文件的排序输出
-s	在输出之前先排序
-u	显示只出现一次的消息
-f<文件>	由文件读入输入文件的列表
-D<目录>	在目录中查找输入文件
-o<文件>	将输出写入指定文件

（3）相关命令

msgcomm。

54. msgcomm 命令：匹配两个消息目录

（1）语法

msgcomm [OPTION] [INPUTFILE]…

（2）选项及作用

选　　项	作　　用
-e	不在输出中使用转码序列
-E	在输出中使用转码序列，但没有扩展字符
-F	按照文件的位置排序输出
-i	使用缩进模式写入PO文件
-n	生成"#：文件名：行号位置"
-p	写出Java.properties文件
-P	输入文件以Java.properties语法输出
-s	输出前排列
-u	只显示出现过一次的消息
--force-po	强制写入PO文件
--no-location	不写入"#：文件名：行号位置"
--no-wrap	不将超过页面输出宽度的长消息分成多个断行
--omit-header	不写入带有msgid项的文件头
--strict	写入极为严格的Uniform使PO文件保持一致

续表

选　　项	作　　用
--stringtable-input	输入文件以NeXTstep/GNUstep.string语法输出
--stringtable-output	输出NeXTstep/GNUstep.string文件
-f=<文件>	由指定文件读入输入文件的列表
-D=<目录>	在指定目录中查找输入文件
-o=<文件>	将输出写入指定文件
->=<数字>	只打印出现次数多于指定次数的消息
-<=<数字>	只打印出现次数少于指定次数的消息
-w=<数字>	指定输出页面的宽度
--help	显示帮助信息
--version	显示版本信息

（3）相关命令

msgcat。

55. msgen 命令：创建英语消息目录

（1）语法

msgen [OPTION] INPUTFILE

（2）选项及作用

选　　项	作　　用
-e	不在输出中使用C转码序列
-E	在输出中使用C转码序列，但没有扩展字符
-F	按照文件的位置排序输出
-i	使用缩进模式写入PO文件
-n	生成"#：文件名：行号位置"
-p	写出Java.properties文件
-P	输入文件以Java.properties语法输出
-s	输出前排列
--force-po	强制写入PO文件
--no-location	不写入"#：文件名：行号位置"
--no-wrap	不将超过页面输出宽度的长消息分成多个断行
--strict	写入极为严格的Uniform使PO文件保持一致
--stringtable-input	输入文件以NeXTstep/GNUstep.string语法输出
--stringtable-output	输出NeXTstep/GNUstep.string文件
-D=<目录>	在指定目录中查找输入文件
-o=<文件>	将输出写入指定文件
-w=<数字>	指定输出页面的宽度
--help	显示帮助信息
--version	显示版本信息

（3）相关命令

msginit。

56. msginit 命令：初始化消息目录

（1）语法

msginit [OPTION]

（2）选项及作用

选　　项	作　　用
-h	显示帮助并退出
-l	设置目标语系
-p	写出Java.properties文件
-P	输入文件以Java.properties语法输出
-V	输出版本信息并退出
--no-wrap	不将超过页面输出宽度的长消息分成多个断行
--no-translator	假定PO文件是自动生成的
--stringtable-input	输入文件以NeXTstep/GNUstep.string语法输出
--stringtable-output	输出NeXTstep/GNUstep.string文件
-i=<文件>	指定输入POT文件
-o=<文件>	指定输出文件
-w=<数字>	指定输出页面的宽度
--help	显示帮助信息
--version	显示版本信息

（3）相关命令

msgen。

57. newgrp 命令：登录另一个群组

（1）语法

newgrp [组名称]

（2）典型示例

登录到新的用户组中。例如，用户 jerry 的默认组是 jerry，同时也是属于组 Alex，在登录系统后，要更换到 Alex 组。在命令行提示符下输入：

newgrp Alex ✓

如图 1-139 所示。

将用户添加到另一个组，可以通过 usermod 命令的-G 选项实现。例如，将用户 jerry 添加到 Alex 组。在命令行提示符下输入：

usermod -G Alex jerry ✓

如图 1-140 所示。

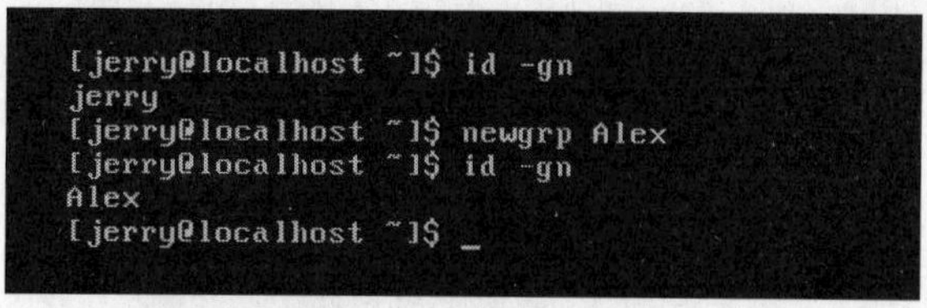

图 1-139　登录到新的用户组

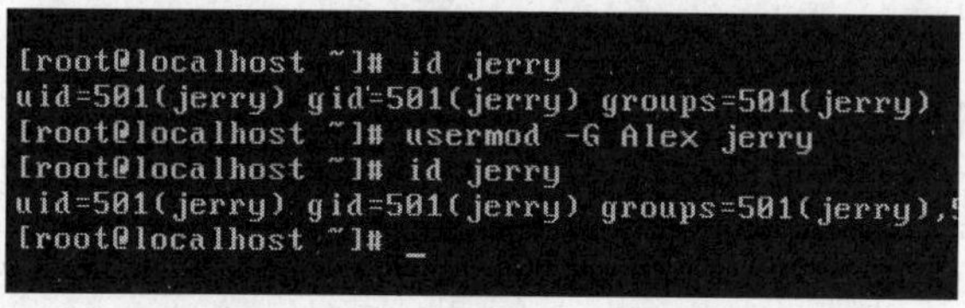

图 1-140　将用户添加到附加组

（3）相关命令

id、login、su、gpasswd、group、gshadow。

58. nohup 命令：退出系统继续执行命令

（1）语法

nohup COMMAND [ARG]…

nohup OPTION

（2）选项及作用

选　　项	作　　用
--help	显示帮助信息
--version	显示版本信息

（3）典型示例

退出系统继续执行命令。例如，在后台运行 ftp 命令，并且 logout 后该命令仍然运行。在命令行提示符下输入：

nohup ftp &✓

如图 1-141 所示。

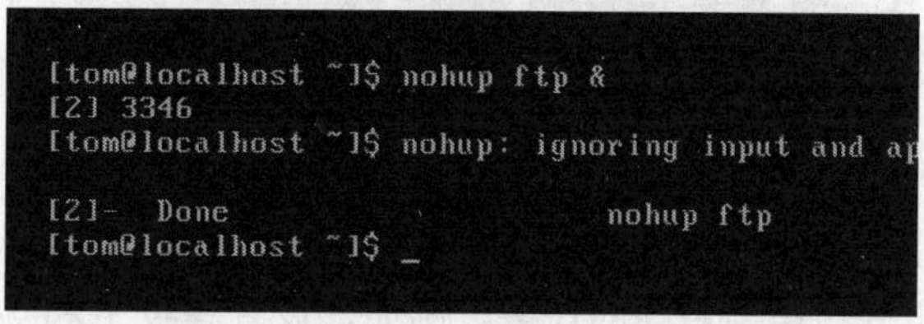

图 1-141　退出系统后继续执行命令

nohup 命令不会自动将程序放到后台运行，所以通常配合特殊字符"&"使用。

（4）相关命令

chkconfig。

59. ntsysv 命令：设置系统的各种服务

（1）语法

ntsysv [--back] [--level <levels>]

（2）选项及作用

选　　项	作　　用
--back	在互动式界面中显示上一步按钮
--level <levels>	在指定的执行等级中选择要打开或关闭的系统服务；等级从0~6，可一次指定多个等级，如"123"表示同时设定等级为1、2和3的服务
levels	执行的状态
0	关机
1	单人用户模式的文字界面
2	多人用户的文字界面，但不具有NFS功能
3	多人用户的文字界面，并且具有全部的网络功能
4	某些发行版本使用此参数可进入X window
5	某些发行版本使用此参数可进入X window
6	重新启动

（3）典型示例

示例 1：配置系统的各种服务运行等级。在命令行提示符下输入：

ntsysv ✓

如图 1-142 所示，可以按 F1 键寻求操作帮助。

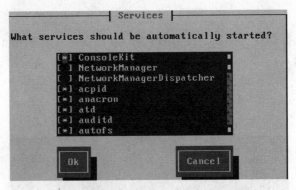

图 1-142　配置系统的各种服务运行等级

示例 2：设定指定等级需要启动的任务。例如，设置等级 1 和 2 所要启动的任务。在命令行提示符下输入：

ntsysv --levels 12 ✓

如图 1-143 所示。

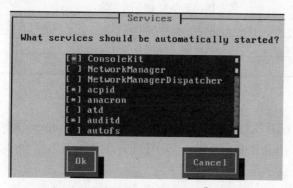

图 1-143　设定指定等级需要启动的任务

示例 3：在互动式界面中显示 Back 按钮。例如，配置系统的各种服务运行等级，并且在互动式界面中显示"上一步"按钮。在命令行提示符下输入：

ntsysv ✓

如图 1-144 所示，原来界面中的 Cancel 按钮已被 Back 按钮取代。

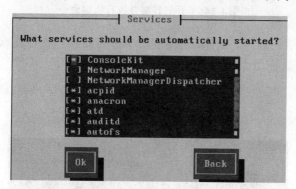

图 1-144　在互动式界面中显示 back 按钮

（4）相关命令

chkconfig、serviceconf。

60. open 命令：开启虚拟终端

（1）语法

open [-lsuvw] [-c 终端编号] [-- 执行命令]

（2）选项及作用

选　　项	作　　用
-c <终端编号>	指定终端的编号
-l	将所执行的命令当成登录的shell

续表

选 项	作 用
-s	切换到执行命令的终端
-u	监测当前终端的拥有者，并以该拥有者的账号登录新的终端
-v	显示命令执行的过程
-w	等待命令执行完毕

（3）典型示例

示例 1：开启终端并执行指定命令。未指定终端号时，open 命令会自动寻找第一个可使用的虚拟终端执行指定命令。例如，开启终端并在该终端运行 ftp 命令，显示命令运行的详细过程。在命令行提示符下输入：

open -v -- ftp ✓

如图 1-145 所示。

```
[root@localhost ~]# open -v -- ftp
openvt: using VT /dev/tty8
[root@localhost ~]# _
```

图 1-145　开启终端并执行指定命令

示例 2：指定终端的编号。例如，指定打开第 9 号终端并在该终端运行 ftp 命令，显示命令运行的详细过程。在命令行提示符下输入：

open -vc 9 -- ftp ✓

如图 1-146 所示。

```
[root@localhost ~]# open -vc 9 -- ftp
openvt: using VT /dev/tty9
[root@localhost ~]# _
```

图 1-146　指定终端的编号

示例 3：切换到执行命令的终端。例如，寻找第 1 个可用的终端并在该终端运行 ftp 命令，显示命令运行的详细过程，执行的同时切换到该终端。在命令行提示符下输入：

open -vs -- ftp ✓

如图 1-147 所示，运行命令后，将切换到运行 ftp 命令的终端，通过 Alt+Ctrl+Fn 组合键回到运行 open 命令的终端。

```
[root@localhost ~]# open -vs -- ftp
openvt: using VT /dev/tty10
[root@localhost ~]# _
```

图 1-147　切换到执行命令的终端

示例 4：监测当前终端的拥有者，以该拥有者的账号登录新的终端，同时切换到该终端。在命令行提示符下输入：

open -us ✓

如图 1-148 所示。

图 1-148　以当前账号登录并切换到第 1 个可用虚拟终端

（4）相关命令

close、dup、fcntl、link、lseek、mknod、mount、mmap、openat、read、socket、stat、umask、unlink、write、fopen、fifo、feature_test_macros、path_resolution。

61. pgrep 命令：基于名字和其他属性的查找或信号处理

（1）语法

pgrep [-flvx] [-d delimiter] [-n|-o] [-P ppid,...] [-g pgrp,...] [-s sid,...] [-u euid,...] [-U uid,...] [-G gid,...] [-t term,...] [pattern]

（2）选项及作用

选　项	作　用
-d \<delimiter\>	在输出时指定字符串\<delimiter\>用于隔断每个进程的ID，默认为新的一行
-f	显示完整命令行
-g pgrp,...	仅在被列出的进程组ID中匹配进程
-G gid,...	仅在被列出的真实组ID中匹配进程
-l	显示进程名字及其进程ID号
-n	显示新进程
-o	显示旧进程
-v	显示与条件不符合的进程
-x	显示和条件符合的进程
-P \<ppid,..\>	列出父进程为指定进程的进程信息
-t \<终端号\>	指定终端下的所有进程
-u \<用户\>	指定用户的进程

（3）典型示例

示例 1：显示指定终端下的所有进程。例如，列出终端 tty3 下的所有程序。在命令行提示符下输入：

pgrep -t tty3 ✓

如图 1-149 所示。

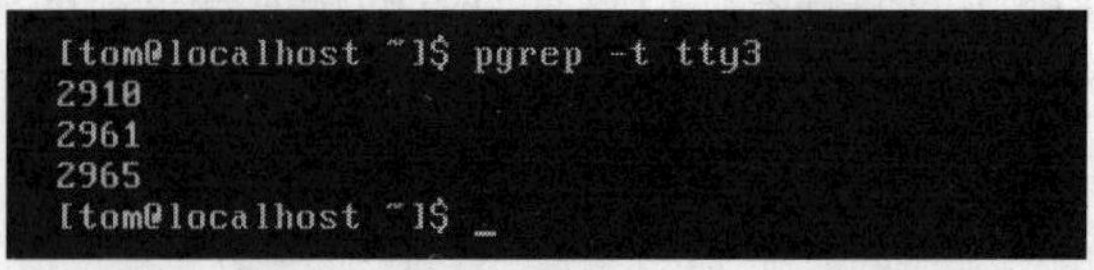

图 1-149　显示指定终端下的所有进程

示例 2：显示指定用户的进程。例如，列出用户 tom 的所有进程号。在命令行提示符下输入：

pgrep -u tom ↙

如图 1-150 所示。

图 1-150　显示指定用户的进程

示例 3：显示进程名字及其进程 ID 号。例如，列出用户 tom 所有进程的进程名字及其进程 ID 号。在命令行提示符下输入：

pgrep -lu tom ↙

如图 1-151 所示。

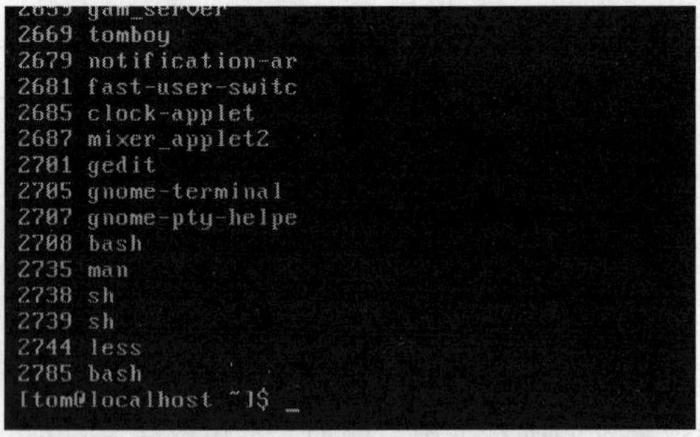

图 1-151　显示进程名字及其进程 ID 号

示例 4：列出与指定字符串相关的进程号及其名字。例如，列出与字符串 "sh" 相关的进程名字及其进程 ID 号。在命令行提示符下输入：

pgrep -l sh ↙

如图 1-152 所示。

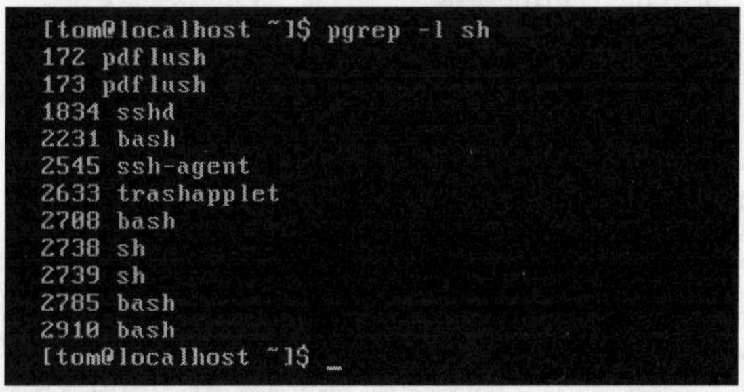

图 1-152 列出与指定字符串相关的进程

示例 5：显示与条件不符合的进程。同示例 4 相反，例如，列出与字符串"sh"不符合的进程，要求显示出其进程名字和进程 ID 号。在命令行提示符下输入：

pgrep -lv sh ✓

如图 1-153 所示。

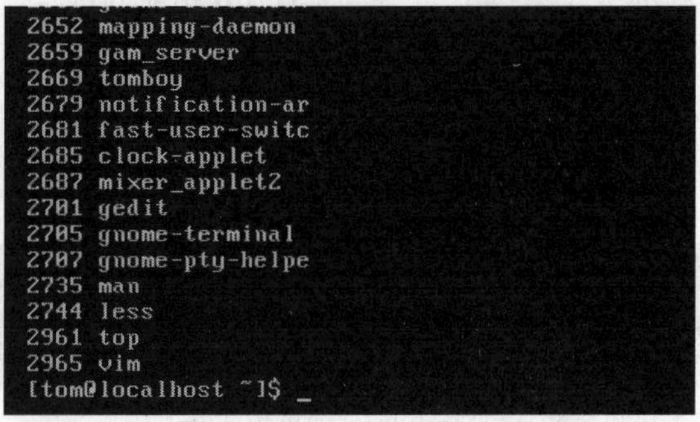

图 1-153 显示与条件不符合的进程

示例 6：列出父进程为 init 进程的所有进程名字及其进程号。在命令行提示符下输入：

pgrep -P 1 ✓

如图 1-154 所示。

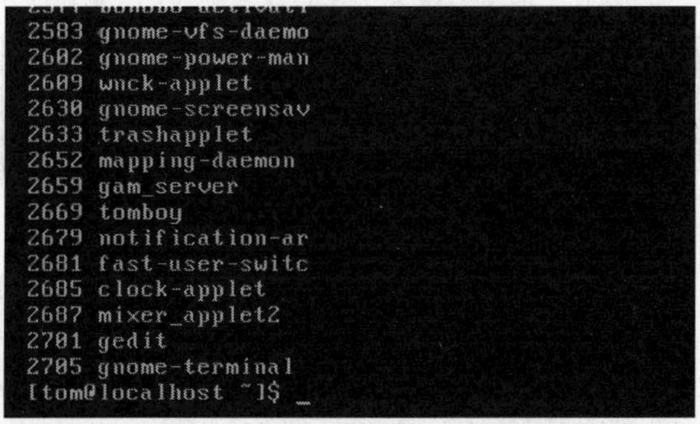

图 1-154 列出父进程为 1 的所有进程

（4）相关命令

ps、regex、signal、killall、skill、kill。

62. pidof 命令：查找运行程序的 ID

（1）语法

pidof [-s] [-c] [-x] [-o omitpid] [-o omitpid..] program [program..]

（2）选项及作用

选　　项	作　　用
-c	仅返回进程的ID
-s	单次选中
-x	同时返回脚本
-o <omitpid>	忽略指定的进程号

（3）典型示例

示例 1：仅返回进程的 ID。例如，查找与程序 ftp 相关的进程，仅返回进程的 ID。在命令行提示符下输入：

pidof ftp -c ✓

如图 1-155 所示。

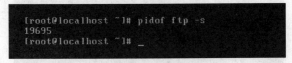

```
[root@localhost ~]# pidof ftp -c
19695 19239
[root@localhost ~]# _
```

图 1-155　仅返回进程的 ID

示例 2：单次选中。例如，查找与程序 ftp 相关的进程，每次只返回一个进程 ID。在命令行提示符下输入：

pidof ftp -s ✓

如图 1-156 所示。

```
[root@localhost ~]# pidof ftp -s
19695
[root@localhost ~]# _
```

图 1-156　单次选中

（4）相关命令

shutdown、init、halt、reboot。

63. pkill 命令：终止程序

（1）语法

pkill [-signal] [-fvx] [-n|-o] [-P ppid,...] [-g pgrp,...]

      [-s sid,...] [-u euid,...] [-U uid,...] [-G gid,...]

      [-t term,...] [pattern]

（2）选项及作用

选　　项	作　　用
-f	显示完整的程序
-n	显示新程序
-o	显示旧程序
-P \<ppid>	列出父进程为指定进程的进程信息
-t \<term>	指定终端下的所有程序
-u \<euid>	指定用户的程序
-v	显示与条件不符合的程序
-x	显示与条件符合的程序
-signal	定义发送到每个与条件符合的程序的信号，可以使用数字或符号信号名字

（3）典型示例

示例 1：让 syslog 程序重新读取它的配置文件。在命令行提示符下输入：

pkill -HUP syslogd ✓

如图 1-157 所示。

```
[root@localhost ~]# pkill -HUP syslogd
[root@localhost ~]# _
```

图 1-157　让进程重新读取其配置文件

示例 2：终止指定进程。例如，终止后台运行的程序 ftp。在命令行提示符下输入：

pkill -9 ftp ✓

如图 1-158 所示。

```
[root@localhost ~]# ps
  PID TTY          TIME CMD
 3200 tty2     00:00:00 su
 3201 tty2     00:00:00 bash
 3361 tty2     00:00:00 ftp
 3365 tty2     00:00:00 ps
[root@localhost ~]# pkill -9 ftp
[1]+  Killed                  ftp
[root@localhost ~]# _
```

图 1-158　终止指定进程

示例 3：终止指定终端下的所有程序。例如，终止终端 tty3 下的所有进程。在命令行提示符下输入：

pkill -t tty3 ✓

如图 1-159 所示。

```
[root@localhost ~]# ps -t tty3
  PID TTY          TIME CMD
 3376 tty3     00:00:00 bash
 3411 tty3     00:00:00 top
[root@localhost ~]# pkill -t tty3
[root@localhost ~]# _
```

图 1-159　终止指定终端下的所有程序

示例 4：终止指定用户的所有进程。例如，终止用户 jerry 的所有进程。在命令行提示符下输入：

pkill -u jerry ✓

如图 1-160 所示。

```
[root@localhost ~]# pkill -u jerry
[root@localhost ~]# _
```

图 1-160　终止指定用户的所有进程

示例 5：终止不属于指定用户的所有进程。例如，终止所有不属于用户 tom 的进程。在命令行提示符下输入：

pkill -vu tom ✓

如图 1-161 所示。

```
[tom@localhost ~]$ pkill -vu tom_
```

图 1-161　终止不属于指定用户的所有进程

（4）相关命令

ps、regex、signal、killall、skill、kill。

64. pmap 命令：显示程序的内存信息

（1）语法

pmap [-x | -d] [-q] pids…

（2）选项及作用

选　　项	作　　用
-d	显示设备格式
-q	不显示处理的信息

续表

选　项	作　用
-x	显示扩展格式
-V	显示版本信息
--verbose	显示命令执行的详细过程

（3）典型示例

示例 1：显示指定进程的内存信息。例如，显示进程 2731 的内存信息。在命令行提示符下输入：

```
pmap 2731 |more ↙
```

如图 1-162 所示。

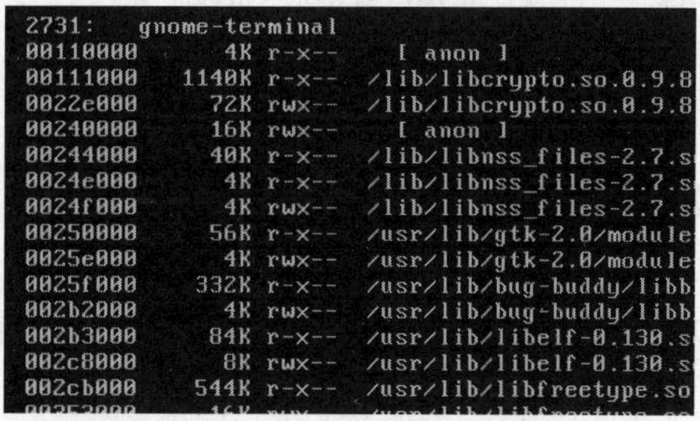

```
2731:   gnome-terminal
00110000      4K r-x--    [ anon ]
00111000   1140K r-x--  /lib/libcrypto.so.0.9.8
0022e000     72K rwx--  /lib/libcrypto.so.0.9.8
00240000     16K rwx--    [ anon ]
00244000     40K r-x--  /lib/libnss_files-2.7.s
0024e000      4K r-x--  /lib/libnss_files-2.7.s
0024f000      4K rwx--  /lib/libnss_files-2.7.s
00250000     56K r-x--  /usr/lib/gtk-2.0/module
0025e000      4K rwx--  /usr/lib/gtk-2.0/module
0025f000    332K r-x--  /usr/lib/bug-buddy/libb
002b2000      4K rwx--  /usr/lib/bug-buddy/libb
002b3000     84K r-x--  /usr/lib/libelf-0.130.s
002c8000      8K rwx--  /usr/lib/libelf-0.130.s
002cb000    544K r-x--  /usr/lib/libfreetype.so
```

图 1-162　显示指定进程的内存信息

示例 2：显示指定进程的内存信息，并显示对应的设备。例如，显示进程 2731 的内存信息，同时显示对应的设备。在命令行提示符下输入：

```
pmap -d 2731 |more ↙
```

如图 1-163 所示。

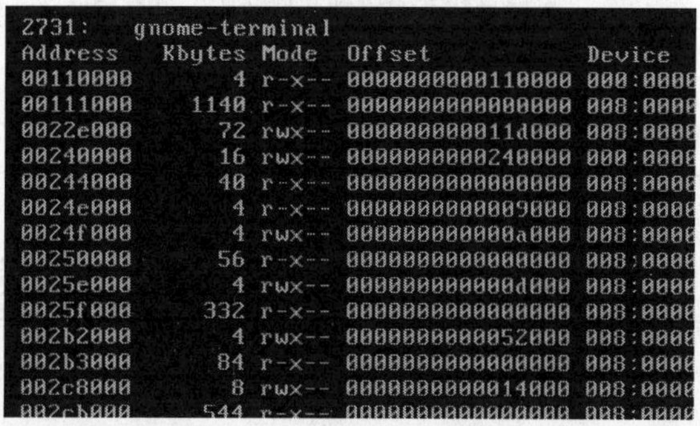

```
2731:   gnome-terminal
Address   Kbytes Mode  Offset           Device
00110000       4 r-x-- 0000000000110000 000:0000
00111000    1140 r-x-- 0000000000000000 008:0000
0022e000      72 rwx-- 000000000011d000 008:0000
00240000      16 rwx-- 0000000000240000 000:0000
00244000      40 r-x-- 0000000000000000 008:0000
0024e000       4 r-x-- 0000000000009000 008:0000
0024f000       4 rwx-- 000000000000a000 008:0000
00250000      56 r-x-- 0000000000000000 008:0000
0025e000       4 rwx-- 000000000000d000 008:0000
0025f000     332 r-x-- 0000000000000000 008:0000
002b2000       4 rwx-- 0000000000052000 008:0000
002b3000      84 r-x-- 0000000000000000 008:0000
002c8000       8 rwx-- 0000000000014000 008:0000
```

图 1-163　显示进程内存信息及对应设备

示例 3：显示扩展格式。例如，显示进程 2731 的内存信息，同时显示出其扩展格式。在命令行提示符下输入：

pmap -x 2731 |more ✓

如图 1-164 所示。

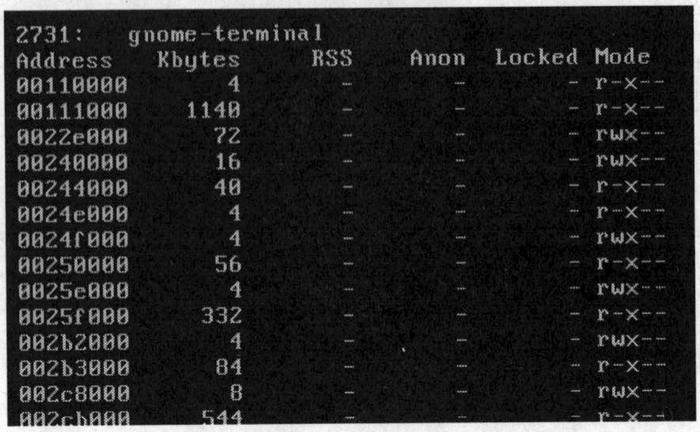

图 1-164　显示扩展格式

（4）相关命令

ps、pgrep。

65. procinfo 命令：显示系统状态

（1）语法

procinfo [-fsmadiDSbrChv] [-n N] [-F file]

（2）选项及作用

选　　项	作　　用
-a	显示所有的信息
-b	显示磁盘设备中的块数目
-d	显示系统信息每秒的变化差额
-D	作用效果和-a参数相似，但内存和虚拟内存的信息为总和数值
-f	进入全屏幕的互动式操作界面
-F <输出文件>	将信息状态输出到文件之中，并存储起来
-h	显示帮助信息
-i	显示完整的IRO
-m	显示系统模块和外设等相关信息
-n <时间间隔>	以秒为时间间隔，设定全屏幕互动的信息更新速度
-s	显示系统的内存、磁盘、IRQ和DMA等信息
-S	和参数-d或-D一起使用时，将会每秒更新信息
-v	显示版本信息

（3）典型示例

示例 1：显示系统的所有状态信息。在命令行提示符下输入：

procinfo -a ✓

如图 1-165 所示。

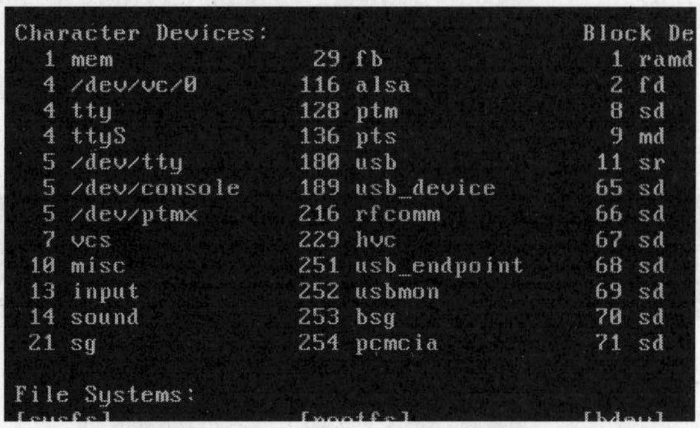

图 1-165　显示系统的所有状态信息

示例 2：显示磁盘设备中的块数目。在命令行提示符下输入：

procinfo -b ✓

如图 1-166 所示。

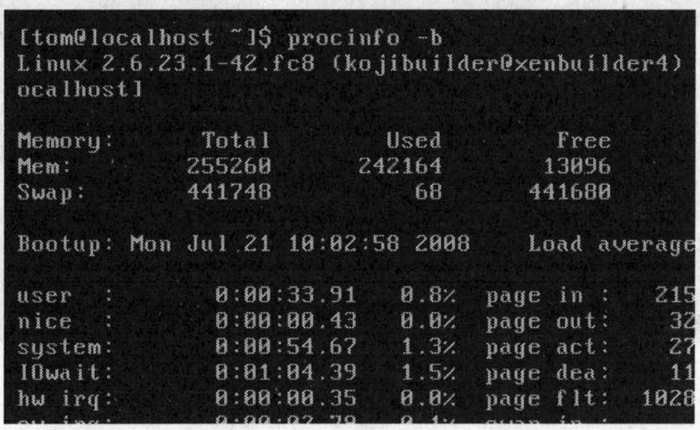

图 1-166　显示磁盘设备中的块数目

示例 3：显示系统信息每秒的变化差额，此为动态信息。在命令行提示符下输入：

procinfo -d ✓

如图 1-167 所示。

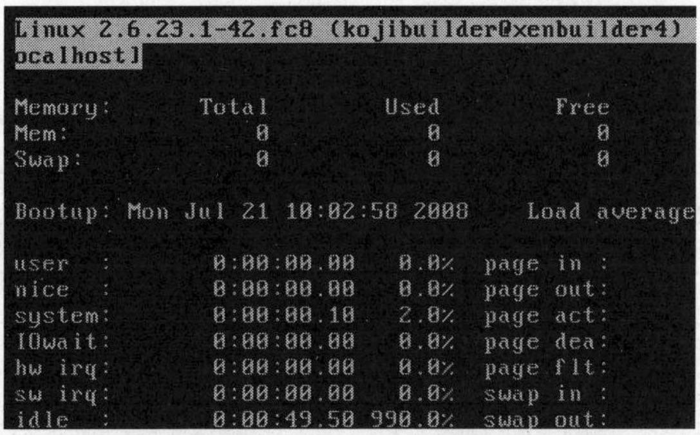

图 1-167　显示系统信息每秒的变化差额

示例 4： 列出完整的 IRO 列表，并将结果输出到指定文件。在命令行提示符下输入：

procinfo -i -F output.proc ∠

如图 1-168 所示。output.proc 文件为已存在的文件，例如，可以通过 "touch output.proc" 命令建立该文件。通过 cat 命令可以查看 output.proc 文件的内容。

```
[tom@localhost ~]$ procinfo -i -F output.proc
[tom@localhost ~]$ _
```

图 1-168 列出完整的 IRO 列表

示例 5： 显示系统模块和外设等相关信息。在命令行提示符下输入：

procinfo -m ∠

如图 1-169 所示。

```
Character Devices:                              Block Dev
   1 mem                29 fb                      1 ramdi
   4 /dev/vc/0         116 alsa                    2 fd
   4 tty               128 ptm                     8 sd
   4 ttyS              136 pts                      9 md
   5 /dev/tty          180 usb                     11 sr
   5 /dev/console      189 usb_device             65 sd
   5 /dev/ptmx         216 rfcomm                  66 sd
   7 vcs               229 hvc                     67 sd
  10 misc              251 usb_endpoint           68 sd
  13 input             252 usbmon                  69 sd
  14 sound             253 bsg                     70 sd
  21 sg                254 pcmcia                  71 sd

File Systems:
```

图 1-169 显示系统模块和外设等相关信息

（4）相关命令

free、uptime、w、init、proc。

66. ps 命令：报告程序状况

（1）语法

ps [options]

（2）选项及作用

选　　项	作　　用
a	显示现行终端下所有的进程
-a	显示所有的进程，除了 session leaders 及与终端无关的进程
-A	显示所有的程序，与选项 -e 效果相同
c	显示进程的真实名
-C<命令>	指定执行命令的名称，并显示该命令的状况
-d	显示所有进程，但不包括 session leaders 程序

续表

选　　项	作　　用
-e	和选项-A效果相同
e	显示环境变量
f	显示程序间的关系
-f	显示UID、PPIP、C和STIME栏位
g	真正地显示所有进程，甚至包括session leaders程序
-g <grplist>	通过session或是有效组名字进行指定，显示属于改组的进程情况
-G <grplist>	显示属于改组的进程情况，可以使用组名字或是组ID进行指定
-H	显示树状结构
--lines<行数>	显示每一页的行数
-N	反向选择，显示所有进程，除了完全与指定条件匹配的进程，与参数--deselect效果相同
p <pidlist>	通过进程ID指定，同选项-p和--pid的效果相同
-p <pidlist>	同选项p，显示指定文件pidlist中指定的进程ID号的进程情况
r	仅显示当前正在运行的进程
-s <sesslist>	通过session ID进行指定，显示在文件sesslist文件中指定的session ID的进程情况
t <ttylist>	显示指定tty的进程情况，与选项-t类似，只是在列表格式上有少许差异
-t <ttylist>	显示指定tty的进程情况
T	显示当前终端所有的进程
u	指定用户的所有程序
-u <用户识别码>	与选项-U效果相同
U <userlist>	显示属于该用户的进程情况，可以使用用户名或是用户ID进行指定
-U <userlist>	显示属于该用户的进程情况，通过真实用户名或是用户ID进行指定
x	显示所有进程，不以终端进行区分
--Group <grplist>	同选项-G
--group <grplist>	同选项-G
--User <userlist>	同选项-U
--pid <pidlist>	同选项-p和p
--ppid <pidlist>	显示父进程ID下的进程情况
--sid <sesslist>	同选项-s
--tty <ttylist>	同选项-t和t
--user <userlist>	同选项-u
-123	同选项--sid 123
123	同选项--pid 123
--width<字符数>	显示每行的字符数
-F	额外完全格式，参看选项-f；-F选项为默认
o <format>	指定用户定义格式，同选项-o和--format
-o <format>	用户定义格式
-M	增加一个安全数据栏，同选项Z（用于SELinux）

续表

选　　项	作　　用
X	注册格式
Z	增加一个安全数据栏，同选项M（用于SELinux）
-c	为-l选项显示不同的调度程序信息
-f	制作完全格式列表
j	BSD工作控制格式
-j	工作格式
l	显示BSD详细格式
-l	详细格式，通常与选项-y联合使用
s	显示信号格式
u	以用户为主的格式显示进程情况
v	以虚拟内存格式显示进程情况
-y	配合选项-y使用时，不显示标识栏位，以rss栏位取代addr栏位
-Z	显示安全文本内容格式（SELinux）
--format <format>	以用户为主的格式，同选项-o和o
--context	显示安全文本内容格式（SELinux）
--help	显示帮助信息
--version	显示版本信息

（3）典型示例

示例1：显示当前用户正在执行的进程。在命令行提示符下输入：

ps ✓

如图 1-170 所示。

图 1-170　显示当前用户正在执行的进程

示例2：显示所有进程信息。在命令行提示符下输入：

ps -A ✓

如图 1-171 所示。

示例3：显示指定用户的进程信息。例如，显示用户 jerry 正在运行的进程信息。在命令行提示符下输入：

ps -u jerry ✓

如图 1-172 所示。

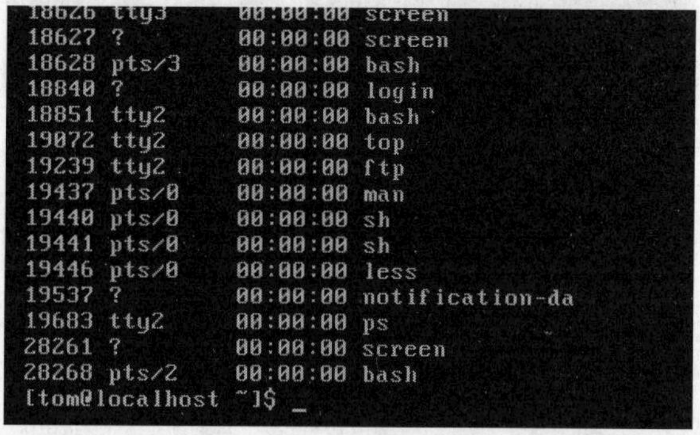

```
18626 tty3      00:00:00 screen
18627 ?         00:00:00 screen
18628 pts/3     00:00:00 bash
18840 ?         00:00:00 login
18851 tty2      00:00:00 bash
19072 tty2      00:00:00 top
19239 tty2      00:00:00 ftp
19437 pts/0     00:00:00 man
19440 pts/0     00:00:00 sh
19441 pts/0     00:00:00 sh
19446 pts/0     00:00:00 less
19537 ?         00:00:00 notification-da
19683 tty2      00:00:00 ps
28261 ?         00:00:00 screen
28268 pts/2     00:00:00 bash
[tom@localhost ~]$ _
```

图 1-171　显示所有进程信息

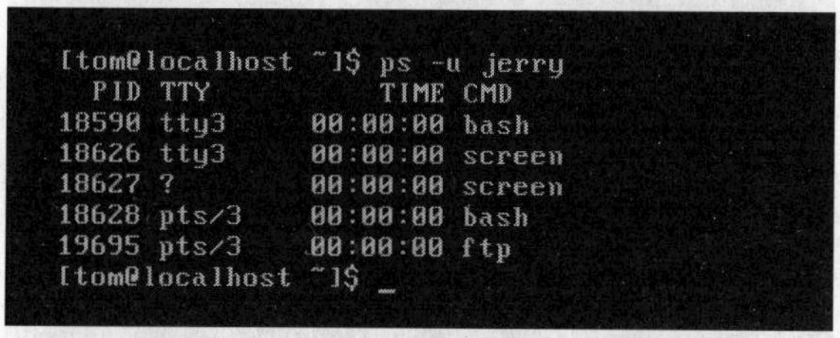

```
[tom@localhost ~]$ ps -u jerry
  PID TTY          TIME CMD
18590 tty3     00:00:00 bash
18626 tty3     00:00:00 screen
18627 ?        00:00:00 screen
18628 pts/3    00:00:00 bash
19695 pts/3    00:00:00 ftp
[tom@localhost ~]$ _
```

图 1-172　显示指定用户的进程信息

示例 4：显示指定终端的进程信息。例如，显示终端 tty1 的所有进程。在命令行提示符下输入：

```
ps -t tty1 ↙
```

如图 1-173 所示。

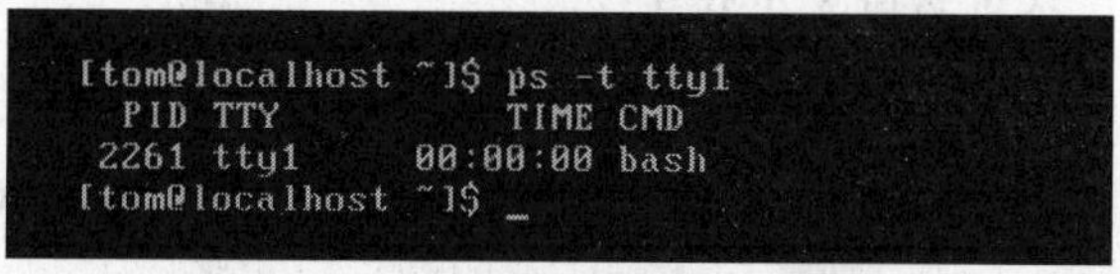

```
[tom@localhost ~]$ ps -t tty1
  PID TTY          TIME CMD
 2261 tty1     00:00:00 bash
[tom@localhost ~]$ _
```

图 1-173　显示指定终端的进程信息

示例 5：显示当前用户的所有进程，不以终端进行区分。在命令行提示符下输入：

```
ps x ↙
```

如图 1-174 所示。

示例 6：显示整个系统所有运行的进程，并以树状结构表达出进程间的关系。在命令行提示符下输入：

```
ps afux ↙
```

如图 1-175 所示。

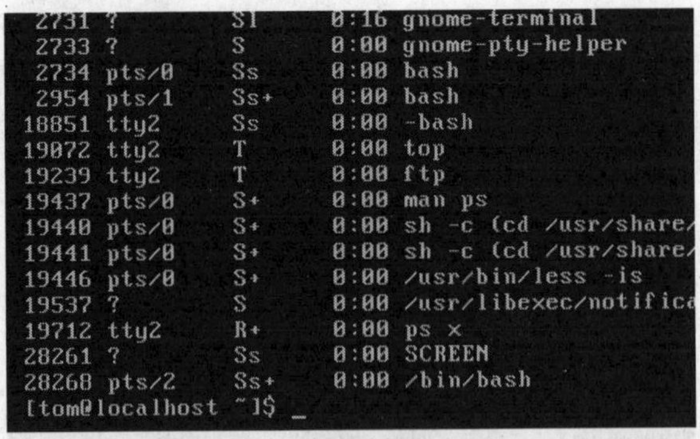

```
 2731 ?        Sl     0:16 gnome-terminal
 2733 ?        S      0:00 gnome-pty-helper
 2734 pts/0    Ss     0:00 bash
 2954 pts/1    Ss+    0:00 bash
18851 tty2     Ss     0:00 -bash
19072 tty2     T      0:00 top
19239 tty2     T      0:00 ftp
19437 pts/0    S+     0:00 man ps
19440 pts/0    S+     0:00 sh -c (cd /usr/share/
19441 pts/0    S+     0:00 sh -c (cd /usr/share/
19446 pts/0    S+     0:00 /usr/bin/less -is
19537 ?        S      0:00 /usr/libexec/notifica
19712 tty2     R+     0:00 ps x
28261 ?        Ss     0:00 SCREEN
28268 pts/2    Ss+    0:00 /bin/bash
[tom@localhost ~]$ _
```

图 1-174　显示当前用户所有进程

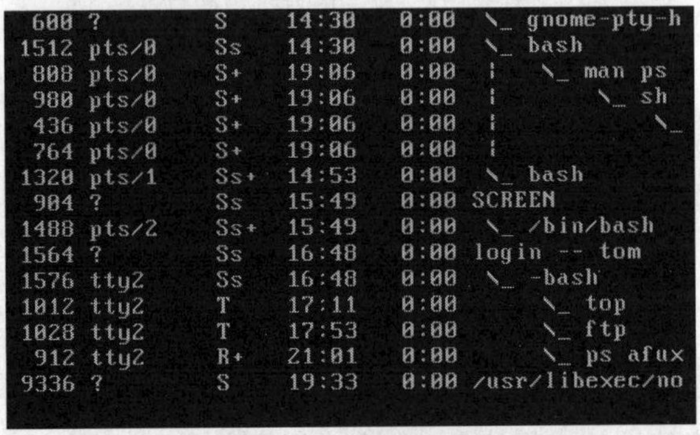

```
 600 ?        S    14:30   0:00  \_ gnome-pty-h
1512 pts/0    Ss   14:30   0:00  \_ bash
 808 pts/0    S+   19:06   0:00  |   \_ man ps
 980 pts/0    S+   19:06   0:00  |       \_ sh
 436 pts/0    S+   19:06   0:00  |           \_
 764 pts/0    S+   19:06   0:00  |
1320 pts/1    Ss+  14:53   0:00  \_ bash
 904 ?        Ss   15:49   0:00 SCREEN
1488 pts/2    Ss+  15:49   0:00  \_ /bin/bash
1564 ?        Ss   16:48   0:00 login -- tom
1576 tty2     Ss   16:48   0:00  \_ -bash
1012 tty2     T    17:11   0:00      \_ top
1028 tty2     T    17:53   0:00      \_ ftp
 912 tty2     R+   21:01   0:00      \_ ps afux
9336 ?        S    19:33   0:00 /usr/libexec/no
```

图 1-175　以树状结构显示系统所有进程

（4）相关命令

top、pgrep、pstree、proc。

67. pstree 命令：以树状图显示程序

（1）语法

pstree [-a] [-c] [-h | H pid] [-l] [-n] [-p] [-u] [-Z] [-A | G | -U] [pid | user]

pstree -V

（2）选项及作用

选　项	作　用
-a	显示命令行参数
-A	使用ASCII字符绘制树状图
-c	不执行精简
-G	使用VT100行绘制字符
-h	高亮显示当前进程及其父进程
-H	类似于选项-h，但是高亮显示指定的进程
-l	以长列格式显示树状图
-n	按照进程的ID进行排序，默认以程序名称来排序

选　　项	作　　用
-p	显示进程的识别码PIDs
-u	显示用户名称
-U	使用UTF-8行绘制字符
-Z	（SELinux）为每个进程显示安全文本内容
-V	显示版本信息

（3）典型示例

示例 1：用树状图显示进程。在命令行提示符下输入：

pstree ↙

如图 1-176 所示。

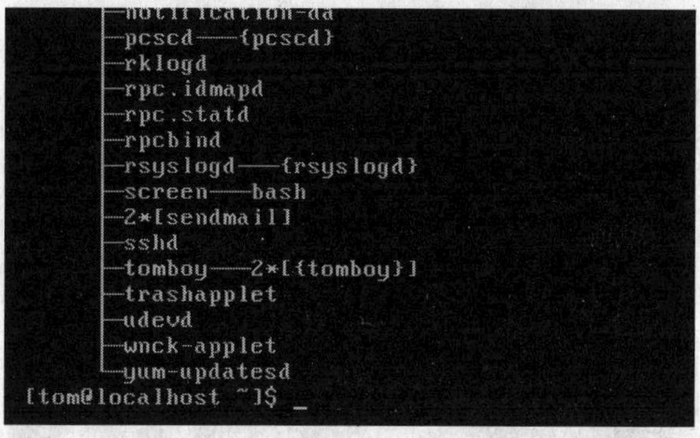

图 1-176　用树状图显示进程

示例 2：用树状图显示进程，显示命令行参数。在命令行提示符下输入：

pstree -a ↙

如图 1-177 所示。

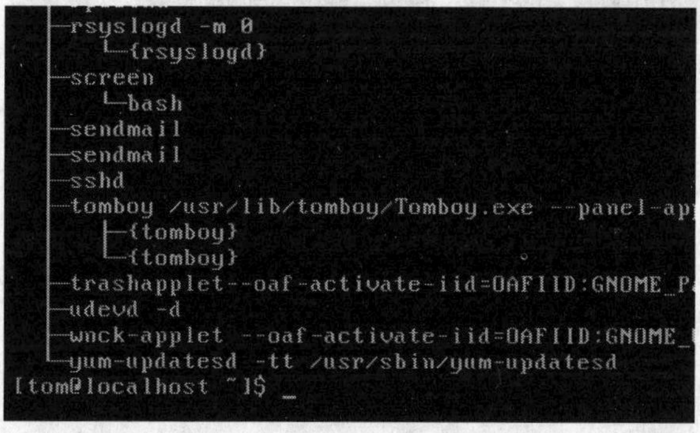

图 1-177　树状图中显示命令行参数

示例 3：显示进程的识别码。例如，以树状图显示进程，并显示进程的 ID。在命令行提示符下输入：

pstree -p ↙

如图 1-178 所示。

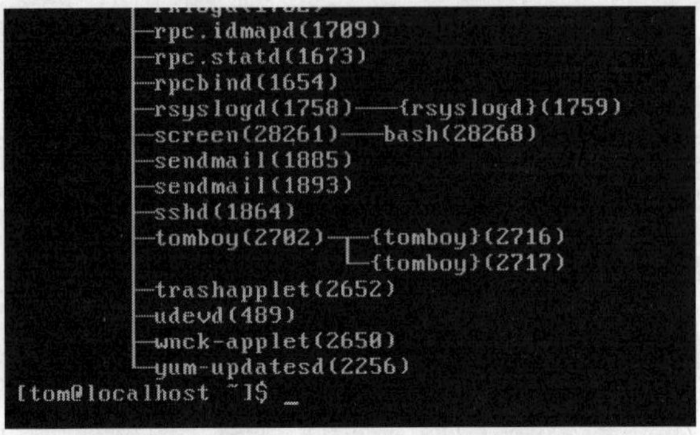

图 1-178 显示进程的识别码

示例 4：显示用户名称。例如，以树状图显示进程及进程 ID，并显示进程的用户名称。在命令行提示符下输入：

pstree -p -u ↙

如图 1-179 所示。

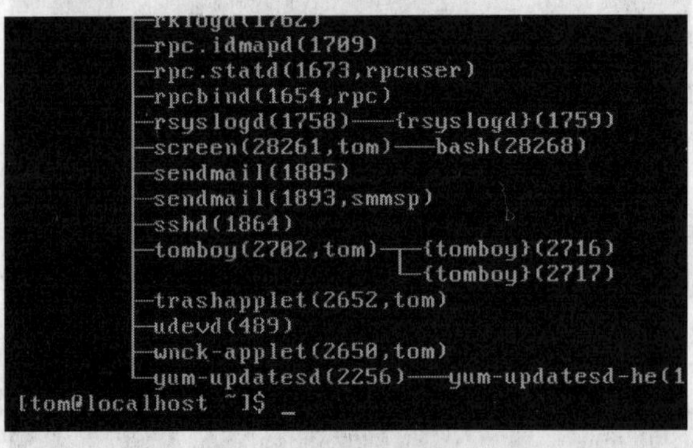

图 1-179 显示用户名称

（4）相关命令

ps、top。

68. pwck 命令：检查密码文件

（1）语法

pwck [-q] [-s] [passwd shadow]

pwck [-q] [-r] [passwd shadow]

（2）选项及作用

选　项	作　用
-q	只报告错误
-r	在只读模式执行pwck命令
-s	分类模式

（3）典型示例

示例 1：校验密码文件的完整性。例如，检查密码文件 passwd。在命令行提示符下输入：

pwck /etc/passwd ✓

如图 1-180 所示。

```
[root@localhost ~]# pwck /etc/passwd
user adm: directory /var/adm does not exist
user uucp: directory /var/spool/uucp does not ex
user gopher: directory /var/gopher does not exis
user backuppc: program /usr/bin/nologin does not
pwck: no changes
[root@localhost ~]# _
```

图 1-180　校验密码文件的完整性

示例 2：校验密码文件的完整性，且只报告错误信息。在命令行提示符下输入：

pwck -q /etc/passwd ✓

如图 1-181 所示。

```
[root@localhost ~]# pwck -q /etc/passwd
[root@localhost ~]# _
```

图 1-181　只报告错误信息

（4）相关命令

group、passwd、shadow、usermod。

69. pwd 命令：显示工作目录

（1）语法

pwd [OPTION]

（2）选项及作用

选　项	作　用
--help	显示帮助信息
--version	显示版本信息

（3）典型示例

显示当前工作目录的路径。例如，先通过 cd 命令进入主目录下的 temp 目录，然后再查看该目录的完整（绝对）路径。在命令行提示符下输入：

pwd ✓

如图 1-182 所示。

图 1-182　显示当前工作目录的路径

（4）相关命令

ls。

70. reboot 命令：重新启动

（1）语法

/sbin/reboot [-n] [-w] [-d] [-f] [-i]

（2）选项及作用

选　　项	作　　用
-d	不在wtmp文件中记录，选项-n隐含该选项
-f	强制重启，不调用shutdown(8)
-i	在重新启动系统前关闭所有的网络接口
-n	在重新启动系统前不执行sync命令
-w	仅在wtmp（/var/log/wtmp）文件中写入记录而不重启系统

（3）典型示例

示例 1：重启操作系统。在命令行提示符下输入：

reboot ✓

如图 1-183 所示。

图 1-183　重启系统

示例 2：强制重启，不调用 shutdown(8)。在命令行提示符下输入：

reboot -f ✓

如图 1-184 所示。

图 1-184　强制重启而不调用 shutdown(8)

示例 3：在重新启动系统前关闭所有的网络接口。在命令行提示符下输入：

reboot -i ✓

如图 1-185 所示。

[tom@localhost ~]$ reboot -i_

图 1-185　先关闭网络接口再重启系统

示例 4：在重新启动系统前不执行 sync 命令。例如，在重启系统前不将内存中的数据保存到硬盘，而直接进行系统重启。在命令行提示符下输入：

reboot -n ✓

如图 1-186 所示。

[tom@localhost ~]$ reboot -n_

图 1-186　不保存数据而直接重启

示例 5：仅在 wtmp（/var/log/wtmp）文件中写入记录而不重启系统。在命令行提示符下输入：

reboot -w ✓

如图 1-187 所示。

[tom@localhost ~]$ reboot -w
[tom@localhost ~]$ _

图 1-187　将开机信息写入 wtmp 而不真正重启

（4）相关命令

shutdown、init、pam_console。

71. renice 命令：调整优先级

（1）语法

renice priority [[-p] pid …] [[-g] pgrp …] [[-u] user …]

（2）选项及作用

选　　项	作　　用
-g <pgrp>	修改所有隶属于该程序组的程序优先级
-p <pid>	改变该程序的优先级
-u <user>	指定用户名称，修改所有隶属于该用户的程序优先级

（3）典型示例

示例 1： 改变指定进程的优先级。例如，改变 PID 为 2719 的进程的优先级，将其设为 5。在命令行提示符下输入：

renice 5 2719 ✓

如图 1-188 所示。

```
[root@localhost ~]# renice 5 2719
2719: old priority 0, new priority 5
[root@localhost ~]# _
```

图 1-188　改变指定进程的优先级

示例 2： 改变指定用户进程的优先级。例如，将 tom 用户所有进程的优先级改为 2。在命令行提示符下输入：

renice 2 -u tom ✓

如图 1-189 所示。

```
[root@localhost ~]# renice 2 -u tom
500: old priority 0, new priority 2
[root@localhost ~]# _
```

图 1-189　改变指定用户进程的优先级

示例 3： 改变指定组进程的优先级。例如，将 jerry 组所有进程的优先级改为 1。在命令行提示符下输入：

renice 1 -g jerry ✓

如图 1-190 所示。

```
[root@localhost ~]# renice 1 -g jerry
0: old priority 0, new priority 1
[root@localhost ~]# _
```

图 1-190　改变指定组进程的优先级

（4）相关命令

getpriority、setpriority。

72. rlogin 命令：远程登录

（1）语法

rlogin [-8EKLdx] [-e char] [-l username] host

（2）选项及作用

选　　项	作　　用
-d	打开用于与远程主机通信的TCP套接口（sockets）的测试
-e <char>	设置脱离字符，默认为"~"
-E	滤除脱离字符；当与选项-8一起使用时，该选项将提供一个完全透明的连接
-l <username>	指定要登录远程主机的用户名称
-L	允许rlogin会话运行在litout模式
-8	允许输入8位字符数据

（3）典型示例

示例 1：远程登录。例如，以当前账号远程登录到主机 222.197.173.27。在命令行提示符下输入：

rlogin 222.197.173.27 ✓

如图 1-191 所示。

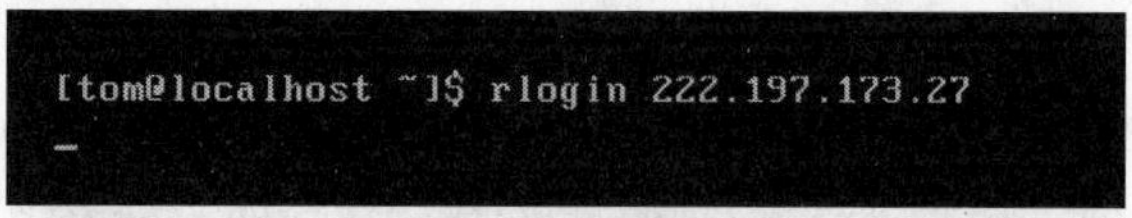

图 1-191　远程登录到主机

示例 2：指定要登录远程主机的用户名称。例如，指定用户 jerry 登录到远程主机 222.197.173.27。在命令行提示符下输入：

rlogin -l jerry 222.197.173.27 ✓

如图 1-192 所示。

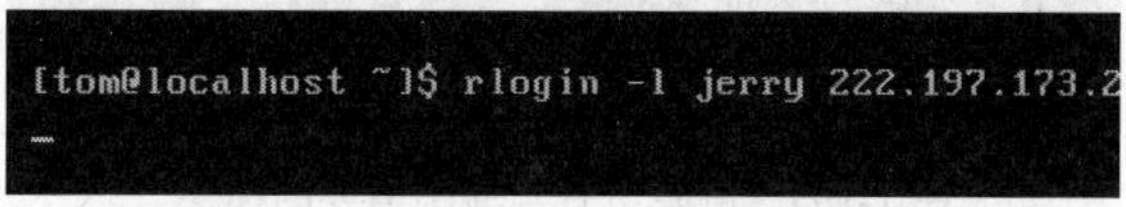

图 1-192　指定要登录远程主机的用户名称

（4）相关命令

rsh。

73. rmmod 命令：删除模块

（1）语法

rmmod [-f] [-w] [-s] [-v] [modulename]

（2）选项及作用

选　　项	作　　用
-f，--force	强制删除，即使正在使用或被标记为非安全的模块也可以被删除。该操作非常危险，不建议使用

续表

选　项	作　用
-s，--syslog	将信息输出至syslog常驻服务程序
-v，--verbose	显示命令执行的过程
-w，--wait	正常情况下，rmmod命令拒绝卸载正在使用的模块。通过该选项，rmmod命令可以将该模块孤立出来，直到该模块不再使用
-V，--version	显示版本信息

（3）典型示例

示例 1：从 Linux 内核中删除模块（可以通过 lsmod 命令查看系统中已载入的模块）。例如，删除模块 msdos，并显示命令执行的过程。在命令行提示符下输入：

rmmod -v msdos ✓

如图 1-193 所示。

```
[root@localhost ~]# rmmod -v msdos
rmmod msdos, wait=no
[root@localhost ~]# _
```

图 1-193　从 Linux 内核中删除模块

示例 2：删除所有当前不需要的模块。在命令行提示符下输入：

rmmod -a ✓

如图 1-194 所示。

```
[root@localhost ~]# rmmod -a
[root@localhost ~]# _
```

图 1-194　删除所有当前不需要的模块

（4）相关命令

modprobe、insmod、lsmod、rmmod.old。

74. rsh 命令：远程登录的 shell

（1）语法

rsh [-Kdnx] [-l username] host [command]

（2）选项及作用

选　项	作　用
-d	使用socket层级的调试功能
-l <username>	指定要登录远程主机的名称，默认情况下，远程用户名与本地用户名相同
-n	把输入的命令导向代号为/dev/null的特殊周边设备

（3）典型示例

以当前用户远程登录到主机 tom@localhost，并在远程主机上执行"cat file"命令：

rsh tom@localhost cat file ✓

如图 1-195 所示。

```
[root@localhost ~]# rsh tom@localhost cat file
_
```

图 1-195　远程登录主机并执行命令

（4）相关命令

rlogin。

75. rwho 命令：查看系统用户

（1）语法

rwho [-a]

（2）选项及作用

选　　项	作　　用
-a	显示所有用户

（3）典型示例

显示登录到当前主机的所有用户。在命令行提示符下输入：

rwho -a ✓

如图 1-196 所示。

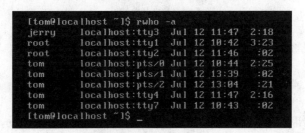

```
[tom@localhost ~]$ rwho -a
jerry      localhost:tty3  Jul 12 11:47   2:18
root       localhost:tty1  Jul 12 10:42   3:23
root       localhost:tty2  Jul 12 11:46    :02
tom        localhost:pts/0 Jul 12 10:44   2:25
tom        localhost:pts/1 Jul 12 13:39    :02
tom        localhost:pts/2 Jul 12 13:04    :21
tom        localhost:tty4  Jul 12 11:47   2:16
tom        localhost:tty7  Jul 12 10:43    :02
[tom@localhost ~]$ _
```

图 1-196　显示所有用户

（4）相关命令

finger、rup、ruptime、rusers、who、rwhod。

76. screen 命令：多重视窗管理程序

（1）语法

screen [-options] [cmd [args]]

screen -r [[pid.]tty[.host]]

screen -r sessionowner/[[pid.]tty[.host]]

（2）选项及作用

选　　　项	作　　　用
-A	将所有的窗口调整为当前终端的大小
-c <文件>	从文件"$HOME/.screenrc"中重新将默认配置文件写入指定文件中
-d <操作名>	将指定的screen操作离线
-h <行数>	指定窗口的缓冲区行数
-ls	显示当前所有的screen操作
-m	强制建立新的screen操作
-r <操作名>	恢复离线的screen操作
-R	试图恢复离线的操作
-s <shell>	指定建立新的窗口是所要执行的shell
-S <操作名>	指定建立新的screen操作名
-wipe	检查并删除已经无法使用的screen操作
-x	恢复离线的screen操作
--help	显示帮助信息
--version	显示版本信息
--verbose	显示执行的详细信息

（3）典型示例

示例 1：执行 screen 命令。执行该命令后其外观与普通 shell 字符界面一样。在命令行提示符下输入：

screen ✓

如图 1-197 所示。

[tom@localhost ~]$ _

图 1-197　执行 screen 命令

可以按 Ctrl+A 组合键，然后接着按"？"键以获取操作命令帮助，如图 1-198 所示。

按 Ctrl+A 组合键，然后输入大写字母"K"将出现关闭窗口的提示，输入"y"后即关闭该 screen 窗口，如图 1-199 所示。注意：操作命令中区分大小写字母。

示例 2：显示当前所有的 screen 操作。在命令行提示符下输入：

screen -ls ✓

如图 1-200 所示。

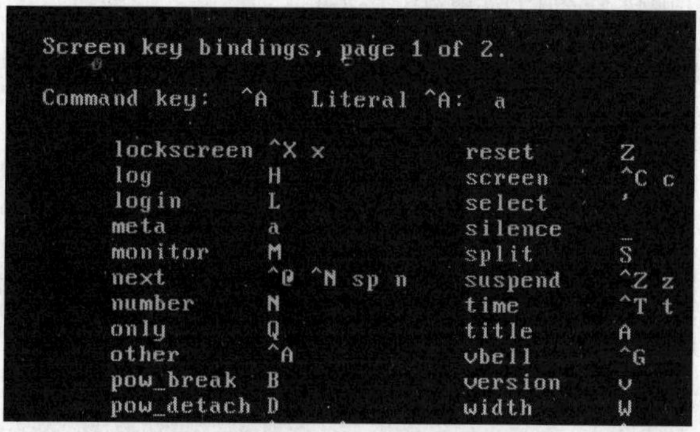

图 1-198　获取操作命令帮助

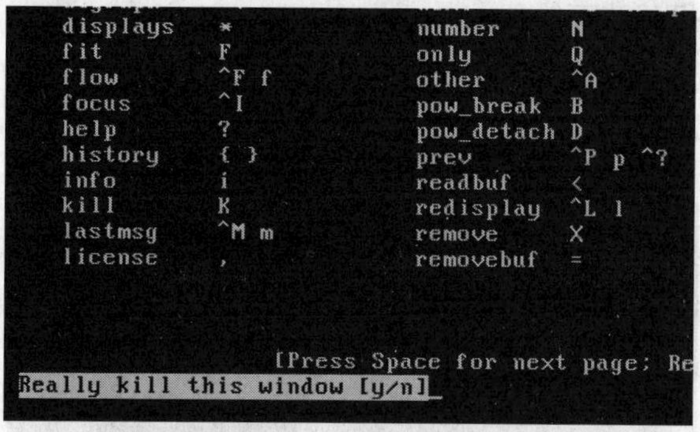

图 1-199　关闭 screen 窗口

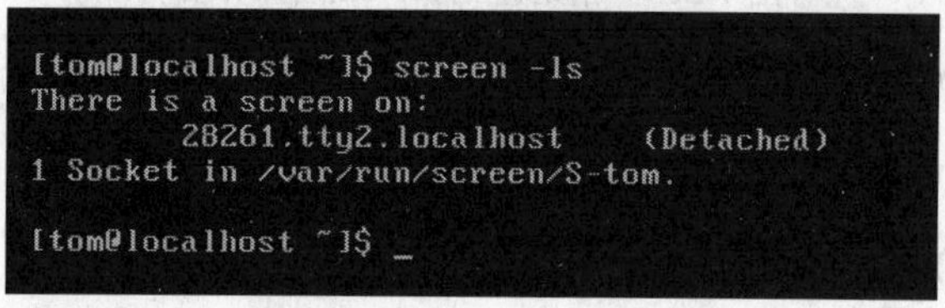

图 1-200　显示当前所有的 screen 操作

示例 3：将连接中的 screen 离线。在命令行提示符下输入：

screen -d ✓

如图 1-201 所示。

图 1-201　将连接中的 screen 离线

示例 4：恢复离线的 screen 操作。例如，恢复 screen 窗口 18694.tty2.localhost。在命令行提示符下输入：

screen -r 18694.tty2.localhost ✓

如图 1-202 所示，将恢复到以前离线的 screen。

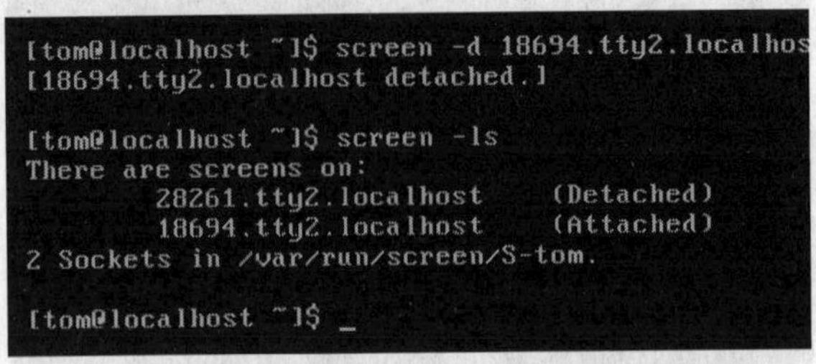

图 1-202　恢复离线的 screen 操作

示例 5：指定建立新的 screen 操作名。例如，建立新的 screen 操作，并指定操作名称为 screen1。在命令行提示符下输入：

screen -S screen1 ✓

如图 1-203 所示，建立之后，可以通过 "screen -ls" 命令查看。

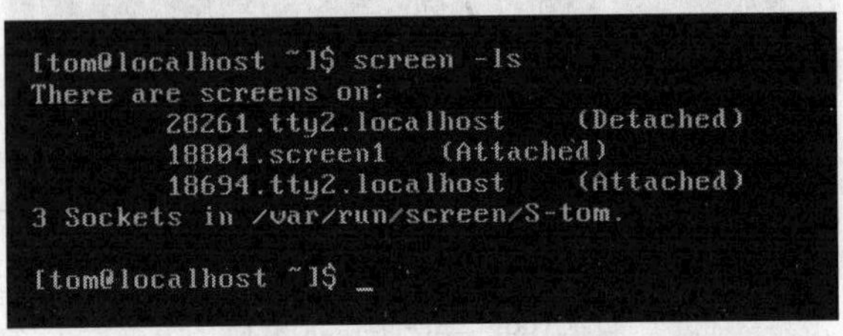

图 1-203　指定建立 screen 的操作名

（4）相关命令

termcap、utmp、vi、captoinfo、tic。

77. shutdown 命令：系统关机命令

（1）语法

shutdown [-akrhHPfnc] [-t<秒数>] [时间] [警告信息]

（2）选项及作用

选　项	作　　用
-a	使用/etc/shutdown.allow文件设置权限
-c	中断已经运行的shutdown
-f	重启时不执行fsck命令
-F	重启时强制执行fsck命令
-h	执行关机
-k	只向用户送出信息，不执行关机命令
-n	不调用init命令进行关机
-r	关机后自动重新启动

续表

选　项	作　用
-t<秒数>	在改变到另一个运行等级之前，设定发送警告信息与终止进程直接需要延迟的时间，可以提醒用户进程即将被终止，应当尽快保存文件
时间	设定执行shutdown命令前的时间
警告信息	要传输给用户的所有信息

（3）典型示例

示例 1：立即关闭系统。在命令行提示符下输入：

shutdown -h now ✓

如图 1-204 所示。

图 1-204　立即关闭系统

示例 2：在指定延迟时间后关机。例如，在 10 分钟后关机，同时发出警告信息 "system will shutdown after 10min"。在命令行提示符下输入：

shutdown +10 "system will shutdown after 10min" ✓

如图 1-205 所示，在关机前，可以按 **Ctrl+C** 组合键中断该命令。

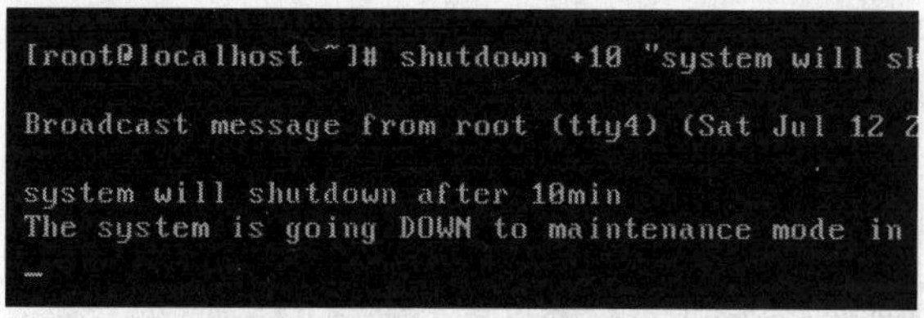

图 1-205　在指定延迟时间后关机

示例 3：定时关机，并以后台执行的方式运行关机命令。在命令行提示符下输入：

shutdown -h 23:00 & ✓

如图 1-206 所示，其中，符号 "**&**" 表示将命令放在后台运行。

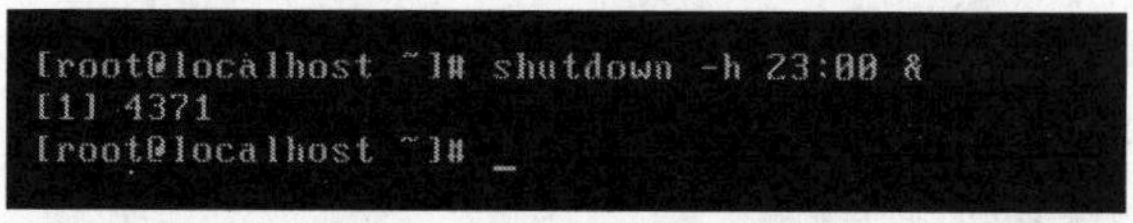

图 1-206　定时关机

示例 4：取消 shutdown 关机命令。例如，取消示例 3 设定的 23：00 关机命令。在命令行提示符下输入：

shutdown -c ✓

如图 1-207 所示。

```
[root@localhost ~]# shutdown -h 23:00 &
[1] 4371
[root@localhost ~]# shutdown -c

Shutdown cancelled.
[1]+  Done                    shutdown -h 23:00
[root@localhost ~]# _
```

图 1-207　取消 shutdown 关机命令

示例 5：重启系统，并且重启时不执行 fsck 命令。在命令行提示符下输入：

shutdown -r -f now ✓

如图 1-208 所示。

```
[root@localhost ~]# shutdown -r -f now_
```

图 1-208　重启系统

示例 6：只向用户送出信息，不执行关机命令。例如，向用户警告 1 分钟后将关机，并发送消息"Linux Word"，但并不真地执行关机命令。在命令行提示符下输入：

shutdown +1 -k "Linux Word" ✓

如图 1-209 所示，1 分钟后，命令行提示 shutdown 命令已经被取消。

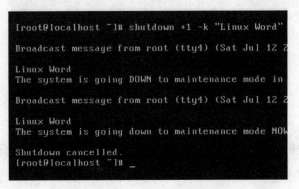

```
[root@localhost ~]# shutdown +1 -k "Linux Word"

Broadcast message from root (tty4) (Sat Jul 12 2

Linux Word
The system is going DOWN to maintenance mode in

Broadcast message from root (tty4) (Sat Jul 12 2

Linux Word
The system is going down to maintenance mode NOW

Shutdown cancelled.
[root@localhost ~]# _
```

图 1-209　只发送消息而不关机

（4）相关命令

fsck、init、halt、poweroff、reboot。

78. sleep 命令：休眠

（1）语法

sleep [时间] [--help] [--version]

（2）选项及作用

选　　项	作　　用
时间	设定运行于休眠状态的时间
--help	显示帮助信息
--version	显示版本信息

（3）典型示例

示例 1：设定延迟 1 分钟后执行 date 命令。在命令行提示符下输入：

sleep 1m; date ✓

如图 1-210 所示，1 分钟后，系统将运行 date 命令。

```
[tom@localhost ~]$ sleep 1m; date
Sat Jul 12 22:51:13 CST 2008
[tom@localhost ~]$ _
```

图 1-210　延迟指定时间后运行命令

示例 2：设定系统休眠时间为 1 分钟。在命令行提示符下输入：

sleep 1m ✓

如图 1-211 所示，1 分钟后将再次回到命令行提示符下。

```
[tom@localhost ~]$ sleep 1m
_
```

图 1-211　设定系统休眠时间

（4）相关命令

init。

79. su 命令：变更用户身份

（1）语法

su [-flmp] [-c<命令>] [-s<shell>] [--help] [--version] [用户账号]

su [OPTION]… [-] [USER [ARG]…]

（2）选项及作用

选　　项	作　　用
-c<命令>	待指定命令执行完毕后恢复原来的身份
-f，--fast	跳过读取启动文件，用于csh或tcsh
-，-l，--login	更改登录shell，默认假定为root用户
-m或--preserve-envirement	当更改用户身份时不改变环境变量
-p	与-m选项效果相同
-s，--shell=<shell>	如果/etc/shells允许，执行指定的shell

续表

选　项	作　用
--help	显示帮助信息
--version	显示版本信息

（3）典型示例

示例 1：变更身份为 root。例如，当前系统的用户为 tom，将用户身份变更为超级用户 root 身份，以便可以使用 root 的 shell。在命令行提示符下输入：

su - ✓

如图 1-212 所示，输入 root 用户的密码后，即进入了 root 的 shell 环境，在命令行提示符下输入 "exit" 即可退出 root，返回到原来的用户 tom。

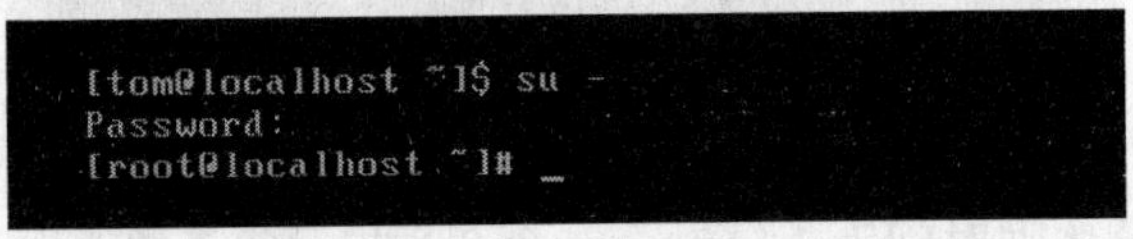

图 1-212　变更当前用户身份为 root

示例 2：变更为指定用户身份。例如，当前用户为 tom，将当前的用户身份变更为用户 jerry。在命令行提示符下输入：

su jerry ✓

如图 1-213 所示，输入用户 jerry 的密码，即可变更身份为用户 jerry，但是工作目录并未改变，仍然为 /home/tom。

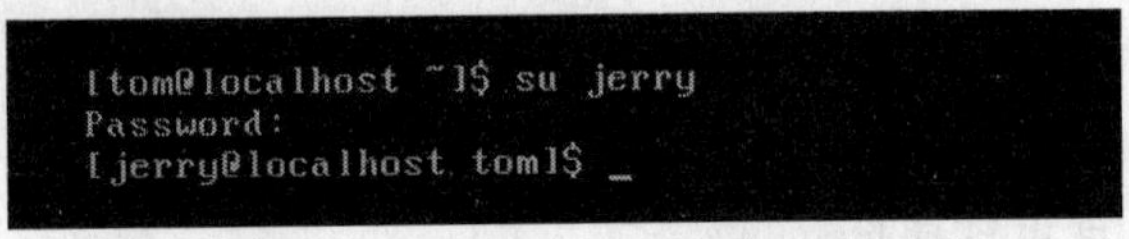

图 1-213　变更身份为指定用户（1）

可以通过选项 "-" 同时变更用户的工作目录和其他环境变量设置。在命令行提示符下输入：

su - jerry ✓

如图 1-214 所示，输入用户 jerry 的登录密码后用户工作目录及其他环境变量均变更为用户 jerry 的设置。

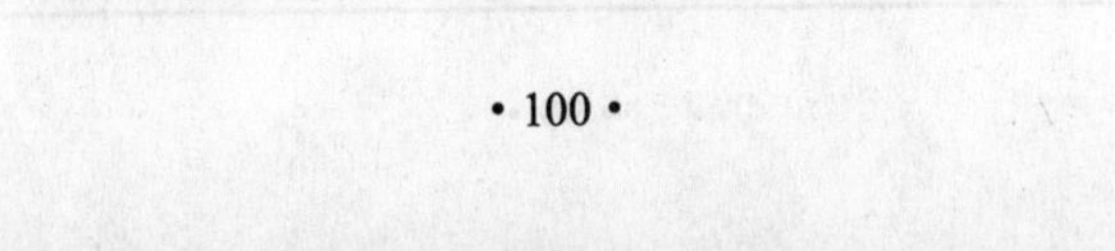

图 1-214　变更身份为指定用户（2）

示例 3：待指定命令执行完毕后恢复原来的身份。例如，在命令行下查看电脑的 IP 地址，在普通用户环境下执行 ifconfig 后，命令行下将提示命令未找到。ifconfig 在目录/sbin 下，普通用户的 shell 环境变量未加入该路径，可以输入该命令的完整路径名/sbin/ifconfig，也可以变更用户为 root 身份后，在命令行提示符下执行 ifconfig 命令，身份的变更可参考示例 1 和示例 2。值得注意的是，变更身份时须同时变更 shell 环境变量，应采用示例 2 的方式进行身份的变更。如果以 su root 的方式变更身份，命令行下依然会提示未找到该命令，如图 1-215 所示。

```
[tom@localhost ~]$ ifconfig
-bash: ifconfig: command not found
[tom@localhost ~]$ su root
Password:
[root@localhost tom]# ifconfig
bash: ifconfig: command not found
[root@localhost tom]# _
```

图 1-215　变更身份运行命令

除此以外，也可以在当前身份下，以 root 的身份执行该命令，命令执行完后恢复原来的身份。在命令行提示符下输入：

```
su - root -c ifconfig ↙
```

如图 1-216 所示。

```
[tom@localhost ~]$ su - root -c ifconfig
Password: _
```

图 1-216　待指定命令执行完毕后恢复原来的身份

示例 4：当更改用户身份时不改变环境变量。例如，变更身份为 jerry，但是不改变环境变量。在命令行提示符下输入：

```
su -m jerry↙
```

如图 1-217 所示。

```
[tom@localhost ~]$ su -m jerry
Password:
bash: /home/tom/.bashrc: Permission denied
bash-3.2$ whoami
jerry
bash-3.2$ echo $HOME
/home/tom
bash-3.2$ _
```

图 1-217　更改用户身份时不改变环境变量

示例 5：执行指定的 shell。变更用户身份为 jerry，变更后使用 zsh 作为 shell。在命令行提示符下输入：

```
su -s /bin/zsh jerry ↙
```

如图 1-218 所示。

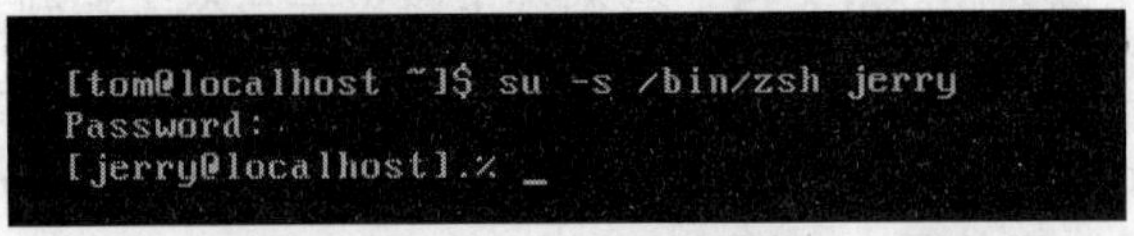

图 1-218　执行指定的 shell

示例 6：不带任何选项变更身份。su 命令在不带任何选项情况下，默认变更的身份为 root。在命令行提示符下输入：

su ✓

如图 1-219 所示。

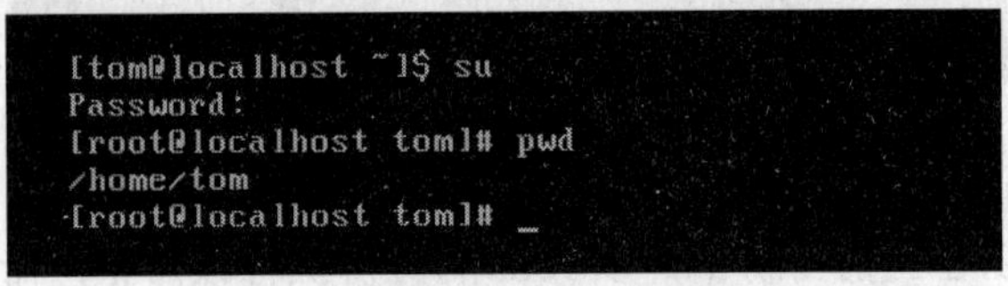

图 1-219　不带任何选项变更身份

（4）相关命令

passwd。

80. sudo 命令：以其他的身份执行命令

（1）语法

sudo [-h | -K | -k | -L | -l | -V | -v]

sudo [-bEHPS] [-a auth_type] [-c class | -] [-p prompt] [-u username | #uid] [VAR=value] {-i | -s | command}

（2）选项及作用

选　　项	作　　用
-b	将命令放在后台执行
-e	编辑一个或更多的文件，而不运行命令
-h	显示帮助信息
-H	将HOME环境变量设置为新身份的HOME环境变量，默认为root
-k	取消密码的有效期
-l	显示当前用户可以执行和不可执行的命令
-p <prompt>	更改询问密码的提示符号
-s <shell>	指定执行的shell
-u <username>	指定新的用户
-v	延长密码有效期（5min）
-V	显示版本信息

（3）典型示例

示例 1：无 sudo 执行权限的用户执行 sudo 命令。例如，用户 jerry 没有执行权限，却通过 sudo 执行命令 reboot。在命令行提示符下输入：

sudo reboot ✓

如图 1-220 所示。

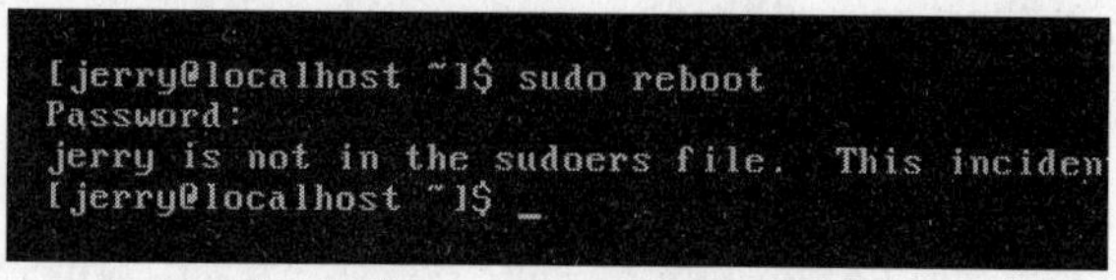

图 1-220　无 sudo 权限用户执行 sudo 命令

编辑/etc/sudoer 文件，可以将使用 sudo 命令的用户添加进该文件。例如，通过编辑/etc/sudoer 文件让普通用户 tom 具有 sudo 执行权限，在文件中添加"tom ALL=(ALL) ALL"，如图 1-221 所示。

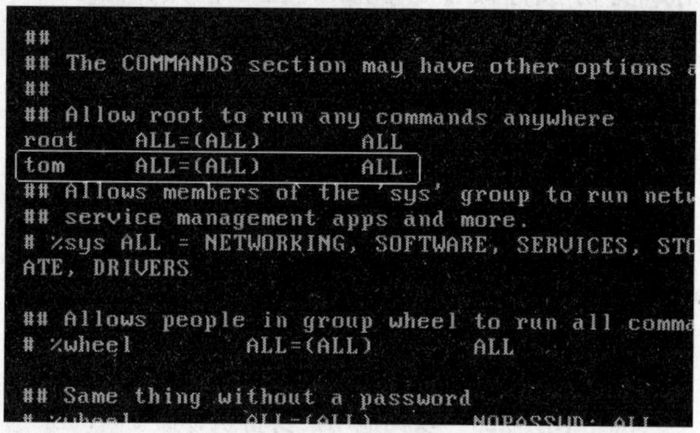

图 1-221　添加 sudo 执行权限的用户

示例 2：显示当前用户可以执行和不可执行的命令。如当前用户具有 sudo 权限，可以在命令行提示符下输入：

sudo -l ✓

如图 1-222 所示。

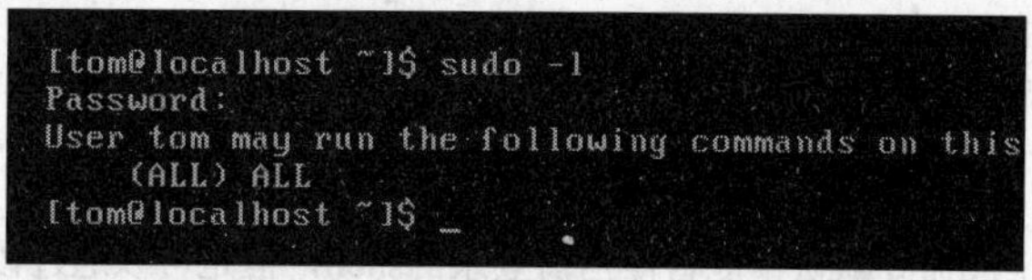

图 1-222　显示当前用户可以执行和不可执行的命令

示例 3：延长密码有效期。例如，将 sudo 命令有效期延长 5 分钟。在命令行提示符下输入：

sudo -v ✓

如图 1-223 所示。

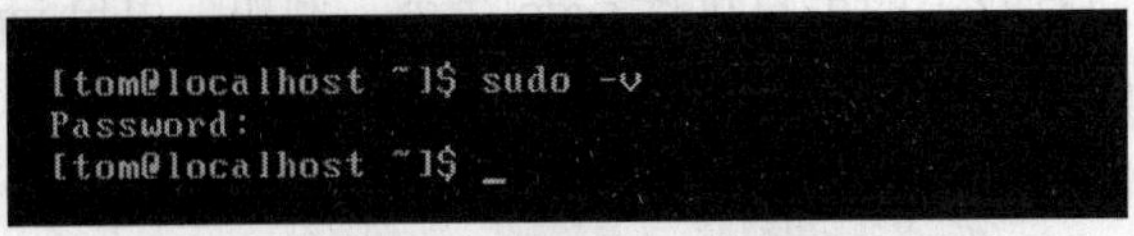

图 1-223　延长密码有效期

示例 4：取消密码的有效期。在命令行提示符下输入：

sudo -k ↙

如图 1-224 所示。

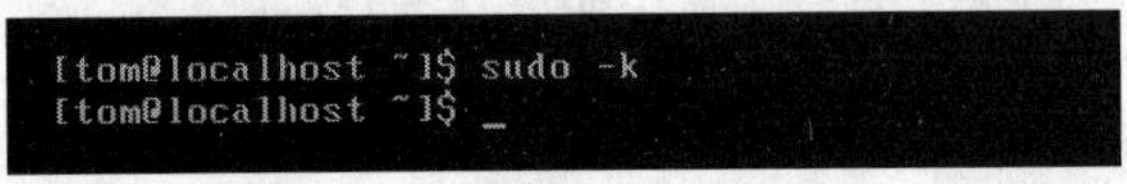

图 1-224　取消密码的有效期

示例 5：以其他用户身份执行命令。例如，在当前用户（tom）工作环境下使用用户 jerry 的身份查看 jerry 用户主目录下的文件。在命令行提示符下输入：

sudo -u jerry ls /home/jerry/ ↙

如图 1-225 所示。

图 1-225　以其他用户身份执行命令

（4）相关命令

grep、su、stat、login_cap、passwd、sudoers、visudo。

81. suspend 命令：暂停执行 shell

（1）语法

suspend [-f]

（2）选项及作用

选　项	作　用
-f	suspend命令默认不能暂停当前登录的shell，但是可以通过该选项将其强行暂停

（3）典型示例

暂停 shell。在命令行提示符下输入：

suspend ↙

如图 1-226 所示，当前登录的 shell 默认情况下无法暂停，但是可以通过选项-f 进行强制暂停。

图 1-226　暂停 shell

（4）相关命令

bash、sh。

82. swatch 命令：系统监控程序

（1）语法

swatch [-c 设定文件] [-f 记录文件] [-r 时间] [-t 记录文件]

（2）选项及作用

选　　项	作　　用
-c<设定文件>	用非默认模式指定设定文件
-f<记录文件>	检查指定的记录文件，完成检查后终止对该文件的监控
-r<时间>	设定重新启动的时间
-t<记录文件>	检查指定的记录文件，并且监控加入记录文件中的后续记录

（3）典型示例

略。它是 Mandrake Linux 中的命令，Fedora 中需要另行安装。

（4）相关命令

syslogd。

83. symlinks 命令：维护符号链接的工具程序

（1）语法

symlinks [-cdrstv] dirlist

（2）选项及作用

选　项	作　　用
-c	将绝对路径的符号链接转换为相对路径（在相同文件系统内）
-d	移除dangling类型的符号链接
-r	检查目录下的子目录内所有符号链接（在相同文件系统内）
-s	检查lengthy类型的符号链接
-t	该参数和-c参数一起使用，显示如何将绝对路径的符号链接转换为相对路径，但是不会进行实际的转换
-v	显示所有类型的符号链接，默认不会显示relative类型的符号链接

（3）典型示例

示例 1：检查并列出指定目录下所有符号链接。例如，以默认方式检查 temp/目录下所有的符号链接并显示其符号链接的类型。在命令行提示符下输入：

```
symlinks temp/ ↙
```

如图 1-227 所示。

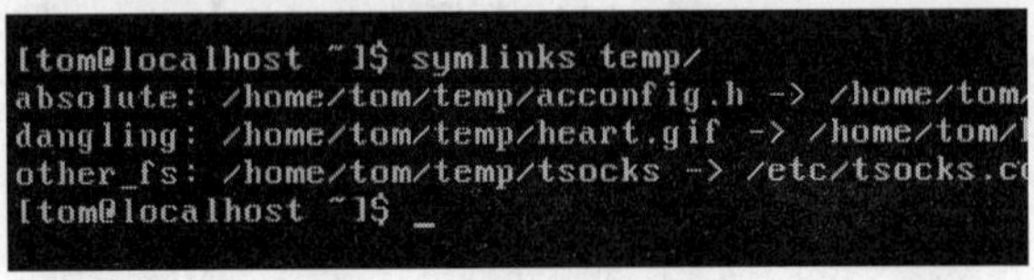

```
[tom@localhost ~]$ symlinks temp/
absolute: /home/tom/temp/acconfig.h -> /home/tom/
dangling: /home/tom/temp/heart.gif -> /home/tom/
other_fs: /home/tom/temp/tsocks -> /etc/tsocks.c
[tom@localhost ~]$ _
```

图 1-227　检查并列出指定目录下所有符号链接

示例 2：检查目录下的子目录内所有符号链接，并列出符号链接的类型。例如，列出 temp/目录及其子目录下所有符号链接，可以通过选项-r 实现。注意：该选项适合子目录均属于同一个文件系统上。在命令行提示符下输入：

```
symlinks -r temp/ ↙
```

如图 1-228 所示。

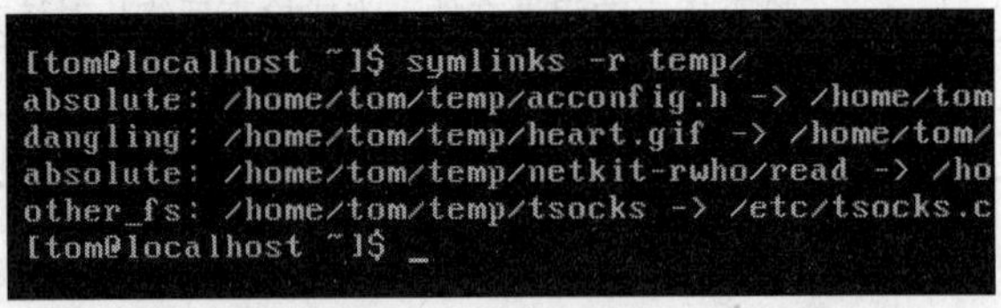

```
[tom@localhost ~]$ symlinks -r temp/
absolute: /home/tom/temp/acconfig.h -> /home/tom
dangling: /home/tom/temp/heart.gif -> /home/tom/
absolute: /home/tom/temp/netkit-rwho/read -> /ho
other_fs: /home/tom/temp/tsocks -> /etc/tsocks.c
[tom@localhost ~]$ _
```

图 1-228　检查所有子目录下符号链接

示例 3：将绝对路径的符号链接转换为相对路径。例如，将 temp/netkit-rwho/命令下的 absolute 类型符号链接转换成 relative 类型。在命令行提示符下输入：

```
symlinks -c temp/netkit-rwho/ ↙
```

如图 1-229 所示。

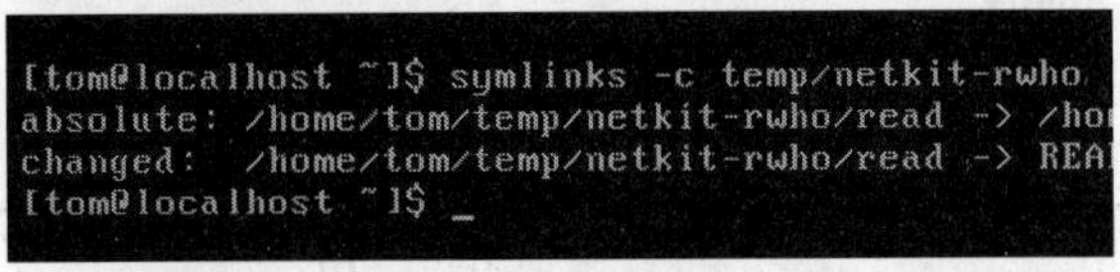

```
[tom@localhost ~]$ symlinks -c temp/netkit-rwho
absolute: /home/tom/temp/netkit-rwho/read -> /ho
changed:  /home/tom/temp/netkit-rwho/read -> REA
[tom@localhost ~]$ _
```

图 1-229　将绝对路径的符号链接转换为相对路径

示例 4：移除 dangling 类型的符号链接。例如，移除 temp/目录下 dangling 类型的符号链接。在命令行提示符下输入：

```
symlinks -d temp/ ↙
```

如图 1-230 所示。

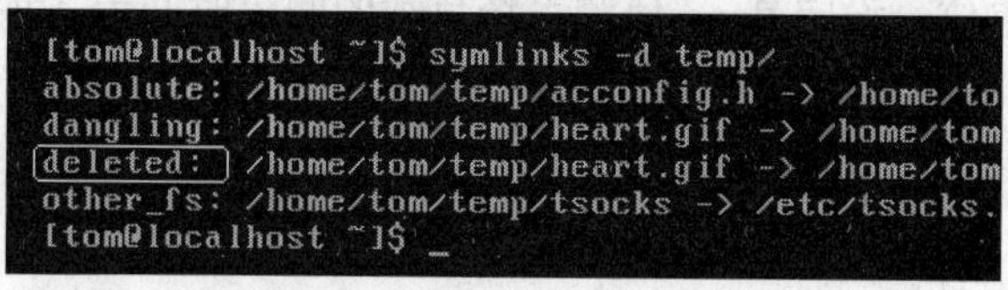

图 1-230　移除 dangling 类型的符号链接

示例 5：显示所有类型的符号链接。例如，显示 temp/目录及其子目录下所有符号链接的类型，默认情况下不显示 relative 类型的符号链接，通过选项-v 可将其显示出来。在命令行提示符下输入：

symlinks -vr temp/ ↙

如图 1-231 所示。

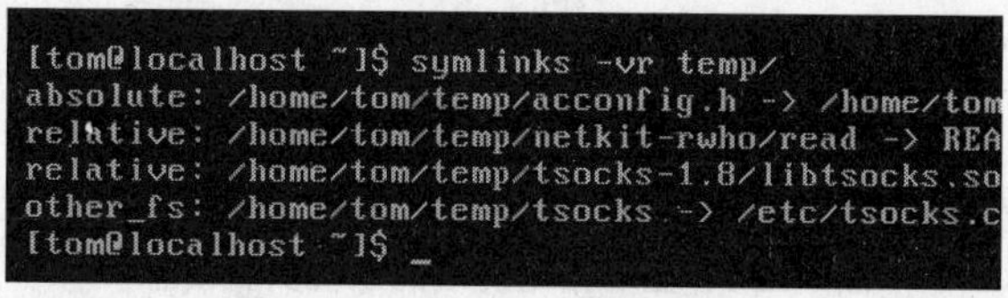

图 1-231　显示所有类型的符号链接

（4）相关命令

ls。

84. tload 命令：显示系统负载

（1）语法

tload [-V] [-s scale] [-d delay] [tty]

（2）选项及作用

选　　项	作　　用
-V	显示版本的信息
-d <delay>	以秒为单位，设定tload侦测系统负载的间隔时间
-s <scale>	设定图表的垂直刻度的大小，单位为行

（3）典型示例

示例 1：显示当前终端的系统负载信息。在命令行提示符下输入：

tload ↙

如图 1-232 所示。

图 1-232　显示当前终端的系统负载信息

示例 2： 以秒为单位，设定 tload 侦测系统负载的间隔时间为 2 秒。在命令行提示符下输入：

tload -d 2 ✓

如图 1-233 所示运行。

图 1-233　设定侦测间隔时间

示例 3： 显示指定终端的系统负载信息。例如，显示终端 tty2 的系统负载信息。在命令行提示符下输入：

tload /dev/tty2 ✓

如图 1-234 所示。

图 1-234　显示指定终端的系统负载信息

（4）相关命令

ps、top、uptime、w。

85. top 命令：显示进程信息

（1）语法

top -hv | -bcHisS -d <delay> -n iterations -p pid [, pid …]

（2）选项及作用

选　　项	作　　用
-b	使用批处理模式
-c	显示程序并显示程序的完整相关信息，如名称、路径等
-i	忽略闲置或已经冻结的程序
-d <delay>	以秒为单位，设定监控程序执行状况的时间间隔
-n <iterations>	设定监控信息的更新次数
-p <进程号>	指定进程
-s	安全模式
-u <somebody>	指定用户名
-v	显示版本信息
-h	显示帮助信息

（3）典型示例

示例 1： 显示当前运行的任务信息。在命令行提示符下输入：

top ✓

如图 1-235 所示。

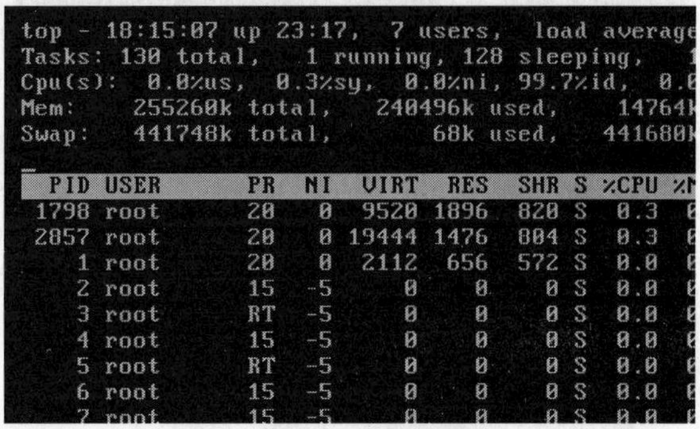

图 1-235　显示任务信息

示例 2：显示程序及其完整相关信息。在命令行提示符下输入：

top -c ✓

如图 1-236 所示。

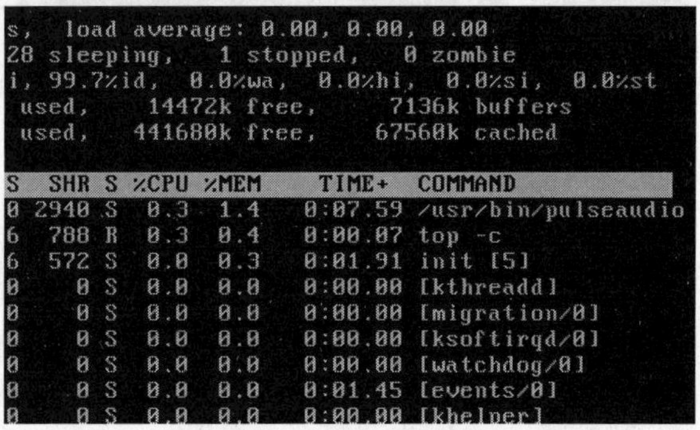

图 1-236　显示命令完整信息

示例 3：以秒为单位，设定监控程序执行状况的时间间隔。例如，设定 top 命令的时间
间隔为 3 秒。在命令行提示符下输入：

top -d 3 ✓

如图 1-237 所示。

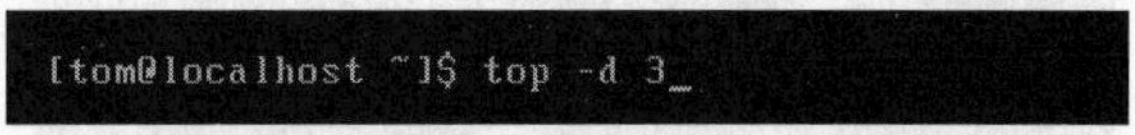

图 1-237　设定程序监控的时间间隔

示例 4：设定监控信息的更新次数。例如，设定系统任务信息更新 5 次后结束 top 命
令。在命令行提示符下输入：

top -n 5 ✓

如图 1-238 所示。

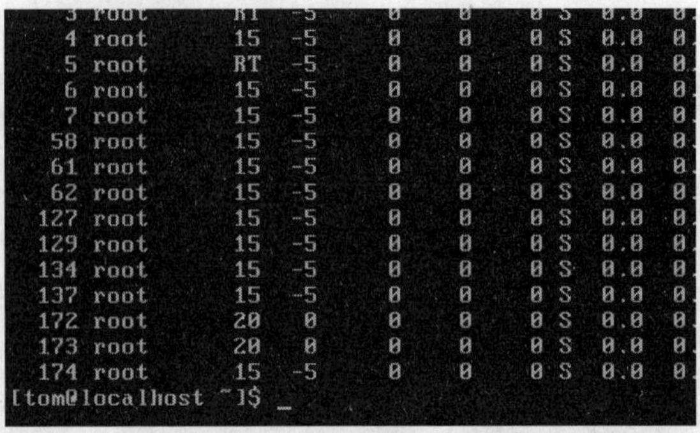

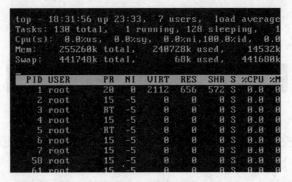

图 1-238　设定监控信息的更新次数

示例 5：使用批处理模式。在命令行提示符下输入：

top -b ✓

如图 1-239 所示。

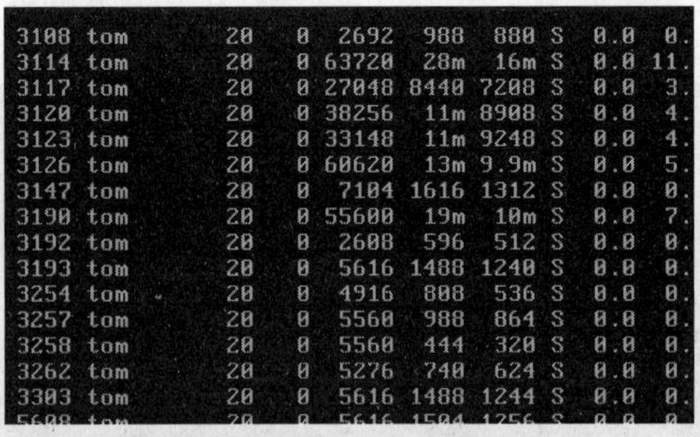

图 1-239　使用批处理模式

示例 6：以安全模式显示系统任务的信息。在命令行提示符下输入：

top -s ✓

如图 1-240 所示。

图 1-240　以安全模式运行 top 命令

（4）相关命令

free、ps、uptime、atop、slabtop、vmstat、w。

86. uname 命令：显示系统信息

（1）语法

uname [OPTION]…

（2）选项及作用

选　　项	作　　用
-a，--all	显示全部的信息
-i,--hardware-platform	显示硬件平台，或显示字符串"unknown"
-m，--machine	显示计算机硬件名称
-n，--nodename	显示网络上的主机名
-o，--operating-system	显示操作系统
-p，--processor	显示处理器类型，或显示字符串"unknown"
-r，--kernel-release	显示内核的发行版本
-s，--kernel-name	显示内核名称
-v，--kernel-version	显示内核版本
--help	显示帮助信息
--version	显示版本信息

（3）典型示例

示例 1：显示系统所有信息，但如果不清楚处理器和硬件平台信息则不显示这两个信息。在命令行提示符下输入：

uname -a✓

如图 1-241 所示。

```
[tom@localhost ~]$ uname -a
Linux localhost.localdomain 2.6.23.1-42.fc8 #1 S
i686 i686 i386 GNU/Linux
[tom@localhost ~]$ _
```

图 1-241　显示系统所有信息

示例 2：不带任何选项时显示系统名称，与选项-s 有相同效果。在命令行提示符下输入：

uname ✓

如图 1-242 所示。

示例 3：显示硬件平台。在命令行提示符下输入：

uname -i ✓

如图 1-243 所示。

图 1-242　显示系统名称

图 1-243　显示硬件平台

示例 4：显示操作系统。在命令行提示符下输入：

uname -o ✓

如图 1-244 所示。

图 1-244　显示操作系统

示例 5：显示处理器类型。在命令行提示符下输入：

uname -p ✓

如图 1-245 所示。

图 1-245　显示处理器类型

示例 6：显示内核的发行版本。在命令行提示符下输入：

uname -r ✓

如图 1-246 所示。

图 1-246　显示内核的发行版本

（4）相关命令

make、patch。

87. useradd 命令：建立系统账号

（1）语法

useradd [-mMnr] [-b<用户目录>] [-c<备注>] [-d<登录目录>] [-e<有效期限>] [-f<缓冲天数>] [-g<组>] [-G<组>] [-s<shell>] [-u<uid>] [用户账号]

useradd [options] LOGIN

useradd -D

useradd -D [options]

（2）选项及作用

选　　项	作　　用
-b<用户目录>	在指定目录下建立所有的用户登录目录
-c<备注>	添加备注文字，可以是任意文本字符串
-d<登录目录>	指定用户登录的开始目录
-e<有效期限>	设定账号的有效期限
-f<缓冲天数>	设定密码在过期后账号自动关闭的天数
-g<组>	指定用户所属的组
-G<组>	指定用户所属的附加组
-h	显示帮助信息
-l	不将用户加入到最后登录的log文件中，该选项由Red Hat添加
-m	如果用户的home目录不存在，则自动建立该目录
-M	不自动建立用户home目录
-n	不建立以用户名为名的组，默认将建立一个与用户名同名的组
-o	允许建立同名账户
-p <password>	输入账户密码，默认情况下（或不指定密码时）无密码
-r	建立系统账号
-s<shell>	指定用户登录时使用的shell，缺省时选择系统默认的登录shell
-u<uid>	指定用户ID，以数字表示

（3）典型示例

示例 1：以默认方式新建用户。例如，添加一个普通用户，用户名为 jerry。在命令行提示符下输入：

```
useradd jerry ↙
```

如图 1-247 所示。

```
[root@localhost ~]# useradd jerry
[root@localhost ~]# _
```

图 1-247　添加普通用户

默认情况下，该命令会在/home 目录下建立该用户的主目录，同时建立 jerry 组，并将该用户添加到 jerry 组。可以通过在命令行提示符下输入如下命令查看/home 下的用户：

cat /etc/passwd |grep /home/↙

如图 1-248 所示。

```
[root@localhost ~]# cat /etc/passwd |grep /home/
tom:x:500:500::/home/tom:/bin/bash
jerry:x:501:501::/home/jerry:/bin/bash
[root@localhost ~]#
```

图 1-248　查看/home 目录下的用户

示例 2：将建立的用户添加到指定组。Linux 以默认方式建立的用户被默认添加到与用户名同名的组中，可以通过选项-g 指定新建用户的所属群组。例如，新建用户 jerry 并将该用户添加到 tom 组中。在命令行提示符下输入：

useradd -g tom jerry ↙

如图 1-249 所示。

```
[root@localhost home]# useradd -g tom jerry
Creating mailbox file: File exists
[root@localhost home]#
```

图 1-249　将建立的用户添加到指定组

可以通过 groups 命令查看指定用户所加入的群组。在命令行提示符下输入：

groups jerry ↙

如图 1-250 所示。

```
[root@localhost home]# groups jerry
tom
[root@localhost home]#
```

图 1-250　查看指定用户所属群组

示例 3：useradd 命令建立的用户默认登录的开始目录为/home 目录下的同名目录，例如，示例 2 中新建用户 jerry 的登录目录为/home/jerry，如图 1-251 所示。

```
Fedora release 8 (Werewolf)
Kernel 2.6.23.1-42.fc8 on an i686

localhost login: jerry
Password:
[jerry@localhost ~]$ pwd
/home/jerry
[jerry@localhost ~]$
```

图 1-251　用户的默认登录目录

可以通过-d 选项指定用户登录的开始目录。例如，通过 userdel 命令删除 jerry 用户，再重新建立该用户，并指定该用户登录的开始目录为 tom。在命令行提示符下输入：

useradd -d /home/jerry1 jerry ✓

如图 1-252 所示。

图 1-252　指定用户登录的开始目录

示例 4： 设定账号的有效期限。新建用户 jerry，并指定该用户账户的有效期限。在命令行提示符下输入：

useradd -e 31/12/2010 jerry ✓

如图 1-253 所示。

图 1-253　设定账户的有效期限

示例 5： 建立系统账号。创建一个名为 jerry 的系统账号。在命令行提示符下输入：

useradd -r jerry ✓

如图 1-254 所示。

图 1-254　建立系统账号

示例 6： 指定登录后使用的 shell。新建用户 jerry，并指定该用户登录后使用的 shell 为 bash。在命令行提示符下输入：

useradd -s /bin/bash jerry ✓

如图 1-255 所示。

图 1-255　指定新建用户的 shell

（4）相关命令

chfn、chsh、passwd、crypt、groupadd、groupdel、groupmod、login.defs、newusers、userdel、usermod、adduser。

88. userconf 命令：用户账号设置

（1）语法

userconf [--addgroup<组>] [--delgroup<组>] [--deluser<用户 ID>] [--help]

（2）选项及作用

选　　项	作　　用
--addgroup<组>	添加组
--delgroup<组>	删除组
--deluser<用户ID>	删除用户账号
--help	显示帮助信息

（3）典型示例

在桌面环境的终端直接输入该命令，在命令行提示符下输入：

userconf ✓

建立名称为 newgroup 的新组，在命令行提示符下输入：

userconf --addgroup newgroup ✓

删除名称为 newgroup 的新组，在命令行提示符下输入：

userconf --delgroup newgroup ✓

（4）相关命令

usradd。

89. usermod 命令：修改用户账号

（1）语法

useramod [-Lm] [-c<备注>] [-d<登录目录>] [-e<有效期限>] [-f<缓冲天数>] [-g<组>] [-G<组>] [-l<账号名称>] [-s<shell>] [-u<uid>] [用户账号]

usermod [-c comment] [-d home_dir [-m]]

　　　　[-e expire_date] [-f inactive_time]

　　　　[-g initial_group] [-G group[,...]]

　　　　[-l login_name] [-s shell]

　　　　[-u uid [-o]] login

（2）选项及作用

选　　项	作　　用
-c<备注>	更新用户账户password档中的备注栏，一般是使用chfn(1)来修改
-d<登录目录>	更新用户的登入目录；如果给定-m选项，用户旧目录会搬到新目录去，如旧目录不存在则创建新的

续表

选　项	作　用
-e<有效期限>	加上用户账号停止日期，日期格式为MM/DD/YY
-f<缓冲天数>	账号过期几日后永久停权；当值为0时账户立刻被停权，当值为-1时则关闭此功能，预设值为"-1"
-g<组>	更新用户新的起始登入群组，群组名须已存在，群组ID必须参照既有的群组，群组ID预设值为1
-G<组>	定义用户为groups的成员；每个群组用"，"隔开，不可以夹杂空白字元；群组名同-g选项的限制；如果用户现在的群组不在此列，则将用户由该群组中移除
-l<账号名称>	变更用户login时的名称为指定的账号名称，其他的不变；特别是，用户目录名也会跟着更改成新的登录名
-L	锁定用户密码，使用户密码失效
-m	将指定的目录设置为新的用户根目录，仅与选项-d一起使用
-s<shell>	指定新登录shell。如此栏留白，系统将选用系统预设shell
-u<uid>	必须为唯一的ID值，除非用-o选项。数字不可为负值。预设为不得小于999而逐次增加。0~999传统上保留给系统账号使用。用户目录树下所有的档案目录其userID会自动改变。放在用户目录外的档案则要手动更改
-U	用户密码解锁

（3）典型示例

示例 1：更新用户的登录目录。将用户 jerry 的登录目录改为/home/tom/。在命令行提示符下输入：

```
usermod -d /home/tom/ jerry ∠
```

如图 1-256 所示。

图 1-256　更新用户的登录目录

示例 2：加上用户账号停止日期。指定用户 jerry 账号的停止日期为 2010 年底。在命令行提示符下输入：

```
usermod -e 31/12/2010 jerry ∠
```

如图 1-257 所示。

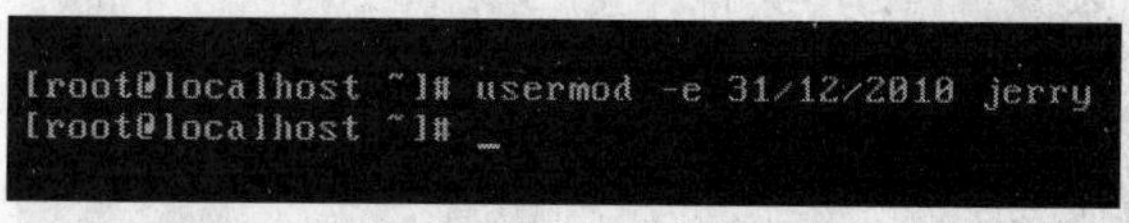

图 1-257　加上用户账号停止日期

示例 3：账号过期几日后永久停权。设置用户 jerry 在密码过期 10 日后关闭该账号。

在命令行提示符下输入：

> usermod -f 10 jerry ↙

如图 1-258 所示。

```
[root@localhost ~]# usermod -f 10 jerry
[root@localhost ~]# _
```

图 1-258　账号过期 10 日后永久停权

示例 4：更新用户新的起始登录群组。例如，更改用户 jerry 的起始登录群组为 tom（即用户 tom 的默认群组）。在命令行提示符下输入：

> usermod -g tom jerry ↙

如图 1-259 所示。

```
[root@localhost ~]# usermod -g tom jerry
[root@localhost ~]# _
```

图 1-259　更新用户新的起始登录群组

示例 5：变更用户 login 时的名称为指定的账号名称。例如，指定用户 jerry 登录时的名称为 Alex。在命令行提示符下输入：

> usermod -l Alex jerry ↙

如图 1-260 所示。

```
[root@localhost ~]# usermod -l Alex jerry
[root@localhost ~]# _
```

图 1-260　变更用户登录账号名

变更用户名后原来的用户名将无效，需输入更改后的用户名方可登录，如图 1-261 所示。

```
Fedora release 8 (Werewolf)
Kernel 2.6.23.1-42.fc8 on an i686

localhost login: jerry
Password:
Login incorrect

login: Alex
Password:
Last login: Thu Jul 10 22:13:46 on tty4
No directory /home/tom/!
Logging in with home = "/".
-bash: /home/tom//.bash_profile: Permission den
-bash-3.2$ _
```

图 1-261　变更用户名后登录

示例 6：锁定用户密码。例如，锁定用户 jerry 的密码，使之无效。在命令行提示符下输入：

`usermod -L jerry ✓`

如图 1-262 所示。

图 1-262　锁定用户密码

（4）相关命令

chfn、chsh、passwd、crypt、gpasswd、groupadd、groupdel、groupmod、login.defs、userdel、useradd。

90. userdel 命令：删除用户账号

（1）语法

userdel [-r] [用户账号]

（2）选项及作用

选　　项	作　　用
-f, --force	不论文件是否属于该用户都将被强制删除
-r, --remove	将用户目录下的档案一并删除，在其他位置上的档案也将被找出并删除
-h，--help	显示帮助信息

（3）典型示例

示例 1：删除用户账号。例如，仅删除用户 jerry 的账号，但不删除与之相关的目录及档案文件。在命令行提示符下输入：

`userdel jerry ✓`

如图 1-263 所示。

```
[root@localhost ~]# userdel jerry
[root@localhost ~]# dir /home/
Alex  aquota.group  aquota.user  jerry  lost+fo
[root@localhost ~]# _
```

图 1-263　仅删除用户账号

示例 2：删除用户账号，并将用户目录下的档案一并删除，其他位置上的档案也全部找出并删除。在命令行提示符下输入：

`userdel -r jerry ✓`

如图 1-264 所示。

图 1-264　删除账号及相关档案

示例 3：强制删除不属于该用户权限的文件。示例 2 中可以看到有个文件不属于用户 jerry，因此不能删除，可以采用选项-f 将其强制删除。在命令行提示符下输入：

userdel -rf jerry ✓

如图 1-265 所示。

图 1-265　强制删除不属于该用户权限的文件

（4）相关命令

chfn、chsh、passwd、gpasswd、groupadd、groupdel、groupmod、login.defs、useradd、usermod。

91. users 命令：显示用户

（1）语法

users [OPTION]… [FILE]

（2）选项及作用

选　　项	作　　用
--help	显示帮助信息
--version	显示版本信息

（3）典型示例

查询登录到当前主机的所有用户名。在命令行提示符下输入：

users ✓

如图 1-266 所示。

图 1-266　查询所有登录的用户名

（4）相关命令

useradd、userdel。

92. vlock 命令：锁定终端

（1）语法

vlock [-achv]

（2）选项及作用

选　项	作　用
-a, --all	锁定所有的主控制台阶段操作，如果在主控制台执行该参数，则会关闭键盘切换终端的功能
-c, --current	锁定当前的主控制台阶段操作
-h, --help	显示帮助信息
-v, --version	显示版本信息

（3）典型示例

在单独执行 vlock 命令的情况下会锁定当前使用的控制台阶段操作，用户需要输入密码才能解除锁定。在命令行提示符下输入：

vlock ✓

如图 1-267 所示。

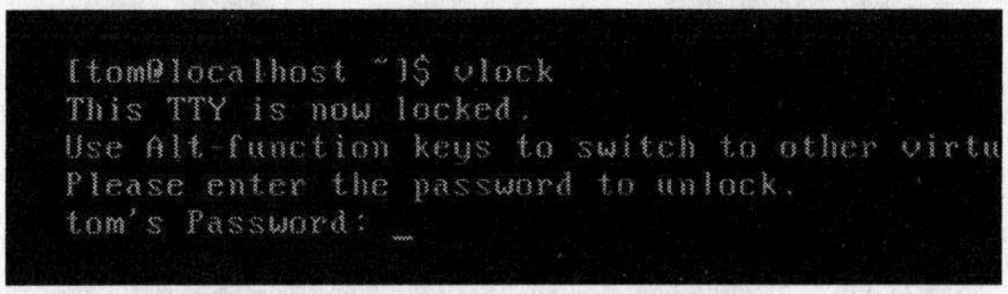

图 1-267　锁定控制台阶段操作

93. w 命令：显示登录系统的用户信息

（1）语法

w [-husfV] [用户名]

（2）选项及作用

选　项	作　用
-f	开启或关闭用户在何处登录（远程主机）的信息，多数版本默认为开启状态
-h	不显示各栏的标题行
-s	使用简洁列表模式，不显示登录时间以及JCPU和PCPU时间
-u	忽略当前进程的名称和占用CPU的时间
-V	显示版本的详细信息

（3）典型示例

示例 1：显示当前登录系统的用户信息。例如，显示当前所有登录到系统的用户的详细信息。在命令行提示符下输入：

w ✓

如图 1-268 所示。

图 1-268　显示当前所有用户详细信息

示例 2：关闭用户在何处登录的信息。例如，显示当前所有用户的详细信息，但不显示用户的远程主机位置（即示例 1 中的"FROM"）。在命令行提示符下输入：

w -f ✓

如图 1-269 所示。

图 1-269　关闭用户在何处登录的信息

示例 3：不显示各栏的标题行。显示用户 jerry 的信息，但不显示标题栏。在命令行提示符下输入：

w -h jerry ✓

如图 1-270 所示。

图 1-270　不显示各栏的标题行

示例 4：使用简洁列表模式。显示所有当前登录用户的信息，以简介模式列出来。在命令行提示符下输入：

w -s ✓

如图 1-271 所示。

```
[tom@localhost ~]$ w -s
 14:50:27 up  4:53,  7 users,  load average: 0.0
USER     TTY      FROM             IDLE WHAT
root     tty1     -                 4:07m -bash
root     tty2     -                30:43 -bash
jerry    tty3     -                 3:02m -bash
tom      tty4     -                 0.00s w -s
tom      tty7     :0               30:49 /usr/b
tom      pts/0    :0.0              3:09m bash
tom      pts/1    :0.0             40:55 gnome-
[tom@localhost ~]$ _
```

图 1-271　使用简洁列表模式

（4）相关命令

free、ps、top、uptime、utmp、who。

94. wait 命令：等待程序返回状态

（1）语法

wait [n]

（2）典型示例

等待进程 ID 为 19239 的程序的返回值。在命令行提示符下输入：

wait 19239 ✓

如图 1-272 所示。

```
[tom@localhost ~]$ wait 19239
[tom@localhost ~]$ _
```

图 1-272　等待指定进程并回报其状态

（3）相关命令

bash、sh。

95. watch 命令：将结果输出到标准输出设备

（1）语法

watch [-dhvt]　[-n <seconds>] [--differences[=cumulative]] [--help] [--interval=<seconds>] [--no-title] [--version] <command>

（2）选项及作用

选　　项	作　　用
-d，--differences	显示差异
-h	显示帮助信息

续表

选　项	作　用
-n <seconds> --interval=<seconds>	周期性执行命令的间隔
-t，--no-title	关闭标题栏及下面的空白行
command	要周期性运行的程序
--version	显示版本信息

（3）典型示例

示例 1： 周期性执行命令的间隔。例如，每隔 10 秒钟执行一次 w 命令。在命令行提示符下输入：

watch -n 10 w ✓

如图 1-273 所示。

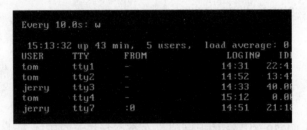

图 1-273　周期性执行命令的间隔

示例 2： 关闭标题栏及下面的空白行。例如，实现同示例 1 的命令效果，但不显示标题行。在命令行提示符下输入：

watch -t -n 10 w ✓

如图 1-274 所示。

图 1-274　关闭标题栏及下面的空白行

（4）相关命令

cat。

96. whereis 命令：查找文件

（1）语法

whereis [-bmsu] [-BMS directory... -f] filename ...

（2）选项及作用

选　　项	作　　用
-b	仅查找二进制的文件
-f	不显示文件名前的路径名称，必须配合选项-B、-M或-S使用
-m	仅查找手册页帮助文件
-s	仅查找源代码文件
-u	查找不包含指定类型的文件
-B<目录>	只在设定的目录下查找二进制文件
-M<目录>	只在设定的目录下查找帮助文件
-S<目录>	只在设定的目录下查找原始码文件

（3）典型示例

示例 1：找出 ifconfig 命令及其手册页帮助文件的存放位置。在命令行提示符下输入：

whereis ifconfig ✓

如图 1-275 所示。

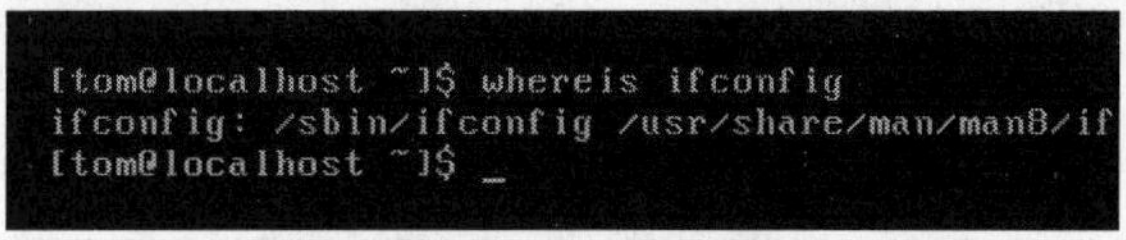

图 1-275　查找命令及其手册页的位置

示例 2：查找二进制文件。例如，查找 ifconfig 命令的二进制文件的位置。在命令行提示符下输入：

whereis -b ifconfig ✓

如图 1-276 所示。

图 1-276　查找二进制文件

示例 3：在指定目录查找二进制文件。例如，在/home/tom/temp/目录下查找 ifconfig 的二进制文件。在命令行提示符下输入：

whereis -B temp/ ifconfig ✓

如图 1-277 所示，由于该目录下并不存在 ifconfig 的二进制文件，所以命令结束后未给出该文件的路径名。

图 1-277　在指定目录查找二进制文件

示例 4：仅查找手册页帮助文件。例如，查找 ifconfig 命令的手册页帮助文件的位置，而不显示该命令的完整路径名。在命令行提示符下输入：

whereis -m ifconfig ✓

如图 1-278 所示。

图 1-278　查找命令手册页的位置

示例 5：查找指定目录下所有手册页帮助文件。例如，查找/bin/目录下的所有帮助文件。在命令行提示符下输入：

whereis -m /bin/* ✓

如图 1-279 所示。

图 1-279　查找指定目录下所有帮助文件

（4）相关命令

chdir、locate、which。

97. which 命令：查找文件

（1）语法

which [options] [--] programname [...]

（2）选项及作用

选 项	作 用
-a，-all	显示环境变量%PATH中所有匹配的命令路径名
-i，read-alias	从标准输入中读取别名（alias）列表
--read-functions	从标准输出读取shell函数
--skip-dot	跳过$PATH中以原点开头的目录
--skip-tilde	跳过$PATH中以~开头的目录
--skip-alias	忽略选项--read-alias，不从标准输入进行读取
--show-tilde	输出时，非root用户的主目录用~进行代替
-help	显示帮助信息
-[vV]，--version	显示版本信息

（3）典型示例

示例 1：查找指定命令的位置。例如，查找命令 ifconfig 的位置。在命令行提示符下输入：

which ifconfig ✓

如图 1-280 所示。

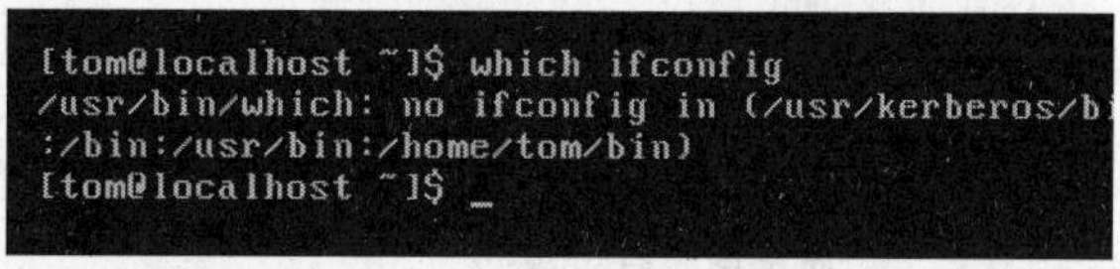

图 1-280 查找指定命令的位置（1）

由于 ifconfig 命令不在普通用户的环境变量$PATH 中，所以，提示该命令并未找到。ifconfig 命令在超级用户root 的环境变量中，切换用户到 root，在 root 环境下执行 which 查找命令，则可以找到 ifconfig 命令所在的位置。在命令行提示符下输入：

su - ✓
which ifconfig ✓

如图 1-281 所示。

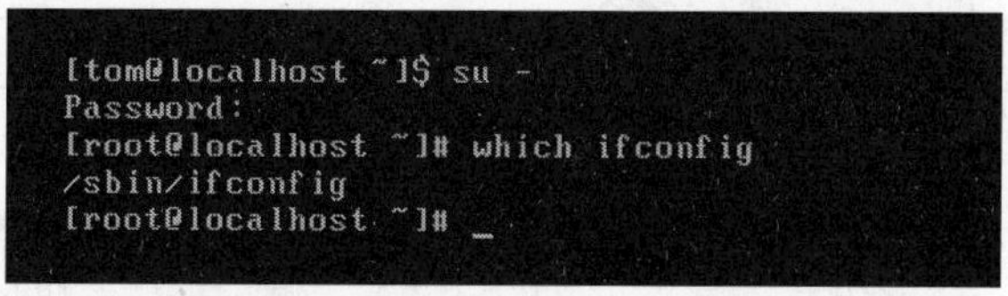

图 1-281 查找指定命令的位置（2）

示例 2：同时查找多个命令的位置。例如，查找 tree 和 dir 命令的位置。在命令行提示符下输入：

which tree dir ✓

如图 1-282 所示。

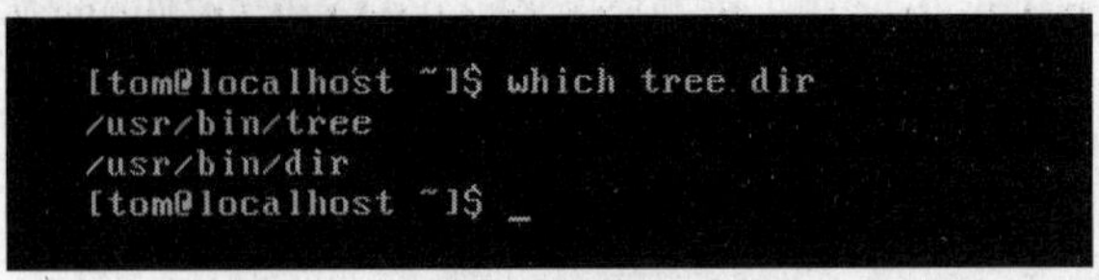

图 1-282　同时查找多个命令的位置

（4）相关命令

whereis、locate。

98. who 命令：显示系统用户信息

（1）语法

who [-bdHimqrsw] [--help] [--version]

（2）选项及作用

选　项	作　用
-a，--all	同选项-b -d --login -p -r -t -T -u
-b，--boot	显示系统前一次的启动时间
-d，--dead	显示已经终止的程序
-H，--heading	显示每个栏位的标题行
-l，--login	显示系统登录程序
-m	只显示和当前用户相关的登录信息，可以用"am i"替换
-p，--process	显示init激活的程序
-q，--count	仅显示登录系统的账号名和总的用户数
-r，--runlevel	显示当前执行的等级
-s，--short	简洁模式，仅显示名字、行和时间（默认）
-t，--time	显示上次系统时钟的改变
-T，-w，--mesg	显示用户的信息状态，状态标识有"+"、"–"或"？"
-u，--users	列出登录的用户
--message	同-T选项
--writable	同-T选项
--help	显示帮助信息
--version	显示版本信息

（3）典型示例

示例 1：显示当前登录系统的用户信息。在命令行提示符下输入：

who ✓

如图 1-283 所示。

```
[tom@localhost ~]$ who
root     tty1         2008-07-12 10:42
tom      tty4         2008-07-12 11:47
tom      tty7         2008-07-12 10:43 (:0)
tom      pts/0        2008-07-12 10:44 (:0.0)
tom      pts/1        2008-07-12 13:39 (:0.0)
[tom@localhost ~]$ _
```

图 1-283　显示当前登录系统的用户信息

示例 2：显示系统上次的启动时间。在命令行提示符下输入：

```
who -b ↙
```

如图 1-284 所示。

```
[tom@localhost ~]$ who -b
         system boot  2008-07-12 09:57
[tom@localhost ~]$ _
```

图 1-284　显示系统上次的启动时间

示例 3：显示系统登录进程。在命令行提示符下输入：

```
who -l ↙
```

如图 1-285 所示。

```
[tom@localhost ~]$ who -l
LOGIN    tty2         2008-07-12 15:09
LOGIN    tty3         2008-07-12 15:08
LOGIN    tty5         2008-07-12 09:57
LOGIN    tty6         2008-07-12 09:57
[tom@localhost ~]$ _
```

图 1-285　显示系统登录进程

示例 4：只显示和当前用户相关的登录信息，可以通过选项-m 实现，也同字符串“am i”的效果相同。在命令行提示符下输入：

```
who -m ↙
who am i ↙
```

如图 1-286 所示。

```
[tom@localhost ~]$ who -m
tom      tty4         2008-07-12 11:47
[tom@localhost ~]$ who am i
tom      tty4         2008-07-12 11:47
[tom@localhost ~]$ _
```

图 1-286　显示当前用户的信息

示例 5：显示当前执行的等级。在命令行提示符下输入：

who -r ✓

如图 1-287 所示。

图 1-287　显示当前运行等级

示例 6：显示每个栏位的标题行。例如，列出登录的所有用户，并显示各栏的标题行。在命令行提示符下输入：

who -H ✓

如图 1-288 所示。

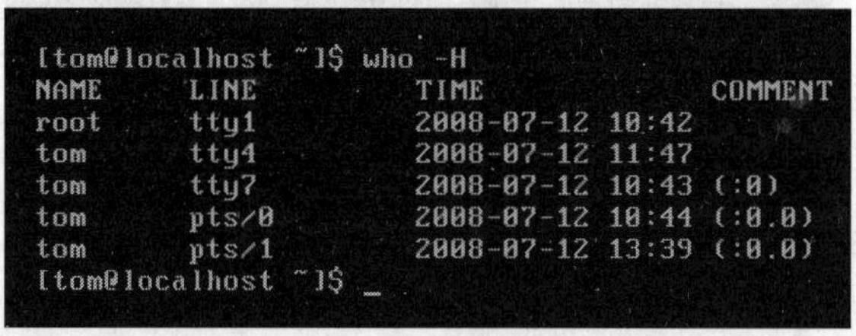

图 1-288　显示每个栏位的标题行

（4）相关命令

users。

99. whoami 命令：显示用户名

（1）语法

whoami [--help] [--version]

（2）选项及作用

选　项	作　用
--help	显示帮助信息
--version	显示版本信息

（3）典型示例

显示当前用户的用户名。在命令行提示符下输入：

whoami ✓

如图 1-289 所示。

该命令和 "id -un" 的功能相同，可以显示用户的名称。

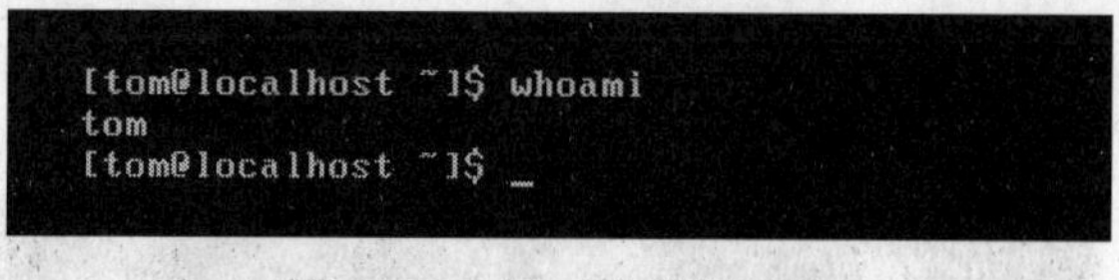

图 1-289　显示当前用户名

（4）相关命令

who、id。

100. whois 命令：显示指定用户信息

（1）语法

whois [--help] [--verbose] [网址]

（2）选项及作用

选　项	作　用
--help	显示帮助信息
--verbose	显示命令执行的详细过程

（3）典型示例

在 whois 服务器的数据库中查询网址 202.165.102.205 的信息。在命令行提示符下输入：

whois 202.165.102.205 ↙

如图 1-290 所示。

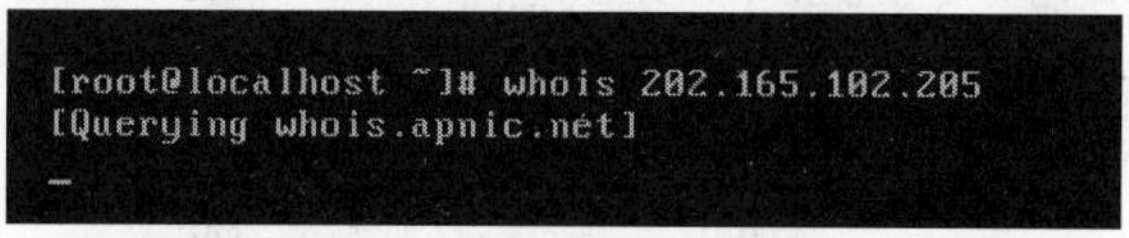

图 1-290　查询网址信息

whois 命令会去查找并显示指定账号的用户相关信息。因为它是到 Network Solutions 的 WHOIS 数据库中去查找，所以该账号名称必须在上面注册方能寻获，且名称没有大小写的差别。在 Fedora 中该命令为 jwhois。

（4）相关命令

who。

101. & 命令：将任务放在后台执行

（1）语法

command &

（2）典型示例

将命令或任务放到后台执行。例如，在后台运行 ftp 程序。在命令行提示符下输入：

ftp & ↙

如图 1-291 所示。

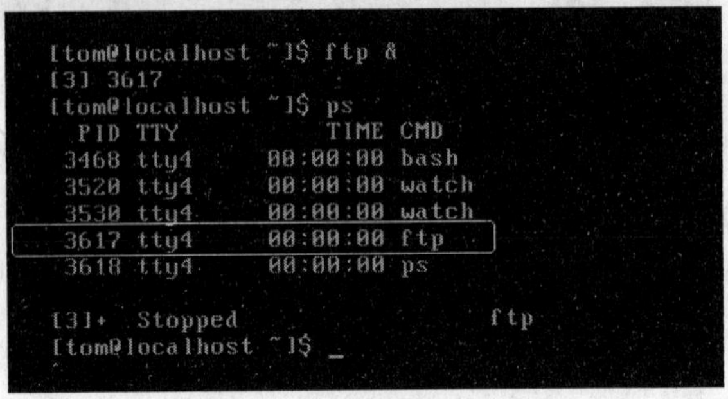

```
[tom@localhost ~]$ ftp &
[3] 3617
[tom@localhost ~]$ ps
  PID TTY          TIME CMD
 3468 tty4     00:00:00 bash
 3520 tty4     00:00:00 watch
 3530 tty4     00:00:00 watch
 3617 tty4     00:00:00 ftp
 3618 tty4     00:00:00 ps

[3]+ Stopped                 ftp
[tom@localhost ~]$ _
```

图 1-291　将任务放在后台执行

第2章　系统设置命令

1. alias 命令：设置命令的别名

（1）语法

alias [-p] [name[=value]…]

（2）选项及作用

选　　项	作　　用
-p	在标准输出打印出当前所有别名设置的列表
name	打印出指定命令的别名设置
name=value	设置别名

（3）典型示例

示例1： 显示当前所有别名设置的列表。在命令行提示符下输入：

alias ✓

如图 2-1 所示。

```
[tom@localhost ~]$ alias
alias l.='ls -d .* --color=tty'
alias ll='ls -l --color=tty'
alias ls='ls --color=tty'
alias vi='vim'
alias which='alias | /usr/bin/which --tty-only
lde'
[tom@localhost ~]$ _
```

图 2-1　显示别名列表

示例2： 设置别名。例如，设置删除文件命令"rm"为"del"。在命令行提示符下输入：

alias del='rm' ✓

如图 2-2 所示，可以通过"alias name"显示指定命令的别名设置。在设置别名时，可以加上命令的相关选项，例如 alias dir='ls -a'。

```
[tom@localhost ~]$ alias del='rm'
[tom@localhost ~]$ alias del
alias del='rm'
[tom@localhost ~]$ _
```

图 2-2　设置别名

2. apmd 命令：高级电源管理

（1）语法

apmd [-TVWciqv] [-P program] [-T seconds] [-c seconds] [-p percent] [-v level] [-w percent]

（2）选项及作用

选　　项	作　　用
-q	取消选项-w的功能
-p <百分比变化量>	当电量的变化幅度超过指定的百分比时，记录事件
-P <program>	指定代理程序
-T	设置代理的超时时间
-v	记录所有的AMP事件
-V	显示版本的信息
-w	向所有登录者发出警告信息
-w <百分比值>	当电池不在充电状态时，以及电量低于指定的百分比值时，会记录该事件；默认值为10，使用负数关闭此功能
-W，--wall	发出警告信息给所有登录用户

（3）典型示例

示例 1：当电量的变化幅度超过指定的百分比时，记录事件。例如，当电量变化幅度超出 10%时，记录事件。在命令行提示符下输入：

apmd -p 10 ✓

如图 2-3 所示。

```
[root@localhost ~]# apmd -p 10_
```

图 2-3　当电量的变化幅度超过指定的百分比时，记录事件

示例 2：记录所有的 AMP 事件。在命令行提示符下输入：

apmd -v ✓

如图 2-4 所示。

```
[root@localhost ~]# apmd -v_
```

图 2-4　记录所有的 AMP 事件

（4）相关命令

apm、xapm、cardctl、syslog。

3. at 命令：指定执行命令的时间

（1）语法

at [-V] [-q queue] [-f file] [-mldbv] TIME

at [-V] [-q queue] [-f file] [mldbv] -t time_arg

at -c job [job…]

（2）选项及作用

选　　　项	作　　　用
-c	将任务内容显示到标准输出
-d	atrm的别名
-f <file>	从指定文件file读取命令，而不是从标准输入读取
-l	atq的别名
-m	即使执行命令后没有输出，仍要寄信给用户
-q	使用指定存储队列
-t	以时间选项的形式提交要运行的任务
-v	显示任务将被执行的时间
-V	显示版本信息

（3）典型示例

示例 1：设定任务要执行的时间。例如，设定在明天上午 10:00 显示时间和日期。在命令行提示符下输入：

at 10am tomorrow ✓

如图 2-5 所示。

```
[tom@localhost ~]$ at 10am tomorrow
at> wall "What's the day is it today?"
at> date
at> <EOT>
job 5 at Wed Jul 30 10:00:00 2008
[tom@localhost ~]$
```

图 2-5　设定任务要执行的时间

示例 2：将任务内容显示到标准输出。例如，将设置的任务 5 的内容显示到标准输出。在命令行提示符下输入：

at -c 5 ✓

如图 2-6 所示。

（4）相关命令

cron、nice、sh、umask、atd。

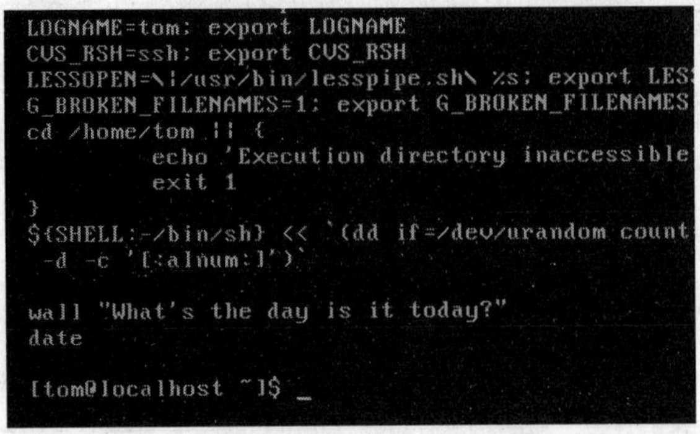

图 2-6　将任务内容显示到标准输出

4．atd 命令：执行已经排队的任务

（1）语法

atd [-l load_avg] [-b batch_interval] [-d] [-s] [-n]

（2）选项及作用

选　　项	作　　用
-b	设置两个batch任务之间的最小间隔时间，默认为60s
-d	输出调试信息
-l	设置一个限制的负载因子，超过该负载因子则任务不被执行
-s	仅执行一次at/batch队列，主要用于兼容较老版本的at命令；"atd –s"与老版本的atrun命令等效

（3）典型示例

示例 1：启动 atd。如果启动该命令时有错误发生，则显示出该错误信息。在命令行提示符下输入：

atd -d ✓

如图 2-7 所示。

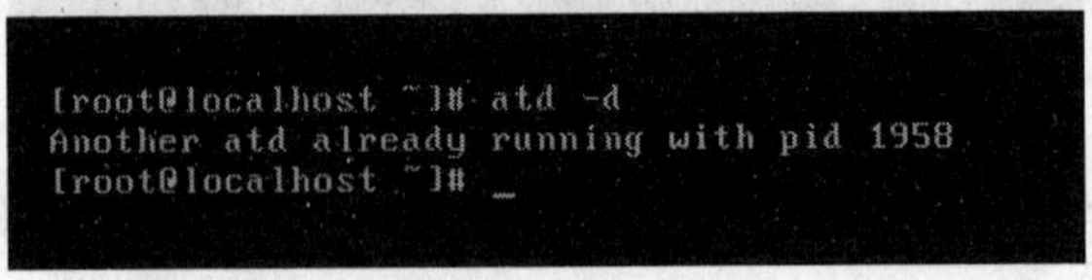

图 2-7　启动 atd

示例 2：设置两个 batch 任务之间的最小间隔时间。设置该值为默认值。在命令行提示符下输入：

atd -b ✓

如图 2-8 所示。

图 2-8　设置两个 batch 任务之间的最小间隔时间

示例 3：设置一个限制的负载因子，超过该负载因子则任务不被执行。例如，设置负载因子为 0.8。在命令行提示符下输入：

atd -l 0.8 ✓

如图 2-9 所示。

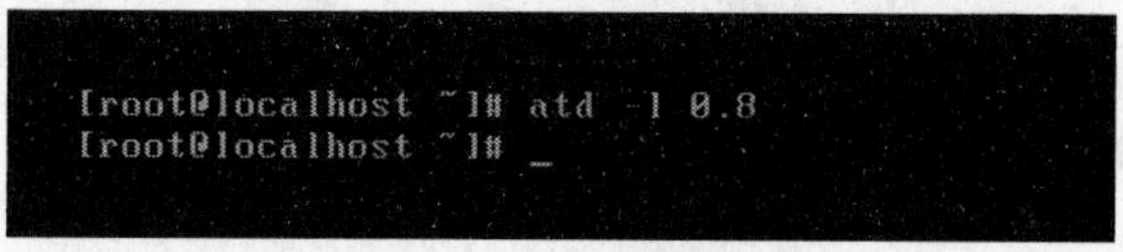

图 2-9　设置负载因子

（4）相关命令

at、atrun、cron、crontab、syslog、at.deny、at.allow。

5. atq 命令：检查排队的任务

（1）语法

atq [-V] [-q queue]

（2）选项及作用

选　　项	作　　用
-q	使用指定的队列
-V	显示版本信息

（3）典型示例

示例 1：检查排队的任务。在命令行提示符下输入：

atq ✓

如图 2-10 所示。

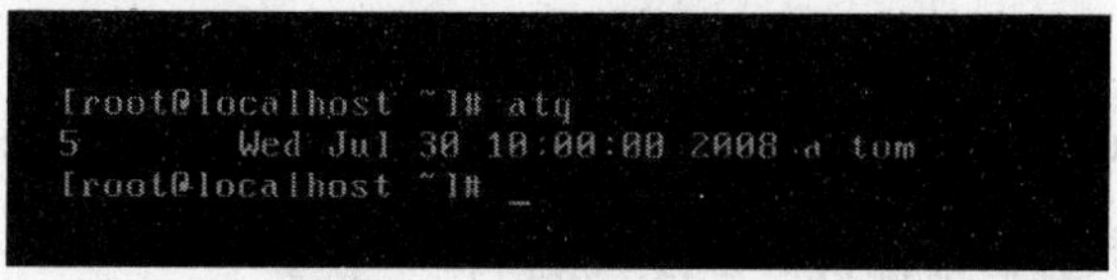

图 2-10　检查排队的任务

示例 2：使用指定的队列。例如，检查 a 队列（at 命令的默认队列）排队的任务。在命令行提示符下输入：

atq -q a ∠

如图 2-11 所示。

```
[root@localhost ~]# atq -q a
5        Wed Jul 30 10:00:00 2008 a tom
[root@localhost ~]# _
```

图 2-11　使用指定的队列

（4）相关命令

cron、nice、sh、umask、atd。

6. atrm 命令：删除已经排队的任务

（1）语法

atrm [-V] [任务]

（2）选项及作用

选　　项	作　　用
-V	显示版本信息

（3）典型示例

删除已经排队的任务。例如，首先通过 atq 命令查看任务，然后通过该命令删除指定的排队任务。在命令行提示符下输入：

atrm 5 ∠

如图 2-12 所示，命令中的 "5" 为 atq 命令检查队列后其中一个任务的工作号。

```
[root@localhost ~]# atq
5        Wed Jul 30 10:00:00 2008 a tom
[root@localhost ~]# atrm 5
[root@localhost ~]# atq
[root@localhost ~]# _
```

图 2-12　删除已经排队的任务

（4）相关命令

cron、nice、sh、umask、atd。

7. atrun 命令：执行已经排队的任务

（1）语法

atrun

（2）典型示例

执行已经排队的任务。在命令行提示符下输入：

atrun ↙

如图 2-13 所示。

```
[root@localhost ~]# atrun
[root@localhost ~]# _
```

图 2-13　执行已经排队的任务

（3）相关命令

at、atd。

8. aumix 命令：设置音效设备

（1）语法

aumix [-<channel option>[[+|-][<amount>]]|<level>|R[ecord]|P[lay]|q[uery]] [-dhILqS]
　　　[-f <rc file>][-C <color scheme file>]

（2）选项及作用

选　　项	作　　用
-1	设定输入信号线1
-2	设定输入信号线2
-3	设定输入信号线3
-b	设置低音
-c	设置CD
-d	指定音效装置的名称
-f	指定存储或载入设置的文件
-h	显示帮助信息
-i	设定输入信号强度
-L	从$HOME/.aumixrc或/etc/aumixrc载入设置
-m	设定麦克风
-o	设定输出信号强度
-p	设定PC喇叭
-q	显示所有频道的设置值
-r	设置录音
-s	设定合成器
-S	将设置值保存至/HOME/.aumixrc
-t	设置高音
-v	设置主音量
-w	设置PCM

· 139 ·

选 项	作 用
-W	设置PCM2
-x	设置imix

（3）典型示例

示例1：以图形界面设置音效设备。在命令行提示符下输入：

aumix ✓

如图 2-14 所示。

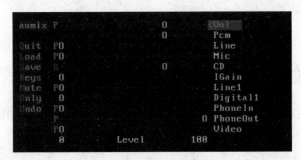

图 2-14　显示图形界面

示例2：显示所有频道的设置值。在命令行提示符下输入：

aumix -q ✓

如图 2-15 所示。

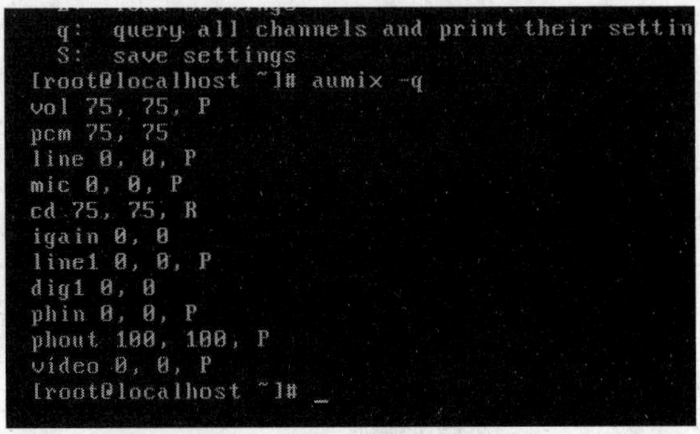

图 2-15　显示所有频道的设置值

示例3：设置主音量。例如，设置主音量的值为 90。在命令行提示符下输入：

aumix -v 90 ✓

如图 2-16 所示。

图 2-16　设置主音量

示例 4：减弱主音量的设置值，并显示其值。在命令行提示符下输入：

aumix -v -10 -q ✓

如图 2-17 所示。

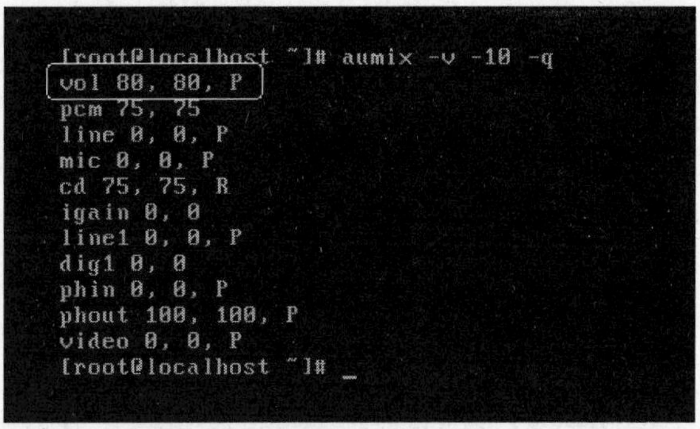

图 2-17　减弱主音量的设置值

（4）相关命令

gpm、moused、sb、xaumix。

9. authconfig 命令：配置系统的认证信息

（1）语法

authconfig [--nostart] [--enablecache] [--disablecache] [--enablenis] [--nisdomain domain] [--nisserver namelist] [--disablenis] [--enableshadow] [--disableshadow] [--enablemd5] [--disablemd5] [--enableldap --enableldapauth] [--enableldaptls] [--ldapserver namelist] [--ldapbasedn] [--disableldap] [--disableldapauth] [--enablekrb5] [--krb5realm realm] [--krb5kdc namelist] [--krb5adminserver namelist] [--enablekrb5kdcdns] [--disablekrb5kdcdns] [--enablekrb5realmdns] [--disablekrb5realmdns] [--disablekrb5] [--enablehesiod] [--hesiodlhs lhs] [--hesiodrhs rhs] [--disablehesiod] [--enablesmbauth] [--smbworkgroup workgroup] [--smbservers namelist] [--disablesmbauth] [--enablewinbind] [--enablewinbindauth] [--smbsecurity {user|server|domain|ads}] [--smbrealm realm] [--smbidmapuid=range] [--smbidmapgid=range] [--winbindseparator=\] [--winbindtemplateprimarygroup=group]

[--winbindtemplatehomedir=directory] [--winbindtemplateshell=path] [--disablewinbind] [--disablewinbindauth] [--enablewinbindusedefaultdomain] [--disablewinbindusedefaultdomain] [--winbindjoin admin] [--enablewins] [--disablewins] {--test|--update|--probe}

（2）参数及作用

参　　数	作　　用
--test	测试模式，允许非root用户运行该命令行，但是不能改变配置文件的内容
--update	必须以root用户身份运行该命令，并且配置文件可以被修改保存
--probe	探测当前主机的网络默认值

（3）典型示例

配置系统的认证信息。因为该命令在字符界面配置系统的认证信息较为复杂，可以使用图形界面的命令进行配置。在命令行提示符下输入：

authconfig -gtk ✓

如图 2-18 所示。

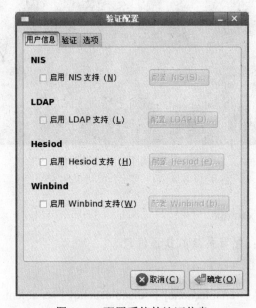

图 2-18　配置系统的认证信息

（4）相关命令

passwd、shadow、pwconv、domainname、ypbind、nsswitch、smb.conf。

10. bind 命令：显示或者设置按键组合

（1）语法

bind [-lpvsPVS] [-m keymap] [-f filename] [-q name] [-u name] [-r keyseq] [-x keyseq:shell-command] [keyseq:readline-function or readline-command]

（2）选项及作用

选　　项	作　　用
-f <按键配置文件>	载入指定的按键配置
-l	显示所有的功能名称

续表

选　项	作　用
-m <keymap>	指定特殊的按键组合
-P	列出功能名称及相应的按键组合
-p	以可以作为输入而被重新使用的格式列出功能名称及相应的按键组合
-q <功能>	显示指定功能的按键
-v	显示当前的按键配置及其功能

（3）典型示例

示例 1：显示按键组合的所有功能名称。在命令行提示符下输入：

bind -l ✓

如图 2-19 所示。

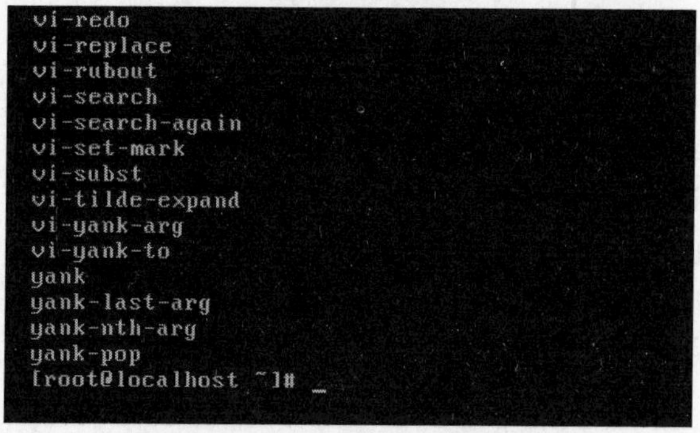

图 2-19　显示所有的功能名称

示例 2：显示指定功能的按键。例如，显示 backward-word 所对应的按键组合。在命令行提示符下输入：

bind -q backward-word ✓

如图 2-20 所示。

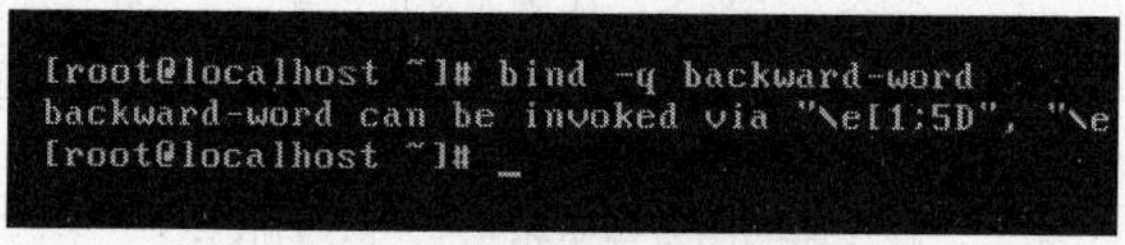

图 2-20　显示指定功能的按键

示例 3：显示当前的按键配置及其功能。在命令行提示符下输入：

bind -v ✓

如图 2-21 所示。

（4）相关命令

bash、sh。

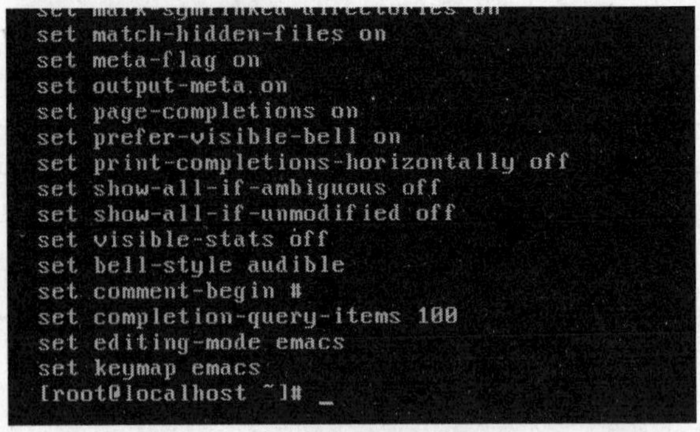

图 2-21　显示当前的按键配置及其功能

11. chkconfig 命令：设置系统的应用程序

（1）语法

chkconfig --list [name]

chkconfig --add name

chkconfig --del name

chkconfig --override name

chkconfig [--level levels] name <on|off|reset|resetpriorities>

chkconfig [--level levels] name

（2）参数及作用

参　　数	作　　用
--add	增加指定的系统服务，让chkconfig命令可以对其进行管理，并同时在系统启动的脚本文件内增加相关数据
--del	删除所指定的系统服务，不再由chkconfig命令管理，并同时在系统启动的脚本文件内删除相关数据
--level <等级代号>	指定系统服务要在哪一个执行等级中开启或关闭。等级是一串0~7的数字，例如：--level 35指定了执行等级为3和5
--list	列出chkconfig命令所涉及的所有服务，并显示每个执行等级的状态（停止或开启）
on	在指定执行等级开启服务，如果不指定执行等级，该参数默认影响执行等级2、3、4和5
off	与on相反，默认影响的执行等级为2、3、4和5
reset	重设指定服务所有执行等级的on/off状态，使其回到系统启动时其脚本文件内的默认值，默认影响所有执行等级
resetpriorities	重设服务的start/stop优先级，使其回到系统启动时脚本文件内的默认值，默认影响所有执行等级

（3）典型示例

示例 1：列出 chkconfig 命令所涉及的所有服务，并显示每个执行等级的状态。在命令行提示符下输入：

chkconfig --list ✓

如图 2-22 所示。

```
ConsoleKit          0:off    1:off    2:on     3:on
NetworkManager      0:off    1:off    2:off    3:off
NetworkManagerDispatcher       0:off    1:off
6:off
acpid               0:off    1:off    2:on     3:on
anacron             0:off    1:off    2:on     3:on
apmd                0:off    1:off    2:on     3:on
atd                 0:off    1:off    2:on     3:on
auditd              0:off    1:off    2:on     3:on
autofs              0:off    1:off    2:on     3:on
avahi-daemon        0:off    1:off    2:off    3:on
backuppc            0:off    1:off    2:off    3:off
bluetooth           0:off    1:off    2:on     3:on
btseed              0:off    1:off    2:off    3:off
bttrack             0:off    1:off    2:off    3:off
```

图 2-22　列出 chkconfig 管理的所有服务

示例 2：开启服务。例如，在默认等级开启 telnet 服务。在命令行提示符下输入：

chkconfig telnet on ✓

如图 2-23 所示。

```
[root@localhost ~]# chkconfig telnet on
[root@localhost ~]# _
```

图 2-23　开启服务

示例 3：在指定等级关闭服务。例如，在执行等级 3、4、5 关闭服务 telnet。在命令行提示符下输入：

chkconfig --level 345 telnet off ✓

如图 2-24 所示。

```
[root@localhost ~]# chkconfig --level 345 telnet
[root@localhost ~]# _
```

图 2-24　在指定等级关闭服务

（4）相关命令

init、ntsysv、system-config-services。

12. chroot 命令：改变根目录

（1）语法

chroot NEWROOT [COMMAND…]

chroot OPTION

（2）选项及作用

选　　项	作　　用
--help	显示帮助信息
--version	显示版本信息

（3）典型示例

示例 1：改变根目录。例如，将根目录改变到/mnt。在命令行提示符下输入：

chroot /mnt ✓

如图 2-25 所示。

```
[root@localhost ~]# chroot /mnt
bash-3.2# _
```

图 2-25　改变根目录

当系统发生错误而无法正常开机时，可通过安装光盘的恢复模式进入 Linux 系统，将有问题的设备进行挂载并加以更正修复。例如，将根目录（/）所在分区进行挂载，并成为/mnt 目录，然后就可以通过上述命令将/mnt 目录切换成根目录，以便执行系统命令及程序。

如果读者想在当前主机上构建一个 chroot 环境，可按下面的方式进行。chroot 命令在未指定语法说明中的 COMMAND 时，将默认执行/bin/bash 命令，当然也可以指定切换根目录后所运行的其他命令或程序。在这里以默认执行/bin/bash 命令为例，假如将根目录改变到/mnt 目录，如果直接运行"chroot /mnt"命令将提示没有该文件或目录，如图 2-26 所示。

```
[root@localhost mnt]# chroot /mnt
chroot: cannot run command `/bin/bash': No such
[root@localhost mnt]# _
```

图 2-26　改变根目录时发生错误

要实现 chroot 命令，可按图 2-27 和图 2-28 所示进行操作。

```
[root@localhost mnt]# mkdir bin lib
[root@localhost mnt]# cp -v /bin/bash bin/
`/bin/bash' -> `bin/bash'
[root@localhost mnt]# ldd /bin/bash
        linux-gate.so.1 => (0x00110000)
        libtinfo.so.5 => /lib/libtinfo.so.5 (0x0
        libdl.so.2 => /lib/libdl.so.2 (0x00acb0
        libc.so.6 => /lib/libc.so.6 (0x00945000
        /lib/ld-linux.so.2 (0x00926000)
[root@localhost mnt]# _
```

图 2-27　构建 chroot 环境（1）

图 2-27 中，首先在/mnt 目录下建立目录/bin 和/lib，其中目录/mnt/bin/用于存放可执行文件，/mnt/lib/中存放与之相关的共享库文件；然后将主机系统中的/bin/bash 文件复制到/mnt/bin 目录中；再通过 ldd 命令查看与/bin/bash 相关的共享库文件，并将这些文件复制到/mnt/lib 目录中（cp -p SOURCE DEST），如图 2-28 所示。

```
[root@localhost mnt]# cp -p /lib/libtinfo.so.5
[root@localhost mnt]# cp -p /lib/libdl.so.2 lib/
[root@localhost mnt]# cp -p /lib/libc.so.6 lib/
[root@localhost mnt]# cp -p /lib/ld-linux.so.2
[root@localhost mnt]# _
```

图 2-28　构建 chroot 环境（2）

复制完成后，mnt/目录下的文件如图 2-29 所示。

```
[root@localhost mnt]# tree
|-- bin
|   `-- bash
`-- lib
    |-- ld-linux.so.2
    |-- libc.so.6
    |-- libdl.so.2
    `-- libtinfo.so.5

2 directories, 5 files
[root@localhost mnt]# _
```

图 2-29　构建 chroot 环境（3）

现在便可通过示例 1 中的命令进行根目录的切换了。通过同样的方式，可以在切换根目录后执行其他命令，例如"chroot /mnt /bin/ls"，可以将主机系统中的 ls 命令复制到/mnt/bin 目录下，再将其相关的共享库文件也复制到/mnt/lib 下即可。

（4）相关命令

chmod。

13. clock 命令：设置系统的 RTC 时间

（1）语法

clock [参数]

（2）参数及作用

参　　数	作　　用
--adjust	首次使用--set或--systoh参数设置硬件时钟，会在/etc目录下产生一个名称为adjtime的文件。若再次使用这两个参数调整硬件时钟，此文件便会记录两次调整间的差异，日后执行clock命令加上--adjust参数时，程序会自动根据记录文件的数值差异，计算出平均值，自动调整硬件时钟的时间
--debug	详细显示命令执行过程，便于排错或了解程序执行的情形

参　　数	作　　用
--directisa	告诉clock命令不要通过/dev/rtc设备文件，直接对硬件时钟进行存取。这个参数适用于仅有ISA总线结构的老式计算机
--getepoch	把系统核心内的硬件时钟显示的数值，显示到标准输出设备
--hctosys	把系统时间设成和硬件时钟一致
--setepoch--epoch=<年份>	设置系统核心硬件时钟显示的数值，年份以4位数字表示
--show	读取硬件时钟的时间，并将其呈现至标准输出设备
--test	仅做测试，并不真将时间写入硬件时钟或系统时间
--utc	把硬件时钟上的时间视为CUT，有时也称为UTC或UCT，其前身为GMT
--version	显示版本信息

（3）典型示例

示例 1：获取当前时间。在命令行提示符下输入：

clock ✓

如图 2-30 所示。

```
[root@localhost ~]# clock
Wed 30 Jul 2008 01:58:33 PM CST  -0.413265 seco
[root@localhost ~]# _
```

图 2-30　获取当前时间

示例 2：显示 UTC 时间。在命令行提示符下输入：

clock --utc ✓

如图 2-31 所示。

```
[root@localhost ~]# clock --utc
Wed 30 Jul 2008 10:01:55 PM CST  -0.490486 seco
[root@localhost ~]# _
```

图 2-31　显示 UTC 时间

（4）相关命令

getrusage、times。

14. crontab 命令：设置计时器

（1）语法

crontab [-u user] file

crontab [-u user] [-l | -r | -e] [-i] [-s]

（2）选项及作用

选　　项	作　　用
-e	执行文字编辑器来设置计时器
-l	显示当前的计时器设定列表
-r	删除当前的计时器设定列表
-u	设定计时器的用户名称
计时器表的格式	F1：分钟 F2：小时 F3：一个月中的第几天 F4：月份 F5：一个星期中的第几天

（3）典型示例

显示当前的计时器设定列表。在命令行提示符下输入：

crontab -l ✓

如图 2-32 所示。

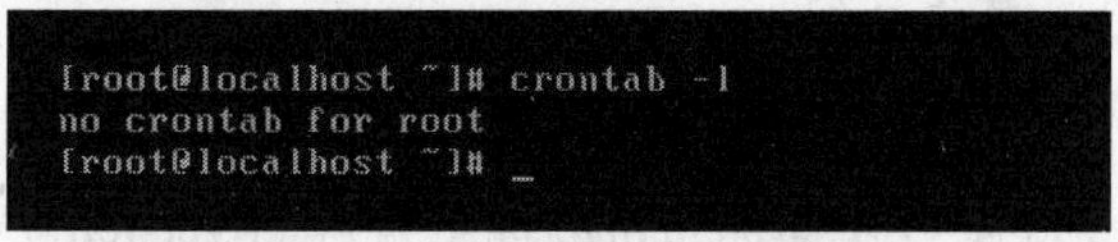

图 2-32　显示当前的计时器设定列表

（4）相关命令

cron。

15. declare 命令：显示或者设定 shell 变量

（1）语法

declare [-afFirtx] [-p] [name[=value] …]

（2）选项及作用

选　　项	作　　用
+	指定变量的属性
−	取消变量所设的属性
-f	仅显示函数
-i	添加integer属性
-r	只读模式
-x	指定可以供shell以外程序使用的环境变量
-t	添加trace属性

（3）典型示例

显示 shell 变量。在命令行提示符下输入：

declare ✓

如图 2-33 所示。

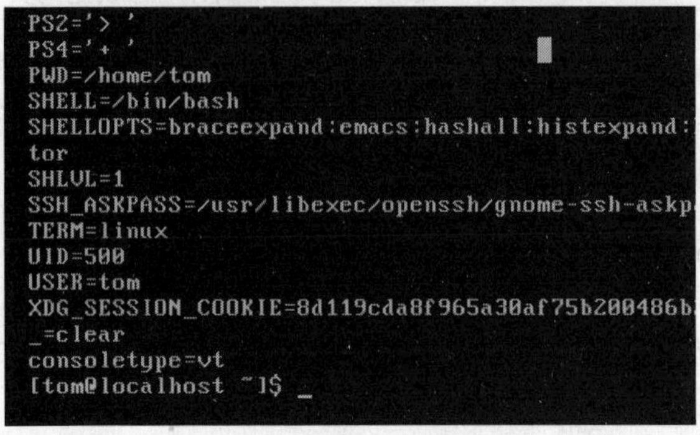

图 2-33　显示 shell 变量

（4）相关命令

bash、sh、export。

16. depmod 命令：模块关系

（1）语法

depmod [-b basedir] [-e] [-F System.map] [-n] [-v] [version] [-A]

depmod [-e] [-FSystem.map] [-n] [-v] [version] [filename ...]

（2）选项及作用

选　　项	作　　用
-a	分析所有可能使用的模块
-d	执行排错功能
-e	显示无法参照的符号
-i	不检查符号表的版本信息
-m<文件>	使用指定的符号表文件
-s	在系统记录中记录相关错误信息
--help	显示帮助信息
--version	显示版本信息
-v，--verbose	显示命令执行的详细过程

（3）典型示例

分析所有可能使用的模块，并显示分析的过程。在命令行提示符下输入：

depmod -av ✓

如图 2-34 所示。

图 2-34　分析所有可能使用的模块

（4）相关命令

modprobe、modules.dep、depmod.old。

17. dircolors 命令：ls 命令对应的显示颜色

（1）语法

dircolors [OPTION]… [FILE]

（2）选项及作用

选　　项	作　　用
-b，--sh，--bourne-shell	将LS_COLORS设为目前预设置的shell命令，并在Bourne shell中显示
-c，--csh，--c-shell	将LS_COLORS设为目前预设置的shell命令，并在C shell中显示
-p，--print-database	显示预设置信息
--help	显示帮助信息
--version	显示版本信息

（3）典型示例

显示颜色设置的默认值。在命令行提示符下输入：

dircolors -p ↙

如图 2-35 所示。

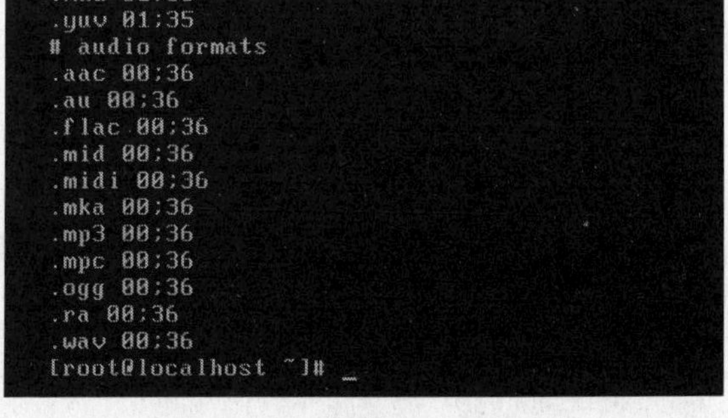

图 2-35　显示颜色设置的默认值

（4）相关命令

dir。

18. dmesg 命令：显示开机信息

（1）语法

dmesg [-c] [-n level] [-s bufsize]

（2）选项及作用

选　　项	作　　用
-c	在信息显示完毕后清除ring buffer中的内容
-n <level>	设置记录信息的层级
-s<bufsize>	设置缓冲区的大小

（3）典型示例

示例 1：显示开机信息。在命令行提示符下输入：

dmesg ✓

如图 2-36 所示。

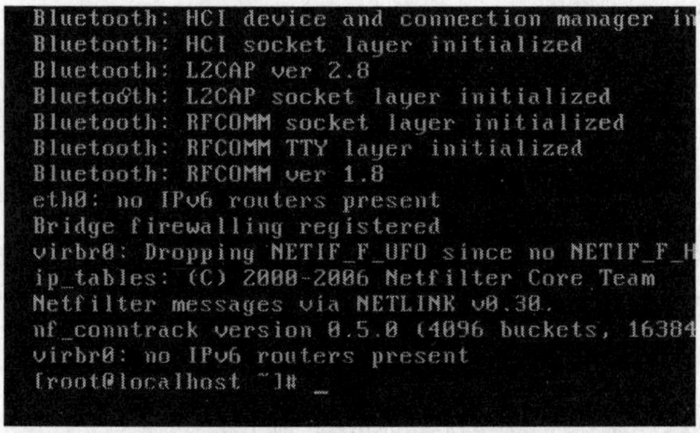

图 2-36　显示开机信息

示例 2：在信息显示完毕后清除 ring buffer 中的内容。在命令行提示符下输入：

dmesg -c ✓

如图 2-37 所示。

示例 3：设置记录信息的层级。例如，设置记录信息的层级为 1，以后开机只有当发生严重错误时才会有显示。在命令行提示符下输入：

dmesg -n 1 ✓

如图 2-38 所示。

（4）相关命令

syslog。

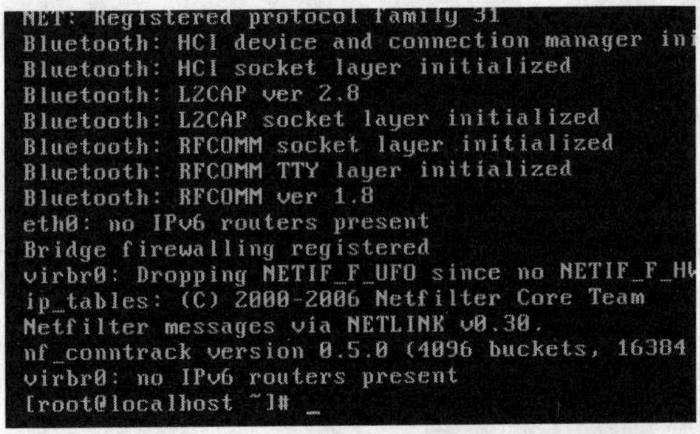

图 2-37　清除 ring buffer 中的内容

图 2-38　设置记录信息的层级

19.　enable 命令：可用的 shell 内置命令

（1）语法

enable [-pnds] [-a] [-f filename] [name …]

（2）选项及作用

选　项	作　用
-a	显示shell所有关闭与启动的命令
-d	删除一个由-f选项载入的内置命令
-f	支持动态载入的系统中，该选项用于从指定的共享目标文件filename中载入新的内置命令
-n	关闭指定的shell内置命令；若不指定命令名称，则显示关闭的shell内置命令列表
-p	显示所有内置命令，与不给定任何选项时的效果相同

（3）典型示例

示例 1：显示所有 shell 内置命令。在命令行提示符下输入：

enable ✓

如图 2-39 所示。

示例 2：关闭指定的 shell 内置命令，并显示关闭的命令列表。例如，关闭内置命令 history。在命令行提示符下输入：

enable -n history ✓

如图 2-40 所示，关闭该命令后，在命令行下执行该命令时将提示该命令未找到，可以通过 "enable name" 启动指定命令。

```
enable shopt
enable source
enable suspend
enable test
enable times
enable trap
enable true
enable type
enable typeset
enable ulimit
enable umask
enable unalias
enable unset
enable wait
[root@localhost ~]# _
```

图 2-39　显示所有 shell 内置命令

```
[root@localhost ~]# enable -n history
[root@localhost ~]# enable -n
enable -n history
enable -n pwd
[root@localhost ~]# history
-bash: history: command not found
[root@localhost ~]# enable history
[root@localhost ~]# _
```

图 2-40　关闭指定的 shell 内置命令

（4）相关命令

bash、sh。

20. eval 命令：连接多个命令

（1）语法

eval [arg …]

（2）典型示例

连接多个命令，连接的命令将同时执行。例如，同时执行 dir 和 date 命令。在命令行提示符下输入：

```
eval dir;date ↙
```

如图 2-41 所示。

```
[root@localhost ~]# eval dir;date
anaconda-ks.cfg   install.log   install.log.sysl
Thu Jul 31 18:38:37 CST 2008
[root@localhost ~]# _
```

图 2-41　连接多个命令

（3）相关命令

enable。

21. export 命令：设置或显示环境变量

（1）语法

export [-nf] [name[=value] …]

export -p

（2）选项及作用

选　　项	作　　用
-f	设定函数的名称
-n	删除指定的变量
-p	列出所有环境变量

（3）典型示例

示例 1：列出所有环境变量值，可以使用选项-p，也可以不带任何选项。在命令行提示符下输入：

export -p ✓

如图 2-42 所示。

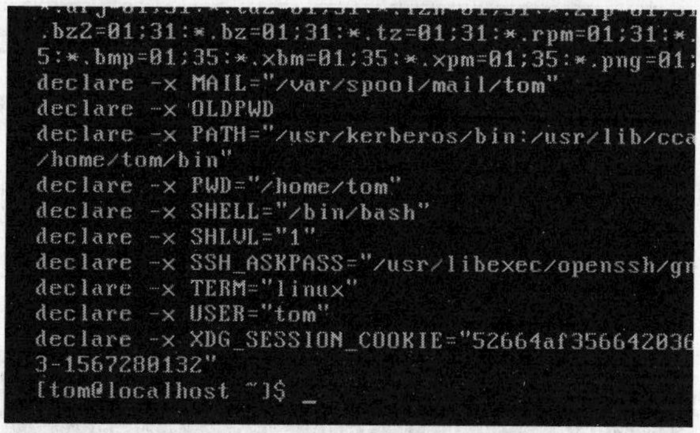

图 2-42　列出所有环境变量值

示例 2：定义一个环境变量，并赋值。例如，定义环境变量 myexport，并赋值 10。在命令行提示符下输入：

export myexport=10 ✓

如图 2-43 所示。

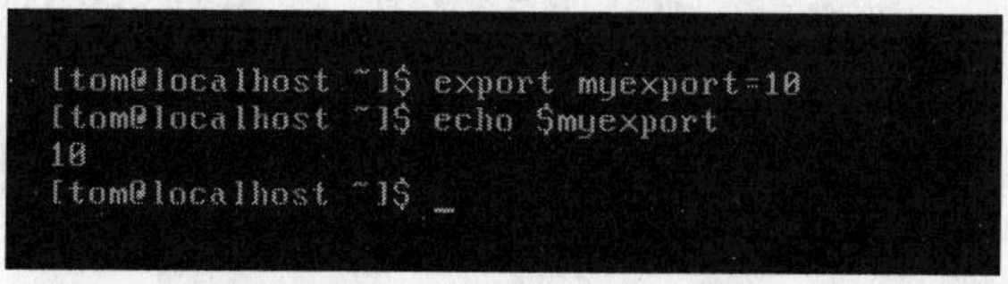

图 2-43　定义环境变量

示例 3：删除环境变量。例如，删除示例 2 中所定义的环境变量 myexport。在命令行提示符下输入：

export -n myexport ✓

如图 2-44 所示。

```
[tom@localhost ~]$ export -n myexport
[tom@localhost ~]$ _
```

图 2-44　删除环境变量

22. false 命令：不做任何事情，表示失败

（1）语法

false [ignored command line arguments]
false OPTION

（2）选项及作用

选　　项	作　　用
--help	显示帮助信息
--version	显示版本信息

（3）典型示例

设置状态码。在命令行提示符下输入：

false ✓

如图 2-45 所示。

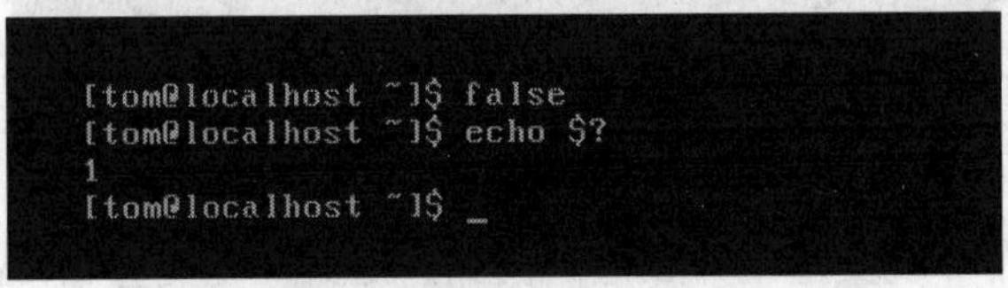

```
[tom@localhost ~]$ false
[tom@localhost ~]$ echo $?
1
[tom@localhost ~]$ _
```

图 2-45　设置状态码

（4）相关命令

true。

23. fbset 命令：设置帧缓冲区

（1）语法

fbset [options] [mode]

（2）选项及作用

选　　项	作　　用
-a, -all	更改所有使用该设备的虚拟终端机的显示模式
-db<信息文件>	指定显示模式的信息文件，预设文件名称为fb.modes，并将其存放在/etc目录下
-fb<外围设备代号>	指定输出帧缓冲区的外围设备，预设为/dev/fd0
-i, --info	显示所有帧缓冲区的相关信息
-ifb<外围设备代号>	使用另一个帧缓冲区外围设备的设置
-n, --now	立即改变显示模式
-ofb<外围设备代号>	此选项效果和指定-fb选项相同
-s, --show	显示目前显示模式的设置
--test	仅做测试，并不改变当前的显示模式
-h, --help	显示帮助信息
-V, --version	显示版本信息
-v, --verbose	显示命令当前执行的详细过程
-x, --xfree86	采用XFree86兼容模式
-xres	设置画面水平分辨率
-yres	设置画面垂直分辨率
-vxres	设置虚拟水平分辨率
-vyres	设置虚拟垂直分辨率
-depth	设置颜色深度
-g	同时指定全部有关几何特性的参数，例如"640 480 800 600 8"表示水平分辨率为640，垂直分辨率为480，虚拟水平分辨率为800，虚拟垂直分辨率为600，色深为8位
-accel	设置启动纯文本模式的硬件加速
-bcast	设置广播模式
-double	设置是否启动双重扫描模式

（3）典型示例

示例 1：运行该命令需要开启帧缓冲（Frame Buffer），在 Fedora 8 中可以编辑/boot/grub/menu.lst 文件，在 kernel 行后面添加"vga=xxx"字样。例如，设置 vga=769（640×480，256 色彩），重启之后便开启了帧缓冲；如果要设置分辨率为 1024×768，可以设置 vga=791（1024×768，64K 色彩）。显示目前显示模式的设置，可在命令行提示符下输入：

```
fbset -s ↙
```

如图 2-46 所示。

示例 2：设置画面分辨率和虚拟分辨率及色深。例如，设置画面分辨率和虚拟分辨率均为 1024×768，颜色深度为 16 位。在命令行提示符下输入：

```
fbset -g 1024 768 1024 768 16 ↙
```

如图 2-47 所示。

```
[root@localhost ~]# fbset -s

mode "640x480-73"
    # D: 30.720 MHz, H: 36.923 kHz, V: 73.260 Hz
    geometry 640 480 640 480 8
    timings 32552 80 32 16 4 80 4
    rgba 8/0,8/0,8/0,8/0
endmode

[root@localhost ~]#
```

图 2-46　显示目前显示模式的设置

```
[root@localhost ~]# fbset -g 1024 768 1024 768 16
[root@localhost ~]# _
```

图 2-47　设置分辨率及色深

示例 3：启动硬件文本加速。在命令行提示符下输入：

fbset -accel true ✓

如图 2-48 所示。

```
[root@localhost ~]# fbset -accel true
[root@localhost ~]# _
```

图 2-48　启动硬件文本加速

示例 4：启动广播模式。在命令行提示符下输入：

fbset -bcast true ✓

如图 2-49 所示。

```
[root@localhost ~]# fbset -bcast true
[root@localhost ~]#
```

图 2-49　启动广播模式

（4）相关命令

fb.modes、fbdev。

24. hash 命令：显示和清除哈希表

（1）语法

hash [-lr] [-p pathname] [-dt] [name …]

（2）选项及作用

选　　项	作　　用
-d	清除指定name的哈希表
-l	显示哈希表

续表

选 项	作 用
-p	向哈希表中添加内容，pathname为name的完整路径名
-r	清除所有哈希表
-t	显示命令的完整路径

（3）典型示例

示例 1：显示哈希表。在命令行提示符下输入：

hash -l ↙

如图 2-50 所示。

```
[tom@localhost ~]$ hash -l
builtin hash -p /bin/date date
builtin hash -p /usr/bin/clear clear
[tom@localhost ~]$ _
```

图 2-50 显示哈希表

示例 2：显示命令的完整路径。例如，显示示例 1 哈希表中 date 命令的完整路径。在命令行提示符下输入：

hash -t date ↙

如图 2-51 所示。

```
[tom@localhost ~]$ hash -t date
/bin/date
[tom@localhost ~]$ _
```

图 2-51 显示命令的完整路径

示例 3：向哈希表中添加内容。在命令行提示符下输入：

hash -p /sbin/halt halt ↙

如图 2-52 所示。

```
[tom@localhost ~]$ hash -p /sbin/halt halt
[tom@localhost ~]$ hash -l
builtin hash -p /bin/date date
builtin hash -p /sbin/halt halt
builtin hash -p /usr/bin/clear clear
[tom@localhost ~]$ _
```

图 2-52 向哈希表中添加内容

示例 4：清除所有哈希表。在命令行提示符下输入：

hash -r ✓

如图 2-53 所示。

```
[tom@localhost ~]$ hash -r
[tom@localhost ~]$ hash -l
hash: hash table empty
[tom@localhost ~]$ _
```

图 2-53　清除所有哈希表

（4）相关命令

alias。

25. hostid 命令：打印当前主机的标识

（1）语法

hostid

hostid OPTION

（2）选项及作用

选　　项	作　　用
--help	显示帮助信息
--version	显示版本信息

（3）典型示例

显示当前主机的标识。在命令行提示符下输入：

hostid ✓

如图 2-54 所示。

```
[tom@localhost ~]$ hostid
007f0100
[tom@localhost ~]$ _
```

图 2-54　显示当前主机的标识

（4）相关命令

host。

26. hostname 命令：显示或设置当前系统的主机名

（1）语法

hostname [-v] [-a] [--alias] [-d] [--domain] [-f] [--fqdn] [-i] [--ip-address] [--long] [-s] [--short] [-y] [--yp] [--nis]

（2）选项及作用

选　　项	作　　用
-a，--alias	查询主机的别名
-d，--domain	查询主机的域名
-f，--fqdn，--long	查询主机的全名
-F，--file <filename>	从指定文件读取主机名
-h，--help	显示帮助信息
-i，--ip-address	查询主机的IP地址
-n，--node	查询DECnet网络节点的名称
-s，--short	查询主机的前置名称
-v，--verbose	显示命令执行的过程
-V，--version	显示版本信息
-y，--yp，--nis	查询NIS域名

（3）典型示例

示例 1：查询主机的别名，并显示命令执行的过程。在命令行提示符下输入：

hostname -av ✓

如图 2-55 所示。

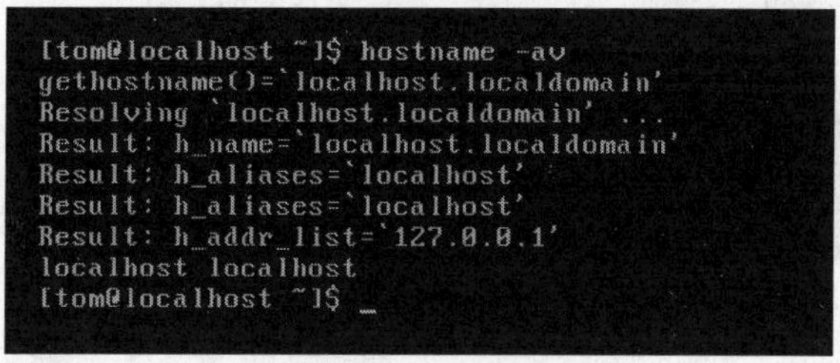

图 2-55　查询主机的别名

示例 2：查询主机的 IP 地址。在命令行提示符下输入：

hostname -i ✓

如图 2-56 所示。

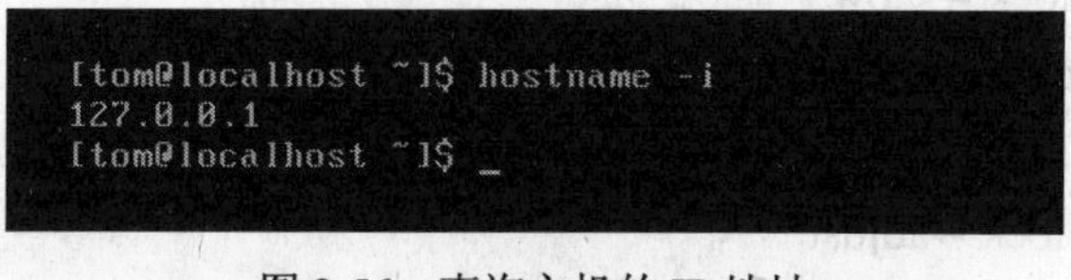

图 2-56　查询主机的 IP 地址

示例 3：查询主机的全名。在命令行提示符下输入：

hostname -f ✓

如图 2-57 所示。

```
[tom@localhost ~]$ hostname -f
localhost.localdomain
[tom@localhost ~]$ _
```

图 2-57　查询主机的全名

示例 4： 设置主机名称。例如，设置主机名为 Robert。在命令行提示符下输入：

hostname Robert ✓

如图 2-58 所示。

```
[root@localhost ~]# hostname Robert
[root@localhost ~]# hostname
Robert
[root@localhost ~]# _
```

图 2-58　设置主机名称

示例 5： 查询主机域名。在命令行提示符下输入：

hostname -d ✓

如图 2-59 所示。

```
[tom@localhost ~]$ hostname -d
localdomain
[tom@localhost ~]$ _
```

图 2-59　查询主机域名

（4）相关命令

host、uname、ifconfig。

27. hwclock 命令：显示和设定硬件时钟

（1）语法

hwclock -r or hwclock --show

hwclock -w or hwclock --systohc

hwclock -s or hwclock --hctosys

hwclock -a or hwclock --adjust

hwclock -v or hwclock --version

hwclock --set --date=newdate

hwclock --getepoch

hwclock --setepoch --epoch=year

（2）参数及作用

参　　　　数	作　　　　用
--adjust	根据以前的记录来估算硬件时钟的偏差，并用来校正当前硬件时钟
--debug	显示hwclock执行时的详细信息
--directisa	预设从/dev/rtc设备存取硬件时钟
--hctosys	设置系统时间为硬件时钟
--set --date=<日期和时间>	设定硬件时钟
--show	读取硬件时钟，并将时间显示到标准输出
--systohc	将硬件时钟调整为与当前的系统时钟一致
--test	仅测试程序，并不实际更改硬件时钟
--utc	使用格林威治时间模式
--version	显示版本信息

（3）典型示例

示例 1：显示硬件时钟。在命令行提示符下输入：

hwclock ✓

如图 2-60 所示，与参数--show 的执行效果相同。

[root@localhost ~]# hwclock
Sat 02 Aug 2008 04:50:55 AM CST -1.280592 secon
[root@localhost ~]# _

图 2-60　显示硬件时钟

示例 2：使用格林威治时间模式。在命令行提示符下输入：

hwclock --utc ✓

如图 2-61 所示。

[root@localhost ~]# hwclock --utc
Sat 02 Aug 2008 04:53:55 AM CST -0.780568 secon
[root@localhost ~]# _

图 2-61　使用格林威治时间模式

示例 3：显示 hwclock 执行时的详细信息。在命令行提示符下输入：

hwclock --debug ✓

如图 2-62 所示。

示例 4：设置系统时间为硬件时钟。在命令行提示符下输入：

hwclock --hctosys ✓

如图 2-63 所示。

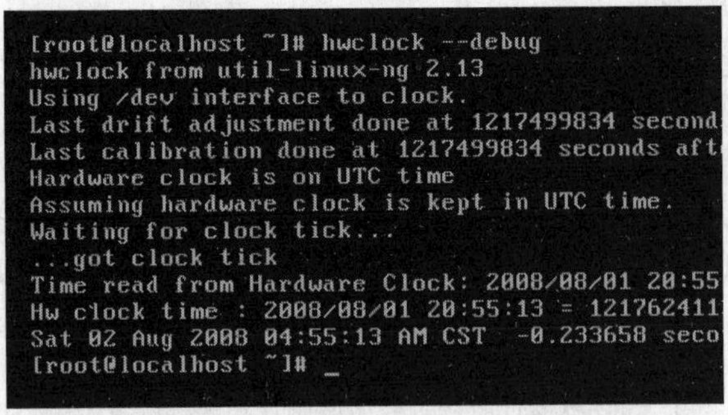

图 2-62　显示命令执行的详细信息

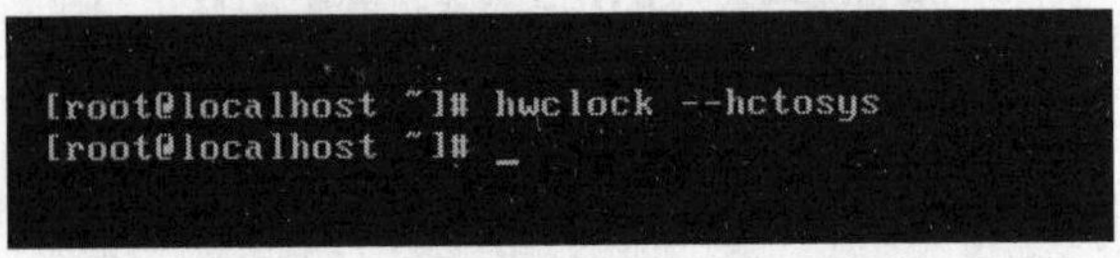

图 2-63　设置系统时间为硬件时钟

（4）相关命令

adjtimex、date、gettimeofday、settimeofday、crontab、tzset。

28. insmod 命令：载入模块

（1）语法

insmod [filename] [module options …]

（2）典型示例

载入模块。例如，载入蓝牙设备的一个驱动模块。在命令行提示符下输入：

insmod bfusb.ko ✓

如图 2-64 所示。载入已经载入内核的模块时命令行提示符下会报错误信息："-1 File exists"。

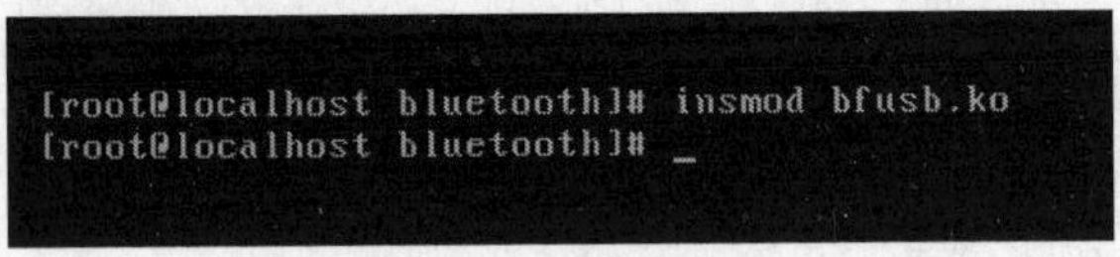

图 2-64　载入模块

（3）相关命令

modprobe、rmmod、lsmod、insmod.old。

29. isosize 命令：显示 ISO9660 文件系统信息

（1）语法

isosize [-x] [-d <num>] <iso9660_image_file>

（2）选项及作用

选　　项	作　　用
-d <num>	当不使用-x选项时有效，显示的大小为实际大小除以指定数目num
-x	以易读的方式显示

（3）典型示例

示例 1：显示 ISO 文件大小。例如，查看 ISO 文件 learninglinux.ISO 的大小。在命令行提示符下输入：

isosize learninglinux.ISO ✓

如图 2-65 所示。

```
[tom@localhost ~]$ isosize learninglinux.ISO
15257600
[tom@localhost ~]$ _
```

图 2-65　显示 ISO 文件大小

示例 2：以易读的方式显示。以易读方式显示示例 1 中 ISO 文件的大小。在命令行提示符下输入：

isosize -x learninglinux.ISO ✓

如图 2-66 所示。

```
[tom@localhost ~]$ isosize -x learninglinux.ISO
723error: le=2048 be=0
sector count: 7450, sector size: 2048
[tom@localhost ~]$ _
```

图 2-66　以易读的方式显示

（4）相关命令

du。

30. kbdconfig 命令：设置键盘的类型

（1）语法

kbdconfig [args]

（2）参数及作用

参　　数	作　　用
--back	将预设的Cancel按钮更改为Back按钮
--test	仅做测试，并不实际更改设置

（3）典型示例

设置键盘的类型。在命令行提示符下输入：

kbdconfig ↙

如图 2-67 所示。

```
[root@localhost ~]# kbdconfig_
```

图 2-67　设置键盘的类型

（4）相关命令

timeconfig。

31. ldconfig 命令：设置动态链接绑定

（1）语法

/sbin/ldconfig [-nNvXV] [-f conf] [-C cache] [-r root] directory …

/sbin/ldconfig -l [-v] library …

/sbin/ldconfig -p

（2）选项及作用

选　　项	作　　用
-C cache	使用cache而不是/etc/ld.so.cache
-f conf	使用指定的conf文件，而不是默认的/etc/ld.so.conf
-l	函数库模式，手动链接单独的库文件
-n	仅处理命令行中指定的目录，暗含选项-N
-N	不重建缓存；除非-X选项也同时给定，否则链接依然被更新
-p	打印缓冲区中的目录列表和函数库
-r root	改变并使用指定的root目录作为根目录
-X	不更新链接；除非-N选项也同时给定，否则缓存依然被重建
-V	显示版本信息
-v	Verbose模式，显示命令执行的详细过程

（3）典型示例

示例 1： 打印缓冲区中的目录列表和函数库。在命令行提示符下输入：

ldconfig -p ↙

如图 2-68 所示。

示例 2： 设置动态链接绑定，并显示命令执行的详细过程。在命令行提示符下输入：

ldconfig -v ↙

如图 2-69 所示。如果不采用选项-v，命令行下将不给出任何信息。

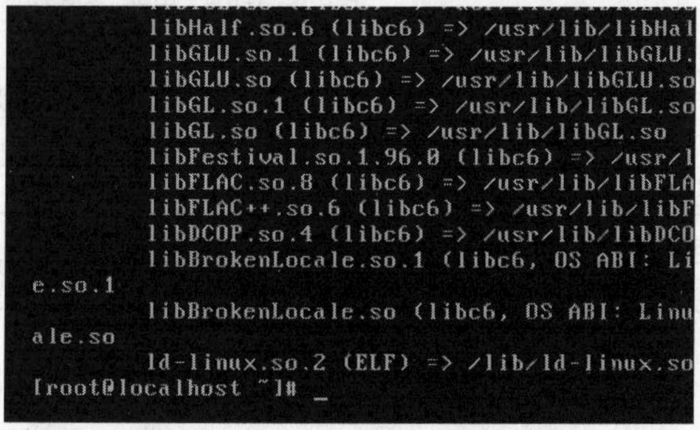

图 2-68 打印缓冲区中的目录列表和函数库

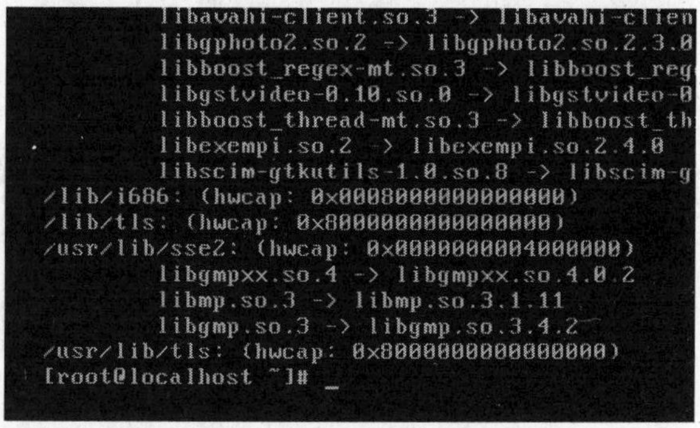

图 2-69 设置动态链接绑定

示例 3：仅处理命令行中指定的目录。例如，仅更新/lib/目录下的库。在命令行提示符下输入：

```
ldconfig -n /lib/ ↙
```

如图 2-70 所示。

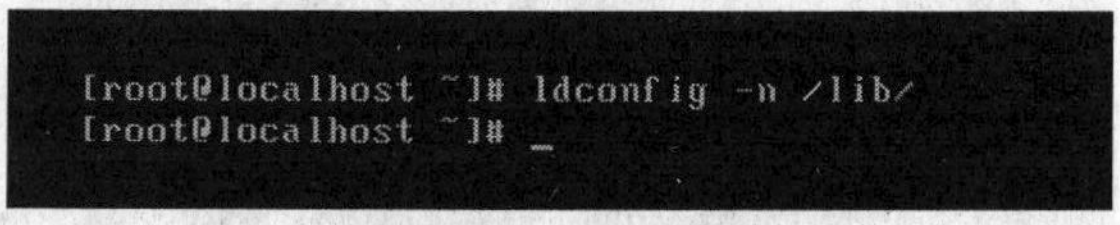

图 2-70 仅处理命令行中指定的目录

（4）相关命令

ldd、ld.so。

32. ldd 命令：打印共享库文件的相互依赖关系

（1）语法

ldd [OPTION]… FILE…

（2）选项及作用

选　　项	作　　用
-d，--data-relocs	执行重定位并报告任何缺失对象的信息（仅ELF）
-r，--function-relocs	对数据对象和函数都实行重定位，并报告任何缺失对象或函数的信息（仅ELF）
-u，--unused	打印未使用过的直接依赖关系（glibc版本高于2.3.4）
--help	显示语法帮助信息
--version	显示版本信息
-v，--verbose	显示所有信息

（3）典型示例

示例 1：显示共享库文件的依赖关系。例如，显示命令·bash 所使用的共享函数库。在命令行提示符下输入：

ldd /bin/bash ✓

如图 2-71 所示。

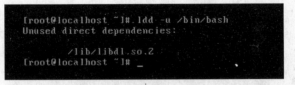

图 2-71　显示共享库文件的依赖关系

示例 2：显示未使用过的直接依赖关系。例如，显示 bash 命令所使用的共享函数库，并显示为使用过的直接依赖关系。在命令行提示符下输入：

ldd -u /bin/bash ✓

如图 2-72 所示。

```
[root@localhost ~]#.ldd -u /bin/bash
Unused direct dependencies:

        /lib/libdl.so.2
[root@localhost ~]#
```

图 2-72　显示未使用过的直接依赖关系

（4）相关命令

ld.so、ldconfig。

33. lilo 命令：引导安装程序

（1）语法

lilo [option]

（2）选项及作用

选　　项	作　　用
-b <外围设备>	指定安装lilo的外围设备代号
-c	使用紧致映射模式，将系统启动时所需要的文件放在连续的扇区里，增加读取效率
-C <配置文件>	指定lilo的配置文件
-d <延迟时间>	设置开机延迟时间
-D <识别标签>	指定开机后预设启动的操作系统，或系统核心识别标签
-f <几何参数文件>	指定磁盘的几何参数配置文件
-i <开机磁区文件>	指定欲使用的开机磁区文件，预设是/boot目录里的boot.b文件
-I <识别标签>	显示系统核心存放位置
-l	生成线形磁区地址
-m <映射文件>	指定映射文件
-p <fix/ignore>	指定要修复或忽略分区表的错误
-q	显示映射的系统核心文件
-r <根目录>	设置系统启动时欲挂入成为根目录的目录
-R <执行文件>	设置下次启动系统时，首先执行的命令
-s <备份文件>	指定备份文件
-S <备份文件>	强制指定备份文件
-t	不执行命令，仅列出实际执行会进行的动作
-u <外围设备代号>	删除lilo
-U <外围设备代号>	此选项的效果和指定-u选项类似，但不检查时间戳记
-v	显示命令执行的详细过程
-V	显示版本信息

（3）典型示例

示例 1：安装 lilo 到指定分区。例如，安装 lilo 到第一块 SCSI 硬盘的第 1 个分区，采取 3 级模式详细显示命令执行的过程。在命令行提示符下输入：

lilo -b /dev/sda1 -v -v -v ✓

如图 2-73 所示。

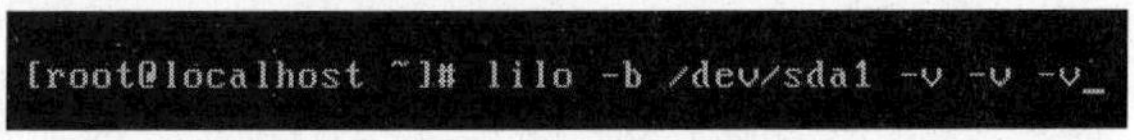

图 2-73　安装 lilo 到指定分区

示例 2：删除 lilo。在命令行提示符下输入：

lilo -u /dev/sda1 ✓

如图 2-74 所示。

图 2-74　删除 lilo

示例 3： 显示映射的系统核心文件。在命令行提示符下输入：

lilo -q ↙

如图 2-75 所示。

```
[root@localhost ~]# lilo -q_
```

图 2-75　显示映射的系统核心文件

（4）相关命令

liloconfig。

34．liloconfig 命令：设置程序的载入

（1）语法

liloconfig

（2）典型示例

调整 lilo 的设置。在命令行提示符下输入：

liloconfig ↙

如图 2-76 所示。

```
[root@localhost ~]# liloconfig_
```

图 2-76　调整 lilo 的设置

（3）相关命令

lilo。

35．losetup 命令：设置循环设备

（1）语法

losetup loop_device

losetup -a

losetup -d loop_device

losetup -f

losetup [{-e | -E} encryption] [-o offset] [-p pfd] [-r] {-f [-s] | loop_device} file

（2）选项及作用

选　　项	作　　用
-a，--all	显示所有循环设备的状态
-d，--detach	卸载设备
-e，-E，--encryption <加密方式>	启动密码编码

续表

选 项	作 用
-f，--find	查找第一个未使用的循环设备
-h，--help	显示帮助信息
-o，--offset <平移数目>	设置数据平移的数目
-r，--read-only	设置只读循环设备
-s，--show	如果采用了-f选项，并且指定一个已知的文件参数file，则显示该设备名字
-v，--verbose	verbose模式，显示命令行运行的详细过程

（3）典型示例

示例 1：查找第一个未使用的循环设备。在命令行提示符下输入：

losetup -f ✓

如图 2-77 所示，如果循环设备/dev/loop0 已经使用，则显示/dev/loop1，以此类推。

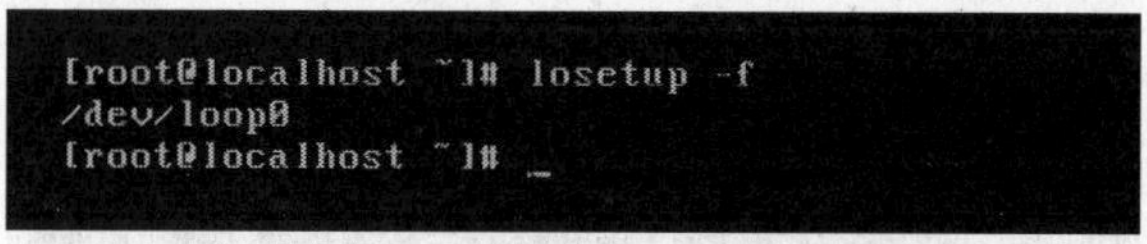

图 2-77 查找未使用的循环设备

示例 2：查看循环设备的信息。例如，查看示例 1 中未使用的循环设备/dev/loop0。在命令行提示符下输入：

losetup /dev/loop0 ✓

如图 2-78 所示。

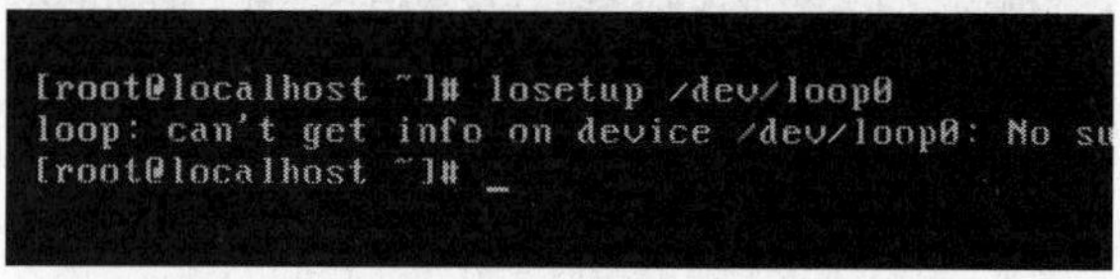

图 2-78 查看未使用的循环设备状态

图 2-78 显示无该设备或地址，因为该设备尚未建立。可以建立一个循环设备。首先建立一个拥有 1000 个块，每个块大小为 1KB 的文件 file，可以使用 dd 命令。在命令行提示符下输入：

dd if=/dev/zero of=/file bs=1k count=1000 ✓

如图 2-79 所示。

建立循环设备，在命令行提示符下输入：

losetup /dev/loop0 /file ✓

如图 2-80 所示。

```
[root@localhost ~]# dd if=/dev/zero of=/file bs=
1000+0 records in
1000+0 records out
1024000 bytes (1.0 MB) copied, 0.0133347 s, 76.8
[root@localhost ~]# _
```

图 2-79　建立文件

```
[root@localhost ~]# losetup /dev/loop0 /file
[root@localhost ~]# _
```

图 2-80　建立循环设备

显示新建立的循环设备的状态，在命令行提示符下输入：

losetup /dev/loop0✓

如图 2-81 所示。

```
[root@localhost ~]# losetup /dev/loop0
/dev/loop0: [0805]:97160 (/file)
[root@localhost ~]# _
```

图 2-81　显示指定循环设备的状态

示例 3：卸载设备。卸载示例 2 中的循环设备/dev/loop0。在命令行提示符下输入：

losetup -d /dev/loop0 ✓

如图 2-82 所示。

```
[root@localhost ~]# losetup -d /dev/loop0
[root@localhost ~]# _
```

图 2-82　卸载设备

（4）相关命令

rmmod。

36. mev 命令：监视鼠标情况

（1）语法

mev [option]

（2）选项及作用

选　项	作　用
-C number	选项从数字标识的虚拟控制口上获取事件
-d number	选择一个默认事件掩码

续表

选　项	作　用
-e number	选择事件掩码
-E	进入Emacs模式
-f	适应屏幕内的拖曳行为
-i	交互模式，接受从标准输入输入的命令
-m number	选择最小修正掩码
-M number	选择最大修正掩码
-p	在拖曳期间描绘出指针的轨迹
-u	用户模式，此为默认

（3）典型示例

显示鼠标事件。例如，显示 1 号虚拟终端的鼠标事件。在命令行提示符下输入：

mev -C 1 ✓

如图 2-83 所示。随着鼠标的移动，控制终端上将动态地显示事件信息，按 Ctrl+C 组合键退出，并返回到命令行提示符下。

```
[tom@localhost ~]$ mev -C 1
mouse: event 0x01, at 54,21 (delta  0, 0), butt
_
```

图 2-83　显示鼠标事件

（4）相关命令

gpm、gpm-root。

37. minfo 命令：显示 MS-DOS 文件系统的各项参数

（1）语法

minfo [option] [驱动器]

（2）选项及作用

选　项	作　用
-v	除了可显示一般信息外，还可显示开机磁区中的相关内容

（3）典型示例

显示 MS-DOS 文件系统的各项参数。例如，显示软盘，即驱动器 A 的各项参数。在命令行提示符下输入：

minfo A: ✓

如图 2-84 所示。

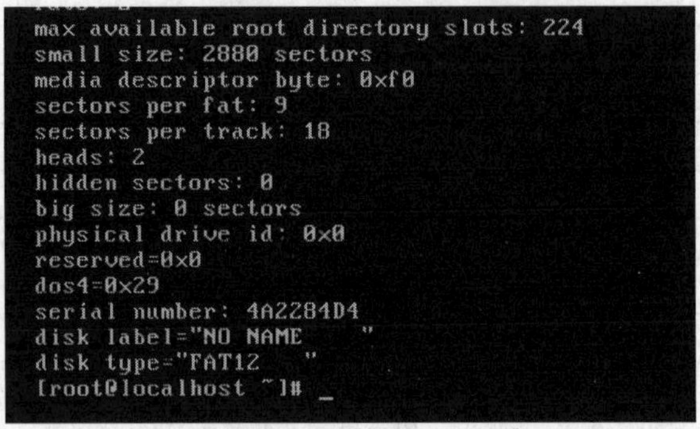

图 2-84　显示 MS-DOS 文件系统参数

（4）相关命令

mattrib。

38. mkkickstart 命令：建立安装的组态文件

（1）语法

mkkickstart [args]

（2）参数及作用

参　　数	作　　用
--boot	安装与开机时，使用BOOTP
--dhcp	安装与开机时，使用DHCP
--nfs<路径>	使用指定的网络路径安装
--nonet	不要进行网络设置
--nox	不设置进行X Window的环境
--version	显示版本信息

（3）相关命令

mkdir。

39. mkraid 命令：初始化/升级 RAID 设备阵列

（1）语法

mkraid [args]

（2）参数及作用

参　　数	作　　用
<设备>	指定要设置为RAID设备阵列的设备，多个用"+"分开
--configfile <file>	指定配置文件file
--force	强制初始化设备

续表

参 数	作 用
--help	显示帮助信息
--upgrade	将旧的RAID阵列升级为当前内核版本
--version	显示版本信息

（3）相关命令

raidtab、raidstart、raidstop。

40. modinfo 命令：显示内核信息

（1）语法

modinfo [-0] [-F field] [-k kernel] [modulename | filename …]

modinfo -V

modinfo -h

（2）选项及作用

选 项	作 用
-a，--author	显示模块开发人员信息
-d，--description	显示模块的说明信息
-F，field	打印指定域信息，每行一条信息
-h，--help	显示modinfo的选项使用方法
-k kernel	提供指定内核的信息，而不是显示正在运行的内核信息
-l	显示许可证信息
-p，--parameters	显示模块所支持的选项
-V，--version	显示版本信息
-0，--null	使用ASCII码0字符来分开域值，而不是以换行来分开

（3）典型示例

示例 1：显示指定模块的信息。例如，显示模块 ac 的信息。在命令行提示符下输入：

modinfo ac ✓

如图 2-85 所示。

图 2-85 显示指定模块的信息

示例 2：显示模块开发人员信息。在命令行提示符下输入：

```
modinfo -a ac ↙
```

如图 2-86 所示。

```
[root@localhost ~]# modinfo -a ac
Paul Diefenbaugh
[root@localhost ~]# _
```

图 2-86　显示模块开发人员信息

示例 3：显示模块的说明信息。在命令行提示符下输入：

```
modinfo -d ac ↙
```

如图 2-87 所示。

```
[root@localhost ~]# modinfo -d ac
ACPI AC Adapter Driver
[root@localhost ~]# _
```

图 2-87　显示模块的说明信息

示例 4：显示模块所支持的选项。在命令行提示符下输入：

```
modinfo -p snd ↙
```

如图 2-88 所示。

```
[root@localhost ~]# modinfo -p snd
cards_limit:Count of auto-loadable soundcards.
major:Major # for sound driver.
[root@localhost ~]# _
```

图 2-88　显示模块所支持的选项

（4）相关命令

modprobe、modinfo.old。

41. modprobe 命令：自动处理可载入的模块

（1）语法

modprobe [-v] [-V] [-C config-file] [-n] [-i] [-q] [-o modulename] [modulename] [module parameters ...]

modprobe [-r] [-v] [-n] [-i] [modulename ...]

modprobe [-l] [-t dirname] [wildcard]

modprobe [-c]

modprobe [--dump-modversions]

（2）选项及作用

选　项	作　用
-a，--all	载入全部模块
-c，--showconfig	显示所有模块的设置信息
-C，--config	重写默认的配置文件
-d，--debug	使用排错模式
-i，--ignore-install，--ignore-remove	忽略配置文件中的install和remove命令
-l，--list	显示可用的模块
-n，--dry-run	该选项将进行所有操作，但不真正插入或删除模块
-q，--quiet	不输出错误信息
-r，--remove	模块闲置不用时，即自动卸载模块
-t，--type	指定模块类型
--help	显示帮助信息
-V，--version	显示版本信息
-v，--verbose	显示命令执行的详细过程

（3）典型示例

示例 1：显示可用的模块。在命令行提示符下输入：

modprobe -l ↙

如图 2-89 所示。

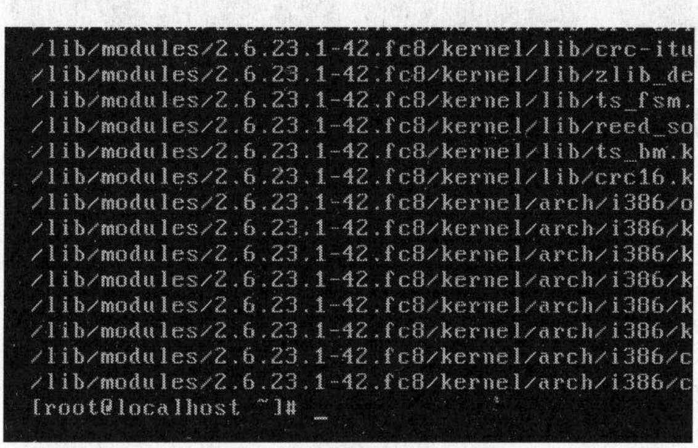

图 2-89　显示可用的模块

示例 2：显示所有模块的设置信息。在命令行提示符下输入：

modprobe -c ↙

如图 2-90 所示。

示例 3：安装模块。例如，安装声音驱动模块。在命令行提示符下输入：

modprobe snd ↙

如图 2-91 所示。

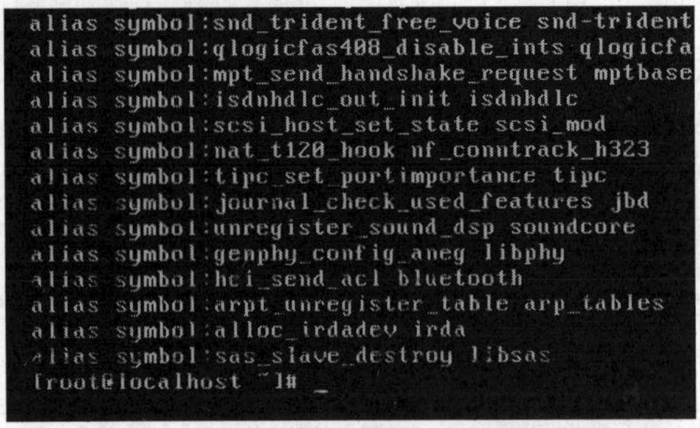

图 2-90　显示所有模块的设置信息

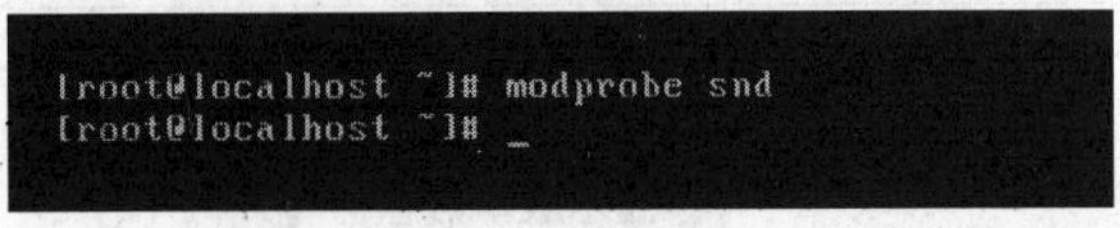

图 2-91　安装模块

示例 4：卸载模块。例如，卸载内核中的 ac 模块，并显示命令执行的详细情况。在命令行提示符下输入：

modprobe -vr ac ✓

如图 2-92 所示。

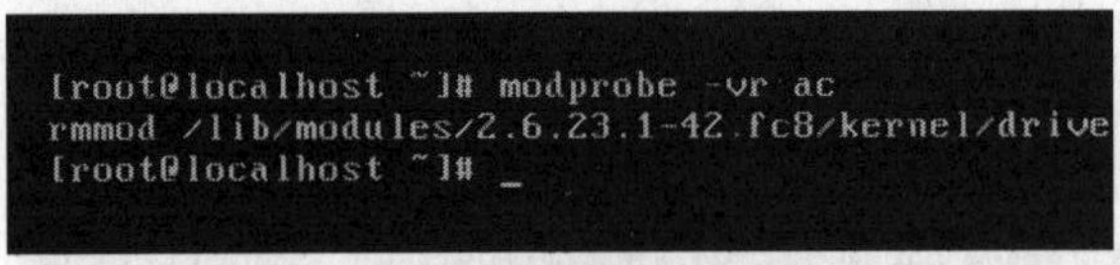

图 2-92　卸载模块

（4）相关命令

modprobe.conf、lsmod、modprobe.old。

42. mouseconfig 命令：设置鼠标的相关参数

（1）语法

mouseconfig [args]

（2）参数及作用

参　　数	作　　用
--back	在设置画面上显示Back按钮，并且取代预设的Cancel按钮
--device<链接端口>	指定硬件连接端口
--emulthree	将二键鼠标模拟成三键鼠标
--expert	程序预设可自动判断部分设置值

续表

参　数	作　用
--kickstart	让程序自动检测并保存所有的鼠标设置
--noprobe	不检测鼠标设备
--test	仅进行测试，不会改变任何设置
--help	显示帮助信息

（3）相关命令

system-config-mouse。

43. nice 命令：设置优先权

（1）语法

nice [OPTION] [COMMAND [ARG]…]

（2）选项及作用

选　项	作　用
-n，--adjustment=N	将原有的优先顺序调整，N值默认为10
--help	显示帮助信息
--version	显示版本信息

（3）典型示例

设置程序优先级。以不同方式运行程序，并查看其优先顺序的异同。例如，直接在后台运行程序 ftp，设置默认优先级，并设置优先级为 12 和设置优先级为-20 时运行程序 ftp。在命令行提示符下输入：

```
ftp & ✓
nice ftp & ✓
nice -n 12 ftp & ✓
nice -n -20 ftp & ✓
```

如图 2-93 所示。

```
[root@localhost ~]# ftp &
[1] 5671
[root@localhost ~]# nice ftp &
[2] 5672

[1]+  Stopped                 ftp
[root@localhost ~]# nice -n 12 ftp &
[3] 5673

[2]+  Stopped                 nice ftp
[root@localhost ~]# nice -n -20 ftp &
[4] 5674

[3]+  Stopped                 nice -n 12 ftp
[root@localhost ~]# _
```

图 2-93　以不同优先级运行程序

可以通过 ps 命令查看各程序的优先级。在命令行提示符下输入：

ps -l ✓

如图 2-94 所示。

```
[root@localhost ~]# ps -l
F S   UID   PID  PPID  C PRI  NI ADDR SZ WCHAN
4 S     0  5634  5630  0  80   0 -   1820 wait
0 T     0  5671  5634  0  80   0 -   1432 finish
0 T     0  5672  5634  0  90  10 -   1432 finish
0 T     0  5673  5634  0  92  12 -   1432 finish
4 T     0  5674  5634  0  60 -20 -   1432 finish
4 R     0  5762  5634  0  80   0 -   1348 -
[root@localhost ~]#
```

图 2-94　查看程序优先级

（4）相关命令

renice、ps。

44．passwd 命令：设置密码

（1）语法

passwd [-k] [-l] [-u [-f]] [-d] [-n mindays] [-x maxdays] [-w warndays] [-i inactivedays] [-S] [--stdin] [username]

（2）选项及作用

选　项	作　用
-d	删除密码
-f	强制执行
-g	修改群组密码
-i	过期后停止使用用户账号
-k	更新只能发生在过期之后
-l	停止指定用户账号的使用
-S	显示密码信息
-u	与-l选项相反，启用已被停止使用的账号
-x	设置密码有效期

（3）典型示例

示例 1：设置用户密码。例如，重新设置用户 tom 的密码。在命令行提示符下输入：

passwd tom ✓

如图 2-95 所示。

示例 2：删除密码。例如，删除用户 tom 的密码。在命令行提示符下输入：

passwd -d tom ✓

如图 2-96 所示。

```
[root@localhost ~]# passwd tom
Changing password for user tom.
New UNIX password: _
```

图 2-95　设置用户密码

```
[root@localhost ~]# passwd -d tom
Removing password for user tom.
passwd: Success
[root@localhost ~]# _
```

图 2-96　删除密码

示例 3：显示密码信息。例如，显示用户 tom 的密码信息。在命令行提示符下输入：

passwd -S tom ✓

如图 2-97 所示。

```
[root@localhost ~]# passwd -S tom
tom PS 2008-08-02 0 99999 7 -1 (Password set, MD
[root@localhost ~]# _
```

图 2-97　显示密码信息

示例 4：停止指定用户账号的使用。例如，停止 tom 账号的使用。在命令行提示符下输入：

passwd -l tom ✓

如图 2-98 所示。

```
[root@localhost ~]# passwd -l tom
Locking password for user tom.
passwd: Success
[root@localhost ~]# _
```

图 2-98　停止指定用户账号的使用

示例 5：启用已被停止使用的账号。实现与选项-l 相反的功能，例如，解锁用户 tom。在命令行提示符下输入：

passwd -u tom ✓

如图 2-99 所示。

（4）相关命令

pam、pam_chauthok、useradd。

```
[root@localhost ~]# passwd -u tom
Unlocking password for user tom.
passwd: Success
[root@localhost ~]# _
```

图 2-99   启用已被停止使用的账号

45. pwconv 命令：开启用户的投影密码

（1）语法

pwconv

（2）典型示例

开启用户的投影密码。在命令行提示符下输入：

pwconv ↙

如图 2-100 所示。

```
[root@localhost ~]# pwconv
[root@localhost ~]# _
```

图 2-100   开启用户投影密码

（3）相关命令

pwunconv。

46. pwunconv 命令：关闭用户的投影密码

（1）语法

pwunconv

（2）典型示例

关闭用户的投影密码。在命令行提示符下输入：

pwunconv ↙

如图 2-101 所示。

```
[root@localhost ~]# pwunconv
[root@localhost ~]# _
```

图 2-101   关闭用户的投影密码

（3）相关命令

pwconv。

47. resize 命令：设置终端视窗的大小

（1）语法

resize [-u | -c] [-s [row col]]

（2）选项及作用

选　　项	作　　用
-c	即使用户环境并非C shell，也用C shell命令改变视窗大小
-s \<row\> \<col\>	设置终端机视窗的垂直高度和水平宽度
-u	即使用户环境并非Bourne shell，也用Bourne shell命令改变视窗大小

（3）典型示例

示例 1：使用 C shell。在命令行提示符下输入：

resize -c ✓

如图 2-102 所示。

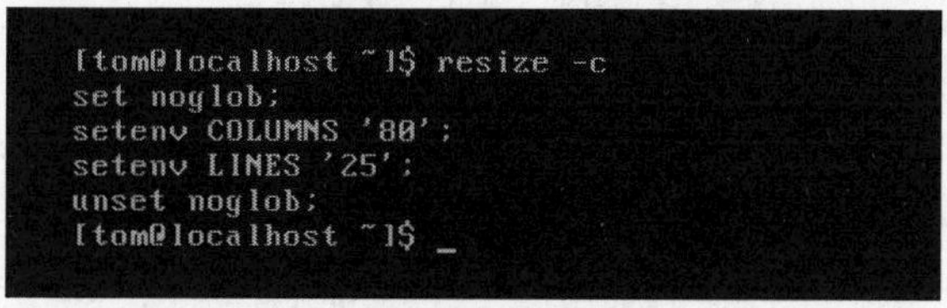

图 2-102　使用 C shell

示例 2：使用 Bourne shell。在命令行提示符下输入：

resize -u ✓

如图 2-103 所示。

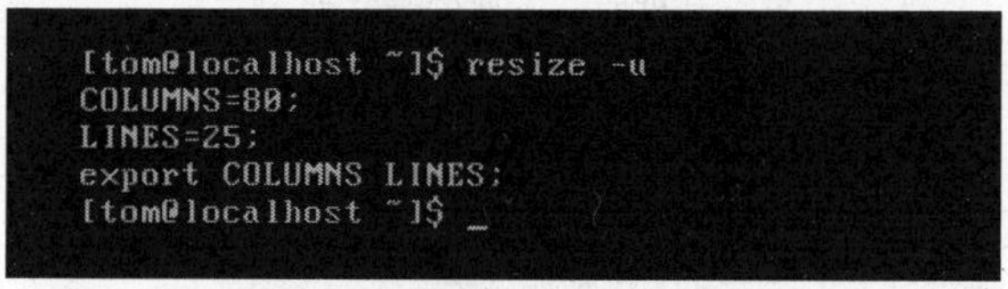

图 2-103　使用 Bourne shell

示例 3：设置终端视窗大小。例如，设置虚拟终端的大小为高 30、宽 85。在命令行提示符下输入：

resize -s 30 85 ✓

如图 2-104 所示。

图 2-104　设置终端视窗大小

（4）相关命令

csh、tset、xterm。

48. rpm 命令：管理 RPM 包

（1）语法

rpm [options] [args]

（2）选项及作用

选　项	作　用
-l	显示套件的文件列表
-a	查询所有套件
-addsign<套件档>	安装所有文件
--allfiles	安装所有文件
--allmatches	删除符合指定的套件所包含的文件
--badreloc	发生错误时，重新配置文件
-b<完成阶段><套件档>	设置包装套件的完成阶段，并指定套件档的文件名称
--buildroot<根目录>	设置产生套件时，欲当作根目录的目录
-c	只列出组态配置文件，本选项需配合-l选项使用
--changelog	显示套件的更改记录
--checksig<套件档>	检验该套件的签名认证
--clean	完成套件的包装后，删除包装过程中所建立的目录
-d	只列出文本文件，本选项需配合-l选项使用
--dbpath<数据库目录>	设置欲存放RPM数据库的目录
--dump	显示每个文件的验证信息，本选项需配合-l选项使用
-e<套件档>，--erase<套件档>	删除指定的套件
--excludedocs	安装套件时，不要安装文件
--excludepath<排除目录>	忽略指定目录里的所有文件
-f<文件>	查询拥有指定文件的套件
--force	强行置换套件或文件
--ftpproxy<主机名称或IP地址>	指定FTP代理服务器
--ftpport<通信端口>	设置FTP服务器或代理服务器使用的通信端口
-h，--hash	套件安装时列出标记
--help	显示帮助信息
--httpproxy<主机名称或IP地址>	指定HTTP代理服务器
--httpport<通信端口>	设置HTTP服务器或代理服务器使用的通信端口
-i	显示套件的相关信息
-i<套件档>或--install<套件档>	安装指定的套件档
--initdb	确认有正确的数据库可以使用
--ignorearch	不验证套件档的结构正确性
--ignoresize	安装前不检查磁盘空间是否足够
--includedocs	安装套件时，一并安装文件
--justdb	更新数据库，但不变动任何文件

选　　项	作　　用
--nobulid	不执行任何完成阶段
--nodeps	不验证套件档的相互关联性
--nofiles	不验证文件的属性
--nogpg	略过所有GPG的签名认证
--noorder	不重新编排套件的安装顺序，以满足其彼此间的关联性
--noscripts	不执行安装任何Script文件
--notriggers	不执行该套件包装内的任何Script文件
--oldpackage	升级成旧版本的套件
-p<套件档>	查询指定的RPM套件档
--percent	安装套件时显示完成百分比
--pipe<执行命令>	建立管道，把输出结果转为该执行命令的输入数据
--prefix<目的目录>	若重新配置文件，把文件放到指定的目录下
--provides	查询该套件所提供的兼容度
-q	使用询问模式，当遇到任何问题时，rpm命令会先询问用户
--queryformat<档头格式>	设置档头的表示方式
--querytags	列出可用于档头格式的标签
--rcfile<配置文件>	使用指定的配置文件
--rebulid<套件档>	安装原始代码套件，重新产生二进制文件的套件
--rebuliddb	以现有的数据库为主，重建一份数据库
--recompile<套件档>	此参数的效果和指定--rebulid参数类似，不产生套件档
--relocate<原目录>=<新目录>	把本来会放到原目录下的文件改放到新目录
--replacefiles	强行置换文件
--replacepkgs	强行置换套件
--requires	查询该套件所需要的兼容度
--resing<套件档>	删除现有认证，重新产生签名认证
-R	显示套件的关联性信息
--rmsource	完成套件的包装后，删除原始代码
--rmsource<文件>	删除原始代码和指定的文件
--root<根目录>	设置欲当作根目录的目录
-s	显示文件状态，本选项需配合-l选项使用
--scripts	显示安装套件的Script的变量
--setperms	设置文件的权限
--setugids	设置文件的拥有者和所属群组
--short-circuit	直接略过指定完成阶段的步骤
--sign	产生PGP或GPG的签名认证
--target=<安装平台>	设置产生的套件的安装平台
--test	仅做测试，并不真正安装套件
--timecheck<检查秒数>	设置检查时间的计时秒数

续表

选　　项	作　　用
--triggeredby<套件档>	查询该套件的包装者
--triggers	显示套件档内的包装Script
-U<套件档>，--upgrade<套件档>	升级指定的套件档
-v	显示命令执行过程
-vv	详细显示命令执行过程，便于排错
--verify	此参数的效果和指定-q选项相同
--version	显示版本信息
--whatprovides<功能特性>	查询该套件对指定的功能特性所提供的兼容度
--whatrequires<功能特性>	查询该套件对指定的功能特性所需要的兼容度

（3）典型示例

示例 1：安装软件。例如，安装 tftp 软件。先在 tftp 的 rpm 软件包，切换工作命令到该软件包所在目录，然后在命令行提示符下输入：

rmp -ivh tftp（按 Tab 键补齐文件名）　✓

如图 2-105 所示。

```
[root@localhost temp]# rpm -ivh tftp-0.42-5.i386
warning: tftp-0.42-5.i386.rpm: Header V3 DSA sig
Preparing...            ###################
   1:tftp               ###################
[root@localhost temp]# _
```

图 2-105　安装软件

示例 2：显示软件的安装信息。例如，显示示例 1 中安装的软件的信息。在命令行提示符下输入：

rpm -qi tftp ✓

如图 2-106 所示。

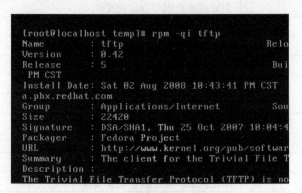

```
[root@localhost temp]# rpm -qi tftp
Name        : tftp                    Relo
Version     : 0.42
Release     : 5                       Bui
 PM CST
Install Date: Sat 02 Aug 2008 10:43:41 PM CST
a.phx.redhat.com
Group       : Applications/Internet   Sou
Size        : 22420
Signature   : DSA/SHA1, Thu 25 Oct 2007 10:04:4
Packager    : Fedora Project
URL         : http://www.kernel.org/pub/softwar
Summary     : The client for the Trivial File T
Description :
The Trivial File Transfer Protocol (TFTP) is no
```

图 2-106　显示软件安装信息

示例 3：卸载软件。例如，卸载示例 1 中通过 rpm 包安装的软件 tftp。在命令行提示符下输入：

rpm -ev tftp ✓

如图 2-107 所示。

```
[root@localhost temp]# rpm -ev tftp
[root@localhost temp]# _
```

图 2-107　卸载软件

（4）相关命令

popt、rpm2cpio、rpmbuild。

49. runlevel 命令：显示执行等级

（1）语法

runlevel

（2）典型示例

显示执行等级。在命令行提示符下输入：

runlevel ✓

如图 2-108 所示。

```
[root@localhost temp]# runlevel
3 5
[root@localhost temp]# _
```

图 2-108　显示执行等级

（3）相关命令

init、utmp。

50. set 命令：设置 shell

（1）语法

set [--abefhkmnptuvxBCHP] [-o option] [arg ..]

（2）选项及作用

选　　项	作　　用
-a	显示已修改的变量，以供输出至环境变量
-b	使被中止的后台程序立刻回报执行状态
-C	转向所产生的文件无法覆盖已存在的文件
-d	shell预设会用杂凑表记忆使用过的命令，以加速命令的执行；使用-d选项可取消
-e	若命令的返回值不等于0，则立即退出shell

续表

选　项	作　用
-f	取消使用通配符
-h	自动记录函数的所在位置
-H	shell可利用"!"加上<命令编号>的方式来执行history中记录的命令
-k	命令所给的选项都会被视为此命令的环境变量
-l	记录for循环的变量名称
-m	使用监视模式
-n	只读取命令，而不实际执行
-p	启动优先顺序模式
-P	启动-P选项后，执行命令时，会以实际的文件或目录来取代符号连接
-t	执行完随后的命令，即退出shell
-u	当执行时使用到未定义过的变量，则显示错误信息
-v	显示shell所读取的输入值
-x	执行命令后，会先显示该命令及其下的选项
+<参数>	取消某个set曾启动的参数

（3）典型示例

显示当前环境变量的设置。在命令行提示符下输入：

set ✓

如图 2-109 所示。

```
PS1='[\u@\h \W]\$ '
PS2='> '
PS4='+ '
PWD=/home/tom/temp
SHELL=/bin/bash
SHELLOPTS=braceexpand:emacs:hashall:histexpand:
tor
SHLVL=1
SSH_ASKPASS=/usr/libexec/openssh/gnome-ssh-askp
TERM=linux
UID=0
USER=root
_=set
consoletype=vt
[root@localhost temp]# _
```

图 2-109　显示当前环境变量的设置

（4）相关命令

unset。

51. setconsole 命令：设置系统终端

（1）语法

setconsole [args]

（2）参数及作用

参　　数	作　　用
serial	使用PROM终端
ttya，cua0，ttyS0	使用第1个串口设备作为终端
ttyb，cua1，ttyS1	使用第2个串口设备作为终端
video	使用主机上的显卡作为终端

（3）相关命令

set。

52. setenv 命令：查询或显示环境变量

（1）语法

setenv [环境变量] [环境变量值]

（2）典型示例

显示环境变量。在命令行提示符下输入：

setenv ✓

如图 2-110 所示。

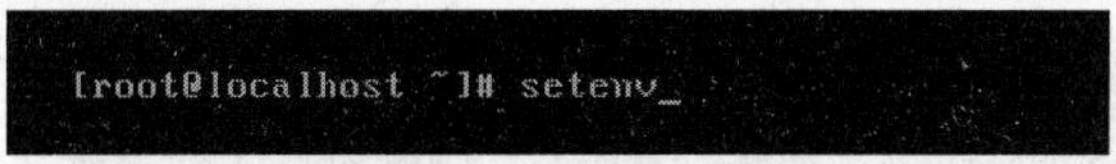

图 2-110　显示环境变量

（3）相关命令

clearenv、getenv、putenv、environ。

53. setserial 命令：设置或显示串口的相关信息

（1）语法

setserial [-abqvVWz] device [parameter1 [arg]] …

setserial -g [-abGv] device1 …

（2）选项及作用

选　　项	作　　用
-a	显示详细信息
-b	显示摘要信息
-g	显示串口的相关信息
-G	以命令列表的格式显示信息
-q	执行时显示较少的信息
-v	执行时显示较多的信息
-V	显示版本信息
-z	设置前，先将所有的标记归零

（3）典型示例

示例 1：显示指定串口的信息。例如，显示第 1 个串口相关信息。在命令行提示符下输入：

setserial -a /dev/ttyS0 ✓

如图 2-111 所示。

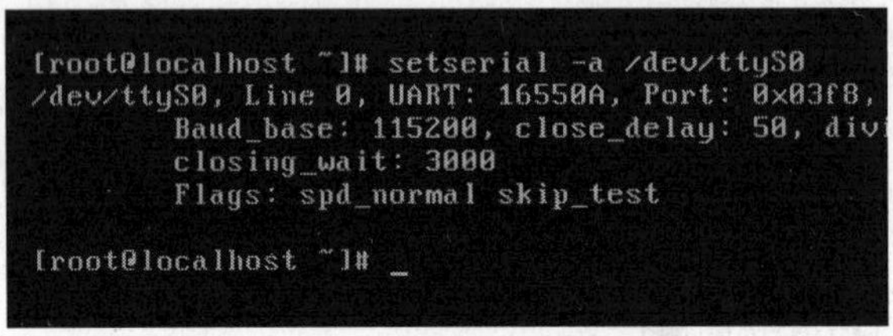

图 2-111　显示指定串口的信息

示例 2：显示摘要信息。例如，显示第 1 个串口的摘要信息。在命令行提示符下输入：

setserial -b /dev/ttyS0 ✓

如图 2-112 所示。

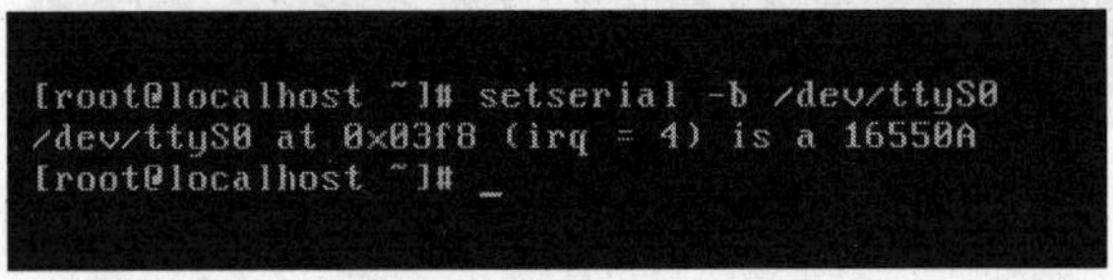

图 2-112　显示摘要信息

示例 3：设置串口。例如，自动设置第 2 个串口，执行时显示详细信息。在命令行提示符下输入：

setserial -v /dev/ttyS1 ✓

如图 2-113 所示。

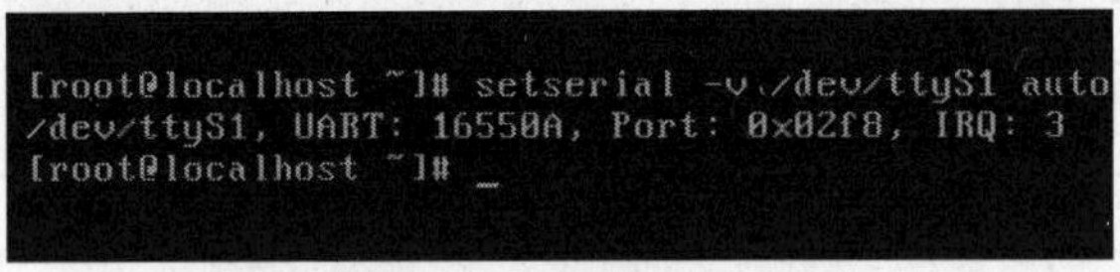

图 2-113　设置串口

示例 4：将第 2 个串口的 IRQ 设置为 4。在命令行提示符下输入：

setserial -v /dev/ttyS1 irq 4 ✓

如图 2-114 所示。

（4）相关命令

tty、ttys、set。

```
[root@localhost ~]# setserial -v /dev/ttyS1 irq
/dev/ttyS1, UART: 16550A, Port: 0x02f8, IRQ: 4
[root@localhost ~]# _
```

图 2-114 设置串口的 IRQ

54. setup 命令：设置公用程序

（1）语法

setup

（2）选项及作用

setup 的作用是设置公用程序，提供图形界面的操作方式。在 setup 中可设置 7 类选项：

- 登录认证方式
- 防火墙配置设置
- 键盘组态设置
- 网络配置设置
- 开机时所要启动的系统服务设置
- 时区设置
- X Window 组态设置

（3）典型示例

使用 setup 设置公用程序。在命令行提示符下输入：

setup ✓

如图 2-115 所示。

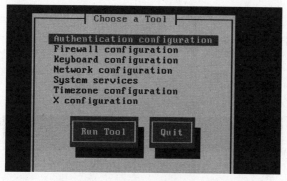

图 2-115 使用 setup 设置公用程序

（4）相关命令

set。

55. sliplogin 命令：将终端机之间的连接设为 sliplogin 连接

（1）语法

sliplogin [username]

（2）典型示例

改变用户连接方式。例如，将用户 tom 终端机之间的连接变为 sliplogin。在命令行提示符下输入：

sliplogin tom ✓

如图 2-116 所示。

```
[root@localhost ~]# sliplogin tom_
```

图 2-116　改变用户连接方式

56. swapoff 命令：关闭系统交换分区

（1）语法

/sbin/swapoff [-h -V]

/sbin/swapoff -a

/sbin/swapoff specialfile ...

（2）选项及作用

选　项	作　用
-a	关闭所有交换设备（/etc/fstab）
-h	提供帮助信息
-v	显示命令执行的详细信息
-V	显示版本信息

（3）典型示例

示例 1：关闭所有交换设备，并显示命令执行的详细信息。在命令行提示符下输入：

swapoff -av ✓

如图 2-117 所示。

```
[root@localhost ~]# swapoff -av_
```

图 2-117　关闭所有的交换设备

示例 2：关闭指定交换分区。在命令行提示符下输入：

swapoff /dev/sda6 ✓

如图 2-118 所示。

```
[root@localhost ~]# swapoff /dev/sda6_
```

图 2-118　关闭指定交换分区

（4）相关命令

swapon。

57. swapon 命令：启动系统交换分区

（1）语法

/sbin/swapon [-h -V]

/sbin/swapon -a [-v] [-e]

/sbin/swapon [-v] [-p priority]　specialfile ...

/sbin/swapon [-s]

（2）选项及作用

选　　项	作　　用
-a	自动启动所有SWAP装置
-e	当使用-a选项时，该选项将跳过不存在的交换设备而不给出错误信息
-h	显示帮助信息
-L label	使用具有指定标签label的分区，该选项将读取文件/proc/partitions
-p	设置优先权，可以在0~32767范围内选定一个数字
-s	显示简短的交换分区设备信息
-V	显示版本信息

（3）典型示例

示例 1：开启所有交换设备，并显示命令执行的详细信息。在命令行提示符下输入：

swapon -av ✓

如图 2-119 所示。

图 2-119　开启所有的交换设备

示例 2：开启指定的交换分区。在命令行提示符下输入：

swapon -v /dev/sda6 ✓

如图 2-120 所示。

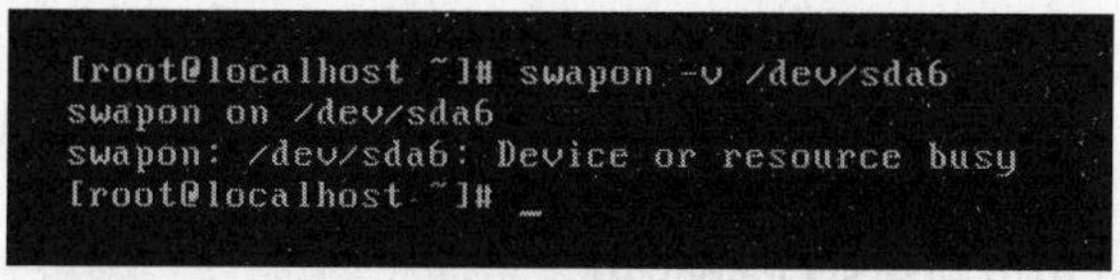

图 2-120　开启指定交换分区

示例 3：显示简短的交换分区设备信息。在命令行提示符下输入：

swapon -s /dev/sda6 ✓

如图 2-121 所示。

```
[root@localhost ~]# swapon -s /dev/sda6
Filename                                Type
/dev/sda6                               partition
[root@localhost ~]# _
```

图 2-121　显示简短的交换分区设备信息

（4）相关命令

swapoff。

58. sysctl 命令：设置系统核心参数

（1）语法

sysctl [-n] [-e] variable ...

sysctl [-n] [-e] [-q] -w variable=value ...

sysctl [-n] [-e] [-q] -p <filename>

sysctl [-n] [-e] -a

sysctl [-n] [-e] -A

（2）选项及作用

选　　项	作　　用
-a	显示当前所有设置
-A	以表格的形式显示当前所有设置
-e	模糊模式，忽略未知关键词的错误
-n	忽略关键词
-N	仅显示名字
-p <filename>	指定配置文件
-q	不显示设置到标准输出的值
-w	设置变量值

（3）相关命令

set。

59. telinit 命令：设置系统的执行级别

（1）语法

/sbin/telinit [-t sec] [0123456SsQqabcUu]

（2）选项及作用

选　项	作　用
-t <sec>	等候的时间
q	重新执行telinit命令
s	单人模式
u	保持当前状态
0~6	执行等级

（3）典型示例

设置系统的执行等级。例如，通过 runlevel 显示当前系统的执行等级，然后通过 telinit 设置系统的执行等级。在命令行提示符下输入：

telinit 2 ✓

如图 2-122 所示，设置完后，再次通过 runlevel 命令查看系统的执行等级，可以看到执行等级由原来的"5 3"变为了"5 2"。

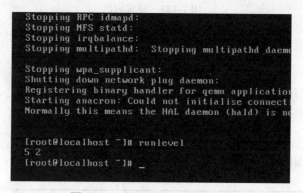

图 2-122　设置系统的执行等级

（4）相关命令

runlevel。

60.　timeconfig 命令：设置时区

（1）语法

timeconfig

（2）参数及作用

选　项	作　用
--arc	使用Alpha硬件结构的格式存储系统时间
--back	在互动式界面里，显示Back按钮而非Cancel按钮
--test	仅做测试，并不改变系统的时区
--utc	把硬件时钟上的时间视为CUT

（3）典型示例

设置时区。该命令可在图形界面中进行时区的设置。在命令行提示符下输入：

timeconfig ∠

如图 2-123 所示。

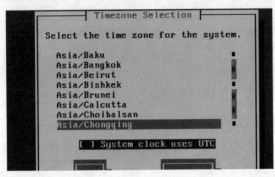

图 2-123　设置时区

（4）相关命令

date、time。

61. ulimit 命令：控制 shell 程序的资源

（1）语法

ulimit [-SHacdfilmnpqstuvx] [limit]

（2）选项及作用

选　　项	作　　用
-a	显示目前所有资源限制的设定
-c <core文件上限>	以区块为单位，设定core文件的最大值
d <数据节区大小>	以KB为单位，设置程序数据节区的最大值
-f <文件大小>	以区块为单位，设置shell所能建立的最大文件
-H	设定资源的硬性限制
-m <内存大小>	以KB为单位，设定可使用内存的上限
-n <文件数目>	设定同一时间最多可开启的文件数
-p <缓冲区大小>	以512字节为单位，设定管道缓冲区的大小
-s <堆叠大小>	以KB为单位设定堆叠的上限
-S	设定资源的弹性限制
-t <CPU时间>	以秒为单位，设定CPU使用时间的上限
-u <程序数目>	设置用户最多可开启的程序数目
-v <虚拟内存大小>	以KB为单位，设定可使用的虚拟内存上限

（3）典型示例

示例 1：显示目前资源限制的设定。在命令行提示符下输入：

ulimit -a ✓

如图 2-124 所示。

```
[root@localhost ~]# ulimit -a
core file size          (blocks, -c) 0
data seg size           (kbytes, -d) unlimited
scheduling priority           (-e) 0
file size               (blocks, -f) unlimited
pending signals               (-i) 4096
max locked memory       (kbytes, -l) 32
max memory size         (kbytes, -m) unlimited
open files                    (-n) 1024
pipe size            (512 bytes, -p) 8
POSIX message queues     (bytes, -q) 819200
real-time priority            (-r) 0
stack size              (kbytes, -s) 10240
cpu time               (seconds, -t) unlimited
max user processes            (-u) 4096
virtual memory          (kbytes, -v) unlimited
```

图 2-124　显示目前资源限制的设定

示例 2：设定同一时间最多可开启的文件数。例如，设置同时最多可开启的文件数为 800。在命令行提示符下输入：

ulimit -n 800 ✓

如图 2-125 所示。

```
[root@localhost ~]# ulimit -n 800
[root@localhost ~]# _
```

图 2-125　设定同一时间最多可开启的文件数

示例 3：设置用户最多可开启的程序数目。例如，设置该数目为 1024。在命令行提示符下输入：

ulimit -u 1024 ✓

如图 2-126 所示。

```
[root@localhost ~]# ulimit -u 1024
[root@localhost ~]# _
```

图 2-126　设置用户最多可开启的程序数目

（4）相关命令

bash、sh、sysctl。

62. unalias 命令：删除别名

（1）语法

unalias [-a] name [name …]

（2）选项及作用

选 项	作 用
-a	删除全部的别名

（3）典型示例

示例 1：删除指定别名。例如，通过 alias 命令建立 ls 的别名 LS，然后再用 unalias 命令删除该别名。在命令行提示符下输入：

unalias LS ↙

如图 2-127 所示。

```
[root@localhost ~]# alias LS=ls
[root@localhost ~]# LS
1.log              fly                       in
anaconda-ks.cfg    hosts.equiv               lo
bad_blocks         initrd.img                NU
                   initrd.img-2.6.23.1-42.fc8 NU
eblower            install.log               re
[root@localhost ~]# unalias LS
[root@localhost ~]# LS
-bash: LS: command not found
[root@localhost ~]# _
```

图 2-127　删除指定别名

示例 2：删除所有别名。在命令行提示符下输入：

unalias -a ↙

如图 2-128 所示。

```
[root@localhost ~]# unalias -a_
```

图 2-128　删除所有别名

（4）相关命令

alias。

63. unset 命令：删除变量或函数

（1）语法

unset [-f] [-v] [name …]

（2）选项及作用

选 项	作 用
-f	仅删除函数
-v	仅删除变量

（3）典型示例

删除环境变量。例如，通过 set 命令建立环境变量 FULL，然后通过 unset 命令将其删除。在命令行提示符下输入：

unset FULL ✓

如图 2-129 所示。

```
[root@localhost ~]# unset FULL
[root@localhost ~]#
```

图 2-129　删除环境变量

（4）相关命令

set。

64. vmstat 命令：显示虚拟内存的信息

（1）语法

vmstat [-a] [-n] [delay [count]]

vmstat [-f] [-s] [-m]

vmstat [-S unit]

vmstat [-d]

vmstat [-p disk partition]

vmstat [-V]

（2）选项及作用

选　　项	作　　用
-a	显示所有虚拟内存的信息
-d	报告磁盘信息
-f	显示自开机后的 forks 信息
-m	显示 slabinfo（须内核支持）
-n	只显示一次，而不是周期性地显示
-p	一些分区的详细统计信息
-S	指定单位（k、K、m、M）
-V	显示版本信息

（3）典型示例

示例 1：显示虚拟内存信息。在命令行提示符下输入：

vmstat ✓

如图 2-130 所示。

示例 2：报告磁盘信息。在命令行提示符下输入：

vmstat -d ✓

如图 2-131 所示。

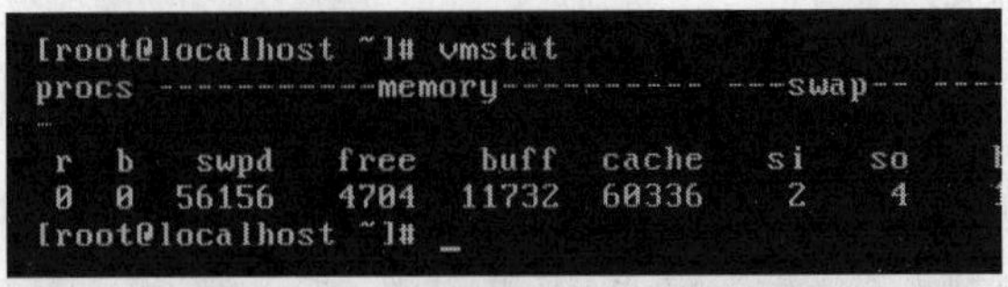

图 2-130　显示虚拟内存信息

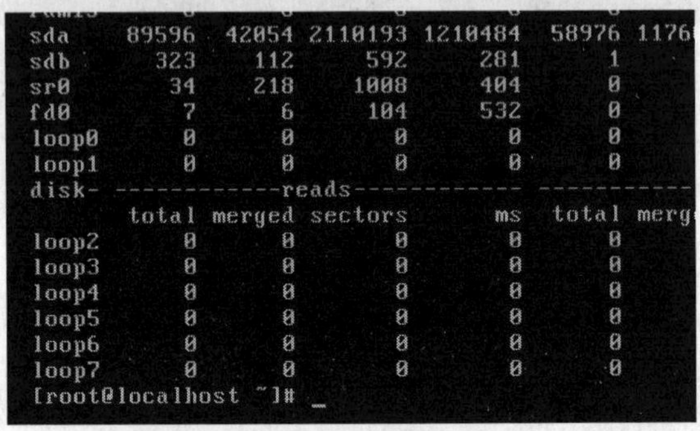

图 2-131　报告磁盘信息

示例 3：显示自开机后的 forks 信息。在命令行提示符下输入：

vmstat -f ✓

如图 2-132 所示。

图 2-132　显示 forks 信息

示例 4：显示分区的详细统计信息。例如，显示分区/dev/sda1 的信息。在命令行提示符下输入：

vmstat -p /dev/sda1 ✓

如图 2-133 所示。

图 2-133　显示指定分区的信息

（4）相关命令

iostat、sar、mpstat、ps、top、free。

65．yes 命令：持续输出给定的字符串，每行显示一个字符串

（1）语法

yes [STRING]…

yes [OPTION]

（2）选项及作用

选　　项	作　　用
--help	显示帮助信息
--version	显示版本信息

（3）典型示例

示例 1： 重复输出指定字符串。例如，重复不停地在标准输出设备输出字符串"Auld Lang Syne"。在命令行提示符下输入：

yes Auld Lang Syne ✓

如图 2-134 所示。

图 2-134　重复输出指定字符串

示例 2： 运行命令过程中，需要交互式问答时，利用 yes 命令响应"y"字符。例如，删除目录下所有文件，但不删除目录，在删除过程中，需要用户选择"yes"或"no"时，均选择"yes"。在命令行提示符下输入：

yes |rm * ✓

如图 2-135 所示。

图 2-135　用于交互式问答的情况

（4）相关命令

grep。

第 3 章　磁盘的管理和维护命令

1．automount 命令：为 auto 文件系统配置挂载点

（1）语法

automount [-ptv] [挂载类型] [映射]

（2）选项及作用

选　　项	作　　用
-p，--pid-file	将守护进程的进程编号写入指定文件
-t，--timeout	设定全局最小超时时间直到目录被卸载，默认值为10分钟
-v，--verbose	显示详细信息
-V，--version	显示版本信息
-h，--help	显示简要的语法帮助信息

（3）典型示例

设定全局最小超时时间直到目录被卸载，automount 的默认时间是 10 分钟，可以通过 -t 选项重新设置。在命令行提示符下输入：

automount -t 15 ↙

如图 3-1 所示。

```
[root@localhost ~]# automount -t 15
automount: program is already running.
[root@localhost ~]# _
```

图 3-1　设置超时时间

（4）相关命令

autofs、auto.master、mount。

2．badblocks 命令：检查磁盘坏道

（1）语法

badblocks [-svwnf] [-b<区域大小>] [-c<磁盘区块数>] [-i<输入文件>] [-o<输出文件>] [-p 重复次数] [-t 测试模式][磁盘设备] [结束区块] [起始区块]

（2）选项及作用

选　　项	作　　用
-s	显示检查进度
-v	显示执行的详细信息
-w	执行写入测试，然后读出作比较
-f	强制执行，强烈建议不使用该选项，如果遇到已损坏的块，很可能让系统崩溃甚至毁坏文件系统
-b<区域大小>	以字节为单位，指定磁盘的区块大小
-c<磁盘区块数>	设置一次性检查的区块数目，默认值是64
-i<输入文件>	在文件中读取已经损坏的区块
-o<输出文件>	将检查结果写入指定的输出文件
-n	使用非破坏性读写模式
-p num_passes	在指定次数内连续重复扫描磁盘直到再也没有新的块被发现
-t test_pattern	指定一个测试模式以便读或写入到磁盘块
-X	被e2fsck和mke2fs命令使用时仅作为内部标识
磁盘设备	指定要检查的设备
磁盘区块数	指定磁盘设备的区块总数
起始区块	指定开始检查的区块
结束区块	指定结束检查的区块

（3）典型示例

示例 1：检查磁盘指定分区。例如，检查硬盘的/dev/sda7 分区，并从第 700000 开始检查（可通过 sfdisk 命令查看该分区总的块数）。在命令行提示符下输入：

```
badblocks -s -v /dev/sda7 714861 700000 ✓
```

如图 3-2 所示。

```
[root@localhost ~]# sfdisk -s /dev/sda7
714861
[root@localhost ~]# badblocks -s -v /dev/sda7
last_block = 714861 (714861)
from_count = 700000
Checking blocks 700000 to 714861
Checking for bad blocks (read-only test): 7148
done
Pass completed, 1 bad blocks found.
[root@localhost ~]# _
```

图 3-2　检查磁盘指定分区

示例 2：执行写入测试。通过写入测试的方式检查硬盘/dev/sdb，显示命令运行的详细过程。在命令行提示符下输入：

```
badblocks -w -v /dev/sdb 100000 ✓
```

如图 3-3 所示。

```
[root@localhost ~]# sfdisk -s /dev/sdb
104857
[root@localhost ~]# badblocks -w -v /dev/sdb 100
last_block = 100000 (100000)
Checking for bad blocks in read-write mode
From block 0 to 100001
Testing with pattern 0xaa: done
Reading and comparing: done
Testing with pattern 0x55: done
Reading and comparing: done
Testing with pattern 0xff: done
Reading and comparing: done
Testing with pattern 0x00: done
Reading and comparing: done
Pass completed, 0 bad blocks found.
[root@localhost ~]#
```

图 3-3　以写入测试的方式检查指定硬盘

示例 3：将检查结果写入指定的输出文件。检查硬盘/dev/sdb，从第 50000 块检查到第 100000 块，并将检查结果写入到文件 bad_blocks 中。在命令行提示符下输入：

```
badblocks -s -o bad_blocks /dev/sdb 100000 50000 ↙
```

如图 3-4 所示。

```
[root@localhost ~]# badblocks -s -o bad_blocks /
last_block = 100000 (100000)
from_count = 50000
Checking for bad blocks (read-only test): done
[root@localhost ~]# _
```

图 3-4　将检查结果写入指定的输出文件

示例 4：设置一次性检查的区块数目。检查指定硬盘/dev/sdb，并指定一次性检查的区块数目为 128（默认为 64）。在命令行提示符下输入：

```
badblocks -s -v -c 128 /dev/sdb 100000 50000 ↙
```

如图 3-5 所示。

```
[root@localhost ~]# badblocks -s -v -c 128 /dev/
last_block = 100000 (100000)
from_count = 50000
Checking blocks 50000 to 100000
Checking for bad blocks (read-only test): done
Pass completed, 0 bad blocks found.
[root@localhost ~]# _
```

图 3-5　设置一次性检查的区块数目

（4）相关命令

e2fsck、mke2fs。

3. cfdisk 命令：磁盘分区

（1）语法

cfdisk [-agvz] [-c<柱面数目>] [-h<磁头数目>] [-s<盘区数目>] [-P<r,s,t>] [设备]

cfdisk [-agvz] [-c cylinders] [-h heads] [-s sectors-per-track] [-P opt] [device]

（2）选项及作用

选　项	作　用
-a	使用箭头光标表示选取，而不是以高亮反白表示选取
-g	不使用磁盘驱动所给定的排列，而是试图从分区表进行猜测
-v	显示版本号和版权信息
-z	不读取现有的分区表，直接当作新磁盘使用，适于将整个磁盘进行重新分区
-c<柱面数目>	指定磁盘的数目
-h<磁头数目>	指定磁盘磁头的数目
-s<盘区数目>	指定磁盘的区域数
-P<r,s,t>	打印分区表的内容到显示器或文件：r，显示分区表详细信息；s，按照盘区格式显示分区表信息；t，以盘区、磁头、柱面的方式显示相关信息

（3）典型示例

示例 1：cfdisk 界面。cfdisk 是 Linux 系统下基于光标的磁盘分区工具。在命令行提示符下输入：

cfdisk ✓

如图 3-6 所示。

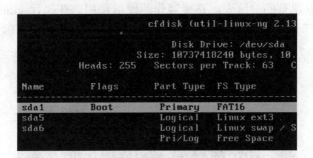

图 3-6　cfdisk 界面（1）

默认情况下，cfdisk 显示当前硬盘的状态。如图 3-6 所示，显示的是硬盘/dev/sda 的状态，其中以反白显示当前作用的分区是 sda1。

示例 2：对指定硬盘进行操作。例如，如果当前系统上还有一个硬盘/dev/sdb，要对该硬盘进行操作。在命令行提示符下输入：

cfdisk /dev/sdb ✓

如图 3-7 所示。

示例 3：使用箭头光标表示选取。cfdisk 命令默认以反白显示当前作用的分区，可以通过选项-a 改换为以箭头表示当前作用的分区。在命令行提示符下输入：

cfdisk -a ✓

如图 3-8 所示。

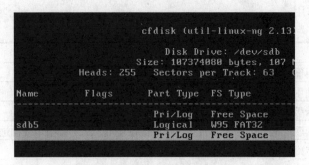

图 3-7　cfdisk 界面（2）

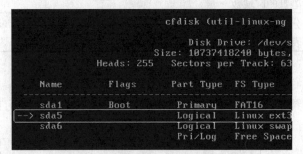

图 3-8　使用箭头光标表示选取

示例 4：不读取现有的分区表，直接当作新硬盘使用。在执行 cfdisk 命令时，直接将硬盘当作新硬盘进行分区，不读取已有的分区表。在命令行提示符下输入：

cfdisk -a -z ✓

如图 3-9 所示。

图 3-9　不读取现有的分区表

示例 5：打印分区表的内容到显示器或文件。运行 cfdisk 命令，查看第一块硬盘/dev/sda 的分区状态，并以盘区、磁头、柱面的方式显示相关信息。在命令行提示符下输入：

cfdisk -P t ✓

如图 3-10 所示。

（4）相关命令

fdisk、mkfs、parted、sfdisk。

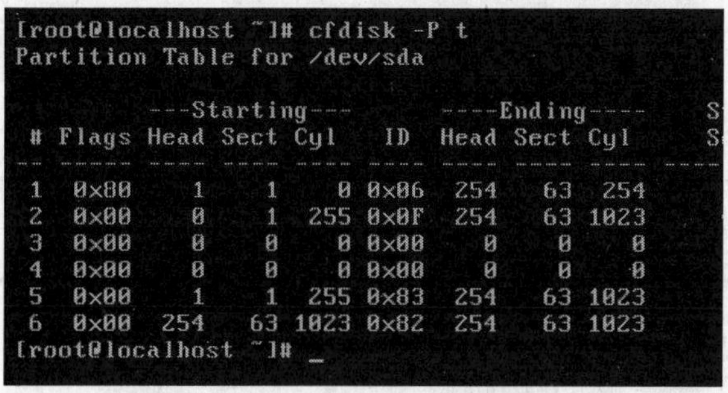

图 3-10 打印分区表的内容到显示器

4. dd 命令: 转换复制文件

（1）语法

dd [bs=<字节数>] [cbs=<字节数>] [conv=<关键字>] [count=<块数>] [ibs=<字节数>] [if=<文件>] [obs=<字节数>] [of=<文件>] [seek=<块数>] [skip=<块数>] [--help] [--version]

dd [OPERAND]…

dd OPTION

（2）选项及作用

选 项	作 用
bs=<字节数>	设定输入和输出的字节数
cbs=<字节数>	设定每次转换的字节数
conv=<关键字>	设定文件的指定转换方式，关键字如下 ascii: 将EBCDIC转换为ASCII ebcdic: 将ASCII转换为EBCDIC ibm: 将ASCII转化为IBM EBCDIC block: 将换行符号取代为cbs数目的空格符 unblock: 如果读取到cbs数目的空格字符，则以换行符号取代 lcase: 将大写字母改写为小写字母 nocreat: 不创建输出文件 excl: 如果输出文件已经存在则命令停止 notrunc: 不要截断输出文件 ucase: 将小写字母改写为大写字母 swab: 输入字节的每两个为一组，彼此对调 noerror: 即使读取到错误，仍然继续执行 sync: 以NUL填满输入块，使块与ibs的大小相同
count=<块数>	仅读取指定的块数
ibs=<字节数>	设定每次读取的字节数
if=<文件>	从文件读取而不是从标准输入读取
obs=<字节数>	设定每次输出的字节数
of=<文件>	输出到指定文件而不是标准输出

选　　项	作　　用
seek=<块数>	设定输出时跳过的块数
skip=<块数>	设定读取时跳过的块数
--help	显示帮助信息
--version	显示版本信息

（3）典型示例

示例 1：为软盘建立映像文件。例如，为软盘建立一个映像文件，映像文件的名字为 floppy.img，设置输入输出的字节数为 1440KB。在命令行提示符下输入：

```
dd if=/dev/fd0 of=/home/tom/floppy.img bs=1440k ↙
```

如图 3-11 所示。

```
[tom@localhost ~]$ sudo dd if=/dev/fd0 of=/home/
Password:
1+0 records in
1+0 records out
1474560 bytes (1.5 MB) copied, 3.02425 s, 488 kB
[tom@localhost ~]$ _
```

图 3-11　为软盘建立映像文件

示例 2：制作启动盘。在 Linux 系统下制作软盘启动盘，假定/boot 命令下的 img 文件为 boot.img。在命令行提示符下输入：

```
dd if=/boot/boot.img of=/dev/fd0 bs=1440k ↙
```

如图 3-12 所示。

```
[root@localhost ~]# dd if=/boot/boot.img of=/dev
0+1 records in
0+1 records out
15697 bytes (16 kB) copied, 0.419028 s, 37.5 kB/
[root@localhost ~]# _
```

图 3-12　制作启动盘

示例 3：字母大小写转换。例如，将文件 upper 中的英文大写字母全部转换成小写字母，并保存在文件 lower 中。在命令行提示符下输入：

```
dd if=upper of=lower conv=lcase ↙
```

如图 3-13 所示。

转换结束后，可以通过命令查看文件 lower。可以看到，字母已经全部转换成了小写字母，如图 3-14 所示。

如果不设置输出文件，则将转换后的内容输出到标准输出。在命令行提示符下输入：

```
dd if=upper conv=lcase ↙
```

如图 3-15 所示。

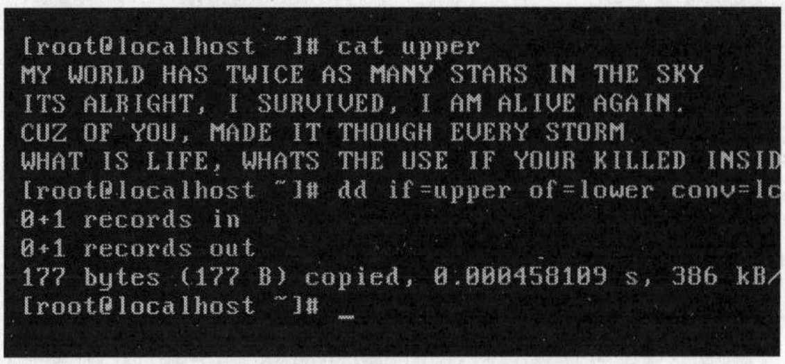

图 3-13　字母大小写转换（1）

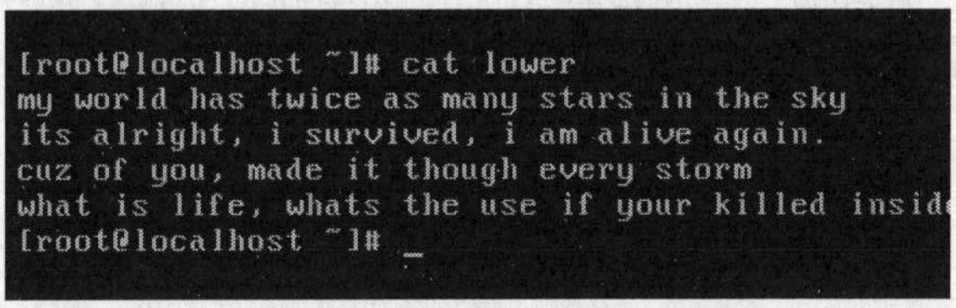

图 3-14　字母大小写转换（2）

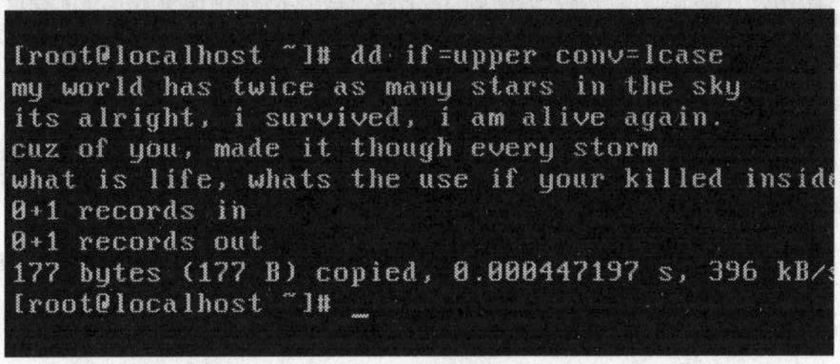

图 3-15　字母大小写转换（3）

同样，在不指定输入文件的情况下，该命令将从标准输入读取数据，按 Ctrl+D 组合键退出命令。

示例 4：编码转换。例如，将 ASCII 编码的文件 lower 转换成 EBCDIC 编码，并输出到 eblower 文件中。在命令行提示符下输入：

```
dd if=lower of=eblower conv=ebcdic ↙
```

如图 3-16 所示。

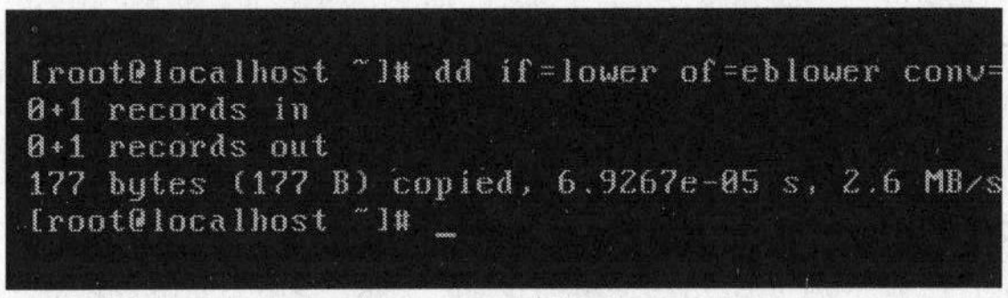

图 3-16　编码转换

示例 5：生成空映像文件。例如，生成一个 10MB 的空映像文件，文件名为 NULL.img，设置输入输出字节数为 1MB，读取指定块数为 10。在命令行提示符下输入：

```
dd if=/dev/zero of=NULL.img bs=1M count=10 ↙
```

如图 3-17 所示。

```
[root@localhost ~]# dd if=/dev/zero of=NULL.img
10+0 records in
10+0 records out
10485760 bytes (10 MB) copied, 0.873467 s, 12.0
[root@localhost ~]# _
```

图 3-17 生成空映像文件

示例 6：利用稀疏文件 WRH（Sparse）减少映像文件对磁盘空间的占用。示例 5 建立了一个大小为 10MB、所占磁盘空间也是 10MB 的空映像文件，这样的空文件造成了空间的浪费，可以将该空映像文件建立为稀疏文件。例如，建立一个大小为 100MB 的空映像文件 NULL2.img。在命令行提示符下输入：

```
dd if=/dev/zero of=NULL2.img bs=1M seek=100 count=0 ↙
```

如图 3-18 所示。

```
[root@localhost ~]# dd if=/dev/zero of=NULL2.img
0+0 records in
0+0 records out
0 bytes (0 B) copied, 3.5159e-05 s, 0.0 kB/s
[root@localhost ~]# _
```

图 3-18 支持稀疏文件的空映像文件

通过 ls 命令查看该文件，可以看到该文件大小为 100MB，而通过 du 查看，其实际占用磁盘空间为 0，如图 3-19 所示。

```
[root@localhost ~]# ls -l NULL2.img
-rw-r--r-- 1 root root 104857600 2008-07-02 23:5
[root@localhost ~]# du NULL2.img
0       NULL2.img
[root@localhost ~]# _
```

图 3-19 查看 Sparse 的映像文件

（4）相关命令

cpio、tar。

5. df 命令：显示磁盘信息

（1）语法

df [OPTION]… [FILE]…

（2）选项及作用

选　　项	作　　用
-a，--all	显示包含所有具有 0 Blocks 的文件系统
--block-size=[块的大小]	设定 Blocks 的大小

续表

选　项	作　用
-h，--human-redable	使用易读的格式
-H，--si	设定以1000为单位而不是1024
-i，--inodes	列出inode的信息，不显示已使用block
-k，--kilobytes	以KB为单位设定块的大小
-l，--local	限制显示本地文件系统
-m，--megabytes	以MB为单位设定块的大小
--no-sync	取得资讯前不进行sync（预设值）
--sync	在取得资讯前进行sync
-t，--type=TYPE	限制显示文件系统的类型
-T，--print-type	显示文件系统的形式
-x，--exclude--type=TYPE	限制列出文件系统不显示的类型
--help	显示帮助信息
--version	显示版本信息

（3）典型示例

示例 1：显示磁盘信息。在命令行提示符下输入：

df ✓

如图 3-20 所示。

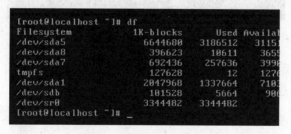

图 3-20　显示磁盘信息

示例 2：使用易读的格式显示磁盘信息。在命令行提示符下输入：

df -h ✓

如图 3-21 所示。

图 3-21　使用易读的格式显示磁盘信息

示例 3：列出 inode 的信息。在命令行提示符下输入：

```
df -i ↙
```

如图 3-22 所示。

```
[root@localhost ~]# df -i
Filesystem            Inodes   IUsed   IFree IU
/dev/sda5            1716352  139676 1576676
/dev/sda8             102800     158  102642
/dev/sda7             178752     956  177796
tmpfs                  31907       2   31905
/dev/sda1                  0       0       0
/dev/sdb               26312      11   26301
/dev/sr0                   0       0       0
[root@localhost ~]# _
```

图 3-22　列出 inode 的信息

示例 4：显示指定文件系统类型的磁盘信息。例如，显示文件系统类型为 VFAT 的磁盘信息。在命令行提示符下输入：

```
df -t vfat ↙
```

如图 3-23 所示。

```
[root@localhost ~]# df -t vfat
Filesystem           1K-blocks      Used Availab
/dev/sda1              2047968   1337664     710
[root@localhost ~]# _
```

图 3-23　显示指定文件系统类型的磁盘信息

示例 5：显示指定文件系统类型之外的磁盘信息。例如，显示除 VFAT 文件系统类型外其他类型的磁盘信息。在命令行提示符下输入：

```
df -x vfat ↙
```

如图 3-24 所示。

```
[root@localhost ~]# df -x vfat
Filesystem           1K-blocks      Used Availal
/dev/sda5              6644680   3186520   3115
/dev/sda8               396623     10611    365
/dev/sda7               692436    257636    399
tmpfs                   127628        12    127
/dev/sdb                101528      5664     90
/dev/sr0               3344482   3344482
[root@localhost ~]# _
```

图 3-24　显示指定文件系统类型之外的磁盘信息

（4）相关命令

mount。

6. dirs 命令：显示目录信息

（1）语法

dirs [-clnpv] [+n] [-n]

（2）选项及作用

选　　项	作　　用
-c	删除目录堆栈中的所有记录
-l	用完整的格式显示目录中的记录，默认以"~"表示主目录
-p	以每行一个记录的方式列出目录堆栈中的所有记录
-v	以每行一个记录的方式列出目录堆栈中的所有记录，并在每行前添加流水号
+n	显示从左边开始的第n条目录
-n	显示从右边开始的第n条目录

（3）典型示例

示例 1：显示目录堆栈中的记录。默认显示堆栈记录中的主目录以"~"表示，加入选项-l 可以以完整的格式显示堆栈目录中的主目录路径。在命令行提示符下输入：

dirs -l ✓

如图 3-25 所示。

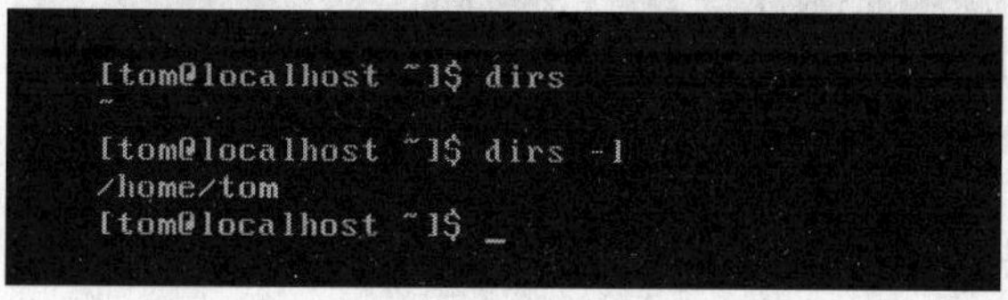

图 3-25　显示目录堆栈中的记录

可以通过 pushd 命令将指定目录加入堆栈中。例如，将目录/etc、/tmp 和/media 加入堆栈中。在命令行提示符下输入：

pushd /etc/ ✓
pushd /tmp/ ✓
pushd /media/ ✓

如图 3-26 所示。

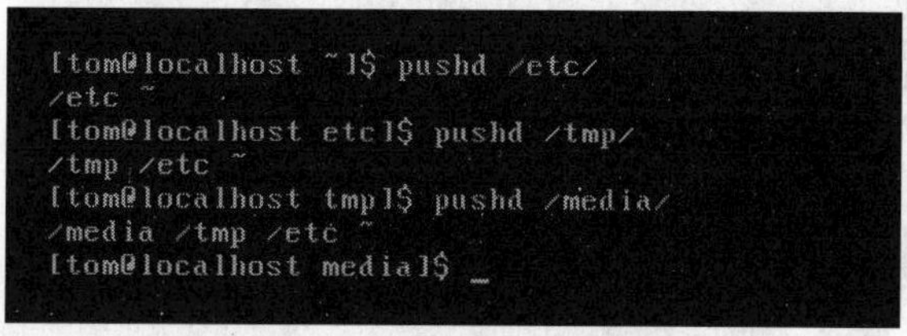

图 3-26　将指定目录加入堆栈

示例 2：以每行一个记录的方式列出目录堆栈中的所有记录。例如，以该方式显示当前堆栈中的记录。在命令行提示符下输入：

```
dirs -p ↙
```

如图 3-27 所示。

```
[tom@localhost media]$ dirs -p
/media
/tmp
/etc
~
[tom@localhost media]$ _
```

图 3-27　每行一列显示堆栈中所有记录

示例 3：在每行前添加流水号。按照示例 2 的方式列出当前堆栈中的记录，并在每行前添加流水号。在命令行提示符下输入：

```
dirs -v ↙
```

如图 3-28 所示。

```
[tom@localhost media]$ dirs -v
 0  /media
 1  /tmp
 2  /etc
 3  ~
[tom@localhost media]$ _
```

图 3-28　在每行前添加流水号

示例 4：显示从右边开始的第 n 条目录，其中 n 从数字 0 开始。例如，显示从右边开始的第 3 条目录。在命令行提示符下输入：

```
dirs -3 ↙
```

如图 3-29 所示。

```
[tom@localhost media]$ dirs -3
/media
[tom@localhost media]$ _
```

图 3-29　显示从右边开始的第 3 条目录

示例 5：显示从左边开始的第 n 条目录。同示例 4 相反，例如，显示当前堆栈从左边开始的第 0 条目录。在命令行提示符下输入：

```
dirs +0 ↙
```

如图 3-30 所示。

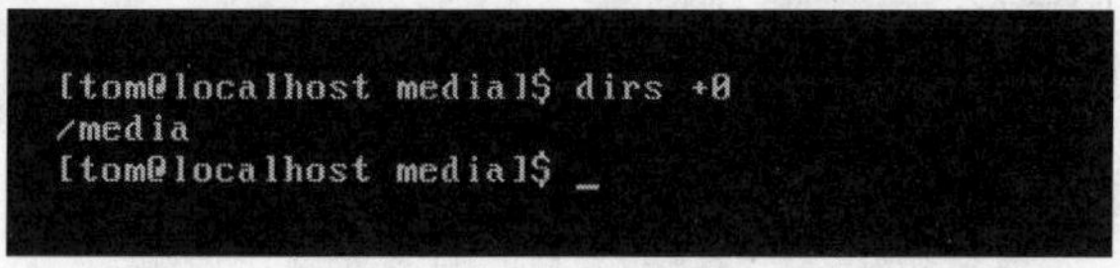

图 3-30　显示从左边开始的第 0 条目录

（4）相关命令

dir。

7. du 命令：显示目录或者文件所占的磁盘空间

（1）语法

du [-abcDhklmsSx] [-L<符号连接>] [-X<文件>] [--block-size=<块大小>] [--exclude=<目录文件>] [--max-depth=<目录层数>] [--help] [--version] [目录文件]

du [OPTION]… [FILE]…

（2）选项及作用

选　　项	作　　用
-a，-all	显示所有文件的大小，而不仅是目录
-B，--block-size=SIZE	以字节为单位，使用指定大小（SIZE）的块
-b，--bytes	以字节为单位显示目录或文件的大小
-c，--total	显示所有目录或文件的总和
-D，--dereference-args	显示指定符号链接的来源文件的大小
-h，human-readable	以KB、MB、GB为单位提高信息的可读性
--si	同-h选项，但是以1000为单位而不是1024
-k	以1024字节为单位，与参数--block-size=1K同
-l，--count-links	重复计算硬链接文件所占的空间
-m	以1MB为单位，与参数--block-size=1M同
-x	以最先处理目录的文件系统为准，不显示其他不同的文件系统目录
-L<符号连接>	显示选项中指定符号链接的来源文件大小
-P，--no-dereference	不跟踪任何符号链接（默认），与-L相反
-0，--null	以0字节结束每个输出行，而不是新行
-S，--deparate-dirs	不包含子目录大小
-s，--summerize	每个参数仅显示目录总大小
-X<文件>，--exclude=file	跳过<文件>中指定的目录或文件，或跳过指定文件file
--max-depth=<目录层数>	超过指定的层目录予以忽略
--help	显示帮助信息
--version	显示版本信息

（3）典型示例

示例 1：显示当前目录下，所有子目录所占磁盘空间的块，默认块大小单位为 1024 字节。在命令行提示符下输入：

> du |more ↙

如图 3-31 所示。

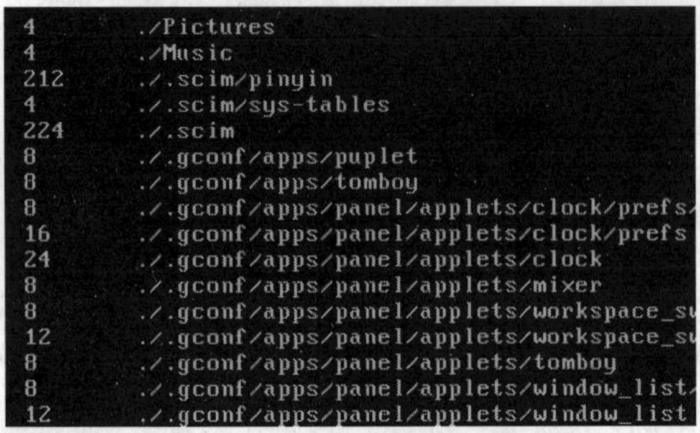

图 3-31　显示当前目录下所有子目录所占空间大小

示例 2：显示所有文件的大小。例如，显示当前目录下所有子目录和文件所占磁盘空间的大小。在命令行提示符下输入：

> du -a |more ↙

如图 3-32 所示。

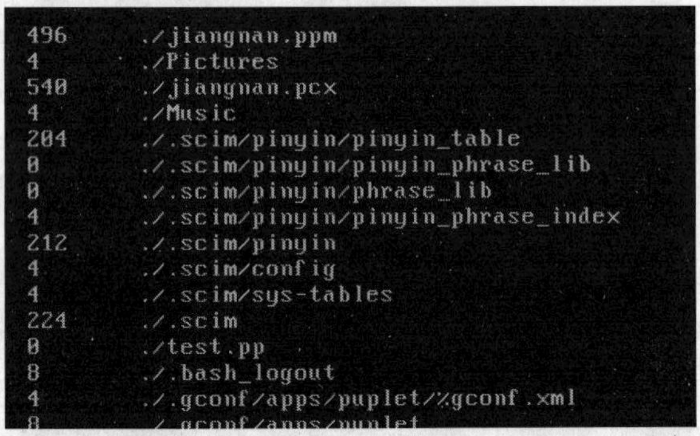

图 3-32　显示所有文件的大小

示例 3：指定块大小。示例 1 中显示了当前目录下所有子目录的大小，默认块大小的单位为 1024 字节。也可以指定每个块的大小，例如，指定以 2048 字节为一个块显示子目录的大小。在命令行提示符下输入：

> du --block-size=2048 |more ↙

如图 3-33 所示。

示例 4：提高信息的可读性。显示当前目录下所有文件和子目录所占磁盘空间大小，显示时以 1KB 为单位。在命令行提示符下输入：

> du -ah |more ↙

如图 3-34 所示。

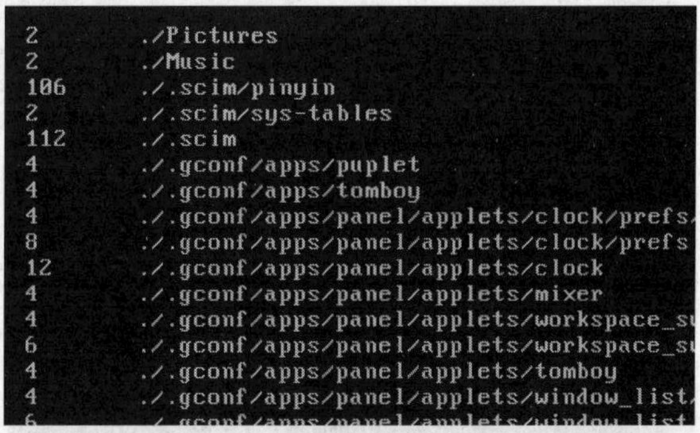

```
2       ./Pictures
2       ./Music
106     ./.scim/pinyin
2       ./.scim/sys-tables
112     ./.scim
4       ./.gconf/apps/puplet
4       ./.gconf/apps/tomboy
4       ./.gconf/apps/panel/applets/clock/prefs/
8       ./.gconf/apps/panel/applets/clock/prefs
12      ./.gconf/apps/panel/applets/clock
4       ./.gconf/apps/panel/applets/mixer
4       ./.gconf/apps/panel/applets/workspace_sw
6       ./.gconf/apps/panel/applets/workspace_sw
4       ./.gconf/apps/panel/applets/tomboy
4       ./.gconf/apps/panel/applets/window_list/
6       ./.gconf/apps/panel/applets/window_list
```

图 3-33　指定块大小

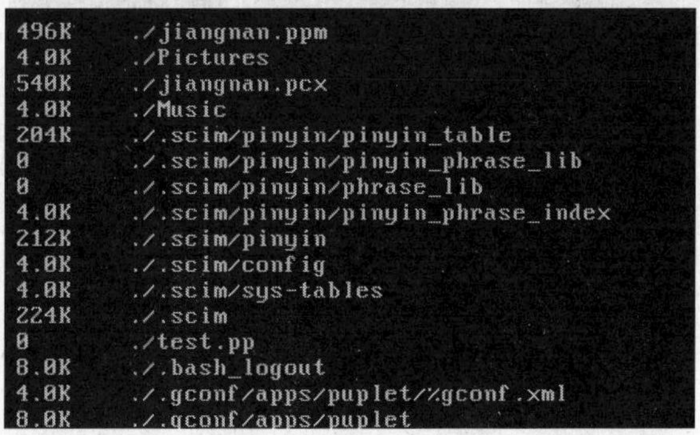

```
496K    ./jiangnan.ppm
4.0K    ./Pictures
540K    ./jiangnan.pcx
4.0K    ./Music
204K    ./.scim/pinyin/pinyin_table
0       ./.scim/pinyin/pinyin_phrase_lib
0       ./.scim/pinyin/phrase_lib
4.0K    ./.scim/pinyin/pinyin_phrase_index
212K    ./.scim/pinyin
4.0K    ./.scim/config
4.0K    ./.scim/sys-tables
224K    ./.scim
0       ./test.pp
8.0K    ./.bash_logout
4.0K    ./.gconf/apps/puplet/%gconf.xml
8.0K    ./.gconf/apps/puplet
```

图 3-34　提高信息可读性

示例 5：不包含子目录大小。显示当前目录下所有子目录所占磁盘空间大小，显示时只列出个别目录大小，不包含其子目录的大小。在命令行提示符下输入：

```
du -S |more ↙
```

如图 3-35 所示。

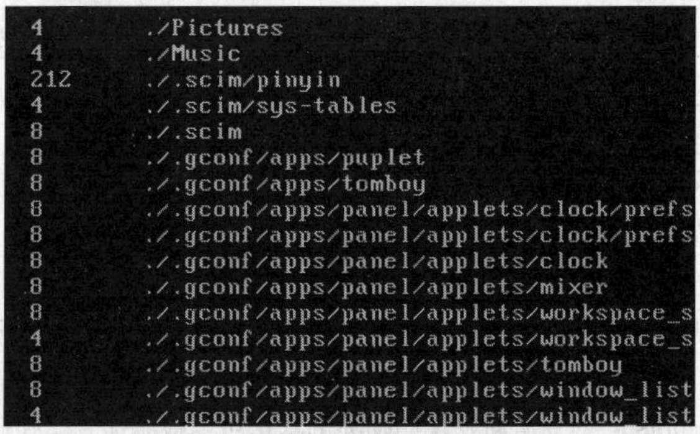

```
4       ./Pictures
4       ./Music
212     ./.scim/pinyin
4       ./.scim/sys-tables
8       ./.scim
8       ./.gconf/apps/puplet
8       ./.gconf/apps/tomboy
8       ./.gconf/apps/panel/applets/clock/prefs
8       ./.gconf/apps/panel/applets/clock/prefs
8       ./.gconf/apps/panel/applets/clock
8       ./.gconf/apps/panel/applets/mixer
8       ./.gconf/apps/panel/applets/workspace_s
4       ./.gconf/apps/panel/applets/workspace_s
8       ./.gconf/apps/panel/applets/tomboy
8       ./.gconf/apps/panel/applets/window_list
4       ./.gconf/apps/panel/applets/window_list
```

图 3-35　不包含子目录大小

示例 6：跳过指定的目录或文件。显示当前目录下所有子目录所占磁盘空间大小，但不显示指定的目录信息，例如，显示当前目录下所有子目录，但不显示 Music 目录。在命令行提示符下输入：

```
du --exclude=Music |more ↙
```

如图 3-36 所示。

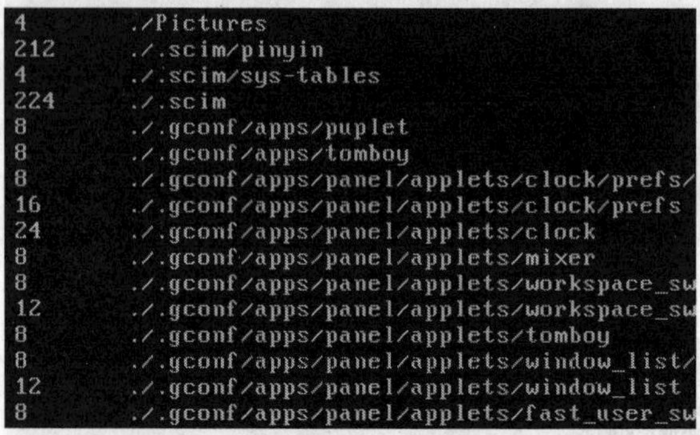

```
4       ./Pictures
212     ./.scim/pinyin
4       ./.scim/sys-tables
224     ./.scim
8       ./.gconf/apps/puplet
8       ./.gconf/apps/tomboy
8       ./.gconf/apps/panel/applets/clock/prefs/
16      ./.gconf/apps/panel/applets/clock/prefs
24      ./.gconf/apps/panel/applets/clock
8       ./.gconf/apps/panel/applets/mixer
8       ./.gconf/apps/panel/applets/workspace_sw
12      ./.gconf/apps/panel/applets/workspace_sw
8       ./.gconf/apps/panel/applets/tomboy
8       ./.gconf/apps/panel/applets/window_list/
12      ./.gconf/apps/panel/applets/window_list
8       ./.gconf/apps/panel/applets/fast_user_sw
```

图 3-36　跳过指定的目录或文件

（4）相关命令

df、wc、stat。

8. e2fsck 命令：检查 ext2 文件系统

（1）语法

e2fsck [-acCdfFnprsStvVy] [-b<superblock>] [-B<块大小>] [-j<日志位置>] [-l<文件>] [-L<文件>] [设备]

（2）选项及作用

选　项	作　用
-a	直接自动修复文件系统。该选项与-p选项同，为了提供向后兼容而存在，建议使用-p选项
-c	让e2fsck命令使用badblocks程序以只读方式扫描设备，找出设备所有损坏的块
-C fd	将检查过程中的信息记录在fd（file descriptor）中
-d	显示排错的信息
-D	文件系统中优化目录
-E extended_options	设置e2fsck命令的扩展选项
-f	强制检查文件系统的正确性
-F	执行检查文件系统命令之前先清除文件系统设备的缓冲区
-k	与选项-c连用，在以前保存的损坏块列表中所存在的所有损坏的块和通过运行badblocks命令所新发现的损坏的块都可以被添加到已存在的损坏块列表中
-n	以只读的方式打开文件系统，并假定所有的提问都以“no”进行回答
-p	自动修复文件系统
-r	该选项什么也不做，只是提供向后兼容

选　　项	作　　用
-s	交换文件系统的字节顺序使之使用标准的字节顺序
-S	不管当前字节顺序是否适当，一律交换字节顺序
-t	显示e2fsck命令的时间统计信息，如果两次使用该选项，将会显示更详细的信息
-v	显示执行的详细信息
-V	显示版本信息
-y	非互动方式，并假定所有的提问都以"yes"进行回答
-b<superblock>	指定superblock，而不使用默认的superblock
-B<块大小>	以字节为单位指定块的大小，e2fsck命令会默认查找适当的块大小，该选项可以强制指定块的大小
-j<日志位置>	指定日志文件系统存在的分区
-l<文件>	将指定的块加到损坏块列表中
-L<文件>	先清除损坏块列表再将指定的块加到损坏块列表

（3）典型示例

示例 1：检查磁盘。例如，检查/dev/sdb5 分区。在命令行提示符下输入：

e2fsck /dev/sdb5 ↙

如图 3-37 所示。

```
[root@localhost ~]# e2fsck /dev/sdb5
e2fsck 1.40.2 (12-Jul-2007)
/dev/sdb5: clean, 11/22088 files, 4335/88324 blo
[root@localhost ~]# _
```

图 3-37　检查磁盘

示例 2：检查指定分区文件系统的正确性。例如，检查/dev/sdb5 分区上文件系统（ext3）的正确性，并使用 badblocks 程序以只读方式扫描设备，找出设备所有损坏的块。在命令行提示符下输入：

e2fsck -j ext3 -c /dev/sdb5 ↙

如图 3-38 所示。

```
[root@localhost ~]# e2fsck -j ext3 -c /dev/sdb5
e2fsck 1.40.2 (12-Jul-2007)
Checking for bad blocks (read-only test): done.
Pass 1: Checking inodes, blocks, and sizes
Pass 2: Checking directory structure
Pass 3: Checking directory connectivity
Pass 4: Checking reference counts
Pass 5: Checking group summary information

/dev/sdb5: ***** FILE SYSTEM WAS MODIFIED *****
/dev/sdb5: 11/22088 files (9.1% non-contiguous),
[root@localhost ~]# _
```

图 3-38　检查指定分区文件系统的正确性

示例 3：强制检查文件系统的正确性。检查/dev/sdb5 分区上文件系统（ext3）的正确性，即使文件系统没有错误，仍然强制检查该文件系统的正确性，并显示该命令的时间统计信息。在命令行提示符下输入：

e2fsck -j ext3 -f -t /dev/sdb5 ✓

如图 3-39 所示。

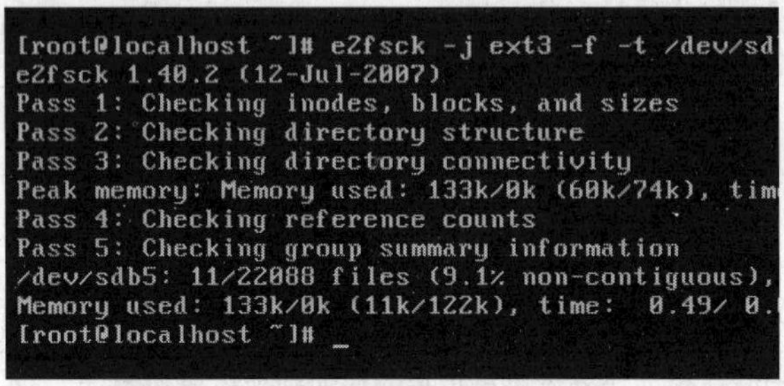

图 3-39 强制检查文件系统的正确性

示例 4：将指定的块加到损坏块列表中。检查/dev/sdb5 分区上文件系统的正确性，并将文件 sdb5_badblocks 中指定的块加到损坏块列表中。在命令行提示符下输入：

e2fsck -j ext3 -l sdb5_badblocks /dev/sdb5 ✓

如图 3-40 所示。

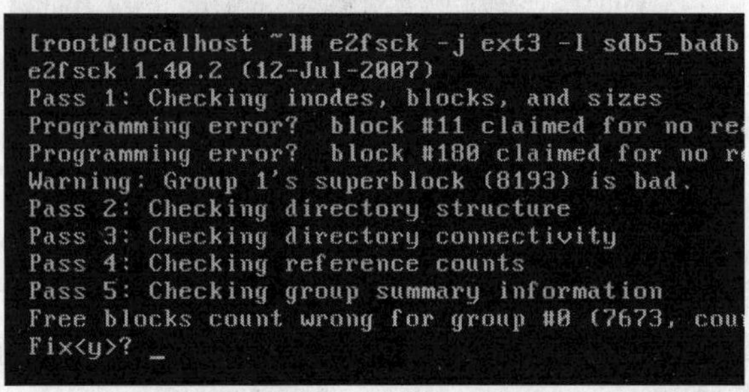

图 3-40 将指定的块加到损坏块列表中

示例 5：非互动方式，并假定所有的提问都以"yes"进行回答。同示例 4，在需要互动方式进行回答时，默认全部回答"yes"。在命令行提示符下输入：

e2fsck -j ext3 -y -l sdb5_badblocks /dev/sdb5 ✓

如图 3-41 所示。

示例 6：以只读的方式打开文件系统，并假定所有的提问都以"no"进行回答。与示例 5 相反，在命令行提示符下输入：

e2fsck -j ext3 -n -l sdb5_badblocks /dev/sdb5 ✓

如图 3-42 所示。

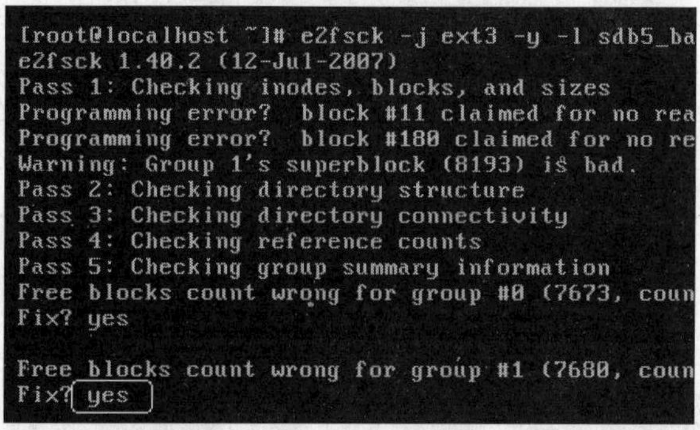

图 3-41　非互动方式，并假定所有的提问都以 "yes" 进行回答

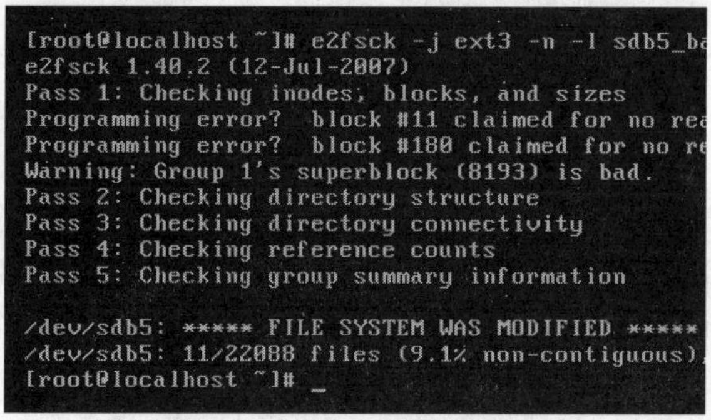

图 3-42　非互动方式，并假定所有的提问都以 "no" 进行回答

示例 7：执行检查命令之前先清除文件系统设备的缓冲区。检查/dev/sdb5 分区上文件系统（ext3）的正确性，在执行命令前先清除文件系统设备的缓冲区。在命令行提示符下输入：

`e2fsck -F /dev/sdb5 ✓`

如图 3-43 所示。

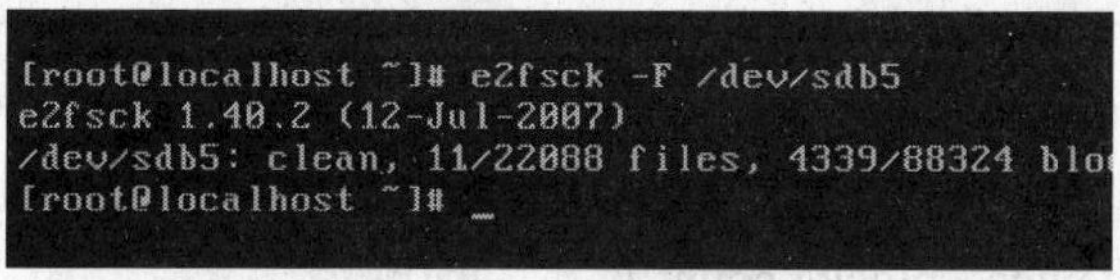

图 3-43　执行检查命令之前先清除文件系统设备的缓冲区

（4）相关命令

badblocks、dumpe2fs、debugfs、e2image、mke2fs、tune2fs。

9. mkbootdisk 命令：建立当前系统的启动盘

（1）语法

mkbootdisk [-v] [--device<设备>] [--noprompt] [--version] [版本]

（2）选项及作用

选　项	作　用
-v	显示执行时的详细信息
--device<设备>	指定设备，默认设备为软盘/dev/fd0
--noprompt	不提示用户插入软盘
--version	显示版本信息

（3）典型示例

在软盘/dev/fd0 上建立当前系统的启动盘。在命令行提示符下输入：

mkbootdisk `uname -r` ↙

如图 3-44 所示。

图 3-44　建立系统启动盘

默认设备是/dev/fd0，`uname -r`获取内核版本（符号"`"为键盘左上角的键，而非单引号）。由于现在的 Linux 的内核已远大于软盘的容量，该命令已无多大意义，故现在的发行版中无该命令。

（4）相关命令

grubby、mkinitrd。

10. mke2fs 命令：建立 ext2 文件系统

（1）语法

mke2fs [-cFjMqrSvV] [-b<块大小>] [-f<不连续段大小>] [-i<字节>] [-N<inode 数>] [-l<文件名>] [-L<标签>] [-m<百分比>] [-R=<块数>] [设备名]

mke2fs [-c | -l filename] [-b block-size] [-f fragment-size] [-g blocks-per-group] [-i bytes-per-inode] [-I inode-size] [-j] [-J journal-options] [-N number-of-inodes] [-n] [-m reserved-blocks- percentage] [-o creator-os] [-O feature[,...]] [-q] [-r fs- revision-level] [-E extended-options] [-v] [-F] [-L volume- label] [-M last-mounted-directory] [-S] [-T filesystem-type] [-V] device [blocks-count]

mke2fs -O journal_dev [-b block-size] [-L volume-label] [-n] [-q] [-v] external-journal [blocks-count]

（2）选项及作用

选　项	作　用
-c	建立文件系统前检查是否有损坏的块
-E extended-options	为文件系统设置扩展选项，替代了早期版本中的-R选项，-R选项在后续版本中依然有效

选　　项	作　　用
-F	强制mke2fs命令建立一个文件系统
-g blocks-per-group	指定在块组中包含块的数目
-j	建立ext3文件系统
-J journal-options	通过在命令行下指定的选项建立ext3日志
-M	为文件系统设置最近一次挂载的目录
-q	不显示任何信息,通常用于script文件中
-r revision	为新文件系统设置文件系统的版本
-S	仅写入超级块和组描述
-T fs-type	指定文件系统的用途以便于mke2fs可以选择最优的文件系统参数
-v	显示详细的执行信息
-V	显示版本信息
-b<块大小>	以字节为单位,指定块的大小
-f<不连续段大小>	以字节为单位,指定不连续段的大小
-i<字节>	指定bytes/inode的比例
-I inode-size	以字节为单位,指定每个inode的大小
-N<inode数>	指定要建立inode的数目
-n	显示建立文件系统需要进行的操作,但并不真正地建立文件系统
-l<文件名>	从指定的文件中读取损坏块的信息
-L<标签>	设置文件系统的标签
-m<百分比>	指定为管理员留下的块
-R=<块数>	设置磁盘阵列数

（3）典型示例

示例 1： 建立文件系统前检查是否有损坏的块。在建立文件系统前,检查相应磁盘是否有损坏的块。在命令行提示符下输入（对磁盘操作的命令需在 root 用户下进行,通过 su 命令切换到 root 用户）：

```
mke2fs –c /dev/sdb5 ↙
```

如图 3-45 所示。

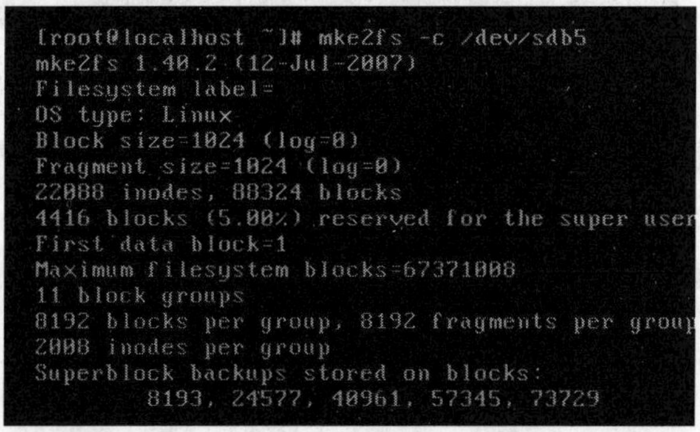

图 3-45　建立文件系统前检查是否有损坏的块

示例 2：建立 ext3 文件系统，并且以字节为单位，指定块的大小。例如，建立 ext3 文件系统，并指定文件系统块的大小为 4096 字节。在命令行提示符下输入：

mke2fs -b 4096 -j /dev/sdb5 ✓

如图 3-46 所示。

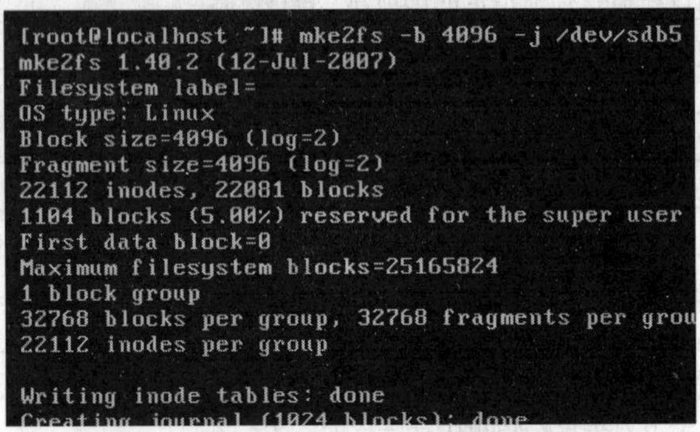

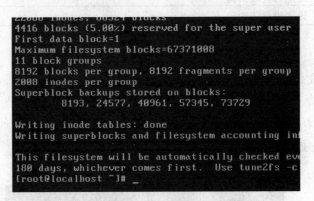

图 3-46　建立 ext3 文件系统并指定块的大小

示例 3：以字节为单位，指定不连续段的大小。例如，在/dev/sdb5 分区建立 ext2 文件系统，指定不连续段的大小为 2048 字节。在命令行提示符下输入：

mke2fs -f 2048 /dev/sdb5 ✓

如图 3-47 所示。

图 3-47　以字节为单位，指定不连续段的大小

示例 4：显示建立文件系统需要进行的操作，但并不真正地建立文件系统。在命令行提示符下输入：

mke2fs -n /dev/sdb5 ✓

如图 3-48 所示。

图 3-48　显示建立文件系统需要进行的操作

执行该命令后，并未对磁盘进行操作，即仅显示在该分区建立文件系统所需要进行的操作，并未真正执行文件系统建立的操作。

示例 5：给文件系统设置指定的标签。在指定分区上建立 ext2 文件系统，并指定标签名称为 Music，显示命令执行的详细信息。在命令行提示符下输入：

mke2fs -v -L Music /dev/sdb5 ✓

如图 3-49 所示。

图 3-49　给文件系统设置指定的标签

示例 6：指定为管理员留下的块。mke2fs 命令在指定分区建立分区时，默认管理员留下的块为 5.00%（可从前面各示例看出），通过选项-m 可以对该块的大小进行指定。例如，在分区/dev/sdb5 上建立 ext2 文件系统时，指定为管理员留下的块的大小为 20.00%。在命令行提示符下输入：

mke2fs -m 20 /dev/sdb5 ✓

如图 3-50 所示。

（4）相关命令

badblock、dumpefs、e2fsck、tune2fs。

图 3-50　指定为管理员留下的块

11. mkfs 命令：建立各种文件系统

（1）语法

mkfs [-cvV] [-l<文件>] [-t<文件系统类型>] [设备名称]

mkfs [-V] [-t fstype] [fs-options] filesys [blocks]

（2）选项及作用

选　　项		作　　用
fs-options	-c	建立文件系统前检查是否有损坏的块
	-v	显示执行的详细信息
	-l<文件>	在指定的文件中读取损坏块的信息
-t<文件系统类型>		指定建立的文件系统类型，常见的有minix、ext2、ext3、msdos
-V		显示版本信息

（3）典型示例

示例 1：建立文件系统前检查是否有损坏的块。在建立文件系统前，检查相应磁盘是否有损坏的块，和命令 mke2fs 的功能一样。在命令行提示符下输入（对磁盘操作的命令需在 root 用户下进行，通过 su 命令切换到 root 用户）：

mkfs -c /dev/sdb5　✓

如图 3-51 所示。

图 3-51　建立文件系统前检查是否有损坏的块

示例 2：在指定分区建立 MS-DOS 文件系统。例如，在分区/dev/sdb5 上建立 MS-DOS 文件系统。在命令行提示符下输入：

mkfs -t msdos /dev/sdb5 ✓

如图 3-52 所示。

```
[root@localhost ~]# mkfs -t msdos /dev/sdb5
mkfs.msdos 2.11 (12 Mar 2005)
[root@localhost ~]# _
```

图 3-52 在指定分区建立 MS-DOS 文件系统

示例 3：在指定分区建立 ext3 文件系统。例如，在分区/dev/sdb5 上建立 ext3 文件系统。在命令行提示符下输入：

mkfs -t ext3 /dev/sdb5 ✓

如图 3-53 所示。

```
[root@localhost ~]# mkfs -t ext3 /dev/sdb5
mke2fs 1.40.2 (12-Jul-2007)
Filesystem label=
OS type: Linux
Block size=1024 (log=0)
Fragment size=1024 (log=0)
22088 inodes, 88324 blocks
4416 blocks (5.00%) reserved for the super user
First data block=1
Maximum filesystem blocks=67371008
11 block groups
8192 blocks per group, 8192 fragments per group
2008 inodes per group
Superblock backups stored on blocks:
        8193, 24577, 40961, 57345, 73729
```

图 3-53 在指定分区建立 ext3 文件系统

示例 4：在指定分区建立 minix 文件系统。例如，在分区/dev/sdb5 上建立 minix 文件系统。在命令行提示符下输入：

mkfs -t minix /dev/sdb5 ✓

如图 3-54 所示。

```
[root@localhost ~]# mkfs -t minix /dev/sdb5
21856 inodes
65535 blocks
Firstdatazone=696 (696)
Zonesize=1024
Maxsize=268966912

[root@localhost ~]# _
```

图 3-54 在指定分区建立 minix 文件系统

示例 5：在指定的文件中读取损坏块的信息。例如，在分区/dev/sdb5 上建立 ext2 文件系统，并从 sdb5_badblock 文件中读取此分区损坏块的列表。在命令行提示符下输入：

mkfs -t ext2 -l sdb5_badblock /dev/sdb5 ✓

如图 3-55 所示。

```
[root@localhost ~]# mkfs -t ext2 -l sdb5_badblock
mke2fs 1.40.2 (12-Jul-2007)
Filesystem label=
OS type: Linux
Block size=1024 (log=0)
Fragment size=1024 (log=0)
22008 inodes, 88324 blocks
4416 blocks (5.00%) reserved for the super user
First data block=1
Maximum filesystem blocks=67371008
11 block groups
8192 blocks per group, 8192 fragments per group
2008 inodes per group
Superblock backups stored on blocks:
        8193, 24577, 40961, 57345, 73729
```

图 3-55　在指定的文件中读取损坏块的信息

（4）相关命令

fs、badblocks、fsck、mkdosfs、mke2fs、mkfs.bfs、mkfs.ext2、mkfs.ext3、mkfs.minix、mkfs.msdos、mkfs.vfat、mkfs.xfs、mkfs.xiafs。

12. mkfs.minix 命令：建立 minix 文件系统

（1）语法

mkfs.minix [-cv] [-i<inode 数目>] [-l<文件>] [-n<文件名长度>] [设备名]

mkfs.minix [-c | -l filename] [-n namelength] [-i inodecount] [-v] device [size-in-blocks]

（2）选项及作用

选　　项	作　　用
-c	检查是否有损坏的块
-v	建立第二版的minix文件系统
-i<inode数目>	指定文件系统的inode总数
-l<文件>	在指定的文件中读取损坏块的信息
-n<文件名长度>	指定文件名的最大长度，目前被允许的值为14和30，默认值为30

（3）典型示例

示例 1：建立 minix 文件系统。例如，在/dev/sdb5 分区上建立 minix 文件系统。在命令行提示符下输入：

mkfs.minix /dev/sdb5 ✓

如图 3-56 所示。

```
[root@localhost ~]# mkfs.minix /dev/sdb5
21856 inodes
65535 blocks
Firstdatazone=696 (696)
Zonesize=1024
Maxsize=268966912

[root@localhost ~]#  _
```

图 3-56　建立 minix 文件系统

示例 2：建立第二版的 minix 文件系统。例如，在/dev/sdb5 分区上建立第二版的 minix 文件系统。在命令行提示符下输入：

mkfs.minix -v /dev/sdb5 ✓

如图 3-57 所示。

```
[root@localhost ~]# mkfs.minix -v /dev/sdb5
29456 inodes
88326 blocks
Firstdatazone=1858 (1858)
Zonesize=1024
Maxsize=2147483647

[root@localhost ~]#  _
```

图 3-57　建立第二版的 minix 文件系统

示例 3：检查是否有损坏的块。例如，在/dev/sdb5 分区上建立 minix 文件系统，并检查有无损坏的块。在命令行提示符下输入：

mkfs.minix -c /dev/sdb5 ✓

如图 3-58 所示。

```
[root@localhost ~]# mkfs.minix -c /dev/sdb5
21856 inodes
65535 blocks
Firstdatazone=696 (696)
Zonesize=1024
Maxsize=268966912

40896 ...[root@localhost ~]#  _
```

图 3-58　检查是否有损坏的块

示例 4：指定文件名的最大长度。当前的 Linux 系统默认文件名的最大长度为 30，在/dev/sdb5 分区上建立 minix 文件系统，并指定文件名长度的最大值为 14。在命令行提示符下输入：

mkfs.minix -n 14 /dev/sdb5 ✓

如图 3-59 所示。

图 3-59　指定文件名的最大长度

示例 5：在指定的文件中读取损坏块的信息。例如，在/dev/sdb5 分区上建立 minix 文件系统，并从 sdb5_badblock 文件中读取该分区损坏块的信息。在命令行提示符下输入：

mkfs.minix -l sdb5_badblock /dev/sdb5 ✓

如图 3-60 所示。

图 3-60　在指定的文件中读取损坏块的信息

（4）相关命令

mkfs、fs、badblocks、fsck、mkdosfs、mke2fs、mkfs.bfs、mkfs.ext2、mkfs.ext3、mkfs.msdos、mkfs.vfat、mkfs.xfs、mkfs.xiafs。

13. mkinitrd 命令：建立要载入 ramdisk 的映像文件

（1）语法

mkinitrd [-fv] [--omit-raid-modules] [--omit-scsi-modules] [--preload=<模块名称>] [--version] [--with=<模块名称>] [映像文件]

mkinitrd [--version] [-v] [-f]

        [--preload=module] [--omit-scsi-modules]

        [--omit-raid-modules] [--omit-lvm-modules]

        [--with=module] [--image-version]

        [--fstab=fstab] [--nocompress]

        [--builtin=module] initrd-image kernel-version

（2）选项及作用

选　　项	作　　用
-f	当指定的映像文件名与已存在的文件重复时则将其覆盖
-v	显示执行时的详细信息
--builtin=module	如果指定模块module已经装入内核，则忽略错误

续表

选　项	作　用
--fstab=fstab	通过指定文件fstab自动检测根设备所建立的文件系统的类型
--image-version	内核版本号将被附加到所建立的initrd映像文件名后
--nocompress	不压缩生成的映像文件，默认生成的映像文件将被gzip命令压缩
--omit-raid-modules	不载入RAID模块
--omit-scsi-modules	不载入SCSI模块
--omit-lvm-modules	不载入lvm模块
--preload=<模块名称>	指定要载入的模块；指定的模块将在文件/etc/modprobe.conf中指定的任何SCSI模块之前载入
--with=<模块名称>	指定要载入的模块；指定的模块将在文件/etc/modprobe.conf中指定的任何SCSI模块之后载入
-v	建立映像文件时显示详细信息
--version	显示版本信息

（3）典型示例

示例 1：在指定目录建立映像文件。例如，在目录/home/tom 下建立一个映像文件。在命令行提示符下输入：

mkinitrd /home/tom/initrd.img `uname -r` ↙

如图 3-61 所示。

图 3-61　在指定目录建立映像文件

示例 2：在指定目录建立映像文件，并在映像文件中包含内核版本号，显示命令运行的详细信息。在命令行提示符下输入：

mkinitrd -v /home/tom/initrd-`uname -r`.img `uname -r` ↙

如图 3-62 所示。

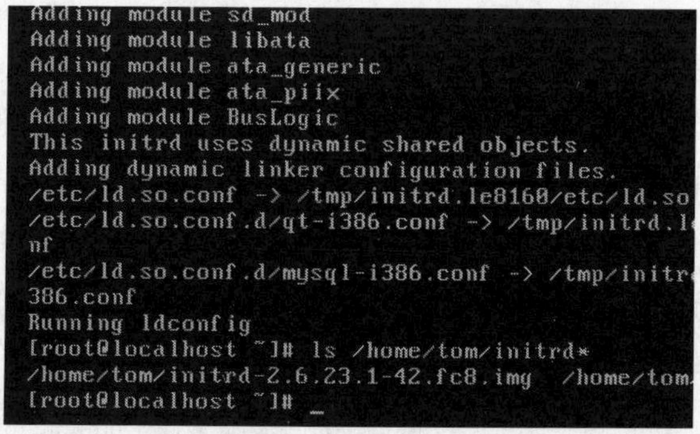

图 3-62　显示命令运行的详细信息

示例 3：当指定的映像文件名与已存在的文件重复时则将其覆盖。例如，在/home/tom 目录下再次建立 initrd.img 映像文件，不加选项-f 时将提示该文件已经存在，加入-f 选项进行强制执行，覆盖已存在的文件。在命令行提示符下输入：

mkinitrd -f /home/tom/initrd.img `uname -r` ✓

如图 3-63 所示。

图 3-63　强制运行命令并覆盖同名文件

示例 4：制作映像文件时，指定不载入 RAID 模块。在命令行提示符下输入：

mkinitrd -f --omit-raid-modules /home/tom/initrd.img `uname -r` ✓

如图 3-64 所示。

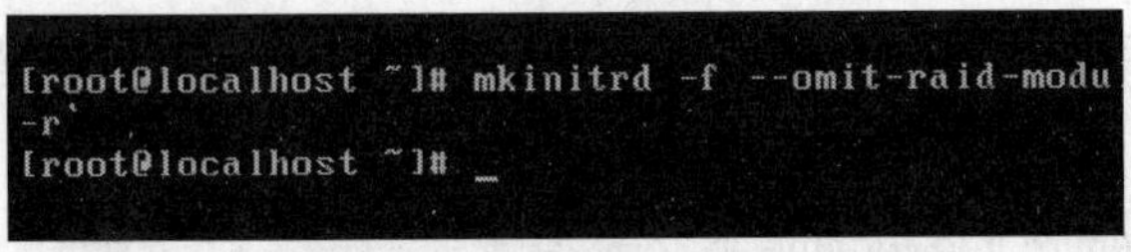

图 3-64　指定不载入模块

示例 5：在建立的映像文件后附上内核版本号。例如，在当前目录下建立映像文件 initrd.img，建立后在该文件的文件名后附上内核版本号。在命令行提示符下输入：

mkinitrd --image-version initrd.img `uname -r` ✓

如图 3-65 所示。

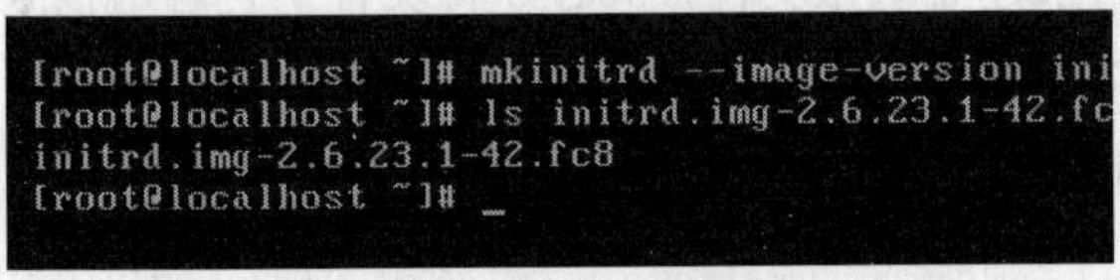

图 3-65　映像文件后附上内核版本号

示例 6：不压缩生成的映像文件。默认生成的映像文件都将被 gzip 压缩，通过参数 -- nocompress 可以让生成的映像文件不被压缩。在命令行提示符下输入：

mkinitrd --nocompress initrd.img `uname -r` ✓

如图 3-66 所示。

通过 ls 命令列出示例 5 和示例 6 生成的两个映像文件，可以看到示例 6 生成的映像文件 initrd.img 比示例 5 生成的映像文件 initrd.img-2.6.23.1-42.fc8 大了许多。

（4）相关命令

fstab、insmod。

```
[root@localhost ~]# mkinitrd --nocompress initrd
[root@localhost ~]# ls -s initrd.img*
7044 initrd.img  2960 initrd.img-2.6.23.1-42.fc8
[root@localhost ~]# _
```

图 3-66　不压缩生成的映像文件

14. mkisofs 命令：建立 ISO9660 映像文件

（1）语法

mkisofs [-dDflLNrRTvz] [-abstract<摘要文件>] [-A<应用程序 ID>] [-b<开机映像文件>] [-biblio<ISBN 文件>] [-c<开机文件名称>] [-C<盘区编号，扇区编号>] [-copyright<版权信息>] [-hide<目录和文件名>] [-log-file<记录文件>] [-m<目录和文件名>] [-M<映像文件>] [-o<映像文件>] [-p<数据处理人>] [-P<光盘发行人>] [-print-size] [-quite] [-sysid<系统 ID>] [-V<光盘 ID>] [-volset<卷集 ID>] [-volset-size<光盘总数>] [-volset-seqno<卷册序号>] [-x<目录>] [文件]

（2）选项及作用

选　　项	作　　用
-d	省略文件后的句号
-D	关闭自动配置ISO9660兼容格式
-f	当有符号链接时将其放入映像文件当中
-l	可使用ISO9660的32字符长度的文件名
-L	允许文件名的第一个字符为"."
-N	屏蔽ISO9660版本信息
-r	使用Rock Ridge Extensions并开放所有文件的读取权限
-R	使用Rock Ridge Extensions
-T	建立文件名的转换表
-v	显示执行时的详细信息
-z	建立透明性压缩文件的SUSP记录
-abstract<摘要文件>	指定光盘应用程序ID，其长度为128字节
-A<应用程序ID>	指定摘要文件的文件名
-b<开机映像文件>	指定开机时的映像文件
-biblio<ISBN文件>	指定ISBN文件的文件名
-c<开机文件名称>	指定开机映像文件在光盘中的目录与文件名
-C<盘区编号，扇区编号>	将多节区合成一个映像文件
-copyright<版权信息>	指定版权信息文件的文件名
-hide<目录和文件名>	指定隐藏的目录和文件
-log-file<记录文件>	将程序执行时的错误信息保存到指定文件
-m<目录和文件名>	指定不放入映像文件之中的文件
-M<映像文件>	与指定的映像文件合并

续表

选 项	作 用
-o<映像文件>	指定映像文件名
-p<数据处理人>	记录光盘的数据处理人
-P<光盘发行人>	记录光盘的发行人，字符长度在128以内
-print-size	显示预估文件系统的大小
-quite	不显示执行信息
-sysid<系统ID>	指定光盘系统的ID
-V<光盘ID>	记录光盘卷册的识别码
-volset<卷集ID>	指定光盘集ID
-volset-size<光盘总数>	指定卷册集所包含的光盘数目
-volset-seqno<卷册序号>	指定光盘在卷册集中的编号
-x<目录>	指定不放入映像文件中的目录

（3）典型示例

示例 1：建立 ISO9660 映像文件。将目录/home/tom 下所有文件加入映像文件 cd.iso 中。在命令行提示符下输入：

mkisofs -quiet -o cd.iso /home/tom/ ✓

如图 3-67 所示。

```
[tom@localhost ~]$ mkisofs -quiet -o cd.iso /hom
genisoimage: Symlink /home/tom/.mozilla/firefox/
continuing.
genisoimage: Directories too deep for '/home/tom
/prefs/timezones' (7) max is 6; ignored - contin
genisoimage: To include the complete directory t
genisoimage: use Rock Ridge extensions via -R or
genisoimage: or allow deep ISO9660 directory nes
[tom@localhost ~]$
```

图 3-67　将指定目录加入映像文件

该命令也可以用 genisoimage 进行替换，genisoimage 为 mkisoimage 的更新版本，兼容 mkisofs 的选项和参数，该示例中的 mkisofs 实际上是 genisoimage 的链接。

将生成的映像文件载入/mnt/cdrom 中，查看文件是否正常。在命令行提示符下输入：

sudo mount -t iso9660 -o ro,loop=dev/loop0 cd.iso /mnt/cdrom ✓
cd /mnt/cdrom ✓
dir ✓

如图 3-68 所示。

示例 2：指定不放入映像文件之中的文件。同示例 1，但是指定不将文件 floppy.img 放入映像文件。在命令行提示符下输入：

mkisofs -quiet -m floppy.img -o cd.iso /home/tom/ ✓

如图 3-69 所示。

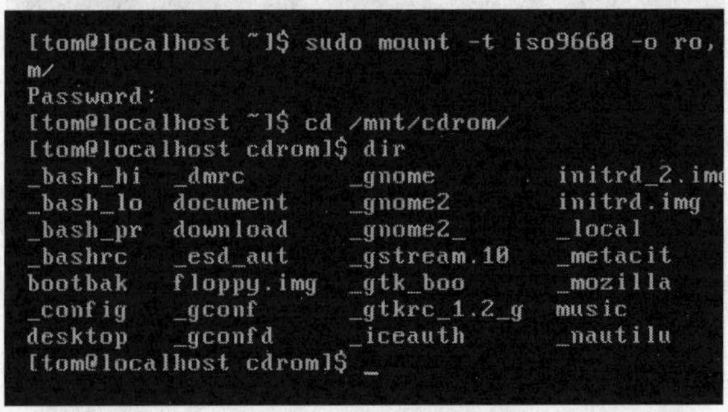

图 3-68 挂载生成的映像文件

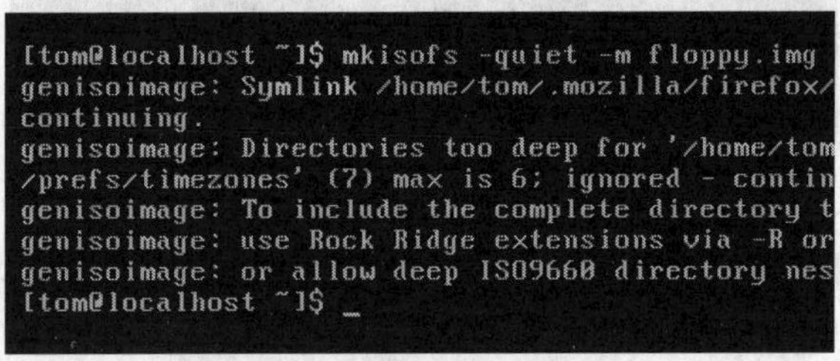

图 3-69 指定不放入映像文件之中的文件

示例 3：指定不放入映像文件中的目录。同示例 1，但是指定不将目录 Documents 放入映像文件 cd.iso 中。在命令行提示符下输入：

`mkisofs -quiet -x Documents -r -o cd.iso /home/tom/` ✓

如图 3-70 所示。

图 3-70 指定不放入映像文件中的目录

示例 4：记录光盘的发行人。例如，建立映像文件 cd.iso，并指定光盘发行人是"Tom"，显示命令的处理过程。在命令行提示符下输入：

`mkisofs -P "Tom" -r -o cd.iso /home/tom/` ✓

如图 3-71 所示。

示例 5：记录光盘的数据处理人。例如，建立映像文件 cd.iso，并指定光盘发行人是"Tom"，不显示命令的处理过程。在命令行提示符下输入：

`mkisofs -quiet -p "Jerry" -r -o cd.iso /home/tom/` ✓

如图 3-72 所示。

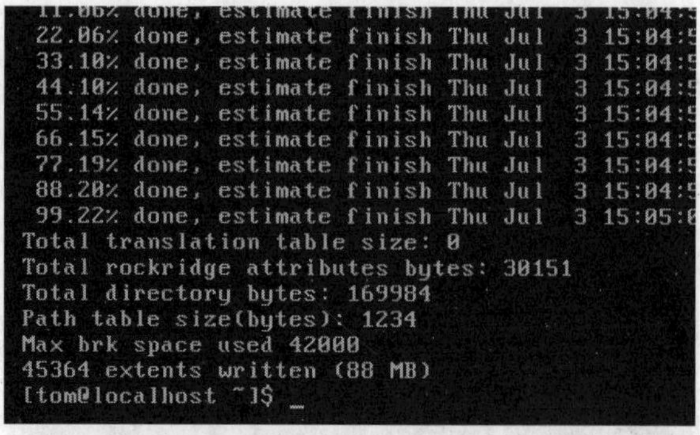

图 3-71　记录光盘的发行人

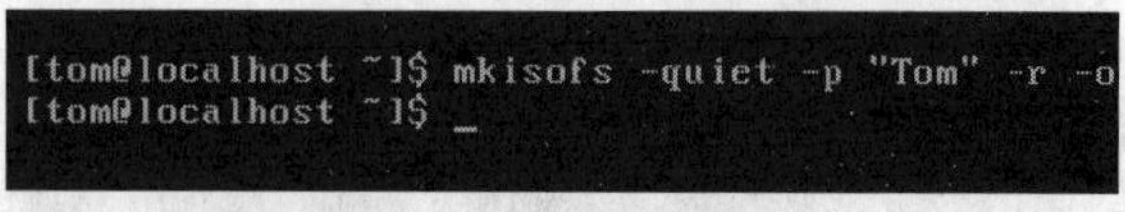

图 3-72　记录光盘的数据处理人

示例 6：加入版权信息。例如，建立映像文件 cd.iso，指定版权信息文件的文件名 crfile，不显示命令的处理过程。在命令行提示符下输入：

mkisofs -quiet -copyright "crfile" -r -o cd.iso /home/tom/ ✓

如图 3-73 所示。

图 3-73　加入版权信息

（4）相关命令

genisoimagerc、wodim、mkzftree、magic。

15. mkswap 命令：设置交换分区

（1）语法

mkswap [-cf] [-v0] [-v1] [交换区的大小]

mkswap [-c] [-vN] [-f] [-p PSZ] [-L label] device [size]

（2）选项及作用

选　　项	作　　用
-c	设置交换区前先检查磁盘是否有损坏的块
-f	不论命令是否合理都将强制执行
-p PSZ	指定使用的页的大小
-L label	指定一个标签，swapon可以使用该标签（仅适于新式交换区）

选　　项	作　　用
-v0	建立旧式交换区（分区容量不超过128MB）
-v1	建立新式交换区（分区容量超过128MB）
交换分区的大小	指定交换区的大小

（3）典型示例

示例 1：设置交换分区前先检查磁盘是否有损坏的块。例如，设置/dev/sdb5 为交换区，在建立之前先检查是否有损坏的块。在命令行提示符下输入：

mkswap -c /dev/sdb5 ✓

如图 3-74 所示。

```
[root@localhost ~]# mkswap -c /dev/sdb5
Setting up swapspace version 1, size = 90439 kB
no label, UUID=dcfbb8f4-d66d-4b8f-befa-034a1931
[root@localhost ~]#
```

图 3-74　设置交换区前先检查磁盘是否有损坏

建立交换区后需要通过命令开启该交换区。在命令行提示符下输入：

swapon /dev/sdb5 ✓

如图 3-75 所示。

```
[root@localhost ~]# swapon /dev/sdb5
[root@localhost ~]#
```

图 3-75　开启交换区

可以通过 swapoff 命令关闭开启的交换区。在命令行提示符下输入：

swapoff /dev/sdb5 ✓

如图 3-76 所示。

```
[root@localhost ~]# swapoff /dev/sdb5
[root@localhost ~]#
```

图 3-76　关闭交换区

不能关闭不存在的或已经关闭的交换区，例如，在命令行提示符下再次输入图 3-76 所示的命令，系统将会提示："swapoff: /dev/sdb5: Invalid argument"。

示例 2：建立新式交换区。例如，设置/dev/sdb5 分区为新式交换区。在命令行提示符下输入：

mkswap -v1 /dev/sdb5 ✓

如图 3-77 所示。

图 3-77　建立新式交换区

示例 3：指定交换区的大小。设置/dev/sdb5 为交换区（默认情况下设置为新式交换区），并指定交换区大小为 80000KB。在命令行提示符下输入：

mkswap /dev/sdb5 80000 ✓

如图 3-78 所示。

图 3-78　指定交换区的大小

示例 4：指定交换区标签。设置/dev/sdb5 为交换区，设置之前先检查该设备是否有损坏的块，并给该交换区指定标签为 newswap。在命令行提示符下输入：

mkswap -c -L newswap /dev/sdb5 ✓

如图 3-79 所示。

图 3-79　指定交换区标签

（4）相关命令

fdisk、swapon。

16. mt 命令：磁带驱动操作

（1）语法

mt [-fhv] [-fsf<数字>] [-Fsfm<数字>] [-bsf<数字>] [-bsfm<数字>] [-asf<数字>] [-fsr<数字>] [-bsr<数字>] [-fss<数字>] [-bss<数字>] [-eod 或-seod] [-rewind] [-offline 或-rewoff 或-eject] [-retention] [-weof 或-eof<数字>] [-west<数字>] [-tell] [-setpartition]

（2）选项及作用

选　　项	作　　用
-h	显示帮助信息
-v	显示版本信息
-f<设备>	指定设定的设备
-fsf<数字>	使磁带定位在指定文件的下一个文件所在的首个块上
-Fsfm<数字>	使磁带定位在指定文件的前一个文件所在的最后块上
-bsf<数字>	使磁带定位在指定文件的前一个文件所在的最后块上
-bsfm<数字>	使磁带定位在指定文件的下一个文件所在的首个块上
-asf<数字>	磁带定位在指定文件的开头
-fsr<数字>	前进指定数目的记录
-bsr<数字>	后退指定数目的记录
-fss<数字>	SCSI磁带前进指定数目的设置标记
-bss<数字>	SCSI磁带后退指定数目的设置标记
--eod或--seod	到数据的末端
--rewind	回卷磁带
--offline或--rewoff或--eject	回卷磁带并卸载磁带
--retention	回卷磁带
-weof或-eof<数字>	在当前位置写入EOF字符
-west<数字>	在当前位置写入指定的设置标记
--tell	判别当前的块
--setpartition	切换到指定的分区

（3）相关命令

st。

17. mzip 命令：zip/jaz 磁盘驱动器控制命令

（1）语法

mzip [-efpqruwx]

（2）选项及作用

选　　项	作　　用
-e	退出软盘
-f	和-e选项一起使用时强制性退出软盘
-p	设置软盘的写入密码
-q	显示当前的状态
-r	设置软盘为写保护状态
-u	暂时解出软盘的保护状态后再退出软盘
-w	将软盘设置为可写入状态
-x	设置软盘的密码

（3）典型示例

设置 Zip 软盘为写保护状态。在命令行提示符下输入：

mzip -r ↙

如图 3-80 所示。

图 3-80 设置 Zip 软盘为写保护

（4）相关命令

zip。

18. quota 命令：显示磁盘已使用的空间与限制

（1）语法

quota [-gquvV] [用户名称]

quota [-F format-name] [-guvsilw | q]

quota [-F format-name] [-uvsilw | q] user…

quota [-F format-name] [-gvsilw | q] group…

（2）选项及作用

选　　项	作　　用
-F, --format=format-name	给指定的格式显示磁盘空间限制，支持的格式有vfsold、vfsv0、rpc、xfs
-g, --group	列出组的磁盘空间限制
-q, --quiet	列出超过磁盘限额部分的简明列表
-Q, --quiet-refuse	如果连接rpc.rquotad失败，不显示错误消息
-s, --human-readable	增强易读性
-w, --no-warp	即使设备名称过长也不换行
-i, --no-autofs	忽略自动挂载的挂载点
-l, --local-only	仅报告本地文件系统的磁盘空间限制，例如忽略NFS挂载的文件系统
-u, --user	列出用户的磁盘空间限制（默认）
-v, --verbose	显示用户或组在所有载入文件系统的磁盘空间限制
-V	显示版本信息

（3）典型示例

示例 1：显示用户磁盘空间的使用情况及限制。通过 quota 命令，检查用户 tom 磁盘空间的使用情况与限制。在命令行提示符下输入：

quota tom ↙

如图 3-81 所示。

```
[root@localhost ~]# quota tom
Disk quotas for user tom (uid 500):
     Filesystem  blocks   quota   limit   grace
      /dev/sda7      48   80000   90000
[root@localhost ~]# _
```

图 3-81　显示用户的磁盘限制

在未对磁盘限制进行设置之前运行该命令将不会得到任何信息，如图 3-82 所示。

```
[root@localhost ~]# quota
[root@localhost ~]# _
```

图 3-82　未设置磁盘限制前运行 quota 命令

对磁盘限制的设置。例如，/home 目录挂载于硬盘的/dev/sda7 分区上。首先，编辑 fstab 文件，在命令行提示符下输入：

```
sudo vi /etc/fstab ↙
```

将文件中的

```
LABEL=/home  /home      ext3        defaults    1     2
```

改为

```
LABEL=/home  /home      ext3        defaults,usrquota,grpquota       1     2
```

保存后退出 vi 编辑器。先运行“umount /dev/sda7”，再运行“mount -a”重新挂载。开始 quota 之前，可以先检查一下，在命令行提示符下输入：

```
quotacheck   -auvg ↙
```

如图 3-83 所示。

```
[root@localhost ~]# quotacheck -auvg
quotacheck: Scanning /dev/sda7 [/home] done
quotacheck: Cannot stat old user quota file: No
quotacheck: Cannot stat old group quota file: No
quotacheck: Cannot stat old user quota file: No
quotacheck: Cannot stat old group quota file: No
quotacheck: Checked 5 directories and 6 files
quotacheck: Old file not found.
quotacheck: Old file not found.
[root@localhost ~]# _
```

图 3-83　检查磁盘限制

对 tom 用户作磁盘限制。在命令行提示符下输入：

```
edquota -u tom ↙
```

如图 3-84 所示。

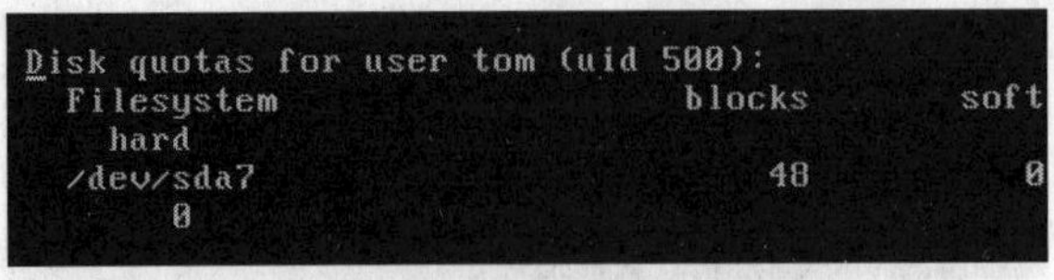

图 3-84 对指定用户作磁盘限额

将参数进行修改（按 I 键进行编辑）。例如，将其中 soft 对应的参数改为 80000，hard 对应的参数改为 90000，保存后退出。执行"quotaon -a"命令打开磁盘限制。

示例 2：列出组的磁盘限制。不指定组的情况下将查询所有组的磁盘限制。在命令行提示符下输入：

quota -g ✓

如图 3-85 所示。

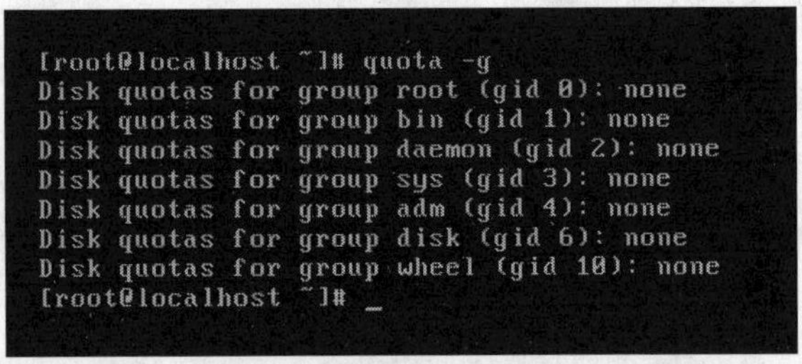

图 3-85 列出组的磁盘限制

示例 3：显示用户或组在所有载入文件系统的磁盘空间限制。例如，显示组在所有载入文件系统的磁盘空间的限制。在命令行提示符下输入：

quota -gv ✓

如图 3-86 所示。

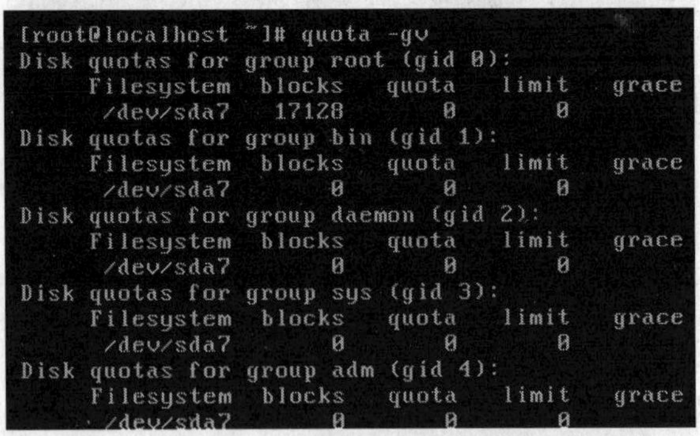

图 3-86 显示组在所有载入文件系统的磁盘限额

示例 4：列出指定组的磁盘空间限制。例如，显示 tom 组的磁盘限制。在命令行提示符下输入：

```
quota -g tom ✓
```

如图 3-87 所示。

```
[root@localhost ~]# quota -g tom
Disk quotas for group tom (gid 500):
     Filesystem  blocks   quota   limit   grace
     /dev/sda7      48   100000  110000
[root@localhost ~]# _
```

图 3-87　显示指定组的磁盘限制

示例 5：列出指定组超过磁盘限额部分的简明列表。例如，查询 tom 组超过磁盘限额的部分。在命令行提示符下输入：

```
quota -gq tom ✓
```

如图 3-88 所示。

```
[root@localhost ~]# quota -gq tom
[root@localhost ~]# _
```

图 3-88　查询指定组超过磁盘限额的部分

示例 6：列出指定用户超过磁盘限额部分的简明列表。例如，查询 tom 用户超过磁盘限额的部分。在命令行提示符下输入：

```
quota -uq tom ✓
```

如图 3-89 所示。

```
[root@localhost ~]# quota -uq tom
[root@localhost ~]# _
```

图 3-89　查询指定用户超过磁盘限额的部分

（4）相关命令

quotactl、fstab、edquota、quotacheck、quotaon、repquota。

19. quotacheck 命令：检查磁盘的使用空间与限制

（1）语法

quotacheck [-acdgmRuv] [文件系统]

quotacheck [-gubcfinvdMmR] [-F quota-format] -a filesystem

（2）选项及作用

选　　项	作　　用
-a	检查所有在文件/etc/mtab中挂载的非NFS文件系统
-b，--backup	强制quotacheck命令在往磁盘限制文件写入新数据前进行备份

续表

选　　项	作　　用
-c	跳过已存在的aquota数据库，重新扫描磁盘并存储
-d，--debug	debugging模式有效
-u，--user	扫描磁盘空间时，计算每个用户识别码所占用的命令和文件数目，并建立quota.user文件
-f，--force	强制检查并写入新的磁盘限制文件
-F，--format=format-name	检查并修复指定格式的磁盘限制文件
-g	扫描磁盘空间时，计算每个组识别码所占用的命令和文件数目，并建立quota.group文件
-i，--interactive	交互模式，quotacheck命令默认当找到磁盘错误时退出程序
-m	强制执行命令，不重载文件系统
-M，--try-remount	如果重载失败则强制以读写模式检查文件系统
-R，--exclude-root	与选项-a连用，检查除根目录文件系统外的所有文件系统
-u	扫描磁盘空间时，计算每个组识别码所占用的命令和文件数目，并建立quota.user文件
-v	显示命令执行过程

（3）典型示例

示例 1：检查所有在文件/etc/mtab 中挂载的非 NFS 文件系统，不重载文件系统，为所有分区建立 quota.user 文件，并显示命令运行的过程。在命令行提示符下输入：

quotacheck -auvm ✓

如图 3-90 所示。

```
[root@localhost ~]# quotacheck -auvm
quotacheck: Scanning /dev/sda7 [/home] done
quotacheck: Checked 68 directories and 77 files
[root@localhost ~]#
```

图 3-90　检查磁盘限制（1）

示例 2：检查所有在文件/etc/mtab 中挂载的非 NFS 文件系统，为所有分区建立 quota.group 文件，跳过已存在的 aquota 数据库，重新扫描磁盘并存储，并显示命令运行的过程。在命令行提示符下输入：

quotacheck -agvmc ✓

如图 3-91 所示。

```
[root@localhost ~]# quotacheck -agvmc
quotacheck: Scanning /dev/sda7 [/home] done
quotacheck: Checked 68 directories and 77 files
[root@localhost ~]#
```

图 3-91　检查磁盘限制（2）

示例 3：为指定分区建立 quota.user 和 quota.group 文件，强制执行命令，并显示程序运行的详细情况。在命令行提示符下输入：

quotacheck -ugmcv /dev/sda7 ✓

如图 3-92 所示。

```
[root@localhost media]# quotacheck -ugmcv /dev/s
quotacheck: Scanning /dev/sda7 [/home] done
quotacheck: Checked 70 directories and 83 files
[root@localhost media]# _
```

图 3-92　检查磁盘限制（3）

示例 4：检查除根目录文件系统外的所有文件系统，建立所有分区的 quota.user 文件，强制执行命令，不重载文件系统，显示命令运行的详细情况。在命令行提示符下输入：

quotacheck -aRmcv ✓

如图 3-93 所示。

```
[root@localhost media]# quotacheck -aRmcv
quotacheck: Scanning /dev/sda7 [/home] done
quotacheck: Checked 70 directories and 83 files
[root@localhost media]# _
```

图 3-93　检查除根目录文件系统外的所有文件系统

（4）相关命令

quota、quotactl、fstab、quotaon、repquota、convertquota、setquota、edquota、fsck、efsck、e2fsck、xfsck。

20. quotaoff 命令：关闭磁盘空间与限制

（1）语法

quotaoff [-agpuv] [文件系统]

/sbin/quotaoff [-vugp] [-x state] filesystem…

/sbin/quotaoff [-avugp]

（2）选项及作用

选　　项	作　　用
-a	设置/etc/fstab文件中经过quota标记的分区空间限制
-g	设置打开组的磁盘空间限制
-p	列出当前状态
-u	设置打开用户的磁盘空间限制
-v	显示命令执行的详细情况

（3）典型示例

示例 1：列出当前磁盘限制的状态，而不是关闭 quota。在命令行提示符下输入：

quotaoff -p /dev/sda7 ✓

如图 3-94 所示。

```
[root@localhost ~]# quotaoff -p /dev/sda7
group quota on /home (/dev/sda7) is on
user quota on /home (/dev/sda7) is on
[root@localhost ~]# _
```

图 3-94　列出当前磁盘限制的状态（1）

该命令应在超级管理员 root 用户下运行，否则会提示没有该命令；也可以在普通用户下输入该命令的路径名执行该命令。在命令行提示符下输入：

/sbin/quotaoff -p /dev/sda7 ✓

如图 3-95 所示。

```
[tom@localhost ~]$ /sbin/quotaoff -p /dev/sda7
group quota on /home (/dev/sda7) is on
user quota on /home (/dev/sda7) is on
[tom@localhost ~]$ _
```

图 3-95　列出当前磁盘限制的状态（2）

同样，命令 quotaon 也可以相同的方式运行。

示例 2：关闭所有分区的磁盘空间限制，并显示命令运行的过程。在命令行提示符下输入：

quotaoff -av ✓

如图 3-96 所示。

```
[root@localhost ~]# quotaoff -av
/dev/sda7 [/home]: group quotas turned off
/dev/sda7 [/home]: user quotas turned off
[root@localhost ~]# _
```

图 3-96　关闭所有分区的磁盘空间限制

示例 3：关闭所有分区的组磁盘空间限制，并显示命令运行的过程。在命令行提示符下输入：

quotaoff -agv ✓

如图 3-97 所示。

```
[root@localhost ~]# quotaoff -agv
/dev/sda7 [/home]: group quotas turned off
[root@localhost ~]# _
```

图 3-97 关闭所有分区的组磁盘空间限制

示例 4： 关闭所有分区的当前用户磁盘空间限制，并显示命令运行的过程。在命令行提示符下输入：

quotaoff -auv ✓

如图 3-98 所示。

```
[root@localhost ~]# quotaoff -auv
/dev/sda7 [/home]: user quotas turned off
[root@localhost ~]# _
```

图 3-98 关闭所有分区的用户磁盘空间限制

示例 5： 关闭指定分区的磁盘限制。例如，关闭/dev/sda7 分区的用户和组磁盘空间限制，并显示命令运行过程。在命令行提示符下输入：

quotaoff -ugv /dev/sda7 ✓

如图 3-99 所示。

```
[root@localhost ~]# quotaoff -ugv /dev/sda7
/dev/sda7 [/home]: group quotas turned off
/dev/sda7 [/home]: user quotas turned off
[root@localhost ~]# _
```

图 3-99 关闭指定分区的磁盘限制

（4）相关命令

quota、quotaon、quotacheck。

21. quotaon 命令：开启磁盘空间限制

（1）语法

quotaon [-agpuv] [文件系统]

（2）选项及作用

选　　项	作　　用
-a	设置etc/fstab文件中经过quota标记的分区空间限制
-g	设置打开组的磁盘空间限制
-p	列出当前状态
-u	设置打开用户的磁盘空间限制

续表

选　项	作　用
-f	让quotaon实现quotaoff功能
-v	显示命令执行的详细情况

（3）典型示例

示例 1：列出当前磁盘限制的状态。例如，列出当前系统下所有分区的磁盘限制状态。在命令行提示符下输入：

quotaon -ap ✓

如图 3-100 所示。

```
[root@localhost ~]# quotaon -ap
group quota on /home (/dev/sda7) is on
user quota on /home (/dev/sda7) is on
[root@localhost ~]# _
```

图 3-100　列出当前磁盘限制的状态

示例 2：打开所有分区的组磁盘限制，并显示命令运行的过程。在命令行提示符下输入：

quotaon -agv ✓

如图 3-101 所示。

```
[root@localhost ~]# quotaon -agv
/dev/sda7 [/home]: group quotas turned on
[root@localhost ~]# _
```

图 3-101　打开所有分区的组磁盘限制

示例 3：打开所有分区的用户磁盘限制，并显示命令运行的过程。在命令行提示符下输入：

quotaon -auv ✓

如图 3-102 所示。

```
[root@localhost ~]# quotaon -auv
/dev/sda7 [/home]: user quotas turned on
[root@localhost ~]# _
```

图 3-102　打开所有分区的用户磁盘限制

示例 4：打开所有分区的磁盘空间限制，并显示命令运行的过程。在命令行提示符下输入：

quotaon -av ✓

如图 3-103 所示。

```
[root@localhost ~]# quotaon -av
/dev/sda7 [/home]: group quotas turned on
/dev/sda7 [/home]: user quotas turned on
[root@localhost ~]# _
```

图 3-103　打开所有分区的磁盘空间限制

示例 5：打开指定分区的磁盘空间限制。例如，打开/dev/sda7 的磁盘限制，并显示命令运行的过程。在命令行提示符下输入：

quotaon -ugv /dev/sda7 ✓

如图 3-104 所示。

```
[root@localhost ~]# quotaon -ugv /dev/sda7
/dev/sda7 [/home]: group quotas turned on
/dev/sda7 [/home]: user quotas turned on
[root@localhost ~]# _
```

图 3-104　打开指定分区的磁盘空间限制

示例 6：关闭所有分区的磁盘空间限制。quotaon 命令也可以实现 quotaoff 命令的功能，例如，通过 quotaon 关闭所有分区的磁盘限制，并显示命令运行的过程。在命令行提示符下输入：

quotaon -afv ✓

如图 3-105 所示。

```
[root@localhost ~]# quotaon -afv
/dev/sda7 [/home]: group quotas turned off
/dev/sda7 [/home]: user quotas turned off
[root@localhost ~]# _
```

图 3-105　关闭所有分区的磁盘空间限制

（4）相关命令

quotaoff、quotactl、quotacheck、fstab、repquota。

22. quotastats 命令：显示磁盘空间的限制

（1）语法

/usr/sbin/quotastats

（2）典型示例

查询系统磁盘空间限制的当前状态。在命令行提示符下输入：

/usr/sbin/quotastats ✓

如图 3-106 所示。

```
[tom@localhost ~]$ /usr/sbin/quotastats
Kernel quota version: 6.5.1
Number of dquot lookups: 18
Number of dquot drops: 18
Number of dquot reads: 9
Number of dquot writes: 13
Number of quotafile syncs: 35
Number of dquot cache hits: 9
Number of allocated dquots: 0
Number of free dquots: 0
Number of in use dquot entries (user/group): 0
[tom@localhost ~]$ _
```

图 3-106　查询系统磁盘空间限制的当前状态

也可以切换到 root 用户，然后在命令行提示符下直接执行 quotastats 即可。

（3）相关命令

quota。

23. raidstop 命令：关闭软件控制的磁盘阵列

（1）语法

raidstop [-a] [-c<文件>] [--help] [--version]

（2）选项及作用

选　　项	作　　用
-a	关闭所有的磁盘阵列
-c<文件>	指定配置的文件
--help	显示帮助信息
--version	显示版本信息

（3）相关命令

raidstart。

24. repquota 命令：检查磁盘空间限制的状态

（1）语法

repquota [-aguv] [文件系统]

/usr/sbin/repquota [-vsiug] [-c | -C] [-t | -n] [-F format-name] filesystem…

/usr/sbin/repquota [-avtsiug] [-c | -C] [-t | -n] [-F format-name]

（2）选项及作用

选　项	作　　用
-a	列出文件里所有加入quota设定分区的使用状况
-g	列出所有组磁盘空间限制
-t	当用户名或组名超过9个字符时进行截断
-n	以数字的形式显示

续表

选 项	作 用
-i	忽略自动挂载的挂载点
-F	为指定格式报告磁盘限额
-s	增强报告的易读性
-u	列出所有用户磁盘空间限制，该选项为默认值
-v	显示用户或组的所有空间限制

（3）典型示例

示例 1： 显示所有文件系统的磁盘使用情况。在命令行提示符下输入：

repquota -a ✓

如图 3-107 所示。

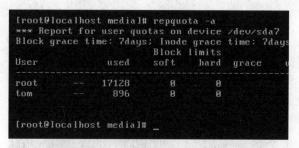

图 3-107 显示所有文件系统的磁盘使用情况

示例 2： 显示当前系统所有用户的磁盘使用情况。在命令行提示符下输入：

repquota -au ✓

如图 3-108 所示。

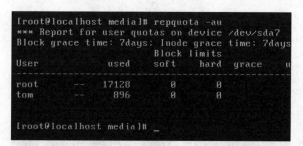

图 3-108 显示当前系统所有用户的磁盘使用情况

选项-u 为默认值，所以示例 1 和示例 2 有相同的结果。

示例 3： 显示当前系统所有组的磁盘使用情况。在命令行提示符下输入：

repquota -ag ✓

如图 3-109 所示。

```
[root@localhost media]# repquota -ag
*** Report for group quotas on device /dev/sda7
Block grace time: 7days; Inode grace time: 7days
                            Block limits
Group           used     soft    hard   grace    u
----------------------------------------------------
root      --   17128        0       0
tom       --     896        0       0

[root@localhost media]# _
```

图 3-109　显示当前系统所有组的磁盘使用情况

示例 4：显示指定分区上所有用户和组的磁盘空间限制。在命令行提示符下输入：

repquota -ug ✓

如图 3-110 所示。

```
[root@localhost media]# repquota -ug /dev/sda7
*** Report for user quotas on device /dev/sda7
Block grace time: 7days; Inode grace time: 7days
                            Block limits
User            used     soft    hard   grace    u
----------------------------------------------------
root      --   17128        0       0
tom       --     896        0       0

*** Report for group quotas on device /dev/sda7
Block grace time: 7days; Inode grace time: 7days
                            Block limits
Group           used     soft    hard   grace    u
----------------------------------------------------
root      --   17128        0       0
```

图 3-110　显示所有用户和组的磁盘限制

示例 5：显示用户或组的所有空间限制。例如，显示所有用户的空间限制。在命令行提示符下输入：

repquota -av ✓

如图 3-111 所示。

```
[root@localhost media]# repquota -av
*** Report for user quotas on device /dev/sda7
Block grace time: 7days; Inode grace time: 7days
                            Block limits
User            used     soft    hard   grace
----------------------------------------------------
root      --   17128        0       0
tom       --     896        0       0

Statistics:
Total blocks: 7
Data blocks: 1
Entries: 2
Used average: 2.000000

[root@localhost media]#
```

图 3-111　显示所有用户的空间限制

（4）相关命令

quota、quotactl、edquota、quotacheck、quotaon、setquota。

25. restore 命令：还原 dump 操作备份的文件

（1）语法

restore [-cChimrRtvxy] [-b<块大小>] [-D<文件系统>] [-f<备份文件>] [-s<文件编号>]

restore -C [-cdHklMvVy] [-b blocksize] [-D filesystem] [-f file] [-F script] [-L limit] [-s fileno] [-T directory]

restore -i [-acdhHklmMNouvVy] [-A file] [-b blocksize] [-f file] [-F script] [-Q file] [-s fileno] [-T directory]

restore -P file [-acdhHklmMNuvVy] [-A file] [-b blocksize] [-f file] [-F script] [-s fileno] [-T directory] [-X filelist] [file ...]

restore -R [-cdHklMNuvVy] [-b blocksize] [-f file] [-F script] [-s fileno] [-T directory]

restore -r [-cdHklMNuvVy] [-b　blocksize] [-f file] [-F script] [-s fileno] [-T directory]

restore -t [-cdhHklMNuvVy] [-A file] [-b blocksize] [-f file] [-F script] [-Q file] [-s fileno] [-T directory] [-X filelist] [file ...]

restore -x [-adchHklmMNouvVy] [-A file] [-b blocksize] [-f file] [-F script] [-Q file] [-s fileno] [-T directory] [-X filelist] [file ...]

（2）选项及作用

选　　项	作　　用
-c	不检查输出操作的备份格式，只允许读取旧格式的文件
-C	将备份文件与当前文件相互比较
-d	显示debug信息
-h	仅解出目录，而不是文件
-i	启动互动模式，逐次询问用户
-k	当连接到远程磁带服务器时使用Kerberos验证，仅当还原完成后有效
-l	当进行远程还原时，假定远程文件是一个普通文件（而不是一个磁带设备）
-m	解开符合指定规定的inode编号（而不是文件名）的文件或目录
-o	在-i或-x选项模式下，该选项自动还原当前目录的权限而不用询问是否这样做
-r	还原（重建）一个文件系统；目标文件系统应该是由mke2fs生成的，被挂载，并且在还原前用户切换到该文件系统所在分区，例如： mke2fs /dev/sda1 mount /dev/sda1 /mnt cd /mnt restore rf /dev/st0
-R	设定全面还原文件时从何处开始检查
-t	指定文件的名称，如果这些文件存在于备份文件中，则列出其名称
-v	显示命令执行过程

选　　项	作　　用
-x	设定文件名称并且在指定存储设备里将其读取
-y	默认以同意的方式执行命令
-P file	restore命令建立一个快捷方式访问dump备份文件中存在的文件file，但不还原该文件的内容
-b<块大小>	以kilobytes为单位设定块的大小
-D<文件系统>	当使用-C选项检查备份文件时，允许用户指定文件系统的名称
-f<备份文件>	在指定的文件中读取备份数据后进行还原；<备份文件>可以是特殊的设备文件，如/dev/st0、/dev/sda1，可以是一个普通文件，或是"-"（标准输入）；如果文件名字是host:file或user@host:file的格式，则restore命令将通过rmt从远程主机上读取文件
-F script	在每个磁带的开头运行脚本script
-s<文件编号>	当备份数据超过一个卷时可指定备份文件的编号
-T directory	允许用户为还原指定一个目录保存临时文件
-u	当建立某种类型文件时，如果该文件已经在目标目录中存在则产生警告信息

（3）典型示例

还原备份数据。例如，通过 dump 命令将目录/boot 下的内容备份到文件 bootbak 中，通过 restore 命令进行还原操作。在命令行提示符下输入：

restore -r -f /home/tom/bootbak ✓

如图 3-112 所示。

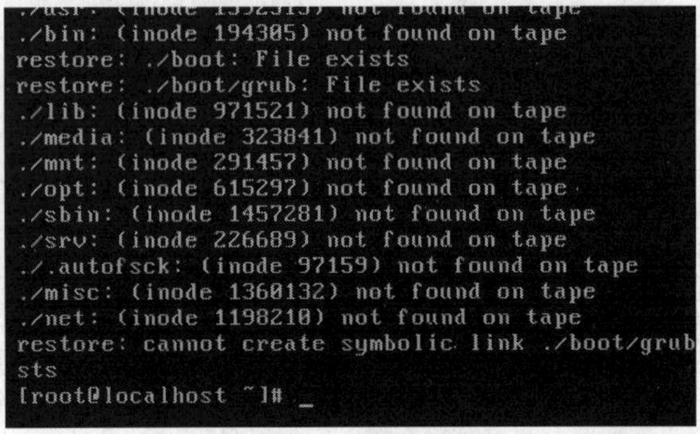

图 3-112　还原备份数据（1）

通过 dump 命令将/boot/grub 目录下的内容备份到软盘中，切换工作目录到/boot/grub 目录，还原软盘中的内容到当前目录。在命令行提示符下输入：

restore -rf /dev/fd0 ✓

如图 3-113 所示。

（4）相关命令

dump、mount、mke2fs、rmt。

```
./root: (inode 161921) not found on tape
./selinux: (inode 1586817) not found on tape
./usr: (inode 1392513) not found on tape
./bin: (inode 194305) not found on tape
restore: ./boot: File exists
restore: ./boot/grub: File exists
./boot/initrd-2.6.23.1-42.fc8.img: (inode 38861
./boot/System.map-2.6.23.1-42.fc8: (inode 38861
./boot/config-2.6.23.1-42.fc8: (inode 388613) n
./boot/vmlinuz-2.6.23.1-42.fc8: (inode 388614)
./boot/boot.img: (inode 397238) not found on ta
./boot/boot: (inode 551766) not found on tape
./boot/restoresymtable: (inode 395352) not foun
./lib: (inode 971521) not found on tape
./media: (inode 323841) not found on tape
./mnt: (inode 291452) not found on tape
```

图 3-113　还原备份数据（2）

26. rmt 命令：远程磁带传输模块

（1）语法

rmt

（2）相关命令

restore、rcmd、rexec、rdump、rrestore。

27. sfdisk 命令：硬盘分区工具程序

（1）语法

sfdisk [-?Tvx] [-d<磁盘>] [-g<磁盘>] [-l<磁盘>] [-s<磁盘分区>] [-V<磁盘>]

sfdisk [option] device

sfdisk -s [partition]

（2）选项及作用

选　　项	作　　用
-?，--help	显示帮助信息
-T，--list-types	显示所有sfdisk能识别的分区类型
-v，--version	显示版本信息
-x，--show-extended	显示扩展分区中的逻辑分区
-c，--id number [Id]	打印分区ID的变化
-d<磁盘>	显示磁盘分区的设定
-g<磁盘>	显示磁盘的柱面数目、磁头数目及每轨的扇区数目
-l<磁盘>	列出设备上的分区
-s<磁盘分区>	以块为单位，显示磁盘或分区的大小
-V<磁盘>	检查分区是否正确
-i，--increments	柱面等数目从1开始排号，而不是从默认的0开始
-C cylinders	指定柱面数目
-H heads	指定磁头数目
-S sectors	指定扇区数目

续表

选　　项	作　　用
-f，--force	即使操作不合理也要强制执行
-q，--quiet	不给出经过信息
-D，--DOS	与DOS兼容以节省空间
-n	测试：仅列出进行操作所要进行的过程，但不真正对磁盘进行操作
-R	使内核重读分区表
--no-reread	当对磁盘进行重新分区时，如果sfdisk命令检查到该磁盘未挂载或该设备正作为交换区在使用，则停止操作
-O file	在进行写入新分区之前，将扇区信息备份到指定文件file中（文件file最好保存在其他磁盘上）
-I file	如果使用sfdisk命令时不幸将文件系统毁坏，可以从指定文件file（由-O file产生）进行恢复

（3）典型示例

示例 1：列出分区大小。以块为单位，显示分区/dev/sda1 的大小，在命令行提示符下输入：

sfdisk -s /dev/sda1 ↙

如图 3-114 所示。

```
[root@localhost ~]# sfdisk -s /dev/sda1
2048256
[root@localhost ~]# _
```

图 3-114　列出分区大小

该命令也可以块为单位显示指定设备的大小。在命令行提示符下输入：

sfdisk -s /dev/sda ↙

如图 3-115 所示。

```
[root@localhost ~]# sfdisk -s /dev/sda
10485760
[root@localhost ~]# _
```

图 3-115　列出指定设备大小

示例 2：列出设备上的分区。在不带任何选项的情况下，默认显示当前系统下所有设备分区的信息。在命令行提示符下输入：

sfdisk -l ↙

如图 3-116 所示。

```
[root@localhost ~]# sfdisk -l

Disk /dev/sda: 1305 cylinders, 255 heads, 63 sec
Units = cylinders of 8225280 bytes, blocks of 10

   Device Boot Start     End   #cyls    #blocks
/dev/sda1   *      0+    254     255-   2048256
/dev/sda2        255    1303    1049    8426092+
/dev/sda3          0       -       0          0
/dev/sda4          0       -       0          0
/dev/sda5        255+   1236     982-   7887883+
/dev/sda6       1237+   1303      67-    538146

Disk /dev/sdb: 13 cylinders, 255 heads, 63 secto
Units = cylinders of 8225280 bytes, blocks of 10
```

图 3-116　列出当前系统设备的分区

显示指定设备的分区信息。在命令行提示符下输入：

```
sfdisk -l /dev/sda ↙
```

如图 3-117 所示。

```
[root@localhost ~]# sfdisk -l /dev/sda

Disk /dev/sda: 1305 cylinders, 255 heads, 63 sec
Units = cylinders of 8225280 bytes, blocks of 10

   Device Boot Start     End   #cyls    #blocks
/dev/sda1   *      0+    254     255-   2048256
/dev/sda2        255    1303    1049    8426092+
/dev/sda3          0       -       0          0
/dev/sda4          0       -       0          0
/dev/sda5        255+   1236     982-   7887883+
/dev/sda6       1237+   1303      67-    538146
[root@localhost ~]# _
```

图 3-117　显示指定设备的分区

示例 3：检查设备上的分区。在默认情况下，将检查系统上的所有磁盘设备。在命令行提示符下输入：

```
sfdisk -V ↙
```

如图 3-118 所示。

```
[root@localhost ~]# sfdisk -V
/dev/sda: OK
Warning: no primary partition is marked bootab
This does not matter for LILO, but the DOS MBR
/dev/sdb: OK
[root@localhost ~]# _
```

图 3-118　检查所有磁盘设备

检查指定的磁盘设备，例如，检查 SCSI 第一块硬盘。在命令行提示符下输入：

```
sfdisk -V /dev/sda ↙
```

如图 3-119 所示。

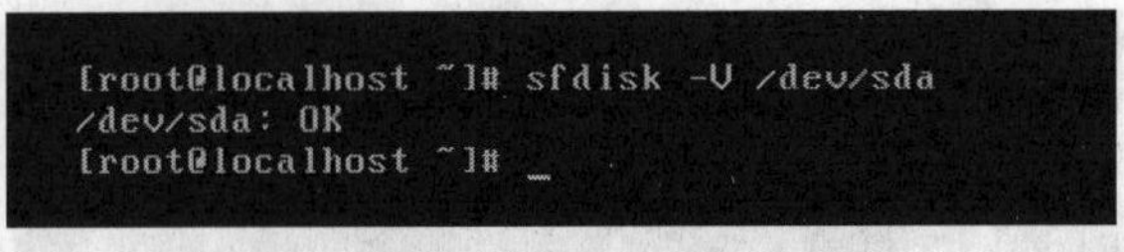

图 3-119　检查指定磁盘设备

示例 4：对设备重新分区，该操作有一定的风险，建议采用其他工具进行分区操作。例如，对第二块硬盘/dev/sdb 进行重新分区。在命令行提示符下输入：

sfdisk /dev/sdb ✓

如图 3-120 所示。

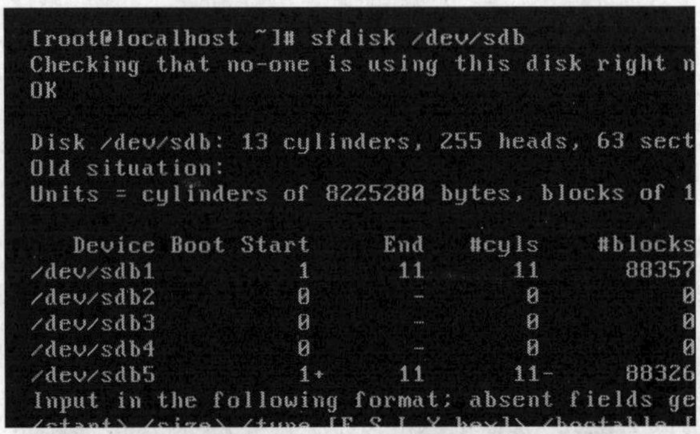

图 3-120　对设备重新分区

示例 5：显示磁盘分区的设定。例如，显示第二块 SCSI 硬盘的分区设定，并将结果保存在文件 sdb_partition 中，以便以后可以用来修复分区。在命令行提示符下输入：

sfdisk -d /dev/sdb > sdb_partition ✓

如图 3-121 所示。

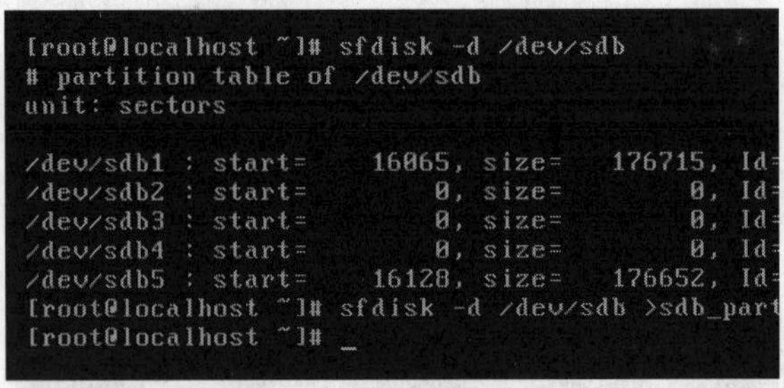

图 3-121　显示磁盘分区的设定

利用分区设定文件修复/dev/sdb 的分区。在命令行提示符下输入：

sfdisk /dev/sdb < sdb_partition ✓

如图 3-122 所示。

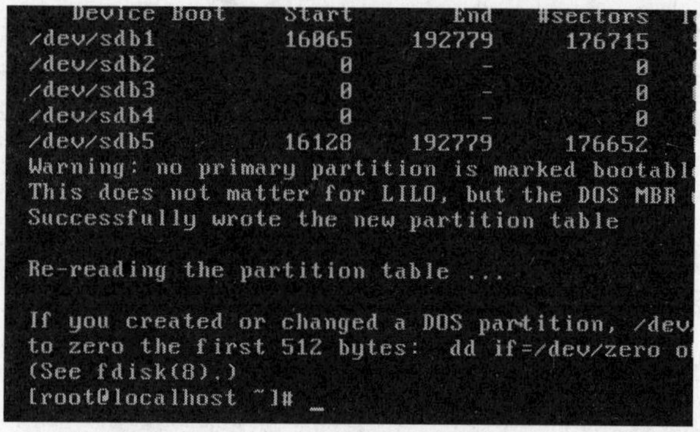

图 3-122　修复分区

示例 6：测试，仅列出进行操作所要进行的过程，但不真正对磁盘进行操作。例如，对硬盘/dev/sdb 重新分区前进行分区测试。在命令行提示符下输入：

```
sfdisk -n /dev/sdb ↙
```

如图 3-123 所示。

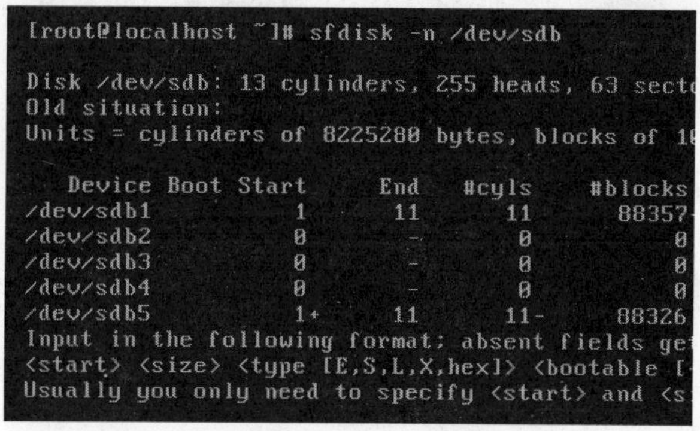

图 3-123　硬盘分区测试

可以看到，字符界面所列出的内容及操作都与不加选项-n 时一样，但是，在此情况下对磁盘进行操作后，事实上并未真正执行磁盘分区命令，而只是列出了执行的过程，相当于对该命令执行过程的一个测试。

（4）相关命令

cfdisk、fdisk、mkfs、parted。

28. sync 命令：将内存缓冲区的数据写入磁盘

（1）语法

sync [--help] [--version]

（2）选项及作用

选　　项	作　　用
--help	显示帮助信息
--version	显示版本信息

（3）典型示例

立即将缓冲区的数据写入磁盘。用户通常不需要执行该命令，系统会自动执行 update 或 bdflush，将缓冲区数据写入磁盘。在 update 或 bdflush 因故无法正常执行或需要立即将数据写入磁盘的情况下可以执行该命令。在命令行提示符下输入：

sync ↙

如图 3-124 所示。

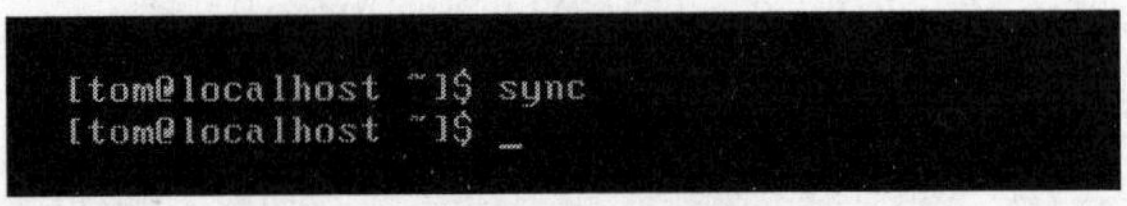

```
[tom@localhost ~]$ sync
[tom@localhost ~]$ _
```

图 3-124　立即将缓冲区的数据写入磁盘

（4）相关命令

init、shutdown。

第4章　文本编辑命令

1. awk 命令：模式匹配语言

（1）语法

awk [POSIX or GNU style options] -f progfile [--] file ...

awk [POSIX or GNU style options] [--] 'program' file ...

（2）选项及作用

选　项	作　用
-f	指定程序的源文件
-F	指定输入分离器
--help	显示帮助信息
--version	显示版本信息

（3）典型示例

输出指定文件指定格式的内容。例如，输入文件 poem 中每行第 1 个和第 4 个单词。在命令行提示符下输入：

awk '{print $1,$4}' poem ∠

如图 4-1 所示。

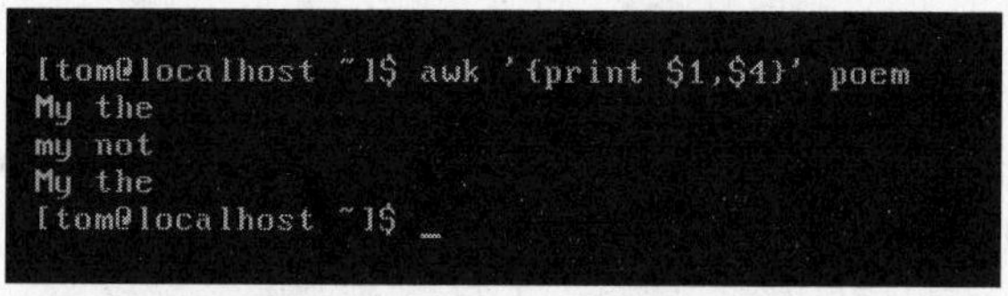

图 4-1　输出指定文件指定格式的内容

（4）相关命令

gawk、egrep。

2. col 命令：过滤控制字符

（1）语法

col [-bfx] [-l<缓冲区行数>]

（2）选项及作用

选　项	作　　用
-b	过滤所有的控制字符包括RLF（Reverse Line Feed）和HRLF（Half RLF）
-f	过滤RLF字符，但允许HRLF字符
-p	强制未知控制字符不被过滤
-x	用多个空格字符代替Tab字符

（3）典型示例

将命令 man 的帮助文档保存为文本文件 manual_man，并通过选项-b 过滤掉所有的控制字符。在命令行提示符下输入：

man man | col -b > manual_man ∠

如图 4-2 所示。

```
[tom@localhost temp]$ man man |col -b >manual_man
[tom@localhost temp]$ _
```

图 4-2　通过选项-b 过滤掉控制字符

该命令有效过滤掉了纯文本文件中的控制字符，通过 vim 查看该文件，可以发现文本中没有乱码出现，如图 4-3 所示。

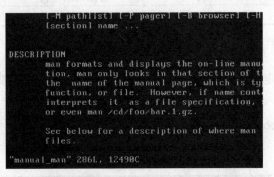

图 4-3　查看过滤掉控制字符后的文件

为了进行比较，在命令行提示符下输入命令"man man > manual"得到未经过滤的命令 man 的帮助文档 manual，通过 vim 查看文档的内容，如图 4-4 所示。

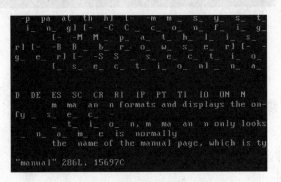

图 4-4　查看未过滤掉控制字符的文件

（4）相关命令

expand、nroff、tbl。

3. colrm 命令：删除制定的列

（1）语法

colrm [startcol [endcol]]

（2）典型示例

示例 1：不带任何参数时该命令不会删除任何行。例如，在命令行提示符下输入：

colrm ✓

如图 4-5 所示，在第一行输入"Hello World!"，按 Enter 键后第二行将原样显示第一行所输入的内容，按 Ctrl+C 组合键退出。

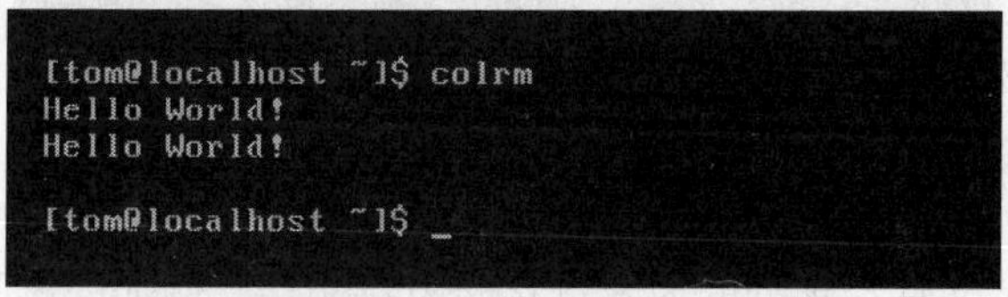

图 4-5　不带任何参数的 colrm 命令

示例 2：删除指定列之后的内容。例如，想要删除第 4 列之后的所有内容。在命令行提示符下输入：

colrm 4 ✓

如图 4-6 所示。

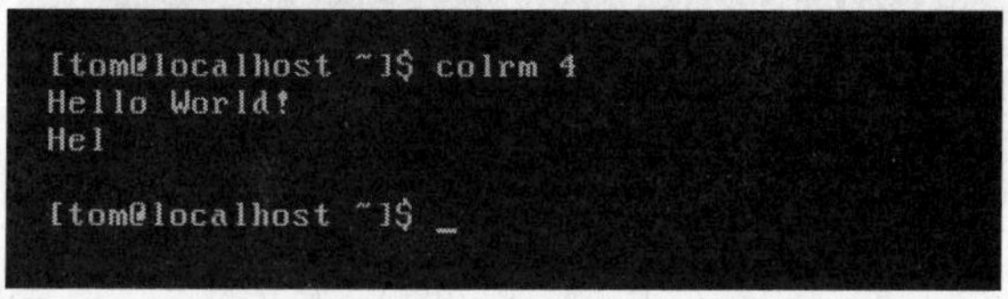

图 4-6　删除指定列后所有内容

示例 3：删除指定列的内容。例如，想要删除第 4 列到第 7 列之间的内容。在命令行提示符下输入：

colrm 4 7 ✓

如图 4-7 所示。

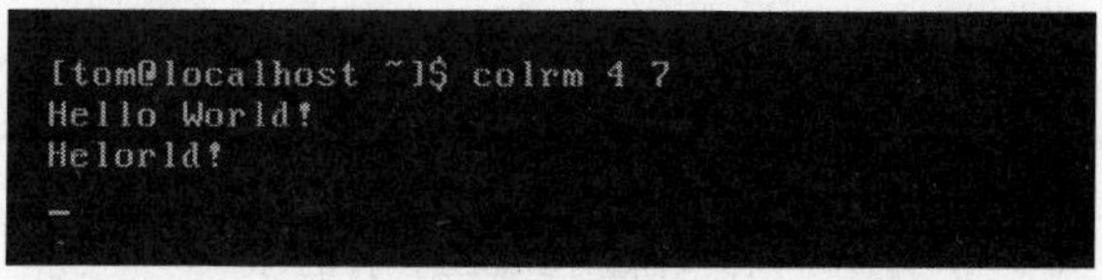

图 4-7　删除指定列的内容

示例 4：删除指定文件中指定列的内容。例如，删除文件 vimfile 第 5 列到第 10 列之间的内容。在命令行提示符下输入：

```
colrm 5 10 < vimfile ✓
```

如图 4-8 所示，注意该命令是对标准输入和标准输出进行操作，而不会影响到原文件的内容，即 vimfile 文件内的内容其实并未改变。

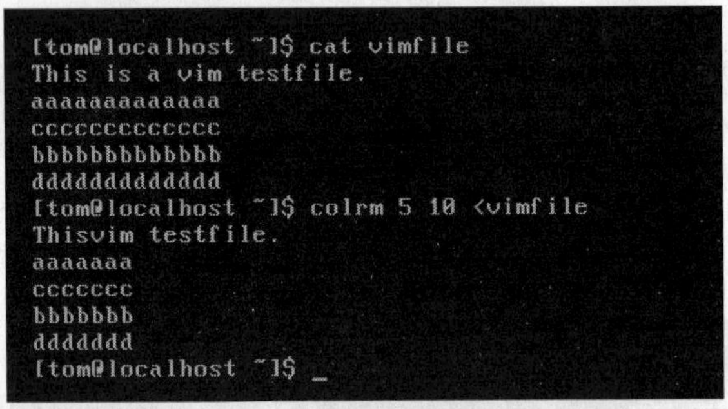

图 4-8　删除指定文件中指定列的内容

示例 5：删除指定文件指定列的内容再存储为新文件。例如，删除文件 vimfile 第 5 列到第 10 列的内容，并将其存储为文件 vimfile_1。在命令行提示符下输入：

```
colrm 5 10 <vimfile > vimfile_1 ✓
```

如图 4-9 所示。

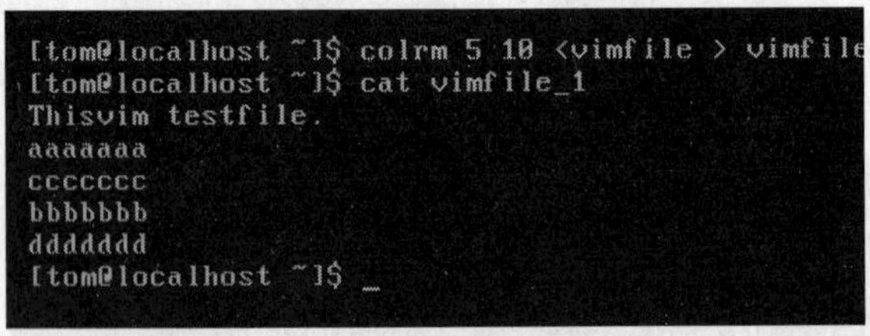

图 4-9　删除指定文件指定列的内容再存储为新文件

（3）相关命令

awk、column、expand、paste。

4. comm 命令：比较排序文件

（1）语法

comm [OPTION] … FILE1 FILE2

（2）选项及作用

选　　项	作　　用
-1	不显示FILE1独有的行
-2	不显示FILE2独有的行

选　　项	作　　用
-3	不显示在FILE1、FILE2中都出现过的行
--help	显示帮助信息
--version	显示版本信息

（3）典型示例

示例 1： 以默认方式比较排序文件。例如，比较文件 testfile_1 和文件 testfile_2（这两个文件只有第一行内容相同）。在命令行提示符下输入：

comm testfile_1 testfile_2 ✓

如图 4-10 所示。

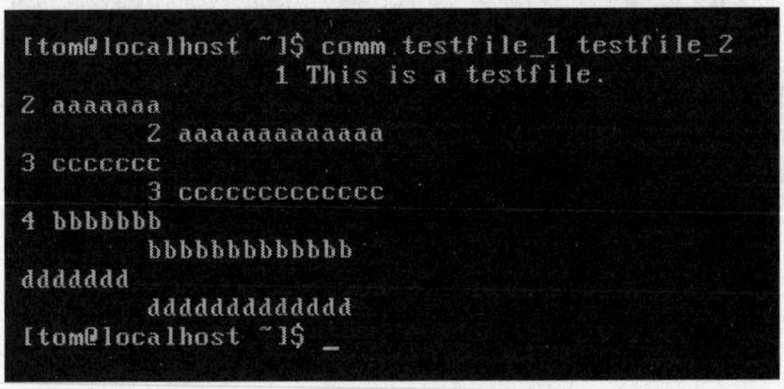

图 4-10　以默认方式比较排序文件

示例 2： 比较排序文件，不显示第 1 个文件中独有的行。在命令行提示符下输入：

comm -1 testfile_1 testfile_2 ✓

如图 4-11 所示。

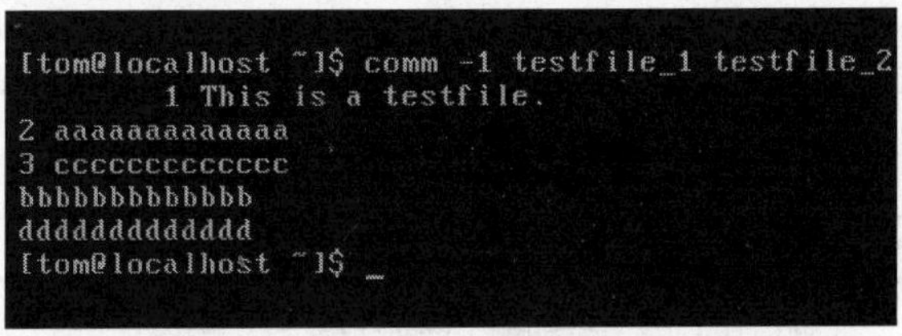

图 4-11　不显示第 1 个文件中独有的行

示例 3： 同示例 2，但是不显示第 2 个文件中独有的行，可以与示例 2 对比。在命令行提示符下输入：

comm -2 testfile_1 testfile_2 ✓

如图 4-12 所示。

示例 4： 同示例 2，但是不显示两个文件中都出现过的行。在命令行提示符下输入：

comm -3 testfile_1 testfile_2 ✓

```
[tom@localhost ~]$ comm -2 testfile_1 testfile_2
        1 This is a testfile.
2 aaaaaaa
3 ccccccc
4 bbbbbbb
ddddddd
[tom@localhost ~]$ _
```

图 4-12　不显示第 2 个文件中独有的行

如图 4-13 所示，由于两个文件第一行内容相同，通过选项-3 比较后，将不会显示第一行的内容。

```
[tom@localhost ~]$ comm -3 testfile_1 testfile_2
2 aaaaaaa
        2 aaaaaaaaaaaaa
3 ccccccc
        3 ccccccccccccc
4 bbbbbbb
        bbbbbbbbbbbbb
ddddddd
        ddddddddddddd
[tom@localhost ~]$ _
```

图 4-13　不显示两个文件中都出现过的行

（4）相关命令

diff。

5. ed 命令：文本编辑器

（1）语法

ed [-GVhs] [-p string] [file]

（2）选项及作用

选　项	作　用
-s，--quiet，--silent	不执行检查功能
-G，--traditional	强制兼容以往的版本
-p <string>	设定ed的命令行提示符，默认无命令行提示符号
file	指定要读取文件的文件名
-h，--help	显示帮助信息
-l，--loose-exit-status	即使命令失败仍以状态0退出
-V，--version	显示版本信息
-v，--verbose	显示执行的详细信息

（3）典型示例

示例 1： ed 文本编辑器默认情况下是没有提示符号的，可以通过选项-p 为其指定命令模式的提示符号。例如，给 ed 指定命令行提示符为“ed#”。在命令行提示符下输入：

```
ed -p ed# ↙
```

如图 4-14 所示，运行 ed 后默认为命令模式，此时输入"a"、"c"或者"i"即可进行文本编辑，输入"q"则表示结束 ed 程序，并返回到命令行提示符下。

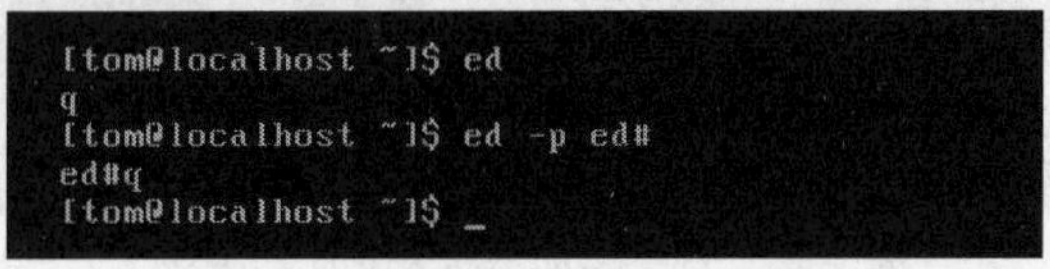

图 4-14　给 ed 指定命令行提示符

示例 2：通过 ed 编辑文件。通过 ed 命令编辑文件 vimtestfile，并给 ed 指定命令模式的提示符为字符串"ed#"。为方便比较，在用 ed 编辑文本前，通过 cat 命令显示文本的内容。在命令行提示符下输入：

```
ed vimfile -p ed# ↙
```

如图 4-15 所示，在打开 ed 后的第一行出现的是该文件的字节数，第二行为命令模式，"ed#"为设定的命令模式下的提示符，在该提示符后面输入 a 表示将输入的内容接在原文件最后一行的下面。在输入完两行文字后，输入"."并按 Enter 键回到命令模式。在命令模式下输入"w"将刚才输入的文字保存，随即将出现保存后该文件的大小（字节数），最后输入"q"结束 ed 编辑并返回到系统的命令行提示符下。这时，通过 cat 命令可以看到编辑后 vimfile 文件的内容。

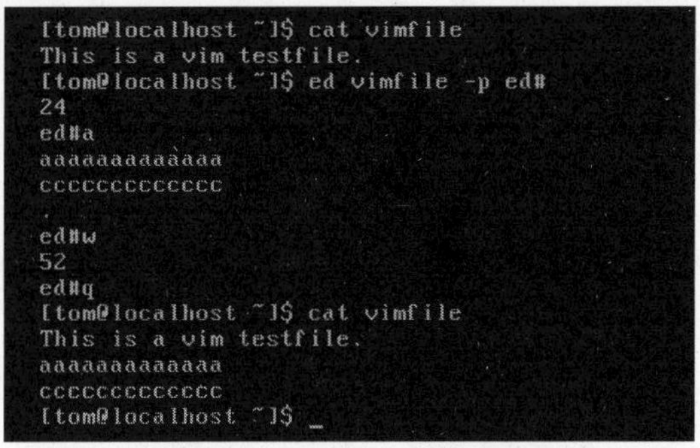

图 4-15　通过 ed 编辑文件

（4）相关命令

vi、vim、sed、regex、sh。

6. egrep 命令：输出某种匹配的行

（1）语法

egrep [范本模式] [文件或目录]

（2）典型示例

显示文件中符合条件的字符。例如，查找当前目录下所有文件中包含字符串"test"的文件。在命令行提示符下输入：

```
egrep test *
```

如图 4-16 所示。

```
[tom@localhost ~]$ egrep test *
vimfile:This is a vim testfile.
vimfile~:This is a vim testfile.
vimfile_1:Thisvim testfile.
[tom@localhost ~]$ _
```

图 4-16　显示文件中符合条件的字符

（3）相关命令

grep。

7. ext2ed 命令：ext2 文件系统编辑

（1）语法

ext2ed

（2）相关命令

e2fsck。

8. fgrep 命令：匹配字符串

（1）语法

fgrep [范本模式] [文件或目录]

（2）典型示例

可参考 grep 命令。

（3）相关命令

grep。

9. fmt 命令：编排文本文件

（1）语法

fmt [-cstu] [-p<行起始字符串>] [-w<每行字符串的数目>] [--help] [--version]

fmt [-DIGITS] [OPTION]… [FILE]…

（2）选项及作用

选　　项	作　　用
-c，--crown-margin	将每段中的前两排进行缩排
-s，--split-only	不合并不足字符数的行，仅拆开超出字符数的行
-t，--tagged-paragraph	将第一行与第二行以不同的格式进行缩排
-u，--uniform-spacing	将句子间空出两个空格，字符间空出一个空格
-p，--prefix=STRING	仅合并含有指定字符的列
-w，--width=WIDTH	设定每行最大的字符数，默认为75个字符（75列）
--help	显示帮助信息
--version	显示版本信息

（3）典型示例

示例 1：重排指定文件。例如，文件 vimfile 共有 5 行文字，可以通过 fmt 命令对该文件格式进行重排。在命令行提示符下输入：

fmt vimfile ✓

如图 4-17 所示。fmt 命令默认将 5 行文字连接在一起，连接的两行间以一个空格隔开，如果某一行以句点结尾，则两行间以两个空格隔开。

```
[tom@localhost ~]$ cat vimfile
This is a vim testfile.
aaaaaaaaaaaaa
ccccccccccccc
bbbbbbbbbbbbb
ddddddddddddd
[tom@localhost ~]$ fmt vimfile
This is a vim testfile.  aaaaaaaaaaaaa ccccccccc
ddddddddddddd
[tom@localhost ~]$
```

图 4-17   重排指定文件

示例 2：如果不给 fmt 命令指定文件名，则该命令会从标准输入设备读取数据。例如，在命令行提示符下输入：

fmt ✓

如图 4-18 所示。分别输入三行文字，然后按 Ctrl+D 组合键退出程序，这时将重排后的内容输出到标准输出，并返回命令行提示符。

```
[tom@localhost ~]$ fmt
simple optimal
text
formatter.
simple optimal text formatter.
[tom@localhost ~]$
```

图 4-18   不给 fmt 命令指定文件名

示例 3：将文件 vimfile 重排成 80 个字符一行，并输出到标准输出。在命令行提示符下输入：

fmt -w 80 vimfile

如图 4-19 所示。

```
[tom@localhost ~]$ fmt -w 80 vimfile
This is a vim testfile.  aaaaaaaaaaaaa ccccccccc
ddddddddddddd
[tom@localhost ~]$
```

图 4-19   以指定每行宽度重排文件

示例 4：将每段中的前两行进行重排，并输出到标准输出。例如，按照这种格式重排文件 testfile。在命令行提示符下输入：

```
fmt -c testfile
```

如图 4-20 所示。

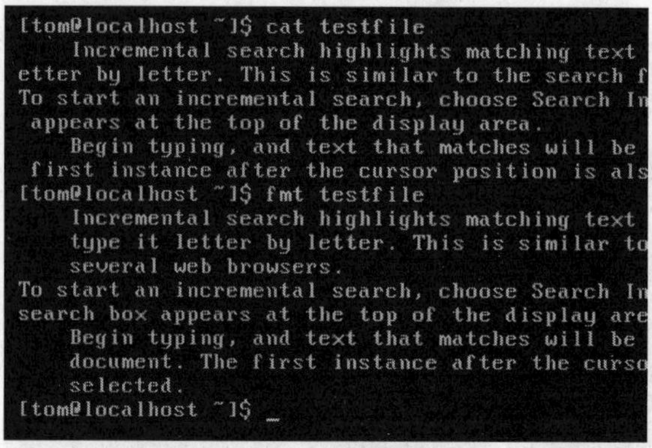

图 4-20 将每段中的前两行进行重排

示例 5： 以句子间空出两个空格，单词间空出一个空格进行重排，并将结果输出到指定文件。在命令行提示符下输入：

```
fmt -u testfile > outfile
```

如图 4-21 所示。

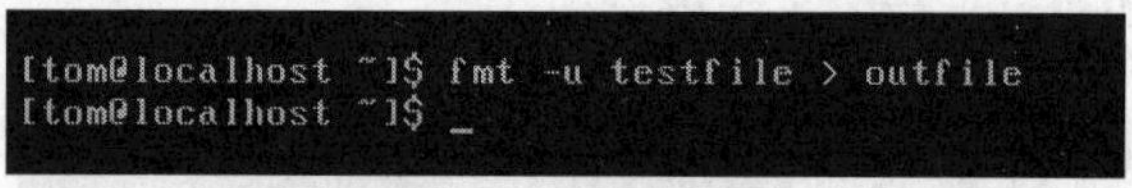

图 4-21 以选项-u 重排文件

（4）相关命令

fold。

10. gedit 命令：gnome 的文本编辑器

（1）语法

gedit [--help] [--encoding] [--new-window] [--new-document] [+[num]] [filename(s)...]

gedit [OPTION] [FILE...]

（2）选项及作用

选　　项	作　　用
--new-document	创建新文档
--new-window	创建新的顶层窗口
+[num]	对于第一个文件，跳转到数字[num]所指定的行，注意"+"与"num"之间没有空格，若不写数字"num"，则跳转到文件最后一行
filename(s)...	指定启动gedit时所要打开的文件

续表

选　项	作　用
--quit	退出 gedit
--help	显示帮助信息，打印出命令行选项
--encoding	为所要打开的文件设置字符编码
--version	显示版本信息

（3）典型示例

示例 1：由于 gedit 是 GNOME 桌面环境下的软件，所以，必须在 GUI 下才能运行该命令。例如，在字符界面的命令行提示符下输入：

gedit ✓

如图 4-22 所示，会出现错误信息，并提醒查看帮助信息。

```
[tom@localhost ~]$ gedit
cannot open display:
Run 'gedit --help' to see a full list of availab
[tom@localhost ~]$ _
```

图 4-22　字符界面运行 gedit

启动 Linux 并进入 GNOME 桌面环境，启动终端，在终端中输入：

gedit vimfile ✓

即可开启 gedit 文本编辑器，同时打开文件 vimfile 进行编辑，如果工作目录下没有该文件，则 gedit 默认新建一个文件名为 vimfile 的文件，同时打开 gedit 文本编辑器，如图 4-23 所示。

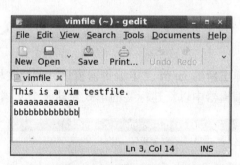

图 4-23　利用 gedit 编辑文本文件

示例 2：从指定的行开始编辑。让光标在打开的文件中出现在指定行行首位置，可以通过选项+[num]实现。例如，在示例 1 中要让打开 vimfile 文件时光标出现在第二行开头，可以在终端输入：

gedit vimfile +2

如图 4-24 所示。

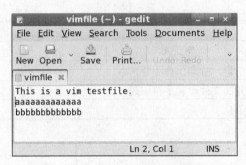

图 4-24　从指定的行开始编辑

示例 3：创建新文档。在终端输入：

`gedit --new-document`

如图 4-25 所示，将创建无文件名的新文档。在创建新文档时，参数--new-document 与单击 gedit 文本编辑器中 New 按钮时出现相同的效果。

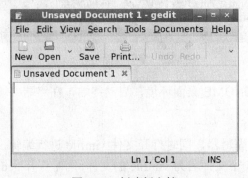

图 4-25　创建新文档

示例 4：创建新的顶层窗口。在终端输入：

`gedit --new-window`

如图 4-26 所示，将弹出新的 gedit 文本编辑器窗口并新建文档，如果不采用该参数，则会在原来的 gedit 文本编辑器中以新建标签的形式新建一个文档。

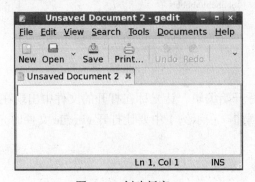

图 4-26　创建新窗口

（4）相关命令

vim。

11．head 命令：输出文件开头的部分信息

（1）语法

head [-qv] [-c<显示数目>][-n<显示行数>] [--help] [--version]

（2）选项及作用

选　　项	作　　用
-q，--quiet，--silent	不显示文件的名称
-v，--verbose	显示文件的名称
-c，--bytes=[-]N	打印出每个文件的前N个字节
-n，--lines=[-]N	打印出每个文件的前N行，而不是默认的前10行
--help	显示帮助信息
--version	显示版本信息

（3）典型示例

示例 1：显示文件前 10 行内容。例如，查看文件 manual 前 10 行的内容。在命令行提示符下输入：

head manual ✓

如图 4-27 所示。

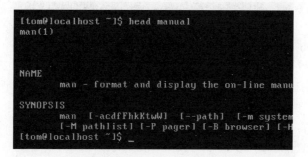

图 4-27　显示文件前 10 行内容

示例 2：打印出文件前 10 个字节内容。例如，为了查看文件 vimfile 前 10 个字节的内容，可以在命令行提示符下输入：

head -c 10 vimfile ✓

如图 4-28 所示。

```
[tom@localhost ~]$ head -c 10 vimfile
This is a [tom@localhost ~]$ _
```

图 4-28　打印出文件前 10 个字节内容

示例 3：打印出文件前 n 行的内容。head 命令默认将显示文件前 10 行的内容，通过选项-n 可以显示前 n 行的内容。例如，为了显示文件 manual 前 13 行的内容，可以在命令行提示符下输入：

head -n 13 manual ✓

如图 4-29 所示。

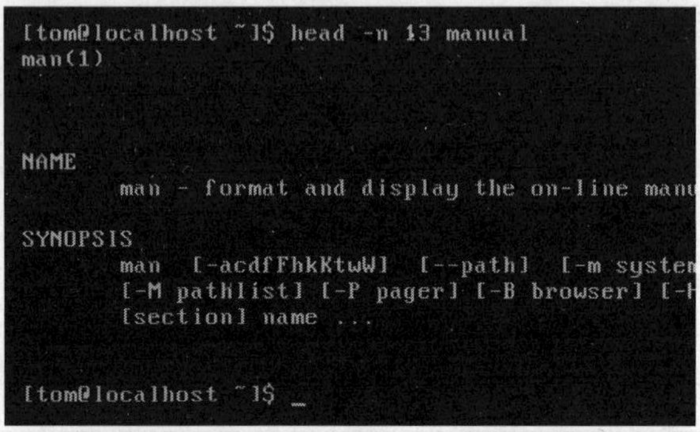

图 4-29　打印出文件前 13 行的内容

示例 4：显示当前目录下所有文件名中包含字符串"file"的文件最前面 10 个字节的内容。在命令行提示符下输入：

head -c 10 *file* ✓

如图 4-30 所示。

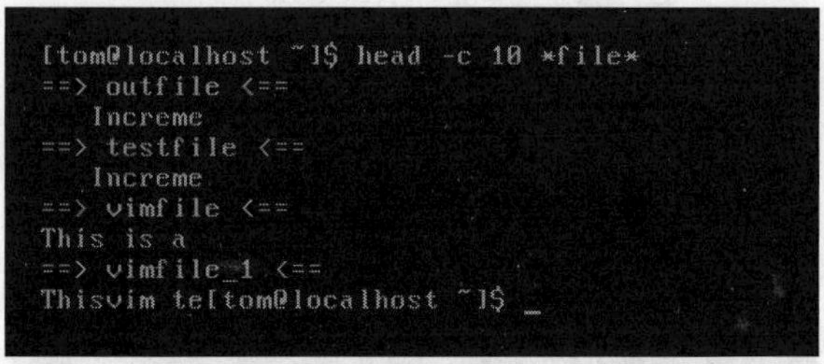

图 4-30　显示多个文件最前面指定字节数的内容

（4）相关命令

tail。

12. ispell 命令：拼字检查程序

（1）语法

ispell [-aAbBClmMnPStx] [-d<字典文件>] [-p<字典文件>] [-w<非字母字符>] [-W<字符串长度>] [文件]

ispell [options] -a | -l | -v[v] | -c | -e[1-4] | <file>

（2）选项及作用

选　　项	作　　用
-a	通过管线时使用
-A	检查文件中指定的文件
-b	产生.bak备份文件
-B	检查连字错误
-C	不检查连字错误
-l	从标准输入端写入字符
-m	检查词尾的变化
-n	检查的文件为nroff或troff格式
-P	不考虑词尾的变化
-S	不排序建议取代的词汇
-t	检查的文件为Tex或LaTex的格式
-x	不产生备份文件，默认值
-d<字典文件>	指定字典文件
-p<字典文件>	指定个人字典文件
-w<非字母字符>	检查时跳出指定的字符
-W<字符串长度>	不检查指定长度的字符串

（3）典型示例

示例 1：检查文件的拼写。例如，检查文件 testfile。在命令行提示符下输入：

ispell testfile ✓

如图 4-31 所示。如果文件中出现可疑词汇，则第一个出现的可疑词汇以高亮显示，并在屏幕的下面部分给出词汇的修改意见及 ispell 的操作命令。

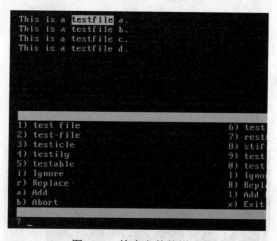

图 4-31　检查文件的拼写

示例 2：通过示例 1 发现，文件 testfile 中有错误的单词，对该文件进行修改，修改后产生备份文件。在命令行提示符下输入：

ispell -b testfile ✓

如图 4-32 所示。如果文件已无拼写错误则不显示任何信息，通过 ls 命令也可以看到目录下产生了文件 testfile 的备份文件 testfile.bak。

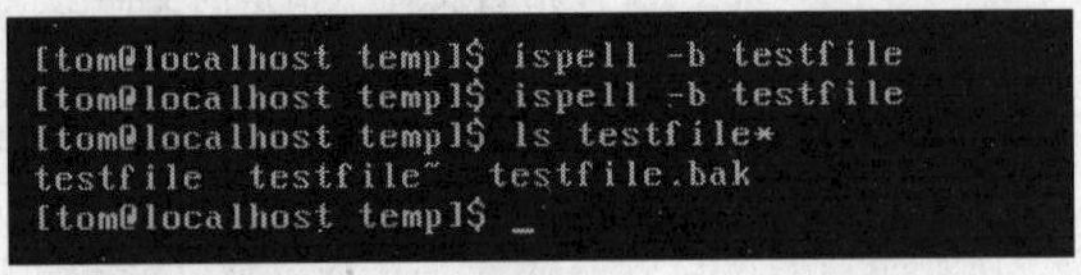

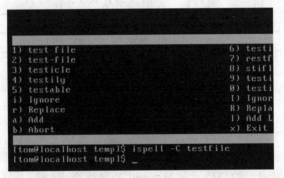

图 4-32　修改文件并产生备份文件

示例 3：不检查连字错误。示例 1 中，显示字符串"testfile"为错误拼写，这个字符串可以视为连词，通过加入选项-C 后将忽略该连词的检查而不会给出单词错误的信息。在命令行提示符下输入：

ispell -C testfile ✓

如图 4-33 所示。

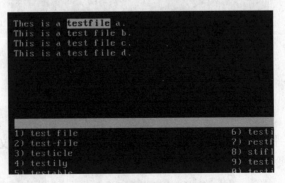

图 4-33　不检查连字错误

示例 4：不检查指定长度的字符串。例如，不检查长度为 4 的单词。在命令行提示符下输入：

ispell -W 4 testfile ✓

如图 4-34 所示。如果没有-W 选项，则高亮显示的错误词汇将是"Thes"而非现在的"testfile"。

图 4-34　不检查指定长度的字符串

示例 5：从标准输入端写入字符。例如，从标准输入端输入一段文字，检查该段文字是否有误，输入完文字后按 Ctrl+D 组合键退出。在命令行提示符下输入：

ispell -l ✓

如图 4-35 所示。

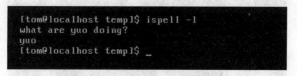

图 4-35　从标准输入端写入字符

（4）相关命令

spell、egrep、look、join、sort、sq、tib。

13. jed 命令：编辑文本文件

（1）语法

jed [-2n] [[-f<函数>]] [-g<行数>] [-i<文件>] [-l<文件>] [-s<字符串>] [-batch] [文件]

jed [options] file …

（2）选项及作用

选　　项	作　　用
-batch	以批处理模式运行jed
-n	不载入.jedrc文件
-a 'file'	载入指定文件file为用户的配置文件以代替默认的.jedrc文件
-f<函数>	执行S-Lang函数
-g<行数>	指定移至缓冲区的行数
-i<文件>	将指定的文件送入缓冲区
-l<文件>	载入S-Lang原始代码文件
-s<字符串>	查找指定的字符串
-2	显示上下两个编辑窗口

（3）典型示例

示例 1：jed 主要用于编辑程序源代码，编辑源代码时将以彩色高亮方式显示程序的语法。例如，用 jed 编辑一个 C 语言源代码文件。在命令行提示符下输入：

jed main.c ✓

如图 4-36 所示。图中是 jed 编辑器的界面，文件中 C 语言的语法通过不同的颜色高亮显示，方便程序员对程序进行修改。

示例 2：以显示上下两个编辑窗口的方式打开 C 源代码 main.c。在命令行提示符下输入：

```
jed -2 main.c ↙
```

如图 4-37 所示。可以通过 Alt 键与相应字母键的组合键对 jed 进行操作。

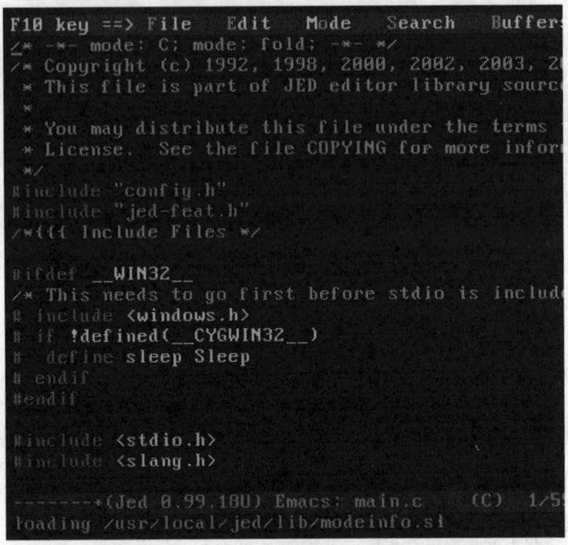

图 4-36　利用 jed 编辑程序源代码

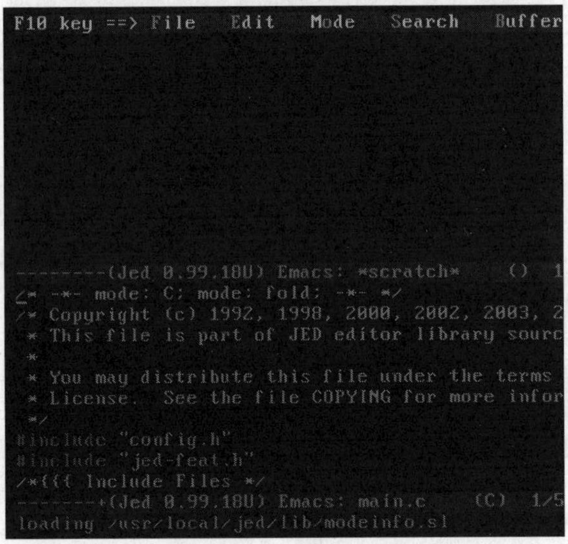

图 4-37　以显示上下两个编辑窗口的方式打开文件

可以通过 Alt 键与相应字母键的组合键对 jed 进行操作。例如，对文件进行操作时，可以通过 Alt+F 组合键（即 jed 菜单中"File"项以高亮显示的字母"F"）打开"File"的菜单，如图 4-38 所示。

以同样的方式，如果想进行窗口的切换，可以按 Alt+J 组合键，再将光标移到"Other Window"选项，按 Enter 键即完成了窗口的切换，如图 4-39 所示。

图 4-38 jed 的菜单操作

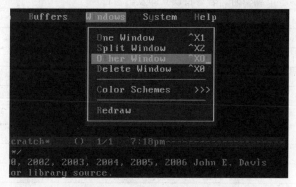

图 4-39 上下两个编辑窗口的切换

示例 3：将指定的文件送入缓冲区，并将光标定位于缓冲区指定的行。例如，编辑 C 语言源代码 main.c：

```
jed -i file.c -g 10 main.c ↙
```

如图 4-40 所示。编辑完文件后，可以按照示例 2 中介绍的方法（Alt+F）将文件保存，并退出 jed 编辑器。退出编辑器也可以先后按 Ctrl+X 组合键和 Ctrl+C 实现。

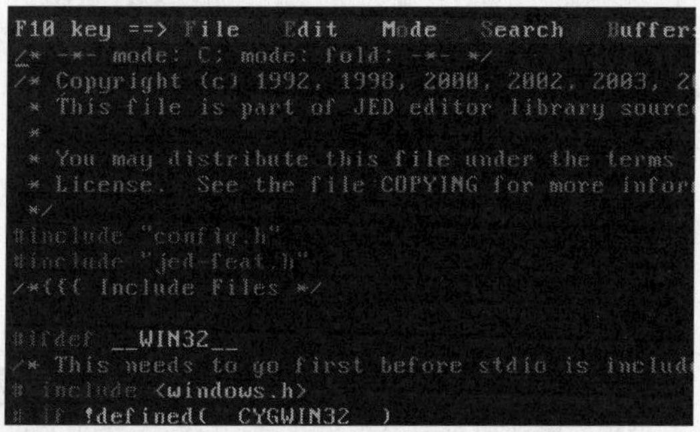

图 4-40 将指定的文件送入缓冲区

（4）相关命令

vim。

14. joe 命令：编辑文本文件

（1）语法

joe [global-options] [[local-options] filename]…

（2）选项及作用

选　　项	作　　用
--asis	对字符码超过127的字符不作任何处理
--autoindent	自动缩排
--backpath <目录>	指定备份文件的目录
--beep	编辑时，若有错误立即发出警告声
--crlf	在换行时，使用CR-LF字符
--columns <栏位>	设置栏目数
--csmode	可执行连续查找的模式
--dopadding	设置程序跟tty间存在缓冲区
--exask	在程序中，执行"Ctrl+K+X"时，会先确认是否要保存文件
--force	强制在最后一行的结尾处加上换行符号
--help	执行程序时一并显示帮助
--indentc <缩排字符>	执行缩排时，显示实际插入的字符
--istep <缩排字符数>	每次执行缩排时，显示所移动的缩排字符数
--keepup	进入程序后，设置画面上方为状态列
--keymap <按键配置文件>	使用不同的按键配置文件
--lightoff	选取的区块在执行完区块命令后，就会恢复成原来的状态
--lines <行数>	设置行数
--linums	在每行前面加上行号
--lmargin <栏数>	设置左侧边界
--marking	在选取区块时，反白区块会随着光标移动
--mid	当光标移出画面时，即自动卷页，使光标回到中央
--nobackups	不建立备份文件
--nonotice	程序执行时，不显示版权信息
--nosta	程序执行时，不显示状态列
--noxon	尝试取消"Ctrl+S"与"Ctrl+Q"键的功能
--orphan	若同时打开一个以上的文件，则其他文件会置于独立的缓冲区，而不会另外打开编辑区
--overwrite	设置覆盖模式
-pg <行数>	按PageUp或PageDown键换页时，所要保留前一页的行数
--rmargin <栏数>	设置右侧边界
--rdonly	以只读的方式打开文件
--wordwrap	编辑时若超过右侧边界，则自动换行
--skiptop <行数>	不使用屏幕上方指定的行数

续表

选　　项	作　　用
--tab <栏数>	设置tab的宽度
+ <行数>	指定打开文件时，光标所在的行数

（3）典型示例

示例 1：编辑文件。例如，编辑文件 poem，在命令行提示符下输入：

joe poem ↙

如图 4-41 所示。

图 4-41　编辑文件

示例 2：以只读的方式打开文件。在命令行提示符下输入：

joe -rdonly poem ↙

如图 4-42 所示。

图 4-42　以只读的方式打开文件

示例 3：指定打开文件时，光标所在的行数。例如，指定打开文件时，光标在文件的第二行。在命令行提示符下输入：

joe +2 poem ↙

如图 4-43 所示。

图 4-43　指定打开文件时，光标所在的行数

（4）相关命令

jstar、jmacs、rjoe、jpico、vim。

15. join 命令：将两个文件中与指定栏位内容相同的行连接起来

（1）语法

join [OPTION]… FILE1 FILE2

（2）选项及作用

选　　项	作　　用
-i, --ignore-case	比较列时忽略大小写
-a <FILENUM>	显示原来输出的内容之外还显示文件中没有相同列的行，FILENUM是1或2，对于FILE1和FILE2
-e <字符串>	若在两个文件中没找到指定的列，则在输出中添加选项中的字符
-j <列>	比较指定的列
-o <格式>	按照指定的格式显示结果，"格式"中必须先指定文件（1或2），加上"."，再加上列号，例如"1.2"表示文件1的第2列
-t <字符>	指定列的分割字符
-1<列A>	比较文件1中指定的列A
-2<列B>	比较文件2中指定的列B
-v <FILENUM>	同-a选项，但只显示指定文件中没有相同列的行
--help	显示帮助信息

（3）典型示例

示例1：连接两个文件。为了清楚地了解 join 命令，首先通过 cat 命令显示文件 vimfile _1 和 vimfile_2 的内容，如图 4-44 所示。注意：所谓的第 1 列、第 2 列并非指第 1 个字符、第 2 个字符，如图 4-44 所示。

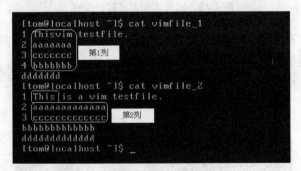

图 4-44　显示两文件内容

以默认方式比较两个文件，将两个文件中指定列内容相同的行连接起来。在命令行提示符下输入：

join vimfile_1 vimfile_2 ✓

如图 4-45 所示。

```
[tom@localhost ~]$ join vimfile_1 vimfile_2
1 Thisvim testfile. This is a vim testfile.
2 aaaaaaa aaaaaaaaaaaaa
3 ccccccc cccccccccccc
[tom@localhost ~]$ _
```

图 4-45　以默认方式比较两文件（1）

文件 1 与文件 2 的位置对输出到标准输出的结果是有影响的。例如，在命令行提示符下输入：

join vimfile_2 vimfile_1 ↙

如图 4-46 所示，最终显示在标准输出的结果发生了改变。

```
[tom@localhost ~]$ join vimfile_1 vimfile_2
1 Thisvim testfile. This is a vim testfile.
2 aaaaaaa aaaaaaaaaaaaa
3 ccccccc cccccccccccc
[tom@localhost ~]$ join vimfile_2 vimfile_1
1 This is a vim testfile. Thisvim testfile.
2 aaaaaaaaaaaaa aaaaaaa
3 cccccccccccc ccccccc
[tom@localhost ~]$ _
```

图 4-46　以默认方式比较两文件（2）

示例 2：显示原来输出的内容之外还显示文件中没有相同列的行。例如，在示例 1 中，在找到两个文件第 1 列相同的行，除显示该行内容外，还显示文件 1 没有相同列的行。在命令行提示符下输入：

join -a 1 vimfile_1 vimfile_2 ↙

如图 4-47 所示，除了显示示例 1 中的内容外，还显示了文件 1（即 vimfile_1）中没有相同列的行。

```
[tom@localhost ~]$ join -a 1 vimfile_1 vimfile_2
1 Thisvim testfile. This is a vim testfile.
2 aaaaaaa aaaaaaaaaaaaa
3 ccccccc cccccccccccc
4 bbbbbbb
ddddddd
[tom@localhost ~]$ _
```

图 4-47　显示指定文件中没有相同列的行

示例 3：同示例 2，但只显示指定文件中没有相同列的行。例如，指定显示文件 1（即命令行提示符下写在前面的文件 vimfile_1）中没有相同列的行。在命令行提示符下输入：

join -v 1 vimfile_1 vimfile_2 ↙

如图 4-48 所示。

```
[tom@localhost ~]$ join -v 1 vimfile_1 vimfile_2
4 bbbbbbb
ddddddd
[tom@localhost ~]$ _
```

图 4-48　只显示指定文件中没有相同列的行

示例 4：比较指定的列。join 命令默认是比较两个文件的第一列，也可以通过选项比较指定的列。例如，比较文件 vimfile_1 和文件 vimfile_2 时，可以指定比较第 2 列，从示例 1 的图 4-44 可知，从两文件的第 2 列开始其内容都不同，所以当指定比较第 2 列内容时，将无输出结果，当指定比较第 1 列时（即默认情况）输出结果如前面各示例所示。在命令行提示符下输入：

```
join -j 2 vimfile_1 vimfile_2 ↙
```

如图 4-49 所示，当指定比较第 2 列时无结果输出，表示第 2 列不同。

```
[tom@localhost ~]$ join -j 2 vimfile_1 vimfile_2
[tom@localhost ~]$ join -j 1 vimfile_1 vimfile_2
1 Thisvim testfile. This is a vim testfile.
2 aaaaaaa aaaaaaaaaaaaa
3 ccccccc cccccccccccc
[tom@localhost ~]$ _
```

图 4-49　比较指定列

示例 5：比较指定文件的指定列。例如，指定比较第 1 个文件第 1 列与第 2 个文件第 3 列。在命令行提示符下输入：

```
join -1 1 -2 3 vimfile_1 vimfile_2 ↙
```

如图 4-50 所示。

```
[tom@localhost ~]$ join -1 1 -2 3 vimfile_1 vimf
[tom@localhost ~]$ _
```

图 4-50　比较指定文件的指定列

示例 6：按照指定的格式显示结果。例如，按照示例 1 找出第 1 列相同的行后，输出第 1 个文件的第 1、3 列和第 2 个文件的第 2 列。在命令行提示符下输入：

```
join -o 1.1 1.3 2.2 vimfile_1 vimfile_2 ↙
```

如图 4-51 所示。

```
[tom@localhost ~]$ join -o 1.1 1.3 2.2 vimfile_1
1 testfile. This
2  aaaaaaaaaaaaa
3  cccccccccccc
[tom@localhost ~]$ _
```

图 4-51　按照指定的格式显示结果

（4）相关命令

cat。

16. less 命令：一次显示一页文本

（1）语法

less [-aBcCdeEfgGiImMnNqQrsSUVwX] [-b<缓冲区大小>] [-h<回卷行数>] [-j<行数编号>] [-k<按键定义文件>] [-o<输出文件>] [-O<输出文件>] [-p<范本模式>] [-P<s/m/M/h/=>] [-t<标签>] [-T<标签文件>] [-x<跳格字数>] [-y<前卷行数>] [-z<显示行数>] [文件]

less -?

less --help

less -V

less --version

less [-[+]aBcCdeEfFgGiIJKLmMnNqQrRsSuUVwWX] [-b space] [-h lines] [-j line] [-k keyfile] [-{oO} logfile] [-p pattern] [-P prompt] [-t tag] [-T tagsfile] [-x tab,...] [-y lines] [-[z] lines] [-# shift] [+[+]cmd] [--] [filename]...

（2）选项及作用

选　　项	作　　　用
-a	查找字符时跳过屏幕上显示的部分
-B	关闭自动配置管道
-c	刷新屏幕
-C	刷新屏幕前先清除屏幕
-d	忽略错误信息
-e	自动关闭less浏览模式
-E	第一次浏览到EOF列时关闭less浏览模式
-f	强制打开文件
-g	反白显示符合查找条件的字符
-G	不反白显示符合查找条件的字符
-i	忽略大小写的差别
-m	使用类似more命令的百分比模式；less默认采用"："号作为屏幕底部的提示符号
-M	使less命令比more命令有更多的详细信息
-n	忽略行数编号
-N	显示行数编号
-q	不使用终端鸣声
-Q	不使用终端鸣声且不给出任何提示符号
-r	显示控制字符
-s	当空白行超过一行时，仅用一行空白行表示
-S	超过屏幕显示宽度时，截断超出的部分
-U	将倒退、跳格、CR字符视为控制字符

续表

选　项	作　用
-V	显示版本信息
-w	用空白行显示EOF列之后的列
-X	不传送termcap初始化，并将反初始化字符串送到终端
-b<缓冲区大小>	以KB为单位设置缓冲区的大小
-h<回卷行数>	设置最大回卷行数
-j<行数编号>	设置目标行数的编号
-k<按键定义文件>	另外设定less命令的按键定义
-o<输出文件>	将less命令读入的数据输出到文件并存储起来
-O<输出文件>	采用"："号作为屏幕底部的提示符号，遇到已经存在的文件名时不对用户进行询问
-p<范本模式>	从指定的范本处开始显示
-P<s/m/M/h/=>	设置不同的提示符号
-t<标签>	编辑指定标签的文件
-T<标签文件>	另行指定标签文件
-x<跳格字数>	默认值为8的跳格字符位移数
-y<前卷行数>	设置最大前卷行数
-z<显示行数>	改变屏幕显示的行数

（3）典型示例

示例 1：以默认方式显示文本文件内容。例如，通过 less 命令以默认方式查看文本文件 manual 的内容。在命令行提示符下输入：

```
less manual ✓
```

如图 4-52 所示。该命令与 more 命令类似， more 命令显示文本文件内容时在页面左下角会显示字符串"More"及当前查看的文件内容在全文中的位置，以"%"显示。

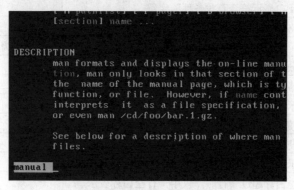

图 4-52　以默认方式显示文本文件内容

示例 2：反白显示符合查找条件的字符。例如，显示文件 manual 的内容，当执行查找命令时反白显示查找内容，相关的操作命令见补充说明。在命令行提示符下输入：

less -g manual ✓

如图 4-53 所示。按"/"键进入查找模式，输入所要查找的内容"man"，按 Enter 键后将反白显示当前所要查的字符串。

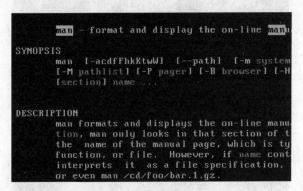

图 4-53 反白显示符合查找条件的字符

示例 3：从指定的范本处开始显示。例如，显示文本文件 manual 的内容，并从第一次出现字符串"see"处开始显示。在命令行提示符下输入：

less -p see manual ✓

如图 4-54 所示。

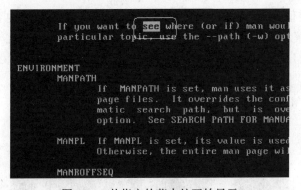

图 4-54 从指定的范本处开始显示

示例 4：显示文本内容，并显示行数编号。在命令行提示符下输入：

less -N manual ✓

如图 4-55 所示。

示例 5：显示文件内容，当空白行超过一行时，仅用一行空白行表示。在命令行提示符下输入：

less -s manual ✓

如图 4-56 所示。

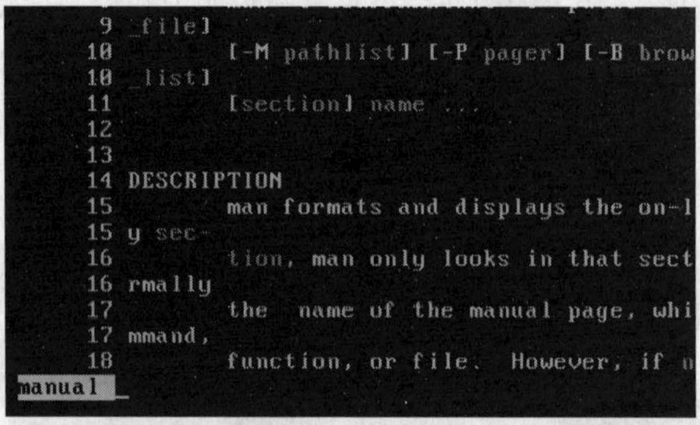

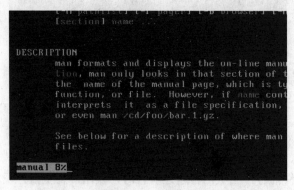

图 4-55　显示行数编号

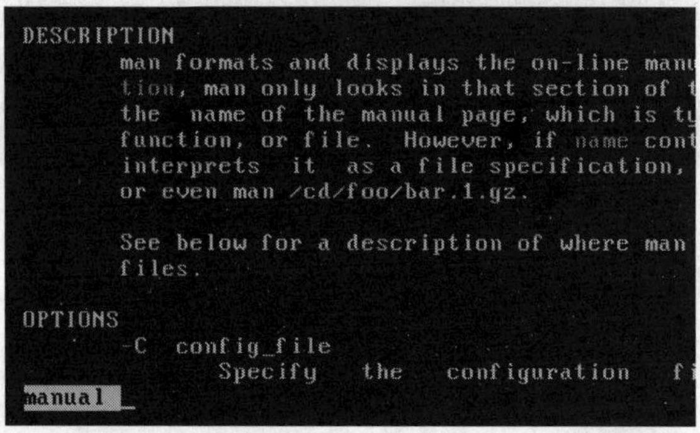

图 4-56　当空白行超过一行时，仅用一行空白行表示

示例 6：使用类似 more 命令的百分比模式。less 命令查看文件内容时，屏幕左下角的提示符号默认为"："，可以通过选项-m 使用类似 more 命令的百分比模式。在命令行提示符下输入：

less -m manual ✓

如图 4-57 所示。

图 4-57　使用类似 more 命令的百分比模式

（4）相关命令

lesskey。

17.　more 命令：显示文本信息

（1）语法

more [-cdlfpsu] [-<行数>] [+/<字符串>] [+<行数>] [文件]

（2）选项及作用

选　　项	作　　用
-c	与-p类似，先显示内容再清除屏幕上的其他数据
-d	在屏幕下方显示"[Press space to continune,'q'to quit.]"，按错键时显示"[Press 'h' for instructions.]"而不是发出警报声
-l	取消送纸字符（^L）功能
-f	以实际的行数计算而不是自动换行后屏幕上所显示的行数
-p	不采用滚屏方式显示文件内容，而是先将屏幕清除，再显示该页数据
-s	将连续出现的空白行合并成一行
-u	不显示文本的底线
-<行数>	指定每次显示的行数
+/<字符串>	在文件中查找指定的字符串
+<行数>	从指定的行数开始显示

（3）典型示例

示例 1：通过 more 命令，以默认的方式查看文本文件内容。more 命令查看文本文件内容时，将在屏幕左下角显示字符串"--More--(%)"字样。在命令行提示符下输入：

more manual ✓

如图 4-58 所示。

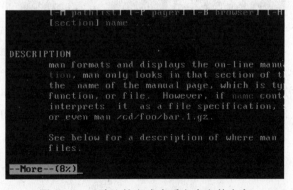

图 4-58　以默认的方式查看文本文件内容

示例 2：在屏幕下方显示提示信息。通过选项-d 可以在查看文本文件内容时，在屏幕的左下角显示简单的操作提示信息。例如，在查看文本文件 manual 的内容时，在命令行提示符下输入：

more -d manual ✓

如图 4-59 所示。

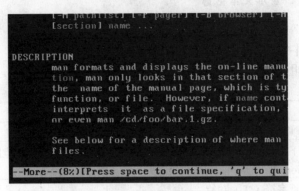

图 4-59　在屏幕下方显示提示信息

示例 3：当对文件进行行数计算操作时，以实际的行数计算而不是自动换行后屏幕上所显示的行数，用 more 命令查看文本文件时的常用操作命令见补充说明。在命令行提示符下输入：

more -f manual ✓

如图 4-60 所示，按"="键进行行数计算，显示当前所在的行数。

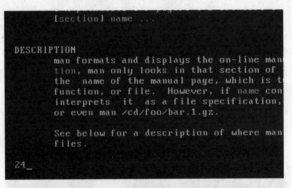

图 4-60　显示当前所在行数时以实际的行数计算

示例 4：指定每次显示的行数。命令 more 以全屏的方式显示文本文件的内容，也可以指定每次显示文本文件内容的行数。例如，在显示文本文件 manual 的内容时，指定每次显示 10 行内容，

more -10 manual ✓

如图 4-61 所示。

示例 5：在文件中查找指定的字符串。例如，查看文本文件 manual 内容时，查找文件中的字符串"displays"，并显示该字符串所在页的内容，每次显示 10 行内容。在命令行提示符下输入：

more -10 +/displays manual ✓

如图 4-62 所示。

```
[tom@localhost ~]$ more -10 manual
man(1)



NAME
       man - format and display the on-line manu

SYNOPSIS
       man  [-acdfFhkKtwW] [--path] [-m system
       [-M pathlist] [-P pager] [-B browser] [-H
--More--(3%)
```

图 4-61　指定每次显示的行数

```
[tom@localhost ~]$ more -10 +/displays manual

...skipping

DESCRIPTION
       man formats and displays the on-line manu
       tion, man only looks in that section of t
       the  name of the manual page, which is ty
       function, or file.  However, if name cont
       interprets  it  as a file specification,
       or even man /cd/foq/bar.1.gz.

       See below for a description of where man
--More--(8%)
```

图 4-62　在文件中查找指定的字符串

示例 6：从指定的行数开始显示。查看文本文件 manual 的内容，指定从 40 行开始显示。在命令行提示符下输入：

more +40 manual ✓

如图 4-63 所示。

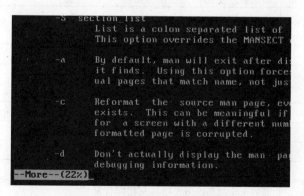

```
       -S  section_list
           List is a colon separated list of
           This option overrides the MANSECT

       -a  By default, man will exit after di
           it finds.  Using this option force
           ual pages that match name, not jus

       -c  Reformat  the  source man page, ev
           exists.  This can be meaningful if
           for a screen with a different num
           formatted page is corrupted.

       -d  Don't actually display the man  pa
           debugging information.
--More--(22%)
```

图 4-63　从指定的行数开始显示

（4）相关命令

vim、less。

18. nano 命令：文本编辑器

（1）语法

nano [-ABcdFHIklNOR] [-<行数>] [-E<文件>] [---help]

nano [OPTIONS] [[+LINE,COLUMN] FILE]…

其中，参数[+LINE,COLUMN]表示在启动 nano 时将光标置于指定的位置（LINE 和 COLUMN 均用数字表示，例如，[+10,7]表示将光标置于文本的第 10 行第 7 列的位置），而不是默认的第一行第一列的位置。

（2）选项及作用

选　　项	作　　用
-A　（--smarthome）	启动smart home key
-B (--backup)	保存文件时对文件进行备份，备份文件名为当前文件名加上后缀~
-C <dir> (--backupdir=dir)	开启文件备份功能时，设置nano存放备份文件的目录
-D (--boldtext)	使用粗体文本代替反白文本显示
-F　（--multibuffer）	如果可能，开启多文件缓冲
-c	显示光标位置
-d	区分空格键和Del键
-H　（--historylog）	查看历史记录
-I　（--ignorercfiles）	如果nanorc支持可用，跳过nanorc文件
-i　（autoindent）	自动缩排，编辑源代码时非常有用
-L　（--nonewlines）	不增加新的行到文件末尾
-k　（--cut）	剪切功能
-l　（--nofollow）	如果被编辑的文件是一个符号链接，则用新文件代替该链接，在编辑/tmp下的临时文件时比较有用
-m　（--mouse）	如果系统支持，开启鼠标功能
-o <dir>　（--operatingdir=dir）	设置工作目录
-r <cols>　（--fill=cols）	一行字符较多时，在指定列cols处换行，默认为-8
-s <prog>　（--speller=prog）	开启拼写检查功能
-t　（--tempfile）	总是不用提示而保存改变过的文件，与pico的-t选项相同
-v　（--view）	以只读模式查看文件内容
-w　（--nowrap）	禁止自动换行
-x　（--nohelp）	取消编辑器下面的帮助信息
-a, -b, -e, -f, -g, -j	兼容pico，与pico选项具有相同含义
-N　（--noconvert）	不对DOS/Mac格式文件进行自动转换
-O　（--morespace）	标题栏下不使用空白行作为额外的编辑空间
-Q <str>　（--quotestr=str）	引用字符串
-R　（--restricted）	受限模式

续表

选 项	作 用
-S （--smooth）	文本平滑滚动，即一行一行文字进行滚动
-V （--version）	显示当前版本信息
+<行数>	跳转到指定的行
-h，--help	显示帮助信息
-?	与-h（--help）同

（3）典型示例

示例 1：编辑文件。利用 nano 编辑工作目录下的文件 vimfile。在命令行提示符下输入：

nano vimfile ∠

如图 4-64 所示。

图 4-64　利用 nano 编辑文件

在屏幕的下方是 nano 操作命令的帮助信息，如图 4-65 所示。

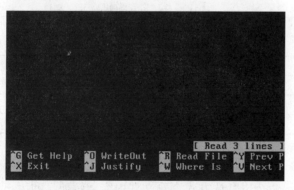

图 4-65　nano 的操作命令帮助

该帮助命令可以通过在命令行中加入选项-x 进行取消。nano 编辑器的操作命令见补充说明。

示例 2：直接跳转到指定行进行编辑。例如，直接跳转到文件 vimfile 的第二行进行编辑。在命令行提示符下输入：

nano +2 vimfile ∠

如图 4-66 所示，光标出现在第二行的行首。

图 4-66　跳转到指定行进行编辑

示例 3：保存文件时对文件进行备份。例如，加入选项-B 对文件 vimfile 进行编辑，然后保存并退出，查看文件发现目录下多了个文件 vimfile~。在命令行提示符下输入：

nano -B vimfile ✓

编辑并保存文件后退出 nano。

（4）相关命令

pico。

19. pg 命令：浏览文件

（1）语法

pg [-cef] [+<num>] [-<num>] [-p<字符串>]

pg [-number] [-p string] [-cefnrs] [+line] [+/pattern/] [file…]

（2）选项及作用

选　　项	作　　用
-c	先清除屏幕再显示内容
-e	显示所有文件
-f	过长的行不执行换行
-n	输入结束程序字符时立即结束程序
-p	指定提示符字符串，默认为"："
+<num>	从指定的行数开始显示
+/pattern/	从包含指定pattern的行开始显示内容

（3）典型示例

示例 1：通过 pg 命令以默认方式查看文件内容。例如，利用 pg 命令显示文本文件 manual 内容时，默认的左下角提示符为"："。在命令行提示符下输入：

pg manual ✓

如图 4-67 所示。

示例 2：指定提示符字符串。与 less 命令一样，可以指定屏幕左下角的提示符，例如，通过 pg 命令显示文本文件 manual 的内容，并且指定提示符为字符串"pginput#"。在命令行提示符下输入：

pg -p pginput# manual ✓

如图 4-68 所示。

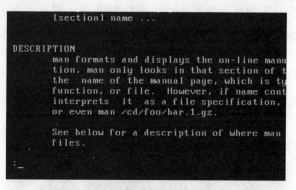

图 4-67　通过 pg 命令显示文件内容

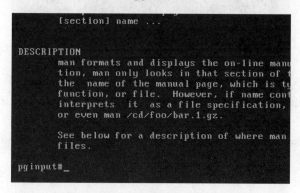

图 4-68　指定提示符字符串

示例 3：输入结束程序字符时立即结束程序。默认情况下，在未显示完文本文件内容情况下退出 pg 浏览，可以在提示符后输入字母"q"，按 Enter 键后即可退出。加入选项-n后进行文件浏览过程中，输入字母"q"将立即退出 pg。在命令行提示符下输入：

pg -n manual ✓

如图 4-69 所示。

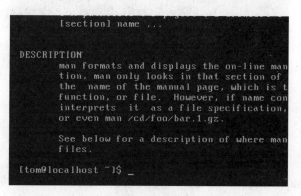

图 4-69　输入结束程序字符时立即结束程序

示例 4：从包含指定 pattern 的行开始显示内容。例如，浏览文本文件 manual 的内容，并且从包含字符串 "see" 的行开始显示，当按 Q 键时退出浏览。在命令行提示符下输入：

```
pg -n +/see/ manual ↙
```

如图 4-70 所示。

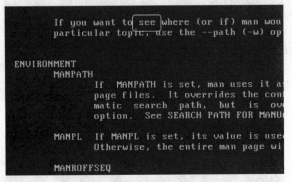

图 4-70   从包含指定 pattern 的行开始显示内容

示例 5：从指定的行数开始显示。例如，浏览文本文件 manual 的内容，并且从该文件的第 12 行开始显示。在命令行提示符下输入：

```
pg +12 manual ↙
```

如图 4-71 所示。

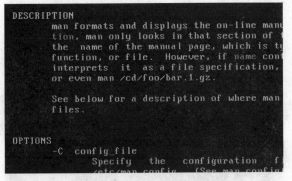

图 4-71   从指定的行数开始显示

（4）相关命令

more。

20. pico 命令：

（1）语法

pico [-bdefghjkmqtvwxz] [-n<间隔时间>] [-o<工作目录>] [-r<编辑页宽>] [-s<拼写检查>] [+<行数编号>] [文件]

（2）选项及作用

选　项	作　用
-b	启动置换功能
d	启动删除功能
-e	使用完整的文件名
-f	支持键盘上的F1、F2功能
-g	显示光标
-h	显示帮助信息
-j	启动切换功能
-k	使用剪切命令时默认将光标所在的行删除
-m	启动鼠标支持的功能
-q	忽略默认值
-t	启动工具模式
-v	启动阅读模式
-w	关闭自动换行功能
-x	关闭命令列表
-z	让pico命令临时在后台进行操作
-n<间隔时间>	设定检查邮件的时间间隔
-o<工作目录>	设定工作目录
-r<编辑页宽>	设定编辑文件的宽度
-s<拼字检查>	指定拼字检查器
+<行数编号>	指定开始编辑的行数

（3）相关命令

vim。

21. sed 命令：利用 script 命令处理文本文件

（1）语法

sed [-hnV] [-e<script>] [-f<script 文件>] [文件]

sed [OPTION]… {script-only-if-no-other-script} [input-file]…

（2）选项及作用

选　项	作　用
-n，--quiet，--silent	仅显示script处理后的结果
-V	显示版本信息
-e<script>	指定script去处理输入的文本文件
-f<script-file>，--file=<script-file>	指定script文件去处理输入的文本文件
--posix	使所有GNU扩展失效
--help	显示帮助信息
--version	显示版本信息

选项中的 script 语法说明：

[行号] [/查找字符串/命令 <参数>]

script命令	命令说明
[行号]	[行号]中可指定输入文本文件的行号；[行号1，行号2]表示行号1到行号2中间所有的行；[行号！]表示除指定行号外的所有行；若无[行号]，且未指定/查找字符串/，则表示处理输入文件中的每一行
:label	建立script-file内命令互相参考的位置
#	建立批注
{}	集合有相同位址参数的命令
!	不执行函数参数
=	显示当前行号
a\<text>	在指定行号后添加一行<text>
i\<text>	在指定行号前插入一行<test>
b label	将执行的命令跳至由“:”建立的参考位置
c\<str>	以使用者输入<str>取代指定的行号
d	删除指定行号
D	删除pattern space内第一个newline字母“\”前的数据
g	复制数据从hold space
G	添加资料从hold space至pattern space
h	复制数据从pattern space至hold space
H	添加资料从pattern space至hold space
1	用ASCII码显示出l资料中的nonprinting character
n	读入下一笔资料
N	添加下一笔资料到pattern space
p	显示目前pattern space
P	显示pattern space内第一个newline 字母“\”前的数据
q	跳出sed编辑
r <文本文件>	先处理r指定的文本文件，再处理命令行中指定的文本文件
s/regexp/replacement/取代方式	替换字符串；以replacement取代查找到的regexp，取代方式有3种 n：取代查找到的第n个regexp g：取代查找到的所有regexp p：取代后再显示该行
t label	只要自上次输入行或执行一次“t”命令以来进行了替换操作，就转至该标签；和“b”一样，如果没有给定标签名，则处理转至脚本文件的末尾
w <文本文件>	在该文本文件填入指定字符
W <文本文件>	将当前pattern space的第一行写入指定的文本文件
x	交换hold space与pattern space内容
y/source/dest/	以<dest>取代所有查找到的<source>，<source>与<dest>长度须相等

（3）典型示例

示例 1：在指定行号后添加一行，指定的行可以用[NUM]的形式，也可以通过查找字符串确定指定行。例如，在 testfile 文件的第 2 行后添加一行，并将结果输出到标准输出。在命令行提示符下输入：

sed -e 2a\newline testfile ✓

如图 4-72 所示。

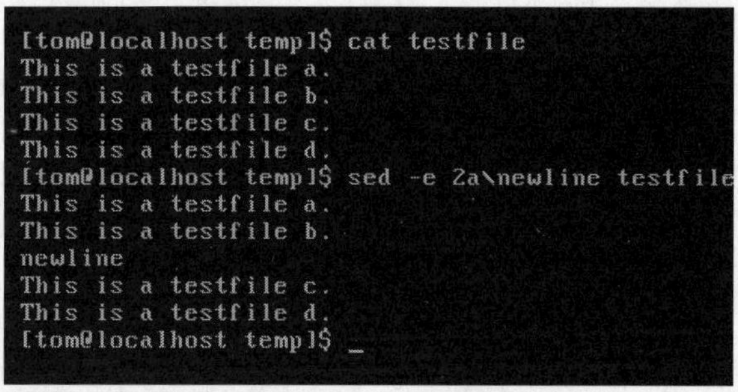

图 4-72　在指定行号后添加一行

示例 2：在指定行号前插入一行。例如，在含有字符"d"的行前面插入一行，并将结果输出到标准输出。在命令行提示符下输入：

sed -e /d/i\NEWLINE testfile ✓

如图 4-73 所示。

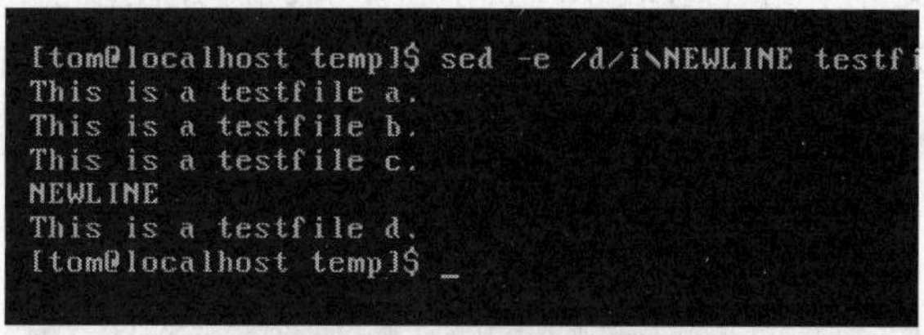

图 4-73　在指定行号前插入一行

示例 3：查找并替换所有的字符串。例如，查找文件 testfile 中的字符串"testfile"，并将文件中所有的该字符串都替换为"TESTFILE"。在命令行提示符下输入：

sed -e s/testfile/TESTFILE/g testfile ✓

如图 4-74 所示。

查找并替换所有的字符串，也可以通过下面的命令实现：

sed -e y/testfile/TESTFILE/ testfile

示例 4：查找并替换指定行的字符串，取代后，将该行再次显示一遍。例如，查找 testfile 文件中的字符串"testfile"，并将文件中 1~3 行的字符串"testfile"替换为"TESTFILE"，将替换后的行再次显示在标准输出。在命令行提示符下输入：

sed -e 1,3s/testfile/TESTFILE/p testfile ✓

如图 4-75 所示。

```
[tom@localhost temp]$ sed -e s/testfile/TESTFILE
This is a TESTFILE a.
This is a TESTFILE b.
This is a TESTFILE c.
This is a TESTFILE d.
[tom@localhost temp]$ _
```

图 4-74　查找并替换所有字符串

```
[tom@localhost temp]$ sed -e 1,3s/testfile/TESTF
This is a TESTFILE a.
This is a TESTFILE a.
This is a TESTFILE b.
This is a TESTFILE b.
This is a TESTFILE c.
This is a TESTFILE c.
This is a testfile d.
[tom@localhost temp]$ _
```

图 4-75　查找并替换指定行的字符串

示例 5： 指定 script 文件去处理输入的文本文件。编辑一个 script 文件：新建文件（可以通过 vim 或在图形界面下用 gedit 进行编辑），并命名为 sedscript。在文件里面输入：

/c/a\
Insert a newline!!!

保存该文件。该文件中第 1 行表示查找字符串"c"，并在该字符串所在行的后面插入一行内容，第 2 行即为所要插入文件中的内容。在命令行提示符下输入：

sed -f sedscript testfile ✓

如图 4-76 所示。

```
[tom@localhost temp]$ sed -f sedscript testfile
This is a testfile a.
This is a testfile b.
This is a testfile c.
Insert a newline!!!
This is a testfile d.
[tom@localhost temp]$ _
```

图 4-76　指定 script 文件处理输入的文本文件

（4）相关命令

awk、ed、grep、tr、perlre。

22. sort 命令：将文本文件内容加以排序

（1）语法

sort [-bcdimnru] [-o<输出文件>] [-t<分割字符>] [--help] [--version]

sort [OPTION]… [FILE]…

（2）选项及作用

选　　项	作　　用
-b，--ignore-leading-blanks	忽略开始处的空白字符
-c，--check， --check=diagnose-first	检查文件是否已经排序
-d，--dictionary-order	除字母、数字、空白字符外，其他字符在排序时忽略
-f，--ignore-case	将小写视为大写
-i，--ignore-nonprinting	排序时忽略040~176（八进制）以外的ASCII字符
-m	将排序好的若干文件合并，而不进行排序操作
-n	按照数值的大小排序
-r	ASCII由大到小排序
-u	与选项-c一起使用，检查并列出有相同栏的行
-o<输出文件>	将排序后的结果存入指定的文件，而不是输出到标准输出
-S，--buffer-size=SIZE	设置内存缓存大小
-T，--temporary-directory=DIR	设置临时文件目录取代默认的$TMPDIR或/tmp
-t<分割字符>	指定排序时栏所用的分割字符，默认分割字符为空白字符
-z，--zero-terminated	以0字节结束行，而不是以新的一行结束
--help	显示帮助信息
--version	显示版本信息

（3）典型示例

示例 1：对文本文件的行进行排序，默认是对第一栏进行操作。例如，在命令行提示符下首先通过 cat 命令显示文本内容，然后通过 sort 命令以默认的方式对文件的行进行排序。在命令行提示符下输入：

sort testfile ✓

如图 4-77 所示，sort 命令默认将文本文件的第一栏以 ASCII 码的次序进行排序后输出到标准输出。

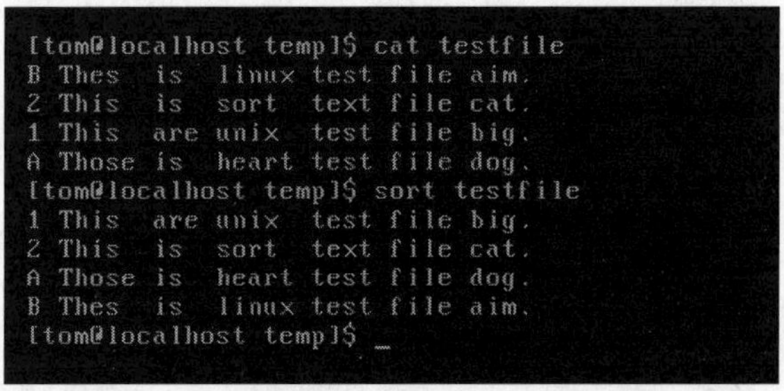

图 4-77　对文本文件的行以默认方式进行排序

示例 2：ASCII 由大到小排序。在命令行提示符下输入：

sort -r testfile ✓

如图 4-78 所示，可以与示例 1 进行对比。

```
[tom@localhost temp]$ sort -r testfile
B      Thes      is      linux    test    file
A      Those     is      heart    test    file
2      This      is      sort     text    file
1      This      are     unix     test    file
[tom@localhost temp]$ _
```

图 4-78　按 ASCII 由大到小排序

示例 3：将排序后的结果存入指定的文件，而不是输出到标准输出。例如，同示例 1，但是将排序后的结果存入文件 sortfile。在命令行提示符下输入：

sort testfile -o sortfile ✓

如图 4-79 所示。指定输出文件后，排序后的结果将不再显示在标准输出，可以通过 cat 命令查看排序文件的内容。

```
[tom@localhost temp]$ sort testfile -o sortfile
[tom@localhost temp]$ cat sortfile
1      This      are     unix     test    file
2      This      is      sort     text    file
A      Those     is      heart    test    file
B      Thes      is      linux    test    file
[tom@localhost temp]$ _
```

图 4-79　将排序后的结果存入指定的文件

示例 4：检查文件是否已经排序。通过选项 -c 可以检查该文件是否经过排序，如果是未经过排序的文件将给出相应提示信息，如果是排序好的文件，则运行完命令后不会给出任何信息。在命令行提示符下输入：

sort -c testfile ✓

如图 4-80 所示。

```
[tom@localhost temp]$ sort -c testfile
sort: testfile:2: disorder: 2    This    is
[tom@localhost temp]$ sort -c sortfile
[tom@localhost temp]$ _
```

图 4-80　检查文件是否已经排序

示例 5：检查并列出有相同栏的行。在命令行提示符下输入：

sort -cu testfile ✓

如图 4-81 所示。

```
[tom@localhost temp]$ sort -cu testfile
sort: testfile:2: disorder: 1   This    are
[tom@localhost temp]$ _
```

图 4-81　检查并列出有相同栏的行

（4）相关命令

sed。

23. spell 命令：拼字检查程序

（1）语法

spell [FILE]…

（2）选项及作用

可参考 ispell 命令的选项。

（3）典型示例

示例 1：检查指定文件的拼写错误。例如，检查文件 testfile 是否有拼写错误。在命令行提示符下输入：

spell testfile ✓

如图 4-82 所示。

```
[tom@localhost temp]$ spell testfile
linux
Thes
unix
[tom@localhost temp]$ _
```

图 4-82　检查指定文件的拼写错误

如果所检查的文件没有单词拼写错误，那么，命令运行完后不会给出任何信息，如图 4-83 所示。

```
[tom@localhost temp]$ spell nicefile
[tom@localhost temp]$ _
```

图 4-83　检查无拼写错误的文件

示例 2：检查从标准输入读取的字符串。例如，在命令行提示符下输入：

spell ✓

如图 4-84 所示。按 Enter 键后输入一串字符串，然后按 Ctrl+D 组合键退出 spell，同时，屏幕上将显示有拼写错误的单词。

（4）相关命令

ispell。

```
[tom@localhost temp]$ spell
Wellcome to my hometown.
Wellcome
[tom@localhost temp]$ _
```

图 4-84　检查从标准输入读取的字符串

24. tr 命令：转换文件中的字符

（1）语法

tr [-cdst] [--help] [--version][第一字符集][第二字符集]

tr [OPTION]… SET1 [SET2]

（2）选项及作用

选　　项	作　　用
-c，-C，--complement	取代不属于第一字符集的字符
-d，--delete	删除属于第一字符集的字符
-s，--squeeze-repeats	用一个字符表示连续重复的字符
-t，--truncate-set1	删除在第一字符集中比第二字符集中多出的字符
--help	显示帮助信息
--version	显示版本信息

（3）典型示例

示例 1：字母大小写转换。例如，将文件 letters 中的字母全部转换为大写字母。在命令行提示符下输入：

`cat letters |tr a-z A-Z ✓`

如图 4-85 所示。

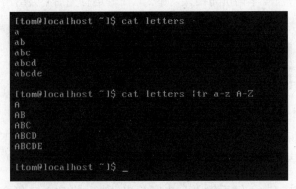

```
[tom@localhost ~]$ cat letters
a
ab
abc
abcd
abcde

[tom@localhost ~]$ cat letters |tr a-z A-Z
A
AB
ABC
ABCD
ABCDE

[tom@localhost ~]$ _
```

图 4-85　字母大小写转换（1）

大小写字母的转换，也可以通过[:lower:] [:upper:]实现。例如在命令行提示符下输入：

`cat letters |tr [:lower:] [:upper:] ✓`

如图 4-86 所示。

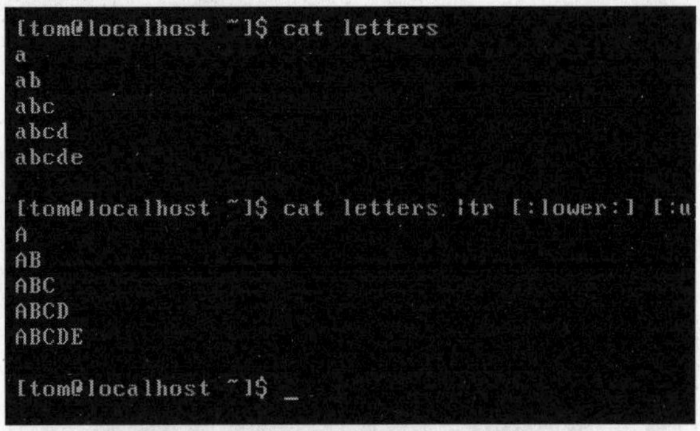

图 4-86　字母大小写转换（2）

示例 2：取代字符。例如，将文件 letters 中的字母 "a" 用字符 "#" 取代，使用字符取代时，需在前面加上转义字符 "\"。在命令行提示符下输入：

cat letters |tr a \\# ↙

如图 4-87 所示。

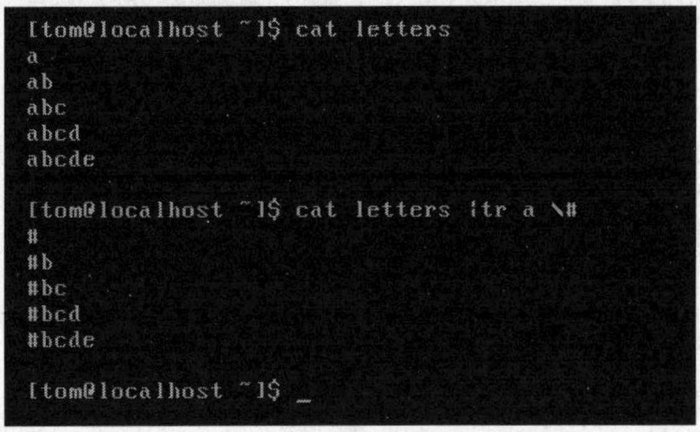

图 4-87　字符的替代

示例 3：将标准输入读取的数据进行大小写转换。例如，将键盘输入的一串字符中从 b~h 的小写字母转换成大写字母，其他范围的小写字母不进行转换。在命令行提示符下输入：

tr b-h B-H ↙

如图 4-88 所示。

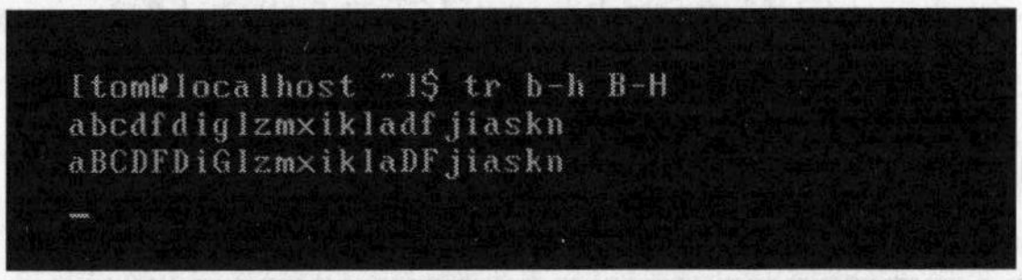

图 4-88　转换指定范围内的字母大小写

示例 4：用一个字符表示连续重复的字符。例如，将文件 letters 中连续重复的字符 "a"

用一个字符进行代替。在命令行提示符下输入：

cat letters |tr -s [a] ↙

如图 4-89 所示。

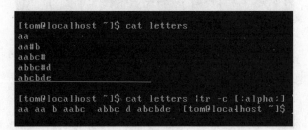

图 4-89　用一个字符表示连续重复的字符

示例 5：取代不属于第一字符集的字符。例如，将文件 letters 中的非字母字符用空格代替。在命令行提示符下输入：

cat letters |tr -c [:alpha:] " " ↙

如图 4-90 所示。

图 4-90　取代不属于第一字符集的字符

（4）相关命令

awk、sed。

25．uniq 命令：检查文件中重复出现的行

（1）语法

uniq [-cdu] [-f<栏位>] [-s<字符位置>] [-w<字符>] [--help] [--version] [文件]

uniq [OPTION]… [INPUT [OUTPUT]]

（2）选项及作用

选　　项	作　　用
-c，--count	在行旁边显示该行重复出现的次数
-d，--repeat	仅显示重复出现的行

续表

选　项	作　用
-u	显示仅出现过一次的行
-f<栏位>	比较时忽略指定的栏
-i，--ignore-case	比较时忽略字母大小写
-s<字符位置>	比较时忽略指定的字符
-w <N>，--check-chars=N	指定每行最多比较的前面N个字符数
--help	显示帮助信息
--version	显示版本信息

（3）典型示例

示例 1： 以默认方式检查文件并删除文件中重复出现的行。例如，文件 testfile 中第 2、3 行是相同的行（为方便比较，先通过 cat 命令显示文件内容）。在命令行提示符下输入：

uniq testfile ✓

如图 4-91 所示，重复的行默认已被删除。

```
[tom@localhost temp]$ cat testfile
B    Thes    is      linux   test    file
1    This    are     unix    test    This
1    This    are     unix    test    This
A    Those   is      heart   test    file
[tom@localhost temp]$ uniq testfile
B    Thes    is      linux   test    file
1    This    are     unix    test    This
A    Those   is      heart   test    file
[tom@localhost temp]$ _
```

图 4-91　检查文件并删除文件中重复出现的行

示例 2： 检查文件并删除文件中重复出现的行，在行首显示该行重复出现的次数。在命令行提示符下输入：

uniq -c testfile ✓

如图 4-92 所示。

```
[tom@localhost temp]$ uniq -c testfile
     1 B    Thes    is      linux   test
     2 1    This    are     unix    test
     1 A    Those   is      heart   test
[tom@localhost temp]$ _
```

图 4-92　行首显示该行重复出现的次数

示例 3： 显示仅出现过一次的行。在示例 1 中可以看到，第 2、3 行内容是相同的，可以将文件内没有重复的行显示在标准输出，而不显示第 2、3 行的内容（即重复的行）。在命令行提示符下输入：

```
uniq -u testfile ✓
```

如图 4-93 所示。

图 4-93　显示无重复的行

示例 4：比较时忽略指定的栏。通过 vim 命令修改文件 testfile 的内容，修改后的内容如图 4-94 所示。在命令行提示符下输入：

```
uniq -f 2 testfile ✓
```

如图 4-94 所示。通过 cat 命令查看文件 testfile 的内容发现，第 2、3 行的内容完全一致，第 4、5 行内容只有第 2 栏的字符串不一致。在检查文件 testfile 时，通过选项"-f 2"忽略了对第 2 栏字符串的比较，所以检查的结果认为第 4、5 行的内容也相同，最后只在标准输出显示出第 4 行的内容。

图 4-94　比较时忽略指定的栏

示例 5：比较时忽略指定的字符。在命令行提示符下输入：

```
uniq -s 10 testfile ✓
```

如图 4-95 所示，其中的数字表示比较时忽略指定字符的位置，在该命令中即表示比较时忽略文件中的第 10 个字符。

图 4-95　比较时忽略指定的字符

示例 6：指定每行最多比较的前面 N 个字符数。例如，检查文件 testfile，最多比较每行的前面两个字符，通过示例 4 可以看出，每行的前两个字符都是相同的，所以，按照此规则进行文件检查将会认为文件中每行的内容都相同，加入选项-c 显示重复的行数。在命令行提示符下输入：

> uniq -cw 2 testfile ↙

如图 4-96 所示。

```
[tom@localhost temp]$ cat testfile
Thes      is        linux    test     file     aim.
This      are       unix     test     This     big.
This      are       unix     test     This     big.
Those     is        heart    test     file     dog.
Those     are       heart    test     file     dog.
[tom@localhost temp]$ uniq -cw 2 testfile
      5 Thes      is        linux    test     file
[tom@localhost temp]$ _
```

图 4-96　指定每行最多比较的前面 N 个字符数

（4）相关命令

sort。

26. vi 命令：文字编辑器

（1）语法

vi [-befFghlnrRsVZ] [-c<命令>] [-d<设备>] [-o<窗口数>] [-r<交换文件>] [-s<script 文件>] [-T<终端类型>] [-w<script 文件>] [-W<script 文件>] [--<version>] [+] [+<行数编号>] [+/<范本样式>] [--]

（2）选项及作用

选　　项	作　　用
-b	采用二进制模式
-e	使用Ex单列编辑模式
-f	启动前台模式
-F	启动波斯模式
-g	启动图形界面
-h	帮助信息
-H	采用Hebrew模式
-l	采用Lisp主机模式
-n	不使用交换文件
-r	显示交换文件
-R	启动只读模式
-s	启动寂寞模式
-V	显示命令执行过程
-Z	采用限制模式
-c<命令>	完成对第一个文件的读取后执行该命令

续表

选　项	作　用
-d<设备>	指定终端的外围设备
-o<窗口数>	开启指定数目的窗口
-r<交换文件>	使用指定的交换文件
-s<script文件>	读取指定的script文件内容
-T<终端类型>	指定终端的类型
-w<script文件>	将内容附加到指定的script文件
-W<script文件>	覆盖指定的script文件
+<行数编号>	从指定的行开始编辑
+/<范本样式>	将指定字符串设置为搜寻的关键符号
--<version>	显示版本信息
+	从最后一行开始编辑
--	将该参数后的语句视为文件的名称

（3）相关命令

vim、vimtutor。

27. vim 命令：增强型 vi 编辑器

（1）语法

vim [-bCefFghlLnNrRsvVZ] [-c<命令>] [-d<设备>] [-i<文件信息>] [-o<窗口数>] [-r<交换文件>] [-s<script 文件>] [-T<终端类型>] [-u<环境文件>] [-U<环境文件>] [-w<script 文件>] [-W<script 文件>] [--<version>] [+] [+<行数编号>] [+/<范本样式>] [--]

vim [options] [file ..]

vim [options] -

vim [options] -t tag

vim [options] -q [errorfile]

（2）选项及作用

选　项	作　用
-	从标准输入读取文件，例如vim [options] -
-t tag	从tag指定的位置开始编辑文件
-q errorfile	以快速修复模式（QuickFix mode）启动vim，并打开有问题的文件errorfile
-b	采用二进制模式
-e	使用Ex单列编辑模式
-f	启动前台模式
-F	启动波斯模式
-g	启动图形界面
-h	帮助信息

续表

选　　项	作　　用
-H	采用Hebrew模式
-l	采用Lisp主机模式
-n	不使用交换文件
-N	关闭兼容模式
-r	显示交换文件
-R	启动只读模式
-s	启动寂寞模式
-V	显示命令执行过程
-Z	采用限制模式
-c<命令>	完成对第一个文件的读取后执行该命令
-d<设备>	指定终端的外围设备
-i<信息文件>	指定vim信息文件
-o<窗口数>	开启指定数目的窗口
-r<交换文件>	使用指定的交换文件
-s<script文件>	读取指定的script文件内容
-T<终端类型>	指定终端的类型
-u<环境文件>	指定另外vim的环境文件
-U<环境文件>	采用GUI模式并指定另外vim的环境文件
-w<script文件>	将内容附加到指定的script文件
-W<script文件>	覆盖指定的script文件
+<num>	从指定的行开始编辑
+/<范本样式>	将指定字符串设置为搜寻的关键符号
--<version>	显示版本信息
+	从最后一行开始编辑
--	将该参数后的语句视为文件的名称

（3）典型示例

示例 1：获取帮助。例如，通过 vim 打开 temp/目录下的文件 information 后，如果不知道怎样进行窗口 window 的操作，可以在命令模式下输入：

`:help window ✓`

如图 4-97 所示，获取 window 的帮助页面。在命令模式（Esc 键切换）下输入冒号 "："将模式切换到了第三种模式，即最后一行模式。

这时注意到其实已经开了两个窗口，一个是刚开始打开文件 information 的窗口，另一个是获取 window 帮助的窗口，并且 window 的帮助信息窗口以较大的屏幕进行显示，而原本的 information 文件却只能看到一行的内容（如图 4-97 所示），并且，此时 window 的帮助信息窗口处于激活状态，按键盘上的方向键可以看到光标在 window 的帮助信息窗口中移动。在查看完帮助信息之后，可以通过 Ctrl+W 组合键切换到 information 窗口，这时可以发现，按方向键时，光标将在第二个窗口中移动，如图 4-98 所示。

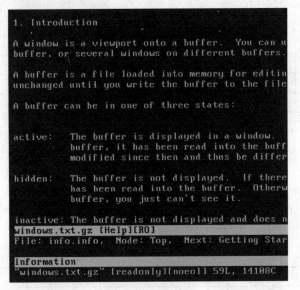

图 4-97　获取帮助

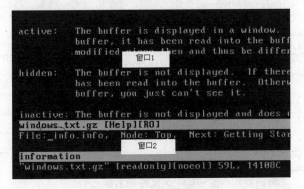

图 4-98　窗口操作（1）

在命令模式下（如果是输入模式，可以通过 Esc 键进行模式切换，按 Ctrl+W 组合键，然后输入"_"（"_"为下划线），即可以全屏的方式显示文件 information 的内容，如图 4-99 所示。

如果想再次查看 window 帮助信息窗口中的内容，可以按照上述方式（Ctrl+W）进行切换，再将 window 帮助信息窗口最大化显示（Ctrl+W+_）。

除此以外，也可以将这两个窗口以相同大小垂直或水平排列。例如，将这两个窗口水平排列。在命令模式下，按 Ctrl+W 组合键，随即输入大写字母 H（可以按 Shift+H 组合键；也可以先开启 Caps Lock，再按 H 键），窗口切换后的效果如图 4-100 所示。

关闭窗口操作。例如，现在不需要查看 window 帮助窗口的内容，可以将其关闭。在命令模式下，激活 window 帮助信息窗口（通过 Ctrl+W 进行切换），然后按 Ctrl+W 组合键，随即输入字母 q（即 Ctrl+W+q），即可关闭刚才激活的 window 帮助信息窗口，当然也可以通过在命令模式下输入":q"的方式退出。

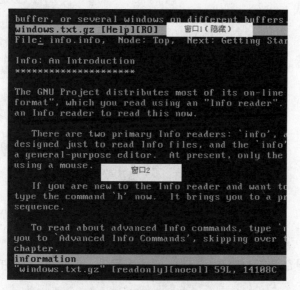

图 4-99　窗口操作（2）

图 4-100　水平排列 vim 窗口

　　更多关于窗口操作的信息，可以从示例 1 中所打开的 window 帮助信息窗口中查看。如果想获取其他帮助，也可以采用该方式进行查询，例如，为了获得与插入命令相关的帮助信息，可以在命令模式下输入":help insert"。

　　示例 2：退出 vim 编辑器。退出 vim 编辑器通常有两种情况：保存编辑过程中所作的修改和放弃编辑过程中所作的修改。在命令模式下，可以通过使用"ZZ"和":wq"命令将所作的修改进行保存，然后退出，如果对文件不作修改而退出，可以在命令模式下输入

":q!"命令。例如,将文本文件 vimfile 中第三行删除若干个字母后,通过 Esc 键切换到命令模式,在命令模式下输入:

:q! ↙

如图 4-101 所示。

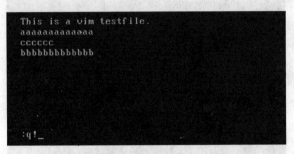

图 4-101　不保存修改而退出 vim 编辑器(1)

此时,通过 cat 命令查看文件 vimfile 的内容发现,vimfile 未作任何修改,如图 4-102 所示。

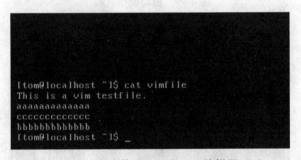

图 4-102　不保存修改而退出 vim 编辑器(2)

如果要保存文件后再退出 vim 编辑器,可以在命令模式输入 ":wq" 或 "ZZ"。其中命令 ":w" 表示保存文件。另外也可使用 ":x" 命令保存并退出 vim 编辑器。

示例 3:连接命令。将当前行的末尾与下一行连接起来,两行之间插入一个空格,并且光标将定位到空格处。如果当前行以句点结尾,则 vim 将插入两个空格。例如,将 vimfile 文件的第一行和第二行连接起来,将光标定位在第一行。在命令模式下输入:

J ↙

结果如图 4-103 所示。由于第一行是以 "." 结尾,所以两行连接的中间插入了两个空格,光标定位于第一个空格处。

图 4-103　连接命令

示例 4：启动只读模式。以只读模式打开文件并按 I 键进行编辑文件时，vim 会提醒现在正对一个只读文件进行编辑。例如，以只读模式打开文件 vimfile。在命令行提示符下输入：

```
vim -R vimfile ✓
```

如图 4-104 所示。

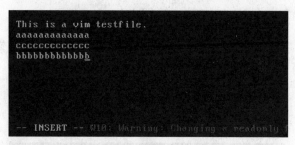

图 4-104　以只读模式打开文件

以只读模式打开的文件，在进行编辑后不能保存到原文件，在进行保存时 vim 将提示该文件处于只读模式，如图 4-105 所示。

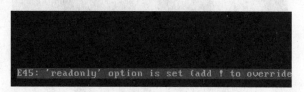

图 4-105　保存只读模式的文件（1）

这时可以按照提示，在命令模式下输入 ":w!" 命令进行保存，保存并退出 vim 后，通过 cat 命令查看文件 vim 的内容，发现 vimfile 已经保存了修改后的内容，如图 4-106 所示。

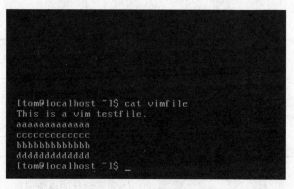

图 4-106　保存只读模式的文件（2）

示例 5：从指定的行开始编辑。例如，从第三行开始编辑文件 vimfile，vim 编辑器打开 vimfile 文件后光标将定位于文件的第三行行首。在命令行提示符下输入：

```
vim +3 vimfile ✓
```

如图 4-107 所示。

图 4-107　从指定的行开始编辑

示例 6：将指定字符串设置为搜寻的关键符号。例如，打开并搜索文件 vimfile 中的字符串 "is"。在命令行提示符下输入：

vim +/is vimfile ✓

如图 4-108 所示。

图 4-108　将指定字符串设置为搜寻的关键符号

（4）相关命令

vi。

28. view 命令：文字编辑器

（1）语法

view [-bdmnrRsV] [-C<命令>] [-o<数字>] [+<行数>] [--help] [--version]

（2）选项及作用

选　　项	作　　用
-b	启动二进制模式
-d	启动差异模式
-m	只读模式
-n	不使用缓存
-r	显示缓存信息
-R	只读模式
-s	不显示运行的详细信息
-V	显示运行的详细信息
-C<命令>	设定编辑后的命令
-o<数字>	设定同时打开的文件数
+<行数>	指定开始显示的行数
--help	显示帮助信息
--version	显示版本信息

（3）典型示例

如果只用 vim 浏览文件，而不编辑文件，可以用该命令。在命令行提示符下输入：

view vimfile ↙

如图 4-109 所示。

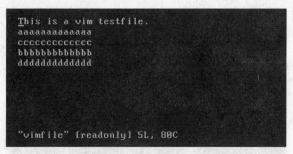

图 4-109　利用 view 查看文件

view 命令是以只读模式打开文件，可以看到屏幕的下方显示了现在处于只读模式。事实上，该命令与带-R（readonly）选项的 vim 编辑器产生的效果是相同的。

（4）相关命令

vim、gvim。

29．wc 命令：计算字数

（1）语法

wc [OPTION]… [FILE]…

（2）选项及作用

选　　项	作　　用
-c，--bytes	仅显示byte数目
-l，-lines	仅显示行数
-L，--max-line-length	显示文件中最长行的字符数
-m，--chars	仅显示字符数
-w,--words	仅显示字数
--help	显示帮助信息
--version	显示版本信息

（3）典型示例

示例 1：以默认方式统计文件信息。在默认方式下，wc 将计算指定文件的行数、字数以及字节数。在命令行提示符下输入：

wc manual ↙

如图 4-110 所示。三个数字分别表示的是文件 manual 的行数、字数和该文件的字节数。

图 4-110　以默认方式统计文件信息

示例 2：同示例 1，同时统计多个文件的信息。例如，同时对文件 manual 和文件 testfile 进行统计。在命令行提示符下输入：

wc testfile manual ✓

如图 4-111 所示。

图 4-111　同时统计多个文件的信息

示例 3：计算文件字数。例如，计算文件 testfile 中总的字数。在命令行提示符下输入：

wc -w testfile ✓

如图 4-112 所示。

图 4-112　计算文件字数

示例 4：计算文件字符数。例如，计算文件 testfile 中总的字符数。在命令行提示符下输入：

wc -m testfile ✓

如图 4-113 所示。

图 4-113　计算文件字符数

示例 5：显示文件中最长行的字符数。例如，对文件 testfile 进行操作。在命令行提示符下输入：

wc -L testfile ✓

如图 4-114 所示。

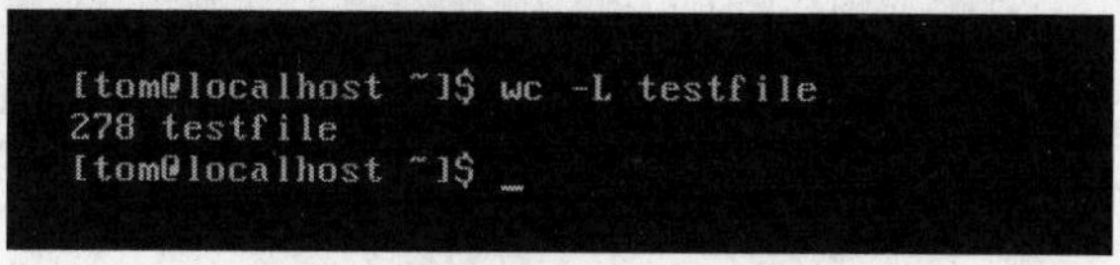

```
[tom@localhost ~]$ wc -L testfile
278 testfile
[tom@localhost ~]$ _
```

图 4-114　显示文件中最长行的字符数

（4）相关命令

cat。

第5章 文件传输命令

1. bye 命令：终端 FTP 连接

（1）语法

bye

（2）典型示例

中断 FTP 连接。在 ftp 程序中执行 bye 命令，断开 ftp 连接。在命令行提示符下输入：

bye ↙

如图 5-1 所示。

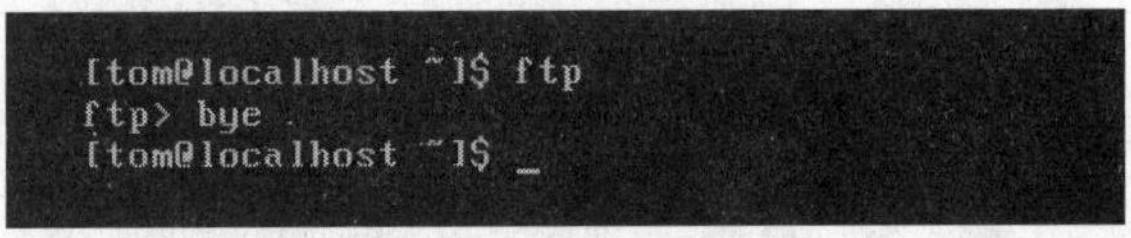

```
[tom@localhost ~]$ ftp
ftp> bye
[tom@localhost ~]$ _
```

图 5-1　中断 FTP 连接

（3）相关命令

exit。

2. fold 命令：限制文件的列宽

（1）语法

fold [OPTION]… [FILE]…

（2）选项及作用

选　　项	作　　用
-b，--bytes	以 B 为单位计算列宽，而非采用行数编号为单位
-s，--space	如果最右边的空格是在宽度限制之内，则在空格后阻断该行
-w <每列行数>，--width <每列行数>	设置每列的最大行数
--help	显示帮助信息
--version	显示版本信息

（3）典型示例

设置每列的最大行数。例如，调整文件 poem 的列宽为 10 个字符。在命令行提示符下输入：

fold -w 10 poem ✓

如图 5-2 所示。

```
[tom@localhost ~]$ fold -w 10 poem
My heart's
 in the Hi
ghlands
my heart i
s not here
My heart's
 in the Hi
ghlands a
chasing th
e deer
[tom@localhost ~]$ _
```

图 5-2　设置每列的最大行数

（4）相关命令

fmt。

3. ftp 命令：文件传输协议

（1）语法

ftp [-pinegvd] [host]

（2）选项及作用

选　项	作　用
-d	开启调试（debugging）
-g	关闭本地主机文件名称，支持特殊字符的扩充特性
-i	多文件传输时，关闭询问模式
-n	不使用自动登录
-p	使用被动模式（passive mode）进行数据传输
-v	显示命令执行的详细过程，显示远程服务器的所有响应，以及数据传输的统计报告

（3）典型示例

示例 1：登录 FTP 服务器。例如，登录 222.197.173.60 的 FTP 主机。在命令行提示符下输入：

ftp 222.197.173.60 ✓

如图 5-3 所示。如果需要用户名和密码验证，则该命令将给出相应提示。

示例 2：开启调试模式。以 debugging 模式开启 ftp 连接。在命令行提示符下输入：

ftp -d 222.197.173.60 ✓

如图 5-4 所示。

图 5-3　登录 FTP 服务器

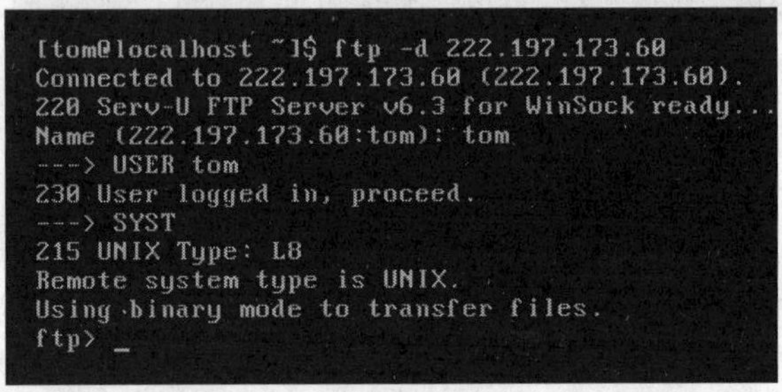

图 5-4　开启调试模式

示例 3：显示命令执行的详细过程，显示远程服务器的所有响应，以及数据传输的统计报告。在命令行提示符下输入：

ftp -v 222.197.173.60 ✓

如图 5-5 所示。

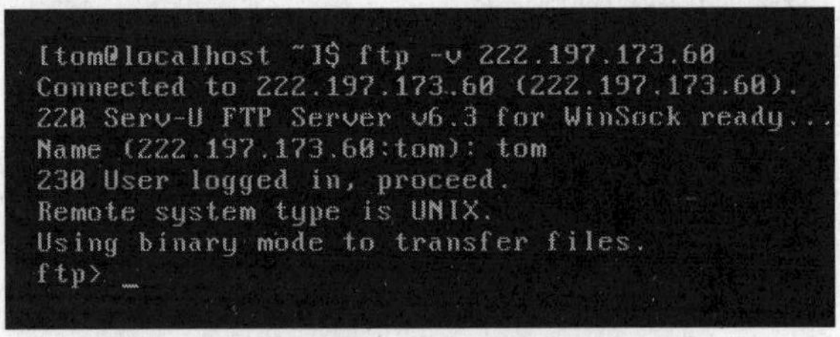

图 5-5　显示命令执行的详细过程

（4）相关命令

pftp、ftpd。

4．ftpcount 命令：显示 FTP 用户登录数

（1）语法

ftpcount [-n] [-f <设定文件>]

（2）选项及作用

选　　项	作　　用
-f <设定文件>	指定设定文件所在的路径
-h，--help	显示帮助信息

（3）相关命令

ftp。

5. ftpshut 命令：定时关闭 FTP 服务器

（1）语法

ftpshut [-d <分钟>] [-l <分钟>] [关闭时间] ["警告信息"]

（2）选项及作用

选　　项	作　　用
-d <时间>	切换所有的FTP连接时间
-l <时间>	停止接受FTP登录时间

（3）相关命令

ftp。

6. ftpwho 命令：显示 FTP 登录用户信息

（1）语法

ftpwho [-v]

（2）选项及作用

选　　项	作　　用
-v	显示版本信息

（3）相关命令

ftp。

7. ncftp 命令：传输文件

（1）语法

ncftp [-u <username>] [host/IP addr]

（2）选项及作用

选　　项	作　　用
-u <账号名>	设置登录FTP服务器的账号

（3）典型示例

示例 1：显示 ncftp 防火墙参数。在命令行提示符下输入：

ncftp -F ✓

如图 5-6 所示。

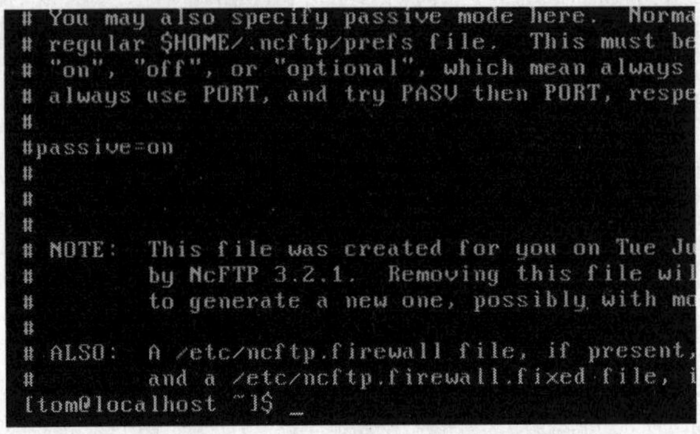

图 5-6　显示 ncftp 防火墙参数

示例 2：指定登录 FTP 服务器的用户名。假如 FTP 服务器有一用户名为 tom，无须密码登录。在命令行提示符下输入：

ncftp -u tom 222.197.173.60 ✓

如图 5-7 所示。如果该用户的密码为 123，则在命令行提示符下输入"ncftp -u tom -p 123 222.197.173.60 ✓"即可。

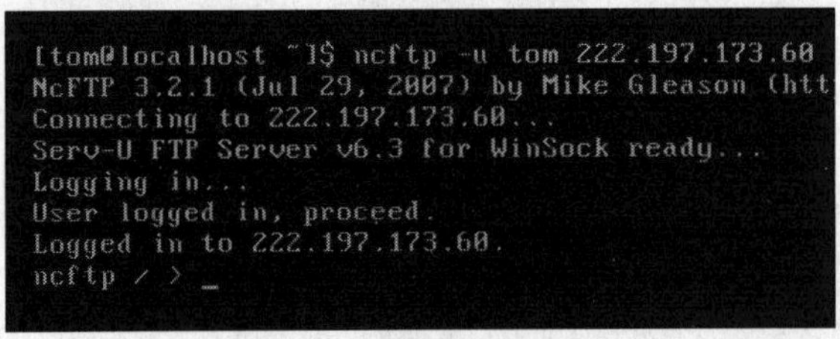

图 5-7　登录 FTP 服务器

利用 ncftp 下载文件。切换到本地端目录，在命令行提示符下输入：

lcd /home/tom ✓

输入"lpwd"可以查看当前路径。通过 get（或 mget）命令下载文件，例如，下载文件 direct.txt 到本地端当前目录（即/home/tom）。在命令行提示符下输入：

wget direct.txt ✓

查看本地端文件可通过 lls 命令，而不是 ls，如图 5-8 所示。

可以通过 bye 或 quit 命令结束 ncftp。

示例 3：上传文件。按照示例 2 登录 ftp 服务器。切换到本地用户主目录（通过 lcd 命令实现），例如，上传文件为 exefile。在命令行提示符下输入：

put exefile ✓

如图 5-9 所示。

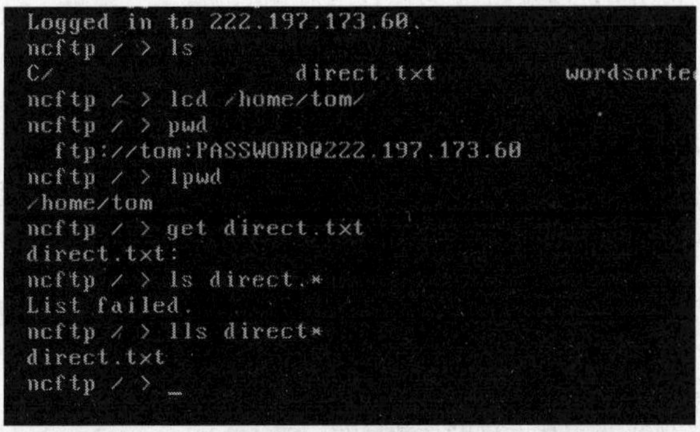

图 5-8　下载文件

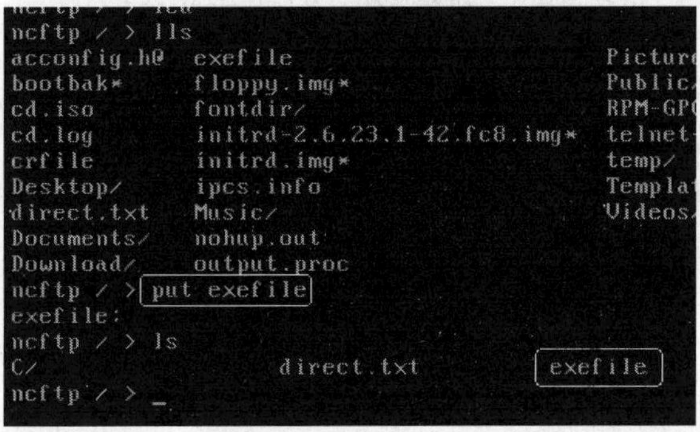

图 5-9　上传文件

（4）相关命令

ncftpput、ncftpget、ncftpbatch、ftp、rcp、tftp。

8. ncftpget 命令：下载文件

（1）语法

ncftpget [-aAbFRTvVzZ] [-B <缓冲区大小>] [-d <记录文件>] [-f <设定文件>] [-p <密码>] [-P <通信端口>] [-r <链接次数>] [-t <超时时间>] [-u <账号名>] [-DD] [主机名] [本地目录] [远程路径与文件名称…]

ncftpget [-aAbFRTvVzZ] [-B <缓冲区大小>] [-d <记录文件>] [-f <设定文件>] [-p <密码>] [-P <通信端口>] [-r <链接次数>] [-t <超时时间>] [-u <账号名>] [-DD] [ftp://<主机名>/<远程路径名>/<远程文件名>]

（2）选项及作用

选　　项	作　　　用
-a	使用ASCII码为数据传输类型
-A	若下载时出现文件名重复，则将下载的数据附加到已存在文件的后面

续表

选　项	作　用
-b	在后台模式下下载文件
-B <缓冲区大小>	设置缓冲区的大小
-DD	文件下载完毕后，将其从远程主机上移除
-d <记录文件>	指定记录的文件
-F	使用PASV模式传输数据
-f <设定文件>	读取指定的设定文件的主机名、账号和密码
-p <密码>	设置登录FTP的密码
-P <通信端>	设置通信端口
-R	对文件和目录作递归处理
-r <连接次数>	设置重复尝试的连接次数
-T	在递归处理中，不使用TAR的格式
-t <超时时间>	以秒为单位，设置等待服务器的响应时间
-u <账号名>	设置登录FTP的账号
-v	显示下载进度
-V	不显示下载进度
-z	启动自动续传功能
-Z	关闭自动续传功能

（3）典型示例

示例 1：下载 FTP 服务器上的文件 wordsorted.txt 到目录/home/tom。在命令行提示符下输入：

> ncftpget -u tom 222.197.173.60 /hme/tom/ wordsorted.txt ✓

如图 5-10 所示，由于用户 tom 并未设置密码，在命令行下出现输入密码提示时，可直接按 Enter 键。

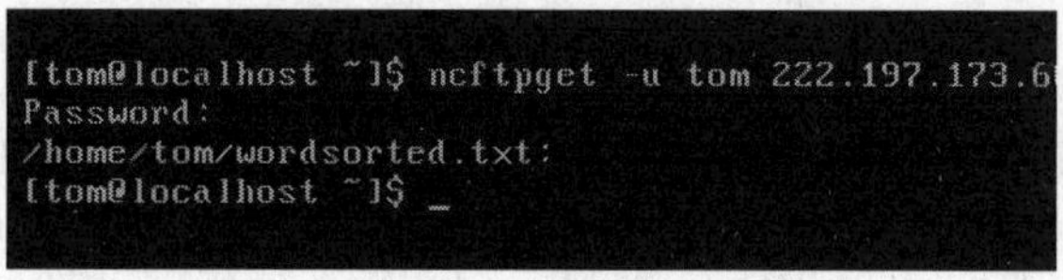

图 5-10　下载文件

示例 2：在后台模式下下载文件。例如，在后台下载 FTP 服务器上的文件 direct.txt。在命令行提示符下输入：

> ncftpget -b ftp://222.197.173.60 ✓

如图 5-11 所示。

示例 3：文件下载完毕后，将其从远程主机上移除。例如，下载 FTP 服务器上的文件 direct.txt，下载完后，将其从 FTP 服务器上删除。在命令行提示符下输入：

ncftpget -DD -u tom ftp://222.197.173.60/direct.txt ↙

如图 5-12 所示。

图 5-11　在后台模式下下载文件

图 5-12　下载完成后删除文件

（4）相关命令

ncftpput、ncftp、ftp、rcp、tftp。

9. ncftpls 命令：显示文件目录

（1）语法

ncftpls [options] [remote URL]

（2）选项及作用

选　　项	作　　用
-F	将"$HOME/.ncftp/firewall"送到标准输出
-h	显示帮助信息
-j <账号>	设置账号
-p <密码>	设置密码
-P <端口号>	设置端口号
-u <用户名>	设置用户名
-v	详细版本信息

（3）典型示例

示例 1：显示远程主机的文件列表。在命令行提示符下输入：

ncftpls -u tom ftp://222.197.173.60 ↙

如图 5-13 所示，除非允许匿名登录，否则应在命令行中指明用户名（和密码）。

图 5-13　显示远程主机的文件列表

（4）相关命令

ncftpput、ncftpget、ncftp、ftp、rcp、tftp。

10. ncftpput 命令：上传文件

（1）语法

ncftpget [-aAbcFmRvVyzZ] [-B <缓冲区大小>] [-d <记录文件>] [-f <设定文件>] [-p <密码>] [-P <通信端口>] [-r <链接次数>][-S <临时字尾字符串>] [-t <超时时间>] [-T <临时自首字符串>] [-u <账号名>] [-U <权限设定>] [-DD] [主机名] [远程目录] [本地路径与文件名称…]

（2）选项及作用

选　　项	作　　用
-a	使用ASCII的数据传输类型
-A	若下载时出现文件名重复，则将下载的数据附加到已存在文件的后面
-b	在后台模式下下载文件
-B <缓冲区的大小>	设置缓冲区的大小
-c	在标准输入设备读取数据后，将其传送到远程主机上
-e <记录文件>	指定记录文件，记录FTP连接和传输过程
-F	使用PASV模式传输数据
-f <设置文件>	读取指定的设定文件内的主机名称、账号和密码
-m	先尝试建立目的目录，再上传整个目录
-p <密码>	设置登录FTP的密码
-P <通信端口>	设置通信端口
-R	对文件和目录作递归处理
-r <连接次数>	设置重复尝试的连接次数
-v	显示上传速度
-S <临时字尾字符串>	上传临时文件时，在该文件的名称后添加指定的字符串
-t <超时时间>	以秒为单位，设置等待服务器的响应时间
-T <临时字首字符串>	上传临时文件时，在该文件的名称前添加指定的字符串
-u <账号名>	设定登录FTP的账号
-U <权限设置>	设置上传文件的权限
-z	启动自动续传功能
-Z	关闭自动续传功能

（3）典型示例

示例 1：上传文件。例如，将文件 direct.txt 上传到 FTP 服务器的 C/test/目录下。在命令行提示符下输入：

```
ncftpput -u tom 222.197.173.60 C/test/ direct.txt ✓
```

如图 5-14 所示。

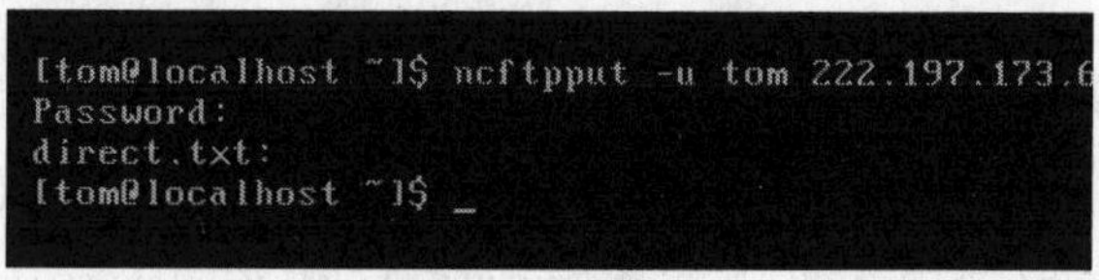

图 5-14 上传文件

示例 2：上传目录。例如，将主目录下的 Public/目录上传到 FTP 服务器的 C/test/目录下。在命令行提示符下输入：

ncftpput -R -u tom 222.197.173.60 C/test/ Public ✓

如图 5-15 所示。

图 5-15 上传目录

示例 3：启动自动续传功能。同示例 1，上传文件 direct.txt，同时启动续传功能。在命令行提示符下输入：

ncftpput -z -u tom 222.197.173.60 C/test/ direct.txt ✓

如图 5-16 所示。

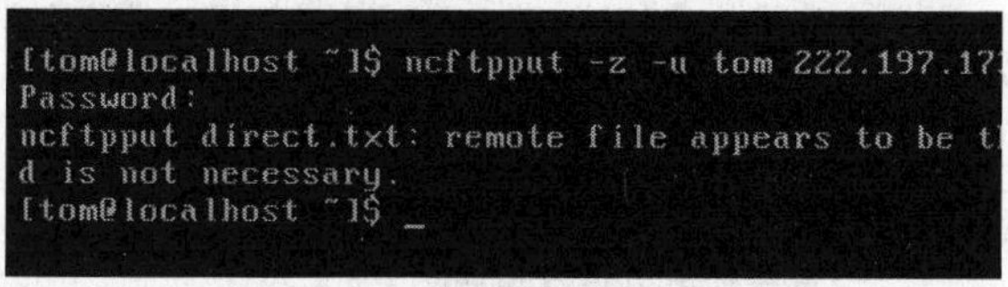

图 5-16 启动自动续传功能

（4）相关命令

ncftpget、ncftp、ftp、rcp、tftp。

11. tftp 命令：传输文件

（1）语法

tftp [host name/IP addr]

（2）选项及作用

选 项	作 用
-c <命令>	远程执行命令
-m <模式>	设定传输模式
-v	显示运行时的详细信息
-V	显示版本信息

（3）典型示例

开启 tftp 客户端。在命令行提示符下输入：

tftp ✓

如图 5-17 所示，可输入"？"寻求在线帮助，输入"quit"则退出 tftp 客户端。

```
[tom@localhost ~]$ tftp
(to)
usage: connect host-name [port]
tftp> _
```

图 5-17　开启 tftp 客户端

（4）相关命令

ftp。

12. uucico 命令：UUCP 文件传输

（1）语法

uucico [-cCDeflqvwz] [-i <类型>] [-I <文件>] [-p <连接端口>] [-r0] [-r1] [-s <主机>] [-S <主机>] [-u <用户>] [-x <类型>] [--help]

（2）选项及作用

选　　项	作　　用
-c	当不执行任何工作时，不更改记录文件的内容及更新当前的状态
-D	与控制终端保持连接
-e	在从属模式下运行，并且显示登录提示
-f	当发生错误时立即重新调用主机
-l	显示要求登录的提示
-q	不启动uuxqt程序
-r0	用从属模式启动
-r1	用主动模式启动
-v	显示版本信息，并结束程序
-w	在主动模式下，执行调用操作后进入执行-e参数时的无限循环
-z	当执行失败时，尝试下一个选择程序
-i <类型>	当使用标准输入设备时，指定连接端口的类型
-I <文件>	指定使用的设定文件
-p <连接端口号>	指定连接的端口号
-s <主机>	调用指定的主机
-S <主机>	立即调用指定的主机
-u <用户>	指定登录的用户账号，而不允许输入随意的登录账号
-x <类型>	启动的指定排错模式
--help	显示帮助信息

（3）典型示例

用主动模式启动 uucico 服务。在命令行提示符下输入：

uucico -r1 ✓

如图 5-18 所示。

图 5-18　用主动模式启动 uucico 服务

（4）相关命令

kill、uucp、uux、uustat、uuxqt。

13. uucp 命令：在 Linux 系统之间传输文件

（1）语法

uucp [-cCdfjmr] [-n user] source-file… destination-file

（2）选项及作用

选　　项	作　　用
-c	不将文件复制到缓冲区
-C	将文件复制到缓冲区
-d	在复制文件时，自动在[目的、路径]下建立新的目录
-f	在复制文件时，如果需要在[目的、路径]下建立新的目录，则放弃执行该操作
-g <等级>	指定文件传输的优先顺序
-I <设定文件>	指定uucp设置文件
-j	显示操作编号
-m	操作结束后，通过电子邮件报告是否顺利完成
-n <用户>	操作结束后，通过电子邮件报告是否顺利完成
-r	仅将操作送到队列中，等待稍后执行
-R	若[来源]为目录，则将整个目录复制到[目的、路径]中
-t	将最后一个参数视为"主机名称! 用户"
-v	显示版本信息
-w	不将当前所在的目录加入路径
-x <类型>	启动指定的排错模式
[来源、路径]	指定来源文件或路径
[目的、路径]	指定目的或路径
--help	显示帮助信息

（3）典型示例

将 temp/目录下所有文件传送到远程主机 localhost 的 UUCP 公用目录下的 Public/目录

下。在命令行提示符下输入：

uucp -d R temp localhost! ~/Public/ ✓

如图 5-19 所示。

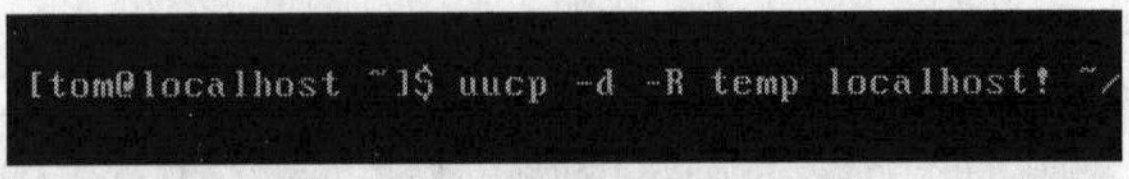

[tom@localhost ~]$ uucp -d -R temp localhost! ~/

图 5-19　在 UNIX 系统之间传输文件

（4）相关命令

mail、uux、uustat、uucico。

14. uupick 命令：处理文件

（1）语法

uupick [-v] [-I <设定文件>] [-s <主机>] [-x <层级>] [--help]

（2）选项及作用

选　项	作　用
-I <设定文件>	指定设置的文件
-s <主机>	处理由指定主机传来的文件
-x<层级>	指定排错的层级
-v	显示版本信息
--help	显示帮助信息
-I <设定文件>	指定设置的文件

（3）典型示例

处理由指定主机 localhost 传送进来的文件。在命令行提示符下输入：

uupick -s localhost ✓

如图 5-20 所示。

[tom@localhost ~]$ uupick -s localhost
[tom@localhost ~]$ _

图 5-20　处理传进的文件

（4）相关命令

uucp。

15. uuto 命令：文件传输到远程主机

（1）语法

uucp [文件] [目的]

（2）典型示例

将文件传送到远程 UUCP 主机 localhost 的 tmp 目录中。在命令行提示符下输入：

uuto -m ~tom/exefile localhost!tmp ✓

如图 5-21 所示。

图 5-21　将文件传送到远程的 UUCP 主机

（3）相关命令

mail、uux、uustat、uucico。

第6章 文件管理命令

1. aspell 命令：检查文件的错误

（1）语法

aspell [options] <command>

（2）选项及作用

选项	作用
--conf=<str>	主配置文件
--conf-dir=<str>	本地的主配置文件
--data-dir=<str>	本地的语言数据文件
--add | rem-dict-alias=<str>	建立目录别名
--dict-dir=<str>	本地的主单词列表
--add | rem-filter=<str>	增加或移除一个过滤器
--add | rem-filter-path=<str>	aspell查找过滤器的路径
--mode=<str>	过滤器模式
-e，--mode=email	email模式
-H，--mode=html	HTML模式
-t，--mode=tex	文档模式
-n，--mode=nroff	nroff文件模式
-l，--lang=<str>	语言编码
-d，--master=<str>	主词典使用的基本名
-p，--personal=<str>	个人词典文件名
--prefix=<str>	前缀目录
--repl=<str>	代替表文件名
--size=<str>	单词列表的大小
-? | usage	显示简单的语法信息
help	显示详细的帮助信息
-c | check <file>	检查文件
-a | pipe	兼容模式
list	从标准输入产生一个拼写错误的单词列表
config <key>	打印当前某一选项的值
[dump] dicts | filters | modes	列出有效的词典/过滤器/模式
munch	产生可能的词根和词缀

续表

选　项	作　用
expand [1-4]	扩展词缀标志
clean [strict]	清理单词列表使得每一行为一个有效的单词
-v ｜ version	显示版本信息

（3）典型示例

示例 1：检查文件的错误。例如，检查 testfile 文件的错误。在命令行提示符下输入：

aspell -c testfile ✓

如图 6-1 所示。

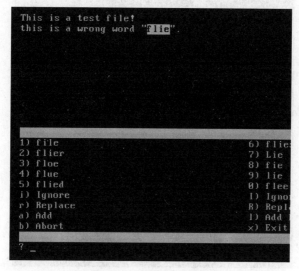

图 6-1　检查文件错误

图 6-1 中显示了文件 testfile 的内容，其中高亮显示了错误的单词"flie"，文件内容的下面部分则列出了 file、filer、floe、flue、Ignore、Replace 等修改意见。若文件内没有错误则不显示该页面。例如，aa.txt 是一个无错误的文件，在命令行提示符下输入：

aspell -c aa.txt ✓

如图 6-2 所示。

图 6-2　检查无错误的文件

示例 2：示例 1 中的 testfile 文件检查到一个错误拼写的单词，现在将其输出到标准输出。在命令行提示符下输入：

aspell list < testfile ✓

如图 6-3 所示。

```
[tom@localhost ~]$ aspell list < testfile
flie
[tom@localhost ~]$ _
```

图 6-3   从标准输入产生一个拼写错误的单词列表

示例 3：列出检错词典。在命令行提示符下输入：

aspell dump master ✓

如图 6-4 所示，由于词典内容太多，可以采用分页显示的方式进行查看。

图 6-4   列出检错词典内容

（4）相关命令

aspell-import、prezip-bin、run-with-aspell、word-list-compress。

2. attr 命令：XFS 文件系统对象的扩展属性

（1）语法

attr [-sgrl][attrname][-V attrvalue][pathname]

（2）选项及作用

选　　项	作　　用
-s	设置属性值
-g	得到属性值
-r	删除属性值
-l	显示属性列表

续表

选　项	作　用
-L	若指定-L参数，并且对象是一个符号链接，那么操作的是引用符号链接的对象的属性；若不指定这个参数，那么操作的是符号链接本身
-R	若指定-R参数，并且处理过程拥有适当的特权，操作将发生在root用户的属性空间，而不是一般用户的属性空间
-q	不打印状态信息
-V attrvalue	可选选项，设置属性值

（3）典型示例

示例 1： 显示 XFS 文件系统的文件属性。例如，在进行 Linux 分区时，可将某一分区格式化为 XFS 文件系统。如将/tmp 挂载在 XFS 文件系统上，在命令行提示符下输入：

cd /tmp/ ✓

切换到/tmp 目录，然后在命令行提示符下输入：

attr -l /tmp/ ✓

如图 6-5 所示，目录/tmp 的属性为 SElinux。

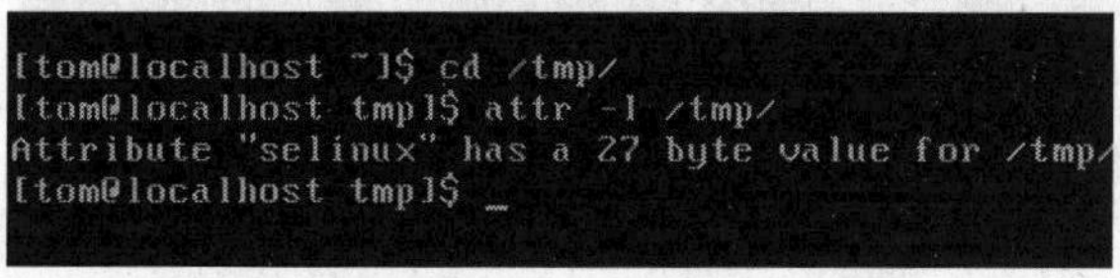

图 6-5　显示 XFS 文件系统的文件属性

示例 2： 设置 XFS 文件系统的文件属性及属性值。在主目录下有一文件夹 tmp，现在给该目录添加属性 description，并设置属性值为 "temporary directory of Tom"，在命令行提示符下输入：

cd ✓

切换工作目录到主目录，在命令行提示符下通过 mkdir 命令建立文件夹 tmp，然后在命令行提示符下输入：

attr -s description -V "Temporary directory of Tom" tmp/ ✓

如图 6-6 所示，通过 "attr -l tmp/" 命令查看到该文件夹具有了属性 description。

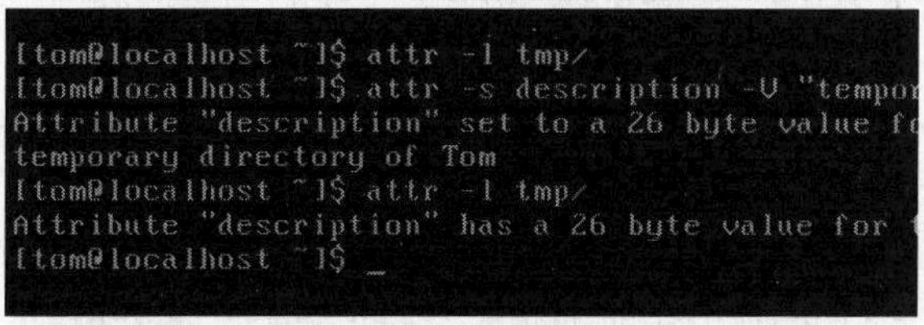

图 6-6　设置 XFS 文件系统的文件属性

示例 3：获得 XFS 文件系统的文件属性值。若要查看属性 description 的属性值，在命令行提示符下输入：

attr -g description tmp/ ✓

如图 6-7 所示。

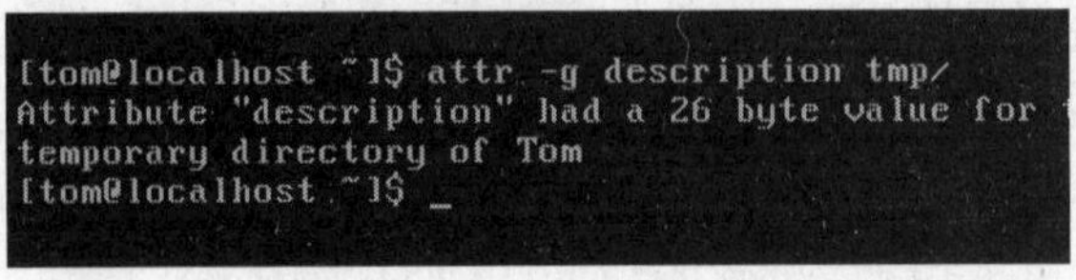

图 6-7　查看 XFS 文件系统文件属性的属性值

示例 4：删除 XFS 文件系统的文件属性。与示例 2 相反，想要删除某文件夹的属性，可以在命令行提示符下输入：

attr -r description tmp/ ✓

如图 6-8 所示，执行该命令后，可以通过在命令行提示符下输入命令"attr -l tmp/"进行查看。

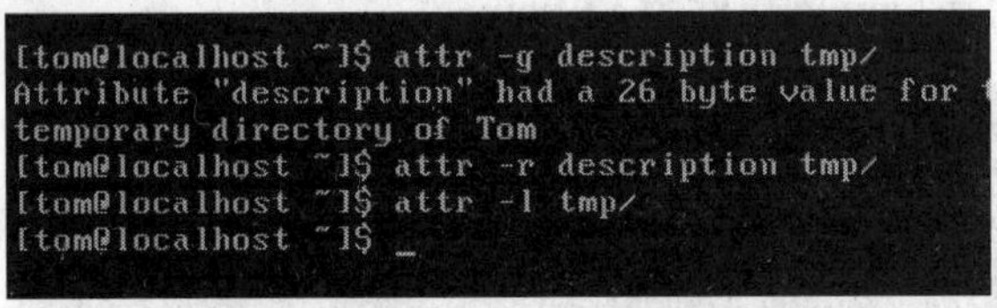

图 6-8　删除 XFS 文件系统的文件属性

（4）相关命令

getfattr、setfattr、attr_get、attr_set、attr_multi、attr_remove、attr、xfsdump。

3. basename 命令：显示文本或者目录的基本名称

（1）语法

basename NAME [SUFFIX]

basename [--help][--version]

（2）选项及作用

选　　项	作　　用
--help	显示帮助信息
--version	显示版本信息

（3）典型示例

示例 1：显示目录或者文件的基本名称。为显示主目录下 tmp 目录的基本名称，在命令行提示符下输入：

basename /home/tom/tmp/ ↙

如图 6-9 所示。

```
[tom@localhost ~]$ basename /home/tom/tmp/
tmp
[tom@localhost ~]$ _
```

图 6-9　显示目录的基本名称

示例 2：显示 tmp 目录下 aa.txt 文件的基本名称。在命令行提示符下输入：

basename /home/tom/tmp/aa.txt ↙

如图 6-10 所示。

```
[tom@localhost ~]$ basename /home/tom/tmp/aa.txt
aa.txt
[tom@localhost ~]$ _
```

图 6-10　显示文件的基本名称

示例 3：若想将文件名中的目录和下标信息去掉，可以在 basename 命令后先输入要操作的文件，然后输入要去掉的信息。将主目录下 document 文件的文件名后缀（如 ument）去掉，在命令行提示符下输入：

basename document ument ↙

如图 6-11 所示。

```
[tom@localhost ~]$ basename document ument
doc
[tom@localhost ~]$ _
```

图 6-11　去掉文件名后缀

注意：这里去掉文件名后缀 ument 后，原文件名依然未改变，既非重命名文件夹，也非新建文件。如图 6-12 所示，document 文件依然存在，也无新的 doc 文件产生。

```
[tom@localhost ~]$ basename document ument
doc
[tom@localhost ~]$ dir
Desktop   Documents  Music      Public     tmp
document  Download   Pictures   Templates  Videos
[tom@localhost ~]$ _
```

图 6-12　去掉文件名后缀后查看文件

示例 4：basename 可以将目录或者文件的路径的前缀去掉。在命令行提示符下输入：

basename /home/tom/document/ ↙

如图 6-13 所示，将只显示目录或文件的名字，此处只显示目录 document 的名称。

```
[tom@localhost ~]$ basename /home/tom/document/
document
[tom@localhost ~]$ _
```

图 6-13　去掉目录路径的前缀

（4）相关命令

dirname、readlink。

4. chattr 命令：改变文件的属性

（1）语法

chattr [-RV] [+/-/=AacDdijsSu] [-v version] files…

（2）选项及作用

选　　项	作　　用
-R	递归处理，将指定目录下的所有文件及子目录一并处理
-V	显示命令执行过程
-v version	设置文件或目录版本
+/-/=<属性>	设置/删除/指定文件或目录的该项属性

（3）典型示例

示例 1：将主目录下所有文件和子目录设置为可恢复。第一次通过在命令行提示符下输入"lsattr ~"命令显示主目录下所有文件的属性，发现主目录下所有文件的属性都为空白。在命令行提示符下输入：

chattr -R +u ~ ↙

然后再使用 lsattr 命令显示主目录下所有文件的属性，如图 6-14 所示，可以发现主目录下所有文件都具有了属性 u。

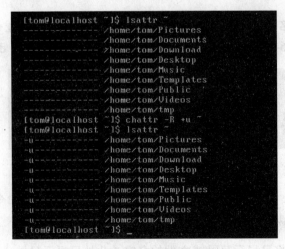

图 6-14　设置文件或目录的属性

示例 2：删除文件所具有的属性。现在欲删除主目录下 tmp 文件夹的属性 u，可在命令行提示符下输入：

`chattr -u tmp/` ✓

再通过在命令行提示符下输入"lsattr ~"命令查看主目录下所有文件的属性，发现 tmp 文件夹的属性已经变为空白，如图 6-15 所示。

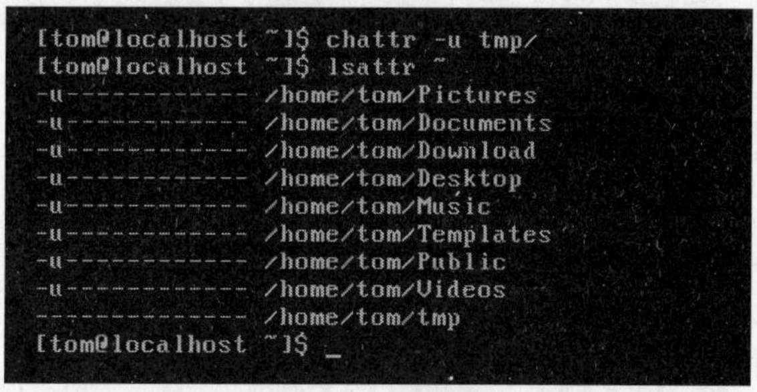

图 6-15 删除文件所具有的属性

示例 3：删除所有文件或目录的属性。若文件或目录已经具有了某些属性，现在删除其所有属性，使其属性为空白，例如，刚才给主目录下所有文件都添加了属性 u，现在通过指定属性的方式删除刚才所有文件添加的属性。在命令行提示符下输入：

`chattr -R = ~` ✓

如图 6-16 所示，可通过在命令行提示符下输入"lsattr ~"命令查看主目录下所有文件的属性。

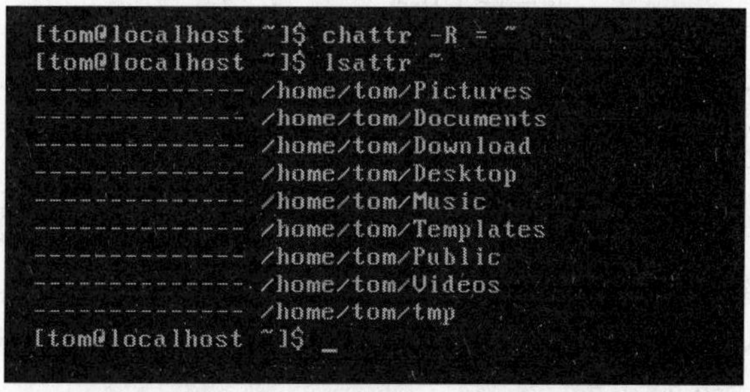

图 6-16 删除所有文件的属性

示例 4：指定文件的属性。给文件指定属性，使其只具有所指定的属性，而原来的属性将被删除。tmp 文件夹下建立文件 a.txt，首先按上述例子给其添加属性 u，然后给其指定属性 d。在命令行提示符下输入：

`chattr =d a.txt` ✓

如图 6-17 所示。

（4）相关命令

lsattr。

图 6-17 指定文件的属性

5. chgrp 命令：改变文件或者目录所属的群组

（1）语法

chgrp [OPTION]… GROUP FILE…

chgrp [OPTION]… --reference=RFILE FILE…

（2）选项及作用

选　　项	作　　用
-c或--changes	显示改变部分的命令执行过程
--dereference	修改符号链接所指示的对象（默认），而不是符号链接本身
--reference=<文件或目录>	根据指定的文件或目录所属群组，设置文件或目录的群组属性
-f或--silent或--quiet	不显示错误信息
-h或--no-dereference	仅对符号链接的文件进行修改
-R	将指定目录下的所有文件及子目录作递归处理
--help	显示帮助信息
--version	显示版本信息
-v或--verbose	显示执行的详细信息

（3）典型示例

示例 1：改变文件的群组属性。通过 ls 命令查看文件 link 的属性为 tom，用 chgrp 命令可以改变该文件的群组属性，在改变文件群组属性的时候用户必须具有管理员权限，可以通过"su -"切换到 root 用户，也可以采用 sudo 的方式运行该命令。这里采用 sudo 运行命令，在命令行提示符下输入：

sudo chgrp -v jerry link ✓

如图 6-18 所示，输入正确的密码后，可以看到 link 的群组属性已经改为 jerry 了，也可以通过 ls 命令再次查看 link 命令的群组属性。

示例 2：根据指定的文件或目录所属群组，设置文件或目录的群组属性。在示例 1 中将 link 文件的群组属性改为了 jerry，而 link_bak 文件的属性仍然为 tom，现在通过指定文件 link_bak 的所属群组，将 link 文件的群组属性重新设置为 tom。在命令行提示符下输入：

chgrp -v --reference=link_bak link ✓

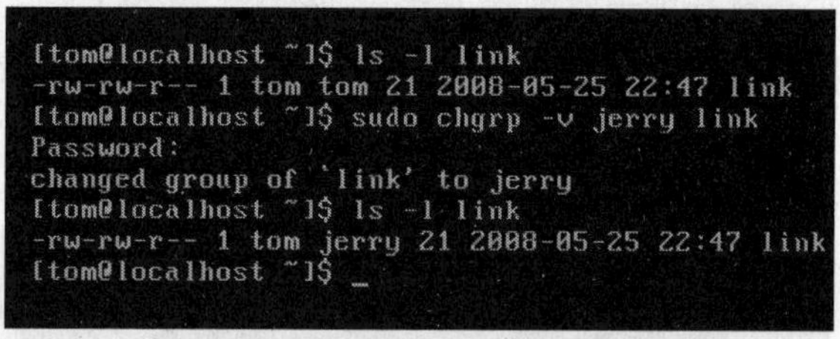

图 6-18　改变文件群组属性

　　如图 6-19 所示，通过 ls 命令可以看到 link 文件已经改变为与 link_bak 文件具有相同的群组属性了。

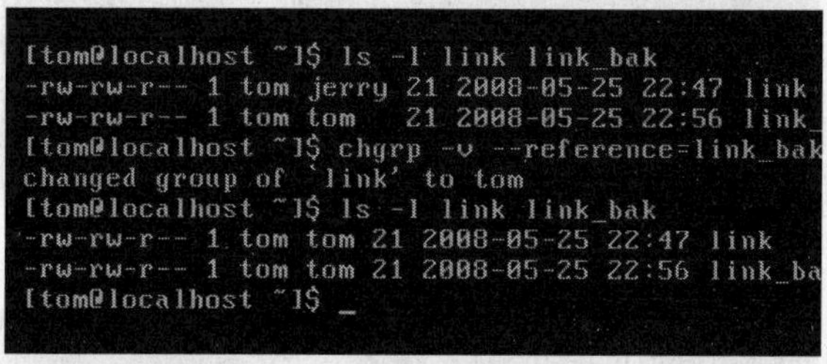

图 6-19　根据指定文件的群组属性改变文件群组属性

　　示例 3：通过-f 选项可以不显示出错信息。例如，将 link 文件的属性改为 jerry 时，若不加-f 选项，命令行提示符下将会出现操作不被允许的提示，加入-f 选项后将不会显示该信息，同时文件的属性也未被修改。在命令行提示符下输入：

chgrp -f jerry link ✓

　　如图 6-20 所示。

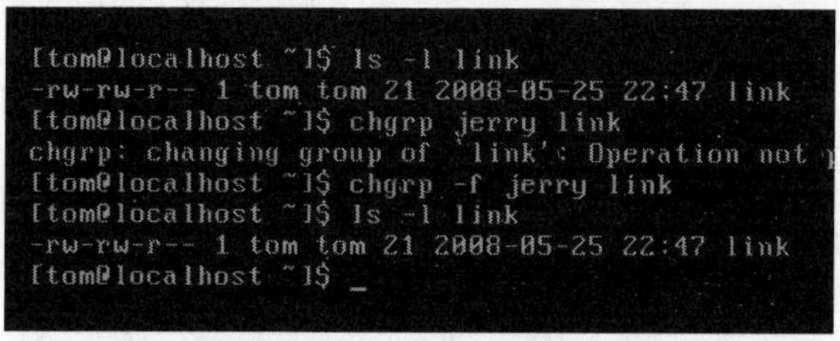

图 6-20　不显示错误信息

　　示例 4：将 tmp 目录下所有子目录和文件的所有组全部设为 jerry。在命令行提示符下输入：

sudo chgrp -R jerry tmp/ ✓

　　如图 6-21 所示，也可以切换到 root 用户后运行该命令。

　　示例 5：对符号链接本身的群组属性进行修改。例如，tmp/目录下，link_link 文件是 link 文件的符号链接，现在对 link_link 文件的群组属性进行修改，而保持符号链接所指文件的群组属性不变。在命令行提示符下输入：

```
sudo chgrp -h jerry link_link ↙
```

如图 6-22 所示。

```
[tom@localhost ~]$ ls -l tmp/
total 2
-rw-r--r-- 1 tom   tom     0 2008-05-26 21:19 a.tx
-rw-r--r-- 1 root  root    0 2008-05-26 14:02 AUTO
-rw-r--r-- 1 root  root    0 2008-05-26 14:02 CONI
-rw-rw-r-- 1 tom   tom    21 2008-05-25 22:39 c.tx
drwxr-xr-x 2 root  root 1024 2008-05-26 14:13
[tom@localhost ~]$ sudo chgrp -R jerry tmp/
Password:
[tom@localhost ~]$ ls -l tmp/
total 2
-rw-r--r-- 1 tom   jerry    0 2008-05-26 21:19 a.t
-rw-r--r-- 1 root  jerry    0 2008-05-26 14:02 AUT
-rw-r--r-- 1 root  jerry    0 2008-05-26 14:02 COI
-rw-rw-r-- 1 tom   jerry   21 2008-05-25 22:39 c.t
drwxr-xr-x 2 root  jerry 1024 2008-05-26 14:13
[tom@localhost ~]$ _
```

图 6-21　改变子目录及所有文件所属群组

```
[tom@localhost ~]$ ls -l link link_link
-rw-rw-r-- 1 tom tom 21 2008-05-25 22:47 link
lrwxrwxrwx 1 tom tom  4 2008-05-27 12:53 link_li
[tom@localhost ~]$ sudo chgrp -h jerry link_link
Password:
[tom@localhost ~]$ ls -l link link_link
-rw-rw-r-- 1 tom tom    21 2008-05-25 22:47 link
lrwxrwxrwx 1 tom jerry   4 2008-05-27 12:53 link_
[tom@localhost ~]$ _
```

图 6-22　改变符号链接本身的群组属性

示例 6：在示例 5 中是只改变了符号链接本身的群组属性，而未改变符号链接所指文件的群组属性。chgrp 命令在默认情况下（或使用参数--dereference）不会对符号链接本身进行群组属性的修改，而是对其所指文件的群组属性进行修改。例如，在命令行提示符下输入：

```
chgrp -v tom link_link ↙
```

如图 6-23 所示。

```
[tom@localhost ~]$ ls -l link link_link
-rw-rw-r-- 1 tom tom    21 2008-05-25 22:47 link
lrwxrwxrwx 1 tom jerry   4 2008-05-27 12:53 link_
[tom@localhost ~]$ chgrp -v tom link_link
group of `link_link' retained as tom
[tom@localhost ~]$ ls -l link link_link
-rw-rw-r-- 1 tom tom    21 2008-05-25 22:47 link
lrwxrwxrwx 1 tom jerry   4 2008-05-27 12:53 link_
[tom@localhost ~]$ _
```

图 6-23　修改符号链接的群组属性

在图 6-23 中可以看到，输入上面的命令后，link 文件及其符号链接文件 link_link 的群组属性都未修改，符号链接 link_link 文件的群组属性并未如预计的一样修改为 tom，而是依然显示为 jerry。原因在于 chgrp 命令默认是对符号链接所指的文件进行群组属性的修改。在本示例中，符号链接 link_link 所指的文件是 link，而 link 文件的群组属性为 tom，所以命令运行完之后，两个文件都保持了原来的群组属性。根据上面的分析知道，可以通过对符号链接的操作修改符号链接所指文件的群组属性。例如，通过符号链接文件 link_link，将文件 link 的群组属性改为 jerry，在命令行提示符下输入：

```
sudo chgrp -v jerry link_link ↙
```

如图 6-24 所示，群组属性修改时须具有相应的权限，否则不会进行群组属性的修改。

图 6-24　通过符号链接修改文件群组属性

（4）相关命令

chmod。

6. chmod 命令：设置文件或者目录的权限

（1）语法

chmod [OPTION]... MODE[,MODE]... FILE...

chmod [OPTION]... OCTAL-MODE FILE...

chmod [OPTION]... --reference=RFILE FILE...

（2）选项及作用

选　　项	作　　用
-a	所有用户均具有的权限
-c或--changes	显示改变部分的命令执行过程
-f或--silent或--quiet	不显示错误信息
-R	将指定目录下的所有文件及子目录作递归处理
-g	文件或目录所属的组
-o	除了文件或目录的所有者或所属组之外，其他用户均属于此范围

选　　项	作　　用
-r	读取权限
-s	显示拥有者或所属组的特殊权限
-t	只有文件或目录的拥有者才能执行删除
-u	文件或目录的所有者
-w	写入权限
-x	切换权限
-	不具有任何权限
--help	显示帮助信息
--version	显示版本信息
-v或--verbose	显示执行的详细信息
<权限范围>+　<权限设置>	使权限范围内的目录或文件具有指定的权限
<权限范围>-　<权限设置>	删除权限范围内的目录或文件指定的权限
<权限范围>=　<权限设置>	设置权限范围内的目录或文件的权限为指定值

（3）典型示例

示例 1：使文件具有所有的权限。例如，让普通文件 link 具有所有用户进行读、写和执行的权限。在命令行提示符下输入：

```
chmod 777 link ✓
```

如图 6-25 所示。

```
[tom@localhost ~]$ ls -l link
-rw-rw-r-- 1 tom jerry 21 2008-05-25 22:47 link
[tom@localhost ~]$ chmod 777 link
[tom@localhost ~]$ ls -l link
-rwxrwxrwx 1 tom jerry 21 2008-05-25 22:47 link
[tom@localhost ~]$ _
```

图 6-25　使文件具有所有的权限

运行命令之前 link 文件的权限是"-rw-rw-r--"，运行命令之后查看 link 文件的权限为"-rwxrwxrwx"，表示所有用户对该文件都拥有读、写和执行的权限。在这里简单介绍一下文件的权限。

权限代号如下。

● r：读取目录或文件的权限
● w：写入目录或文件的权限
● x：执行目录或文件的权限
● -：删除目录或文件的所有权限
● s：特殊权限，更改目录或文件的权限

权限范围如下。

● u：目录或文件的当前用户

- g：目录或文件当前的群组
- o：除目录或文件的当前用户或群组之外的用户或群组
- a：所有的用户和群组

例如，权限 "-rw-rw-r--" 共有 10 个字节，第一个字节表示文件类型，此处的 "-" 表示该文件为普通文件。后面 9 个字节表示文件的权限，其中，每三个字节为一组，第 2~4 字节表示当前用户（user）拥有的权限，后面三个字节表示所属组（group）拥有的权限，最后三个字节表示其他用户（others）拥有的权限。权限 "-rw-rw-r--" 表示该文件是一个普通文件，当前用户和所属组对其拥有读和写的权限，其他用户拥有读的权限。

权限也可以用八进制表示。"-" 用 0 表示，"r"、"w"、"x" 可用 1 表示，例如 "rw-" 可以写成二进制的 "110"，即十进制的 "6"；"r--" 写成二进制的 "100"，即十进制的 "4"。所以，权限 "rw-rw-r--" 可以看成二进制的 "110110100"，将其每三位为一组转换成八进制即为 "664"。再如，权限 "775"，可以将其写成二进制，即 "111111101"，按照每三位为一组 "rwx" 以及上述规则（数字 "0" 用 "-" 代替，数字 "1" 用相应的 "r" 或 "w" 代替），可以用权限代号将权限 "775" 写成 "rwxrwxr-x"，即当前用户和群组拥有读、写和执行的权限，其他用户拥有读和执行的权限。现在就不难理解权限 "777" 即代表文件拥有所有的权限了。

示例 2：删除所有用户和群组的执行权限。在命令行提示符下输入：

```
chmod a-x link ↙
```

如图 6-26 所示。

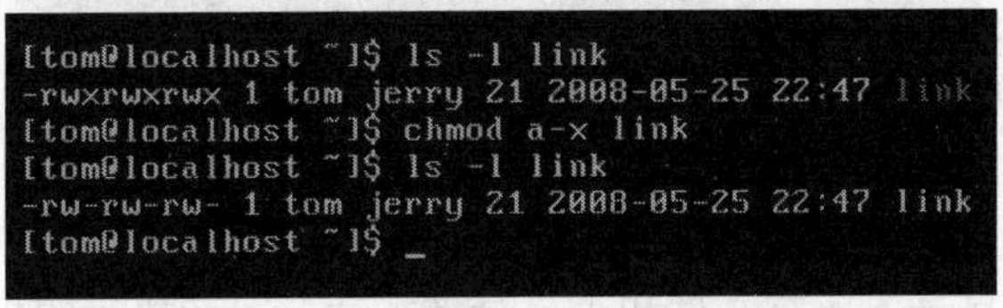

图 6-26　删除所有用户和群组的执行权限

示例 3：给文件设置指定的权限。例如，在示例 2 中，link 文件的当前用户和所属群组拥有读和写的权限，现在给 link 文件指定当前用户和所属群组只拥有读的权限。在命令行提示符下输入：

```
chmod ug=r link ↙
```

如图 6-27 所示，可以看到，其他用户或群组的权限并未改变，当前用户和所属群组的权限为指定的读权限。

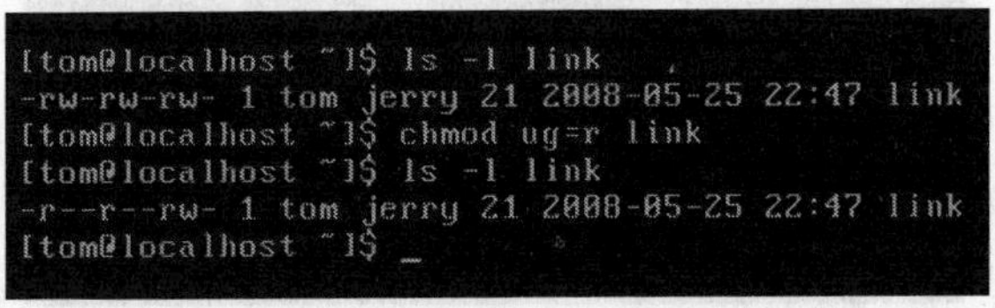

图 6-27　给文件设置指定的权限

示例 4：分别给当前用户、所属群组和其他用户或群组设置权限时，中间用","隔开。例如，给 link 文件设置当前用户拥有读和执行的权限，所属群组拥有读和写的权限，其他用户拥有只读权限。在命令行提示符下输入：

```
chmod u=rx,g=rw,o=r link ↙
```

如图 6-28 所示。

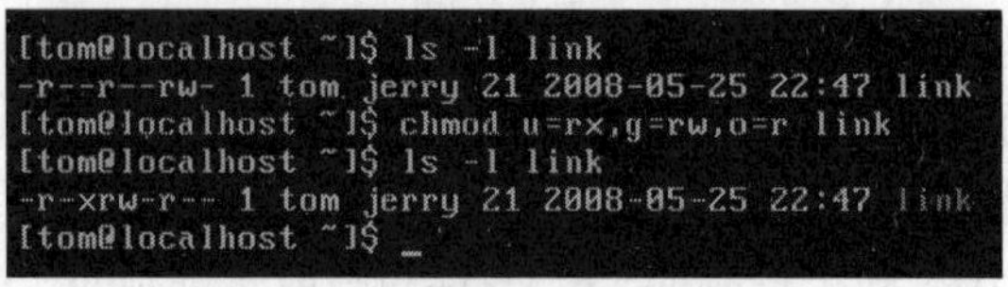

图 6-28 给不同用户分别设置权限

示例 5：上面几个示例皆是以权限代号的形式给文件设置权限，虽然对权限的设置一目了然，但不够简洁，对 Linux 系统较为熟悉后大多习惯采用八进制的方式进行文件的权限设置。例如，将 link 文件的权限设置为当前用户和所属群组拥有读、写和执行的权限，其他用户拥有读和执行的权限。在命令行提示符下输入：

```
chmod 775 link ↙
```

如图 6-29 所示。

图 6-29 以八进制方式设置文件权限

示例 6：将 tmp/目录下所有文件和子目录增加读、写和执行的权限，并显示命令运行的过程。在命令行提示符下输入：

```
chmod -VR 777 tmp/ ↙
```

如图 6-30 所示。

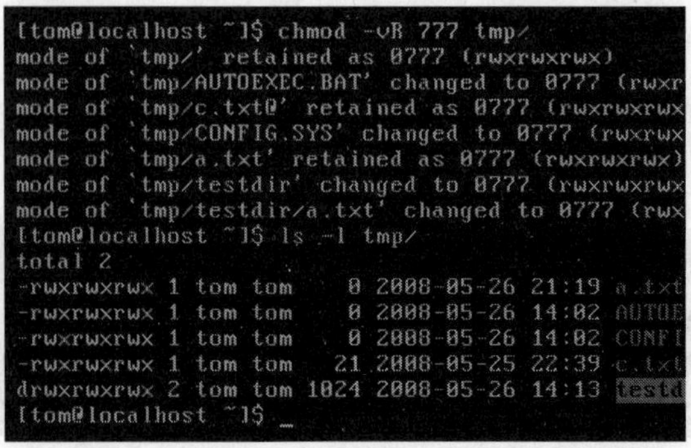

图 6-30 设置目录下所有文件及子目录的权限

（4）相关命令

chown。

7. chown 命令：改变文件的拥有者或群组

（1）语法

chown [OPTION]... {NEW-OWNER | --reference=REF_FILE} FILE...

（2）选项及作用

选　　项	作　　用
-c或--changes	仅显示返回改变的部分命令执行过程
-f、--quiet或--silent	不显示错误信息
-h或--no-dereference	仅对符号链接文件修改
--dereference	与选项-h相反
-R或--recursive	将指定目录下的所有文件及子目录进行递归处理
--help	显示帮助信息
--version	显示版本信息
-v或--verbose	显示执行的详细信息

（3）典型示例

示例 1：更改文件的拥有者。文件 link 拥有者为 tom，所属群组为 jerry，通过 chown 命令将该文件的拥有者改为 jerry。在命令行提示符下输入：

sudo chown jerry link ↙

如图 6-31 所示。

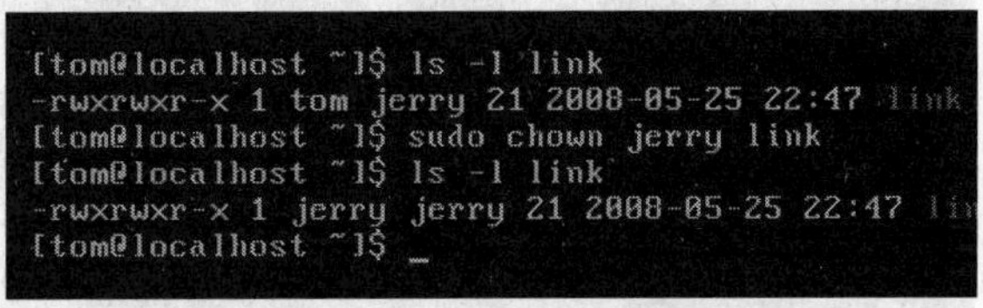

图 6-31　更改文件的拥有者

示例 2：示例 1 中 link 文件的拥有者和所属群组皆为 jerry，现在将其所属群组改为 tom，并显示命令运行的过程。在命令行提示符下输入：

sudo chown -v .tom link ↙

如图 6-32 所示。

示例 3：同时改变文件的拥有者和所属群组。在示例 2 中，文件 link 的拥有者是 jerry，所属群组为 tom，现在将其拥有者改为 tom，所属群组改为 jerry，同时显示命令运行的过程。在命令行提示符下输入：

sudo chown tom.jerry link ↙

如图 6-33 所示。

```
[tom@localhost ~]$ ls -l link
-rwxrwxr-x 1 jerry jerry 21 2008-05-25 22:47 link
[tom@localhost ~]$ sudo chown -v .tom link
Password:
changed ownership of `link' to :tom
[tom@localhost ~]$ ls -l link
-rwxrwxr-x 1 jerry tom 21 2008-05-25 22:47 link
[tom@localhost ~]$ _
```

图 6-32　修改文件的所属群组

```
[tom@localhost ~]$ ls -l link
-rwxrwxr-x 1 jerry tom 21 2008-05-25 22:47 link
[tom@localhost ~]$ sudo chown tom.jerry link
Password:
[tom@localhost ~]$ ls -l link
-rwxrwxr-x 1 tom jerry 21 2008-05-25 22:47 link
[tom@localhost ~]$ _
```

图 6-33　同时改变文件的拥有者和所属群组

示例 4：更改目录下所有文件及子目录的拥有者和所属群组。例如，将 tmp/目录下所有子目录和文件的拥有者改为 jerry。在命令行提示符下输入：

sudo chown -R jerry tmp/ ✓

如图 6-34 所示。

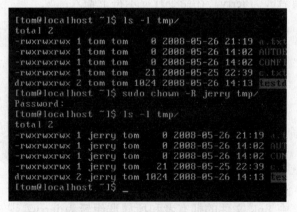

图 6-34　更改目录下所有子目录和文件的拥有者

（4）相关命令

chgrp。

8．cksum 命令：文件的 CRC 校验（该命令第一本没有）

（1）语法

cksum [FILE]…

cksum [OPTION]

（2）选项及作用

选　项	作　用
--help	显示帮助信息
--version	显示版本信息

（3）典型示例

对文件进行校验。在命令行提示符下输入：

cksum cd.log ✓

如图 6-35 所示。

```
[tom@localhost ~]$ cksum cd.log
4294967295 0 cd.log
[tom@localhost ~]$ _
```

图 6-35　对文件进行校验

（4）相关命令

ckeygen。

9. cmp 命令：比较文件的差异

（1）语法

cmp [-l | -s] file1 file2 [skip1 [skip2]]

（2）选项及作用

选　项	作　用
-c	显示差异处的十进制码，并显示其所对应的字符
-l	显示不一致的地方
-s	不显示错误信息
-i<字符数目>	指定某个数目，并从下一个数目开始比较
--help	显示帮助信息
--version	显示版本信息

（3）典型示例

示例 1：比较两个文件之间的差异。例如，比较文件 **aa.txt** 和文件 **aa.txt.bak** 之间的差异。为了更清楚地显示两文件之间差异的比较，可以通过 cat 命令查看两文件的内容，然后在命令行提示符下输入：

cmp aa.txt aa.txt.bak ✓

如图 6-36 所示。

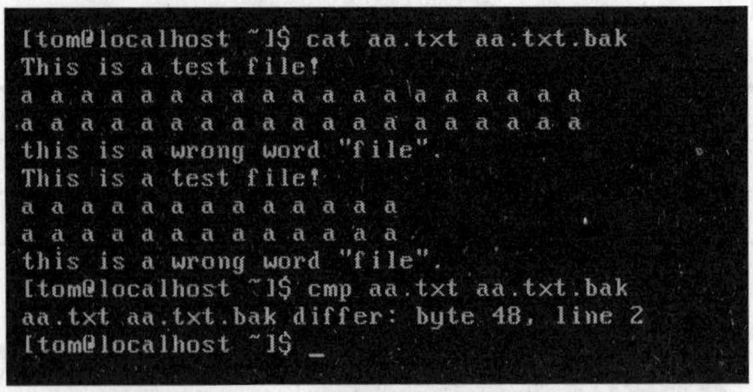

图 6-36　比较两文件的差异

示例 2：比较两个文件之间的差异，显示差异处的十进制码，并显示其所对应的字符。图 6-36 已经显示了文件 aa.txt 和文件 aa.txt.bat 的内容，以方便比较。在命令行提示符下输入：

cmp -c aa.txt aa.txt.bak ✓

如图 6-37 所示。

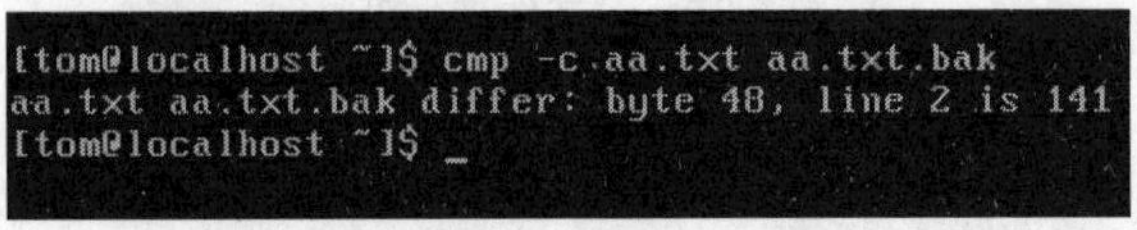

图 6-37　显示差异处对应的字符

示例 3：比较两个文件，并显示不一致的地方。新建两个文件 compare1.txt 和 compare2.txt，文件的内容分别为"compare test file one."和"compare test file two."（下面的例子将继续采用这两个文件）。现在对这两个文件进行比较，并显示这两个文件不一致的地方。在命令行提示符下输入：

cmp -l compare1.txt compare2.txt ✓

如图 6-38 所示。

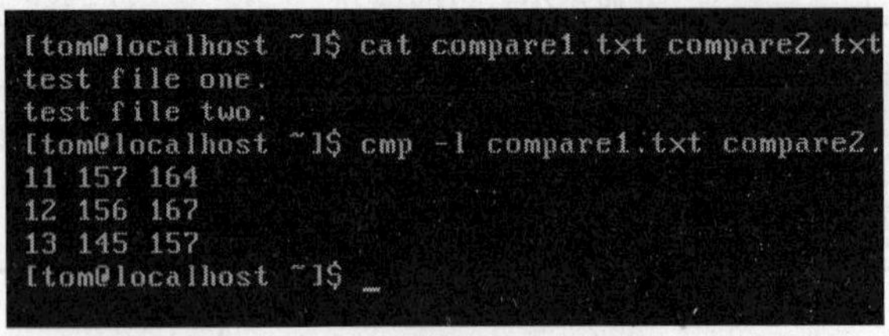

图 6-38　比较文件并显示文件不同处

图 6-38 中仅显示了文件不同处的位置，为了直观显示文件的差异，可以如示例 2 通过选项-c 显示差异处对应的字符。在命令行提示符下输入：

cmp -cl compare1.txt compare2.txt ✓

如图 6-39 所示。

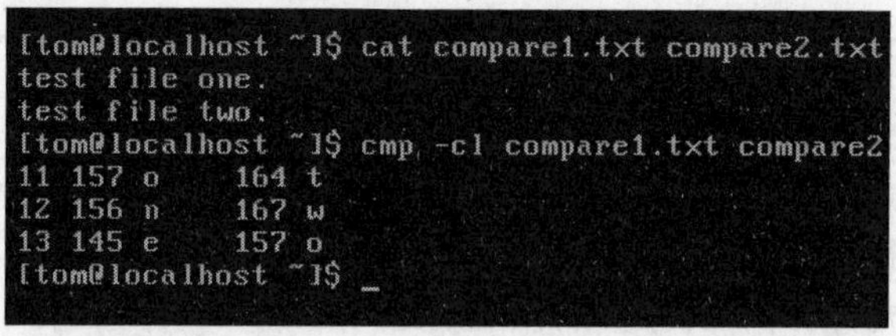

图 6-39 显示文件不同处的位置及对应字符

示例 4：指定某个数目，并从下一个数目开始比较。示例 3 中是从第一个字符开始进行比较，也可以通过选项-i 从指定的字符开始比较。例如，想从两文件的第 12 个字符开始进行比较，只需要设定选项-i 的参数为 11 即可。在命令行提示符下输入：

cmp -cli 11 compare1.txt compare2.txt ✓

如图 6-40 所示。

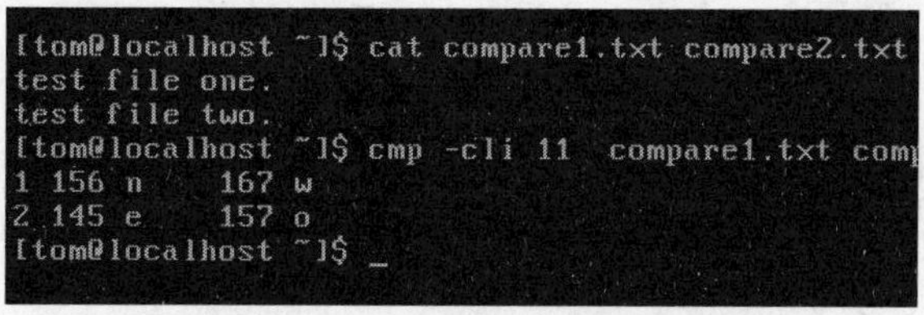

图 6-40 从指定位置处开始比较文件

（4）相关命令

diff。

10. cp 命令：复制

（1）语法

cp [OPTION]... [-T] SOURCE DEST

cp [OPTION]... SOURCE... DIRECTORY

cp [OPTION]... -t DIRECTORY SOURCE...

（2）选项及作用

选 项	作 用
-a或--archive	此参数和同时指定-dpPR参数的效果相同
-b或--backup	对删除或覆盖的文件进行备份，并对文件添加备份字符串
-d或--no-dereference	复制符号链接时，把目的文件或目录建立为符号链接，并指向源文件或目录链接的原始文件或目录
-f或--force	强制复制文件或目录
-i或--interactive	覆盖文件之前先对用户询问
-l或--link	对来源文件建立硬链接
-p或--preserve	保留来源文件或目录的属性

· 353 ·

续表

选　项	作　用
-P	保留来源文件或目录的路径
-r	将指定目录下的文件和子目录进行递归处理，若文件或目录的类型不属于目录或符号链接，则统一作为普通文件处理
-R或--recursive	将指定目录下的文件和子目录进行递归处理
-s或 --symbolic-link	不进行复制，只对来源文件建立符号链接
-u或--update	当来源文件的更改时间比目的文件新，或名称相对应的目的文件不存在时，执行复制文件
-x	只有当复制的文件或目录存放的文件系统和执行cp命令所处的系统一致时，才执行文件复制
--help	显示帮助信息
--version	显示版本信息

（3）典型示例

示例 1：将 A_DIR/目录下 c.txt 文件复制到 tmp/目录下。在命令行提示符下输入：

`cp A_DIR/c.txt tmp/` ✓

如图 6-41 所示。

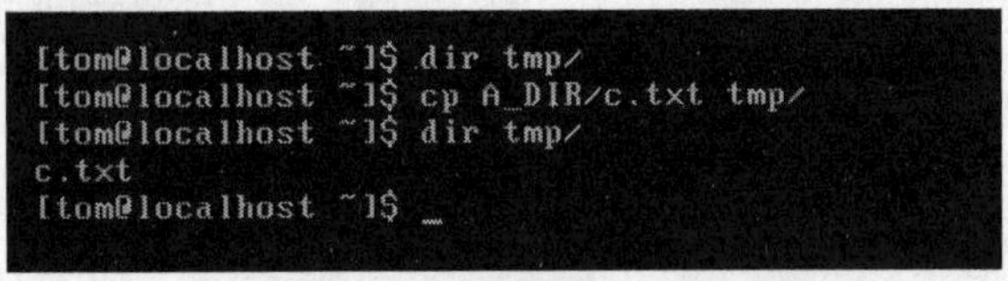

图 6-41　复制文件

示例 2：覆盖目录或文件前用互动方式询问用户是否进行复制。例如，在示例 1 中已经向 tmp/目录下复制了文件 c.txt，通过-i 选项再次向 tmp/目录下复制 c.txt 文件时，将提示用户是否覆盖该文件。在命令行提示符下输入：

`cp -i A_DIR/c.txt tmp/` ✓

如图 6-42 所示。

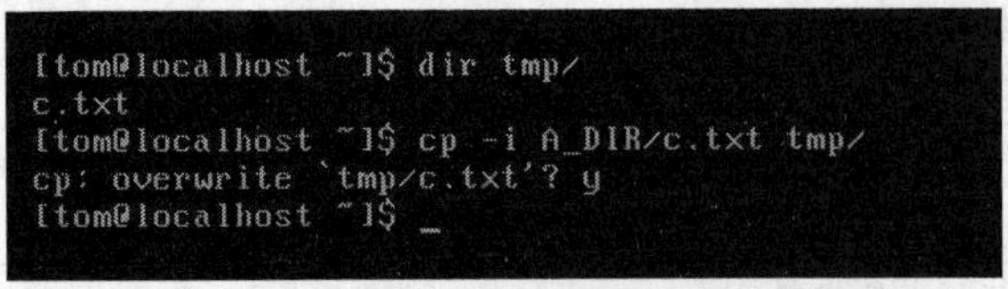

图 6-42　互动方式复制文件

示例 3：对删除或覆盖的文件进行备份，并对文件添加备份字符串~。例如 tmp/目录下已有文件 c.txt，现在再向该目录下复制相同文件名的文件 c.txt，通过-b 选项将会在 tmp/目录下建立一个备份文件，该备份文件的文件名以备份字符串~为后缀，如图 6-43 所示。

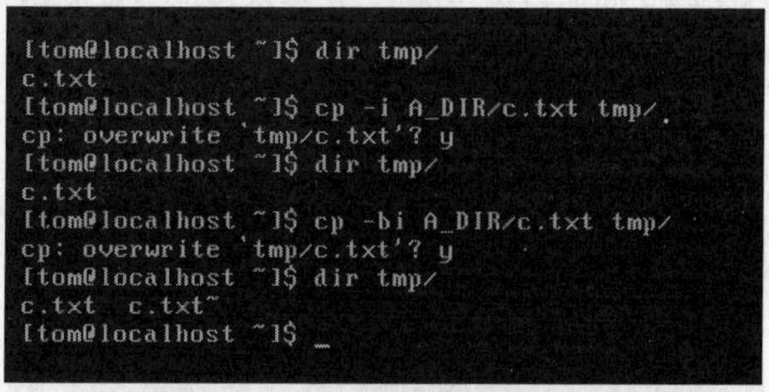

图 6-43　对覆盖的文件进行备份

示例 4：对目录及目录下的所有子目录和文件进行复制。例如，将目录 A_DIR 复制成另一个目录 B_DIR，并且将 A_DIR 目录下的文件也复制到 B_DIR 目录下相应位置，若目录 B_DIR 不存在，将会新建该目录。在命令行提示符下输入：

cp -R A_DIR B_DIR ✓

如图 6-44 所示。

图 6-44　复制目录

示例 5：与示例 4 类似，可以将一个文件复制成另一个名字的文件而不改变文件的内容及属性，例如 A_DIR/目录下的文件 c.txt 的内容是 "this is a test file!"，通过 cp 命令复制另一个文件 b.txt。该文件的内容及属性与 c.txt 文件相同，可以通过 cat 和 ls 命令进行查看。在命令行提示符下输入：

cp A_DIR/c.txt A_DIR/b.txt ✓

如图 6-45 所示。

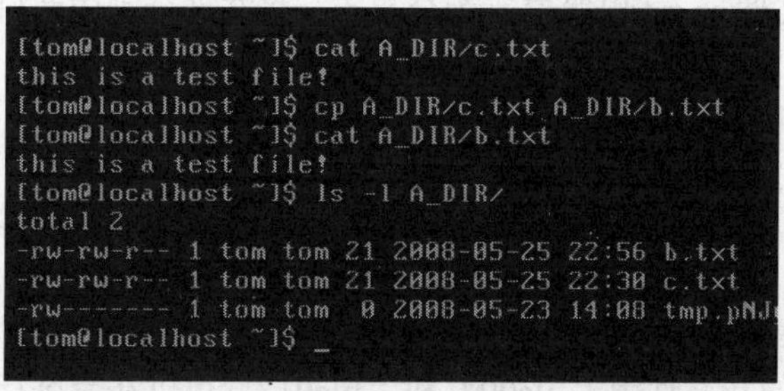

图 6-45　复制成新文件并保留原文件属性

示例 6：示例 3 中进行备份复制时，备份文件默认的后缀为~。有时要对备份文件加以特定的后缀，例如，给备份文件加后缀"@"。在命令行提示符下输入：

```
cp -bv --suffix=@ A_DIR/c.txt tmp/ ✓
```

如图 6-46 所示，通过 dir 命令可以看到 tmp/目录下备份文件为 c.txt@。

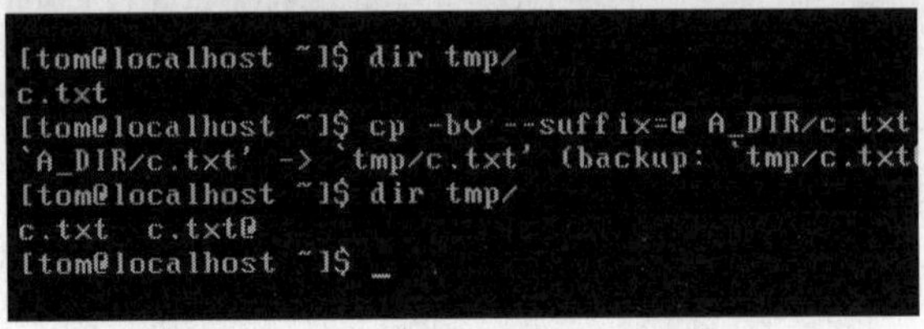

图 6-46　给备份文件指定后缀

（4）相关命令

mv、ld。

11. csplit 命令：分割文件

（1）语法

csplit [OPTION]… FILE PATTERN…

（2）选项及作用

选　项	作　用
-k，--keep-files	发生错误或中断执行时对文件进行保留
-s，--quiet，--silent	不显示命令执行过程
-z，--elide-empty-files	删除长度为0字节的文件
-b，--suffix-format=FORMAT	设置默认模式下输出格式的文件名称（默认%02d）
-f，--prefix=PREFIX	设置默认模式下输出首字符串的文件名称（默认xx）
-n<输出文件名位数>	设置默认模式下输出文件名位数的文件
--help	显示帮助信息
--version	显示版本信息

（3）典型示例

示例 1：将文本文件 aa.txt 以第二行为分界点，将文件分割成两份。在命令行提示符下输入：

```
csplit aa.txt 2 ✓
```

如图 6-47 所示，文件 aa.txt 被分割成了文件 xx00 和文件 xx01。文件 xx00 包含的是第 2 行之前（即第 1 行）的内容，文件 xx01 是剩下部分的内容。

示例 2：在示例 1 中分割成新的文件的文件名前缀为默认的"xx"，也可以指定文件名前缀。例如要想生成的新文件为"file00"和"file01"，可以在命令行提示符下输入：

csplit -f file aa.txt 2　✓

如图 6-48 所示。

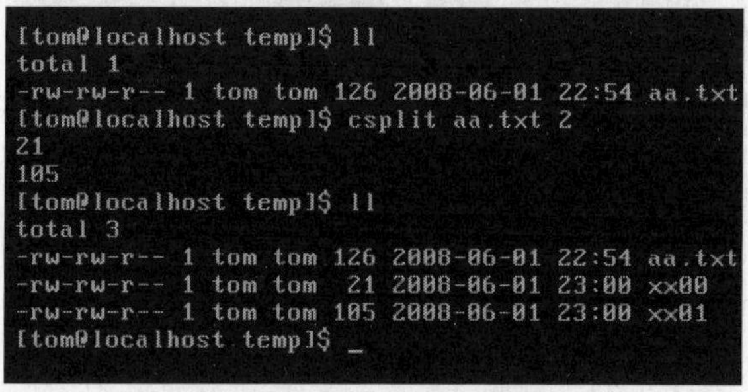

图 6-47　以默认格式分割文件

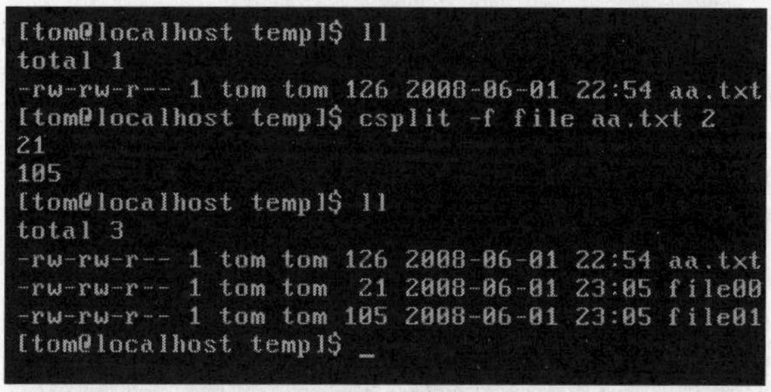

图 6-48　指定分割文件的文件名前缀

示例 3：示例 2 中分割文件的文件名为 "file00" 和 "file01"，在默认情况下，文件名宽度为 2，即 "00" 和 "01"。也可以通过选项 -n 设置文件名的宽度。例如，设置文件名宽度为 1，即分割后生成的文件的文件名分别为 "file0" 和 "file1"。在命令行提示符下输入：

csplit -f file -n 1 aa.txt 2　✓

如图 6-49 所示。

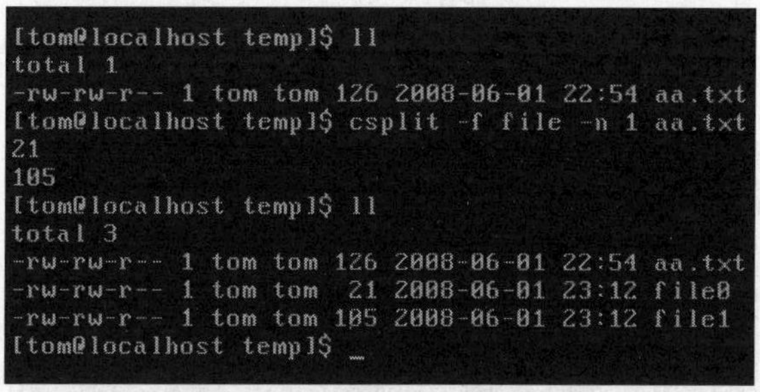

图 6-49　指定文件名宽度

示例 4：将文本文件 aa.txt 以两行为分界点进行 2 次分割，并自行指定输出文件的文件名。在命令行提示符下输入：

csplit -b "f%x" aa.txt 2 {1}　✓

如图 6-50 所示。

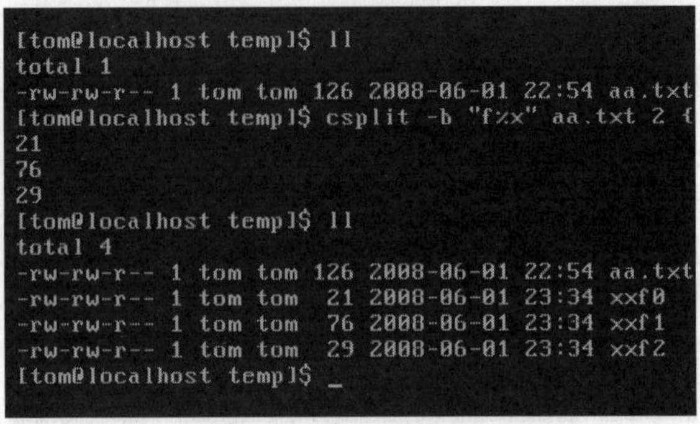

图 6-50　将文件多次重复分割

大括号"{}"内的数字表示重复执行的次数，从 0 开始。为 0 时，将文件分割成两份；为 1 时，表示再重复执行 1 次分割命令，即最终分割成了 3 份文件。当大括号内为"*"时，表示重复不停地执行分割命令，直到剩余部分不满足分割为止，如图 6-51 所示。

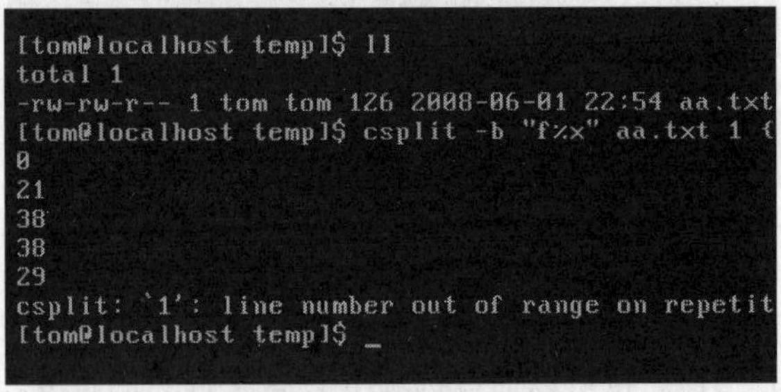

图 6-51　不断分割文件

示例 5：以字符串为分界点分割文件。例如，将文本文件 aa.txt 以字符串"a a"为分界点将文件分割成两份。在命令行提示符下输入：

csplit aa.txt /"a a"/ ✓

如图 6-52 所示。

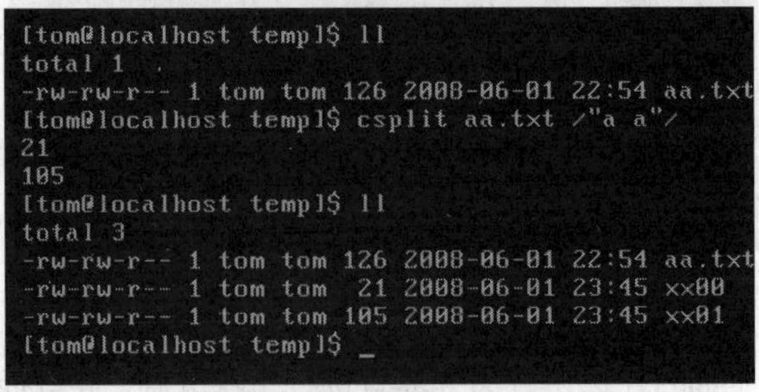

图 6-52　以给定字符串为分界点分割文件（1）

示例 6：示例 5 中，以给定的字符串"a a"为分界点分割文件，也可以设置偏移量，从该字符串下的某行开始分割文件。例如，从字符串"a a"后的下一行开始分割文件。在命令行提示符下输入：

```
csplit aa.txt /"a a"/+1 ↙
```

如图 6-53 所示。可以看到，由于本例是从指定字符串的下一行开始分割文件，所以，分割出的第一个文件xx00比示例5中的该同名文件多出一行的内容，文件所占字节数变大了。

```
[tom@localhost temp]$ ll
total 1
-rw-rw-r-- 1 tom tom 126 2008-06-01 22:54 aa.txt
[tom@localhost temp]$ csplit aa.txt /"a a"/+1
59
67
[tom@localhost temp]$ ll
total 3
-rw-rw-r-- 1 tom tom 126 2008-06-01 22:54 aa.txt
-rw-rw-r-- 1 tom tom  59 2008-06-01 23:51 xx00
-rw-rw-r-- 1 tom tom  67 2008-06-01 23:51 xx01
[tom@localhost temp]$ _
```

图 6-53　以给定字符串为分界点分割文件（2）

（4）相关命令

split。

12．diff 命令：生成差异信息

（1）语法

diff [options] from-file to-file

（2）选项及作用

选　　项	作　　用
- <lines>	指定显示的文本行数，必须与选项-c和-u一并使用
-a	逐行比较文本文件
-b	不比较空白字符的数目
-B	不比较空白行的数目
--brief	简洁模式
-c	标出不同的内容，并显示不同部分前后的内容
-C <lines> --context [=lines]	与-c -<line>效果同
-d	使用不同的算法时以较小的单位作为比较
-f	按照原文的顺序显示不同的内容
-H	加快比较的速度
-i	忽略大小写的比较
-l	将结果交给pr程序分页
-n	将比较结果以RCS的格式显示
-N	将文件与空白文件比较
-p	列出差异所在的函数

续表

选　　项	作　　用
-q	仅显示有无差异
-r	比较子目录中的文件
-s	不管有无差异，仍然显示信息
-t	输出时，将tab字符展开
-T	每行前加tab使其对齐
-u	用合并的方式显示文件的差异
-y	以并列的方式显示文件的不同
-x<文件或目录>	不比较指定的文件或目录
-X<文件>	不对文本文件作比较
-W <columns>	使用-y参数时指定栏宽
--help	显示帮助信息
--version	显示版本信息

（3）典型示例

示例 1：比较两文件的异同，默认进行逐行比较。在命令行提示符下输入：

diff compare1.txt compare2.txt ✓

如图 6-54 所示。

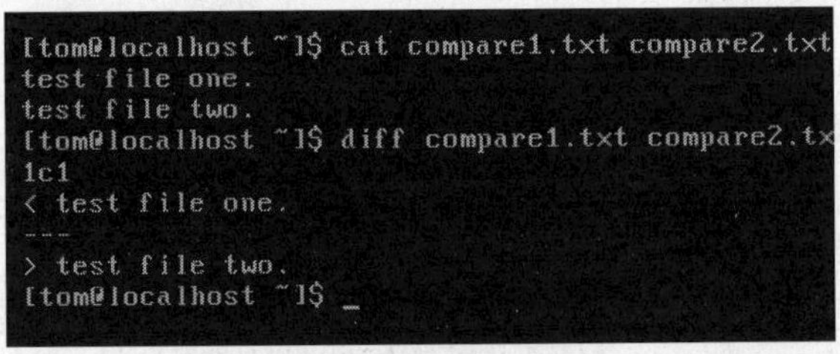

图 6-54　比较两文件的异同

示例 2：比较两文件的异同，仅显示有无差异而不显示详细内容，可以与示例 1 的结果进行对比。在命令行提示符下输入：

diff -q compare1.txt compare2.txt ✓

如图 6-55 所示，其结果与采用参数--brief 相同。

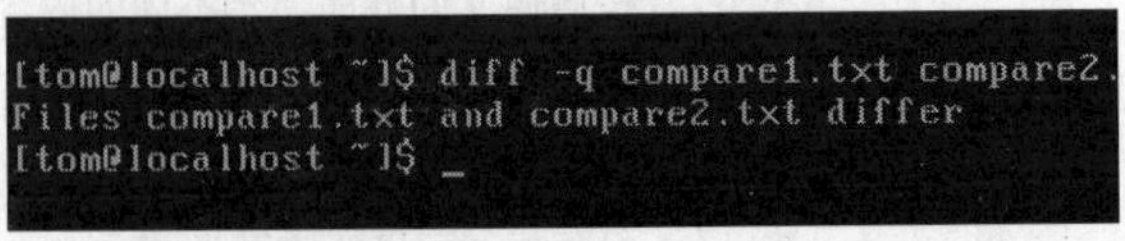

图 6-55　比较两文件异同而不显示详细内容

示例 3：标出不同的内容，并显示不同部分前后的内容。在命令行提示符下输入：

diff -c compare1.txt compare2.txt ✓

如图 6-56 所示，"!"表示此行不同。

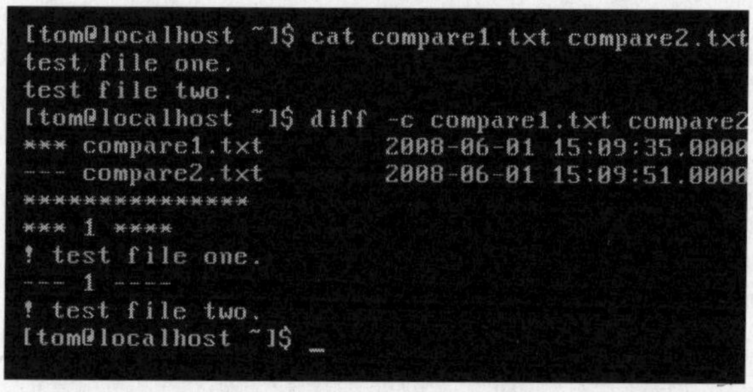

图 6-56　标出不同的内容并显示其前后内容

示例 4：比较两个文件，以并列的方式显示文件的不同，通过选项-W 设置栏宽。在命令行提示符下输入：

diff –yW 40 compare1.txt compare2.txt ✓

如图 6-57 所示，左边栏为文件 compare1.txt 的内容，右边栏为 compare2.txt 的内容。

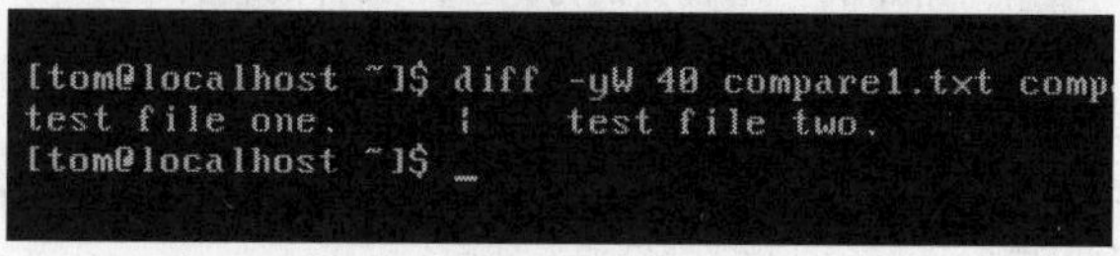

图 6-57　以并列方式显示文件的不同

示例 5：比较目录的不同。在命令行提示符下输入：

diff /home/tom/tmp1/ /home/tom/tmp2/ ✓

如图 6-58 所示。

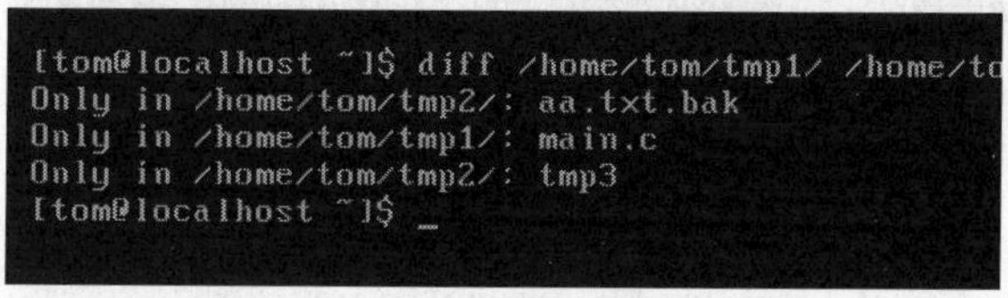

图 6-58　比较两个目录的不同

示例 6：diff 命令默认不会比较子目录中的文件。若要将子目录下的文件也进行比较，可以采用选项-r。在命令行提示符下输入：

diff -r /home/tom/tmp1/ /home/tom/tmp2/ ✓

如图 6-59 所示。

示例 7：比较两个文件，显示不同之处的前后部分的内文，将结果以合并的方式输出，并将结果输出到文件 rr.diff 中。在命令行提示符下输入：

diff -u compare1.txt compare2.txt > rr.diff ✓

如图 6-60 所示，通过 cat 命令来显示文件 rr.diff 中的内容。

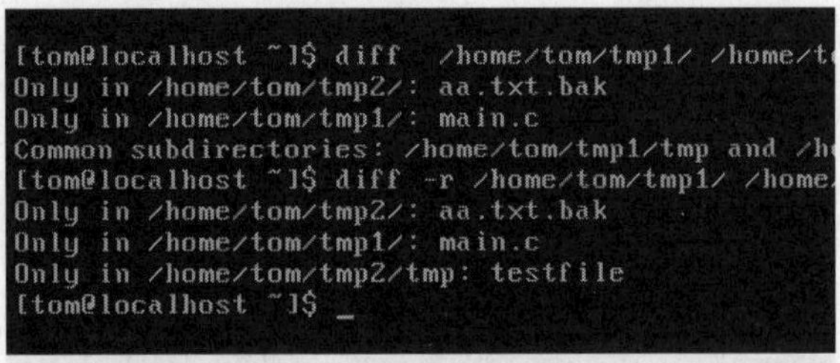

图 6-59   比较目录及子目录中的文件

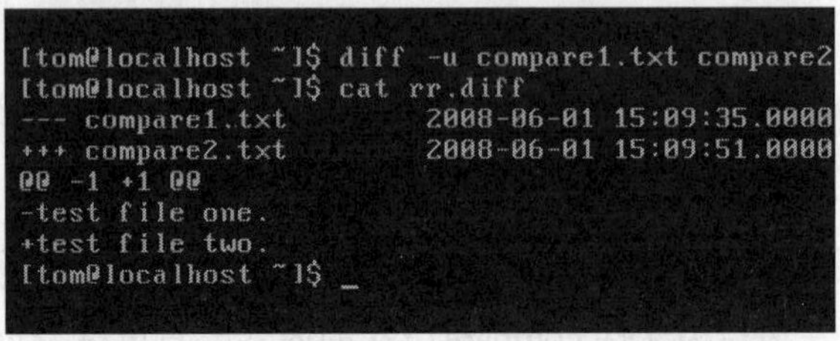

图 6-60   用合并的方式显示文件的差异

示例 8： 利用 diff 命令生成补丁文件以及打补丁。通过与示例 7 类似的操作生成补丁
文件。例如，比较文件 compare1.txt 和 compare2.txt 的不同，并生成补丁文件。在命令行提
示符下输入：

diff -ruN compare1.txt compare2.txt >rr.diff ✓

如图 6-61 所示，与示例 7 有相同结果。

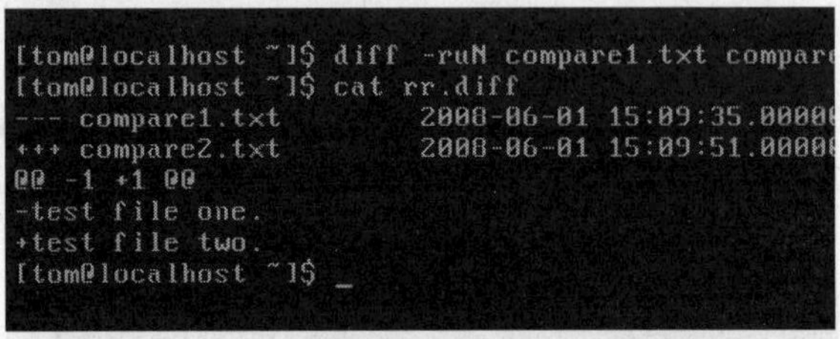

图 6-61   生成补丁文件

用 patch 命令进行打补丁操作，选择需要打补丁的文件后，该文件的内容将被修改。
在命令行提示符下输入：

patch -p1 <rr.diff

如图 6-62 所示。

选择文件 compare1.txt 作为被打补丁文件，打完补丁后文件 compare1.txt 和 compare2.txt
的内容变为相同。如图 6-63 所示，两文件相同时，diff 命令默认将不给出任何信息。

（4）相关命令

cmp、comm、ed、patch、pr、sdiff。

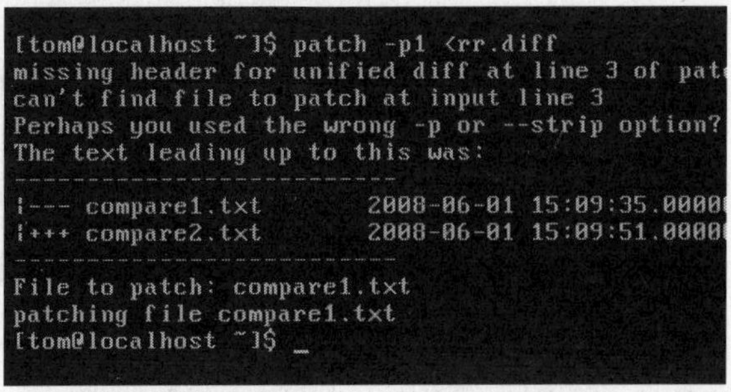

图 6-62　打补丁

图 6-63　打完补丁后的文件

13. diffstat 命令：diff 结果的统计信息

（1）语法

diffstat [options] [file-specifications]

（2）选项及作用

选　项	作　用
-c	为输出的每一行添加前缀"#"，使之成为shell脚本的注解行
-e <file>	重定向标准错误到<file>
-f <format>	指定矩形图的格式。"0"表示简明格式；"1"表示正常输出；"2"表示用点填充矩形图；"4"表示用矩形图打印每一个值
-h	打印出语法信息（帮助信息）
-k	在生成的报告中抑制文件名的合并
-l	仅列出文件名，不产生矩形图
-n<文件长度>	指定文件名的最大长度，此最大长度必须不小于文件中的最长文件名
-o <file>	重定向标准输出到<file>
-p<文件名长度>	与-n选项同，但此处的文件名长度包括了文件路径
-v	显示进展
-V	显示当前版本
-w<列位宽度>	指定输出列的宽度

（3）典型示例

示例 1：比较目录 tmp1 和 tmp2 及其子目录下所有的文件，并统计 diff 信息。在命令行提示符下输入：

diff -r tmp1/ tmp2/ |diffstat ↙

如图 6-64 所示。

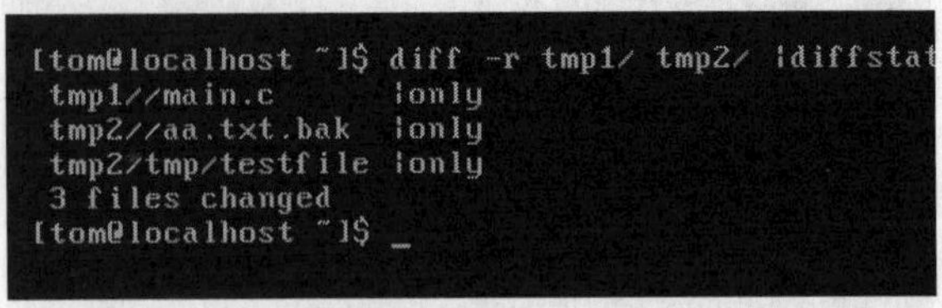

图 6-64　统计 diff 信息

示例 2：用 diffstat 统计 diff 信息，为输出的每一行添加前缀"#"，使之成为 shell 脚本的注解行。在命令行提示符下输入：

diff -r tmp1/ tmp2/ |diffstat -c ✓

如图 6-65 所示。

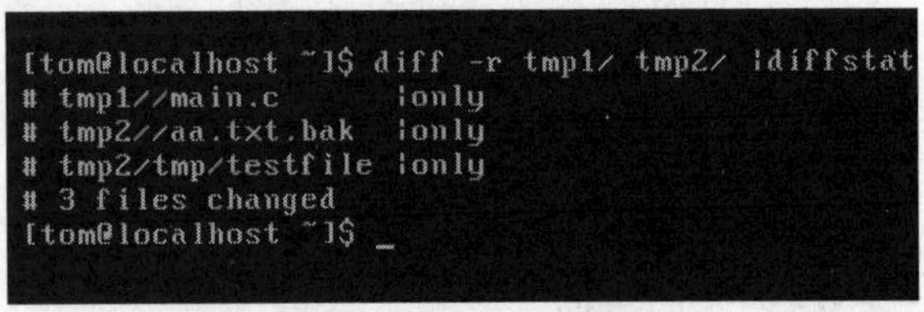

图 6-65　为输出行添加前缀"#"

示例 3：将统计结果重定向到指定文件。例如，将示例 1 中显示的统计结果重定向到文件 static 中，然后通过 cat 命令显示文件 static 的内容。在命令行提示符下输入：

diff -r tmp1/ tmp2/ |diffstat -o static ✓

如图 6-66 所示。

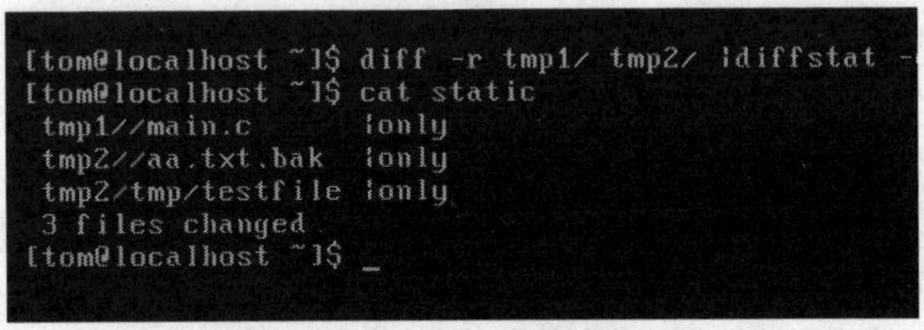

图 6-66　将统计结果重定向到指定文件

示例 4：统计 diff 信息，仅显示文件名。在命令行提示符下输入：

diff -r tmp1/ tmp2/ |diffstat -l ✓

如图 6-67 所示。

（4）相关命令

diff。

```
[tom@localhost ~]$ diff -r tmp1/ tmp2/ |diffstat
tmp1/main.c
tmp2/aa.txt.bak
tmp2/tmp/testfile
[tom@localhost ~]$ _
```

图 6-67   统计 diff 信息，仅显示文件名

14. dirname 命令：显示文件的除名字外的路径

（1）语法

dirname NAME

dirname OPTION

（2）选项及作用

选　　项	作　　用
--help	显示帮助信息
--version	显示版本信息

（3）典型示例

显示文件的除名字外的路径。在命令行提示符下输入：

dirname /home/tom/temp ✓

如图 6-68 所示。

```
[tom@localhost ~]$ dirname /home/tom/temp/
/home/tom
[tom@localhost ~]$ _
```

图 6-68   显示文件的除名字外的路径

（4）相关命令

basename、readlink。

15. file 命令：识别文件的类型

（1）语法

file [-bchikLnNprsvz] [-f namefile] [-F separator] [-m magicfiles] file

file -C [-m magicfile]

（2）选项及作用

选　　项	作　　用
-b，--brief	列出识别结果时，不显示文件的名称
-c，--checking-printout	显示命令执行的详细过程

续表

选　　项	作　　用
-f，--files-from <namefile>	依次识别文件里所包含的多个文件
-F，--separator <separator>	使用专用字符串作为文件名与文件结果返回间的分隔符，默认为"："
-i	输出mime类型字符串
-L，--dereference	显示符号链接所指向的文件类型
-h，--no-dereference	与-L相反，默认为该选项
-m，--magic-file <file>	设定魔法数字文件
-n，--no-buffer	将结果打印到标准输出
-N，--no-pad	使文件名在标准输出对齐
-s，--special-files	识别特殊设备或分区
-z，--uncompress	解读压缩文件的内容
--help	显示帮助信息并退出
-v，--version	显示版本信息

（3）典型示例

显示当前目录下文件和目录的类型。在命令行提示符下输入：

file * ✓

如图 6-69 所示，显示了当前目录下所有目录和文件的类型。

图 6-69　显示当前目录下文件和目录的类型

（4）相关命令

magic、strings、od、hexdump。

16. filterdiff 命令：从 diff 文件中提取不同

（1）语法

filterdiff [-i PATTERN] [-p n] [--strip=n] [--addprefix=PREFIX] [-x PATTERN] [--verbose]
[-v] [-z] [[-# RANGE] | [--hunks=RANGE]] [--lines=RANGE] [--files=RANGE] [--annotate]
[--format=FORMAT] [--as-numbered-lines=WHEN] [--remove-timestamps] [file...]

filterdiff {[--help] | [--version] | [--list] | [--grep ...]}

（2）参数及作用

参　　数	作　　用
--list	等同于命令lsdiff
--grep	等同于命令grepdiff
--help	显示帮助信息
--version	显示版本信息

（3）典型示例

从 diff 文件中提取不同。例如，利用 diff 命令生成了 diff 文件，通过 filterdiff 命令从 diff 文件中提取不同。在命令行提示符下输入：

filterdiff poem.diff ✓

如图 6-70 所示。

```
[tom@localhost ~]$ filterdiff poem.diff
--- poem        2008-08-04 10:03:29.000000000 +0
+++ poem.bak    2008-08-04 19:50:39.000000000 +0
@@ -1,3 +1,3 @@
 My heart's in the Highlands
 my heart is not here
-My heart's in the Highlands a chasing the deer
+My heart's in the
[tom@localhost ~]$ _
```

图 6-70　从 diff 文件中提取不同

（4）相关命令

lsdiff、grepdiff。

17. find 命令：查找文件或目录

（1）语法

find [-amin<时间>] [-anewer<参考文件或目录>] [-atime<时间>] [-cmin<时间>] [-cnewer<参考文件或目录>] [-ctime<时间>] [-daystart] [-depth] [-empty] [-exec<命令>] [-false] [-fls<列表文件>] [-follow] [-fprint<列表文件> <输出格式>] [-fstype<文件系统类型>] [-gid<组识别码>] [-group<组名称>] [-help] [-ilname<范本模式>] [-iname<范本模式>] [-ipath<范本模式>] [-iregex<范本模式>] [-links<链接数目>] [-lname<范本模式>] [-ls] [-maxdepth<目录层次>] [-mindepth<目录层次>] [-mmin<时间>] [-mount] [-mtime<时间>] [-name<范本模式>] [-newer<参考文件>] [-nogroup] [-noleaf] [-nouser] [-ok<命令>] [-path<范本模式>] [-perm<权限数值>] [-print] [-print0] [-printf<输出格式>] [-prune] [-regex<范本模式>] [-size<文件大小>] [-true] [-type<文件类型>] [-uid<用户识别码>] [-used<时间>] [-user<拥有者名称>] [-xtype<文件类型>]

（2）选项及作用

选　　项	作　　用
-amin<时间>	查找以分钟为单位内存取过的文件或目录
-anewer<参考文件或目录>	查找存取时间较指定文件或目录更为接近的文件存取时间

续表

选　项	作　用
-atime<时间>	查找以小时为单位内存取过的文件或目录
-cmin<时间>	查找以分钟为单位内更改过的文件
-cnewer<参考文件或目录>	查找更改时间比指定的文件或目录的更改时间更为接近的文件或目录
-ctime<时间>	查找以小时为单位内更改过的文件
-daystart	从本日开始计算时间
-depth	从指定目录下最深沉的文件开始查找
--empty	查找文件大小为0字节的文件
-exec<命令>	如果find命令的返回值为真，则执行该命令
-false	将find命令的值设为假
-fls<列表文件>	如果find命令的返回值为真，将文件或目录列输出，并把结果存储
-follow	排除符号链接
-fprint<列表文件> <输出格式>	如果find命令的返回值为真，将文件或目录列输出，并把结果存储成指定的列表文件
-fstype<文件系统类型>	仅查找该文件系统下的文件或目录
-gid<组识别码>	查找符合指定的组识别码的文件或命令
-group<组名称>	查找符合指定组名称的文件或目录
-help	显示帮助
-ilname<范本模式>	指定字符串作为查找符号链接的范本模式，当忽略字母的大小
-iname<范本模式>	指定字符串作为查找符号链接的范本模式，当忽略字母的大小
-ipath<范本模式>	指定字符串作为查找符号链接的范本模式，当忽略字母的大小
-iregex<范本模式>	指定字符串作为查找符号链接的范本模式，当忽略字母的大小
-links<链接数目>	查找符合指定文件的硬链接数目的文件或目录
-lname<范本模式>	指定字符串作为查找符号链接的范本模式
-ls	如果find命令的返回值为真，将文件或目录列输出
-maxdepth<目录层次>	设定最大目录层级
-mindepth<目录层次>	设定最小目录层级
-mmin<时间>	查找以分钟为单位的时间内变动过的文件
-mount	将范围局限在当前的系统文件中
-mtime<时间>	查找以小时为单位的时间内变动过的文件
-name<范本模式>	指定字符串作为查找文件或目录的范本模式
-newer<参考文件>	查找更改时间比指定文件或目录的更改时间更接近的文件或目录
-nogroup	找出不属于本地主机组识别码的文件或链接
-noleaf	不对目录至少拥有两个硬链接的情况进行最优化
-noueser	找出不属于本地主机用户组识别码的文件目录
-ok<命令>	将范围局限在当前的系统文件中，并执行命令前先询问用户
-path<范本模式>	指定字符串作为查找文件或目录的范本模式
-perm<权限数值>	查找符合指定的权限数值的文件或目录
-print	如果find命令的返回值为真，将文件或目录列输出
-print0	如果find的返回值为真，将文件或目录在同一行输出

续表

选　　项	作　　用
-printf<输出格式>	如果find的返回值为真，将文件或目录输出，格式可自定
-prune	不查找当前的目录
-regex<范本模式>	指定字符串作为查找文件或目录的范本模式
-size<文件大小>	查找符合文件大小的文件
-true	将find命令设置为真
-type<文件类型>	只查找符合指定文件类型的文件
-uid<用户识别码>	查找符合用户识别码的文件或目录
-used<时间>	以日为单位，查找在更改过的文件之后曾存取的文件或目录
-user<拥有者名称>	查找符合指定拥有者名称的文件或目录
-xtype<文件类型>	查找针对符号链接下的文件

（3）典型示例

示例 1：直接在命令行提示符下输入 find 命令，可以列出当前目录下所有子目录及文件（包括隐藏文件）的名称。例如在命令行提示符下输入：

find ✓

如图 6-71 所示。

图 6-71　列出当前目录下所有文件的名称

示例 2：查找在指定时间内修改过的文件。例如，查找当前目录下在 1 小时内修改过的文件。在命令行提示符下输入：

find -atime -1 ✓

如图 6-72 所示。

```
[tom@localhost temp]$ find -atime -1
.
./.aa.txt
./x02
./x00
./x03
./manual
./file0
./x01
./file1
[tom@localhost temp]$ _
```

图 6-72　查找在指定时间内修改过的文件

示例 3：查找指定字符串类型的文件。例如查找 tmp1/目录下以.txt 为文件名后缀的文件。在命令行提示符下输入：

find -name *.txt ✓

如图 6-73 所示。

```
[tom@localhost temp]$ find -name *.txt
./aa.txt
[tom@localhost temp]$ _
```

图 6-73　查找指定字符串类型的文件

示例 4：查找符合指定组名称的文件或目录，并设定查找的最大目录层级。例如查找/home/目录下属于群组 tom 的目录或文件，并设定查找的最大目录层级为 1，即只查找/home/目录下的目录或文件，不在子目录中进行查找。在命令行提示符下输入：

find -maxdepth 1 -group tom ✓

如图 6-74 所示，同样也可以查找属于群组 jerry 或其他群组的目录或文件。

```
[tom@localhost home]$ find -maxdepth 1 -group to
./tom
[tom@localhost home]$ find -maxdepth 1 -group je
./jerry
[tom@localhost home]$ _
```

图 6-74　查找符合指定组名称的文件或目录

示例 5：找出不属于本地主机用户组识别码的文件目录。例如，查找/home 目录下不属于本地主机用户组识别码的目录。在命令行提示符下输入：

find -nouser ✓

如图 6-75 所示。

```
[tom@localhost home]$ find  -nouser
find: ./jerry: Permission denied
find: ./lost+found: Permission denied
[tom@localhost home]$ _
```

图 6-75　找出不属于本地主机用户组识别码的文件目录

示例 6：查找符合指定的权限数值的文件或目录。例如给 temp 目录下的文件"x00"和"x01"通过 chmod 命令添加权限"777"后，通过 find 命令的-perm 选项查找符合指定权限数值"777"的文件。在命令行提示符下输入：

find -perm 777 ✓

如图 6-76 所示。

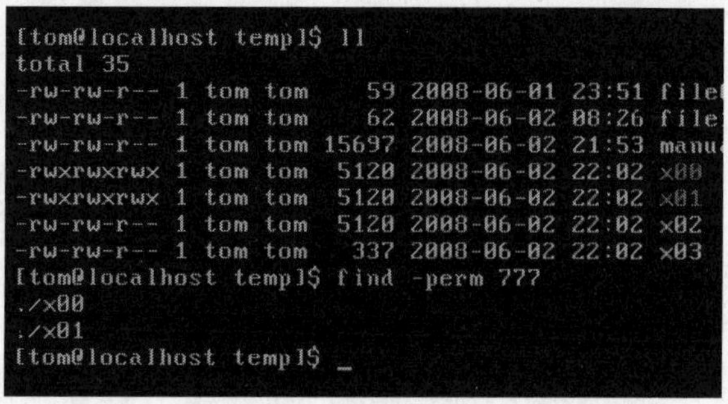

图 6-76 查找符合指定权限数值的文件或目录

（4）相关命令

locate、locatedb、updatedb、xargs、chmod、fnmatch。

18. findfs 命令：通过列表或用户 ID 查找文件系统

（1）语法

findfs LABLE=label

findfs UUID=uuid

（2）选项及作用

选 项	作 用
--help	显示帮助信息

（3）典型示例

通过卷标名称查找文件系统。例如，查找卷标为/home 所在分区的文件系统。在命令行提示符下输入：

findfs LABEL=/home ✓

如图 6-77 所示。

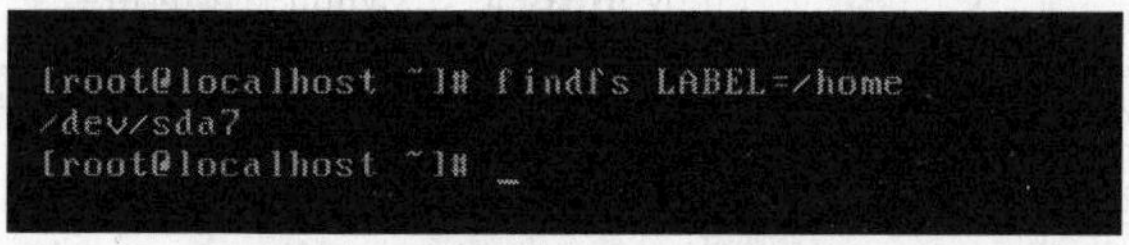

图 6-77 通过卷标名称查找文件系统

（4）相关命令

fsck。

19. git 命令：在文字模式下管理文件

（1）语法

git

（2）相关命令

dir、ls。

20. indent 命令：调整 C 原始代码文件的格式

（1）语法

indent [options] [input-files]

indent [options] [single-input-file] [-o output-file]

indent --version

（2）选项及作用

选　　　项	作　　　用
-bad或--blank-lines-after-declarations	在声明区段后加上空白行
-bap或--blank-lines-after-procedures	在程序后加上空白行
-bbb或--blank-lines-after-block-comments	在注释区段后加上空白行
-bc或--blank-lines-after-commas	在声明区段中，若出现逗号即换行
-bl或--braces-after-if-line	if（或是else、for等）与后面执行区段的"{"不同行，且"}"自成一行
-bli<缩排格数>或--brace-indent<缩排格数>	设置缩排的格数
-br或--braces-on-if-line	if（或是else、for等）与后面执行区段的"{"不同行，且"}"自成一行
-bs或--blank-before-sizeof	在sizeof之后空一格
-c<栏数>或--comment-indentation<栏数>	将注释置于程序码右侧指定的栏位
-cd<栏数>或--declaration-comment-column<栏数>	将注释置于声明右侧指定的栏位
-cdb或--comment-delimiters-on-blank-lines	注释符号自成一行
-ce或--cuddle-else	将else置于if执行区段的结尾之后
-ci<缩排格数>或--continuation-indentation<缩排格数>	叙述过长而换行时，指定换行后缩排的格数
-cli<缩排格数>或--case-indentation-<缩排格数>	使用case时，switch缩排的格数
-cp<栏数>或-else-endif-column<栏数>	将注释置于else与elseif叙述右侧指定的栏位
-cs或--space-after-cast	在cast之后空一格
-d<缩排格数>或-line-comments-indentation<缩排格数>	针对不是放在程序码右侧的注释，设置其缩排格数
-di<栏数>或--declaration-indentation<栏数>	将声明区段的变量置于指定的栏位
-fc1或--format-first-column-comments	针对放在每行最前端的注释，设置其格式
-fca或--format-all-comments	设置所有注释的格式
-gnu或--gnu-style	指定使用GNU的格式，此为预设值
-i<格数>或--indent-level<格数>	设置缩排的格数
-ip<格数>或--parameter-indentation<格数>	设置参数的缩排格数

续表

选 项	作 用
-kr或--k-and-r-style	指定使用Kernighan&Ritchie的格式
-lp或--continue-at-parentheses	叙述过长而换行，且叙述中包含括弧时，将括弧中的每行起始栏位内容垂直对齐排列
-nbad或--no-blank-lines-after-declarations	在声明区段后不要加上空白行
-nbap或--no-blank-lines-after-procedures	在程序后不要加上空白行
-nbbb或--no-blank-lines-after-block-comments	在注释区段后不要加上空白行
-nbc或--no-blank-lines-after-commas	在声明区段中，即使出现逗号，仍旧不要换行
-ncdb或--no-comment-delimiters-on-blank-lines	注释符号不要自成一行
-nce或--dont-cuddle-else	不要将else置于"}"之后
-ncs或--no-space-after-casts	不要在cast之后空一格
-nfc1或--dont-format-first-column-comments	不要格式化放在每行最前端的注释
-nfca或--dont-format-comments	不要格式化任何的注释
-nip或--no-parameter-indentation	参数不要缩排
-nlp或--dont-line-up-parentheses	叙述过长而换行，且叙述中包含了括弧时，不用将括弧中的每行起始栏位垂直对齐排列
-npcs或--no-space-after-function-call-names	在调用的函数名称之后，不要加上空格
-npro或--ignore-profile	不要读取indent的配置文件.indent.pro
-npsl或--dont-break-procedure-type	程序类型与程序名称放在同一行
-nsc或--dont-star-comments	注释左侧不要加上星号（*）
-nsob或--leave-optional-semicolon	不用处理多余的空白行
-nss或--dont-space-special-semicolon	若for或while区段仅有一行时，在分号前不加上空格
-nv或--no-verbosity	不显示详细的信息
-orig或--original	使用Berkeley的格式
-pcs或--space-after-procedure-calls	在调用的函数名称与"{"之间加上空格
-psl或--procnames-start-lines	程序类型置于程序名称的前一行
-sc或--start-left-side-of-comments	在每行注释左侧加上星号（*）
-sob或--swallow-optional-blank-lines	删除多余的空白行
-ss或--space-special-semicolon	若for或while区段仅有一行时，在分号前加上空格
-T	数据类型名称缩排
-ts<格数>或--tab-size<格数>	设置tab的长度
-v或--verbose	执行时显示详细的信息
-version	显示版本信息

（3）典型示例

以 GNU 格式调整 C 原始代码文件的格式：

```
indent main.c ✓
```

如图 6-78 所示。

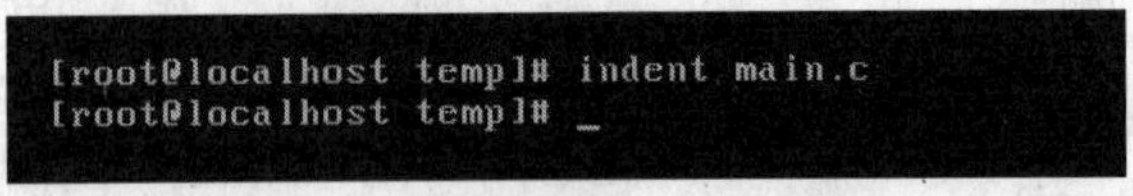

图 6-78 调整 C 原始代码文件的格式

（4）相关命令

fmt。

21. ln 命令：链接文件或目录

（1）语法

ln [OPTION]... [-T] TARGET LINKNAME

ln [OPTION]... TARGET

ln [OPTION]... TARGET... DIRECTORY

ln [OPTION]... -t DIRECTORY TARGET...

（2）选项及作用

选　　项	作　　用
-b或--backup[=MOTHOD]	删除或覆盖目的文件之前先对其进行备份，并在备份文件字尾添加一个备份字符
-d、-F或--directory	建立目录下的硬链接
-f或--force	强行建立文件或目录的链接
-i或--interactive	覆盖文件前先询问用户
-n或--no-dereference	将符号链接的目的目录视为一般文件
-s或--symbolic	对来源文件建立符号链接
-S SUFFIX或--suffix=SUFFIX	改变备份文件字尾默认方式下的字符串
-t DIRECTORY或--target-directory=DIRECTORY	指定建立链接的目录
-T或--no-target-directory	将链接文件作为普通文件
--help	显示帮助信息
--version	显示版本信息
-v或--verbose	显示执行的详细信息

（3）典型示例

示例 1： 默认的 ln 命令建立的是硬链接，其来源或目录必须已经存在。建立 testfile 文件的硬连接，并命名为 testfile_ln。在命令行提示符下输入：

ln testfile testfile_ln ✓

如图 6-79 所示。

```
[tom@localhost ~]$ ln testfile testfile_ln
[tom@localhost ~]$ ls -l testfile*
-rw-rw-rw- 2 tom tom 0 2008-05-28 01:59 testfile
-rw-rw-rw- 2 tom tom 0 2008-05-28 01:59 testfile_
[tom@localhost ~]$ _
```

图 6-79 建立硬链接

示例 2：通过选项-s 建立 testfile 文件的符号链接（软链接），并命名为 testfile_link。在命令行提示符下输入：

ln -s testfile testfile_link ✓

如图 6-80 所示，可以看到符号链接文件的文件权限第一个字符为字母 "1"，代表该文件是符号链接文件，后面显示了该符号链接文件所链接的文件 "testfile_link -> testfile"。

```
[tom@localhost ~]$ ln -s testfile testfile_link
[tom@localhost ~]$ ls -l testfile*
-rw-rw-rw- 2 tom tom 0 2008-05-28 01:59 testfile
lrwxrwxrwx 1 tom tom 8 2008-05-28 02:09 testfile
-rw-rw-rw- 2 tom tom 0 2008-05-28 01:59 testfile
[tom@localhost ~]$ _
```

图 6-80 建立符号链接

示例 3：如果所要建立的链接文件已经存在，默认不执行 ln 命令。例如在示例 1 中已经建立了硬链接文件 testfile_ln，若再次建立该链接文件，将会提示该文件已经存在的信息。在命令行提示符下输入：

ln testfile testfile_ln ✓

如图 6-81 所示。

```
[tom@localhost ~]$ ln testfile testfile_ln
ln: creating hard link `testfile_ln': File exists
[tom@localhost ~]$ _
```

图 6-81 默认不覆盖已有的链接文件

示例 4：示例 3 中，如果仍然要坚持建立该链接文件，可以通过选项-i 以覆盖文件前询问用户的方式进行链接的建立。在命令行提示符下输入：

ln -i testfile testfile_ln ✓

如图 6-82 所示。

```
[tom@localhost ~]$ ln testfile testfile_ln
ln: creating hard link `testfile_ln': File exists
[tom@localhost ~]$ ln -i testfile testfile_ln
ln: replace `testfile_ln'? y
[tom@localhost ~]$ _
```

图 6-82 覆盖链接文件前询问用户

示例 5：示例 4 中是通过覆盖已存在的链接文件前询问用户的方式建立新的链接文件，也可以不用询问用户而强行建立文件或目录的新的链接。在命令行提示符下输入：

ln -f testfile testfile_ln ✓

如图 6-83 所示。

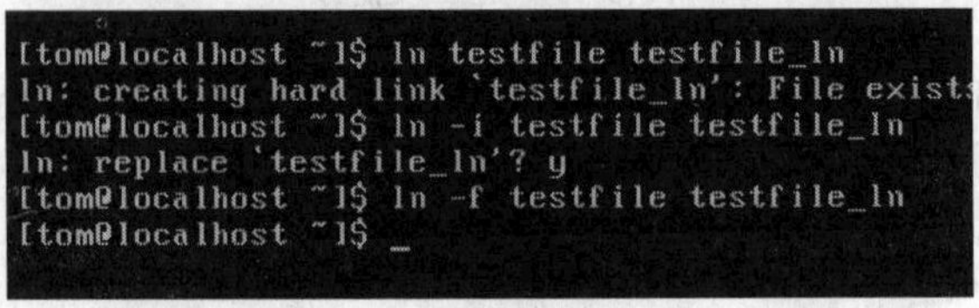

图 6-83　强行建立文件或目录的链接

示例 6：建立目录的符号链接。在命令行提示符下输入：

ln -s A_DIR/ A_DIR_ln1 ✓

如图 6-84 所示。

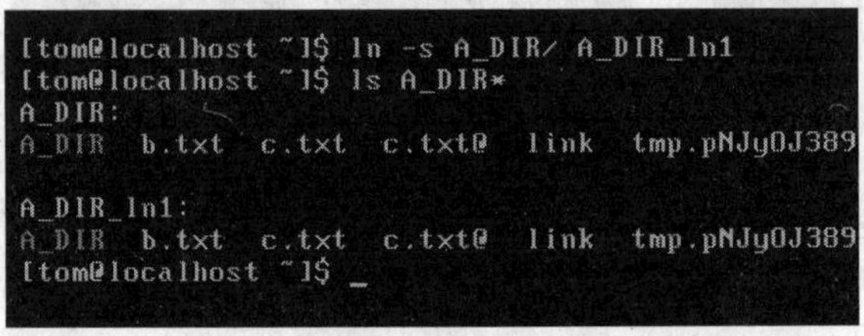

图 6-84　建立目录的符号链接

示例 7：在示例 6 中建立了一个目录的符号链接 A_DIR_ln1，现在再次给该符号链接建立其硬链接 A_DIR_ln2，需要添加选项-d，否则将发生错误。在命令行提示符下输入：

ln -d A_DIR_ln1 A_DIR_ln2

如图 6-85 所示。

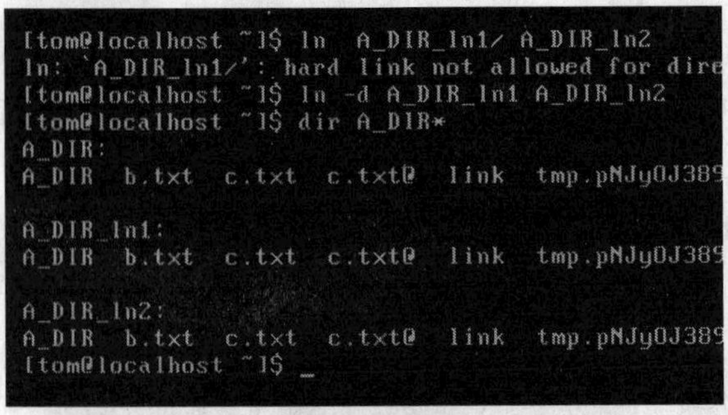

图 6-85　给符号链接建立硬链接

（4）相关命令

link、symlink。

22. lndir 命令：连接目录的内容

（1）语法

lndir [-silent] [-ignorelinks] [-withrevinfo] fromdir [todir]

（2）选项及作用

选　　项	作　　用
-ignorelinks	直接建立符号链接的符号链接，且会默认将该链接指向原始文件的路径
-silent	不显示命令执行的过程，并可关闭返回的路径名称

（3）典型示例

示例 1： 将 A_DIR 目录下所有的文件和子目录都放在 A_DIR_lndir 内，并建立符号链接。在命令行提示符下输入：

lndir /home/tom/A_DIR A_DIR_lndir ✓

如图 6-86 所示，其中 A_DIR_lndir 是已经存在的目录，源目录的路径用绝对路径名指定。

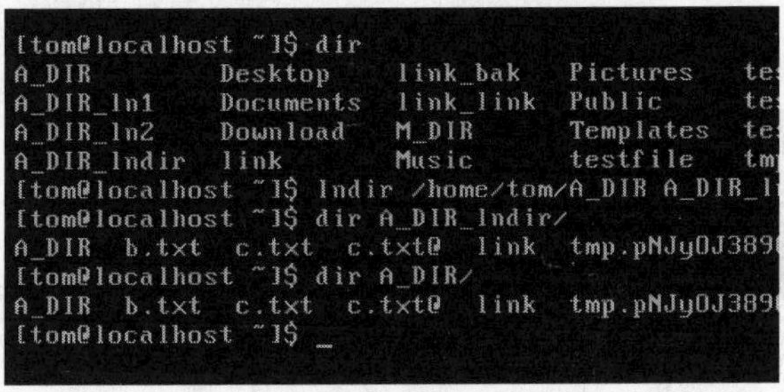

图 6-86　链接目录内容（1）

示例 2： 将目录 A_DIR 下所有的文件和子目录全部放到当前目录中，并建立符号链接。建立符号链接时，如果遇到是符号链接的文件，则建立指向该符号链接的符号链接。在命令行提示符下输入：

lndir -ignorelinks A_DIR ✓

如图 6-87 所示。

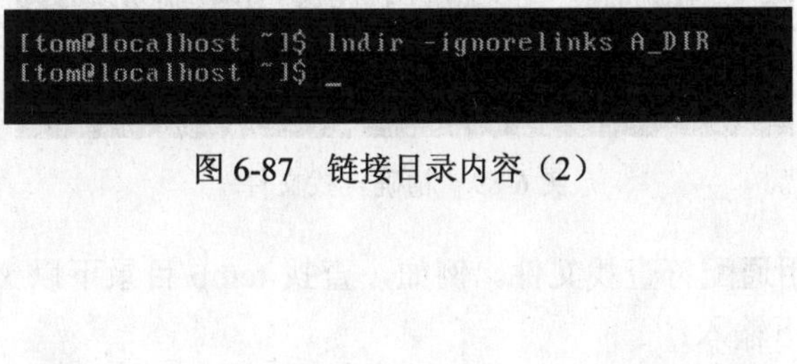

图 6-87　链接目录内容（2）

（4）相关命令

ln。

23. locate 命令：查找文件

（1）语法

locate [OPTION]… PATTERN…

（2）选项及作用

选　　项	作　　用
-d<数据库文件>	利用locate命令设置数据库
-b，--basename	查找只符合基本名字的文件，与--wholename相反
--wholename	查找符合全路径名在内的文件（默认）
-q，--quiet	不输出错误信息
-h，--help	显示帮助信息
-V，--version	显示版本信息

（3）典型示例

示例 1：利用默认的数据库，查找文件 xx00。在命令行提示符下输入：

locate xx00 ✓

如图 6-88 所示。

```
[tom@localhost ~]$ locate xx00
/home/tom/temp/xx00
/usr/share/foomatic/db/source/printer/Epson-LP-x
[tom@localhost ~]$ _
```

图 6-88　利用默认的数据库查找文件

示例 2：示例 1 中，查找的结果显示了两个文件，其中，第一个文件是所要查找的，第二个文件的文件名中部分字符串匹配命令行中的查找条件。若要实现精确查找，即只查找出文件 xx00，而不会查找出第二个无关的文件，可以采用选项-b，并使用符号"\"。在命令行提示符下输入：

locate -b '\xx00' ✓

如图 6-89 所示。

```
[tom@localhost ~]$ locate -b '\xx00'
/home/tom/temp/xx00
[tom@localhost ~]$ _
```

图 6-89　精确查找文件

示例 3：可以采用通配符查找文件。例如，查找 temp/目录下以 xx 为文件名前缀的文件。在命令行提示符下输入：

locate /home/tom/temp/xx* ✓

如图 6-90 所示。

图 6-90　采用通配符查找文件

示例 4：使用数据库文件查找文件。例如，使用指定的数据库文件/var/lib/mlocate/mlocate.db，查找文件 xx00。在命令行提示符下输入：

locate -d /var/lib/mlocate/mlocate.db xx00 ✓

如图 6-91 所示。

图 6-91　使用数据库文件查找文件

（4）相关命令

updatedb。

24. lsattr 命令：显示文件属性

（1）语法

lsattr [-A] [-R] [-V] [-a] [-d] [-r] [-u] [-v] [files…]

（2）选项及作用

选　　项	作　　　用
-a	显示所有的目录和文件，包括所有以 "." 开头的文件
-d	显示目录文件的属性
-R	显示目录下的文件和所有子目录内容
-v	显示文件/目录的版本信息
-V	显示版本信息
-l	列出目录及文件的属性

（3）典型示例

示例 1：显示当前目录下文件的属性。在命令行提示符下输入：

lsattr ✓

如图 6-92 所示，显示出当前目录下可见文件的属性。

```
[tom@localhost ~]$ lsattr
-------------- ./tmp
-------------- ./Desktop
-------------- ./Videos
-------------- ./file
-------------- ./Documents
-------------- ./Pictures
-------------- ./Music
-------------- ./Download
-------------- ./document
-------------- ./Public
-------------- ./Templates
[tom@localhost ~]$ _
```

图 6-92　显示当前目录下文件属性

示例 2：显示~/tmp/目录下所有文件的文件属性。在命令行提示符下输入：

```
lsattr -a ~/tmp/ ↙
```

可以看到主目录下各个文件的路径及其文件属性，如图 6-93 所示。

```
[tom@localhost ~]$ lsattr -a ~/tmp/
-------------- /home/tom/tmp/music
-------------- /home/tom/tmp/hello.txt
-------------- /home/tom/tmp/aa.txt
-------------- /home/tom/tmp/.
-------------- /home/tom/tmp/..
[tom@localhost ~]$ _
```

图 6-93　显示 tmp 目录下所有文件属性

示例 3：显示当前目录下文件及子目录内容的属性。在命令行提示符下输入：

```
lsattr -R |more ↙
```

如图 6-94 所示。

```
-------------- ./tmp

./tmp:
-------------- ./tmp/music

./tmp/music:

-------------- ./tmp/hello.txt
-------------- ./tmp/aa.txt

-------------- ./Desktop

./Desktop:

-------------- ./Videos

./Videos:

-------------- ./file

./file:

-------------- ./Documents

--More--
```

图 6-94　显示当前目录及子目录文件属性

（4）相关命令

chattr。

25. mattrib 命令：变更或显示 MS – DOS 文件的属性

（1）语法

mattrib [-p] [-a|+a] [-h|+h] [-r|+r] [-s|+s] msdosfile [msdosfiles...]

（2）选项及作用

选　项	作　用
msdosfile	指定msdos文件
+/-	添加/删除属性
/	显示所有目录和子目录下的内容
a	存档属性
h	隐藏属性
p	设置重放模式
r	只读属性
s	系统属性
X	简洁模式；mattrib命令紧凑输出所有的属性，各个属性间没有空格
--help	显示帮助信息
--version	显示版本信息

（3）典型示例

示例 1：显示 A 盘下所有文件的属性。在命令行提示符（root）下输入：

mattrib A:/*.* ↙

结果如图 6-95 所示，显示磁盘 A 中所有文件属性为存档文件。

图 6-95　显示软盘中所有文件的属性

示例 2：命令行下读 WINDOWS 目录下的文件属性。一般情况下，特别是对于 Linux 初级用户来说，都会在计算机上安装 Windows 和 Linux 两种操作系统。通过安装 mtool 包，允许在 MS-DOS、Windows 与 Linux 的文件系统之间，实现文件的读、写、移动等操作，就如同在 MS-DOS 或 Windows 环境下执行 MS-DOS 的命令一样。假设 Windows XP 安装在/dev/sda1 分区下，修改/etc/mtools.conf 文件，打开 mtools.conf 文件，可以看到软驱默认为：

drive a:　file="/dev/fd0"　exclusive mformat_only
drive b:　file="/dev/fd0"　exclusive mformat_only

将"drive a:"改为"drive A:"，即可通过示例 1 中的命令对软盘进行操作。在 mtools.conf

文件中加入如下内容：

```
drive c:     file="/dev/sda1"
```

即可在命令行下对 WINDOWS 目录下的文件进行操作。为了查看 Windows XP 系统 C 盘根目录下所有文件的属性，在命令行提示符下输入：

```
mattrib c:/*.* ↙
```

如图 6-96 所示。

```
[root@localhost ~]# mattrib c:/*.*
  A  SH      C:/PAGEFILE.SYS
  A  SHR     C:/bootfont.bin
  A  SHR     C:/NTDETECT.COM
     SH      C:/boot.ini
  A          C:/CONFIG.SYS
  A          C:/AUTOEXEC.BAT
  A  SHR     C:/IO.SYS
  A  SHR     C:/MSDOS.SYS
[root@localhost ~]# _
```

图 6-96　显示 C 盘根目录下所有文件的属性

示例 3：设置单个文件属性。在 Windows XP 的 C 盘根目录下新建文件 a.txt，通过命令 mattrib 查看该文件的属性。在命令行提示符下输入：

```
touch /media/win/a.txt ↙
mattrib c:/a.txt ↙
```

结果如图 6-97 所示（Windows XP 的 C 盘挂载在目录/media/win/下）。

```
[root@localhost ~]# touch /media/win/a.txt
[root@localhost ~]# mattrib c:/a.txt
  A          C:/a.txt
[root@localhost ~]# _
```

图 6-97　查看单个文件属性

要将只读属性指定给该文件，在命令行提示符下输入：

```
mattrib +r c:/a.txt ↙
mattrib c:/a.txt ↙
```

如图 6-98 所示。

```
[root@localhost ~]# touch /media/win/a.txt
[root@localhost ~]# mattrib c:/a.txt
  A          C:/a.txt
[root@localhost ~]# mattrib +r c:/a.txt
[root@localhost ~]# mattrib c:/a.txt
  A    R     C:/a.txt
[root@localhost ~]# _
```

图 6-98　设置单个文件属性

示例 4：删除文件属性。要将示例 3 中文件 a.txt 的只读属性删除，在命令行提示符下输入：

```
mattrib -r c:/a.txt ↙
mattrib c:/a.txt ↙
```

如图 6-99 所示。

```
[root@localhost ~]# touch /media/win/a.txt
[root@localhost ~]# mattrib c:/a.txt
  A          C:/a.txt
[root@localhost ~]# mattrib +r c:/a.txt
[root@localhost ~]# mattrib c:/a.txt
  A    R     C:/a.txt
[root@localhost ~]# mattrib -r c:/a.txt
[root@localhost ~]# mattrib c:/a.txt
  A          C:/a.txt
[root@localhost ~]# _
```

图 6-99　删除文件属性

（4）相关命令

attrib。

26. mc 命令：交互式文件管理程序

（1）语法

mc [-abcCdfhPstuUVx] [-l log] [dir1 [dir2]] [-e [file]] [-v file]

（2）选项及作用

选　　项	作　　用
-a	当mc程序画线时不用绘图字符画线
-b	使用单色模式显示
-c	使用彩色模式显示
-C <参数>	指定显示的颜色
-d	不使用鼠标
-f	显示mc函数库所在的目录
-h	显示帮助信息
-k	重设softkeys为预设置
-l <文件>	在指定文件中保存ftpfs对话窗的内容
-P	程序结束时，列出最后的工作目录
-s	用慢速的终端机模式显示，在这模式下将减少大量的绘图及文字显示
-t	使用TEMPCAP变量设置终端机，而不使用预设置
-u	不用目前的shell程序
-U	使用目前的shell程序
-v <文件>	使用mc的内部编辑器来显示指定的文件
-V	显示版本信息
-x	指定以xterm模式显示

（3）典型示例

进入交互式文件管理程序界面。在命令行提示符下输入：

mc ↙

如图 6-100 所示。

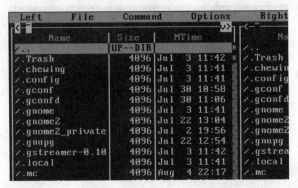

图 6-100　交互式文件管理程序界面

（4）相关命令

ed、gpm、mcserv、terminfo、view、sh、bash、tcsh、zsh。

27. mcopy 命令：复制 MS-DOS 文件到 Linux，或者将 Linux 文件复制到 MS-DOS

（1）语法

mcopy [-bspanvmQT] [-D clash_option] sourcefile targetfile

mcopy [-bspanvmQT] [-D clash_option] sourcefile [sourcefiles...] targetdirectory

mcopy [-tnvm] MSDOSsourcefile

（2）选项及作用

选　　项	作　　用
-b	batch模式，同时复制多个文件时，可以提高复制效率
-t	文本文件传输
-s	递归复制目录下子目录文件
-a	ASCII文本文件传输
-v或--verbose	显示被复制文件的文件名
-m	将目的文件的修改时间设为源文件的修改时间
-n	直接覆盖其他文件
-p	将目的文件的属性设置为源文件的属性
-Q	当复制多个文件时出现错误，则立即中止程序
-t	转换文本文件
-/	复制子目录及子目录中的所有文件
--version	显示版本信息

（3）典型示例

示例 1：将 MS-DOS 的 C 盘根目录下的 a.txt 文件复制到 Linux 系统普通用户主目录下的 tmp/目录下。在命令行提示符下输入：

mcopy c:/a.txt /home/tom/tmp/　✓

如图 6-101 所示。

图 6-101　从 MS-DOS 复制文件到 Linux

示例 2：将 C 盘根目录下多个文件复制到 Linux 系统普通用户主目录下的 tmp/目录下。例如，将 C 盘根目录下的 CONFIG.SYS 和 AUTOEXEC.BAT 文件复制到/home/tom/tmp/目录下。在命令行提示符下输入：

mcopy -b c:/CONFIG.SYS c:/AUTOEXEC.BAT /home/tom/tmp/　✓

如图 6-102 所示。

图 6-102　复制多个 MS-DOS 文件到 Linux

示例 3：复制目录及子目录和文件到 Linux 系统。例如，在 MS-DOS 系统的 C 盘有一个 testdir 文件夹，文件夹下面有一个 a.txt 文件，现在要将整个文件夹及其中的文件复制到 Linux 系统的/home/tom/tmp/目录下。在命令行提示符下输入：

mcopy -s c:/testdir /home/tom/tmp/　✓

如图 6-103 所示。

图 6-103　递归复制目录下主目录文件

示例 4：将 C 盘 testdir 下的 a.txt 文件复制到/home/tom/tmp/目录下，直接覆盖该目录下已存在的 a.txt 文件，并显示命令执行过程。在命令行提示符下输入：

mcopy -vn c:/testdir/a.txt /home/tom/tmp/ ✓

如图 6-104 所示。

```
[root@localhost ~]# mcopy -vn c:/testdir/a.txt /
Copying C:/testdir/a.txt
[root@localhost ~]# _
```

图 6-104   直接覆盖已存在的同文件名文件

示例 5：上面各示例皆是将 MS-DOS 文件复制到 Linux 磁盘中。该命令也可以将 Linux 文件从 Linux 系统复制到 MS-DOS 下。例如，将/home/tom/tmp/c.txt 文件复制到 C:/testdir 目录下。在命令行提示符下输入：

mcopy /home/tom/tmp/c.txt c:/testdir ✓

如图 6-105 所示，复制后通过 mdir 命令可以看到 C:/testdir 目录下存在文件 c.txt，并显示该文件的创建时间及文件大小等信息，显示的格式与 MS-DOS 下相同。

```
[root@localhost ~]# mcopy /home/tom/tmp/c.txt c:
[root@localhost ~]# mdir c:/testdir
 Volume in drive C has no label
 Volume Serial Number is 48EA-E2F1
Directory for C:/testdir

.            <DIR>      2008-05-26   14:07
..           <DIR>      2008-05-26   14:07
A      TXT         0 2008-05-19    3:53  a.txt
c      txt        21 2008-05-26   14:31  c.txt
        4 files                    21 bytes
                        1 010 728 960 bytes free

[root@localhost ~]# _
```

图 6-105   将 Linux 文件复制到 MS-DOS 文件系统

（4）相关命令

mtype。

28. md5sum 命令：检查文件

（1）语法

md5sum [OPTION] [FILE]…

（2）选项及作用

选　　项	作　　用
-b，--binary	以二进制模式读取文件
-c，--check	校验哪个文件发生了变化
-t，--text	以文本模式读取文件
-w，--warn	不合适的格式内容将产生警告信息
--status	不输出任何信息，只返回成功的状态码

续表

选　项	作　用
--help	显示帮助信息
--version	显示版本信息

（3）典型示例

示例 1：计算文件的 md5 值。例如，计算当前目录下 fly 文件的 md5 值。在命令行提示符下输入：

md5sum fly ✓

如图 6-106 所示。

图 6-106　计算文件的 md5 值

示例 2：计算多个文件的 md5 值，并将值保存在指定文件。例如，计算文件 poem、poem.bak 和 poem.diff 的 md5 值，并将值保存到文件 md5file。在命令行提示符下输入：

md5sum poem poem.bak poem.diff ✓

如图 6-107 所示。

图 6-107　将 md5 值保存到指定文件

示例 3：校验文件。例如，修改文件 poem.bak 的文件内容，然后通过 md5sum 校验文件。在命令行提示符下输入：

md5sum --check md5file ✓

如图 6-108 所示，由于 poem.bak 文件内容已经改变，经 md5sum 校验后，显示校验该文件失败的信息。

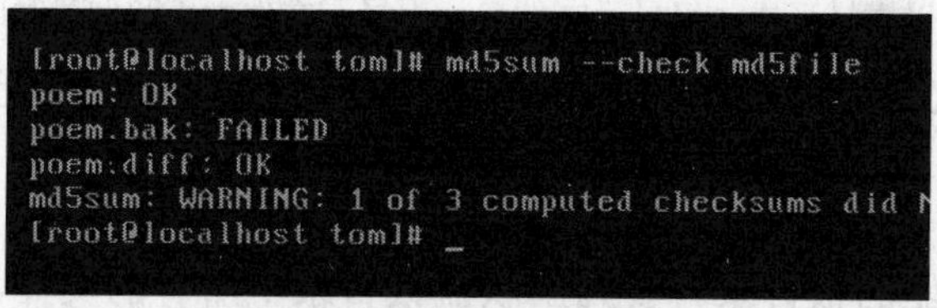

图 6-108　校验文件

（4）相关命令

sum、cksum。

29. mdel 命令：MS-DOS 文件删除

（1）语法

mdel [-v] msdosfile [msdosfiles …]

（2）选项及作用

选　项	作　用
-v	显示更多的信息

（3）典型示例

删除 MS-DOS 文件。例如，删除软盘中的 install.log 文件。在命令行提示符下输入：

mdel a:install.log ✓

如图 6-109 所示。

```
[root@localhost ~]# mdel a:install.log
[root@localhost ~]# _
```

图 6-109　删除 MS-DOS 文件

（4）相关命令

mcopy。

30. mdir 命令：显示 MS-DOS 文件的目录

（1）语法

mdir [-/] [-f] [-w] [-a] [-X] msdosfile [msdosfiles…]

（2）选项及作用

选　项	作　用
-/	显示指定目录下的所有文件和所有子目录
-a	显示隐藏文件
-f	快速模式
-w	以横排形式，仅显示文件名，不显示文件大小和创建时间
-X	简洁模式，仅显示目录下所有的目录和文件的完整路径名，不显示其他信息

（3）典型示例

示例 1：显示软驱的根目录。要列出软盘根目录下所有的文件，在命令行提示符下输入：

mdir A:/ ✓

如图 6-110 所示。

```
[tom@localhost ~]$ mdir A:/
 Volume in drive A has no label
 Volume Serial Number is BCC8-A398
Directory for A:/

a        txt        20 2008-05-19   0:04
        1 file                   20 bytes
                          1 457 152 bytes free

[tom@localhost ~]$ _
```

图 6-110　显示软盘根目录下所有文件

示例 2：以简洁模式显示 C 盘根目录下所有文件，仅显示目录下所有的目录和文件的完整路径。在命令行提示符下输入：

```
mdir -X c:/ ↙
```

如图 6-111 所示。

```
[tom@localhost ~]$ mdir A:/
 Volume in drive A has no label
 Volume Serial Number is BCC8-A398
Directory for A:/

a        txt        20 2008-05-19   0:04
        1 file                   20 bytes
                          1 457 152 bytes free

[tom@localhost ~]$ mdir -X c:/
C:/WINDOWS/
C:/Documents and Settings/
C:/Program Files/
C:/CONFIG.SYS
C:/AUTOEXEC.BAT
C:/a.txt
[tom@localhost ~]$ _
```

图 6-111　以简洁模式显示目录下所有目录和文件

示例 3：搜索 MS-DOS 文件。例如，想搜索 C 盘根目录下的某个文件，但不知道其确切的文件名，可通过加入通配符进行搜索。在命令行提示符下输入：

```
mdir c:/*.txt ↙
```

结果如图 6-112 所示，搜索结果显示有一个符合要求的文件，文件名为 a.txt，并且列出了该文件的相关信息。

```
[tom@localhost ~]$ mdir c:/*.txt
 Volume in drive C has no label
 Volume Serial Number is 48EA-E2F1
Directory for C:/

A        TXT         0 2008-05-19   3:53  a.txt
        1 file                    0 bytes
                      1 010 794 496 bytes free

[tom@localhost ~]$ _
```

图 6-112　搜索 MS-DOS 文件

（4）相关命令

mcopy、mdel。

31. mkdir 命令：建立目录

（1）语法

mkdir [OPTION]… NAME…

（2）选项及作用

选　项	作　用
-m MODE或--mode=MODE	建立目录并设置目录的权限
-p或--parents	若所要建立的目录的上层目录当前尚未建立，则会同时建立上层目录
--help	显示帮助信息
--version	显示版本信息
-v或--verbose	显示执行的详细信息

（3）典型示例

示例 1：建立名称为 A_DIR 的目录，并赋予所有人都有读、写和执行（rwx）的权限属性。在命令行提示符下输入：

mkdir -m 777 A_DIR ✓

如图 6-113 所示。

图 6-113　新建目录并设置目录权限属性

示例 2：在当前目录下建立 parent_dir/child_dir 目录。当前目录下并没有 parent_dir，在建立 child_dir 目录的同时，新建了上层目录 parent_dir。在命令行提示符下输入：

mkdir -p parent_dir/child_dir ✓

如图 6-114 所示。

示例 3：新建目录 A_DIR，并指定只读（r）权限属性，同时显示创建目录的信息。在命令行提示符下输入：

mkdir -vm a=r A_DIR ✓

如图 6-115 所示。

（4）相关命令

coreutils。

图 6-114 建立子目录，同时新建其父目录

图 6-115 建立目录并指定目录属性

32. mktemp 命令：建立暂存文件

（1）语法

mktemp [-V] | [-dqtu] [-p prefix] [template]

（2）选项及作用

选　　项	作　　用
-q	屏蔽错误信息，若执行时发生错误，则不会显示任何信息
-u	临时文件在命令mktemp结束前先行删除
-V	显示版本信息并退出
-d	建立一个目录代替文件
-p<目录>	使用指定目录作为生成临时文件名时的前缀
-t	产生临时文件目录的路径

（3）典型示例

示例 1：mktemp 生成临时文件时，文件名参数应当以"文件名.XXXXX"的格式给出，mktemp 会根据文件名参数建立一个临时文件。在命令行提示符下输入：

mktemp tmp.XXXX ✓

如图 6-116 所示，生成了临时文件 tmp.3801，其中文件名参数中的 "XXXX" 被 4 个随机产生的字符所取代了。

```
[tom@localhost ~]$ mktemp tmp.XXXX
tmp.3801
[tom@localhost ~]$ dir
A_DIR      Documents   Music      Public      tmp.3801
Desktop    Download    Pictures   Templates   Videos
[tom@localhost ~]$ _
```

图 6-116　建立临时文件

示例 2：用户的临时文件夹环境变量设置通常为/tmp/目录，利用选项-t 可以将生成的临时文件放在/tmp/目录下。在命令行提示符下输入：

mktemp -t tmp.XXXX ✓

如图 6-117 所示。

```
[tom@localhost ~]$ mktemp -t tmp.XXXX
/tmp/tmp.3832
[tom@localhost ~]$ dir /tmp/
gconfd-root            mapping-tom      tmp.3832
gconfd-tom             orbit-tom        virtual-to
gedit.tom.2754707665   pulse-tom        virtual-to
keyring-Sy3Phw         ssh-YveJmc3410   virtual-to
[tom@localhost ~]$ _
```

图 6-117　在/tmp/目录下建立临时文件

也可以以输入路径名的方式在指定目录下生成临时文件。在命令行提示符下输入：

mktemp /tmp/ tmp.XXXX ✓

如图 6-118 所示，与选项-t 实现同样的结果，但却需要输入较长的临时文件前缀（路径名）。

```
[tom@localhost ~]$ mktemp /tmp/tmp.XXXX
/tmp/tmp.3877
[tom@localhost ~]$ dir /tmp/
gconfd-root            mapping-tom      tmp.3832
gconfd-tom             orbit-tom        tmp.3877
gedit.tom.2754707665   pulse-tom        virtual-to
keyring-Sy3Phw         ssh-YveJmc3410   virtual-to
[tom@localhost ~]$ _
```

图 6-118　在指定路径生成临时文件

示例 3：可以在指定目录下生成临时文件，使用指定目录作为生成临时文件名时的前缀。例如，在 A_DIR 目录下建立一个临时文件。在命令行提示符下输入：

mktemp -p A_DIR/

如图 6-119 所示。

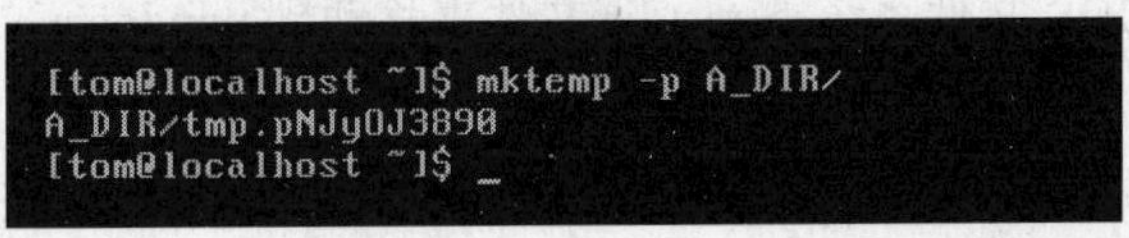

图 6-119　使用指定目录作为生成临时文件名时的前缀

（4）相关命令

mkdtemp、mkstemp、mktemp。

33. mmove 命令：移动 MS-DOS 文件

（1）语法

mmove [-v] [-D clash_option] sourcefile targetfile

mmove [-v] [-D clash_option] sourcefile [sourcefiles...] targetdirectory

（2）典型示例

示例 1：将 C 盘根目录下的 kk.txt 文件移动到 testdir 文件夹下。在命令行提示符下输入：

mmove -v c:/kk.txt c:/testdir ✓

如图 6-120 所示。

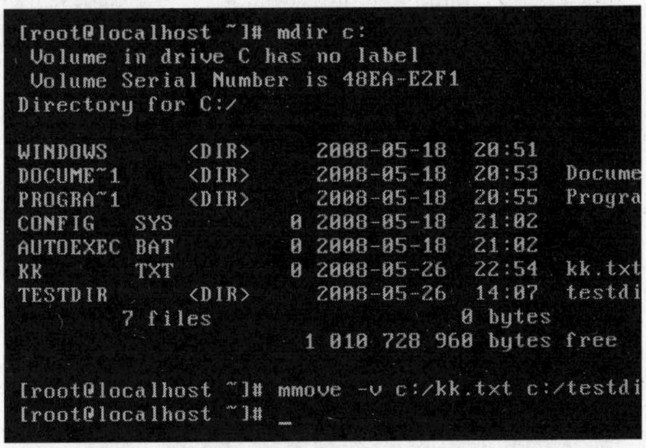

图 6-120　移动 MS-DOS 文件系统中的文件

示例 2：若将 MS-DOS 文件系统下的文件移动到 Linux 文件系统下，则会出现错误。在命令行提示符下输入：

mmove -v c:/testdir/kk.txt ~tom/tmp/ ✓

如图 6-121 所示。

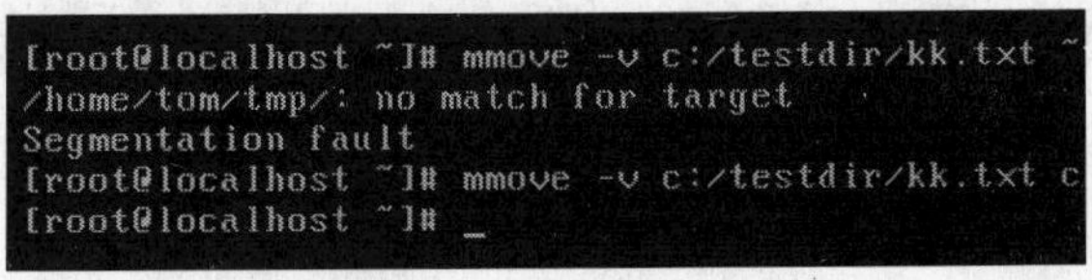

图 6-121　不能复制 MS-DOS 文件到 Linux 文件系统下

示例 3：将 MS-DOS 文件系统下 testdir 文件夹移动到 windows 文件夹下。在命令行提示符下输入：

mmove -v c:/testdir c:/windows ✓

如图 6-122 所示，有意思的是，在执行完该命令后出现了这么一个疑问："Easy, isn't it? I wonder why DOS can't do this."。

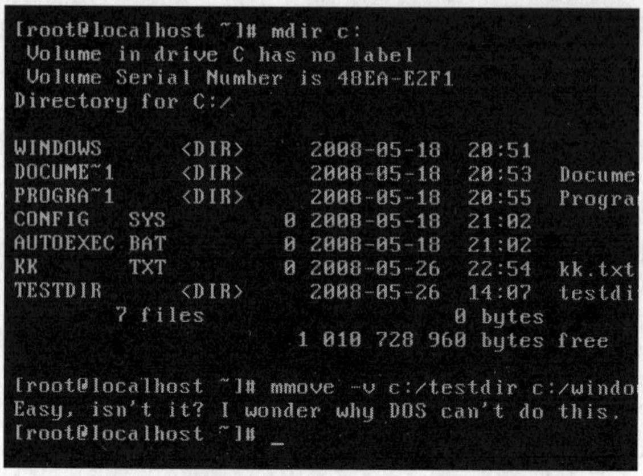

图 6-122　移动子目录

（3）相关命令

mren。

34.　mread 命令：复制 MS-DOS 文件

（1）语法

mread [MS-DOS 文件…] [Linux 文件]

（2）相关命令

mcopy。

35.　mren 命令：更改 MS-DOS 文件

（1）语法

mren [-voOsSrRA] sourcefile targetfile

（2）选项及作用

相关选项参数，可参考 MS-DOS 命令。

（3）典型示例

示例 1：将 C 盘根目录下 kk.txt 文件重命名为 renamekk.txt。在命令行提示符下输入：

mren c:/kk.txt c:/renamekk.txt ✓

如图 6-123 所示。

图 6-123　重命名 MS-DOS 文件

示例 2：重命名文件夹。例如，将 C 盘根目录下 testdir 目录重命名为 renamedir。在命令行提示符下输入：

mren c:/testdir c:/renamedir ✓

如图 6-124 所示。

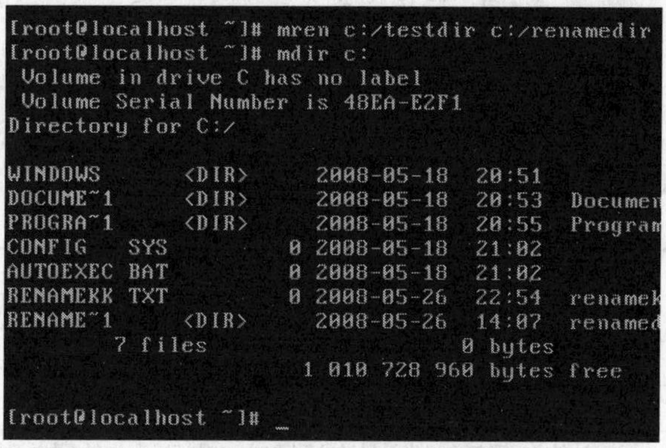

图 6-124　重命名 MS-DOS 文件夹

（4）相关命令

mcopy。

36. mshowfat 命令：显示 MS-DOS 文件的记录

（1）语法

mshowfat files

（2）典型示例

示例 1：显示 c:/renamedir/a.txt 在 FAT 中的记录。在命令行提示符下输入：

mshowfat c:/renamedir/a.txt ✓

如图 6-125 所示。

```
[root@localhost ~]# mshowfat c:/renamedir/a.txt
C:/renamedir/a.txt <3548>
[root@localhost ~]# _
```

图 6-125　显示 MS-DOS 文件在 FAT 的记录

示例 2：显示软盘中文件 a.txt 在 FAT 中的记录。在命令行提示符下输入：

mshowfat a:/a.txt ✓

如图 6-126 所示。

```
[root@localhost ~]# mshowfat a:/a.txt
A:/a.txt <2>
[root@localhost ~]# _
```

图 6-126　显示软盘中文件在 FAT 中的记录

（3）相关命令

mren。

37. mtools 命令：显示 mtools 支持的命令

（1）语法

mtools

（2）选项及作用

选　　项	作　　用
-a	长文件名重复时，自动更改目标文件的长文件名
-A	短文件名重复但长文件名不同时，自动更改目标文件的短文件名
-o	长文件名重复时，将目标文件覆盖现有的文件
-O	短文件名重复但长文件名不同时，将目标文件覆盖现有的文件
-r	长文件名重复时，要求用户更改目标文件的长文件名
-R	短文件名重复但长文件名不同时，要求用户更改目标文件的短文件名
-s	长文件名重复时，则不处理该目标文件
-S	短文件名重复但长文件名不同时，则不处理该目标文件
-v	显示命令执行的详细过程
-V	显示版本信息

（3）典型示例

显示 mtools 支持的命令。在命令行提示符下输入：

mtools ✓

如图 6-127 所示。

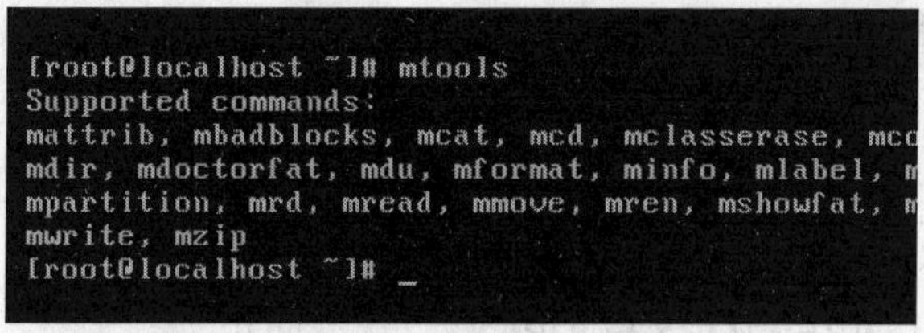

```
[root@localhost ~]# mtools
Supported commands:
mattrib, mbadblocks, mcat, mcd, mclasserase, mcd
mdir, mdoctorfat, mdu, mformat, minfo, mlabel, m
mpartition, mrd, mread, mmove, mren, mshowfat, m
mwrite, mzip
[root@localhost ~]# _
```

图 6-127　显示 mtools 支持的命令

（4）相关命令

mtoolstest。

38. mtoolstest 命令：测试并显示 mtools 的相关设置

（1）语法

mtoolstest [OPTION]

（2）选项及作用

选　项	作　用
--help	显示帮助信息
--version	显示版本信息
--verbose	显示命令执行的详细过程

（3）典型示例

测试并显示 mtools 的相关设置。在命令行提示符下输入：

```
mtools test ↙
```

如图 6-128 所示。

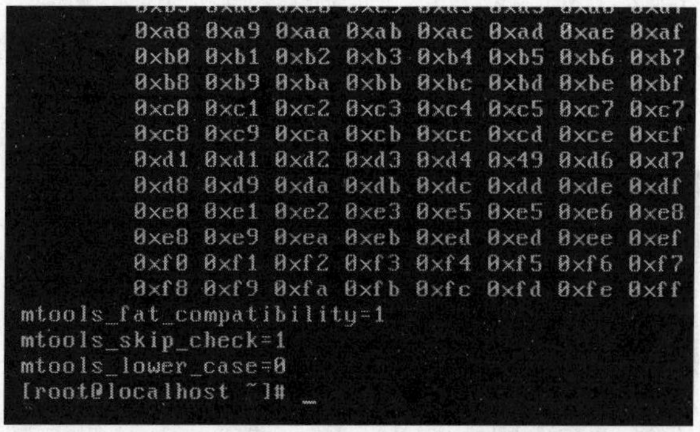

```
        0xa8 0xa9 0xaa 0xab 0xac 0xad 0xae 0xaf
        0xb0 0xb1 0xb2 0xb3 0xb4 0xb5 0xb6 0xb7
        0xb8 0xb9 0xba 0xbb 0xbc 0xbd 0xbe 0xbf
        0xc0 0xc1 0xc2 0xc3 0xc4 0xc5 0xc7 0xc7
        0xc8 0xc9 0xca 0xcb 0xcc 0xcd 0xce 0xcf
        0xd1 0xd1 0xd2 0xd3 0xd4 0x49 0xd6 0xd7
        0xd8 0xd9 0xda 0xdb 0xdc 0xdd 0xde 0xdf
        0xe0 0xe1 0xe2 0xe3 0xe5 0xe5 0xe6 0xe8
        0xe8 0xe9 0xea 0xeb 0xed 0xed 0xee 0xef
        0xf0 0xf1 0xf2 0xf3 0xf4 0xf5 0xf6 0xf7
        0xf8 0xf9 0xfa 0xfb 0xfc 0xfd 0xfe 0xff
mtools_fat_compatibility=1
mtools_skip_check=1
mtools_lower_case=0
[root@localhost ~]# _
```

图 6-128　测试并显示 mtools 的相关设置

（4）相关命令

mtools。

39. mv 命令：移动或更改现有的文件或目录

（1）语法

mv [OPTION]... [-T] SOURCE DEST

mv [OPTION]... SOURCE... DIRECTORY

mv [OPTION]... -t DIRECTORY SOURCE...

（2）选项及作用

选　项	作　用
-b	覆盖文件前先对其进行备份
-f或--force	若目的文件或目录和现有的文件或目录重复时，将不会向用户进行询问，直接覆盖现有的文件或目录
-i或--interactive	覆盖前先向用户进行询问
-S或--suffix=后缀	不理会通常的备份后缀
--strip-trailing-slashes	删除所有源参数（源文件或源目录，其他选项同）尾部的斜线
-u或--update	移动或覆盖目的文件时，若日期不比目的文件旧，且目的文件已经存在，则不执行覆盖文件命令
-t或--target-directory=目录	移动所有源参数到指定目录
-T或--no-target-directory	将DEST作为普通文件
--help	显示帮助信息
-v或--version	显示版本信息
--verbose	显示执行的详细信息

（3）典型示例

示例 1： 重命名目录（语法说明的第一种情况）。将目录 B_DIR 重命名为 M_DIR。在命令行提示符下输入：

mv B_DIR M_DIR ✓

如图 6-129 所示，重命名文件可以通过同样的方式实现。

图 6-129　重命名目录或文件

示例 2： 将文件或目录移动到指定目录。例如，将 link 文件移动到目录 M_DIR/下面。在命令行提示符下输入：

mv link M_DIR/ ✓

如图 6-130 所示。

图 6-130　移动文件到指定目录

示例 3：将多个文件移动到指定目录下。例如，将 M_DIR/目录下的 c.txt 和 link 文件移动到主目录~下（将工作目录切换到 M_DIR/目录）。在命令行提示符下输入：

mv c.txt link ~ ✓

如图 6-131 所示。

图 6-131　移动多个文件到指定目录

示例 4：覆盖文件前先对其进行备份，并且给备份文件加上指定的文件名后缀。例如，将 c.txt 文件改名为 link，并且给要被覆盖的文件进行备份，备份文件的后缀为被覆盖文件的文件名加上 _bak。在命令行提示符下输入：

mv -b -S _bak c.txt link ✓

如图 6-132 所示。

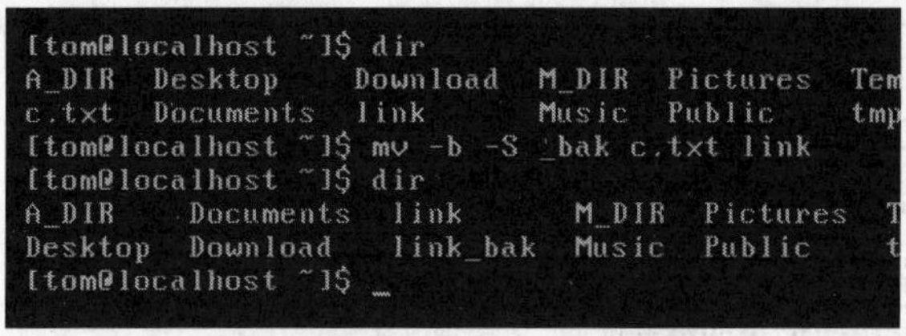

图 6-132　备份被覆盖的文件并添加后缀

（4）相关命令

rename。

40. od 命令：输出文件内容

（1）语法

od [OPTION]... [FILE]...

od [-abcdfilosx]... [FILE] [[+]OFFSET[.][b]]

od --traditional [OPTION]... [FILE] [[+]OFFSET[.][b] [+][LABEL][.][b]]

（2）选项及作用

选　　项	作　　用
-A<内码单位>	选择计算内码的单位，如十进制"d"，八进制"o"，十六进制"x"和不显示"n"等，默认以八进制为单位来计算内码
-j<字符数目>	跳过设定的字符数目。采用该选项，od命令会从数据的开头算起，并略过设定的字符数目后输出数据。在指定的字符数目后加上"b"、"k"和"m"分别表示乘上512、1024和1048576
-N<字符数目>	输出到指定的字符数目为止
-s<字符串数目>	只显示符合指定的字符数目的字符串，且必须以NULL作为结尾的控制字符，若使用该参数为设定字符数，将使用默认值3
-t<输出格式>	设定输出格式。输出格式包括"a"、"c"、"d"、"f"、"o"、"u"和"x"，分别表示字符名称、ASCII字符、十进制（含负数，signed）、浮点、八进制、十进制（不含负数，unsigned）和十六进制。可同时指定多个输出格式。除"a"、"c"外，其他输出格式可在后面以十进制数字设定数据的大小（Byte）。"d"、"x"、"o"、"u"后面可搭配"C"、"S"、"I"、"L"分别表示字符、短整数、整数和长整数；"f"后面搭配"D"、"F"、"L"分别表示双精度、浮点精度和长双精度
-v	输出时不省略重复的数据
-a	与"-t a"效果相同
-b	与"-t o1"效果相同
-c	与"-t c"效果相同
-d	与"-t u2"效果相同
-f	与"-t fF"效果相同
-i	与"-t dI"效果相同
-l	与"-t dL"效果相同
-o	与"-t o2"效果相同
-s	与"-t d2"效果相同
-x	与"-t x2"效果相同
-w<每行字符数>	设定每列的最大字符数
--traditional	接受传统形式的参数
--help	显示帮助信息
--version	显示版本信息

（3）典型示例

示例 1：od 命令默认以八进制为单位计算字码。例如，以八进制的形式显示文本文件 aa.txt 的内容，为以示区别现以 cat 命令显示文本的内容，然后在命令行提示符下输入：

```
od aa.txt ↙
```

如图 6-133 所示，其中每行的第一个数（如"0000000"、"0000020"等）为文件的偏移量，偏移量后面是文件的内容。

图 6-133　以八进制形式显示文本内容

示例 2：以八进制显示文件 aa.txt 的内容，显示时略过前面 10 个字符。在命令行提示符下输入：

od -j 010 aa.txt ✓

如图 6-134 所示，第一行开始处的偏移量为"0000010"。其中，"010"中第一个"0"表示以八进制计算字符，"10"表示字符数。同理，加上"0x"或"0X"（即"0x10"或"0X10"）表示以十六进制计算略过文件前面 20 个字符后开始显示文本内容。

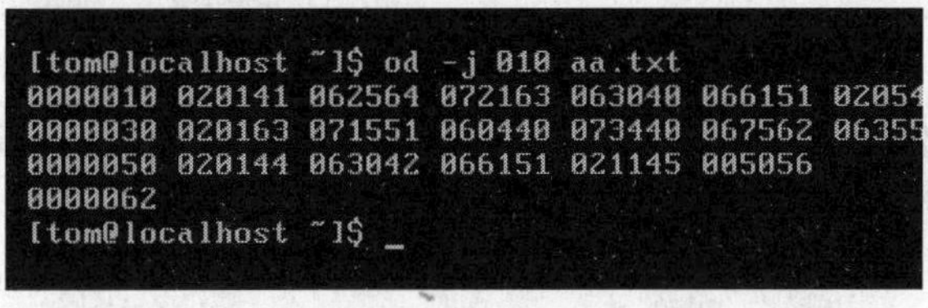

图 6-134　以八进制略过前 20 个字符显示文本内容

示例 3：在示例 2 中以数字的方式指明了略过的字符数，也可以以加入字母的方式表达，通常在需要略过较多字节时采用这种方式。例如，假定设定略过的字符数为 512 字节，可以采用"1b"表示，即"1×512"字节，若跳过的字节数已经超过了文本的长度，命令行下将给出相应的提示。在命令行提示符下输入：

od -j 1b aa.txt ✓

如图 6-135 所示。

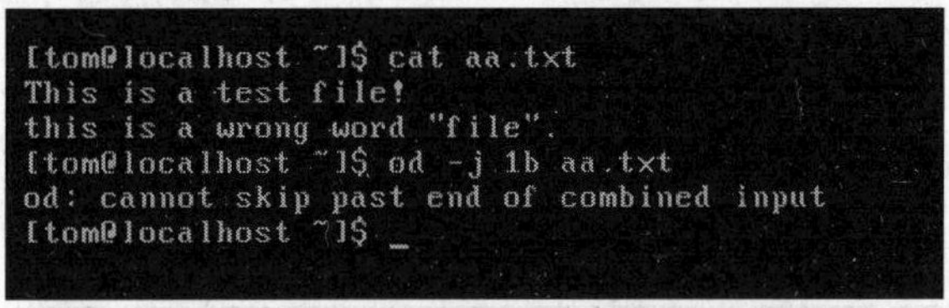

图 6-135　略过指定字符数显示文件内容

示例 4：以十进制计算，只显示文件前面 10 个字符的内容。在命令行提示符下输入：

od -A d -N 10 aa.txt ✓

如图 6-136 所示。

```
[tom@localhost ~]$ od -A d -N 10 aa.txt
0000000 064124 071551 064440 020163 020141
0000010
[tom@localhost ~]$ _
```

图 6-136　输出到指定的字符数目为止

示例 5：只显示符合指定的字符数目的字符串，使用选项-s 实现，未设定字符数时，将采用默认值 3．在命令行提示符下输入：

od -s aa.txt ✓

如图 6-137 所示。

```
[tom@localhost ~]$ od -s aa.txt
0000000   26708   29545   26912    8307    8289    2597
0000020   27753    8549   29706   26984    8307    2954
0000040   28530   26478   30496   29295    8292    2614
0000060    2606
0000062
[tom@localhost ~]$ _
```

图 6-137　只显示符合指定的字符数目的字符串

示例 6：以字符名称显示文件内容。例如，以字符名称的形式显示文件 aa.txt 的内容。在命令行提示符下输入：

od -t a aa.txt ✓

如图 6-138 所示，其中第一列是文件的偏移量，可以看到文本文件 aa.txt 中的空格由字符名称中的"sp"代替显示，换行由"nl"代替显示。

```
[tom@localhost ~]$ od -t a aa.txt
0000000    T   h   i   s  sp   i   s  sp   a  sp
0000020    i   l   e   !  nl   t   h   i   s  sp
0000040    r   o   n   g  sp   w   o   r   d  sp
0000060    .  nl
0000062
[tom@localhost ~]$ _
```

图 6-138　以字符名称显示文件内容

示例 7：od 命令显示文件内容时默认会省略重复的数据，重复的列会以"*"来显示。例如，将 aa.txt 文件编辑成许多数据重复的文件，通过 vim 编辑成文件中存在许多重复的字母"a"的形式，如图 6-139 所示。

```
This is a test file!
a a a a a a a a a a a a a a a a a
a a a a a a a a a a a a a a a a a
this is a wrong word "file".
```

图 6-139　编辑文件为含重复数据的文件

保存文件后退出 vim，首先以默认的方式查看文件内容，会看到重复的列被符号“*”代替了，然后通过选项-v 以不省略重复数据的形式输出文件内容。在命令行提示符下输入：

```
od aa.txt ↙
od -v aa.txt ↙
```

如图 6-140 所示。

```
[tom@localhost ~]$ od aa.txt
0000000 064124 071551 064440 020163 020141 06256
0000020 066151 020545 060412 060440 060440 06044
0000040 060440 060440 060440 060440 060440 06044
0000060 060440 060440 060440 060440 060440 06041
0000100 060440 060440 060440 060440 060440 06044
*
0000140 072012 064550 020163 071551 060440 07344
0000160 073440 071157 020144 063042 066151 02114
0000176
[tom@localhost ~]$ od -v aa.txt
0000000 064124 071551 064440 020163 020141 06256
0000020 066151 020545 060412 060440 060440 06044
0000040 060440 060440 060440 060440 060440 06044
0000060 060440 060440 060440 060440 060440 06041
0000100 060440 060440 060440 060440 060440 06044
0000120 060440 060440 060440 060440 060440 06044
0000140 072012 064550 020163 071551 060440 07344
0000160 073440 071157 020144 063042 066151 02114
0000176
[tom@localhost ~]$ _
```

图 6-140　输出时不省略重复的数据

（4）相关命令

cat。

41. paste 命令：合并文件的列

（1）语法

paste [OPTION]… [FILE]…

（2）选项及作用

选　项	作　用
-d<间隔字符>	用指定的间隔字符代替Tab；默认以Tab字符间隔不同文件的行的内容，可以通过该选项另行指定
-s，--serial	序列式（而非平行式）地对文件的行进行处理。默认进行平行式处理，即依次处理第一个文件的第一行，第二个文件的第一行，……，直到所有文件的第一行处理完后，再从第一个文件的第二行开始进行处理
--help	显示帮助信息
--version	显示版本信息

（3）典型示例

示例 1：以默认的方式合并文件 file0 和文件 file1 的行。在命令行提示符下输入：

```
paste file0 file1 ↙
```

从如图 6-141 中可以看出，合并后的文件对应行之间的间隔为一个 Tab 的距离。

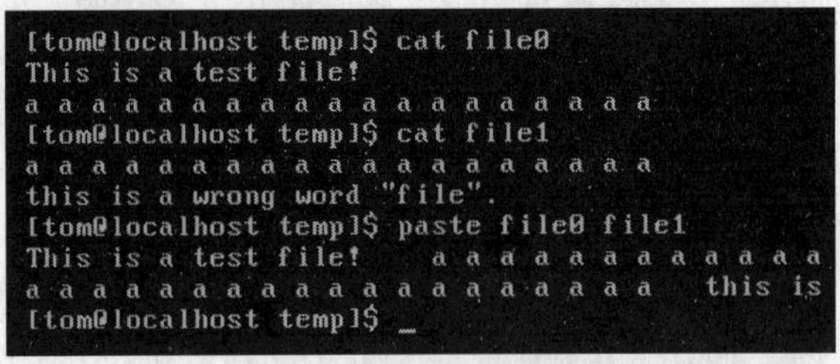

图 6-141　以默认方式合并文件的行

示例 2： 示例 1 中默认的间隔为一个 Tab，也可以用指定的间隔字符代替 Tab。例如，指定间隔字符为 "@"。在命令行提示符下输入：

paste -d @ file0 file1 ✓

如图 6-142 所示。

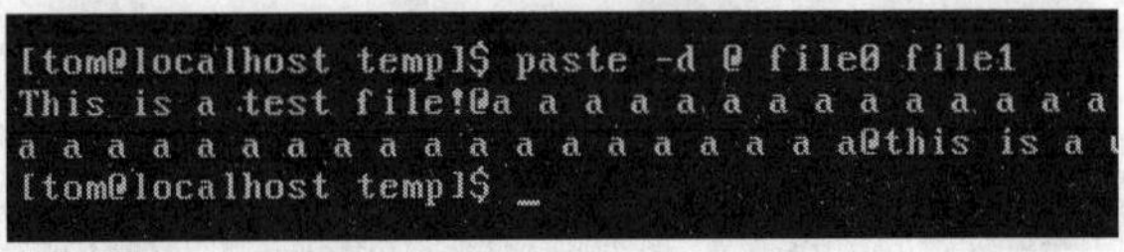

图 6-142　指定间隔符

示例 3： 上述两个示例均是按照默认的平行方式进行处理，也可以通过选项-s 让 paste 按照序列式对文件进行处理。在命令行提示符下输入：

paste -s file0 file1 ✓

如图 6-143 所示。

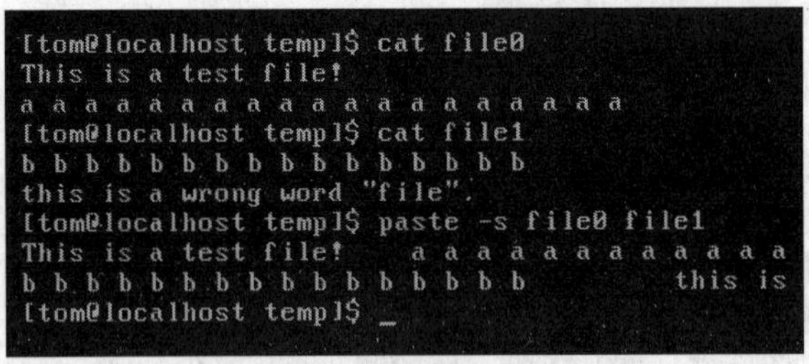

图 6-143　序列式处理文件

（4）相关命令

cat。

42. patch 命令：修补文件

（1）语法

patch [options] [originalfile [patchfile]]

但通常使用下面的格式：

patch -p<num> <patchfile>

（2）选项及作用

选　　项	作　　用
-b	备份每一个源文件
-c	修改数据时对其差异性进行解析
-d<dir>	进行其他操作前转换到指定目录
-e，--ed	修改数据时用ed命令对其进行解析
-f，--force	强制执行，不用交互式询问
-E	对修改后的文件，若其输出内容为空，则删除该文件
-l	忽略修改的数据和输入数据的Tab、空格字符
-n，--normal	对修改的数据进行一般性的差异解析
-R	假定修改的数据由新旧文件交换位置而产生
-N	忽略已经修改的或由新旧文件交换位置而产生的文件
-o	将修改的文件输出到指定文件
-p<num>，--strip=<num>	设定剥离路径名称的层数。通常在补丁文件中指定的文件名称前都有绝对路径，可通过该选项删除路径名称。例如，当路径与文件名称为/usr/local/lfs/test.c时，每设定一个层数就去掉一个"/"及其前面的路径名称。例如当层数设为1时，补丁文件所用的路径及文件名为local/lfs/test.c。当设定为数字2时，补丁文件的所用的路径及文件名为lfs/test.c；当不设定该选项是，默认当前目录下文件名为test.c，或采用选项-d指定目录
-r <rejectfile>，--reject-file=rejectfile	设定存储拒绝打补丁相关信息的文件名称（而不是默认后缀名为".rej"的文件）
-R，--reverse	假定修补数据使用新旧文件交换位置而产生
-s，--silent或--quiet	不显示命令的执行过程
-t或--batch	自动跳过错误，不进行交互式询问
-T或--set-time	与指定-Z选项效果类似，但以本地时间为主
-u或--unified	把修改数据解释成一致化的差异
-Z	把修改过的文件移动、存取时间设为UTC
-B<备份字符字符串>	设定文件时附加在文件名称前面的字首字符
-D<标示符号>	用指定的符号将更改过的地方表示出来
-F<判别列数>	设定判别的最大值
-g<控制数值>	设定控制修补操作
-i<修补文件>	读取指定的修补文件
-o<输出文件>	设定输出文件的名称
-V<备份方式>	设定不同的备份方式
-v或--version	显示版本信息
-Y<pref>或--basename-pref=<pref>	设定文件备份时备份文件基本名称前面的文件名前缀
--help	显示帮助信息
--verbose	显示执行的详细信息

（3）典型示例

示例 1：用补丁文件修补原文件。在目录下有两个文件 compare1.txt 和 compare2.txt，通过 cat 命令可以看到这两个文件只有一个单词不同，利用前面介绍的 diff 命令生成补丁文件 patch.diff，然后再通过 patch 对文件 compare1.txt 打补丁。在命令行提示符下输入：

patch compare1.txt patch.diff ✓

如图 6-144 所示，可以看到打补丁后的文件 compare1.txt 的内容变得与文件 compare2.txt 一致了；同样，若用该补丁文件对文件 compare2.txt 打补丁，最后得到的 compare2.txt 文件的内容将同 compare1.txt 一致。

```
[tom@localhost tmp1]$ cat compare1.txt
test file one.
[tom@localhost tmp1]$ cat compare2.txt
test file two.
[tom@localhost tmp1]$ diff compare1.txt compare2
[tom@localhost tmp1]$ patch compare1.txt patch.d
patching file compare1.txt
[tom@localhost tmp1]$ cat compare1.txt
test file two.
[tom@localhost tmp1]$ _
```

图 6-144　给文件打补丁

示例 2：同示例 1，用补丁文件 patch.diff 给文件 compare1.txt 打补丁，并指定工作目录为/home/tom/tmp1。在命令行提示符下输入：

patch -d /home/tom/tmp1/ compare1.txt patch.diff ✓

如图 6-145 所示。

```
[tom@localhost tmp1]$ patch -d /home/tom/tmp1/ co
patching file compare1.txt
[tom@localhost tmp1]$ _
```

图 6-145　指定打补丁的工作目录

若对打过补丁的文件再次打补丁，将会提示是否用新的补丁，如图 6-146 所示。

```
[tom@localhost tmp1]$ patch -d /home/tom/tmp1/ c
patching file compare1.txt
[tom@localhost tmp1]$ patch -d /home/tom/tmp1/ c
patching file compare1.txt
Reversed (or previously applied) patch detected!
Apply anyway? [n] y
Hunk #1 FAILED at 1.
1 out of 1 hunk FAILED -- saving rejects to file
[tom@localhost tmp1]$ _
```

图 6-146　重复打补丁

示例 3：通常，补丁文件以压缩文件的形式存在。例如，主目录下有一个补丁文件 patch.diff.gz，要用该文件给目录 tmp1/下的 compare1.txt 文件打补丁，可以通过指定补丁文件所在目录的方式进行。在命令行提示符下输入：

```
gzip -cd ../patch.diff.gz | patch compare1.txt ✓
```

如图 6-147 所示，要修补的文件在当前工作目录 tmp1/下，而补丁文件在 tmp1/的上级目录中，通过 ".." 回到上级目录并解压打包的补丁文件。

```
[tom@localhost tmp1]$ gzip -cd ../patch.diff.gz
patching file compare1.txt
[tom@localhost tmp1]$ _
```

图 6-147 指定补丁文件所在目录

（4）相关命令

diff、ed。

43. rcp 命令：复制远程主机的文件或目录

（1）语法

rcp [-px] file1 file2

rcp [-px] [-r] file … directory

（2）选项及作用

选 项	作 用
-p	保留源文件或目录的属性，包括拥有者、所属群组、权限与时间
-r	将指定目录下的文件与子目录一并处理

（3）相关命令

rsh。

44. rhmask 命令：产生加密文件

（1）语法

rhmask [option] [加密文件] [源文件] [目标文件]

（2）选项及作用

选 项	作 用
-d	产生加密的文件

（3）相关命令

passwd。

45. rm 命令：删除文件或目录

（1）语法

rm [OPTION]… [FILE]…

（2）选项及作用

选　　项	作　　用
-d或--directory	直接把要删除目录的硬链接数目删减为0，并移除该目录。本命令会造成该目录下的文件失去链接，导致必须要执行fsck命令检查磁盘
-f或--force	强制删除目录或文件
-i或interactive	删除目录或文件先前访问过的用户
-r、-R或--recursive	将指定目录下的所有文件及其子目录进行递归处理
-v或--verbose	显示命令执行的过程
--help	显示帮助信息
--version	显示版本信息

（3）典型示例

示例 1：删除指定文件。例如，删除 tmp 目录下的 aa.txt 文件。在命令行提示符下输入：

rm aa.txt ↙

如图 6-148 所示。

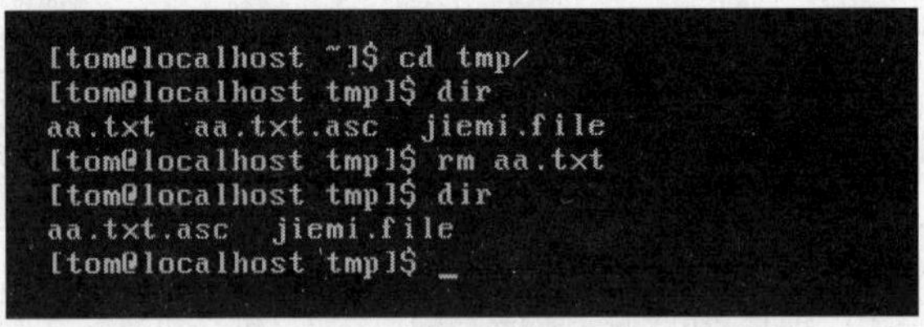

图 6-148　删除指定文件

示例 2：删除目录下所有扩展名为 txt 的文件。在命令行提示符下输入：

rm *.txt ↙

如图 6-149 所示。

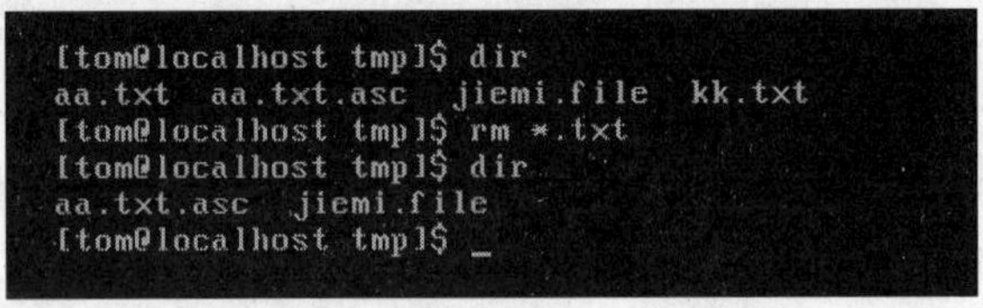

图 6-149　利用通配符删除符合条件的所有文件

示例 3：强制删除以字母 j 开头的文件，并显示命令的执行过程。在命令行提示符下输入：

rm -vf j* ↙

如图 6-150 所示。

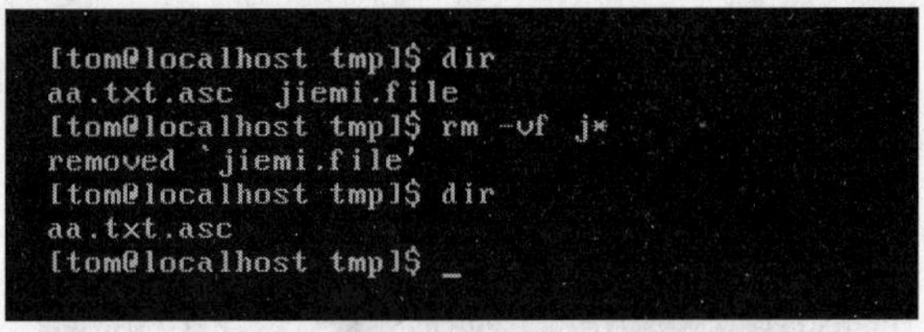

图 6-150　强制删除文件

示例 4：当两个选项的功能有冲突时，第二个参数的效果将会覆盖第一个。例如，删除 tmp 目录下所有的文件，并显示执行过程。在命令行提示符下输入：

rm -ivf tmp/* ✓

如图 6-151 所示。

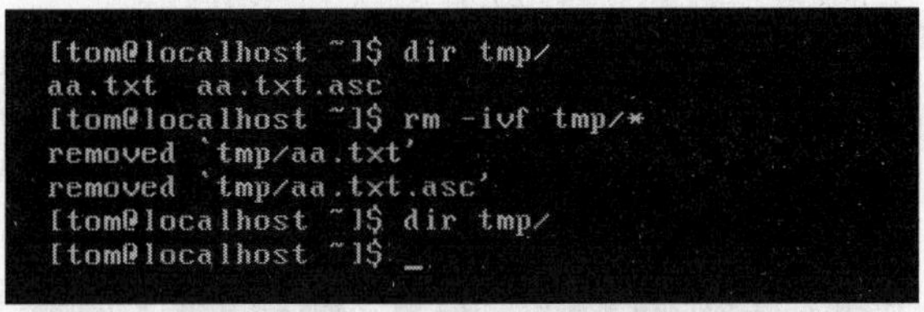

图 6-151　选项功能有冲突时的效果

（4）相关命令

unlink、chattr、shred。

46. rmdir 命令：删除目录

（1）语法

rmdir [OPTION]… DIRECTORY…

（2）选项及作用

选　项	作　用
-p 或 --parents	删除指定的目录后，如果该指定目录的上一层为空，则将其一并删除，直到遇到非空
-v 或 --verbose	显示命令运行的详细信息
--help	显示帮助信息
--ignore-fail-on-non-empty	忽略目录为非空的错误信息
--version	显示版本信息

（3）典型示例

示例 1：在主目录/home/tom/下通过 mkdir 命令新建目录 A_DIR，然后用 rmdir 命令将其删除。在命令行提示符下输入：

```
mkdir A_DIR ✓
dir ✓
rmdir A_DIR ✓
dir ✓
```

如图 6-152 所示。

```
[tom@localhost ~]$ mkdir A_DIR
[tom@localhost ~]$ dir
A_DIR  Desktop  Documents  Download  Music  Pict
[tom@localhost ~]$ rmdir A_DIR
[tom@localhost ~]$ dir
Desktop  Documents  Download  Music  Pictures  P
[tom@localhost ~]$ _
```

图 6-152 删除空目录

示例 2：若所删除的目录非空，则无法删除该目录，命令行提示符下将给出相关的错误信息。例如，A_DIR/目录下有一文件 aa.txt，通过 rmdir 命令删除该目录 A_DIR。在命令行提示符下输入：

rm A_DIR ✓

如图 6-153 所示，命令行提示符下显示目录非空，未能删除该目录。

```
[tom@localhost ~]$ rmdir A_DIR/
rmdir: A_DIR/: Directory not empty
[tom@localhost ~]$ dir
A_DIR    Documents  Music      Pictures   Templa
Desktop  Download   parent_dir Public     Videos
[tom@localhost ~]$ _
```

图 6-153 删除非空目录

示例 3：在 mkdir 命令的示例中新建了目录 parent_dir 及其子目录 child_dir，且两目录下再无其他文件和目录。这种情况下，可以通过 rmdir 命令在删除空目录 child_dir 的同时，删除 parent_dir 目录。为了显示命令的执行过程，可以加入选项-v。在命令行提示符下输入：

rmdir -vp parent_dir/child_dir/ ✓

如图 6-154 所示。

```
[tom@localhost ~]$ rmdir -vp parent_dir/child_dir
rmdir: removing directory, parent_dir/child_dir/
rmdir: removing directory, parent_dir
[tom@localhost ~]$ tree -d
.
|-- A_DIR
|-- Desktop
|-- Documents
|-- Download
|-- Music
|-- Pictures
|-- Public
|-- Templates
'-- Videos

9 directories
[tom@localhost ~]$ _
```

图 6-154 删除空的子目录及父目录

（4）相关命令

rm。

47．scp 命令：远程复制文件

（1）语法

scp [-1246BCpqrv] [-c cipher] [-F ssh_config] [-i identity_file] [-l limit]

　　[-o ssh_option] [-P port] [-S program] [[user@]host1:]file1 ... [[user@]host2:]file2

（2）选项及作用

选　　项	作　　用
-1	强制使用协议1
-2	强制使用协议2
-4	强制使用IPv4协议
-6	强制使用IPv6协议
-B	选择批处理模式
-C	压缩模式传输
-p	将每个副本的修改时间和访问权限保持与原文件相同
-q	不显示复制的进度表
-v	显示运行时的详细信息
-r	递归复制目录内容
-b<地址>	指定地址
-F<文件>	指定配置的文件
-i<认证文件>	指定认证的文件
-P<端口号>	指定端口号

（3）典型示例

示例 1：将本地系统工作目录下的文件复制到远程系统目录下。例如，将 tmp/目录下的文件 a.txt 复制到远端主机 218.194.63.230 的 temp/目录下，并显示命令运行时的详细信息。在命令行提示符下输入：

scp -v tmp/a.txt jerry@218.194.63.230:temp/ ↙

如图 6-155 所示。

远程主机需要输入密码验证。输入正确的密码后，该文件将被复制到远程主机的 temp/目录下，如图 6-156 所示。

示例 2：将本机普通用户主目录下的目录 tmp/复制到远程主机 218.194.63.230 的 temp/目录下，需要对远端主机的主目录有写权限，在复制过程中将提示输入本地主机和远程主机的密码，如图 6-157 所示。

示例 3：当前用户 tom 将远程主机 218.194.63.230 的 temp/目录下以.txt 结尾的文件复制到本地目录 tmp/下。在命令行提示符下输入：

scp -r 'jerry@218.194.63.230:temp/*.txt' tmp/ ✓

如图 6-158 所示。

图 6-155　远程复制文件（1）

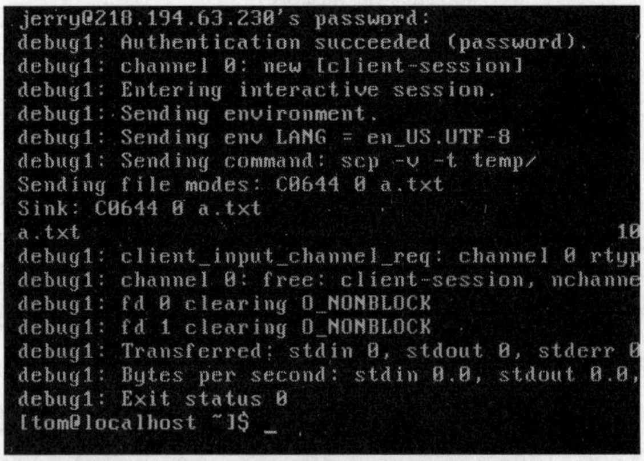

图 6-156　远程复制文件（2）

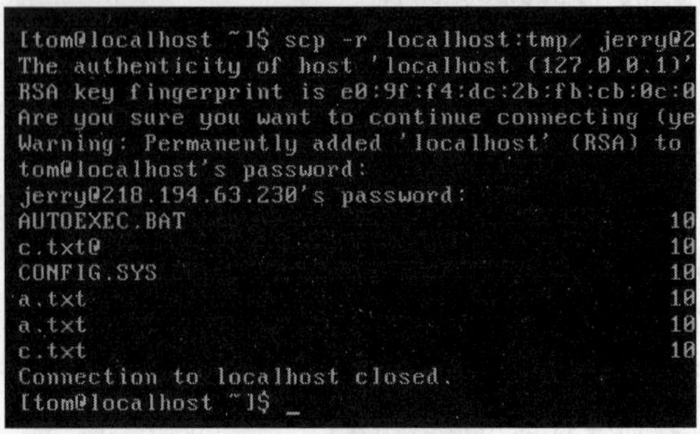

图 6-157　远程复制目录

图 6-158　从远程主机复制文件到本地目录

（4）相关命令

rcp、sftp、ssh、ssh-add、ssh-agent、ssh-keygen、ssh_config、sshd。

48. slocate 命令：查找文件或目录

（1）语法

slocate [OPTION]… PATTERN…

（2）选项及作用

选　　项	作　　用
-d<目录>或--database=<目录>	指定数据库所在的目录
-u	更新slocate数据库
--help	显示帮助信息
--version	显示版本信息

（3）相关命令

locate。

49. split 命令：切割文件

（1）语法

split [OPTION] [INPUT [PREFIX]]

（2）选项及作用

选　　项	作　　用
-a，--suffix-length=N	使用长度为N的后缀（默认为2）
-b<字节>	指定所切成的文件的字节数
-C<字节数>	切割时保留每行的完整性
-d，--numeric-suffixes	使用数字的后缀（默认为字母）
-<lines>，-l<lines>	指定多少行切割为一个文件
--help	显示帮助信息
--version	显示版本信息
--verbose	显示执行的详细信息

（3）典型示例

示例 1：将文件以指定行数为单位进行分割。例如，将文件 manual 以每 100 行为单位进行分割，分割后的文件名前缀为 man。在命令行提示符下输入：

split -l 100 manual man ✓

如图 6-159 所示。

```
[tom@localhost temp]$ split -l 100 manual man
[tom@localhost temp]$ ls man*
manaa  manab  manac  manual
[tom@localhost temp]$ _
```

图 6-159　以指定行数为单位分割文件

示例 2：将文件以指定文件大小进行分割。例如，将文件 manual 以 5KB 为单位进行分割，分割后的文件名前缀为 man。在命令行提示符下输入：

man -b 5k manual man ✓

如图 6-160 所示。

```
[tom@localhost temp]$ ls -l manual
-rw-rw-r-- 1 tom tom 15697 2008-06-02 21:21 manu
[tom@localhost temp]$ split -b 5k manual man
[tom@localhost temp]$ ls man*
manaa  manab  manac  manad  manual
[tom@localhost temp]$ ls -l man*
-rw-rw-r-- 1 tom tom  5120 2008-06-02 21:44 mana
-rw-rw-r-- 1 tom tom  5120 2008-06-02 21:44 mana
-rw-rw-r-- 1 tom tom  5120 2008-06-02 21:44 mana
-rw-rw-r-- 1 tom tom   337 2008-06-02 21:44 mana
-rw-rw-r-- 1 tom tom 15697 2008-06-02 21:21 manu
[tom@localhost temp]$ _
```

图 6-160　以指定文件大小分割文件

示例 3：同示例 2，进行文件分割时尽量保留每行的完整性。在命令行提示符输入：

split -C 5k manual man ✓

如图 6-161 所示，可以看到，与示例 2 相比，虽然同样按照 5KB 大小进行文件分割，但是分割后的文件大小却并不一样，这是因为示例 3 在进行文件分割时为尽量保持每行的完整性进行了适当的处理。

```
[tom@localhost temp]$ ls -l manual
-rw-rw-r-- 1 tom tom 15697 2008-06-02 21:53 manu
[tom@localhost temp]$ split -C 5k manual man
[tom@localhost temp]$ ls -l man*
-rw-rw-r-- 1 tom tom  5092 2008-06-02 21:53 manaa
-rw-rw-r-- 1 tom tom  5110 2008-06-02 21:53 manab
-rw-rw-r-- 1 tom tom  5063 2008-06-02 21:53 manad
-rw-rw-r-- 1 tom tom   432 2008-06-02 21:53 mana
-rw-rw-r-- 1 tom tom 15697 2008-06-02 21:53 manu
[tom@localhost temp]$ _
```

图 6-161　保留每行完整性进行文件分割

示例 4：将分割出的小文件以数字序号排序。前面各示例中分割出的文件都是以字母排序的，如"aa"、"ab"和"ac"等。也可以让这些文件按数字序号进行排序。在命令行提示符下输入：

man -b 5k -d manual ✓

如图 6-162 所示。

```
[tom@localhost temp]$ split -b 5k -d manual
[tom@localhost temp]$ ls -l x*
-rw-rw-r-- 1 tom tom 5120 2008-06-02 22:02 x00
-rw-rw-r-- 1 tom tom 5120 2008-06-02 22:02 x01
-rw-rw-r-- 1 tom tom 5120 2008-06-02 22:02 x02
-rw-rw-r-- 1 tom tom  337 2008-06-02 22:02 x03
[tom@localhost temp]$ _
```

图 6-162　分割文件按数字序号排序

（4）相关命令

cut。

50. stat 命令：显示 inode 内容

（1）语法

stat [OPTION] FILE…

（2）选项及作用

选　　项	作　　用
-L，--dereference	跟踪链接
-f，--file-system	显示文件系统（而不是文件）的状态
-c，--format=FORMAT	使用指定格式输出文件状态，输出完后换行
--printf=FORMAT	与--format类似，但是输出后不换行
-t	简单模式
-Z，--context	为SELinux打印出安全信息
--help	显示帮助信息
--version	显示版本信息

下面列出有效的文件及文件系统输出格式。

文 件 格 式	格 式 说 明	文件系统格式	格 式 说 明
%a	以八进制显示存取权限，例如"644"	%a	以八进制显示存取权限
%A	以易读形式显示存取权限，例如"-rw-rw-r--"	%b	文件系统总数据块
%b	分配的块数目	%c	文件系统总的文件节点
%B	以字节方式显示%b采用的块的大小	%d	文件系统中自由文件节点
%d	以十进制显示设备号	%f	文件系统的自由块

续表

文 件 格 式	格 式 说 明	文件系统格式	格 式 说 明
%C	SELinux保密传输	%i	以十六进制显示文件系统ID
%D	以十六进制显示设备号	%l	文件名的最大长度
%f	十六进制原始模式	%n	文件名字
%F	文件类型	%s	块大小
%g	所有者的群ID	%S	基础块的大小
%G	所有者的群名字	%t	以十六进制显示类型
%h	硬链接数	%T	以易读形式显示类型
%i	inode数		
%n	文件名字		
%N	引用符号链接所指的文件名		
%o	I/O块的大小		
%s	以字节显示文件总大小		
%t	以十六进制显示主设备类型		
%T	以十六进制显示次设备类型		
%u	所有者用户ID		
%U	所有者用户名		
%x	上次存取时间		
%X	上次存取时间，以时间秒为单位显示		
%y	上次修改时间		
%Y	上次修改时间，以时间秒为单位显示		
%z	上次改变时间		
%Z	上次改变时间，以时间秒为单位显示		

（3）典型示例

示例 1：显示文件的 inode 信息。例如，显示文件 aa.txt 文件的信息。在命令行提示符下输入：

stat aa.txt ✓

如图 6-163 所示，默认显示文件的所有信息。

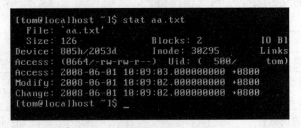

图 6-163　显示文件的 inode 信息

示例 2：示例 1 中显示了文件的所有信息，也可以通过选项-c 输出指定格式的文件状态。例如，以易读形式显示文件的存取权限。在命令行提示符下输入：

stat -c %A aa.txt ✓

如图 6-164 所示。

图 6-164　使用指定格式输出文件状态

示例 3：显示文件系统的 inode 信息，无选项时默认输出所有信息。在命令行提示符下输入：

stat /dev/sda ✓

如图 6-165 所示。

图 6-165　显示文件系统 inode 信息

示例 4：与示例 2 类似，也可以通过选项-c 输出指定格式的文件系统状态。例如，以八进制显示文件系统的存取权限。在命令行提示符下输入：

stat -c %a /dev/sda ✓

如图 6-166 所示，显示了硬盘的访问权限是"640"。

图 6-166　使用指定格式输出文件系统状态

示例 5：显示两个目录的 inode 信息。例如，显示目录 Music 和 Public 的 inode 信息。在命令行提示符下输入：

stat Music/ Public/ ✓

如图 6-167 所示。

（4）相关命令

ls。

```
[tom@localhost ~]$ stat Music/ Public/
  File: `Music/'
  Size: 1024            Blocks: 2          IO Bl
Device: 805h/2053d      Inode: 30134       Links
Access: (0755/drwxr-xr-x)  Uid: (  500/     tom)
Access: 2008-06-01 10:05:39.000000000 +0800
Modify: 2008-05-18 22:59:28.000000000 +0800
Change: 2008-05-18 22:59:28.000000000 +0800
  File: `Public/'
  Size: 1024            Blocks: 2          IO Bl
Device: 805h/2053d      Inode: 30132       Links
Access: (0755/drwxr-xr-x)  Uid: (  500/     tom)
Access: 2008-06-01 10:05:39.000000000 +0800
Modify: 2008-05-18 22:59:28.000000000 +0800
Change: 2008-05-18 22:59:28.000000000 +0800
[tom@localhost ~]$ _
```

图 6-167　显示多文件的文件状态

51. sum 命令：计算文件的校验码

（1）语法

sum [option]… [file]…

（2）选项及作用

选　项	作　用
-r	使用BSD算法
-s，--sysv	使用系统V算法
--help	显示帮助信息
--version	显示版本信息

（3）典型示例

示例 1：计算文件的 md5 值。例如，计算当前目录下 fly 文件的 md5 值。在命令行提示符下输入：

```
sum fly↙
```

如图 6-168 所示。

```
[root@localhost ~]# sum fly
35823    16
[root@localhost ~]# _
```

图 6-168　计算文件的 md5 值

（4）相关命令

cksum、md5sum。

52. tee 命令：从标准输入读取并输出到标准输出和文件

（1）语法

tee [OPTION]… [FILE]…

（2）选项及作用

选　项	作　用
-a，--append	附加到既有文件的后面，而非将其覆盖
-i，--ignore-interrupts	忽略中断信号
--help	显示帮助信息
--version	显示版本信息

（3）典型示例

示例 1： 将文件内容输出到指定文件。例如，在标准输出显示指定文件内容，并将该文件内容重新输出到指定文件 file 中。在命令行提示符下输入：

`cat poem | tee file ↙`

如图 6-169 所示。可以通过 cat 命令显示文件 file 的内容。

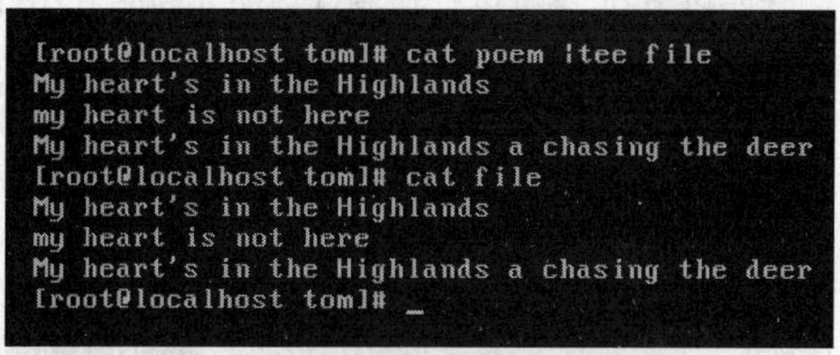

图 6-169　将文件内容输出到指定文件

（4）相关命令

cat。

53. tmpwatch 命令：删除暂存文件

（1）语法

tmpwatch [-u|-m|-c] [-MUadfqstvx] [--verbose] [--force] [--all] [--nodirs] [--nosymlinks] [--test] [--fuser] [--quiet [--atime|--mtime|--ctime] [--dirmtime] [--exclude path] [--exclude-user user] time dirs

（2）选项及作用

选　项	作　用
-u或--atime	采用文件的最后存取时间判断文件是否过期，默认为该选项
-m或--mtime	采用文件的最后修改时间判断文件是否过期
-c或--ctime	采用节点的最后改变时间判断文件是否过期
-M	采用目录的最后修改时间判断目录是否过期
-a或--all	删除任何类型的文件，tmpwatch默认只会删除一般的文件或空目录，而不会删除符号链接等特殊类型的文件

续表

选　项		作　用
-f或--force		强制删除文件或目录
-q或--quiet		不显示命令执行过程
--test		仅作为测试删除文件，不是真正删除
-v或--verbose		显示执行的详细信息
-d	--nodirs	不删除目录，即使目录为空也不删除
	--nosymlinks	不删除符号链接

（3）典型示例

示例 1：删除/tmp 目录中超过 1 天未曾使用过的文件。该命令需要使用管理员（root）权限。在命令行提示符下输入：

su - ✓

输入 root 密码后，开始以 root 身份运行命令（以下示例皆在 root 下运行）。在命令行提示符下输入：

tmpwatch 24 /tmp/ ✓

如图 6-170 所示。

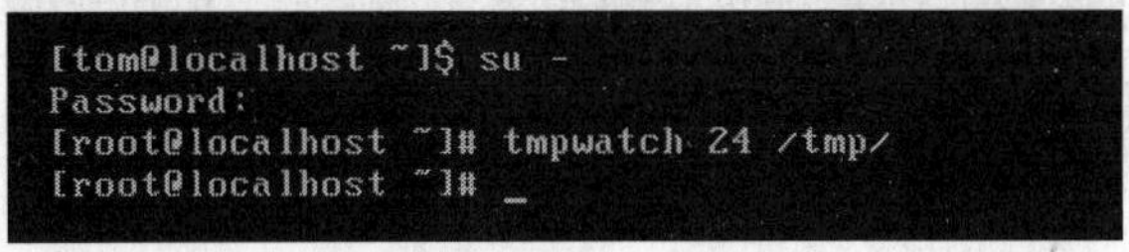

图 6-170　删除/tmp 目录下超过一天未使用的文件

示例 2：删除/tmp 和/var/tmp 目录下超过 10 个小时未使用的文件，并显示命令执行过程。在命令行提示符下输入：

tmpwatch 10 /tmp/ /var/tmp/ ✓

如图 6-171 所示。

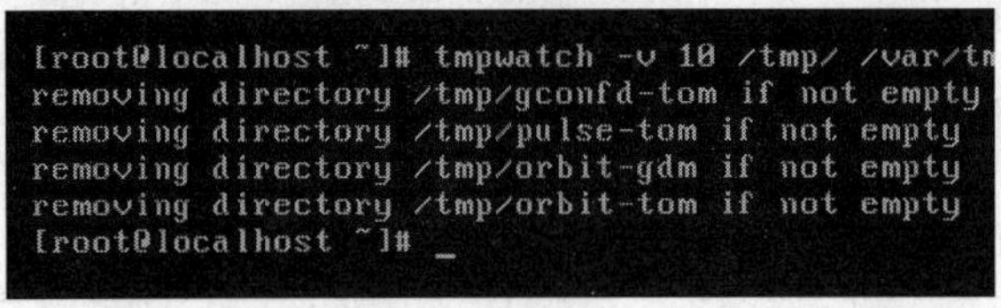

图 6-171　删除临时文件并显示执行过程

示例 3：删除/tmp 目录下超过一天未使用的临时文件，但是不删除符号链接，并显示命令执行过程。在命令行提示符下输入：

tmpwatch -v --nosymlinks 24 /tmp/ ✓

如图 6-172 所示。

```
[root@localhost ~]# tmpwatch -v --nosymlinks 24
removing directory /tmp/gconfd-tom if not empty
removing directory /tmp/pulse-tom if not empty
removing directory /tmp/orbit-gdm if not empty
removing directory /tmp/orbit-tom if not empty
[root@localhost ~]# _
```

图 6-172　删除临时文件但不删除符号链接

示例 4：删除/tmp 目录下超过一天未使用的文件，包括符号链接和特殊文件，并显示命令执行过程。在命令行提示符下输入：

```
tmpwatch -va 24 /tmp/ ↙
```

如图 6-173 所示。

```
[root@localhost ~]# tmpwatch -va 24 /tmp/
removing directory /tmp/gconfd-tom if not empty
removing directory /tmp/pulse-tom if not empty
removing directory /tmp/orbit-gdm if not empty
removing directory /tmp/orbit-tom if not empty
[root@localhost ~]# dir
anaconda-ks.cfg  Documents  install.log
Desktop          Download   install.log.syslog
[root@localhost ~]# _
```

图 6-173　删除/tmp 目录下所有超过一天未使用的文件

示例 5：强制删除/tmp 和/var/tmp 目录下超过一天未使用的文件，并显示命令执行过程。在命令行提示符下输入：

```
tmpwatch -vf 24 /tmp/ /var/tmp/ ↙
```

如图 6-174 所示。

```
[root@localhost ~]# tmpwatch -vf 24 /tmp/ /var/t
removing directory /tmp/gconfd-tom if not empty
removing directory /tmp/pulse-tom if not empty
removing directory /tmp/orbit-gdm if not empty
removing directory /tmp/orbit-tom if not empty
[root@localhost ~]# _
```

图 6-174　强制删除超过一天未使用的临时文件

（4）相关命令

cron、ls、rm、fuser。

54. touch 命令：更新文件或目录的时间

（1）语法

touch [OPTION]… FILE…

（2）选项及作用

选　　项	作　　用
-a	改变档案的读取时间记录
-c	假如目的档案不存在，不会建立新的档案，与 "--no-create" 的效果一样
-d	设定时间与日期，可以使用各种不同的格式
-f	不使用，是为了与其他Linux系统相容而保留
-m	改变档案的修改时间记录
--no-creat	不建立新档案
-r	使用参考档案的时间记录，与 "--file" 的效果一样
-t	设定档案的时间记录，格式与date命令相同

（3）典型示例

示例 1：更新文件时间。在命令行提示符下输入：

touch ✓

如图 6-175 所示。

图 6-175　更新文件时间

示例 2：建立文件。如果指定的文件不存在，则新建该文件。例如，新建文件 touchfile。在命令行提示符下输入：

touch touchfile ✓

如图 6-176 所示。

图 6-176　建立文件

（4）相关命令

ls。

55．tree 命令：以树状结构显示目录的内容

（1）语法

tree [-adfgilnopqrstuxACDFNS] [-L level [-R]] [-H baseHREF] [-T title] [-o filename]

[--nolinks] [-P pattern] [-I pattern] [--inodes] [--device] [--noreport] [--dirsfirst] [--version]
[--help] [directory...]

（2）选项及作用

选　项	作　用
-a	显示所有文件
-A	用ANSI绘图字符来显示树状结构图
-d	只显示目录文件
-C	打开彩色模式
-D	显示文件的最后修改时间
-f	显示文件的完整路径名
-F	用"*"表示可执行文件，"/"表示目录文件，"="表示socket文件，"@"表示符号连接，"|"表示管道文件
-g	显示文件的所属组组名或者GID
-i	不以阶梯状显示目录和文件
-I pattern	不显示符合pattern范本的文件
-l	直接显示符号连接所指向的源文件
-n	关闭彩色模式，不显示彩色。-C选项可以让-n选项失效
-N	将不可显示字符视为普通字符，以显示文件和目录名称
-p	显示文件的权限属性
-P pattern	只显示符合pattern范本的文件
-q	用"?"代替不可显示字符，以列出文件和目录的名称
-s	显示每个文件大小
-t	根据最后修改时间排序，默认是根据文件名排序
-u	显示文件的拥有者名字或者UID
-x	只显示当前文件系统上的文件

（3）典型示例

示例 1：显示指定目录下的目录树。例如，显示/home 目录下所有文件，包括该目录下子目录的所有文件，但不显示隐藏文件。在命令行提示符下输入：

`tree /home ✓`

如图 6-177 所示。

示例 2：在示例 1 中未显示隐藏文件（文件或目录前有一小圆点，例如主目录下的".bashrc"文件），若要在目录树下将隐藏文件一并显示出来，可以添加选项-a；若该目录下的文件过多而不能在一页中完全显示出来，可以如前面示例一样，加参数"\|more"。在命令行提示符下输入：

`tree -a /home/ \|more ✓`

如图 6-178 所示，/home 目录下所有的目录及文件，包括隐藏文件都以目录树的形式显示出来了，目录下的文件结构一目了然。

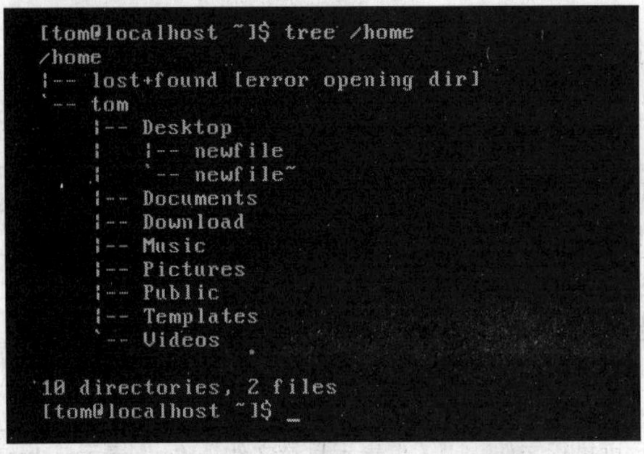

```
[tom@localhost ~]$ tree /home
/home
|-- lost+found [error opening dir]
`-- tom
    |-- Desktop
    |   |-- newfile
    |   `-- newfile~
    |-- Documents
    |-- Download
    |-- Music
    |-- Pictures
    |-- Public
    |-- Templates
    `-- Videos

10 directories, 2 files
[tom@localhost ~]$ _
```

图 6-177　显示指定目录下的目录树

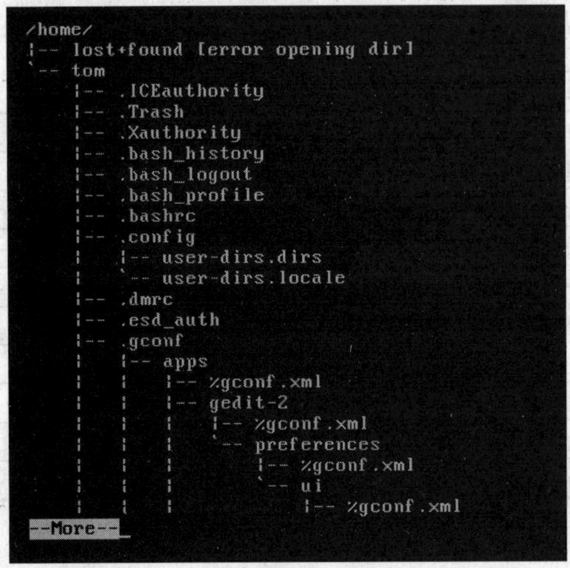

```
/home/
|-- lost+found [error opening dir]
`-- tom
    |-- .ICEauthority
    |-- .Trash
    |-- .Xauthority
    |-- .bash_history
    |-- .bash_logout
    |-- .bash_profile
    |-- .bashrc
    |-- .config
    |   |-- user-dirs.dirs
    |   `-- user-dirs.locale
    |-- .dmrc
    |-- .esd_auth
    |-- .gconf
    |   |-- apps
    |   |   |-- %gconf.xml
    |   |   |-- gedit-2
    |   |   |   |-- %gconf.xml
    |   |   |   `-- preferences
    |   |   |       |-- %gconf.xml
    |   |   |       `-- ui
    |   |   |           |-- %gconf.xml
--More--
```

图 6-178　显示指定目录下所有文件

示例 3：示例 1 使用“tree /home”命令显示了/home 目录下所有非隐藏文件。若想要以 ANSI 绘图字符方式显示目录树，可以使用-A 选项（注：选项-S 开启 ASCII 绘图字符显示树状图）。在命令行提示符下输入：

```
tree -A /home ↙
```

如图 6-179 所示。

示例 4：有时要查看指定目录下的所有子目录，包括隐藏目录，但不需要显示文件，可以在命令行提示符下输入：

```
Tree -ad /home/ ↙
```

如图 6-180 所示，显示了主目录/home 下的所有子目录（含隐藏目录），但未显示文件，注意与图 6-178 的比较。

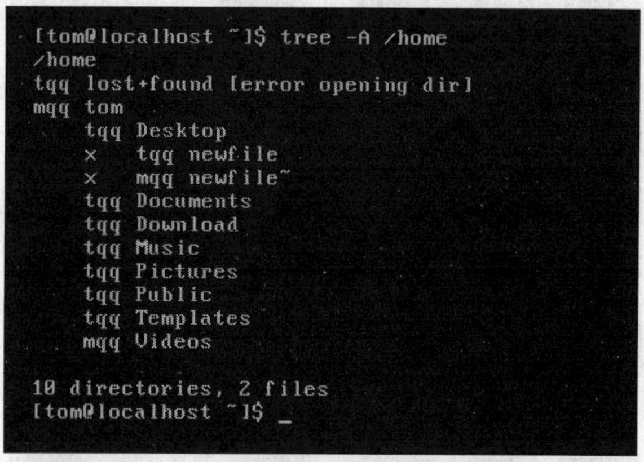

```
[tom@localhost ~]$ tree -A /home
/home
tqq lost+found [error opening dir]
mqq tom
    tqq Desktop
    x   tqq newfile
    x   mqq newfile~
    tqq Documents
    tqq Download
    tqq Music
    tqq Pictures
    tqq Public
    tqq Templates
    mqq Videos

10 directories, 2 files
[tom@localhost ~]$ _
```

图 6-179　以 ANSI 绘图字符显示树状图

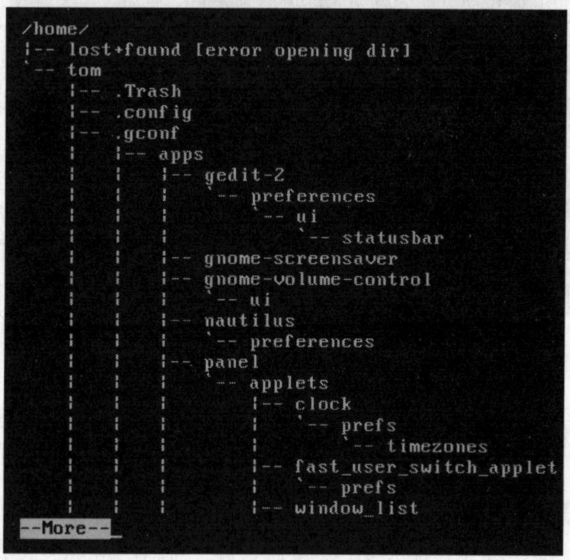

```
/home/
|-- lost+found [error opening dir]
`-- tom
    |-- .Trash
    |-- .config
    |-- .gconf
    |   |-- apps
    |   |   |-- gedit-2
    |   |   |   `-- preferences
    |   |   |       `-- ui
    |   |   |           `-- statusbar
    |   |   |-- gnome-screensaver
    |   |   |-- gnome-volume-control
    |   |   |   `-- ui
    |   |   |-- nautilus
    |   |   |   `-- preferences
    |   |   |-- panel
    |   |   |   `-- applets
    |   |   |       |-- clock
    |   |   |       |   `-- prefs
    |   |   |       |       `-- timezones
    |   |   |       |-- fast_user_switch_applet
    |   |   |       |   `-- prefs
    |   |   |       |-- window_list
--More--_
```

图 6-180　显示指定目录下所有子目录

示例 5： 在不带任何参数和选项的情况下，默认显示当前目录的目录树。在命令行提示符下输入：

```
tree ↙
```

如图 6-181 所示。

示例 6： 以树状图显示指定目录的文件，并且显示修改时间。在命令行提示符下输入：

```
tree -D /home ↙
```

如图 6-182 所示。

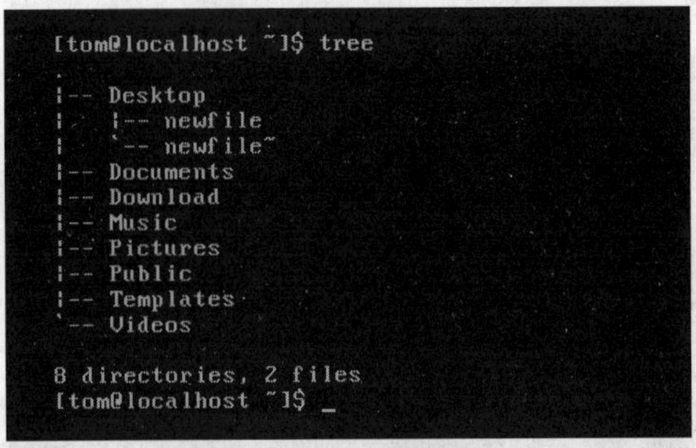

图 6-181　显示当前目录的目录树

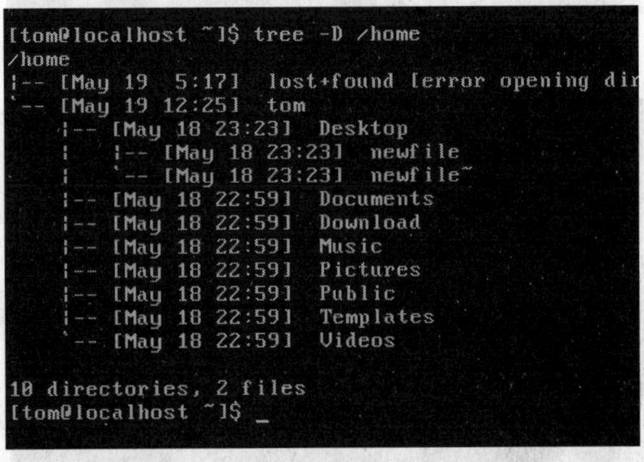

图 6-182　显示指定目录的目录树，并显示修改时间

示例 7：以树状图显示当前目录下的文件，并且显示文件的完整路径。在命令行提示符下输入：

tree -f ✓

如图 6-183 所示。

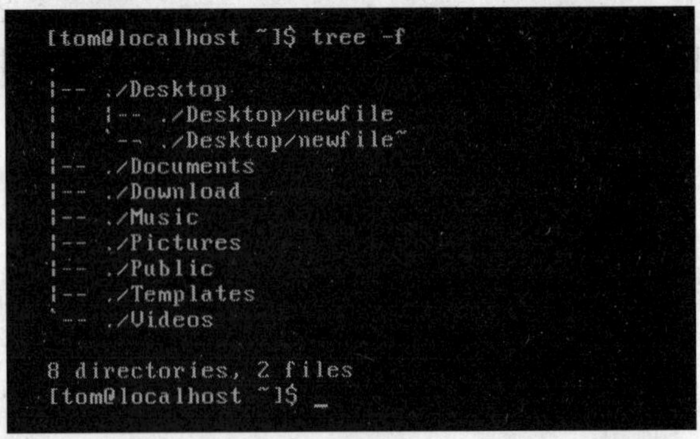

图 6-183　显示指定目录的目录树，并显示完整路径

（4）相关命令

dircolors、ls、find。

56. umask 命令：指定在建立文件时预设的权限掩码

（1）语法

umask [-p] [-S] [mode]

（2）选项及作用

选 项	作 用
-S	用文本的方式表示权限掩码

（3）典型示例

示例 1：显示当前用户的权限掩码。在命令行提示符下输入：

umask ↙

如图 6-184 所示。

图 6-184 显示当前用户的权限掩码

示例 2：用文本的方式表示权限掩码。在命令行提示符下输入：

umask -S ↙

如图 6-185 所示，可以发现，权限"0777"减去权限掩码即为权限。例如，在本示例中，用"0777"减去权限掩码"0002"后得到"0775"，即权限为"-rwxrwxr-x"，与示例中以文本方式显示的权限一致。

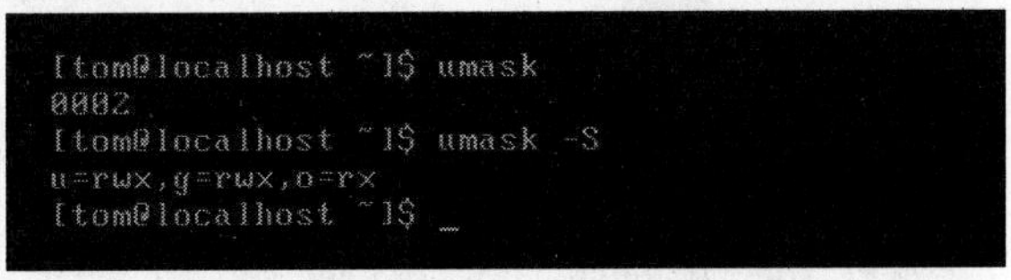

图 6-185 以文本方式表示权限掩码

示例 3：设置权限掩码。在命令行提示符下设置掩码为"0000"，通过示例 2 可知，设置该权限掩码后，以文本方式表示的权限掩码应该是"u=rwx, g=rwx, o=rwx"。在命令行提示符下输入：

umask 0000 ↙

如图 6-186 所示，以文本方式表示的权限掩码与上面分析的一致。

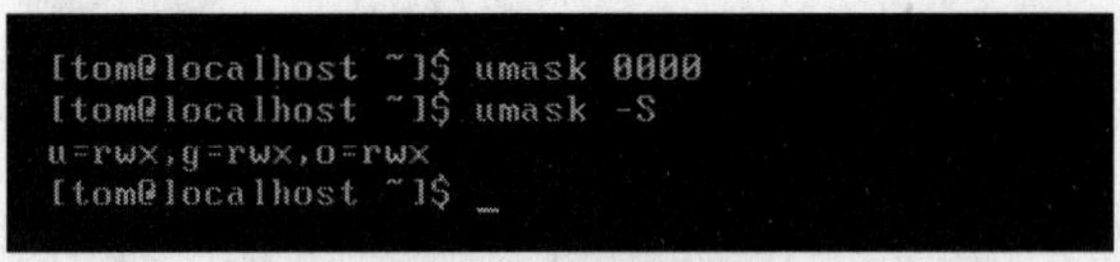

```
[tom@localhost ~]$ umask 0000
[tom@localhost ~]$ umask -S
u=rwx,g=rwx,o=rwx
[tom@localhost ~]$
```

图 6-186　设置权限掩码

（4）相关命令

chmod。

第7章　文件备份及压缩命令

1. ar命令：建立、修改或从档案文件中提取文件

（1）语法

ar [-cdfmpqrStuVx] [a<成员文件>] [b<成员文件>] [i<成员文件>] [文件]

ar [X32_64] [-]p[mod [relpos] [count]] archive [member…]

（2）选项及作用

选　项	作　用
-c	建立档案文件
-d	删除档案文件中的文件
-f	将文件名称过长的部分截除
-m	变更成员文件的次序。如果没有指定其他参数（a、b或i），则该选项会将指定的成员文件移动到档案文件的最后
-o	释放档案文件时保留成员文件原来的日期，默认会修改为当前日期
-p	显示档案文件里的文件的内容。如果没有指定成员文件，将显示所有成员文件的内容
-P	档案文件匹配文件名时，采用全路径名
-q	将文件附加在档案文件的末尾
-r	在档案文件中插入文件
-s	建立目标文件的索引表到档案文件，或更新已经存在的索引
-S	不产生符号表，建立较大档案文件时，可通过此选项加快执行速度
-t	显示文件中的所有文件
-u	仅将时间较新的文件插入档案文件中
-v	显示命令运行的详细信息
-V	显示版本的信息
-x	从档案文件中提取文件
a<成员文件>	将档案文件中的文件插入指定的成员文件的后面
b<成员文件>	将档案文件中的文件插入指定的成员文件的前面
i<成员文件>	将档案文件中的文件插入指定的成员文件的前面（与选项b相同）

（3）典型示例

示例1：将一组文件合并到一个档案文件中。例如，将 temp/ 目录下的 info2 和 manual 文件合并到档案文件 arfile 中，并显示命令运行的详细信息。在命令行提示符下输入：

```
ar -rv arfile info2 manual ↙
```

如图 7-1 所示。

```
[tom@localhost temp]$ ar -rv arfile info2 manual
ar: creating arfile
a - info2
a - manual
[tom@localhost temp]$ _
```

图 7-1　将一组文件合并到一个档案文件

示例 2：显示档案文件中的所有文件。例如，显示示例 1 建立的档案文件中的所有文件。在命令行提示符下输入：

```
ar -t arfile ↙
```

如图 7-2 所示。

```
[tom@localhost temp]$ ar -t arfile
info2
manual
[tom@localhost temp]$ _
```

图 7-2　显示档案文件中的所有文件

示例 3：移动档案文件中成员文件的次序。从示例 2 中可以看到，文件 info2 在 manual 前面，可以通过选项-m 将 info2 文件移动到最后。在命令行提示符下输入：

```
ar -mv arfile info2 ↙
```

如图 7-3 所示。

```
[tom@localhost temp]$ ar -t arfile
info2
manual
[tom@localhost temp]$ ar -mv arfile info2
m - info2
[tom@localhost temp]$ ar -t arfile
manual
info2
[tom@localhost temp]$ _
```

图 7-3　移动档案文件中成员文件的次序

示例 4：在档案文件中插入文件。例如，将另一个文件 temp.tar 添加进示例 1 的档案文件 arfile 中。在命令行提示符下输入：

```
ar -rv arfile temp.tar ↙
```

如图 7-4 所示，通过选项-t 可以看到：此时档案文件中已经加入了文件 temp.tar。

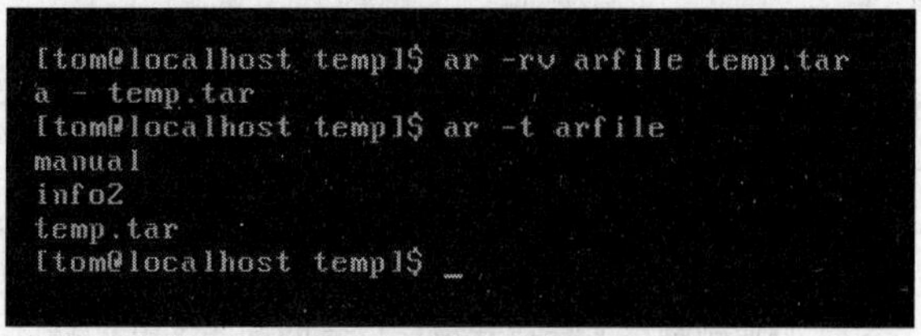

图 7-4　在档案文件中插入文件

示例 5：指定移动成员文件的次序。例如，将档案文件 arfile 中的 temp.tar 移动到文件 manual 后面。在命令行提示符下输入：

ar -mav manual arfile temp.tar　✓

如图 7-5 所示。

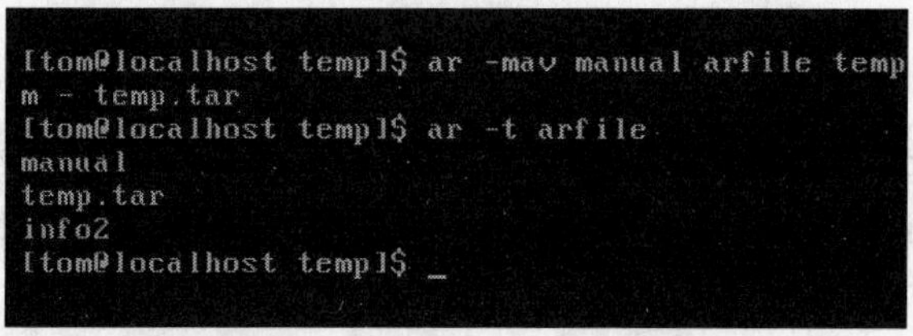

图 7-5　指定移动成员文件的次序

示例 6：显示档案文件中指定成员文件的文件内容。例如，在 temp/目录下新建文件 testfile，并输入内容 "This is a testfile for ar."，将该文件加入到档案文件 arfile 中，然后通过选项-p 显示档案文件中该文件的内容。在命令行提示符下输入：

ar -pv arfile testfile　✓

如图 7-6 所示。

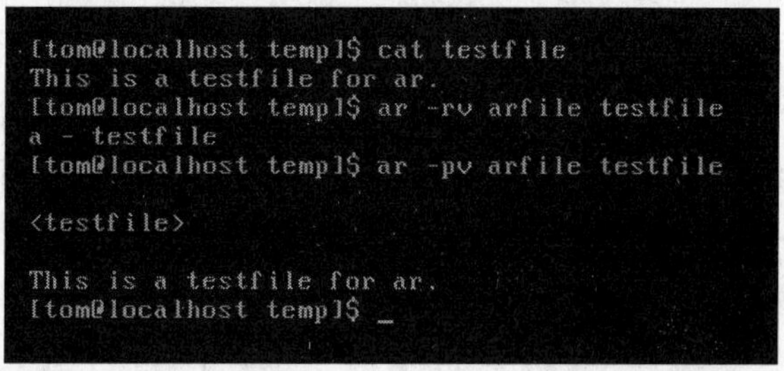

图 7-6　显示档案文件中指定成员文件的文件内容

（4）相关命令

nm、ranlib、binutils。

2. bunzip2 命令：解压缩.bz2 类型的文件

（1）语法

bunzip2 [-fkvsVL] [filenames …]

（2）选项及作用

选　项	作　用
-c，--stdout	压缩或解压缩到标准输出
-d，--decompress	强制解压
-f	强制解压文件，并覆盖现有的同名文件；默认不会覆盖同名文件
-k，--keep	在压缩或解压缩过程中保留输入文件（即保留原文件，不将其删除）
-L，--license，-V，--version	显示软件版本信息
-q，--quiet	不输出非必要的警告信息
-s	使用改进的算法，在进行文件检测、压缩和解压缩时减少内存使用
--help	显示帮助信息
-v，--verbose	显示执行的详细信息

（3）典型示例

示例 1：解压缩 bz2 文件，解压缩后不删除原文件，并显示命令运行过程。例如，解压缩 temp/目录下的 manual.bz2 文件，解压缩后不删除该文件，该目录下将出现文件 manual 和 manual.bz2。在命令行提示符下输入：

```
bunzip2 -kv manual.bz2 ↙
```

如图 7-7 所示。

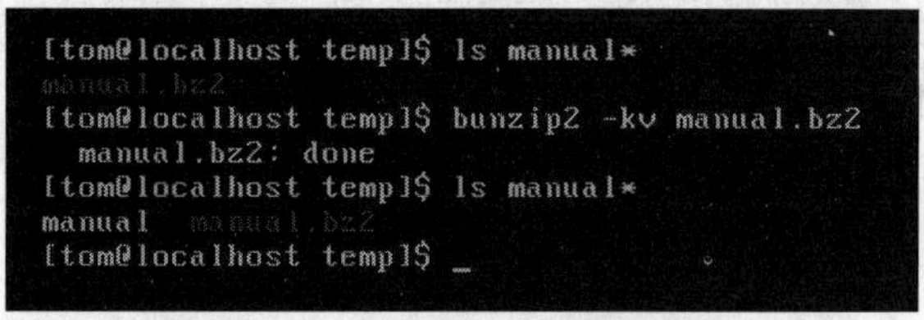

```
[tom@localhost temp]$ ls manual*
manual.bz2
[tom@localhost temp]$ bunzip2 -kv manual.bz2
  manual.bz2: done
[tom@localhost temp]$ ls manual*
manual  manual.bz2
[tom@localhost temp]$ _
```

图 7-7　解压缩文件并保留原文件

示例 2：示例 1 中解压缩后目录下存在 manual 和 manual.bz2 两个文件，这时再对 manual.bz2 进行解压缩时，将提示已经存在该文件，解压缩不被执行。如果一定要执行解压缩命令，可以采用-f 选项。在命令行提示符下输入：

```
bunzip2 -kfv manual.bz2 ↙
```

如图 7-8 所示。

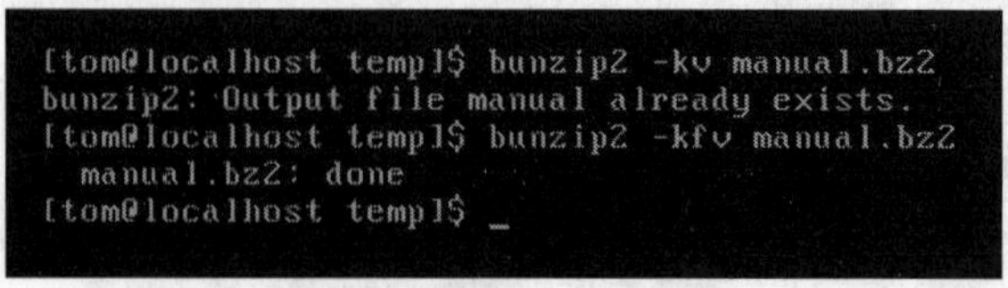

```
[tom@localhost temp]$ bunzip2 -kv manual.bz2
bunzip2: Output file manual already exists.
[tom@localhost temp]$ bunzip2 -kfv manual.bz2
  manual.bz2: done
[tom@localhost temp]$ _
```

图 7-8　强制解压缩文件

示例 3：解压缩文件，将解压缩后的文件输出到标准输出。例如，将 temp/目录下 information.bz2 进行解压缩，并将解压缩的文件输出到指定文件 info2。在命令行提示符下输入：

> bunzip2 -kc information.bz2 >info2 ✓

如图 7-9 所示，选项-k 作用是解压后不删除原文件，即本例中的 information.bz2 文件，将解压缩后的文件 info2 与原文件 information 进行比较，发现这两个文件完全相同。

图 7-9　解压缩到标准输出

示例 4：同时解压缩多个文件。例如，同时解压缩 temp/目录下压缩文件 information.bz2 和 manual.bz2，由于该目录下已经存在解压缩后的文件，在解压缩时添加-f 选项进行强制解压缩，选项-v 显示命令运行的过程。在命令行提示符下输入：

> bunzip2 -fv information.bz2 manual.bz2 ✓

如图 7-10 所示。

图 7-10　同时解压缩多个文件

（4）相关命令

bzip2、bzcat、bzip2recover。

3. bzip2 命令：解压缩.bz2 类型的文件

（1）语法

bzip2 [-cdfkqstvzVL123456789] [filenames ...　]

（2）选项及作用

选　　项	作　　用
-c，--stdout	压缩或解压缩到标准输出设备
-d，--decompress	强制执行解压缩
-f，--force	输出文件的强制覆盖，存在同名文件，且要覆盖该文件时采用
-h	显示信息说明
-k，--keep	压缩或解压缩后保留原文件（默认删除原文件）

选　项	作　用
-L，--license，-V，--version	显示软件的版本信息
-q，--quiet	不输出非必要警告信息
-s，--small	其他减少占用内存的算法解压或压缩文件
-t，--test	测试.bz2文件的完整性
-v，--verbose	显示执行的详细信息
-z，--compress	强制执行压缩
-压缩等级-1（--fast）到-9（--best）	取值1~9，压缩时分别对于块大小100KB~900KB，解压缩时无效果。压缩时以9为默认值，压缩等级越大，压缩效果越好，但所需时间越长
--help	显示帮助信息

（3）典型示例

示例 1：压缩文件。将 temp/目录下的文件 manual 进行压缩。在命令行提示符下输入：

bzip2 manual ✓

如图 7-11 所示，压缩后通过 dir 命令查看该目录文件，发现原文件 manual 已消失，多了个压缩文件 manual.bzi2。

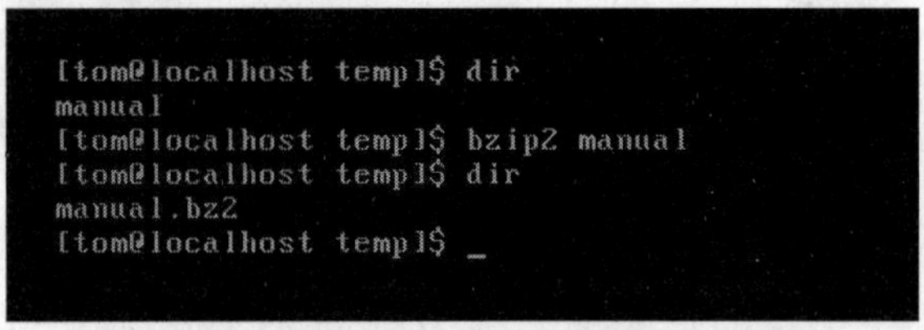

图 7-11　使用 bzip2 压缩文件

示例 2：测试.bz2 文件的完整性。测试示例 1 中建立的压缩文件。在命令行提示符下输入：

bzip2 -tv manual.bz2 ✓

如图 7-12 所示。

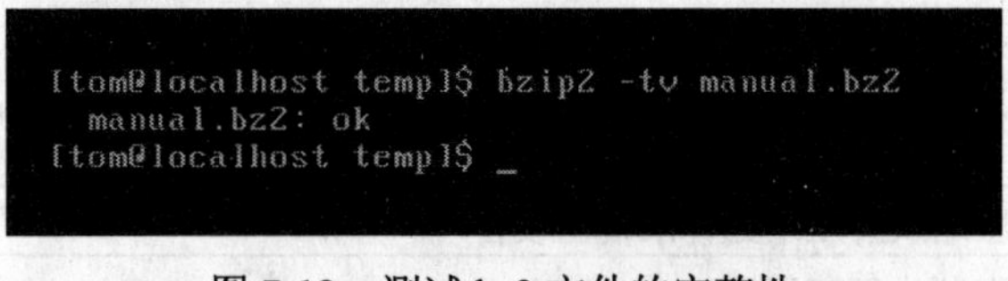

图 7-12　测试.bz2 文件的完整性

示例 3：压缩或解压缩后保留原文件。bzip2 命令默认在压缩或解压缩时会删除原文件，如示例 1 中，执行压缩后，原文件 manual 即被删除，在进行解压缩操作时也会默认删除原文件，如果要将原文件保留，可以加入选项-k。例如，对文件 manual.bz2 进行解压并保留原文件。在命令行提示符下输入：

bzip2 -dk manual.bz2 ✓

如图 7-13 所示。

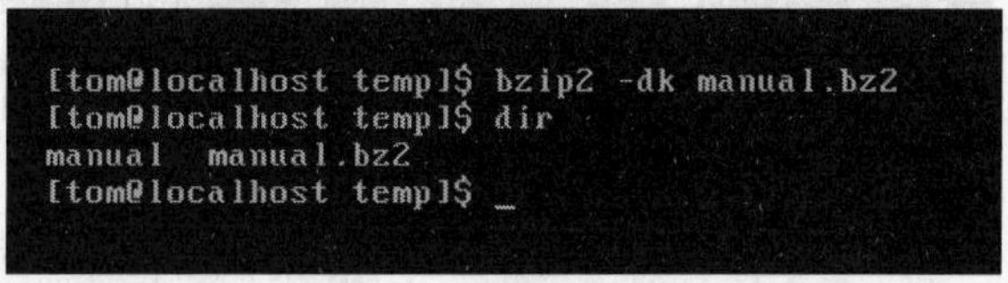

图 7-13　使用 bzip2 解压缩并保留原文件

示例 4：同时压缩多个文件。例如，temp/目录下有两个文件 manual 和 information，通过 bzip2 命令同时对这两个文件进行压缩。在命令行提示符下输入：

bzip2 manual information ✓

如图 7-14 所示。

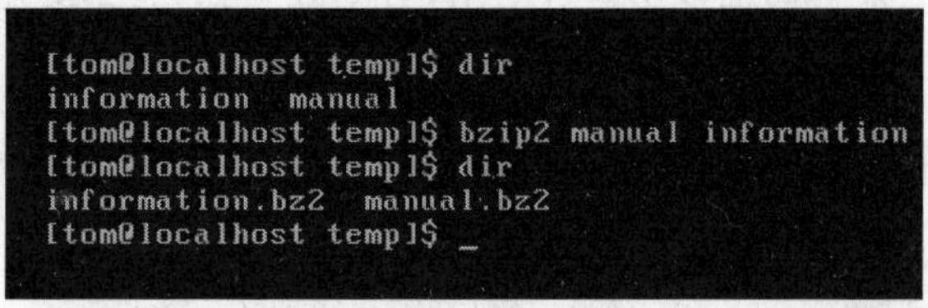

图 7-14　使用 bzip2 同时压缩多个文件

示例 5：输出文件的强制覆盖。例如，temp/目录下有文件 manual 和 manual.bz2，首先以默认的方式进行压缩并选用-k 选项保留原文件，这时命令行将会提示压缩文件 manual.bz2 已经存在，不会覆盖现有文件。通过选项-f 可以覆盖现有文件，用选项-v 显示命令运行的详细过程。在命令行提示符下输入：

bzip2 -fkv manual ✓

如图 7-15 所示。

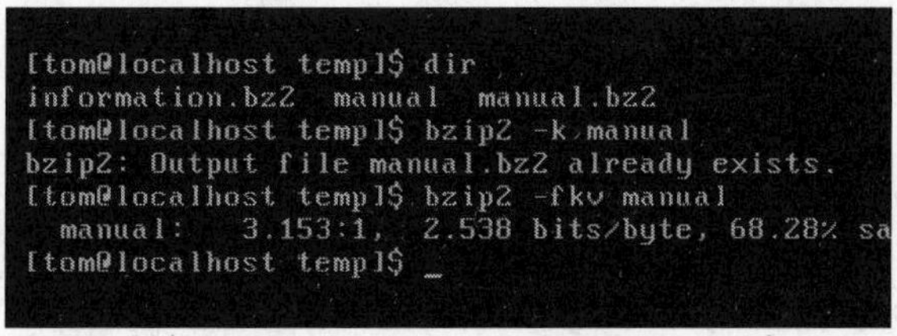

图 7-15　输出文件的强制覆盖

示例 6：采用压缩等级压缩文件。以上示例是采用默认等级（默认等级为 9）进行的压缩，可以通过指定压缩等级进行文件压缩。例如，采用等级 1（即最快的方式）进行压缩。在命令行提示符下输入：

bzip -fkv -1 manual ↙

如图 7-16 所示。

```
[tom@localhost temp]$ bzip2 -fkv -1 manual
  manual:   3.153:1,  2.538 bits/byte, 68.28% sav
[tom@localhost temp]$ _
```

图 7-16　采用压缩等级压缩文件

（4）相关命令

bunzip2、bzcat、bzip2recover。

4．bzip2recover 命令：对损坏的.bz2 文件进行修复

（1）语法

bzip2recover [bz2 压缩文件]

（2）典型示例

修复 bzip2 压缩文件。例如，修复 temp/目录下的 arfile.bz2 文件。在命令行提示符下
输入：

bzip2recover arfile.bz2 ↙

如图 7-17 所示。

```
[tom@localhost temp]$ ls arfile*
arfile    arfile.bz2
[tom@localhost temp]$ bzip2recover arfile.bz2
bzip2recover 1.0.4: extracts blocks from damaged
bzip2recover: searching for block boundaries ...
   block 1 runs from 80 to 243786
bzip2recover: splitting into blocks
   writing block 1 to 'rec00001arfile.bz2' ...
bzip2recover: finished
[tom@localhost temp]$ _
```

图 7-17　修复 bzip2 压缩文件

（3）相关命令

bzip2、bunzip2、bzcat。

5．compress 命令：压缩文件

（1）语法

compress [options] [directory or file]

（2）选项及作用

选　　项	作　　用
-b	以bit为单位，设定共同字符串数的上限
-c	将输出结果送到标准输出设备

选 项	作 用
-d	将压缩文档执行解压缩操作
-f	强制执行写入档案操作
-v	显示命令执行的详细过程
-V	显示版本信息

（3）相关命令

pack、compact。

6. cpio 命令：备份文件

（1）语法

cpio [-0aABckLoV] [-C<输入/输出大小>] [-F<备份文件>] [-H<备份格式>] [-O<备份文件>] [-block-size=<块大小>] [--help] [--version] [--verbose]

cpio 有 3 种工作模式：copy-out 模式、copy-in 模式和 copy-pass 模式。

copy-out 模式：

在 copy-out 模式，cpio 命令将文件归档备份。从标准输入依次读取文件名称列表，然后按照列表所列文件名将文件加入到备份文件内，用户可以 find 命令来列出文件名称列表以供 cpio 命令使用。其选项如下：

cpio {-o|--create} [-0acvABLV] [-C bytes] [-H format] [-M message] [-O [[user@]host:] archive] [-F [[user@]host:]archive] [--file=[[user@]host:]archive] [--format=format] [--message =message][--null] [--reset-access-time] [--verbose] [--dot] [--append] [--block-size=blocks] [--dereference] [--io-size=bytes] [--rsh-command=command] [--help] [--version] < name-list [> archive]

copy-in 模式：

在 copy-in 模式，cpio 命令从归档（备份）文件复制出文件或列出归档文件的内容。该命令从标准输入读取归档文件。任何与选项命令行无关的参数都会视为范本样式，用户可以指定一个或多个范本样式，以便解开符合范本条件的文件。如果未指定范本，所有的文件都将被解开释放。其选项如下：

cpio {-i|--extract} [-bcdfmnrtsuvBSV] [-C bytes] [-E file] [-H format] [-M message] [-R [user][:.][group]] [-I [[user@]host:]archive] [-F [[user@]host:]archive] [--file=[[user@]host:]archive] [--make-directo ries] [--nonmatching] [--preserve-modification-time] [--numeric-uid-gid] [--rename] [--list] [--swap-bytes] [--swap] [--dot][--unconditional] [--verbose] [--block-size=blocks] [--swap -halfwords][--io-size=bytes] [--pattern-file=file] [--format=format][--owner=[user][:.][group]] [--no-preserve-owner] [--message=message][--help] [--version] [--absolute-filenames] [--sparse] [-only-verify-crc] [-quiet] [--rsh-command=command] [pattern...] [< archive]

copy-pass 模式：

在 copy-pass 模式，cpio 命令将文件从一个目录树复制到另一个目录树，结合了 copy-out

和 copy-in 两种模式，但是却不进行真正的归档备份，它将从标准输入顺序读取要复制文件的文件名列表，然后按照该列表将文件复制到目的目录。其选项如下：

cpio {-p|--pass-through} [-0adlmuvLV] [-R [user][:.][group]] [--null] [--reset-access-time] [--make-directories] [--link] [--preserve-modifi- cation-time] [--unconditional] [--verbose] [--dot] [--dereference] [--owner=[user][:.][group]] [--sparse] [--no-preserve-owner] [--help] [--version] destination-directory < name-list

cpio 目前所支持的归档文件格式有：二进制、旧 ASCII、新 ASCII、crc、HPUX 二进制、HPUX 旧 ASCII、旧 tar 和 POSIX.1 tar。在释放归档文件时，cpio 命令可以自动识别所读取的归档文件的格式。

（2）选项及作用

选　　项	作　　用
-0，--null	换行控制字符
-a，--reset-access-time	重新设置文件的访问时间
-A，--append	附加到已经存在的备份文件中，并且要求该备份文件必须存放在硬盘上
-b，--swap	与同时指定-sS选项效果相同
-B	设置输入/输出的大小为5120字节，最初的大小是512字节
-c	用ASCII备份格式
-C IO-SIZE	设置输入/输出块的大小为指定的IO-SIZE，以字节为单位
-d，--make-directories	如果有需要，cpio会自行建立目录
-E FILE	指定范本文件，该文件含有一个或多个范本样式，让cpio命令释放符合范本条件的文件。该选项用于copy-in模式
-f，--nonmatching	仅复制不符合任何所给范本条件的文件
-F，--file=archive	使用指定的归档文件名代替标准输入或标准输出，也可以通过网络使用另一台主机的存储设备访问归档文件
-i，--extract	运行在copy-in模式；参看copy-in模式
-I <archive>	使用指定的归档文件名<archive>代替标准输入，也可以通过网络使用另一台计算机的存储设备读取备份文件
-k	忽略；解决与其他版本的cpio命令的兼容性问题
-l，--link	在可能的情况下，以硬链接的方式取代复制文件
-L，--dereference	直接复制链接所指向的文件，而不是符号链接本身
-m	当创建文件时，保持以前文件的修改时间
-M <MESSAGE>，--message=MESSAGE	设置更换存储设备介质的信息
-n，--numeric-uid-gid	在使用参数"--verbose option"时以数字的用户识别码和组识别码代替拥有者和群组名字
-o，--create	用copy-out模式建立备份
-O <archive>	使用指定的归档文件名<archive>代替标准输入；也可以通过网络使用另一台计算机的存储设备读取备份文件

续表

选 项	作 用
-p，--pass-through	执行copy-pass模式，直接将文件复制到目的目录，参看copy-pass模式
--quiet	不打印出已复制了多少块
-r，--rename	当需要重命名文件时，采用交互模式
-R [user][:.][group]， --owner [user][:.][group]	在copy-out和copy-pass模式时，给还原备份文件或复制的文件指定拥有者和所属组。用户可以设定拥有者、所属组或两者都设定。拥有者和所属组之间用":"或"."隔开。仅超级用户可以改变文件的所有权
--rsh-command=<COMMAND>	通知cpio命令可以使用COMMAND与远程设备进行通信
-s，--swap-bytes	互换每个半字的字节（一个字含两个半字，每个半字含两个字节）；该选项用于copy-in模式
-S，--swap-halfwords	互换每个字内的两个半字（4字节）；该选项用于copy-in模式
--sparse	若文件内含有大量的连续0字符，则将该文件保存为稀疏文件；该选项用于copy-pass模式
-t，--list	打印输出内容表，可以列出备份文件的内容列表
-u，--unconditional	替换所有文件，而不用询问是否用旧文件替换已经存在的更新的文件
-V，--dot	在每个文件的执行程序前增加"."符号
-F<备份文件>	指定备份文件，并取代标准的输入/输出格式
-H<备份格式>	指定备份文件的格式
-O<备份文件>	指定备份文件，并取代标准的输入/输出格式，利用另一台主机存放文件
--block-size=<块大小>	以512字节为单位，设定输入/输出大小
--help	显示帮助信息
--version	显示版本信息
-v，--verbose	显示执行的详细信息

（3）典型示例

示例 1： 从键盘输入要备份的文件名，将该文件备份到指定的文件中。例如备份 temp/ 目录下的 manual 文件，并指定备份文件的文件名为 manual_bak。以选项-o 表示建立备份，选项-O 指定备份文件的文件名。在命令行提示符下输入：

```
cpio -o -O manual_bak ✓
```

如图 7-18 所示。输入命令并按 Enter 键后将等待键盘输入备份的文件，在该示例中备份的文件是 manual，输入 manual 后按 Enter 键，此时将等待输入备份的第二个文件，直到输入完所有的需备份的文件后，按 Ctrl+D 键退出。例如，本例中输入文件名 manual 并按 Enter 键后，再同时按下 Ctrl 键和 D 键退出。退出后查看该目录下文件，发现已经生成了备份文件 manual_bak。

示例 2： 将多个文件备份到同一备份文件中。示例 1 中是将一个文件进行备份，也可以将多个文件备份到同一个文件中。例如，将文件 manual 和 information 备份到文件 backupfile 中。在命令行提示符下输入：

```
cpio -o -O backupfile ✓
```

如图 7-19 所示。

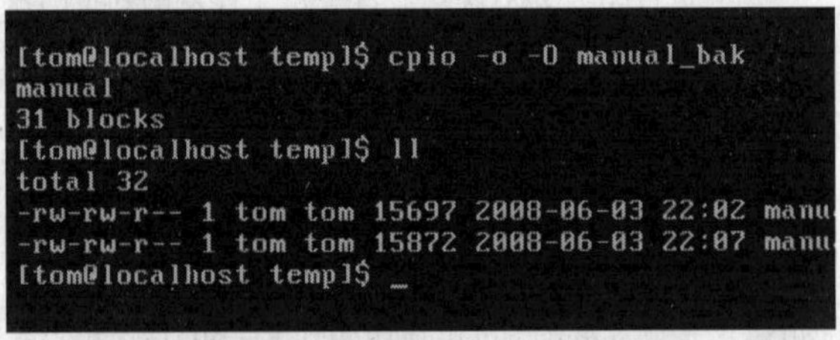

图 7-18　从键盘输入要备份的文件

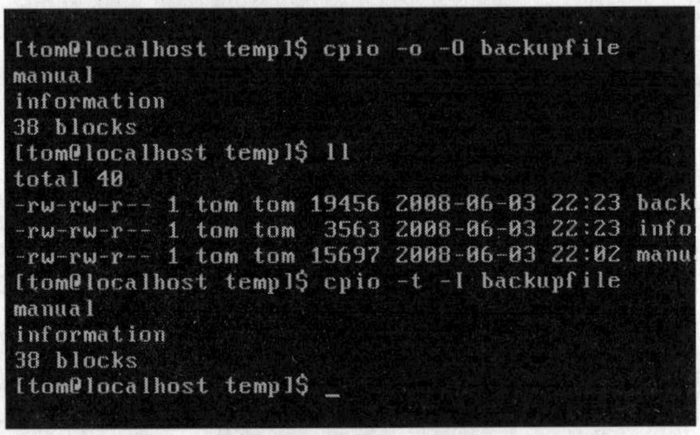

图 7-19　将多个文件备份到指定文件

可以看到，备份文件内的文件列表包含了刚刚备份的两个文件的文件名，这两个文件备份到了文件 backupfile 中。

示例 3：详细列出备份文件的文件列表，并以识别码显示文件的所有权。在示例 2 中仅显示了备份文件的两个文件名，可以通过选项-v 显示该文件较为详细的信息，并通过选项-n 以识别码显示文件的所有权（拥有者和所属群组）。在命令行提示符下输入：

```
cpio -t -v -I backup ✓
```

如图 7-20 所示，若想以拥有者和所属群组的名字显示文件所有权，可以去掉选项-n。

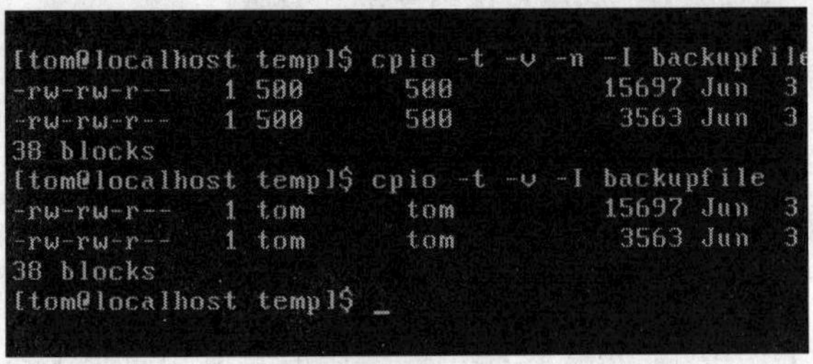

图 7-20　详细列出备份文件的文件列表

示例 4：释放备份文件。前面示例中建立了备份文件 backupfile，通过选项-i 表示执行 copy-in 模式，释放备份文件，选项-I 指定要释放的备份文件的文件名。在命令行提示符下

输入:

`cpio -i -I backupfile` ✓

如图 7-21 所示。

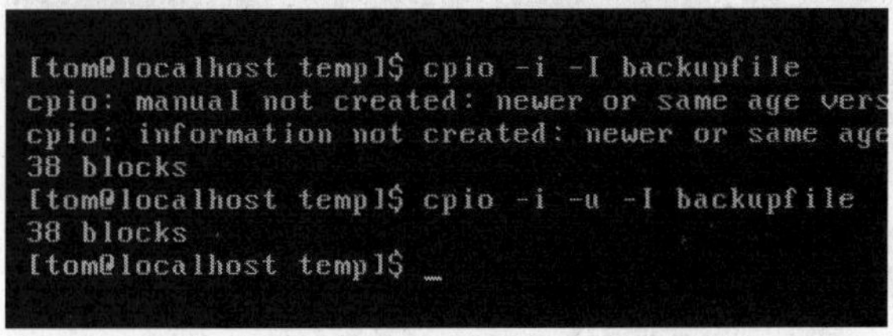

图 7-21　释放备份文件

由于该目录下已经存在与备份文件中一样的文件,故并未执行释放备份文件并建立文件操作。通过选项-u,可以替换所有文件而不必询问是否用旧文件替换已经存在的更新的文件。

示例 5: 将当前目录中所有文件,不包括子目录备份到文件 backupfileall 中。在命令行提示符下输入:

`ls -a |cpio -o -O backupfileall` ✓

如图 7-22 所示。

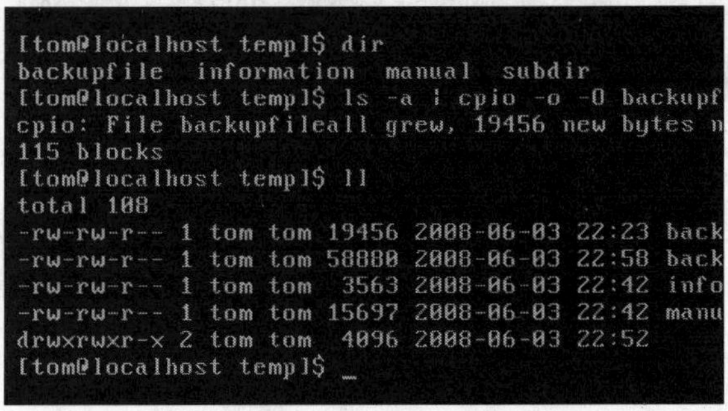

图 7-22　备份当前目录下除子目录外的所有文件

示例 6: 备份当前目录下所有子目录及文件,可以通过 find 命令实现。在命令行提示符下输入:

`find . -depth -print |cpio -ov > tree.cpio` ✓

如图 7-23 所示。命令中采用符号 “>” 将标准输出导向 tree.cpio 文件,该符号也可以用在其他类似于将标准输出导向指定文件的地方。

其实,在示例 5 备份文件的文件列表中,也可以看到子目录名 subdir/,但却并未将子目录中的文件进行备份。本示例备份文件的文件列表中将子目录 subdir/下的文件也一并列出。可以将该文件列表与示例 5 中 backupfileall 的文件列表进行对比,如图 7-24 所示。

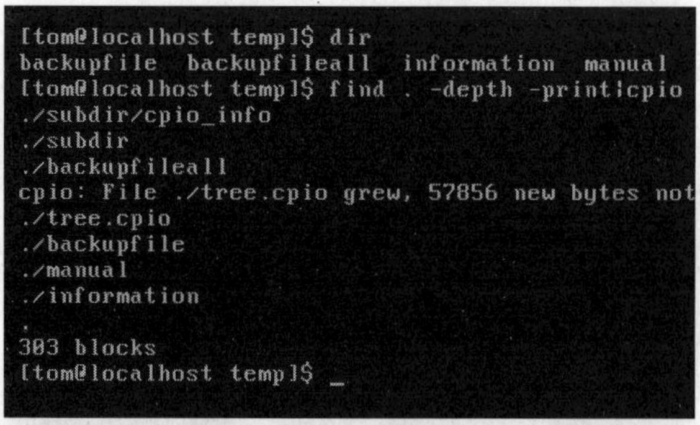

图 7-23　备份当前目录下所有子目录及文件（1）

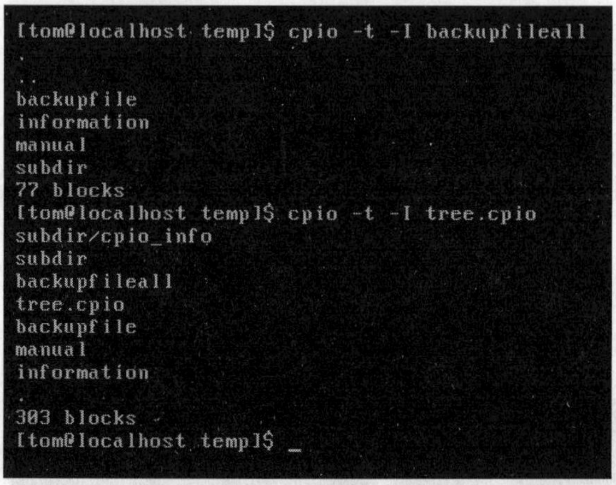

图 7-24　备份当前目录下所有子目录及文件（2）

示例 7：将备份文件释放到当前目录。例如，将示例 6 中的备份文件释放到当前目录，由于备份文件中含子目录 subdir，需加入选项-d。在命令行提示符下输入：

```
cpio -idv < tree.cpio ✓
```

如图 7-25 所示。

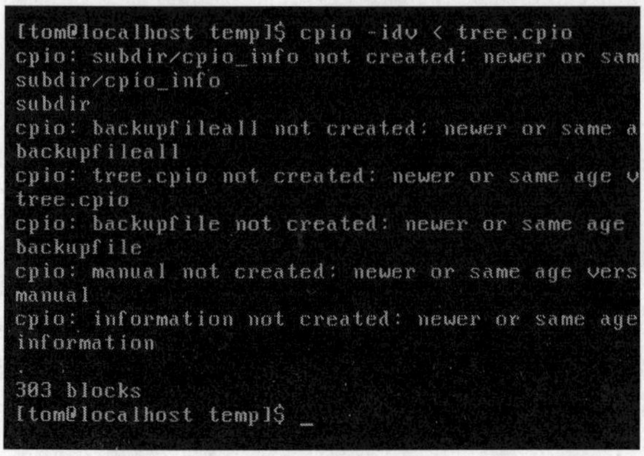

图 7-25　释放含子目录的备份文件

（4）相关命令

cp。

7．dump 命令：文件系统备份

（1）语法

dump [-cnu] [-b<块大小>] [-B<块数目>] [-d<密度>] [-f<设备名称>] [-h<层级>] [-T<日期>]

dump [-level#] [-ackMnqSuv] [-A file] [-B records] [-b blocksize] [-d density] [-D file] [-e inode numbers] [-E file] [-f file] [-F script] [-h level]　[-I nr errors] [-jcompression level] [-L label] [-Q file] [-s feet] [-T date] [-y] [-zcompression level] files-to-dump

dump [-W | -w]

（2）选项及作用

选　　项	作　　用
-level#	备份等级（任意整数）。等级0为完全备份，会备份整个文件系统（参考-h选项）。若指定0以上的等级，则为新增备份，告诉dump命令复制所有自上一次备份（备份等级相同或更低）更新或修改的文件。默认等级为9。以前版本的dump命令仅使用数字0~9，目前大多数发行版的dump命令可以识别任意整数作为备份等级
-a	自动划分大小，不计算所有磁带的长度，直到存储介质返回终止符才停止写入数据
-A <archive_file>	以指定的归档文件名备份一个dump的内容表，以便restore命令确认某个文件是否在被保存的备份文件中
-b <blocksize>	指定块的大小，单位为KB
-B <records>	指定备份卷的块数目，每块大小为1KB
-c	修改磁带默认的密度和容量
-d <density>	设置磁带密度，默认密度是1600BPI
-D <file>	设置保存前次完全备份和信息转储信息文件的路径，默认为/etc/dumpdates
-e <inodes>	将指定的索引节点inodes排除在备份文件外（可以通过stat命令查询文件或目录的索引节点号）
-f <file>	备份到指定文件file。file可以是特殊的设备文件，如/dev/st0（磁带设备）、/dev/rsd1c（软盘设备），也可以是普通文件或"-"（标准输出）；所有文件名可以用逗号隔开
-F <script>	在每个磁带（除最后一个磁带）结尾运行script脚本
-h level	当备份等级大于或等于给定的等级时，将不备份用户标示为"nodump"的文件
-n	备份需要管理人员介入时，要向所有operator组中的用户发出通知
-q	立即退出dump命令而不产生提示，例如，写入错误、磁带更换等
-s <feet>	指定磁带长度；默认磁带长度是2300feet；超过指定磁带长度时将提醒更换磁带
-S	大小估计并显示进行备份可能需要的空间大小
-u	备份完毕后，记录与备份有关的一些参数，并升级/etc/dumpdates文件
-T<date>	设定开始备份的时间与日期，该参数通常用于script文件
-v	打印出调试阶段有用的额外信息

续表

选　　项	作　　用
-W	告诉管理人员需要备份的文件系统。该信息来自于文件/etc/dumpdates和/etc/fstab；-W选项让dump命令显示需要备份的文件及其最近备份的日期和等级；-W选项一旦设置，其他所有的选项都将被忽略，并且立刻退出备份
-w	与-W类似，但是仅显示/etc/mtab和/etc/fstab中需要备份的文件系统

（3）典型示例

示例 1：将文件备份到指定设备。例如，将 temp/目录下所有文件备份到软盘中。在命令行提示符下输入：

```
dump -f /dev/fd0 /home/tom/temp/ ↙
```

如图 7-26 所示，需注意备份文件时，将删除该软驱内所有的文件，请确保该软驱内无重要文件。类似地，也可以将文件备份到指定的硬盘（如将文件备份到/dev/sdb5），备份时将删除该硬盘上所有的数据。

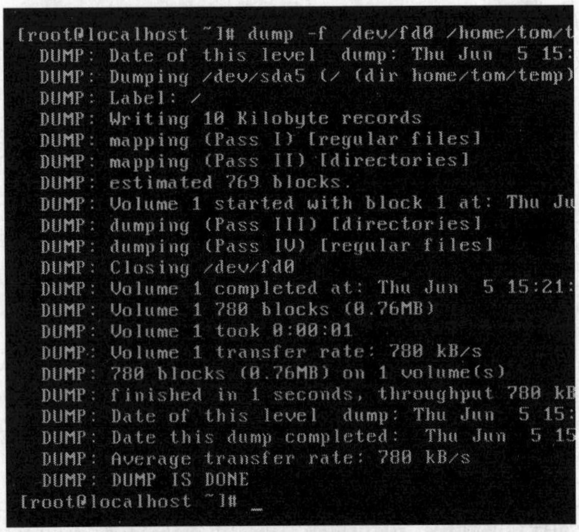

图 7-26　将文件备份到指定设备

示例 2：示例 1 中将 temp/目录下所有文件备份到了软盘上，当备份文件大于磁盘空间时，将提示是否准备好了新的磁盘。例如，将整个文件系统备份到软盘上，显然，一张软盘（1.44MB）是不可能备份下整个 Linux 系统的，这时将提示更换第二张软盘，然后输入"yes"继续备份，也可以输入"no"停止备份。在命令行提示符下输入：

```
dump -f /dev/fd0 / ↙
```

如图 7-27 所示。

示例 3：示例 1 是将文件备份到指定设备。例如，硬盘、软盘、磁带等存储介质中，也可以将文件备份到指定文件。例如，将 temp/目录下所有文件备份到主目录下的 Public/

目录，并命名为 backup。在命令行提示符下输入：

dump -f /home/tom/Public/backup /home/tom/temp/ ∠

如图 7-28 所示。

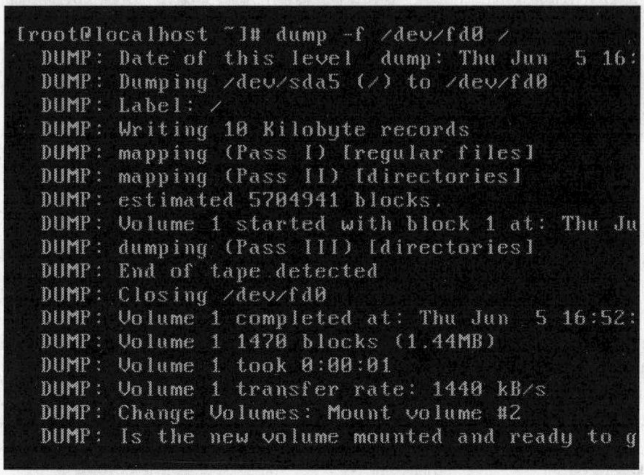

图 7-27 分卷备份文件

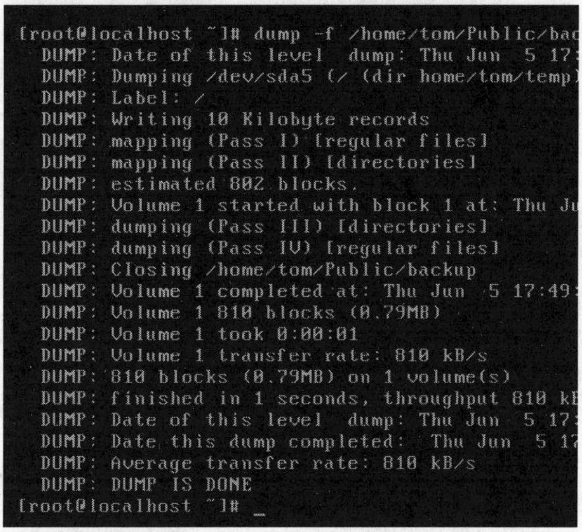

图 7-28 将目录备份到指定文件（1）

命令行中必须指明备份文件的文件名（如该示例中备份文件名为 backup），若仅指明备份文件保存的目录，而不给其命名，将显示错误信息。为方便比较，在命令行提示符下输入：

dump -f /home/tom/Public/ /home/tom/temp/ ∠

如图 7-29 所示。

（4）相关命令

fstab、restore、rmt。

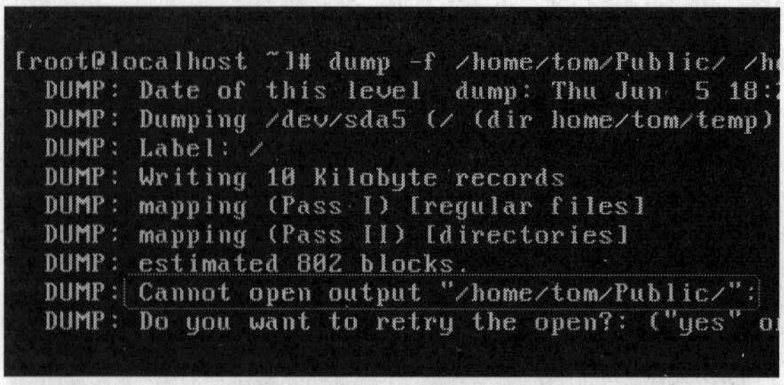

图 7-29 将目录备份到指定文件（2）

8. fdisk 命令：Linux 分区控制表

（1）语法

fdisk [-luv] [-b<扇区大小>] [-s<分区编号>] [外围设备]

fdisk [-u] [-b sectorsize] [-C cyls] [-H heads] [-S sects] device

fdisk -l [-u] [device …]

fdisk -s partition …

fdisk -v

（2）选项及作用

选　　项	作　　用
-b<扇区大小>	指定磁盘的扇区大小
-C cyls	指定磁盘柱面数目
-H heads	指定磁盘磁头数目
-S sects	指定磁盘每磁轨扇区的数目
-l	列出指定设备的分区表。如果没有指定设备，则默认为/proc/partitions中的设备
-u	该参数和-l选项一起使用列出分区表时，用扇区数目取代柱面数目
-v	显示版本信息
-s<分区编号>	以块为单位，将指定分区的大小送到标准输出设备上

（3）典型示例

示例 1：列出所有设备的分区表。例如，列出设备的分区表，在没有给 fdisk 命令指定设备时，将默认列出所有设备的分区表。在命令行提示符下输入：

fdisk -l ∠

如图 7-30 所示。

该示例中，显示的是/proc/partitions 文件中列出的设备的分区表信息，可以通过 cat 命令查看该文件中的内容，如图 7-31 所示。

示例 2：列出指定设备的分区表。例如，显示/dev/sdb 的分区表信息。在命令行提示符下输入：

fdisk -l /dev/sdb ↙

如图 7-32 所示。

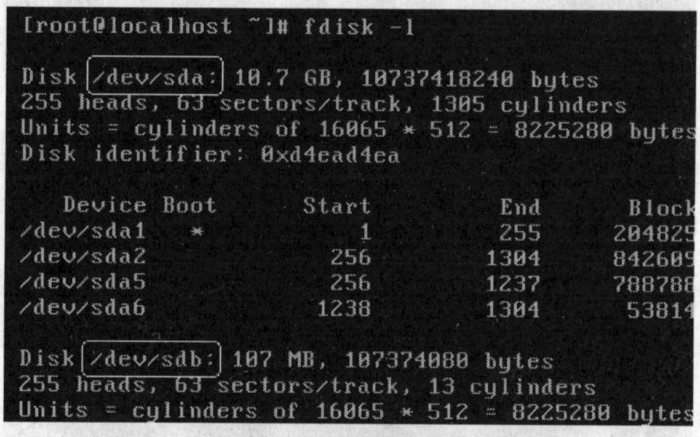

```
[root@localhost ~]# fdisk -l

Disk /dev/sda: 10.7 GB, 10737418240 bytes
255 heads, 63 sectors/track, 1305 cylinders
Units = cylinders of 16065 * 512 = 8225280 bytes
Disk identifier: 0xd4ead4ea

   Device Boot      Start         End      Block
/dev/sda1   *           1         255      204825
/dev/sda2             256        1304      842609
/dev/sda5             256        1237      788788
/dev/sda6            1238        1304       53814

Disk /dev/sdb: 107 MB, 107374080 bytes
255 heads, 63 sectors/track, 13 cylinders
Units = cylinders of 16065 * 512 = 8225280 bytes
```

图 7-30　列出所有设备的分区表

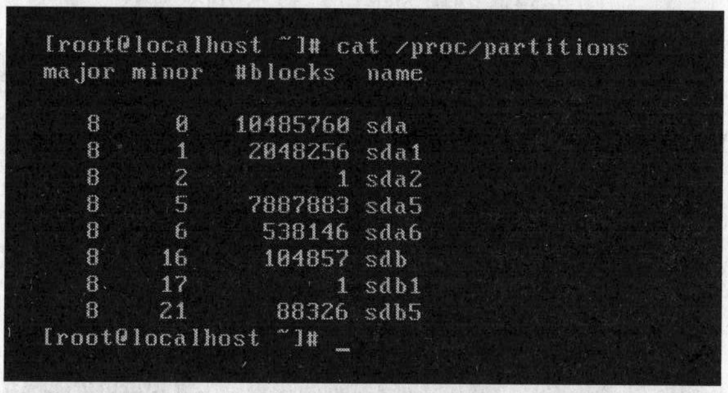

```
[root@localhost ~]# cat /proc/partitions
major minor  #blocks  name

   8     0   10485760 sda
   8     1    2048256 sda1
   8     2          1 sda2
   8     5    7887883 sda5
   8     6     538146 sda6
   8    16     104857 sdb
   8    17          1 sdb1
   8    21      88326 sdb5
[root@localhost ~]# _
```

图 7-31　/proc/partitions 文件的内容

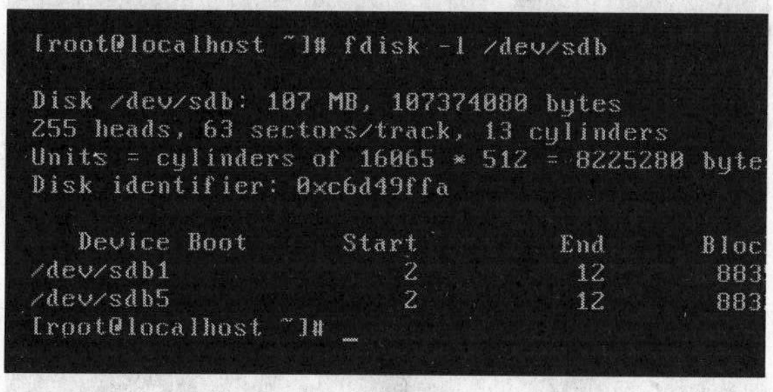

```
[root@localhost ~]# fdisk -l /dev/sdb

Disk /dev/sdb: 107 MB, 107374080 bytes
255 heads, 63 sectors/track, 13 cylinders
Units = cylinders of 16065 * 512 = 8225280 byte
Disk identifier: 0xc6d49ffa

   Device Boot      Start         End      Bloc
/dev/sdb1               2          12       883
/dev/sdb5               2          12       883
[root@localhost ~]# _
```

图 7-32　列出指定设备的分区表

示例 3：显示指定硬盘分区的情况。例如，查看/dev/sda5 分区的情况。在命令行提示符下输入：

fdisk -l /dev/sda5 ↙

如图 7-33 所示。

示例 4：以块为单位，显示分区大小。例如，显示/dev/sda1 分区大小。在命令行提示符下输入：

fdisk -s /dev/sda1 ↙

如图 7-34 所示。

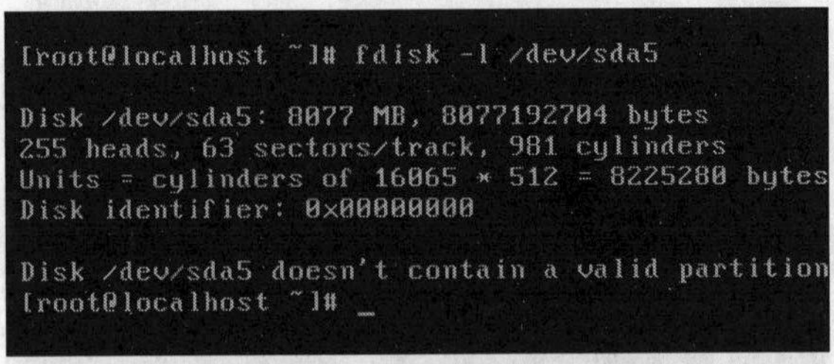

```
[root@localhost ~]# fdisk -l /dev/sda5

Disk /dev/sda5: 8077 MB, 8077192704 bytes
255 heads, 63 sectors/track, 981 cylinders
Units = cylinders of 16065 * 512 = 8225280 bytes
Disk identifier: 0x00000000

Disk /dev/sda5 doesn't contain a valid partition
[root@localhost ~]# _
```

图 7-33　显示指定硬盘分区的情况

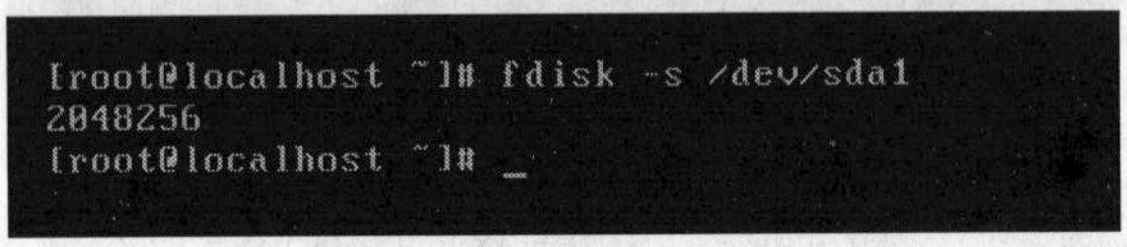

```
[root@localhost ~]# fdisk -s /dev/sda1
2048256
[root@localhost ~]# _
```

图 7-34　以块为单位，显示分区大小

示例 5：通过 fdisk 对磁盘进行操作。通过 fdisk 命令，可以在命令行下对指定分区进行操作。例如，对/dev/sdb5 分区进行操作，在命令行提示符下输入：

```
fdisk /dev/sdb5 ↙
```

如图 7-35 所示。

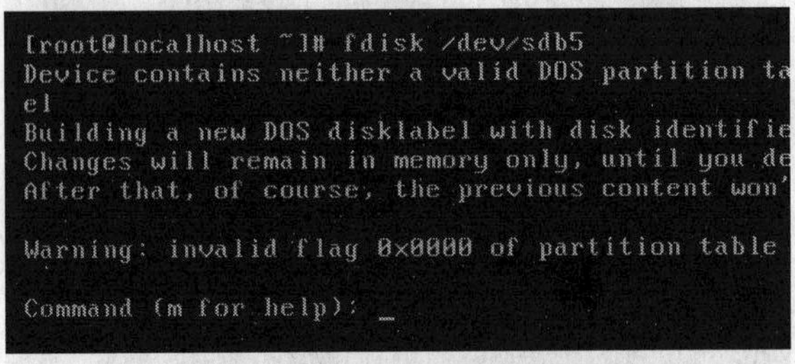

```
[root@localhost ~]# fdisk /dev/sdb5
Device contains neither a valid DOS partition ta
el
Building a new DOS disklabel with disk identifie
Changes will remain in memory only, until you de
After that, of course, the previous content won'

Warning: invalid flag 0x0000 of partition table

Command (m for help): _
```

图 7-35　通过 fdisk 对磁盘分区进行操作

在命令行提示符下，可以通过执行 m 或 help 命令寻求操作命令帮助，如图 7-36 所示。

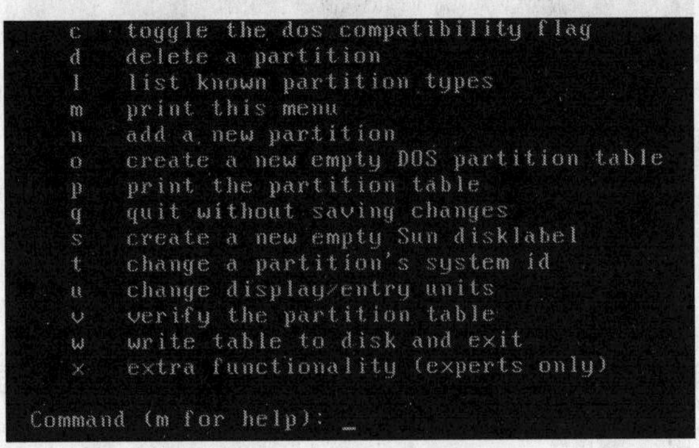

```
   c   toggle the dos compatibility flag
   d   delete a partition
   l   list known partition types
   m   print this menu
   n   add a new partition
   o   create a new empty DOS partition table
   p   print the partition table
   q   quit without saving changes
   s   create a new empty Sun disklabel
   t   change a partition's system id
   u   change display/entry units
   v   verify the partition table
   w   write table to disk and exit
   x   extra functionality (experts only)

Command (m for help): _
```

图 7-36　寻求操作命令帮助

示例 6：示例 5 是对指定的分区进行操作，也可以对指定的硬盘进行操作。例如，对系统的第二块硬盘进行操作。在命令行提示符下输入：

fdisk /dev/sdb ✓

如图 7-37 所示。

```
[root@localhost ~]# fdisk /dev/sdb

Command (m for help): _
```

图 7-37　对指定的硬盘进行操作

（4）相关命令

cfdisk、mkfs、parted、sfdisk。

9. fsck 命令：检查文件系统并尝试修复错误

（1）语法

fsck [-aANPrRsTV] [-t<文件系统类型>] [文件系统]

fsck [-sAVRTNP] [-C [fd]] [-t fstype] [filesys ...] [--] [fs-specific-options]

（2）选项及作用

选　　项	作　　用
-a	自动修复文件系统而不询问任何问题（谨慎使用该选项）
-A	检查文件系统列出的全部文件系统
-N	不执行命令，仅列出执行命令会进行的操作
-P	和-A参数合用时，采用同步的方式检查所有的文件系统
-r	执行修复时，采用互动的模式
-R	和-A参数合用时，忽略对根目录的检查
-s	依次执行检查操作
-t fstype	指定要检查的文件系统类型
-T	运行fsck命令时，不显示标题信息
-V	显示命令执行过程

（3）典型示例

示例 1：检查文件系统的正确性。例如，检查/dev/sdb5 文件系统的正确性，该命令须在超级管理员 root 下运行（使用 su –命令切换到 root 用户）。在命令行提示符下输入：

fsck /dev/sdb5 ✓

如图 7-38 所示。

示例 2：检查除根目录外所有文件系统的正确性。在命令行提示符下输入：

fsck -ARV ✓

如图 7-39 所示。

```
[tom@localhost ~]$ su -
Password:
[root@localhost ~]# fsck /dev/sdb5
fsck 1.40.2 (12-Jul-2007)
dosfsck 2.11, 12 Mar 2005, FAT32, LFN
/dev/sdb5: 5 files, 105/87622 clusters
[root@localhost ~]# _
```

图 7-38　检查文件系统的正确性

```
[root@localhost ~]# fsck -ARV
fsck 1.40.2 (12-Jul-2007)
Checking all file systems.
[root@localhost ~]# _
```

图 7-39　检查除根目录外所有文件系统

示例 3：不执行文件系统检查命令，仅列出执行命令会进行的操作。在命令行提示符下输入：

fsck -AN ✓

如图 7-40 所示。

```
[root@localhost ~]# fsck -AN
fsck 1.40.2 (12-Jul-2007)
[/sbin/fsck.ext3 (1) -- /] fsck.ext3 /dev/sda5
[root@localhost ~]# _
```

图 7-40　不执行检查，仅列出命令执行的操作

示例 4：指定要检查或不检查的文件系统类型。在命令行提示符下输入：

fsck -At ext2 ✓
fsck -At noext2 ✓

如图 7-41 所示，指定 ext2 表示只检查 ext2 文件系统，noext2 表示检查除 ext2 外所有的文件系统。

```
[root@localhost ~]# fsck -At ext2
fsck 1.40.2 (12-Jul-2007)
[root@localhost ~]# fsck -At noext2
fsck 1.40.2 (12-Jul-2007)
e2fsck 1.40.2 (12-Jul-2007)
/dev/sda5 is mounted.

WARNING!!!  Running e2fsck on a mounted filesyst
SEVERE filesystem damage.

Do you really want to continue (y/n)? no

check aborted.
[root@localhost ~]# _
```

图 7-41　指定要检查的文件系统类型

（4）相关命令

fstab、mkfs、fsck.ext2、fsck.ext3、e2fsck、cramfsck、fsck.minix、fsck.msdos、fsck.jfs、fsck.nfs、fsck.vfat、fsck.xfs、fsck.xiafs、reiserfsck。

10. fsck.ext2 命令：检查 ext2 文件系统

（1）语法

fsck.ext2 [-acdfFnpsStvy] [-b<superblock>] [-B<bocksize>] [-I<iblock>] [-C<Descriptor>]

fsck.ext2 [-panyrcdfvstDFSV] [-b superblock] [-B blocksize] [-I inode_buffer_blocks] [-P process_inode_size] [-l|-L bad_blocks_file] [-C fd] [-j external_journal] [-E extended-options] device

（2）选项及作用

选　　项	作　　用
-a	自动修复错误
-c	检查指定的文件系统中是否有坏的块
-d	详细显示命令的执行过程
-f	强制执行检查命令
-F	检查文件系统前先清理缓冲区的数据
-n	不对文件系统进行任何修改
-p	自动修复文件系统
-r	交互模式
-R	忽略目录
-s	若检查的文件系统为非标准直接顺序，则将其变为标准顺序
-S	将被检查的文件系统的字节两两交换
-t	显示时序信息
-V	显示版本信息
-y	设置所有的答案为"y"
-b<superblock>	使用超块
-B<bocksize>	设置块的大小为bocksize
-I<iblock>	将文件系统的i结点缓冲区数据设置为iblock
-C<Descriptor>	将执行过程交给Descriptor

（3）典型示例

示例 1： 检查磁盘。例如，检查硬盘/dev/sda5。在命令行提示符下输入：

`fsck.ext2 /dev/sda5 ✓`

如图 7-42 所示。

示例 2： 检查非 ext2 文件系统。例如，检查软盘/dev/fd0（文件格式为 FAT）。在命令行提示符下输入：

fsck.ext2 /dev/fd0 ✓

如图 7-43 所示。

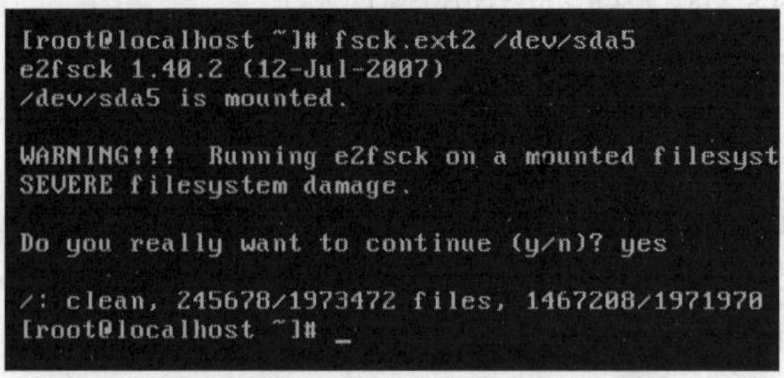

图 7-42　检查硬盘文件系统

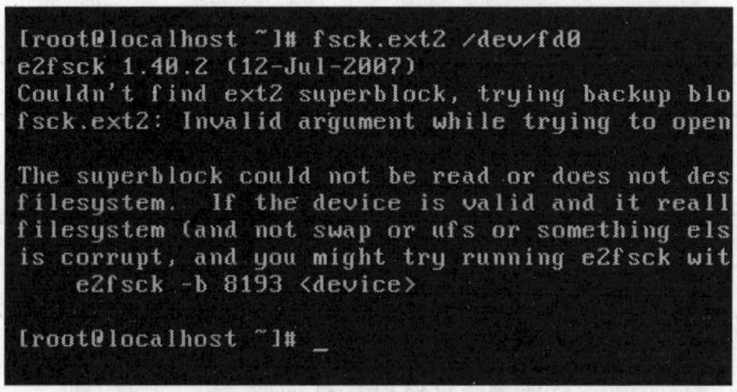

图 7-43　检查非 ext2 文件系统

示例 3：强制检查磁盘并显示时序信息。在命令行提示符下输入：

fsck.ext2 -ft /dev/sda5 ✓

如图 7-44 所示。如果要显示更详细的时序信息，可以增加一个-t 选项，例如"fsck.ext2 -f -t -t /dev/sda5"。

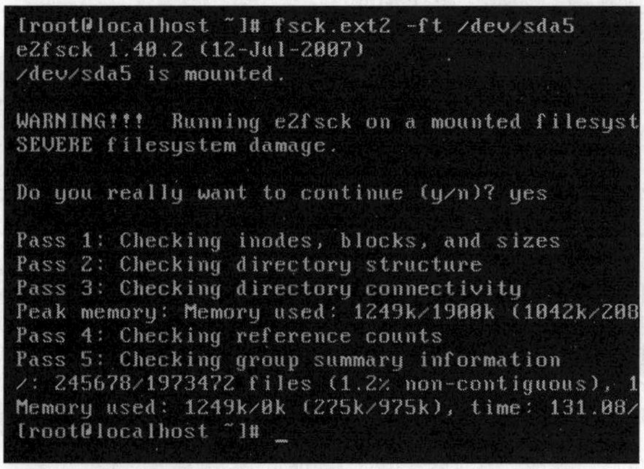

图 7-44　强制检查磁盘并显示时序信息

示例 4：非交互模式，所有问题均设定为用"no"回答。例如在示例 1 中加入选项-n，以只读模式检查硬盘/dev/sda5。在命令行提示符下输入：

fsck.ext2 -n /dev/sda5 ✓

如图 7-45 所示。

```
[root@localhost ~]# fsck.ext2 -n /dev/sda5
e2fsck 1.40.2 (12-Jul-2007)
Warning!  /dev/sda5 is mounted.
/: clean, 245678/1973472 files, 1467210/1971970
[root@localhost ~]# _
```

图 7-45　非交互模式检查硬盘

（4）相关命令

badblocks、dumpe2fs、debugfs、e2image、mke2fs、tune2fs。

11．fsck.ext3 命令：检查 ext3 文件系统

（1）语法

fsck.ext3 [-acdfFnprsStvVy] [-b<第一个扇区位置>] [-B<块的大小>] [-C<反叙述器>]
[-I<inode 缓冲块数>] [-l<损害块文件>] [-L<损坏块文件>] [-P<处理 inode 大小>]

（2）选项及作用

选　　项	作　　用
-a	自动修复文件系统
-c	检查指定的文件系统，并将其标明
-d	详细显示命令执行过程
-f	强制对文件进行检查
-F	先清理缓冲区的数据
-n	将指定的文件系统设置为只读，并关闭互动模式
-p	自动修复文件系统
-r	仅解决兼容性的问题
-s	检查文件系统时交换每对字节
-S	强行检查文件系统时交换每对字节
-t	显示时序的信息
-v	详细显示命令的执行过程
-V	显示版本信息
-y	关闭互动模式
-b<第一个扇区位置>	设定第一个扇区的位置
-B<块的大小>	设定块的大小
-C<反叙述器>	指定反叙述器，并执行逆向描述
-I<inode缓冲块数>	设定检查的文件系统
-l<损害块文件>	将损害的块列出来，并将其标明
-L<损坏块文件>	标明坏块时将原来标明的坏块统一删除
-P<处理inode大小>	设定命令所能处理的inode的大小

（3）相关命令

badblocks、dumpe2fs、debugfs、e2image、mke2fs、tune2fs。

12. fsck.minix 命令：检查 minix 文件系统并尝试修复错误

（1）语法

fsck.minix [-aflmrsv] [--help] [--version] [--verbose][设备]

（2）选项及作用

选　　项	作　　用
-a	直接修复文件系统，不询问任何问题
-f	强制对文件系统进行检查
-l	列出所有文件的名称
-m	使用类似minix操作系统的警告信息
-r	启动互动模式
-s	显示首个扇区的信息
-v	详细命令的执行过程
--help	显示帮助信息
--version	显示版本信息
-v	显示执行的详细信息

（3）典型示例

示例 1：以互动方式检查指定的 minix 文件系统正确性。在命令行提示符下输入：

fsck.minix -r /dev/sdc1

如图 7-46 所示。

[root@localhost ~]# fsck.minix -r /dev/sdc1_

图 7-46　互动方式检查指定的 minix 文件系统正确性

（4）相关命令

fstab、mkfs、fsck、fsck.ext2、fsck.ext3、e2fsck、cramfsck、fsck.msdos、fsck.jfs、fsck.nfs、fsck.vfat、fsck.xfs、fsck.xiafs、reiserfsck。

13. gunzip 命令：解压缩文件

（1）语法

gunzip [-acfhlLnNrtvV] [-S suffix] [name …]

（2）选项及作用

选　项	作　用
-a或--ascii	使用ASCII文字模式
-c或--stdout或 --to-stdout	把解压后的文件输出到标准输出设备
-f或-force	强行解开压缩文件，不理会文件名称或硬链接是否存在以及该文件是否为符号链接
-l或--list	列出压缩文件的相关信息
-n或--no-name	解压缩时，若压缩文件内含有原来的文件名称及时间戳记，则将其忽略不予处理
-N或--name	解压缩时，若压缩文件内含有原来的文件名称及时间戳记，则将其回存到解开的文件上
-q或--quiet	不显示警告信息
-r或--recursive	递归处理，将指定目录下的所有文件及子目录一并处理
-S <压缩字尾字符串>或--suffix <压缩字尾字符串>	更改压缩字尾字符串
-t或--test	测试压缩文件是否正确无误
-h或--help	显示帮助信息
-V或--version	显示版本信息
-v或--verbose	显示命令执行的详细过程

（3）典型示例

示例 1：解压缩 gzip 压缩的文件。例如，解压 temp/目录下的 information.gz 文件。在命令行提示符下输入：

`gunzip information.gz` ✓

如图 7-47 所示，该命令是以默认的方式解压缩文件，解压缩后将原文件 information.gz 删除。

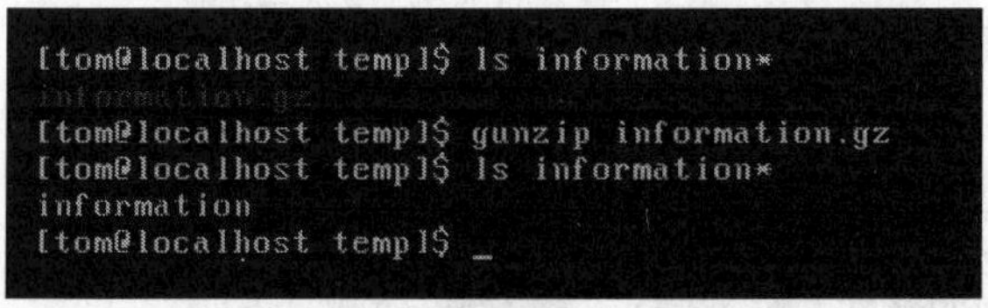

图 7-47　以默认方式解压缩文件

示例 2：如果解压后要保留原文件，可以采用将解压缩文件输出到指定文件的方式。例如，将示例 1 中的 information 文件重新压缩为 information.gz，然后采用选项-c 将解压缩文件输出到文件 information。在命令行提示符下输入：

`gunzip -c information.gz > information` ✓

如图 7-48 所示。

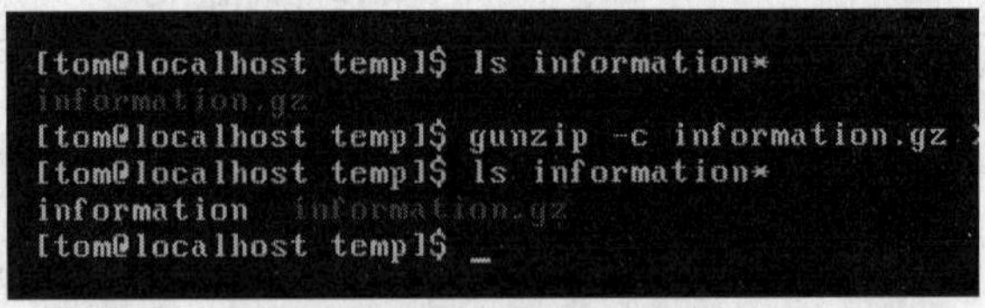

图 7-48　将解压缩后的文件输出到指定文件

示例 3：检查当前目录下所有 gzip 压缩的文件是否正确。在命令行提示符下输入：

gunzip -tv *.gz ✓

如图 7-49 所示。

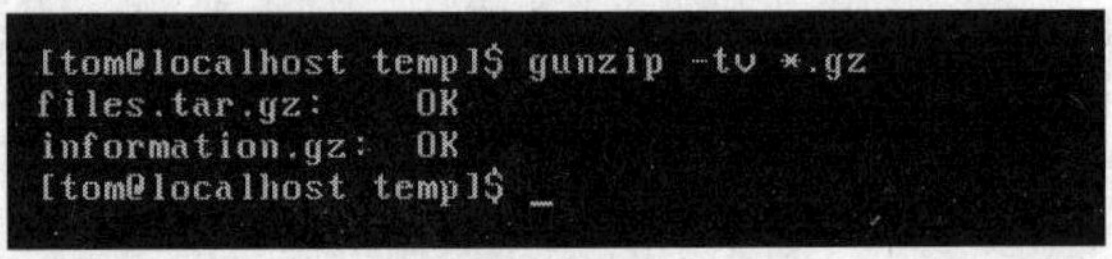

图 7-49　检测 gzip 压缩文件是否正确

（4）相关命令

gzip、zcat。

14. gzexe 命令：压缩可执行文件

（1）语法

gzexe name …

（2）选项及作用

选　　项	作　　用
-d	解压缩可执行文件，使用该选项后将解压缩可执行文件而不是压缩

（3）典型示例

示例 1：压缩可执行文件。在 temp/ 目录下有 realplayer 安装文件，通过 gzexe 命令将该可执行文件进行压缩。在命令行提示符下输入：

gzexe realplayer10.bin ✓

如图 7-50 所示，可以看到该文件的压缩率是 1.6%，压缩前文件大小约 5.8MB，压缩后变为约 5.7MB。

示例 2：解压缩可执行文件。解压缩示例 1 中压缩过的可执行文件。在命令行提示符下输入：

gzexe -d realplayer10.bin ✓

如图 7-51 所示。

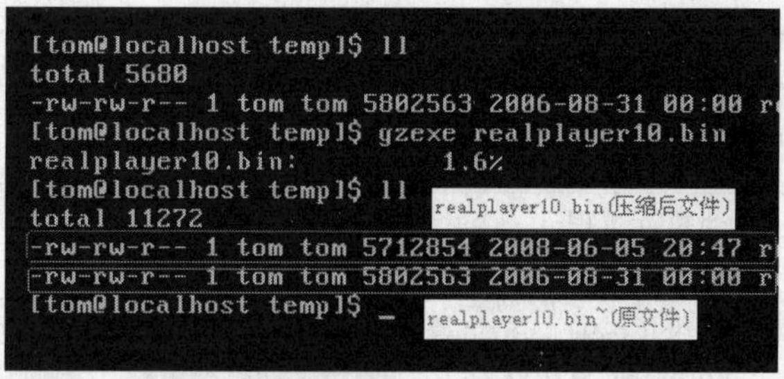

图 7-50　压缩可执行文件

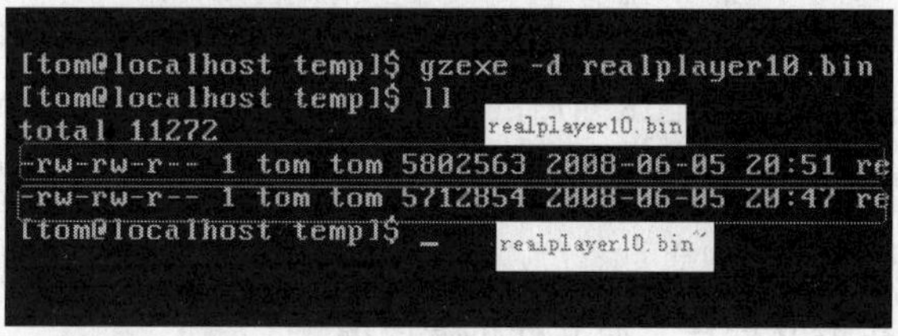

图 7-51　解压缩可执行文件

（4）相关命令

gzip、znew、zmore、zcmp、zforce。

15. gzip 命令：压缩文件

（1）语法

gzip [-acdfhlLnNrtvV19] [-S suffix] [name …]

（2）选项及作用

选　　项	作　　　用
-a，--ascii	使用ASCII码文本模式
-c，--stdout，--to-stdout	不改变原始文件，把压缩后的文件输送到标准输出
-d，--decompress，uncompress	解开压缩文件
-f，--force	强行执行压缩文件，gzip默认不处理硬链接或符号链接。在强制解开硬链接或符号链接压缩文件时，文件的权限将全部开放
-h，--help	显示帮助信息
-l，--list	列出压缩文件的相关信息
-L，--license	显示gzip版权信息
-n，--no-name	压缩文件时不保留原来的文件名称及修改时间
-N，--name	压缩文件并保留原来的文件名称及修改时间
-q，--quiet	不显示警告信息
-r，--recursive	将指定文件下的所有文件及目录进行递归处理
-t	测试压缩文件是否正确

续表

选　　项	作　　用
-S <.suf>，--suffix <.suf>	更改压缩文件的文件名后缀
-v，，--verbose	显示命令执行过程
-V，--version	显示版本信息
-	压缩比等级（1~9），指定等级值越大，压缩比越高，默认为6；等级-1等同于参数 --fast，-9等同于参数--best

（3）典型示例

示例 1：不改变原始文件，把压缩后的文件输送到标准输出。temp/目录下有两个文件 manual 和 information，将 manual 压缩后的文件输出到 file1.gz。在命令行提示符下输入：

```
gzip -c manual > file1.gz ↙
```

如图 7-52 所示，压缩文件后，原文件仍然保留。

```
[tom@localhost temp]$ gzip -c manual >file1.gz
[tom@localhost temp]$ dir
file1.gz  information  manual  realplayer10.bin
[tom@localhost temp]$ _
```

图 7-52　不改变原始文件，把压缩文件输送到指定文件

该目录下另有一文件 information，按照示例 1 的方式也压缩到文件 file1.gz。在命令行提示符下输入：

```
gzip -c information > file1.gz ↙
```

然后再运行命令：

```
gunzip -c file1 ↙
```

上述 3 个命令运行后的效果等效于：

```
cat manual information ↙
```

更复杂的示例可以在命令行提示符下输入 man gzip 查询。

示例 2：压缩目录下所有文件，并删除原文件。在命令行提示符下输入：

```
gzip * ↙
```

如图 7-53 所示。

```
[tom@localhost temp]$ dir
information  manual
[tom@localhost temp]$ gzip *
[tom@localhost temp]$ dir
information.gz  manual.gz
[tom@localhost temp]$ _
```

图 7-53　压缩当前目录下所有文件

示例 3：对目录及子目录下所有文件进行压缩。例如，将主目录下的 temp/目录下所有文件及子目录文件进行压缩。在命令行提示符下输入：

gzip -r temp/ * ↙

如图 7-54 所示。

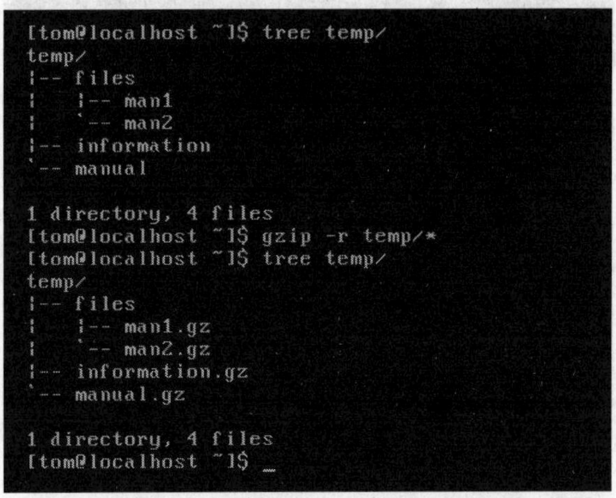

图 7-54　将指定文件下的所有文件及目录进行压缩

用同样的方式，可以解开目录下所有压缩文件及子目录下的压缩文件。在命令行提示符下输入：

gzip -dr temp/ * ↙

如图 7-55 所示。

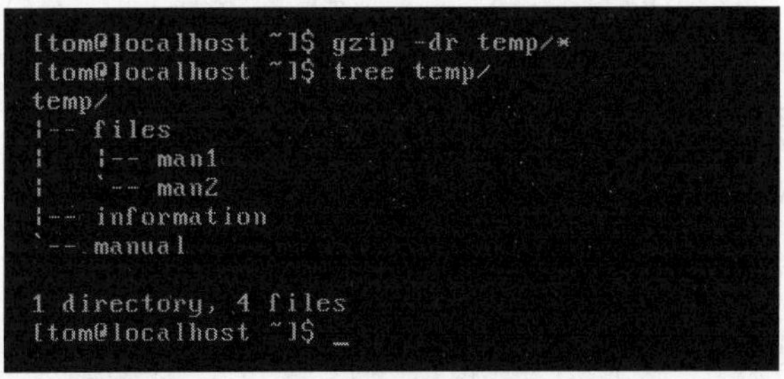

图 7-55　解开指定目录下所有压缩文件及子目录下的压缩文件

示例 4：更改压缩文件的文件名后缀。例如，压缩文件 manual，并给该文件指定压缩后的文件名后缀为.gzip。在命令行提示符下输入：

gzip -S .gzip manual ↙

如图 7-56 所示。

示例 5：检查压缩文件是否正确。例如，检查 temp/目录下的 manual.gzip 文件和 information 文件，其中 manual.gzip 是 gzip 压缩文件，information 是文本文件。在命令行下分别输入：

> gzip -vt manual.gzip ✓
> gzip -vt information ✓

如图 7-57 所示，加入选项-v 可查看命令运行后的信息。

```
[tom@localhost temp]$ gzip -S .gzip manual
[tom@localhost temp]$ dir
files  information  manual.gzip
[tom@localhost temp]$ _
```

图 7-56　更改压缩文件的文件名后缀

```
[tom@localhost temp]$ gzip -vt manual.gzip
manual.gzip:      OK
[tom@localhost temp]$ gzip -vt information

gzip: information: not in gzip format
[tom@localhost temp]$ _
```

图 7-57　测试 gzip 压缩文件是否正确

（4）相关命令

znew、zcmp、zmore、zforce、gzexe、zip、unzip、compress、pack、compact。

16. hdparm 命令：显示和设定磁盘参数

（1）语法

hdparm [flags] [devices] …

（2）选项及作用

选　项	作　用
-C	检测当前IDE硬盘的电源模式状态，始终有处于以下4种模式之一的状态 unknown：无法检测 active/idle：正常工作 standby：低电源模式 sleeping：睡眠模式
-c	查询或开启IDE硬盘的32位I/O支持
-d	关闭或开启IDE硬盘的DMA模式（默认关闭）；用法：-d0（关闭）或-d1（开启）
-E	设置cdrom的速度
-f	将内存缓冲区的数据写入硬盘并清除缓冲区
-g	显示硬盘的柱面、磁头、扇区等参数
-h	显示简要的语法帮助信息
-H	从某些硬盘（主要是Hitachi）读取温度信息
-i	显示硬盘的硬件信息
-I	读取硬盘所提供的硬件信息，比-i选项显示更为详细的信息

续表

选　　项	作　　用
-t	评估硬盘的读取效率
-T	评估硬盘缓存的读取效率
-v	显示一些基本设置，类似于IDE硬盘的-acdgkmur选项。当未指定任何选项时，该选项为默认选项
-y	强制IDE硬盘运行在省电模式
-Y	强制IDE硬盘运行在休眠模式
-z	强制内核从指定的硬盘重新读取分区表
-Z	关闭Seagate硬盘的自动省电模式
-a<缓存扇区>	设置读取文件时，预先存入缓冲区的扇区数
-A<0或1>	启动或关闭IDE硬盘读取文件时的缓存功能（默认开启）。用法：-A0（关闭）或-A1（开启）
-b	显示或设置总线状态
-B	设置高级电源管理模式
-k<0或1>	重新设置硬盘时保留-dum参数的设置
-K<0或1>	重新设置硬盘时保留-APSWXZ参数的设置
-m<扇区数>	设置IDE硬盘多重扇区存储的扇区数，默认显示当前设置。如果设置的<扇区数>超过硬盘本身的许可，可能导致硬盘数据损坏
-M	显示或设置AAM（Automatic Acoustic Management）
-n<0或1>	忽略硬盘写入时发生的错误，默认（0）显示当前设置
-p<PIO模式>	设置硬盘的PIO模式
-P<扇区数>	设置硬盘内部预存取机制的最大扇区数
-q	执行后面的选项时，不在屏幕显示任何信息
-Q	设置标记队列深度（1或更大），或者关闭标记队列（0）
-r<0或1>	设置硬盘只读模式，一旦设置，Linux将不再允许硬盘上的写操作
-R	注册一个IDE接口（该操作危险性极高）
-U	取消注册IDE接口（该操作危险性极高）
-s	如果硬盘支持，则开启或关闭电源开关的standby模式
-S<时间>	设置硬盘进入省电模式前的时间，时间单位为5秒钟
-u<0或1>	读写硬盘时，允许中断要求同时执行
-W<0或1>	设置IDE/SATA硬盘的写入缓存
-X<传输模式>	为更新的IDE/ATA硬盘设置IDE传输模式。例如，-X 34表示DMA2模式；通常不设置该选项

（3）典型示例

示例 1：显示硬盘的相关设置。例如，显示硬盘/dev/sdb 的相关设置。在命令行提示符下输入：

```
hdparm /dev/sdb ↙
```

如图 7-58 所示。

```
[root@localhost ~]# hdparm /dev/sdb

/dev/sdb:
 IO_support    =  0 (default 16-bit)
 readonly      =  0 (off)
 readahead     = 256 (on)
 geometry      = 13/255/63, sectors = 209715, s
[root@localhost ~]# _
```

图 7-58　显示硬盘的相关设置

示例 2：检测硬盘的电源模式状态。例如，检测指定硬盘（/dev/sdb）当前的电源模式状态。在命令行提示符下输入：

```
hdparm -C /dev/sdb ↙
```

如图 7-59 所示，硬盘当前正常工作。

```
[root@localhost ~]# hdparm -C /dev/sdb

/dev/sdb:
 drive state is:  active/idle
[root@localhost ~]# _
```

图 7-59　检测硬盘的电源模式状态

示例 3：显示硬盘的 geometry 信息。例如，显示硬盘/dev/sda 的柱面、磁头和扇区等参数。在命令行提示符下输入：

```
hdparm -g /dev/sda ↙
```

如图 7-60 所示。

```
[root@localhost ~]# hdparm -g /dev/sda

/dev/sda:
 geometry      = 1305/255/63, sectors = 2097152
[root@localhost ~]# _
```

图 7-60　显示硬盘的 geometry 信息

示例 4：显示简要的语法帮助信息。由于该命令的选项较多，在对选项不太熟悉时，可以通过命令帮助信息快速获取选项说明的帮助信息。在命令行提示符下输入：

```
hdparm -h |more ↙
```

如图 7-61 所示。

示例 5：显示硬盘的硬件信息。例如，查看硬盘/dev/sdb 的硬件信息。在命令行提示符下输入：

```
hdparm -i /dev/sdb ↙
```

如图 7-62 所示。

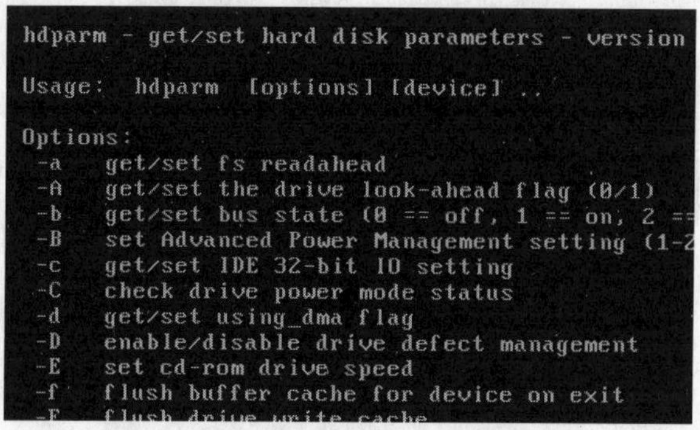

图 7-61　显示简要的语法帮助信息

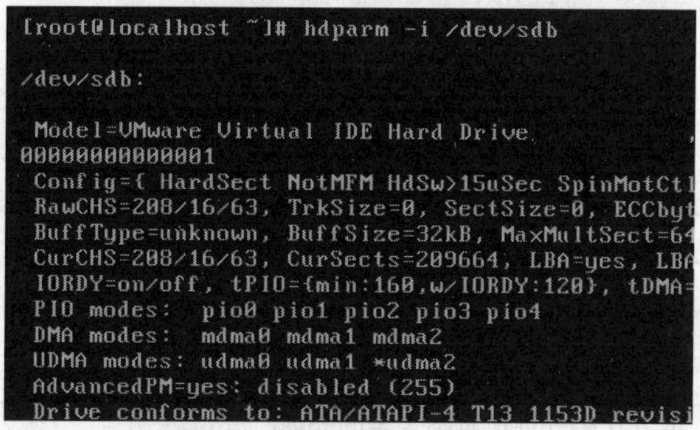

图 7-62　显示硬盘的硬件信息（1）

如果认为获取的信息还不够详细，可以通过选项-I 进行查看。在命令行提示符下输入：

hdparm -I /dev/sdb ✓

如图 7-63 所示。

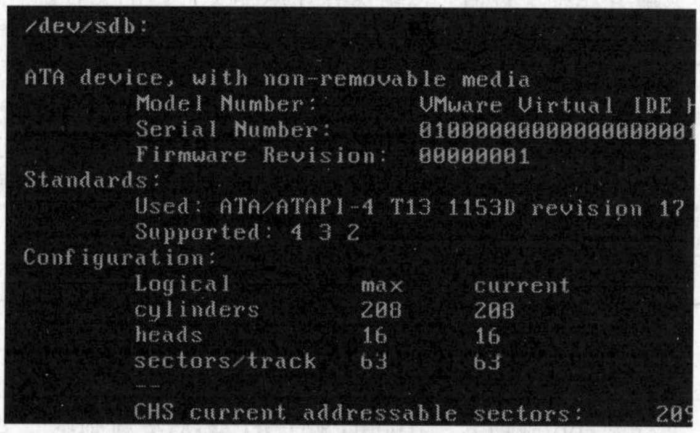

图 7-63　显示硬盘的硬件信息（2）

示例 6：评估硬盘的读取效率。例如，评估第二块硬盘/dev/sdb 的读取效率。在命令行提示符下输入：

hdparm -t /dev/sdb ✓

如图 7-64 所示。

```
[root@localhost ~]# hdparm -t /dev/sdb

/dev/sdb:
 Timing buffered disk reads:    16 MB in  3.13 se
[root@localhost ~]# _
```

图 7-64　评估硬盘的读取效率

（4）相关命令

fdisk。

17．lha 命令：压缩或解压缩文件

（1）语法

lha [options] [dest_filename] [src_filename]

（2）选项及作用

选　　项	作　　用
-a或a	压缩文件，并加入到压缩文件内
-a<0/1/2>/u</0/1/2>	压缩文件时，采用不同的文件头
-c或c	压缩文件，重新构建新的压缩文件后，再将其加入
-d或d	从压缩文件内删除指定的文件
-<a/c/u>d或<a/c/u>d	压缩文件，然后将其加入，重新构建，更新压缩文件或删除原始文件，也就是把文件移到压缩文件中
-e或e	解开压缩文件
-f或f强制	执行lha命令，在解压时，会直接覆盖已有的文件而不加以询问
-g或g	使用通用的压缩格式，便于解决兼容性的问题
-<e/x>i或<e/x>i	解开压缩文件时，忽略保存在压缩文件内的文件路径，直接将其解压后存放在现行目录下或是指定的目录中
-l或l	列出压缩文件的相关信息
-n或n	不执行命令，仅列出实际执行会进行的动作
-<a/u>o或<a/u>o	采用lharc兼容格式，将压缩后的文件加入，更新压缩文件
-p或p	从压缩文件内输出到标准输出设备
-q或q	不显示命令执行过程
-t或t	检查备份文件内的每个文件是否正确无误
-u或u	更换较新的文件到压缩文件内
-u</0/1/2>或u</0/1/2>	在文件压缩时采用不同的文件头，然后更新到压缩文件内
-v或v	详细列出压缩文件的相关信息
-<e/x>w=<目的目录>或<e/x>w=<目的目录>	指定解压缩的目录
-x或x	解开压缩文件
-<a/u>z或<a/u>z	不压缩文件，直接把它加入，更新压缩文件

（3）相关命令

tar。

18. tar 命令：压缩/解压缩文件

（1）语法

tar [-ABcdgGhiklmMoOpPrRsStuUwWxzZ] [-b<区块数目>] [-C<目的目录>] [-f<备份文件>] [-F<script 文件>] [-K<文件>] [-L<媒体容量>] [-N<时间>] [-T<范本文件>] [-V<卷名称>] [-X<范本文件>] [-<设备编号><存储密度>] [--atime-preserve] [--backup=<备份方式>] [--checkpoint] [--delete] [--exclude=<范本模式>][--force-local] [--group=<组名称>] [--ignore-failed-read] [--newer-mtime=<日期时间>] [--no-recursion] [--numeric-owner] [--owner=<用户名称>] [--recursive-unlink] [--remove-files] [--rsh-command=<执行命令>] [--same-owner] [--suffix=<备份字尾字符串>] [--use-compress-program=<执行命令>] [--volno-file=<编号文件>]

（2）选项及作用

选　　项	作　　用
-A	将新增文件添加至已经存在的文件之后
-B	读取数据时重新设置区块的大小，仅对BSD4.2的管道有效
-c	建立新的备份文件
-d	对文件中的异体进行比较
-g	处理新GUN格式的大量备份
-G	处理旧GUN格式的大量备份
-h	直接复制链接所指向的文件
-i	忽略文件中的EOF区域
-k	解开备份文件时，不覆盖已有的文件
-l	复制的文件或目录所在的文件系统
-m	不改变文件的变更时间，还原文件
-M	建立、还原文件或列出文件的内容时，采用多卷模式
-o	将数据写入备份文件时，采用V7格式
-O	从备份文件里还原的文件送到标准输出设备
-p	用原来的文件权限还原文件
-P	文件名使用绝对名称
-r	新增文件至已存在的备份文件中的结尾部分
-R	列出每个文件在备份文件中的块编号
-s	还原文件的存放顺序
-S	将文件存储成稀疏的文件
-t	列出备份文件的内容
-u	仅置换比备份文件要新的内容
-U	先解除文件链接，再进行解压缩或还原文件
-w	处理文件时要求用户确认

选　　项	作　　用
-W	写入备份后，确认文件无误
-x	从备份中还原文件
-z	利用gzip命令处理备份文件
-Z	利用compress命令处理备份文件
-b<区块数目>	设定记录的区块数目
-C<目的目录>	切换到指定目录
-f<备份文件>	指定备份文件
-F<script文件>	更换磁带时执行script文件
-K<文件>	从指定的文件开始还原
-L<媒体容量>	设定媒体的存储容量
-N<时间>	仅将比指定日期更新的文件存储到备份文件里
-T<范本文件>	指定范本文件，其内可含多个范本模式
-V<卷名称>	建立指定的卷名称的备份文件
-X<范本文件>	指定范本文件，其内可含多个范本模式
-<设备编号><存储密度>	设定备份用的外围设备编号及存储数据的密度
--atime-preserve	不变更文件的存储时间
--backup=<备份方式>	移除文件前先备份
--checkpoint	读取备份文件时先列出目录
--delete	在备份文件中删除指定的文件
--exclude=<范本模式>	排除指定范本模式的文件
--force-local	强制执行备份操作
--group=<组名称>	把加入备份文件所属的组设定为指定的组
--ignore-failed-read	忽略数据读取错误
--newer-mtime=<日期时间>	只存取移动过的文件
--no-recursion	不进行文件或目录的递归处理
--numeric-owner	用用户或组识别码取代用户名称和组名称
--owner=<用户名称>	把加入备份文件中的文件拥有者设定为指定用户
--recursive-unlink	先解除文件链接再进行压缩或还原文件
--remove-files	文件加入备份文件后立即移除
--rsh-command=<执行命令>	设定在远程主机上运行的命令
--totals	备份文件后，显示备份文件的大小
--use-compress-program=<执行命令>	用指定的命令处理文件
--volno-file=<编号文件>	使用指定的文件编号，取代默认的卷编号

（3）典型示例

示例 1：备份当前目录下所有文件及子目录，并指定备份文件名。例如，备份 temp/目录下所有的文件及子目录，并将这些文件备份到 temp.tar。在命令行提示符下输入：

```
tar -c -f temp.tar * ✓
```

如图 7-65 所示，选项-c 表示新建备份文件，-f 表示新建备份文件的文件名，多选项也可以写在一起，与"tar -cf temp.tar *"命令的效果是一样的。

图 7-65　备份当前目录下所有文件及子目录到指定文件

示例 2：备份指定目录下所有文件及子目录，指定备份文件名，并显示命令运行的过程。例如，备份用户 temp/目录下的所有文件及子目录到文件 tom_bak.tar。在命令行提示符下输入：

tar -cvf tom_bak.tar /home/tom/temp/ ✓

如图 7-66 所示。

图 7-66　备份指定目录下所有文件及子目录

示例 3：利用 gzip 命令处理备份文件。备份用户 temp/目录下的所有文件及子目录到文件 tom_bak.tar.gz，并用 gzip 命令进行处理。在命令行提示符下输入：

tar -czvf tom_bak.tar.gz /home/tom/temp/ ✓

如图 7-67 所示，通过 ls 命令查看文件 tom_bak.tar 和 tom_bak.tar.gz，发现经过 gzip 处理的备份文件大小远比未经处理的备份文件小得多。

图 7-67　经 gzip 命令处理备份文件

示例 4：解压缩文件。将示例 3 中得到的压缩文件 tom_bak.tar.gz 移动到目录 Public/ 下（使用 mv 命令），通过组合选项-xvzf 解压缩文件，将重新得到与/hom/tom/temp/目录相同的目录，选项-x 表示从压缩文件中提取文件。将工作目录切换到压缩文件所在的目录（cd /home/tom/Public），在命令行提示符下输入：

```
tar -xvzf tom_bak.tar.gz
```

如图 7-68 所示。

```
[tom@localhost Public]$ tar -xvzf tom_bak.tar.gz
home/tom/temp/
home/tom/temp/temp.tar
home/tom/temp/manual
home/tom/temp/information
home/tom/temp/files/
home/tom/temp/files/man1
home/tom/temp/files/man2
[tom@localhost Public]$ tree home/
home/
`-- tom
    `-- temp
        |-- files
        |   |-- man1
        |   `-- man2
        |-- information
        |-- manual
        `-- temp.tar

3 directories, 5 files
[tom@localhost Public]$ _
```

图 7-68 解压缩文件

示例 3 和示例 4 是使用较多的压缩与解压缩命令，现在所发布的大多数源码都以这种方式压缩后进行发布。

示例 5：备份文件后显示备份文件的大小。按照示例 3 的方式备份文件，备份完后显示备份文件的大小。将工作目录切换到用户 tom 的主目录（cd 命令），在命令行提示符下输入：

```
tar --totals -cvzf tom_bak.tar.gz /home/tom/temp/  ✓
```

如图 7-69 所示。

```
[tom@localhost ~]$ tar --totals -cvzf tom_bak.tar
tar: Removing leading `/' from member names
/home/tom/temp/
/home/tom/temp/temp.tar
/home/tom/temp/manual
/home/tom/temp/information
/home/tom/temp/files/
/home/tom/temp/files/man1
/home/tom/temp/files/man2
Total bytes written: 225280 (220KiB, 3.4MiB/s)
[tom@localhost ~]$ _
```

图 7-69 备份文件后显示文件大小

示例 6：备份目录，但不包括该目录下的子目录的内容，也不备份该目录下的隐藏文件

（即以 "." 开头的文件），以示例 3 的方式进行备份。在命令行提示符下输入：

tar -cvzf tom_bak.tar.gz -no-recursion /home/tom/ ✓

如图 7-70 所示。

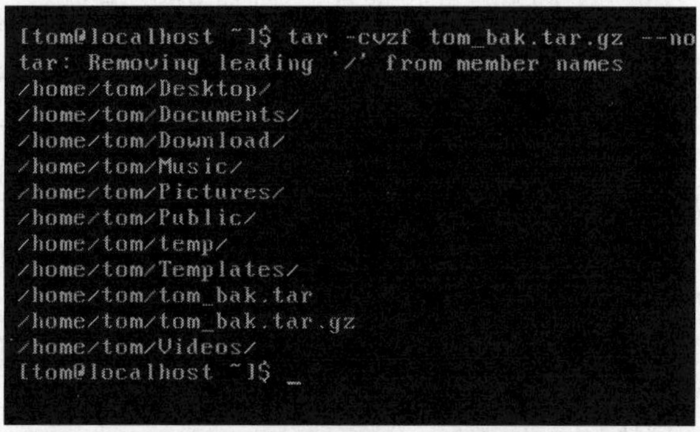

图 7-70　不以递归方式备份目录

如果不加参数--no-recursion，则会将该目录及子目录下所有文件，包括隐藏文件一起备份。主目录下有许多隐藏文件和隐藏目录，通过选项-v 可以看到备份了众多以 "." 开头的文件。

示例 7：文件加入备份文件后立即移除。例如，将 temp/目录下的 files 目录进行备份，备份后移除该目录。在命令行提示符下输入：

tar -cvzf files.tar.gz --remove-files files/ ✓

如图 7-71 所示。

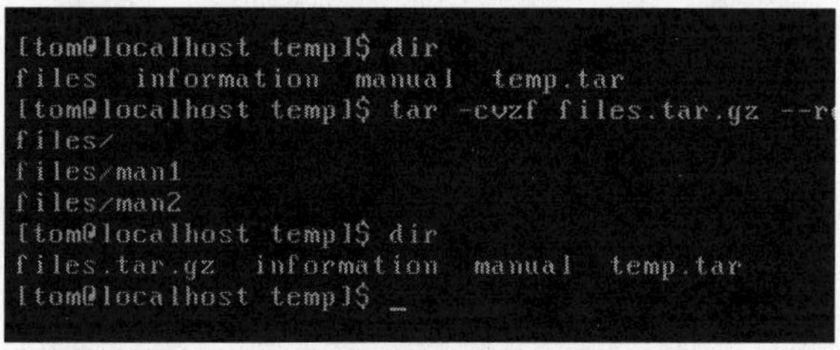

图 7-71　文件加入备份文件后立即移除

（4）相关命令

gzip、bzip2、compress。

19. umount 命令：卸载文件系统

（1）语法

umount [-hV]

umount -a [-dflnrv] [-t vfstype] [-O options]

umount [-dflnrv] dir | device [...]

（2）选项及作用

选　　项	作　　用
-a	卸载/etc/mtab记录文件中的所有文件系统
-f	强制卸载，要求内核版本在2.1.116以上
-h	显示帮助信息
-i	不调用/sbin/umount.<filesystem>的帮助，即使文件存在
-n	卸载时不将信息存入/etc/mtab文件
-r	当卸载失败时，以只读的方式重新挂载文件系统
-t <vfsystem>	指定设备的文件系统类型，目前支持的文件系统类型有： adfs、affs、autofs、cifs、coda、coherent、cramfs、debugfs、devpts、efs、ext、ext2、 ext3、hfs、hfsplus、hpfs、iso9660、jfs、minix、msdos、ncpfs、nfs、nfs4、ntfs、proc、 qnx4、ramfs、reiserfs、romfs、smbfs、sysv、tmpfs、udf、ufs、umsdos、usbfs、vfat、 xenix、xfs、xiafs
-v	显示执行时的详细信息
-V	显示版本信息

（3）典型示例

示例 1：卸载软驱。在命令行提示符下输入：

umount /dev/fd0 ✓

如图 7-72 所示。

图 7-72　卸载软驱

示例 2：卸载光驱。在命令行提示符下输入：

umount /dev/cdrom ✓

如图 7-73 所示。

```
[root@localhost ~]# umount /dev/cdrom
[root@localhost ~]#
```

图 7-73　卸载光驱

示例 3：卸载指定分区。例如，卸载 Windows 的 VFAT 文件系统的/dev/sda1 分区（该分区挂载在/media/win 目录下）。在命令行提示符下输入：

umount /media/win ✓

如图 7-74 所示。

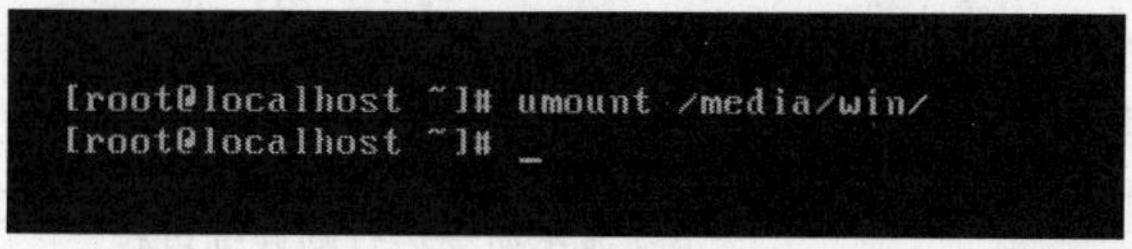

图 7-74　卸载指定分区

示例 4： 卸载/etc/mtab 记录文件中的所有文件系统。在命令行提示符下输入：

umount -a ✓

如图 7-75 所示，正在使用的文件系统无法卸载。

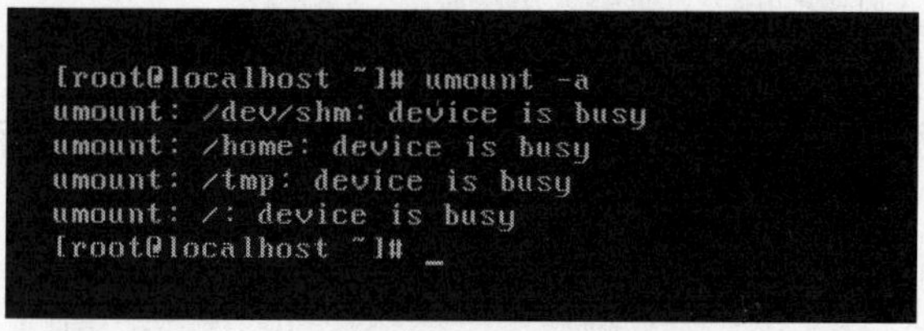

图 7-75　卸载 mtab 中的所有文件系统

（4）相关命令

mount、losetup。

20. unarj 命令：解压缩.arj 文件

（1）语法

unarj [-eltx] [arj 压缩文件]

（2）选项及作用

选　项	作　用
-e	解压缩arj文件
-l	显示压缩文件内所包含的文件
-t	检测压缩文件是否正确
-x	解压缩时保留原来的路径

（3）相关命令

arj。

21. uncompress 命令：解压缩.z 文件

（1）语法

uncompress [joptions] [.z filename]

（2）选项及作用

选　项	作　用
-c	将结果输出到标准输出
-f	强制解压缩
-v	显示命令运行的详细过程
-V	显示版本信息

（3）相关命令

compress。

22. unzip 命令：解压缩 zip 文件

（1）语法

unzip [-abcCfjlLMnopqstuz] [-P<密码>] [.zip] [-d<目录>] [-x<文件>] [--help] [--version] [--verbose]

（2）选项及作用

选　项	作　用
-A	[OS/2，Unix DLL]打印出API的扩展帮助
-a	对文本文件进行字符转换
-b	不对文本文件进行字符转换
-c	将压缩结果显示到标准输出/屏幕上
-C	区分压缩文件中名称的大小写
-f	更新现有的文件
-j	将所有压缩文件解压缩到当前目录
-l	显示压缩文件内的文件
-L	将压缩文件中的所有文件名改成小写
-M	将输出结果送到more程序处理
-n	解压缩并不覆盖原有的文件
-o	直接覆盖原文件
-p	释放文件到管道（标准输出）
-q	不显示执行信息
-s	将文件名中的空白字符转换成底线字符
-t	检查压缩文件的正确性
-u	更新现有的文件，并将其他压缩文件解压到目录中
-z	仅显示压缩文件的注释
-Z	zipinfo模式
-P<密码>	使用zip的密码选项
.zip	指定.zip压缩文件
--help	显示帮助信息
--version	显示版本信息
-v	显示执行的详细信息

（3）典型示例

示例 1： 显示压缩文件的内容。例如，为了查看 temp/目录下 help.zip 压缩文件内压缩文件的信息，在命令行提示符下输入：

unzip -l help.zip ✓

如图 7-76 所示。

```
[tom@localhost temp]$ unzip -l help.zip
Archive:  help.zip
  Length      Date    Time    Name
 --------    ----    ----    ----
   63891   06-05-08 21:23    information
this is a file about information
   15697   06-05-08 21:23    manual
this file is about Linux manual
 --------                    --------
   79588                    2 files
[tom@localhost temp]$ _
```

图 7-76　显示压缩文件的内容

示例 2： 将压缩文件解压到当前目录。如果该目录下已存在同名文件，将会提示是否替换该文件，输入大写字母 A 将替换所有同名文件。在命令行提示符下输入：

unzip help.zip ✓

如图 7-77 所示，与前面一个命令不同时，该命令解压缩后不会删除原文件，目录下依然存在 help.zip 文件。

```
[tom@localhost temp]$ unzip help.zip
Archive:  help.zip
replace information? [y]es, [n]o, [A]ll, [N]one
  inflating: information
  inflating: manual
[tom@localhost temp]$ _
```

图 7-77　解压缩文件到当前目录

示例 3： 更新现有的文件，并将其他压缩文件解压到目录中。例如，对 temp/目录下的压缩文件 help.zip 进行处理，并显示命令运行的详细信息。在命令行提示符下输入：

unzip -uv help.zip ✓

如图 7-78 所示。

示例 4： 指定不处理.zip 中的文件。例如，在示例 1 中可以查看到压缩文件 help.zip 中包含两个文件，默认进行解压缩时，两个文件都将解压缩出来，也可以通过选项-x 排除要解压的文件。在命令行提示符下输入：

unzip -x information help.zip ✓

如图 7-79 所示。

图 7-78　更新现有的文件，并将其他压缩文件解压到目录中

图 7-79　指定不处理压缩文件中的文件列表

示例 5：在介绍 zip 命令时将介绍给压缩文件加密。在 zip 命令的示例中为压缩文件 temp.zip 设置了密码，该文件放在主目录下。若不输入正确的密码，将无法解压该文件，并提示重新输入密码。在命令行提示符下输入：

unzip temp.zip ✓

如图 7-80 所示。

图 7-80　解压缩加密 zip 文件（1）

也可以在命令行提示符下通过选项-P 输入加密的密码。在命令行提示符下输入：

unzip -P 123456 temp.zip ✓

如图 7-81 所示。

图 7-81　解压缩加密 zip 文件（2）

（4）相关命令

funzip、zip、zipcloak、zipgrep、zipinfo、zipnote、zipsplit。

23. zip 命令: 压缩文件

（1）语法

zip [-AcdDFghjJklLmoqrSTuVwXy$] [-b<工作目录>] [-n<字尾字符串>] [-t<日期时间>]
[-<压缩率>] [-ll] [-i<范本模式>] [-x<范本模式>]

（2）选项及作用

选　　项	作　　用
-a	将文件转换为ASCII格式（系统使用的是EBCDIC格式）
-A	对可执行的自动解压缩文件进行调整
-B	[VM/CMS和MVS]强制以二进制方式读取文件（默认为文本方式）
-c	为每个被压缩的文件增加一行注释
-d	从压缩文件内删除指定文件
-D	在压缩文件内不建立目录名称
-e	为压缩文件加密，终端提示输入密码
-E	[OS/2]如果可能，使用.LONGNAME扩展作为文件名
-f	替换（更新）已有的文件，类似于选项-u，但是-u选项不会将压缩文件中不存在的文件进行更新，而该选项会将zip文件中不存在的文件一并添加进压缩文件中去
-F	尝试修复已经损坏的文件
-g	将压缩文件附加在已经存在的压缩文件之后
-h	显示帮助信息
-j	只对文件的内容和名称进行存放，不存放任何目录名称
-J	删除压缩文件前面的不必要数据
-k	使用MS-DOS格式兼容的文件名称
-l	压缩文件时把Line Feed字符转换成"LF+CR"字符
-L	显示版本信息
-m	压缩完成后删除原始文件
-o	将压缩文件的时间与最新时间设置相一致
-q	不显示命令执行过程
-r	将指定目录下的所有文件及子目录一并作递归处理
-S	包含系统和隐藏文件
-T	检查文件内的所有文件是否正确
-u	更换新的文件至压缩文件内
-v	显示命令运行过程
-V	存储VMS操作系统的文件
-w	在文件名称中添加版本的信息
-x <file>	压缩时排除符合条件的文件
-X	不存储额外文件的属性
-y	仅存储符号链接（默认为符号链接所指的文件），仅在UNIX类的系统有效
-$	存储第1个被压缩文件所在磁盘的卷册名称

续表

选　　项	作　　用
-b<工作目录>	指定暂时存放文件的目录
-n<字尾字符串>	不压缩具有特定字尾字符串的文件
-t<日期时间>	把压缩文件的日期设置成指定的日期
-<压缩率>	在压缩率为6的默认值下对文件进行压缩
-ll	压缩文件时把“LF+CR”字符转换成Line Feed字符
-i<file>	仅压缩符合条件的文件，如“zip -r foo . -i *.c”
-x<范本模式>	对指定的文件排除压缩

（3）典型示例

示例 1：以默认方式压缩文件。例如，将 temp/目录下的文件 information 进行压缩，压缩后保存在文件名为 info.zip 的压缩文件中。在命令行提示符下输入：

```
zip info information ↙
```

如图 7-82 所示，压缩文件会自动在文件名 info 后添加后缀.zip，生成压缩文件 info.zip，可以看到该文件的压缩率为 69%。

```
[tom@localhost temp]$ zip info information
  adding: information (deflated 69%)
[tom@localhost temp]$ ls -l info*
-rw-rw-r-- 1 tom tom 63891 2008-06-05 21:23 infor
-rw-r--r-- 1 tom tom 20059 2008-06-06 15:18 info
[tom@localhost temp]$ _
```

图 7-82　以默认方式压缩文件

示例 2：将多个文件压缩为指定的压缩文件。例如，将 temp/目录下的文件 information、manual 和刚才生成的压缩文件 info.zip 压缩为文件 hh.zip。在命令行提示符下输入：

```
zip hh information manual info.zip ↙
```

如图 7-83 所示，可以看到经过压缩的文件 info.zip 不会再次进行压缩，而只是添加到了压缩文件 hh.zip 里面。

```
[tom@localhost temp]$ zip hh information manual
  adding: information (deflated 69%)
  adding: manual (deflated 66%)
  adding: info.zip (stored 0%)
[tom@localhost temp]$ ls -l hh.zip
-rw-r--r-- 1 tom tom 45653 2008-06-06 15:25
[tom@localhost temp]$ _
```

图 7-83　压缩多个文件

示例 3：压缩当前目录下所有文件。将 temp/目录下所有文件进行压缩，并显示命令的执行过程。在命令行提示符下输入：

zip -v all * ✓

如图 7-84 所示。

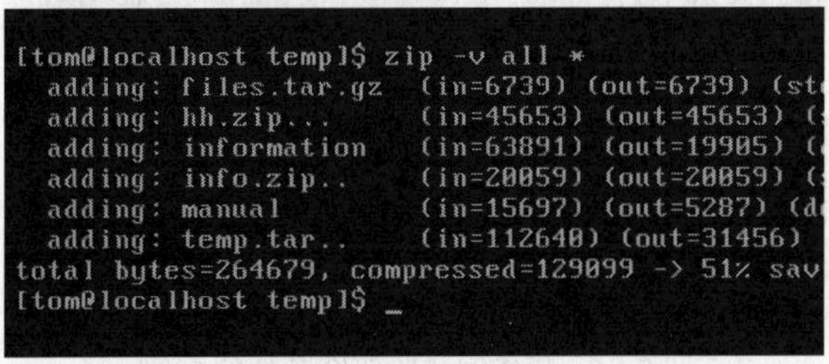

图 7-84　压缩当前目录下所有文件

示例 4：将指定目录下的所有文件及子目录一并作递归处理。将 temp/目录下所有文件及子目录文件进行压缩，压缩后的文件名为 temp.zip，并显示命令执行过程。在命令行提示符下输入：

zip -rv temp /home/tom/temp/ ✓

如图 7-85 所示。

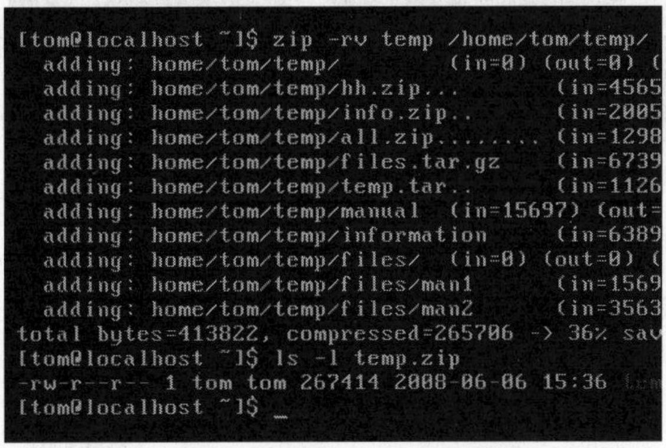

图 7-85　以递归方式压缩指定目录

示例 5：示例 4 中是将目录下所有文件都压缩到了文件 temp.zip 内，对于某些不想压缩的文件，例如，不将压缩文件 zip 添加到压缩文件 temp.zip 中，可以通过选项-x 实现。在命令行提示符下输入：

zip -rv temp /home/temp -x *.zip ✓

如图 7-86 所示，可将示例 4 与示例 5 进行对比。

示例 6：从压缩文件内删除指定文件。示例 5 中的压缩文件 temp.zip 中包含备份文件 temp.tar，如果想将这个文件从压缩文件 temp.zip 中删除，可以通过-d 选项实现。在命令行提示符下输入：

zip -dv temp.zip /home/tom/temp/temp.tar ✓

如图 7-87 所示。注意：删除 temp.tar 文件时输入了其压缩时的路径名，否则会提示名字不匹配。

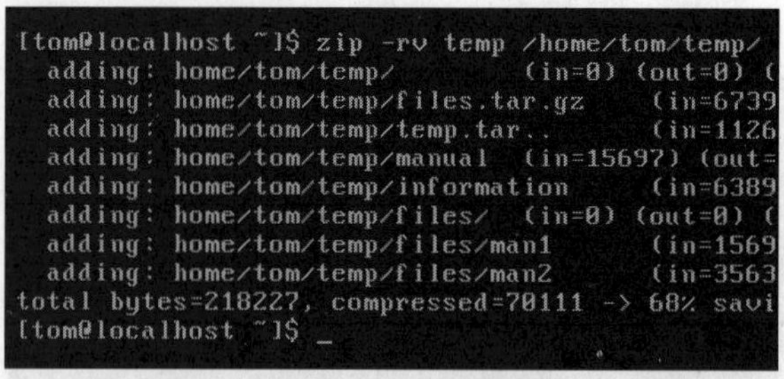

图 7-86　压缩时排除符合条件的文件

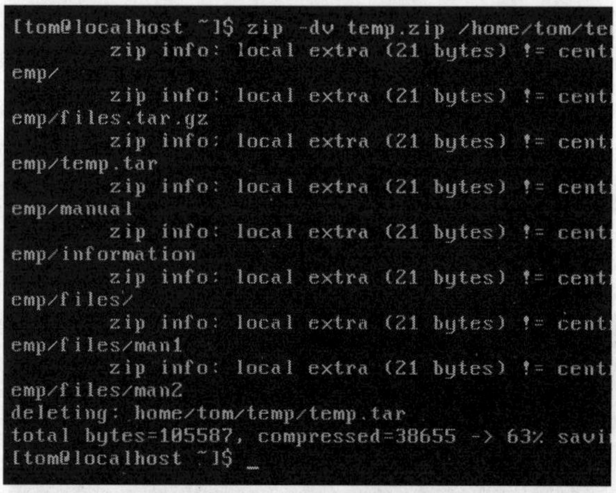

图 7-87　从压缩文件内删除指定文件

示例 7：给压缩文件加密。将上述示例在主目录下生成的 temp.zip 压缩文件删除，重新建立压缩文件，并为该文件加密。在命令行提示符下输入：

zip -rev temp temp/ -x *.zip ∠

如图 7-88 所示。

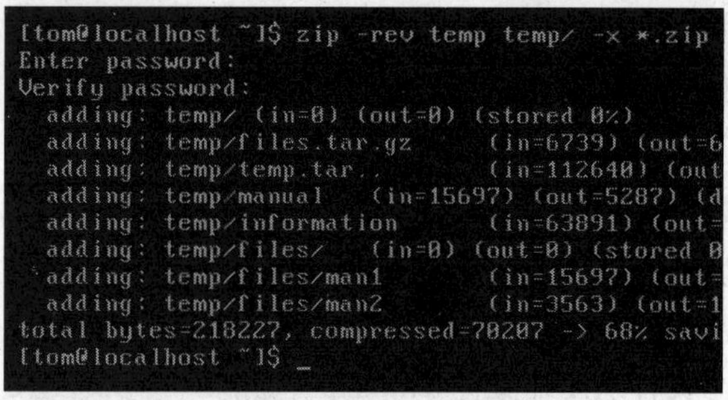

图 7-88　给压缩文件加密

（4）相关命令

unzip、compress、shar、tar、gzip。

24.　zipinfo 命令：显示压缩文件的信息

（1）语法

zipinfo [-1hlmMstTvz] [-x<范本样式>]

zipinfo [-12smlvhMtTz] file[.zip] [file(s) ...] [-x xfile(s) ...]

（2）选项及作用

选　　项	作　　用
-1	仅列出文件的名称，每行一个
-2	与选项-1相似，但可与选项-h、-t和-z一起使用，在所保存的文件名特别长的时候，该选项非常有用
-h	仅列出压缩文件的名称、大小（字节）和总的文件数
-l	列出压缩文件的内容及大小
-m	用类似"ls -l"格式的命令列出压缩文件的内容及压缩率
-M	若信息内容超过1个画面，则采用类似more命令方式列出信息
-s	用类似"ls -l"格式的命令列出压缩文件的内容，该选项为默认
-t	列出文件内所包含文件的数目、压缩前后总大小和压缩率
-T	以十进制格式打印出压缩文件内文件日期和时间（yymmdd.hhmmss）
-v	详细显示压缩文件内的文件信息
-x<范本模式>	不列出指定文件的信息
-z	若文件有注释，则将其显示出来

（3）典型示例

示例 1：列出压缩文件内的文件名。例如，想查询 zip 命令的建立的压缩文件 help.zip 内到底包含哪些文件。可以在命令行提示符下输入：

`zipinfo -1 help.zip` ✓

如图 7-89 所示。

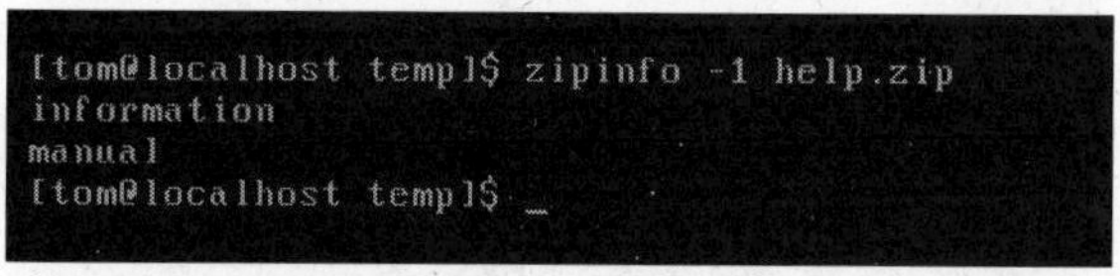

图 7-89　列出压缩文件中的文件名

示例 2：列出压缩文件的内容及大小。为了查看压缩文件较为详细的信息，在命令行提示符下输入：

`zipinfo -l help.zip` ✓

如图 7-90 所示。

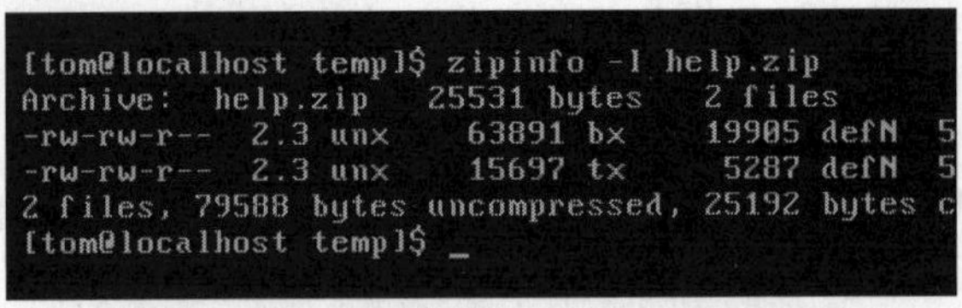

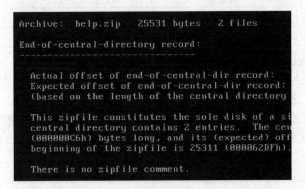

图 7-90　列出压缩文件的内容及大小

以默认的方式显示压缩文件的信息与示例 2 的结果类似。

示例 3： 显示压缩文件中每个文件的信息。在命令行提示符下输入：

zipinfo -help.zip |more ↙

如图 7-91 所示，由于显示的内容较多，这里采用分页显示的方式。

图 7-91　显示压缩文件中每个文件的信息

（4）相关命令

ls、funzip、unzip、unzipsfx、zip、zipcloak、zipnote、zipsplit。

第8章　网络通信及管理命令

1. apachectl 命令：apache HTTP 服务器控制接口

（1）语法

apachectl [httpd-argument] （pass-through 模式）

apachectl command （SysV init 模式）

（2）选项及作用

选　　项	作　　用
configtest	检查配置文件中语法的正确性
fullstatus	显示服务器的完整状态信息
graceful	重启Apache服务器
help	显示说明信息
restart	重启Apache服务器
start	启动Apache服务器
status	显示服务器简要的状态信息
stop	关闭Apache服务器

（3）典型示例

示例 1：启动 Apache 服务器。在命令行提示符下输入：

apachectl start ✓

如图 8-1 所示。

```
[root@localhost ~]# apachectl start
[root@localhost ~]#
```

图 8-1　启动 Apache 服务器

示例 2：检查配置文件中语法的正确性。在命令行提示符下输入：

apachectl configtest ✓

如图 8-2 所示。

示例 3：重启 Apache 服务器，但不中断原有连接。在命令行提示符下输入：

apachectl graceful ✓

如图 8-3 所示。

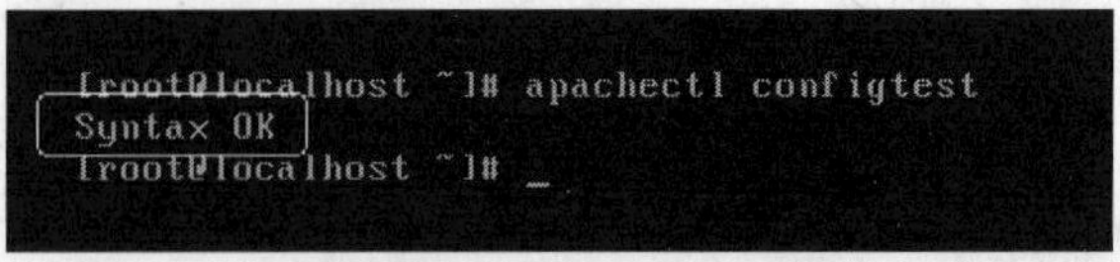

图 8-2   检查配置文件中语法的正确性

图 8-3   重启 Apache 服务器

示例 4：关闭 Apache 服务器。在命令行提示符下输入：

apachectl stop ✓

如图 8-4 所示。

图 8-4   关闭 Apache 服务器

（4）相关命令

httpd。

2．arp 命令：系统 ARP 缓存

（1）语法

arp [-evn] [-H type] [-i if] -a [hostname]

arp [-v] [-i if] -d hostname [pub]

arp [-v] [-H type] [-i if] -s hostname hw_addr [temp]

arp [-v] [-H type] [-i if] -s hostname hw_addr [netmask nm] pub

arp [-v] [-H type] [-i if] -Ds hostname ifa [netmask nm] pub

arp [-vnD] [-H type] [-i if] -f [filename]

（2）选项及作用

选　　项	作　　用
-a <hostname>	显示指定主机的所有ARP高速缓存数据。如果未指定主机，则删除所有数据
-d <hostname>	删除指定主机的所有ARP高速缓存数据
-D，--use-device	使用接口ifa的硬件地址
-e	用默认的排版方式显示ARP高速数据缓存
-f <filename>	同选项-s，只是地址信息从指定文件filename读取

续表

选　项	作　用
-H <硬件类型>	按照指定的硬件显示ARP缓存数据。该选项默认值是ether，例如：IEEE 802.3 10Mbps以太网的硬件代码为0x01
-i <网络接口>	指定查询的网络接口
-n，--numeric	采用数字模式显示
-s <IP><网卡物理地址>	设置ARP高速缓存IP地址和网卡物理地址相对应
-v，--verbose	显示程序执行的详细信息

（3）典型示例

示例 1：显示所有 ARP 缓存数据。在命令行提示符下输入：

arp -a ✓

如图 8-5 所示。

```
[root@localhost ~]# arp -a
? (222.197.173.1) at 00:D0:F8:C7:B3:E1 [ether] o
? (222.197.173.39) at 00:0E:A6:37:7C:49 [ether]
[root@localhost ~]# _
```

图 8-5　显示所有 ARP 缓存数据

示例 2：用默认的排版方式显示 ARP 高速缓存数据。在命令行提示符下输入：

arp -ea ✓

如图 8-6 所示。

```
[root@localhost ~]# arp -ea
Address              HWtype   HWaddress
222.197.173.30       ether    00:13:72:4F:79
222.197.173.1        ether    00:D0:F8:C7:B3
222.197.173.39       ether    00:0E:A6:37:7C
[root@localhost ~]# _
```

图 8-6　以 Linux 风格显示所有 ARP 缓存数据

示例 3：按照指定的硬件显示 ARP 缓存数据。例如，在命令行提示符下输入：

arp -H ether ✓

如图 8-7 所示。

```
[root@localhost ~]# arp -H ether
Address              HWtype   HWaddress
222.197.173.30       ether    00:13:72:4F:79
222.197.173.1        ether    00:D0:F8:C7:B3
222.197.173.39       ether    00:0E:A6:37:7C
222.197.173.12       ether    00:16:D3:BD:04
[root@localhost ~]# _
```

图 8-7　按照指定的硬件显示 ARP 缓存数据

示例 4： 设置 ARP 高速缓存 IP 地址和网卡物理地址相对应。例如，设置 IP 地址 222 .197.173.43 与网卡物理地址 00:0C:29:0B:2A:1E 相对应。在命令行提示符下输入：

arp -s 222.197.173.43 00:0C:29:0B:2A:1E ✓

如图 8-8 所示。

图 8-8　设置 IP 与网卡地址对应

（4）相关命令

rarp、route、ifconfig、netstat。

3. arpwatch 命令：监听 ARP 记录

（1）语法

arpwatch [-d] [-f <记录文件>] [-i <接口>] [-r<记录文件>]

（2）选项及作用

选　　项	作　　用
-d	启动排错功能
-f <记录文件>	设置存储ARP记录的文件
-i <接口>	设定ARP的监听接口
-r <记录文件>	在指定文件中读取ARP记录

（3）典型示例

示例 1： 监听网卡 eth0 的 ARP 信息。在命令行提示符下输入：

arpwatch -i eth0 ✓

如图 8-9 所示。

图 8-9　监听网卡 eth0 的 ARP 信息

示例 2： 设置存储 ARP 记录的文件。例如，监听网卡 eth0 的 ARP 信息，并将监听到的信息记录到指定文件。在命令行提示符下输入：

arpwatch -i eth0 -f 1.log ✓

如图 8-10 所示。

```
[root@localhost ~]# arpwatch -i eth0 -f 1.log
[root@localhost ~]# _
```

图 8-10 设置存储 ARP 记录的文件

（4）相关命令

arpsnmp、arp、bpf、tcpdump、pcapture、pcap。

4. arping 命令：向邻居主机发送 ARP 请求

（1）语法

arping [-AbDfhqUV] [-c count] [-w deadline] [-s source] -I interface destination

（2）选项及作用

选　　项	作　　用
-A	同选项-U，但是使用ARP回复模式，而不是ARP请求
-b	保持广播
-c \<count>	发送数据包的数目
-D	复制地址检测模式
-f	当接收到首个回复后退出
-h	显示帮助信息
-I \<interface>	指定使用的网卡
-q	不显示命令运行时的调试信息
-s \<IP地址>	指定使用的源IP地址
-U	主动的ARP模式，更新邻居的ARP缓存
-V	显示版本信息
-w \<deadline>	设定超时时间，以秒为单位

（3）典型示例

示例 1： 向指定主机发送 ARP 请求，并指定发送数据包的数目。在命令行提示符下输入：

arping -c 5 222.197.173.50 ✓

如图 8-11 所示。

示例 2： 指定使用的网卡，发送 ARP 请求到指定地址，发送数据包数目为 5。在命令行提示符下输入：

arping -c 5 -I eth0 222.197.173.50 ✓

如图 8-12 所示。

图 8-11　指定发送数据包的数目

图 8-12　指定使用网卡发送 ARP 请求

（4）相关命令

ping、clockdiff、tracepath。

5. cu 命令：主机间通信

（1）语法

cu [options] [system | phone | "dir"]

（2）选项及作用

选　项	作　用
-a <通信端口> -p <通信端口> --port <通信端口>	使用指定的通信端口进行数据传输
-c <电话号码> --pone <电话号码>	指定拨号连接的号码
-d	进入排错模式
-e	采用相同位检查
-E <脱离字符> --escape <脱离字符>	设定脱离字符
-h	使用半双工模式
--help	显示帮助信息
-I <设置文件> --cofing <设置文件>	指定要用的设置文件
-I <外围设备代号> --line <外围设备代号>	指定外围设备进行连接

续表

选　项	作　用
-n --promt	拨号时等待用户输入电话号码
--nostop	关闭Xon/Xoff软件控制流量
-o	使用单同位检测
--parity=none	不使用同位检测
-s <连接速率> --speed <连接速率> --baud <连接速率>	以bit/s为单位，设置连接的速率
-t	把CR字符置换成LF+CR字符
-v	显示版本信息
-x <排错模式> --debug <排错模式>	设置排错模式
-z <系统主机> --system <系统主机>	连接该系统主机

（3）相关命令

mesg。

6. dip 命令：IP 拨号连接

（1）语法

dip [option]…

（2）选项及作用

选　项	作　用
-a	询问用户名与登录密码
-i	启动拨号服务功能
-k	删除执行中的dip程序
-l <连接位置>	指定删除的连接
-m <MTU数目>	设置最大传输速率的单位
-p <协议>	设置通信协议
-t	进入dip命令模式
-v	显示执行时的详细信息

（3）相关命令

ppp。

7. gaim 命令：即时信息传输

（1）语法

gaim [option]

（2）选项及作用

选　　项	作　　用
-a	仅开启账号编辑器
--debug	调试信息
--help	显示帮助信息
--version	显示版本信息

（3）典型示例

启动 gaim 即时消息传输程序。登录 GNOME 桌面环境，可以使用菜单快捷方式启动，也可以在命令行提示符下输入：

gaim ✓

如图 8-13 所示。

图 8-13　gaim 即时消息传输程序

（4）相关命令

host、named、dnssec-keygen。

8. getty 命令：设置终端配置

（1）语法

getty [option] [ttyN]

（2）选项及作用

选　　项	作　　用
-c <文件>	指定配置文件
-h	自动停止设置
-r <时间>	设置延迟时间
-t <时间>	设置超时时间

（3）典型示例

开启终端。例如，开启终端 tty6。在命令行提示符下输入：

getty tty6 ✓

如图 8-14 所示。

```
[tom@localhost ~]$ getty tty6_
```

图 8-14 开启终端

（4）相关命令

tty。

9. host 命令：dns 查询

（1）语法

host [-aCdlnrsTwv] [-c class] [-N ndots] [-R number] [-t type] [-W wait] [-m flag] [-4] [-6] {name} [server]

（2）选项及作用

选　　项	作　　用
-a	显示详细的输出模式，同选项-v
-c <class>	指定non-IN的数据
-C	向DNS服务器查询SOA记录
-d	显示详细的输出模式
-l	列出一个域内所有主机
-N <点数>	自动在网址列后补充"."的数目
-r	取消递归查询
-R <次数>	重试次数
-t <类型>	指定查询的类型
-T	启动TCP/IP模式
-v	显示详细的输出模式
-W <秒数>	指定要等待的次数
-4	强制仅使用IPv4的传输查询
-6	强制仅使用IPv6的传输查询

（3）典型示例

示例 1：查询 DNS。例如，查询域名 www.stuhome.net 的 IP 地址。在命令行提示符下输入：

host www.stuhome.net ✓

如图 8-15 所示。

```
[root@localhost ~]# host www.stuhome.net
www.stuhome.net has address 202.115.22.8
[root@localhost ~]# _
```

图 8-15　查询 DNS

示例 2：查询 IP 地址。例如，查询 IP 地址 202.112.14.151。在命令行提示符下输入：

host 202.112.14.151 ↙

如图 8-16 所示。

```
[root@localhost ~]# host 202.112.14.151
151.14.112.202.in-addr.arpa domain name pointer
151.14.112.202.in-addr.arpa domain name pointer
[root@localhost ~]# _
```

图 8-16　查询 IP

示例 3：显示详细的输出模式。同示例 1，但是显示更为详细的信息。在命令行提示符下输入：

host -a www.stuhome.net ↙

如图 8-17 所示。

```
;; AUTHORITY SECTION:
stuhome.net.              136678   IN    NS
stuhome.net.              136678   IN    NS

;; ADDITIONAL SECTION:
ns1.dns.com.cn.           636      IN    A
ns1.dns.com.cn.           636      IN    A
ns1.dns.com.cn.           636      IN    A
ns1.dns.com.cn.           636      IN    A
ns2.dns.com.cn.           632      IN    A
ns2.dns.com.cn.           632      IN    A
ns2.dns.com.cn.           632      IN    A
ns2.dns.com.cn.           632      IN    A

Received 223 bytes from 202.112.14.151#53 in 6 m
[root@localhost ~]# _
```

图 8-17　显示详细的输出模式

示例 4：向指定 DNS 服务器查询。例如，向 DNS 服务器查询网址 www.52yy.net。在命令行提示符下输入：

host www.52yy.net 202.112.14.151 ↙

如图 8-18 所示。

（4）相关命令

dig、named。

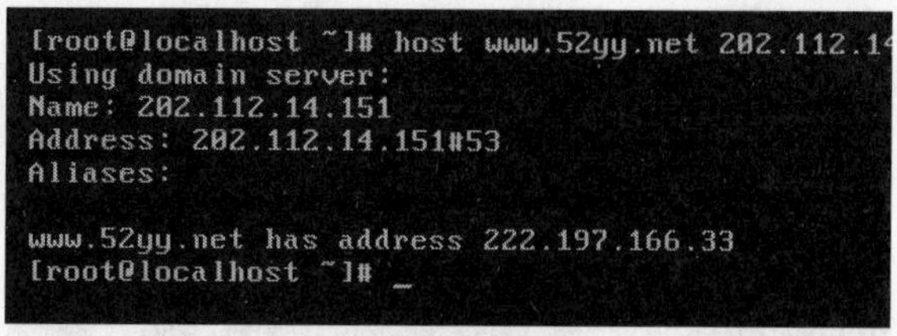

图 8-18 向指定 DNS 服务器查询

10. httpd 命令：Apache HTTP 服务器程序

（1）语法

httpd [-d serverroot] [-f config] [-C directive] [-c directive] [-D parameter] [-e level] [-E file] [-k start | restart | graceful | stop | graceful-stop] [-R directory] [-h] [-l] [-L] [-S] [-t] [-v] [-V] [-X] [-M]

在 Windows 系统上，下面的附加参数也有效：

httpd [-k install | config | uninstall] [-n name] [-w]

（2）选项及作用

选 项	作 用
-c <httpd命令>	在读取设置文件后，执行选项中的命令
-C <http命令>	在读取配置文件前，执行选项中的命令
-d <serverroot>	指定服务器的根目录
-D <parameter>	指定传入设置文件的参数
-E <file>	当启动服务时，发送错误信息到指定文件
-f <config>	指定配置文件
-h	显示有效命令行选项的简要总结
-l	输出服务器编译时所包含的模块清单
-L	显示httpd命令说明
-M	备份载入的静态和共享模块清单
-t	测试设置文件语法的正确性
-T	除根目录设置文件外，检测所有设置文件语法的正确性
-v	显示版本信息
-V	显示版本信息及其临时环境
-X	用单一程序的方式启动服务器

（3）典型示例

示例 1：启动 Apache HTTP 服务器程序。在命令行提示符下输入：

httpd ✓

如图 8-19 所示，可以通过 ps 命令查看 httpd 的运行程序。

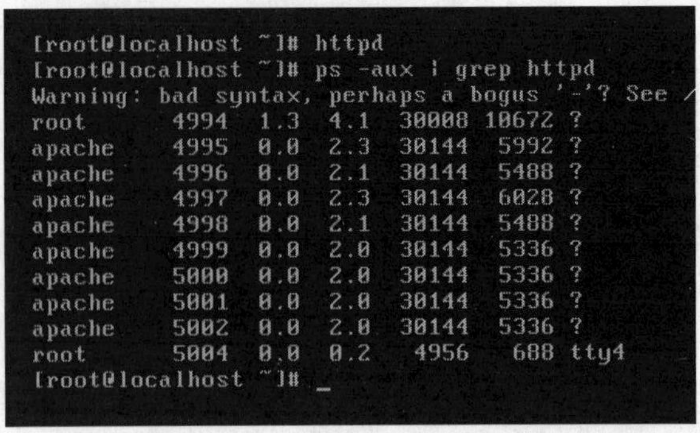

图 8-19　启动 HTTP 服务器程序

示例 2：输出服务器编译时所包含的模块清单。在命令行提示符下输入：

httpd -l ✓

如图 8-20 所示。

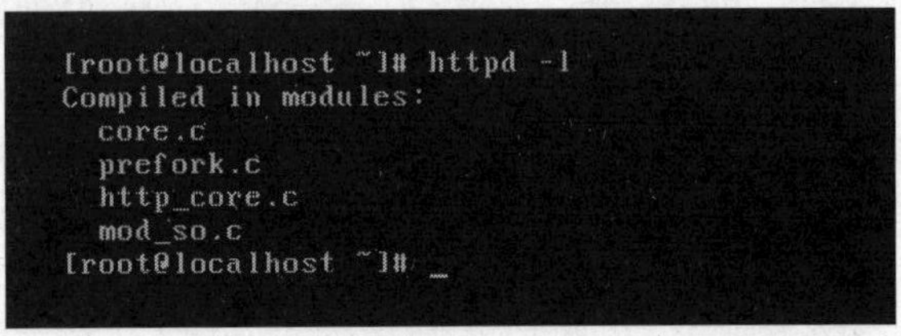

图 8-20　输出服务器编译时所包含的模块清单

示例 3：测试设置文件语法的正确性。在命令行提示符下输入：

httpd -t ✓

如图 8-21 所示。

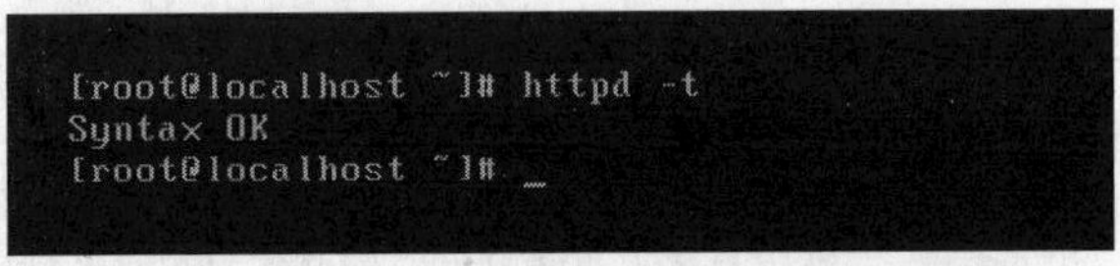

图 8-21　测试设置文件语法的正确性

示例 4：备份载入的静态和共享模块清单。在命令行提示符下输入：

httpd -M ✓

如图 8-22 所示。

（4）相关命令

apachectl。

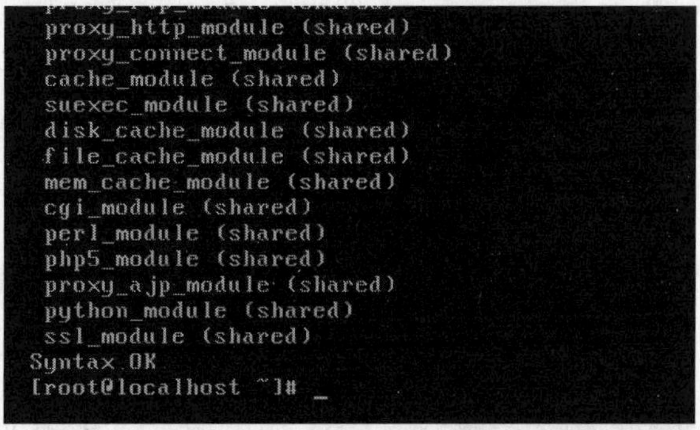

图 8-22　备份载入的静态和共享模块清单

11. ifconfig 命令：显示或配置网络设备

（1）语法

ifconfig [interface]

ifconfig interface [aftype] options | address …

（2）选项及作用

选　项	作　用
-allmulti	确定对 multcast 数据包的接收与否
-arp	关闭或启动指定的 ARP 设备
add<地址>	设置 IPv6 地址
del<地址>	删除 IPv6 地址
down	关闭指定的网络设备
dstaddr <地址>	设置点对点的连接方式下的 IP 地址
hw <网络设备类型><硬件地址>	设置网络设备的类型与硬件地址
-promisc	关闭或启动指定网络设备的 promiscuous 模式
-broadcast <地址>	将往指定地址传送的数据包当作广播数据包处理
io_addr <I/O地址>	设置网络设备的 I/O 地址
irq <IRQ地址>	设置网络设备的 IRQ
media <网络媒体类型>	设置网络设备的媒体类型
mem_start <内存地址>	设置网络设备所在内存所占用的起始地址
metric <数目>	指定在计算数据包传送次数时所要添加的数目
mtu <字节>	以字节为单位，设置网络设备的最大传输单位
netmask <子网掩码>	设置网络设备的子网掩码
-pointtopoint <地址>	与指定的地址建立点对点的连接
tunnel <地址>	建立 IPv4 和 IPv6 之间的通信地址
up	启动指定的网络设备
[IP地址]	指定网络设备的 IP 地址
[网络设备]	指定网络设备的名称

（3）典型示例

示例 1：查看第一块网卡的设置值。在命令行提示符下输入：

ifconfig eth0 ✓

如图 8-23 所示，不带任何参数时，将显示所有网络接口设置值。

```
[root@localhost ~]# ifconfig eth0
eth0      Link encap:Ethernet  HWaddr 00:0C:29:3
          inet addr:222.197.173.37  Bcast:222.19
          inet6 addr: fe80::20c:29ff:fe31:aaa8/6
          UP BROADCAST RUNNING MULTICAST  MTU:15
          RX packets:1960 errors:0 dropped:0 ove
          TX packets:492 errors:0 dropped:0 over
          collisions:0 txqueuelen:1000
          RX bytes:204583 (199.7 KiB)  TX bytes:
          Interrupt:18 Base address:0x1080

[root@localhost ~]# _
```

图 8-23　查看第一块网卡设置值

示例 2：设置网卡的 IP 地址。例如，设置第一块网卡的 IP 地址为 222.197.173.43。在命令行提示符下输入：

ifconfig eth0 222.197.173.43 ✓

如图 8-24 所示。

```
[root@localhost ~]# ifconfig eth0 222.197.173.43
```

图 8-24　设置网卡 IP 地址

示例 3：关闭和开启指定的网络设备。例如，关闭第一块网卡（down），然后再开启（up）该网卡。在命令行提示符下输入：

ifconfig eth0 down ✓

如图 8-25 所示，开启网卡使用参数 up。

```
[root@localhost ~]# ifconfig eth0 down
[root@localhost ~]# ifconfig eth0 up
[root@localhost ~]# _
```

图 8-25　关闭和开启指定的网络设备

示例 4：以字节为单位，设置网络设备的最大传输单位。例如，设置网络设备 eth0 的最大传输单位 1024B。在命令行提示符下输入：

ifconfig eth0 mtu 1024 ✓

如图 8-26 所示。

```
[root@localhost ~]# ifconfig eth0 mtu 1024
[root@localhost ~]# _
```

图 8-26　设置网络设备的最大传输单位

（4）相关命令

route、netstat、arp、rarp、ipchains。

12. iptables 命令：IPv4 的包过滤和 nat 的管理

（1）语法

iptables [-t table] -[AD] chain rule-specification [options]

iptables [-t table] -I chain [rulenum] rule-specification [options]

iptables [-t table] -R chain rulenum rule-specification [options]

iptables [-t table] -D chain rulenum [options]

iptables [-t table] -[LFZ] [chain] [options]

iptables [-t table] -N chain

iptables [-t table] -X [chain]

iptables [-t table] -P chain target [options]

iptables [-t table] -E old-chain-name new-chain-name

（2）选项及作用

选　　项	作　　用
-A <链名>	将规则加载到所选路由链的末尾
-D <链名>	删除所选路由链中的规则
-E <链名>	更改路由链名为指定名字
-F <链名>	清除路由链规则
-h	显示使用说明信息
-I <链名>	将规则加载到路由链的前端
-L <链名>	显示路由链中的所有规则
-N <链名>	建立新的路由链
-P <链名>	设置路由链中默认的原则
-R <链名>	替换指定链的规则
-t，--table <table>	指定表格名称
-X <链名>	删除自定义的路由链，该路由链要求为空
-p <protocol>	选择通信协议
-s <address>	源地址
-d <address>	目的地址
-j <target>	指定规则的目标，可以是用户自定义的路由链
-o <name>	退出时的网卡

续表

选　项	作　用
-v, --verbose	显示命令运行的详细信息
-n, --numeric	数值输出
-x, --exact	扩展数值，显示真实值，以字节为单位，与选项-L相关

（3）典型示例

示例 1：列出表格 filter 中所有信息。在命令行提示符下输入：

iptables -t filter -L ✓

如图 8-27 所示。

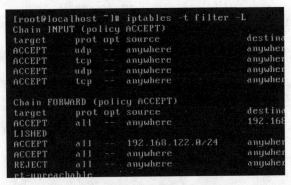

图 8-27　列出表格 filter 中所有信息

示例 2：显示 NAT 过滤表。在命令行提示符下输入：

iptables -t nat -L ✓

如图 8-28 所示。

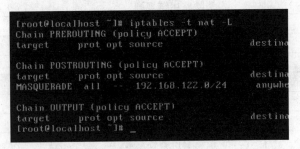

图 8-28　显示 NAT 过滤表

示例 3：建立新的路由链。例如，建立一条名为 new-domain 的新链。在命令行提示符下输入：

iptables -N new-domain ✓

如图 8-29 所示。

```
[root@localhost ~]# iptables -N new-domain
[root@localhost ~]# _
```

图 8-29　建立新的路由链

示例 4：删除自定义的路由链。删除自定义路由链，但是要求被删除的路由链为空。在命令行提示符下输入：

iptables -X new-domain ✓

如图 8-30 所示。

```
[root@localhost ~]# iptables -X new-domain
[root@localhost ~]# _
```

图 8-30　删除自定义的路由链

（4）相关命令

iptables-save、iptables-restore、ip6tables、ip6tables-save、ip6tables-restore、libipq。

13. iptables-save 命令：IP 列表存储

（1）语法

iptables-save [-c] [-t table]

（2）选项及作用

选　　项	作　　用
-c，--counters	包含当前所有数据包的值和输出的字节计数
-t，--table <tavlename>	指定table表格的类型。如果未指定，则输出所有有效表格

（3）典型示例

示例 1：显示 iptable 设置。在命令行提示符下输入：

iptables-save ✓

如图 8-31 所示。

```
# Generated by iptables-save v1.3.8 on Mon Jul 2
*nat
:PREROUTING ACCEPT [1360:156480]
:POSTROUTING ACCEPT [635:38732]
:OUTPUT ACCEPT [636:38772]
-A POSTROUTING -s 192.168.122.0/255.255.255.0 -
COMMIT
# Completed on Mon Jul 21 22:33:13 2008
# Generated by iptables-save v1.3.8 on Mon Jul 2
*filter
:INPUT ACCEPT [5172:466786]
:FORWARD ACCEPT [0:0]
:OUTPUT ACCEPT [3063:299353]
-A INPUT -i virbr0 -p udp -m udp --dport 53 -j A
-A INPUT -i virbr0 -p tcp -m tcp --dport 53 -j A
-A INPUT -i virbr0 -p udp -m udp --dport 67 -j A
```

图 8-31　显示 iptable 设置

示例 2：显示 mangle 表的设置。在命令行提示符下输入：

iptables-save -t mangle ✓

如图 8-32 所示。

```
[root@localhost ~]# iptables-save -t mangle
# Generated by iptables-save v1.3.8 on Mon Jul
*mangle
:PREROUTING ACCEPT [0:0]
:INPUT ACCEPT [0:0]
:FORWARD ACCEPT [0:0]
:OUTPUT ACCEPT [0:0]
:POSTROUTING ACCEPT [0:0]
COMMIT
# Completed on Mon Jul 21 22:36:10 2008
[root@localhost ~]# _
```

图 8-32　显示 mangle 表的设置

（4）相关命令

iptables、iptables-restore、ip6tables、ip6tables-save、ip6tables-restore、libipq。

14. iwconfig 命令：配置无线网络设备

（1）语法

iwconfig [device] [options]

（2）选项及作用

选　　项	作　　用
ap	强制无线网卡向给定的地址接入注册点
channel	设置无线网络通信频段
essid	设置网络的名称
freq	设置无线网络通信频段
mode	设置网络设备的通信模式
nwid	设置网络ID
nick <名字>	设置网卡的别名
power	无线网卡的功率设置
rate <速率>	设置无线网卡的速率
rts <阈值>	在传输数据包之前增加一次握手
sens	设置网络设备的感知阈值
--help	显示帮助信息
--version	显示版本信息

（3）典型示例

显示当前无线网络设备信息。在命令行提示符下输入：

iwconfig ✓

如图 8-33 所示。

```
[root@localhost ~]# iwconfig
lo          no wireless extensions.

eth1        no wireless extensions.

virbr0      no wireless extensions.

[root@localhost ~]# _
```

图 8-33　显示当前无线网络设备信息

（4）相关命令

ifconfig、iwspy、iwlist、iwevent、iwpriv、wireless。

15. mesg 命令：控制终端的写入

（1）语法

mesg [y | n]

（2）选项及作用

选　　项	作　　用
n	不允许其他用户将信息直接显示在屏幕上
y	允许其他用户将信息直接显示在屏幕上

（3）典型示例

示例 1：不允许其他用户将信息直接显示在终端屏幕上。在命令行提示符下输入：

mesg n ↙

如图 8-34 所示。

```
[tom@localhost ~]$ mesg n
[tom@localhost ~]$ _
```

图 8-34　不允许其他用户将信息直接显示在当前终端

示例 2：允许其他用户将信息直接显示在终端屏幕上。在命令行提示符下输入：

mesg y ↙

如图 8-35 所示。

```
[tom@localhost ~]$ mesg y
[tom@localhost ~]$ _
```

图 8-35　允许其他用户将信息直接显示在当前终端

（4）相关命令

talk、write、wall。

16. mingetty 命令：精简版的 getty

（1）语法

mingetty [--noclear] [--nonewline] [--noissue] [--nohangup] [--nohostname] [--long-hostname] [--loginprog=/bin/login] [--nice=10] [--delay=5] [--chdir=/home] [--chroot=/chroot] [--autologin username] tty

（2）选项及作用

选　　项	作　　用
--long-hostname	显示完整的主机名称
--noclear	在询问登录的用户名称之前不清除屏幕画面
--noissue	不输出/etc/issue文件
--nohostname	不显示主机名

（3）相关命令

mgetty、agetty。

17. minicom 命令：调制解调器程序

（1）语法

minicom [-somMlwz8] [-c on|off] [-S script] [-d entry] [-a on|off] [-t term] [-p pty] [-C capturefile] [configuration]

（2）选项及作用

选　　项	作　　用
-a <on或off>	设置终端的属性
-c <on或off>	设置彩色模式
-C <capturefile>	指定截取的文件，并在启动时打开截取功能
-d <entry>	设置在启动后自动拨号
-l	不将所有的字符都转换为ASCII码
-L	同-I，但是假定屏幕使用的是ISO8859字符集
-m	设定Alt或Meta键为命令键
-M	和参数-m相似
-o	不初始化数据机
-p <tty>	使用伪终端
-s	执行命令前先设置minicom环境
-S <script>	设置在启动时执行指定的script文件
-t	设置终端类型

续表

选　　项	作　　用
-T	在状态栏不显示在线时间
-w	开启自动换行
-z	在终端上显示状态行
configuration	指定minicom配置文件
-8	不修改任何8位编码的字符

（3）相关命令

mingetty。

18. mkfifo 命令：创建管道

（1）语法

mkfifo [OPTION] NAME…

（2）选项及作用

选　　项	作　　用
-m，--mode	设置创建的管道的文件权限模式
-Z，--context	设置安全文本
--help	显示帮助信息
--version	显示版本信息

19. mtr 命令：网络诊断工具

（1）语法

mtr [-hvrctglspni46]　[--help]　[--version]　[--report] [--report-cycles COUNT] [--curses] [--split] [--raw] [--no-dns] [--gtk] [--address IP.ADD.RE.SS] [--interval SECONDS] [--psize BYTES | -s BYTES] HOSTNAME [PACKETSIZE]

（2）选项及作用

选　　项	作　　用
-c <数量>	指定-r模式的循环数
-g，--gtk	指定基于X11窗口的GTK+接口
-h，--help	显示帮助信息
-l，--raw	使用RAW输出格式
-n	强制显示数值IP地址，而不用解析主机名
-p <字节>	指定探测包的大小
-r，--report	报告模式
-t，--courses	强制使用基于终端接口的库
-v	显示版本的信息

续表

选　项	作　用
-4	使用IPv4
-6	使用IPv6
<主机>	指定检查的主机
-v，--version	显示版本信息

（3）典型示例

示例 1：诊断网络情况。在命令行提示符下输入：

mtr ↙

如图 8-36 所示。

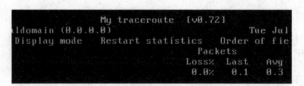

图 8-36　诊断网络情况

示例 2：诊断到指定主机的网络状况。例如，诊断主机到 www.52yy.net 之间的网络状况。在命令行提示符下输入：

mtr www.52yy.net ↙

如图 8-37 所示。

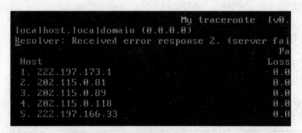

图 8-37　诊断到指定主机的网络状况

（4）相关命令

traceroute、ping。

20. nc 命令：设置路由器

（1）语法

nc [-46DdhklnrStUuvzC] [-i interval] [-p source_port] [-s source_ip_address] [-T ToS] [-w timeout] [-X proxy_protocol] [-x proxy_address[:port]] [hostname] [port[s]]

（2）选项及作用

选　项	作　用
-D	开启socket调试
-d	不尝试从标准输入读取
-h	显示帮助信息
i <interval>	指定文本行发送和接收到的时间间隔
-k	强制结束当前连接后继续监听另一个连接
-g <网关>	设定来源路由通网关
-G <指向器数目>	设定来源路由指向器，其数目为4的倍数
-i <延迟时间>	以秒为单位，设置传送和扫描通信端口的时间间隔
-l	启动监听的模式
-n	直接使用IP地址而无须通过DNS服务器
-o <输出文件>	指定文件的名称，并把传输和发送的数据以十六进制码存储到该文件
-p <通信端口>	设定本地主机使用的通信端口
-r	随机指定本地主机和远程主机之间的通信端口
-s <源地址>	设定本地主机发送数据包的IP
-u	启动UDP传输协议，而不用默认的TCP协议
-v	显示命令的执行过程
-w <timeout>	以秒为单位，设置等待连接的时间
-z	启动0输入/输出模式，仅在扫描通信端口时使用
-4	强制仅使用IPv4
-6	强制仅使用IPv6

（3）典型示例

通信端口的连接和监听。例如，连接到主机 222.197.173.50，并监听该主机的 21 端口。在命令行提示符下输入：

```
nc 222.197.173.50 21 ↙
```

如图 8-38 所示。

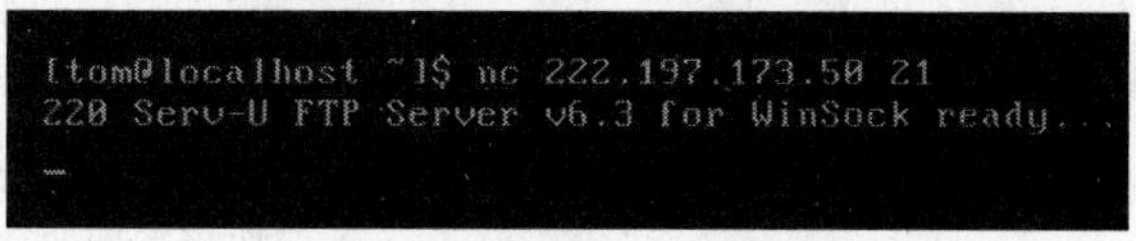

图 8-38　通信端口的连接和监听

（4）相关命令

cat、ssh。

21. netconfig 命令：设置各项网络功能

（1）语法

netconfig

（2）典型示例

设置各项网络功能。在命令行提示符下输入：

netconfig ↙

如图 8-39 所示。

```
[root@localhost ~]# netconfig_
```

图 8-39　设置各项网络功能

（3）相关命令

setup。

22. netstat 命令：显示网络状态

（1）语法

netstat [address_family_options] [--tcp | -t] [--udp | -u] [--raw | -w] [--listening | -l] [--all | -a] [--numeric | -n] [--numeric-hosts][--numeric-ports][--numeric-ports] [--symbolic | -N] [--extend | -e[--extend | -e]] [--timers | -o] [--program | -p] [--verbose | -v] [--continuous | -c] [delay]

netstat {--route | -r} [address_family_options] [--extend | -e[--extend | -e]] [--verbose | -v] [--numeric | -n] [--numeric-hosts] [--numeric-ports] [--numeric-ports] [--continuous | -c] [delay]

netstat {--interfaces | -i} [iface] [--all | -a] [--extend | -e [--extend | -e]] [--verbose | -v] [--program | -p] [--numeric | -n] [--numeric-hosts] [--numeric-ports] [--numeric-ports] [--continuous | -c] [delay]

netstat {--groups | -g} [--numeric | -n] [--numeric-hosts] [--numeric-ports] [--numeric-ports] [--continuous | -c] [delay]

netstat {--masquerade | -M} [--extend | -e] [--numeric | -n] [--numeric-hosts] [--numeric-ports] [--numeric-ports] [--continuous | -c] [delay]

netstat {--statistics | -s} [--tcp | -t] [--udp | -u] [--raw | -w] [delay]

netstat {--version | -V}

netstat {--help | -h}

（2）选项及作用

选　　项	作　　用
-a，--all	显示所有连接中的Socket
-A <网络类型>，--<网络类型>	显示该网络类型连接中的相关地址
-c，--continuous	持续列出网络状态
-C，--cache	显示路由配置的缓存信息
-e，--extend	显示网络其他的相关信息
-F，--fib	显示FIB
-g，--groups	显示多重广播功能组成员名单
-h，--help	显示帮助信息

续表

选 项	作 用
-i，--interfaces	显示网络界面信息表单
-l，--listening	显示监控中的服务器的Socket
-M，--masquerade	显示伪装的网络连接
-n，--numeric	直接使用IP地址
N，--netlink，--symbolic	显示网络硬件外围设备的符号连接名称
-o，--timers	显示计时器
-p，--programs	显示正在使用Socket的程序识别码和程序的名称
-r，--route	显示Routing Table
-s，--statistics	显示网络工作信息统计表
-t，--tcp	显示TCP传输协议的连接状况
-u，--udp	显示UDP传输协议的连接状况
-v，--verbose	显示命令的执行过程
-V，--version	显示版本的信息
-w，--raw	显示RAW传输协议的连接状况
-x，--unix	此参数和"-A unix"的执行效果相同
--ip，--inet	此参数和"-A inet"的执行效果相同

（3）典型示例

示例 1：显示所有连接中的 Socket。在命令行提示符下输入：

netstat -a ✓

如图 8-40 所示，可以使用参数 more 进行分页显示。

图 8-40　显示所有连接中的 Socket

示例 2：显示网卡列表。在命令行提示符下输入：

netstat -i ✓

如图 8-41 所示。

```
[tom@localhost ~]$ netstat -i
Kernel Interface table
Iface       MTU Met    RX-OK RX-ERR RX-DRP RX-O
Flg
eth1       1500   0    14983      0      0
BMRU
lo        16436   0     1204      0      0
LRU
virbr0     1500   0        0      0      0
BMRU
[tom@localhost ~]$ _
```

图 8-41　显示网卡列表

示例 3：显示路由表状态。在命令行提示符下输入：

```
netstat -r ↙
```

如图 8-42 所示。

```
[tom@localhost ~]$ netstat -r
Kernel IP routing table
Destination     Gateway         Genmask
222.197.173.0   *               255.255.255.192
192.168.122.0   *               255.255.255.0
link-local      *               255.255.0.0
default         222.197.173.1   0.0.0.0
[tom@localhost ~]$ _
```

图 8-42　显示路由表状态

示例 4：显示网络工作信息统计表。在命令行提示符下输入：

```
netstat -s ↙
```

如图 8-43 所示。

```
Udp:
    319 packets received
    1567 packets to unknown port received.
    0 packet receive errors
    136 packets sent
UdpLite:
TcpExt:
    0 packets header predicted
    0 TCP data loss events
    30 other TCP timeouts
IpExt:
    InMcastPkts: 79
    OutMcastPkts: 54
    InBcastPkts: 3896
[tom@localhost ~]$ _
```

图 8-43　显示网络工作信息统计表

示例 5：显示 TCP 传输协议的连接状况。在命令行提示符下输入：

```
netstat -t ↙
```

如图 8-44 所示。

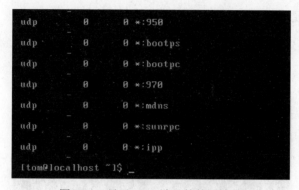

图 8-44　显示 TCP 传输协议的连接状况

示例 6：显示 UDP 端口的使用情况。在命令行提示符下输入：

netstat -apu ✓

如图 8-45 所示。

```
udp        0        0 *:950
udp        0        0 *:bootps
udp        0        0 *:bootpc
udp        0        0 *:970
udp        0        0 *:mdns
udp        0        0 *:sunrpc
udp        0        0 *:ipp
[tom@localhost ~]$ _
```

图 8-45　显示 UDP 端口的使用情况

（4）相关命令

route、ifconfig、ipchains、iptables、proc。

23. nslookup 命令：dns 查找

（1）语法

nslookup [-option] [name | -] [server]

（2）选项及作用

选　　项	作　　用
exit	退出
host <server>	查找主机的信息
lserver <domain>	将默认服务器改为指定域名
server <domain>	指定DNS服务器
set <keyword[=value]>	改变查询信息的状态

（3）典型示例

示例 1：查询网络服务器域名。例如，查询域名 www.uestc.edu.cn 的 IP 地址。在命令行提示符下输入：

nslookup www.uestc.edu.cn ↙

如图 8-46 所示。

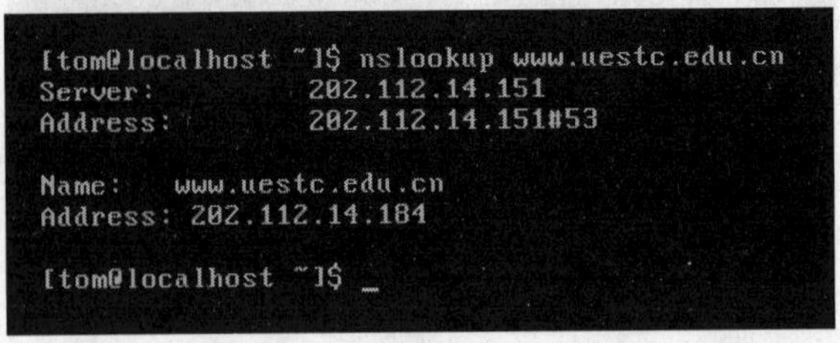

```
[tom@localhost ~]$ nslookup www.uestc.edu.cn
Server:         202.112.14.151
Address:        202.112.14.151#53

Name:   www.uestc.edu.cn
Address: 202.112.14.184

[tom@localhost ~]$ _
```

图 8-46　查询网络服务器域名

示例 2：交互式查询 DNS。在命令行提示符下输入：

nslookup ↙

如图 8-47 所示。

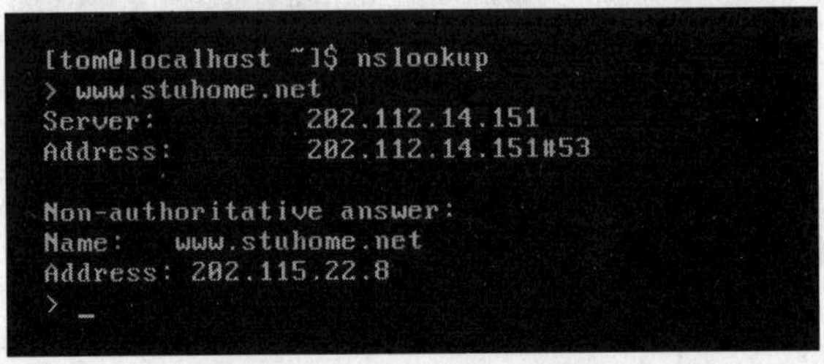

```
[tom@localhost ~]$ nslookup
> www.stuhome.net
Server:         202.112.14.151
Address:        202.112.14.151#53

Non-authoritative answer:
Name:   www.stuhome.net
Address: 202.115.22.8
> _
```

图 8-47　交互式查询 DNS

执行 set all 命令可以看到第二服务器为 202.112.14.161，当前主 DNS 服务器为 202.112.14.151，如图 8-48 所示。

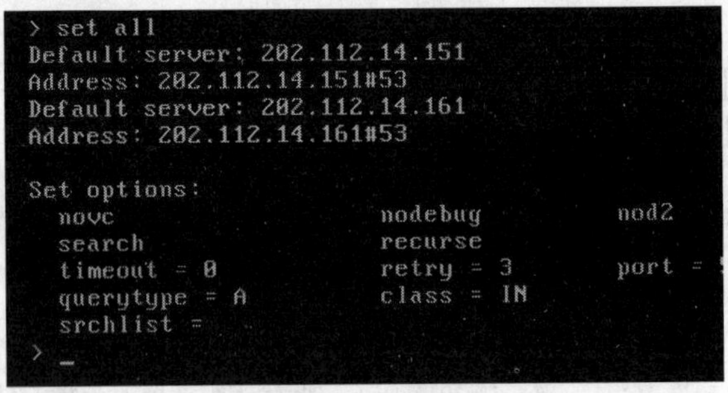

```
> set all
Default server: 202.112.14.151
Address: 202.112.14.151#53
Default server: 202.112.14.161
Address: 202.112.14.161#53

Set options:
  novc                  nodebug         nod2
  search                recurse
  timeout = 0           retry = 3       port =
  querytype = A         class = IN
  srchlist =
> _
```

图 8-48　设置关键字

可以通过 server IP addr（如 server 202.112.14.161）重新设定 DNS 的主服务器，设置后再次查询域名的 IP 地址时发现主 DNS 服务器已变为 202.112.14.161，执行 exit 命令将退出 nslookup 程序，如图 8-49 所示。

（4）相关命令

dig、host、named。

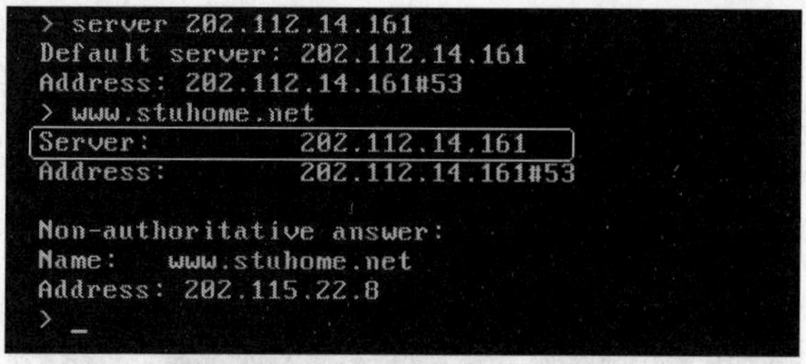

图 8-49　重设 DNS 服务器

24. ping 命令：检测主机（IPv4）

（1）语法

ping [-LRUbdfnqrvVaAB] [-c count] [-i interval] [-l preload] [-p pattern] [-s packetsize] [-t ttl] [-w deadline] [-F flowlabel] [-I interface] [-M hint] [-Q tos] [-S sndbuf] [-T timestamp option] [-W timeout] [hop ...] destination

（2）选项及作用

选　　项	作　　用
-b	允许ping广播地址
-B	不允许ping命令改变侦测到的源地址
-c <完成次数>	设置完成请求响应的次数
-d	使用SO_DEBUG功能
-f	极限监测，以每秒发送数百次的速度发出请求信息
-i <时间间隔>	以秒为单位，指定收发信息的时间间隔
-I <网络接口>	指定使用的网络接口包
-l <前置载入>	先送出数据包，再发出请求信息
-l <preload>	如果指定了预载preload，则ping命令发送许多包而不用等待回复，仅超级用户可以选择超过3个预载
-n	只输出数值，但不会尝试去寻找主机地址的符号名称
-p <范本模式>	设定填满包的范本模式
-q	不显示命令执行过程，开头和结尾的相关信息除外
-r	忽略普通的Routing Table直接将包送到远程主机上
-s <包大小>	以B为单位，设定包的大小
-R	记录路由过程，并在要求信息的包里加上RECORD_ROUTE的功能，显示其经过的路由过程
-t <存活数值>	设定TTL的大小，其大小范围为1~255。
-w <deadline>	以秒为单位，设置超时时间
-W <timeout>	以秒为单位，设置等待响应时间
-v	显示命令的详细执行过程
-V	显示版本信息

（3）典型示例

示例 1：检测主机是否存在或网络是否正常。例如，检查主机 www.52yy.net 是否存在。在命令行提示符下输入：

ping www.52yy.net ✓

如图 8-50 所示，按 Ctrl+C 组合键返回到命令行提示符。

图 8-50　检测主机是否存在

示例 2：设置完成请求响应的次数。例如，检查主机 www.52yy.net 网络是否正常工作，并设置完成请求响应的次数为 5。在命令行提示符下输入：

ping -c 5 www.52yy.net ✓

如图 8-51 所示。

图 8-51　设置完成请求响应的次数

示例 3：不显示命令执行过程，开头和结尾的相关信息除外。同示例 2，但是不显示命令执行过程。在命令行提示符下输入：

ping -q -c 5 www.52yy.net ✓

如图 8-52 所示。

图 8-52　不显示命令执行过程

示例 4：指定收发信息的时间间隔、包的大小及 TTL 的大小。同示例 2，但是有更多的设置。在命令行提示符下输入：

```
ping -i 2 -s 128 -t 255 -c 5 www.52yy.net ↙
```

如图 8-53 所示。

```
[tom@localhost ~]$ ping -i 2 -s 128 -t 255 -c 5
PING www.52yy.net (222.197.166.33) 128(156) byte
136 bytes from 222.197.166.33: icmp_seq=1 ttl=12
136 bytes from 222.197.166.33: icmp_seq=2 ttl=12
136 bytes from 222.197.166.33: icmp_seq=3 ttl=12
136 bytes from 222.197.166.33: icmp_seq=4 ttl=12
136 bytes from 222.197.166.33: icmp_seq=5 ttl=12

--- www.52yy.net ping statistics ---
5 packets transmitted, 5 received, 0% packet los
rtt min/avg/max/mdev = 0.702/0.927/1.692/0.383 m
[tom@localhost ~]$ _
```

图 8-53　更多设置

（4）相关命令

netstat、ifconfig。

25. ping6 命令：检测主机（IPv6）

（1）语法

ping6 [-LRUbdfnqrvVaAB] [-c count] [-i interval] [-l preload] [-p pattern] [-s packetsize] [-t ttl] [-w deadline] [-F flowlabel] [-I interface] [-M hint] [-Q tos] [-S sndbuf] [-T timestamp option] [-W timeout] [hop ...] destination

（2）选项及作用

选　　项	作　　用
-b	广播ping数据包
-c <次数>	设定接收包的次数
-i <时间>	周期性发送的时间间隔
-I <网卡>	指定网卡
-n	仅输出数值
-q	不显示处理的过程
-r	不经过网关传送数据包
-R	记录路由
-s <字节>	设定包的大小
-t <时间>	设置TTL数值
-v	显示运行时的详细信息

（3）相关命令

ping、netstat、ifconfig。

26. pppd 命令：ppp 连线的设置

（1）语法

pppd [options]

（2）选项及作用

选　　项	作　　用
auth	要求对等的连接端先提出认证数据，否则将不允许传送或接收网络数据包
cdtrcts	使用非标准的硬件流量控制
crtscts	使用硬件流量控制
connect <script文件>	指定在拨号连接、建立PPP通信协议后所要执行的Script文件
defaultroute	将内定的Route添加到Routing Table，当ppp连接中断后，Route会自动被删除
disconnect <script文件>	指定在连接中断、中止PPP通信协议后所要执行的Script文件
file <设定文件>	在指定的文件中读取pppd参数设定
idle <超时秒数>	以秒为单位，设置网络闲置的时间
logfile <记录文件>	将pppd命令执行的过程以非覆盖方式记录到指定的文件中
modem	使用调制解调器控制网络连接
mru <包大小>	以B为单位，设置MRU
mtu <包大小>	以B为单位，设置最大传送速率
noaccomp	关闭传送和接收的地址控制压缩
noauth	不要求对等的连接端先提出认证数据
noccp	关闭CCP的沟通操作
nocrtscts	关闭RTS/CTS串行端口硬件流量控制
nodefaultroute	关闭defaultroute功能
nodtrcts	关闭DTR/CTS串行端口硬件流量控制
nolog	不记录ppp命令的执行过程
nopcomp	关闭传送和接收的传输协议压缩沟通操作
novj	关闭传送和接收VJ形式TCP/IP形式文件头压缩
novjccomp	在VJ形式的TCP/IP形式文件头压缩中，关闭连接ID的压缩功能
netmask <网络掩码>	设置本地和远程主机的IP地址
refuse-chap	拒绝接收CHAP认证功能
refuse-pap	拒绝接收PAP认证功能
require-chap	请求连接方使用CHAP认证
require-pap	请求连接方使用PAP认证
xonxoff	使用软件流量控制器控制串行端口的数据流量
<本地IP地址>: <远程IP地址>	设定本地主机和远程主机的IP地址
--verbose	显示命令执行的详细过程

（3）典型示例

示例 1：启动 ppp 网络连接。在命令行提示符下输入：

```
pppd ↙
```

如图 8-54 所示。

```
[root@localhost ~]# pppd
[root@localhost ~]# _
```

图 8-54　启动 ppp 网络连接

示例 2： 启动 ppp 网络连接，并指定子网掩码为 255.255.255.0。在命令行提示符下输入：

```
pppd netmask 255.255.255.0 ↙
```

如图 8-55 所示。

```
[root@localhost ~]# pppd netmask 255.255.255.0
[root@localhost ~]# _
```

图 8-55　启动 ppp 网络连接并指定子网掩码

（4）相关命令

chat、pppstats、pppdump、pppsetup、ppp-off。

27. ppp-off 命令：关闭 ppp 连线

（1）语法

ppp-off

（2）典型示例

关闭 ppp 连接。在命令行提示符下输入：

```
ppp-off ↙
```

如图 8-56 所示。

```
[root@localhost ~]# ppp-off_
```

图 8-56　关闭 ppp 连接

（3）相关命令

chat、pppstats、pppdump、pppsetup、pppd。

28. pppsetup 命令：设置 ppp 连线

（1）语法

pppsetup

（2）相关命令

chat、pppstats、pppdump、ppp-off、pppd。

29. pppstats 命令：显示 ppp 连线状态

（1）语法

pppstats [-a] [-v] [-r] [-z] [-c <count>] [-w <secs>] [interface]

（2）选项及作用

选　　项	作　　用
-a	显示绝对统计数值，如果不使用此参数，则会从最后一次回报状态开始计算传输状况的统计数值
-c <count>	设置回报状况的次数
-r	显示包压缩比率的统计值
-v	显示Van Jacobson TCP文件头的压缩效率统计值
-w <secs>	以秒为单位，设置统计信息的时间间隔
-z	显示在使用的包压缩算法的统计指标性能，而不是默认的标准显示

（3）典型示例

示例 1：显示 ppp 连接状态。在命令行提示符下输入：

pppstats ✓

如图 8-57 所示。

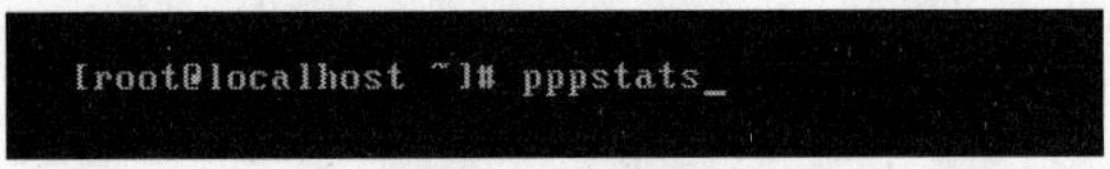

图 8-57　显示 ppp 连接状态

示例 2：显示 ppp 连接状态，并设置回报次数和统计信息的间隔时间。在命令行提示符下输入：

pppd -w 3 -c 10 ✓

如图 8-58 所示，设置间隔时间为 3 秒，一个回报 10 次。

图 8-58　设置间隔时间和回报次数

（4）相关命令

chat、ppp-off、pppdump、pppsetup、pppd。

30. rdate 命令：显示其他主机的日期和时间

（1）语法

rdate [-p] [-s] [-u] [-l] [-t sec] [host …]

（2）选项及作用

选　　项	作　　用
-p	显示远程主机的时间和日期
-s	将接收到的远程主机时间和日期存储在本地主机中的时间系统
-u	使用UDP而不是TCP作为数据传输
-t	设置超时时间

（3）相关命令

telnet、date。

31. route 命令：显示并设置路由

（1）语法

route [-CFvnee]

route [-v] [-A family] add [-net|-host] target [netmask Nm] [gw Gw] [metric N]

[mss M] [window W] [irtt I] [reject] [mod] [dyn] [reinstate] [[dev] If]

route [-v] [-A family] del [-net|-host] target [gw Gw] [netmask Nm] [metric　N] [[dev] If]

route [-V] [--version] [-h] [--help]

（2）选项及作用

选　　项	作　　用
add	新添一项路由记录
-C	显示内核中的路由缓存
del	删除一项路由记录
-e	用netstat命令的排版格式显示路由表
-F	访问内核中的FIB路由表，该选项为默认
gw <网关地址>	指定网关的IP
-h	显示帮助信息
-host	指定目的地址为主机
-n	用数字模式显示路由表
-net	指定目的地址为网段
netmask <网络掩码>	指定主机或网段的网络掩码
target	目的网络或主机，可以给出数字IP地址或是主机/网络名字
-v	显示命令执行的详细信息
-V	详细版本信息

（3）典型示例

示例 1：指定网关的 IP。该命令与"ip route add"命令类似。例如，新增网关为

222.197.173.1。在命令行提示符下输入：

route add -net 0.0.0.0 gw 222.197.173.1 ✓

如图 8-59 所示。

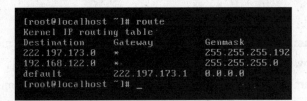

图 8-59　指定网关的 IP

示例 2：列出系统内核路由表。在命令行提示符下输入：

route ✓

如图 8-60 所示。

```
[root@localhost ~]# route
Kernel IP routing table
Destination     Gateway          Genmask
222.197.173.0   *                255.255.255.192
192.168.122.0   *.               255.255.255.0
default         222.197.173.1    0.0.0.0
[root@localhost ~]# _
```

图 8-60　列出系统内核路由表

（4）相关命令

ifconfig、netstat、arp、rarp。

32. samba 命令：控制 Samba 服务端

（1）语法

samba

（2）选项及作用

选　项	作　用
start	启动Samba服务器的服务
stop	关闭Samba服务器的服务
status	显示Samba服务器的状态
restart	重启Samba服务器

（3）相关命令

smbd。

33. smbd 命令：控制 Samba 服务端

（1）语法

smbd [-D] [-F] [-S]　[-i] [-h] [-V] [-b] [-d <debuglevel>] [-l <logdirectory>] [-p

<portnumber(s)>] [-P <profilinglevel>] [-O <socketoption>] [-s <configurationfile>]

（2）选项及作用

选　　项	作　　用
-a	将所有的连接记录添加到记录文件中
-b	显示Samba服务建立的信息
-D	在后台执行服务程序
-d <debuglevel>	指定记录文件所记载事件的详细程度；等级：0~10，默认为0
-h	显示帮助信息
-i	让该服务运行在交互模式，而不是后台的服务程序
-l <logdirectory>	指定记录文件的名称
-o	启动时，复写原有的记录文件
-O <连接字选项>	设置连接字的选项
-p <portnumber(s)>	设置连接端口的编号
-s <configurationfile>	设置smbd的配置文件
-S	将smbd的log输出到标准输出，而不是输出到文件
-h, --help	帮助信息，显示命令行选项总结
-V	显示版本信息

（3）典型示例

示例 1：启动 Samba 服务器程序，并将其放在后台运行。在命令行提示符下输入：

smbd -D ✓

如图 8-61 所示。

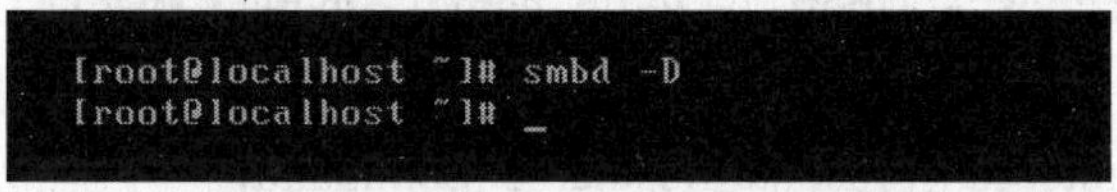

图 8-61　启动 Samba 服务器程序

示例 2：指定记录文件的名称。例如，指定 Samba 服务器的 log 文件为/var/log/samba/smblog.smb。在命令行提示符下输入：

smbd -l /var/log/samba/smblog.smb ✓

如图 8-62 所示。

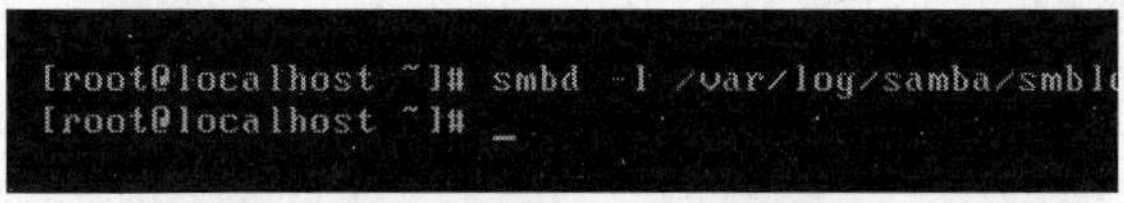

图 8-62　指定记录文件的名称

示例 3：启动时，复写原有的记录文件。在命令行提示符下输入：

smbd -o ↙

如图 8-63 所示。

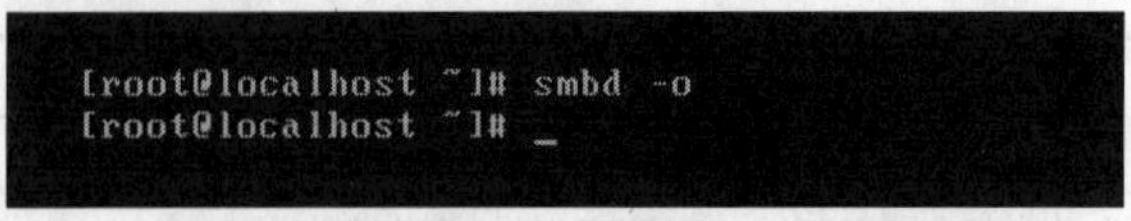

图 8-63 启动时，复写原有的记录文件

示例 4：设置 smbd 的配置文件。例如，指定 Samba 服务器的配置文件为/etc/samba.conf。在命令行提示符下输入：

smbd -s /etc/samba.conf ↙

如图 8-64 所示。

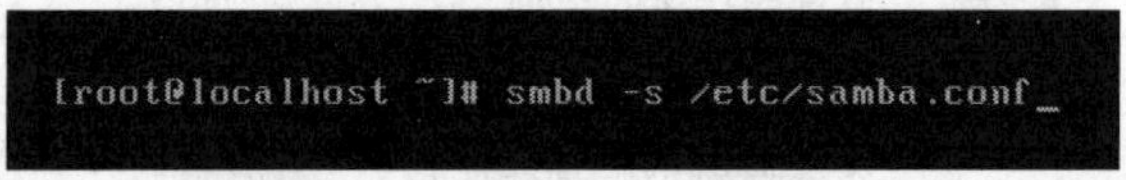

图 8-64 设置 smbd 的配置文件

（4）相关命令

samba。

34. ssh 命令：远程登录

（1）语法

ssh [-1246AaCfgKkMNnqsTtVvXxY] [-b bind_address] [-c cipher_spec] [-D
[bind_address:]port] [-e escape_char] [-F configfile] [-i identity_file] [-L
[bind_address:]port:host:hostport] [-l login_name] [-m mac_spec] [-O ctl_cmd]
[-o option] [-p port] [-R [bind_address:]port:host:hostport] [-S ctl_path]
[-w local_tun[:remote_tun]] [user@]hostname [command]

（2）选项及作用

选　　项	作　　用
-b <地址>	指定地址，仅用于系统存在超过1个地址的情况
-C	要求压缩所有数据（包括stdin、stdout、stderr以及X11和TCP连接发送的数据），该压缩算法类似于gzip
-c <cipher_spec>	为加密会话选择密码规范文件
-e <escape_char>	为会话设置脱离字符，默认为"~"
-f	在后台下执行
-F <configfile>	指定配置文件
-g	允许远程主机连接到本地发送端口
-I <smartcard_device>	指定ssh命令通信的智能卡设备，保存有用户的私人RSA密钥
-i	选择一个文件，可从该文件中读取RSA或DSA的身份验证

选　项	作　用
-L	指定客户端与远程主机通信的地址和端口
-l <用户账号>	指定用户账号
-n	从/dev/null重新定位，当ssh命令运行在后台时可以使用该选项
-N	测试，不执行远程命令
-p <port>	指定端口号
-q	不显示处理信息
-t	强制为tty定位
-T	关闭为tty定位
-v	显示运行时的详细信息
-V	显示版本信息
-X	开启X11传输
-x	关闭x11传输
-1	强制ssh命令只使用协议1
-2	强制ssh命令只使用协议2
-4	强制ssh命令只使用IPv4协议
-6	强制ssh命令只使用IPv6协议

（3）典型示例

示例 1：远程登录。在命令行提示符下输入：

ssh tom@localhost ✓

如图 8-65 所示。

图 8-65　ssh 远程登录

示例中，用户第一次输入了一个错误密码，然后得到了错误消息，并提示再次输入登录密码。在登录后，命令提示符前面的用户名已由 root 变成了 tom，即已经成功远程登录了 tom 的系统。若要查看 ssh 服务器端是否已经正常启动，在命令行提示符下输入：

netstat -tl✓

如果看到如图 8-66 结果中有*:ssh，就说明服务已经正常启动了。

若系统尚未启动 ssh 服务，在命令行提示符下输入：

/etc/init.d/sshd start ✓

此命令需要管理员 root 权限才能运行，如图 8-67 所示。

```
[tom@localhost ~]$ netstat -tl
Active Internet connections (only servers)
Proto Recv-Q Send-Q Local Address
e
tcp        0      0 *:54565
EN
tcp        0      0 *:sunrpc
EN
tcp        0      0 192.168.122.1:domain
EN
tcp        0      0 localhost.localdomain:ipp
EN
tcp        0      0 localhost.localdomain:smtp
EN
tcp        0      0 *:ssh
EN
[tom@localhost ~]$ _
```

图 8-66　查看 ssh 启动状态

```
[root@localhost ~]# /etc/init.d/sshd start
Starting sshd:
[root@localhost ~]# _
```

图 8-67　启动 ssh 服务

（4）相关命令

scp、sftp、ssh-add、sshd、scp、telnet。

35. statserial 命令：Samba 服务器程序

（1）语法

statserial [-n | -d | -x] <device-name>

（2）选项及作用

选　项	作　用
-d	用数字表示各端口的状态，其含义如下 0：未使用 1：DTR 2：RTS 3：未使用 4：未使用 5：CTS 6：DCD 7：RI 8：DSR
-n	仅显示一次串行端口的状态后便结束程序
-x	同选项-d，但是用十六进制来表示各端口的状态

（3）典型示例

示例 1：显示串口状态。在命令行提示符下输入：

```
statserial ↙
```

如图 8-68 所示。

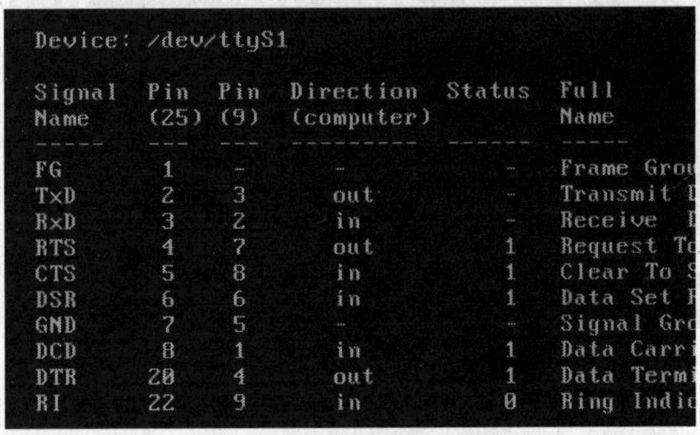

```
Device: /dev/ttyS1

Signal  Pin  Pin  Direction  Status  Full
Name    (25) (9)  (computer)         Name
-----   ---  ---  ---------  ------  -----
FG       1    -       -         -    Frame Grou
TxD      2    3      out        -    Transmit D
RxD      3    2      in         -    Receive  D
RTS      4    7      out        1    Request To
CTS      5    8      in         1    Clear To S
DSR      6    6      in         1    Data Set R
GND      7    5       -         -    Signal Gro
DCD      8    1      in         1    Data Carri
DTR     20    4      out        1    Data Termi
RI      22    9      in         0    Ring Indic
```

图 8-68　显示串口状态

示例 2：仅显示一次串行端口/dev/ttyS0 的状态后便结束程序。在命令行提示符下输入：

```
statserial -n /dev/ttyS0 ↙
```

如图 8-69 所示。

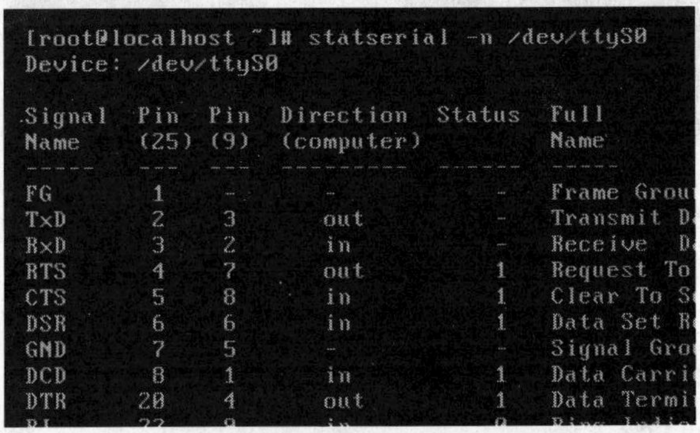

```
[root@localhost ~]# statserial -n /dev/ttyS0
Device: /dev/ttyS0

Signal  Pin  Pin  Direction  Status  Full
Name    (25) (9)  (computer)         Name
-----   ---  ---  ---------  ------  -----
FG       1    -       -         -    Frame Grou
TxD      2    3      out        -    Transmit D
RxD      3    2      in         -    Receive  D
RTS      4    7      out        1    Request To
CTS      5    8      in         1    Clear To S
DSR      6    6      in         1    Data Set R
GND      7    5       -         -    Signal Gro
DCD      8    1      in         1    Data Carri
DTR     20    4      out        1    Data Termi
```

图 8-69　不循环显示串口状态

（4）相关命令

stat。

36. talk 命令：与其他用户交谈

（1）语法

talk person [ttyname]

（2）典型示例

示例 1：与同一主机的不同用户交谈。例如，当前用户 tom 与该主机上另一用户 jerry

交谈。在命令行提示符下输入：

talk jerry ✓

如图 8-70 所示。

图 8-70　与同一主机的不同用户交谈

同时，用户 jerry 将收到如图 8-71 所示的信息。

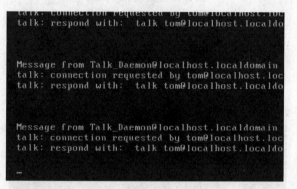

图 8-71　收到交谈请求

如果 jerry 接受交谈，则输入"talk tom"，然后将建立连接。

示例 2：与指定主机的用户交谈。例如，用户 root 与主机 222.197.173.27 上的 tom 用户交谈。在命令行提示符下输入：

talk tom@222.197.173.27 ✓

如图 8-72 所示。

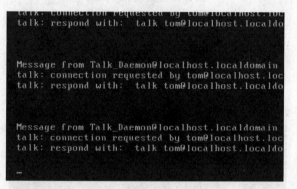

图 8-72　与指定主机用户交谈

（3）相关命令

mail、mesg、who、write、talkd。

37. tcpdump 命令：截取网络传输数据

（1）语法

tcpdump [-AdDeflLnNOpqRStuUvxX] [-c count]

   [-C file_size] [-F file]

   [-i interface] [-m module] [-M secret]

   [-r file] [-s snaplen] [-T type] [-w file]

   [-W filecount]

   [-E spi@ipaddr algo:secret,...　]

   [-y datalinktype] [-Z user]

   [expression]

（2）选项及作用

选　　项	作　　用
-c <包数目>	当接收到指定的数据包数目后自动停止转储操作
-d	将编译过的包编码转换成可阅读的格式，并送到标准输出
-dd	将编译过的包编码转换成C语言的格式，并送到标准输出
-ddd	将编译过的包编码转换成十进制的格式，并送到标准输出
-e	在每行转储数据上显示连接层级的文件头
-f	用数字显示网络地址
-F <表达文件>	指定内含表达方式的文件
-i <网络接口>	使用指定的网络接口送出包
-l	使用标准输出行的缓冲区
-n	不把主机的网络地址转换成域名
-N	不显示域名
-O	不将包编码进行最优化
-p	不让网络接口进入混杂模式
-q	仅显示少数的传输协议信息
-r <包文件>	从指定的文件读取数据包
-S	用绝对数值显示TCP关联数
-s <包大小>	以B为单位，设置每个包的大小
-t	不在每行转储数据上显示时间
-T <包类型>	强制将输出数据栏指定的包转译成设定的包类型
-tt	在每行转出数据上显示未经格式化的时间戳记
-v	显示命令执行的详细过程
-vv	更详细地显示命令执行的过程
-w <包文件>	将包数据写入指定的文件
-x	用十六进制显示数据包

（3）典型示例

示例 1：通过默认网络接口显示 tcp 包信息。在命令行提示符下输入：

tcpdump ✓

如图 8-73 所示。

图 8-73　显示 tcp 包信息

示例 2：显示指定数量的数据包，当接收到指定的数据包数目后自动停止转储操作。在命令行提示符下输入：

tcpdump -c 5 ✓

如图 8-74 所示，收到 5 个包后停止该命令。

图 8-74　显示指定数量的数据包

（4）相关命令

sty、pcap、bpf、nit、pfconfig。

38. telnet 命令：远程登录

（1）语法

telnet [-8EFKLacdfrx] [-X authtype] [-b hostalias] [-e escapechar] [-k realm] [-l user] [-n tracefile] [host [port]]

（2）选项及作用

选　　项	作　　用
-a	尝试自动远程登录
-c	不读取用户的.telnetrc文件
-d	启动调试（debug）模式
-e <escapechar>	设置脱离字符
-E	滤除脱离字符
-f	与选项-F相同
-F	使用Kerberos V5认证时，该选项运行本地主机中的认证数据上传到远程主机
-k <realm>	使用Kerberos认证时，该选项要求telnet命令采用指定的域名，而不是该主机的域名
-K	不自动登录远程主机

续表

选　项	作　用
-l \<username\>	指定要登录远程主机的用户名，该选项默认包含选项-a，该选项也被用于open命令
-L	允许输出8位字符数
-n \<tracefile\>	打开指定的tracefile文件记录相关信息
-r	使用类似rlogin命令的用户界面；该模式下，脱离字符被设置为"~"，可以通过选项-e修改该字符
-x	当主机支持数据的加密功能时可以启用
-X \<authtype\>	关闭指定的认证类型
-8	允许使用8位字符数据，包括输入和输出
host	远程主机的正式名字、别名或是Internet地址
port	端口号，如果不指定，则使用telnet命令默认的端口

（3）典型示例

示例 1：远程登录到主机。例如，远程登录到 www.stuhome.net 主机。在命令行提示符下输入：

telnet www.stuhome.net ✓

如图 8-75 所示。

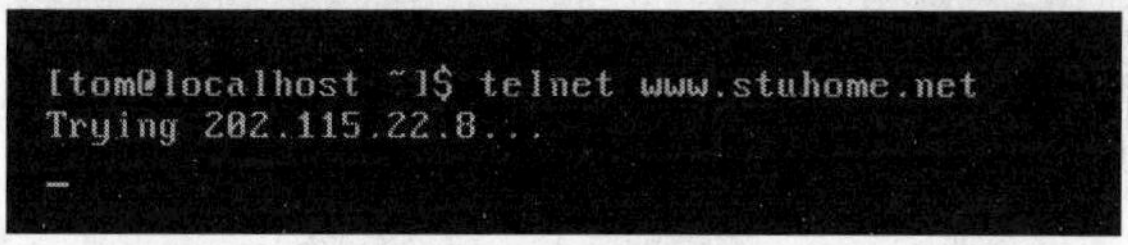

图 8-75　远程登录到主机

示例 2：指定要登录远程主机的用户名称。例如，指定用户 jerry 登录到远程主机 www.stuhome.net。在命令行提示符下输入：

telnet -l jerry www.stuhome.net ✓

如图 8-76 所示。

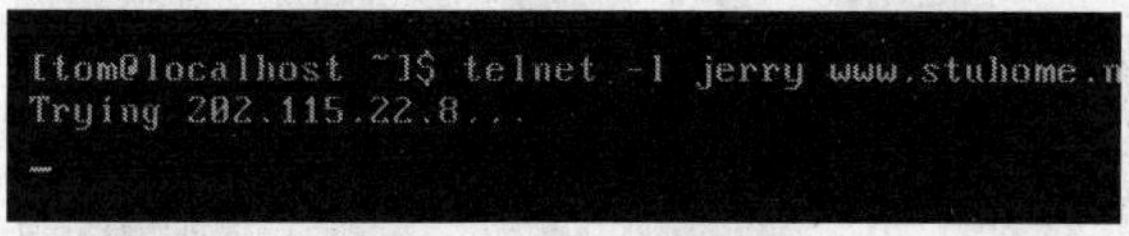

图 8-76　指定要登录远程主机的用户名称

（4）相关命令

ssh。

39. testparm 命令：测试 Samba 配置

（1）语法

testparm [-s] [-h] [-v] [-L \<servername\>] [-t \<encoding\>] {configfilename} [hostname hostIP]

（2）选项及作用

选　　项	作　　用
-h，--help	显示帮助信息
-L <servername>	设置servername的%L值
-s	不显示提示符号，按Enter键直接显示Samba服务定义的信息
-t <encoding>	以指定编码输出数据
configfilename	待检查的配置文件名
-V	显示程序版本信息

（3）典型示例

示例 1：检查 smb.conf 配置文件是否正确。在命令行提示符下输入：

testparm ✓

如图 8-77 所示。

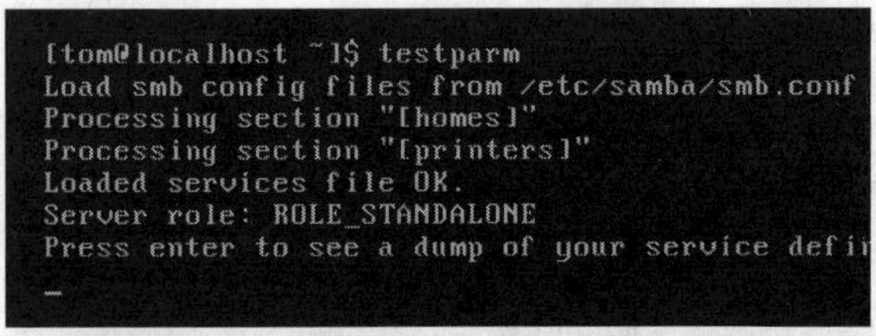

图 8-77　检查 smb.conf 配置文件是否正确

示例 2：检查指定的 samba 配置文件是否正确。例如，检查自定义的/etc/samba.conf 文件。在命令行提示符下输入：

testparm /etc/samba.conf ✓

如图 8-78 所示。

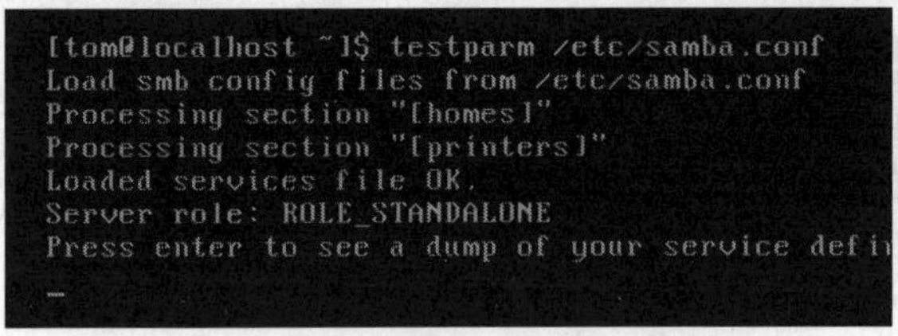

图 8-78　检查指定的 samba 配置文件

示例 3：检查 smb.conf 配置文件是否正确，不显示提示符。在命令行提示符下输入：

testparm -s ✓

如图 8-79 所示。

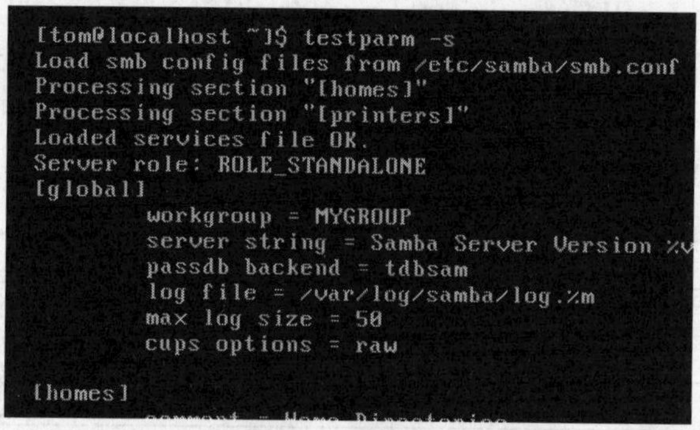

```
[tom@localhost ~]$ testparm -s
Load smb config files from /etc/samba/smb.conf
Processing section "[homes]"
Processing section "[printers]"
Loaded services file OK.
Server role: ROLE_STANDALONE
[global]
        workgroup = MYGROUP
        server string = Samba Server Version %v
        passdb backend = tdbsam
        log file = /var/log/samba/log.%m
        max log size = 50
        cups options = raw

[homes]
```

图 8-79　不显示提示符

（4）相关命令

smbd。

40. tracepath 命令：追踪路径

（1）语法

tracepath destination [port]

（2）典型示例

追踪主机连接到目的地址所经过的路由。例如，追踪主机连接到 www.52yy.net 所经过的路由。在命令行提示符下输入：

```
tracepath www.52yy.net ↙
```

如图 8-80 所示。

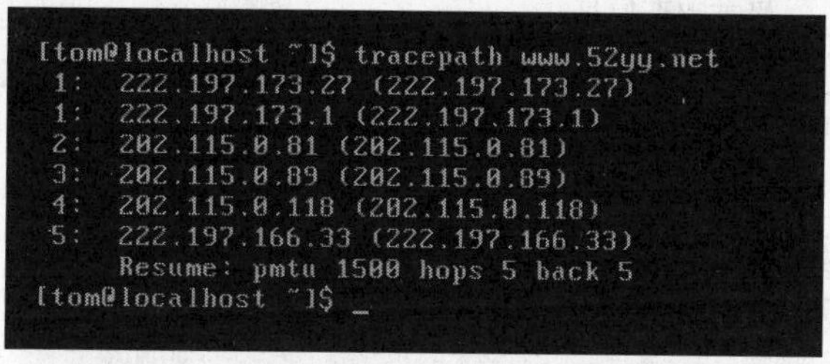

```
[tom@localhost ~]$ tracepath www.52yy.net
 1:  222.197.173.27 (222.197.173.27)
 1:  222.197.173.1 (222.197.173.1)
 2:  202.115.0.81 (202.115.0.81)
 3:  202.115.0.89 (202.115.0.89)
 4:  202.115.0.118 (202.115.0.118)
 5:  222.197.166.33 (222.197.166.33)
     Resume: pmtu 1500 hops 5 back 5
[tom@localhost ~]$ _
```

图 8-80　追踪主机连接到目的地址所经过的路由

（3）相关命令

traceroute、traceroute6、ping。

41. traceroute 命令：显示数据包和主机间的路径

（1）语法

traceroute [-46dFITUnrAV] [-f first_ttl] [-g gate,...]
　　　　[-i device] [-m max_ttl] [-p port] [-s src_addr]
　　　　[-q nqueries] [-N squeries] [-t tos]

[-l flow_label] [-w waittime] [-z sendwait]

[-UL] [-P proto] [--sport=port] [-M method] [-O mod_options]

host [packetlen]

（2）选项及作用

选　　　项	作　　　用
-d	使用Socket层级的调试功能
-F	设定不断开位段
-f <存活数值>	设定首个监测数据包的存活TTL数值的范围，默认为1
-g <网关>	设定来源路由网关
-i <网络接口>	使用指定的网络接口发送数据包
-I	启用ICPM响应取代UDP数据信息
-m <存活数值>	设定首个监测数据包最大的存活TTL数值
-n	直接使用IP地址，而不映射到主机名，以便节省数据往返服务器的时间
-p <通信端口>	设置UDP传输协议端口
-r	忽略普通的路由表，直接将数据包送到远程主机
-s <来源地址>	设定本地主机送出的IP地址
-t <服务数值>	设定监测包的TOS数值
-T	使用TCP SYN进行侦测
-v	显示命令执行的详细过程
-w <超时时间>	以秒为单位，设定等待远程主机回报的时间
-x	启动或关闭包的正确性验证
-4，-6	明确使用IPv4或IPv6
-V	显示版本信息
--help	显示帮助信息

（3）典型示例

示例 1：显示数据包路由跟踪检测。例如，显示本地主机到主机 www.52yy.net 的包传递路径。在命令行提示符下输入：

traceroute www.52yy.net ↙

如图 8-81 所示。

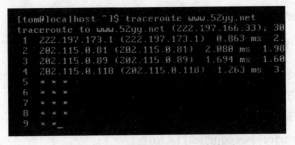

图 8-81　显示数据包路由跟踪检测

示例 2：同示例 1，但是直接使用 IP 地址，而不映射到主机名，以便节省数据往返服务器的时间。在命令行提示符下输入：

traceroute -n www.52yy.net ↙

如图 8-82 所示。

```
[tom@localhost ~]$ traceroute -n www.52yy.net
traceroute to www.52yy.net (222.197.166.33), 30
  1  222.197.173.1  0.973 ms   1.010 ms   1.504 ms
  2  202.115.0.81   1.382 ms   1.679 ms   1.995 ms
  3  202.115.0.89   0.449 ms   0.454 ms   0.532 ms
  4  202.115.0.118  0.768 ms   0.963 ms   0.983 ms
  5  * * *
  6  * * *
  7  * * *
  8  * * *
  9  * * *
 10  * _
```

图 8-82　直接使用 IP 地址而不映射到主机名

（4）相关命令

tracepath、traceroute6、ping。

42. tty 命令：显示标准输入设备的名称

（1）语法

tty [OPTION]…

（2）选项及作用

选　　项	作　　用
-s，--silent，--quiet	不打印任何信息，仅返回一个退出状态
--help	显示帮助信息
--version	显示版本信息

（3）典型示例

显示当前终端的名称。在命令行提示符下输入：

tty ↙

如图 8-83 所示。

```
[root@localhost ~]# tty
/dev/tty2
[root@localhost ~]#
```

图 8-83　显示当前终端的名称

（4）相关命令

fdisk。

43. uulog 命令：显示 uucp 记录信息

（1）语法

uulog [-DEFISv] [-<行数>] [-f <主机>] [-I <设定文件>] [-n <行数>] [-s <主机>] [-u <用户>] [-X <层级>] [--help]

（2）选项及作用

选　　项	作　　用
-D，--debuglog	显示调试记录
-f <主机>	仅显示与指定主机相关的记录
-F，--follow	持续显示记录文件
-I <文件>	指定程序的设定文件
-s，--statslog	显示统计记录
-s <主机>	仅显示记录文件中与指定主机相关的记录
-u <用户>	仅显示记录文件中与指定用户相关的记录
-v，version	显示版本信息
-X <层级>	设定调试的层级
--help	显示帮助信息

（3）典型示例

显示 uucp 记录信息。例如，显示记录文件中与指定主机 rhost 相关的记录。在命令行提示符下输入：

uulog -s rhost ✓

如图 8-84 所示。

[tom@localhost ~]$ uulog -s rhost_

图 8-84　显示 uucp 记录信息

（4）相关命令

uucp。

44. uuname 命令：显示 uucp 远程主机

（1）语法

uuname [-alv] [-I <设定文件>] [--help]

（2）选项及作用

选　　项	作　　用
-a	显示别名
-l	显示本地主机的名称

选　项	作　用
-l <文件>	指定程序的设定文件
-v	显示版本信息
--help	显示帮助信息

（3）典型示例

显示本地主机的名称。在命令行提示符下输入：

uuname -l ↙

如图 8-85 所示。

```
[tom@localhost ~]$ uuname -l
localhost
[tom@localhost ~]$ _
```

图 8-85　显示本地主机的名称

（4）相关命令

uucp。

45. uustat 命令：显示 uucp 状态

（1）语法

uustat [-q | -k jobid | -r jobid]

uustat [-s system] [-u user]

（2）选项及作用

选　项	作　用
-a	显示全部的uucp工作
-B <行数>	和参数-M或-N一起使用，指定邮件中要包含信息的行数
-c <命令>	显示和命令有关的工作
-C <命令>	显示和命令无关的工作
-e	仅显示等待执行的工作
-i	针对列队中的每项工作，询问是否要删除工作
-I <文件>	设定指定的文件
-K	删除全部工作
-k <工作>	删除指定的工作
-m	显示所有远程主机的状态
-M	将状态信息以电子邮件发送给uucp管理员
-N	将状态信息以电子邮件发送给提出该项工作的用户
-o <时间>	以小时为单位，显示队列中在指定时间以后的工作

选　项	作　用
-p	显示负责uucp锁定程序的状态
-q	显示每台远程主机上所要执行工作的状态
-Q	仅指定其他参数所指定的动作
-r <工作>	重新启动指定的工作
-s <主机>	显示和指定主机有关的所有工作
-S <主机>	显示和指定主机无关的工作
-u <用户>	显示和指定用户有关的所有工作
-U <用户>	显示和指定用户无关的工作
-v	显示版本的信息
-W <附注>	要放在邮件信息中的附注
-x <层级>	设定排错的层级
-y <时间>	以小时为单位，显示队列中在指定的时间之前的工作
--help	显示帮助信息

（3）相关命令

uucp。

46. uux 命令：在远程的 uucp 主机上运行命令

（1）语法

uux [-np] command-string

uux [-jnp] command-string

（2）选项及作用

选　项	作　用
-, -p	直接从键盘读取要执行的命令
-a <地址>	设定邮件地址，以便发送状态信息
-b	显示状态信息
-c	不将文件复制到缓冲区
-C	将文件复制到缓冲区
-g <等级>	设定文件传输操作的优先顺序
-I <文件>	设定uux文件
-j	显示操作编号
-l	将本机上的文件连接到缓冲区
-n	即使命令执行失败也不用通知用户
-r	仅将操作送到队列，而不马上启动uucico服务程序
-v	显示版本信息
-z	当发生错误时，以邮件的方式通知用户
-x <层级>	设定排错的层级

选　　项	作　　用
--help	显示帮助信息
-, -p	直接从键盘读取要执行的命令

（3）典型示例

在远程主机 localhost 上执行"rmail tom"命令，如果有错误发生，则以邮件的方式通知用户。在命令行提示符下输入：

uux -z localhost! rmail tom ∠

如图 8-86 所示。

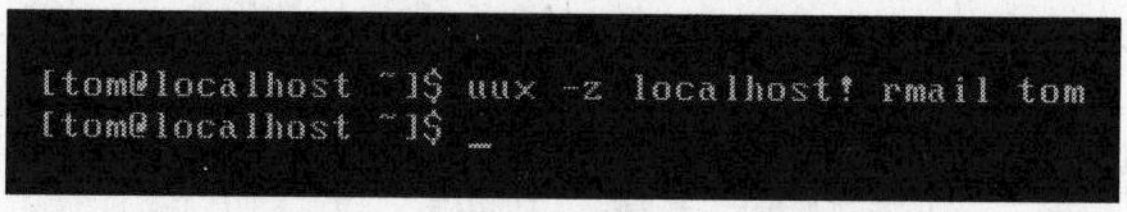

图 8-86　在远程主机上执行命令

（4）相关命令

uucp。

47. wall 命令：发送信息

（1）语法

wall [-n] [message]

（2）典型示例

示例 1：发送消息到每个人的终端。在命令行提示符下输入：

wall A narrow fellow in the grass ∠

如图 8-87 所示。

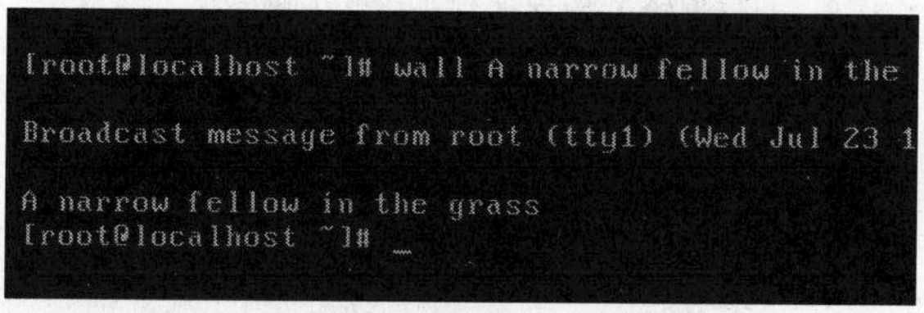

图 8-87　发送消息到每个人的终端

示例 2：将文本文件中的文本以消息的方式发送到每个用户终端。在命令行提示符下输入：

wall < msgfile ∠

如图 8-88 所示。

```
[root@localhost ~]# wall < msgfile
[root@localhost ~]# Broadcast message from root
A narrow fellow in the grass
```

图 8-88　发送文本中的消息

（3）相关命令

mesg、rpc。

48. wget 命令：从互联网上下载资源

（1）语法

wget [option]… [URL]…

（2）选项及作用

选　　项	作　　用
-a <记录文件>	将信息输出记录文件内
-A <扩展名>	设置接受哪些文件的扩展名
-B <基础连接>	设置基本参考的连接地址
-c	在上一次离开wget程序的点继续下载文件
-C <on/off>	开启或关闭服务器数据缓存
-d	显示命令执行的过程
-D <领域名>	设置指定接收的领域名
--delete-after	删除已经下载的文件
--dot-style=<显示样式>	设置下载时的显示模式
-e <执行命令>	当启动wget后就执行该命令
--execlude-domains=<显示样式>	设定排除的领域名称
-F	将输入的文件视为HTML格式
--follow-fp	在HTML文件中下载FTP连接的文件
-g <on/off>	开启或关闭FTP通过通配字符下载文件
-h	显示帮助信息
-H	递归处理时，允许跟随连接指向下载数据
--header=<文件头字符串>	在文件头中加入指定的字符串
--http-user=<密码>	设置登录FTP服务器的密码
-I <目录>	设置接受的目录
--ignore-length	忽略文件头"Content-Length"字符
-L	只下载有关的连接
-l <目录层级>	设置递归处理深入目录的最大层级
-m	该参数的执行效果和"-rN"一样
-nc	不覆盖已有的文件

续表

选　　项	作　　用
-nd	将所有的下载文件都存放在现有的目录中
-nh	不在服务器上耗费寻找主机的时间
-nH	不建立主机名称的目录
-np	不下载指定地址的上层目录数据
-nr	不删除 ".listing" 文件
-nv	不显示命令执行的过程
-N	不下载比本地主机上更旧的文件
-o <记录文件>	将信息输出记录文件内，如果指定的文件已经存在，则将其覆盖
-O <输出文件>	设定存放输出数据的文件名称
-P <目录字首字符串>	设置目录名称的字首字符串
--passive-ftp	使用PASV模式连接数据
--proxy-user=<用户名>	设置登录代理服务器的密码
-Q <空间限制>	设置下载数据的磁盘空间限制
-r	将指定目录下的所有文件作递归处理
--retr-symlinks	下载FTP的符号链接
-R <扩展名>	设置排除文件的扩展名
-s	把HTTP的文件头存成文件
-S	显示HTTP或FTP服务器的数据文件头或响应数据
--spider	不下载任何数据
-t <尝试次数>	设置反复尝试的次数
-T <超时时间>	以秒为单位设置读取数据的时间限制
-U <标签识别>	使用设定的识别标签
-V，--version	显示版本信息
-w <间隔时间>	以秒为单位，设置两次下载之间的时间间隔
-X <目录>	设定排除的目录
-Y <on/off>	开启或关闭代理服务器

（3）典型示例

示例 1：从互联网下载文件。例如，下载 www.dormforce.net 网站首页的数据。在命令行提示符下输入：

```
wget www.dormforce.net ↙
```

如图 8-89 所示。

示例 2：保存下载文件至指定目录。下载网页 www.dormforce.net，并将其保存在 Public/目录。在命令行提示符下输入：

```
wget -P /home/tom/Public/ www.dormforce.net ↙
```

如图 8-90 所示。

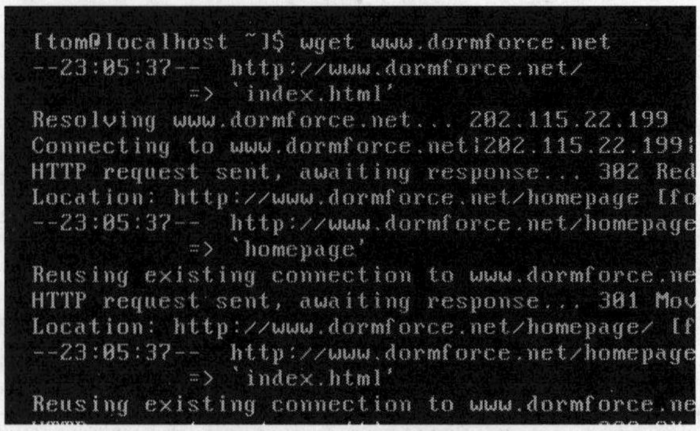

图 8-89　从互联网下载文件

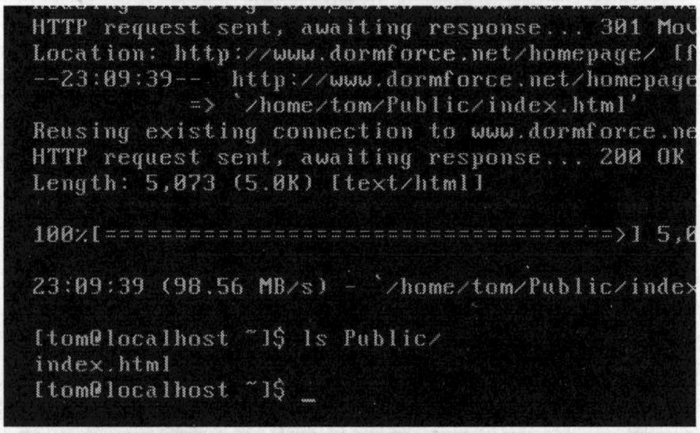

图 8-90　保存下载文件到指定目录

示例 3：不显示命令执行的过程。例如，下载网站 www.52yy.net 的主页，但是不显示下载过程。在命令行提示符下输入：

wget -nv www.52yy.net ✓

如图 8-91 所示。

图 8-91　不显示命令执行的过程

（4）相关命令

get。

49. write 命令：传输信息

（1）语法

write user [ttyname]

（2）典型示例

示例 1：发送消息给另一个用户。在命令行提示符下输入：

write tom ↙

如图 8-92 所示，输入完消息后，按 Ctrl+D 组合键发送消息并返回到命令行提示符下。

```
[root@localhost ~]# write tom
write: tom is logged in more than once; writing
A narrow fellow in the grass
[root@localhost ~]# _
```

图 8-92　发送消息给另一个用户

示例 2：发送消息给指定终端用户。例如，发送消息给终端 tty2 的 tom 用户。在命令行提示符下输入：

write tom tty2 ↙

如图 8-93 所示。

```
[root@localhost ~]# write tom tty2
A narrow fellow in the grass
[root@localhost ~]# _
```

图 8-93　发送消息给指定终端用户

（3）相关命令

mesg、talk、who。

50. ytalk 命令：与其他用户交谈

（1）语法

ytalk [option] [username]

（2）选项及作用

选　　项	作　　用
-h <主机名或IP>	指定对话对象所在的远程主机
-i	用提示声音替代显示信息
-s	在命令提示符号下启动ytalk对话
-x	关闭图像界面
-Y	用大写"Y"或"N"回答

（3）典型示例

示例 1：与其他用户交谈。例如，与用户 jerry 交谈。在命令行提示符下输入：

ytalk jerry ↙

如图 8-94 所示。

用户 jerry 将收到通信消息，如图 8-95 所示。

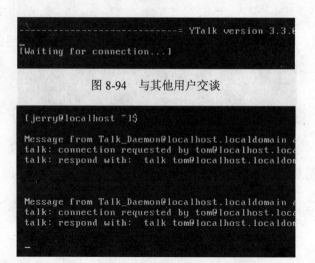

图 8-94　与其他用户交谈

图 8-95　收到通信消息

示例 2：与指定主机用户交谈。例如，与主机 222.197.173.37 上的用户 tom 进行交谈。在命令行提示符下输入：

```
ytalk -h 222.197.173.37 tom ↙
```

如图 8-96 所示。

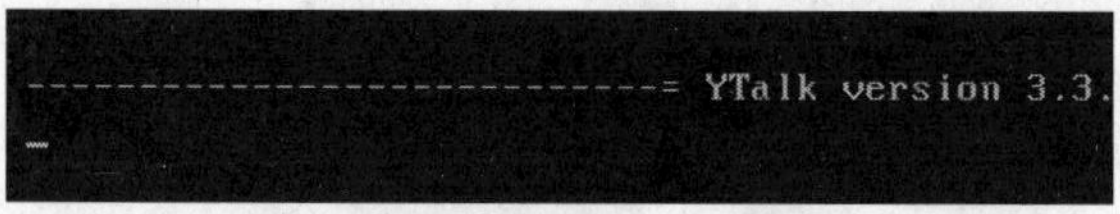

图 8-96　与指定主机用户交谈

（4）相关命令

talk、wall、write。

第9章 程序编译命令

1. as 命令：标准 GUN 汇编程序

（1）语法

as [options] 文件

as [-a[cdhlns][=file]] [--alternate] [-D] [--defsym sym=val] [-f] [-g] [--gstabs] [--gstabs+] [--gdwarf-2] [--help] [-I dir] [-J] [-K] [-L] [--listing-lhs-width=NUM] [--listing-lhs-width2=NUM] [--listing-rhs-width=NUM] [--listing-cont-lines=NUM] [--keep-locals] [-o objfile] [-R] [--reduce-memory-overheads] [--statistics] [-v] [-version] [--version] [-W] [--warn] [--fatal-warnings] [-w] [-x] [-Z] [@FILE] [--target-help] [target-options] [-- | files ...]

（2）选项及作用

选 项	作 用
-a	开始列表
--alternate	开启可选择的宏语法
-D	产生汇编器调试信息
--defsym SYM＝VAL	设置SYM的值
--execstack	请求可执行的堆栈
-f	跳过空白和内容的预处理
-g，--gen-debug	产生调试信息
--gstabs	产生STABS调试信息
--gdwarf-2	产生GDWARF2信息
-L	保持本地符号信息
-M	选择兼容性模式
--MD <文件>	向文件中写入依赖的信息
--noexcestack	不要求堆栈
-o <目标文件>	指定输出文件的名称
-q	忽略部分警告信息
-R	生成目标文件后删除源文件
--statistics	在执行中打印静态变量信息
--target-help	显示目标指定的参数
-W	关闭警告信息
--warm	不禁止警告信息
-V	打印汇编器版本序列

续表

选　　项	作　　用
--help	显示帮助信息
--version	显示版本信息

（3）典型示例

显示 as 帮助信息。在命令行提示符下输入：

as --help ↙

如图 9-1 所示，可以获得较为详细的命令选项帮助信息。

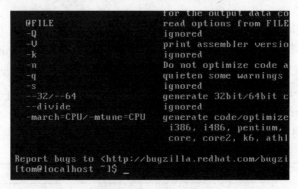

图 9-1　显示 as 帮助信息

（4）相关命令

gcc、ld、binutils。

2. autoconf 命令：产生配置脚本

（1）语法

autoconf [OPTION] … [TEMPLATE-FILE]

（2）选项及作用

选　　项	作　　用
-d，--debug	不删除临时文件，输出调试信息
-f，--force	认为所有的文件均为过期
-h，--help	显示帮助信息
-o，--output=FILE	将输出信息写入指定的文件，默认输出到指定文件
-v，--verbose	显示命令处理的详细过程
-V，--version	显示版本信息
-W，--warnings=CATEGORY	报告警告信息

（3）相关命令

automake、autoreconf、autoupdate、autoheader、autoscan、ifnames、libtool。

3. autoheader 命令：为 configure 产生模板头文件

（1）语法

autoheader [OPTION] … [TEMPLATE-FILE]

（2）选项及作用

选　　项	作　　用
-d，--debug	不删除临时文件，输出调试信息
-f，--force	认为所有的文件均为过期
-h，--help	显示帮助信息
-v，--verbose	显示命令处理的详细过程
-V，--version	显示版本信息
-W，--warnings=CATEGORY	报告警告信息

（3）典型示例

为 configure 产生模板头文件。该命令用于开发软件包或是安装软件包时，如果当前工作目录下存在 configure.in 或是 configure.ac 文件，可以直接运行该命令来生成相应的头文件。在命令行提示符下输入：

autoheader ✓

如图 9-2 所示。

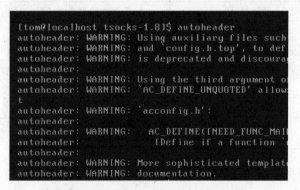

图 9-2　为 configure 产生模板头文件

（4）相关命令

automake、autoreconf、autoupdate、autoconf、autoscan、ifnames、libtool。

4. autoreconf 命令：更新已经生成的配置文件

（1）语法

autoreconf [OPTION] … [DIRECTORY] …

（2）选项及作用

选　　项	作　　用
-d，--debug	不删除临时文件，输出调试信息
-f，--force	认为所有的文件均为过期
-h，--help	显示帮助信息
-i，--install	复制辅助文件
-m	如果可用，则重新运行./configure和make命令
--no-recursive	不重建子包
-s，--symlink	和-i选项一起使用，仅创建符号链接，而不是进行复制
-v，--verbose	显示命令处理的详细过程
-V，--version	显示版本信息
-W，--warnings=CATEGORY	报告警告信息

（3）相关命令

automake、autoconf、autoupdate、autoheader、autoscan、ifnames、libtool。

5. autoscan 命令：产生初步的 configure.in 文件

（1）语法

autoscan [OPTION] … [SRCDIR]

（2）选项及作用

选　　项	作　　用
-d，--debug	不删除临时文件
-h，--help	显示帮助信息
-B，--prepend-include=<目录>	设置指定目录为搜索路径
-I，--include=<目录>	附加指定目录为搜索路径
-v，--verbose	显示执行的详细过程
-V，--version	显示版本信息

（3）典型示例

示例 1：产生初步的 configure.in 文件。在命令行提示符下输入：

`autoscan ↙`

如图 9-3 所示。

```
[tom@localhost ~]$ autoscan
[tom@localhost ~]$ _
```

图 9-3　产生初步的 configure.in 文件

（4）相关命令

automake、autoreconf、autoupdate、autoheader、autoconf、ifnames、libtool。

6. autoupdate 命令：更新 configure.in 文件到更新的 autoconf

（1）语法

autoupdate [OPTION] … [TEMPLATE-FILE…]

（2）选项及作用

选　　项	作　　用
-d，--debug	不删除临时文件
-f，--force	认为所有的文件均为过期
-h，--help	显示帮助信息
-B，--prepend-include=<目录>	设置指定目录为搜索路径
-I，--include=<目录>	附加指定目录为搜索路径
-v，--verbose	显示执行的详细过程
-V，--version	显示版本信息

（3）典型示例

更新 configure.in 文件。在命令行提示符下输入：

`autoupdate ✓`

如图 9-4 所示。

```
[tom@localhost tsocks-1.8]$ autoupdate
[tom@localhost tsocks-1.8]$ _
```

图 9-4　更新 configure.in 文件

（4）相关命令

automake、autoreconf、autoconf、autoheader、autoscan、ifnames、libtool。

7. gcc 命令：GNU 的 C 和 C++ 编译器

（1）语法

gcc [-c | -S | -E] [-std=standard]

　　[-g] [-pg] [-O level]

　　[-W warn...] [-pedantic]

　　[-I dir...] [-L dir...]

　　[-D macro[=defn]...] [-U macro]

　　[-f option...] [-m machine-option...]

　　[-o outfile] infile...

（2）选项及作用

选　　项	作　　用
-c	仅进行编译、汇编，但不链接
-E	预处理
-o <文件>	将输出存放到指定的文件
-S	编译，但不进行汇编和链接
-v	显示编译器的代码
-x <语言>	指定语言
--help	显示帮助信息
--version	显示版本信息

（3）典型示例

示例 1：编译 C 或 C++源程序。例如，通过 vim 编辑一个简单的 C 语言程序。程序如下：

```
#include <stdio.h>
int main(int argc, int** argV[])
{
      printf("Hello World!\n");
      return 0;
}
```

将该程序保存为 hello.c。不指定输出文件名时，默认将产生一个名为 a.out 的可执行文件。例如，在命令行提示符下输入：

gcc hello.c ✓

如图 9-5 所示。

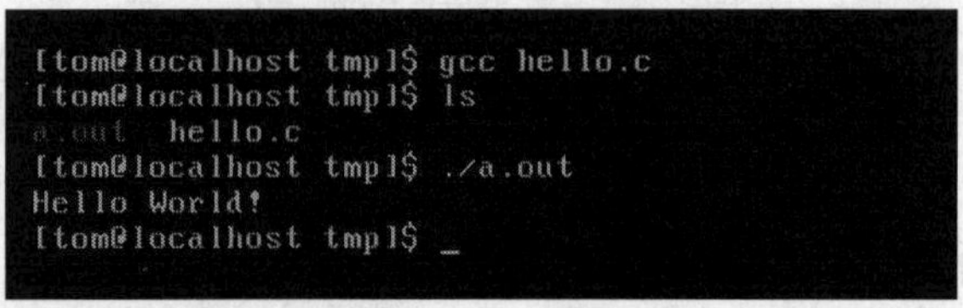

图 9-5　编译 C 语言源程序

示例 2：将输出存放到指定的文件。例如，将 gcc 编译后的可执行文件名指定为 hello。在命令行提示符下输入：

gcc -o hello hello.c ✓

如图 9-6 所示。

示例 3：仅进行编译、汇编，但不链接。在命令行提示符下输入：

gcc -c hello.c ✓

如图 9-7 所示。

```
[tom@localhost tmp]$ gcc -o hello hello.c
[tom@localhost tmp]$ ./hello
Hello World!
[tom@localhost tmp]$ _
```

图 9-6　指定输出文件名

```
[tom@localhost tmp]$ gcc -c hello.c
[tom@localhost tmp]$ ls
hello.c  hello.o
[tom@localhost tmp]$ _
```

图 9-7　生成目标文件

示例 4：编译，但不进行汇编和链接。在命令行提示符下输入：

```
gcc -S hello.c ↙
```

如图 9-8 所示。

```
[tom@localhost tmp]$ gcc -S hello.c
[tom@localhost tmp]$ ls
hello.c  hello.s
[tom@localhost tmp]$ _
```

图 9-8　编译，但不进行汇编和链接

（4）相关命令

as、ld、gcov、gdb、adb、dbx、sdb。

8. gdb 命令：GNU 调试器

（1）语法

gdb [-help] [-nx] [-q] [-batch] [-cd=dir] [-f] [-b bps] [-tty=dev] [-s symfile] [-e prog] [-se prog] [-c core] [-x cmds] [-d dir] [prog[core|procID]]

（2）典型示例

如果需要通过 gdb 进行调试，则在 gcc 编译程序时必须使用-g 选项，这个选项使 gcc 产生调试器所需要的额外信息。如果编译时没有使用-g 选项，gdb 将不能用行号来识别源代码行，而这是 gdb 命令所需要的功能。为了使用 gdb 命令进行调试，编译命令 gcc 示例中给出的 hello.c 程序，并加入-g 选项。在命令行提示符下输入：

```
gcc -g hello.c -o hello ↙
```

如图 9-9 所示。

```
[tom@localhost tmp]$ gcc -g hello.c -o hello
[tom@localhost tmp]$ _
```

图 9-9　加入-g 选项编译 C 源程序

使用 gdb 进行调试。在命令行提示符下输入：

gdb hello ✓

如图 9-10 所示。

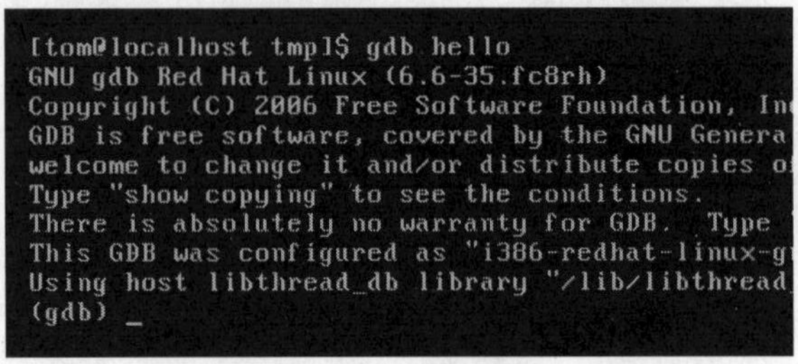

图 9-10　使用 gdb 进行调试

使用 list 命令可以显示源程序的前 10 行，再次执行 list 命令将显示接下来的 10 行。在命令行提示符下输入：

list ✓

如图 9-11 所示。

图 9-11　显示源程序的前 10 行

输入"quit"或"q"将退出 GDB 调试器。

（3）相关命令

gcc。

9. gdbserver 命令：远程 GNU 服务器

（1）语法

gdbserver tty prog [args …]

gdbserver tty --attach PID

（2）选项及作用

选　　项	作　　用
--attach	指定进程的编号

（3）相关命令

gdb。

10.　make 命令：编译内核或模块

（1）语法

make [-f makefile] [options] … [targets] …

（2）选项及作用

选　　项	作　　用
-b，-m	与其他make版本兼容
-B，--always-make	无条件地编译所有目标文件
-C，--directory=dir	读取makefiles文件前改变目录为指定目录
-d	设置排错模式
-e	设置环境变量
-i	忽略错误信息
-j <jobs>	设置工作编号
-k，--keep-going	遇到错误后尽量继续运行
-n	设定测试模式
-o <文件>	指定不编译的文件
-q，--question	Question模式不运行任何命令，或是不显示任何信息，仅返回一个退出状态，如果指定的目标文件成功更新，则返回状态0
-s，--silent，--quiet	不显示执行时的任何信息
-S，--stop	取消-k选项的效果
-v	显示版本信息
-W <文件>	模拟重建目的文件，但不会实际更改目的文件；如果与-n选项一起使用，可以模拟整个编译过程

（3）典型示例

示例 1：编译源文件。例如，编译代理软件 tsocks，在源码目录下先执行 "./configure" 命令，然后在命令行提示符下输入：

```
make ✓
```

如图 9-12 所示。

示例 2：在示例 1 中经过编译源码文件后，进行该软件的安装。在命令行提示符下输入：

```
sudo make install ✓
```

如图 9-13 所示，在拥有超级用户权限时，可以不用通过 sudo 来运行。

示例 3：删除编译中产生的目标文件。在命令行提示符下输入：

```
make clean ✓
```

如图 9-14 所示。

```
[tom@localhost tsocks]$ make
gcc -fPIC  -g -O2 -Wall -I. -c tsocks.c -o tso
tsocks.c: In function 'connect':
tsocks.c:215: warning: pointer targets in passi
fer in signedness
tsocks.c:271: warning: pointer targets in passi
ffer in signedness
gcc -fPIC  -g -O2 -Wall -I. -c  common.c -o com
gcc -fPIC  -g -O2 -Wall -I. -c  parser.c -o par
gcc -fPIC  -g -O2 -Wall -I. -nostdlib -shared -
n.o parser.o  -ldl  -lc
ln -sf libtsocks.so.1.8 libtsocks.so
gcc -fPIC  -g -O2 -Wall -I. -static -o saveme s
gcc -fPIC  -g -O2 -Wall -I. -o inspectsocks ins
gcc -fPIC  -g -O2 -Wall -I. -o validateconf val
```

图 9-12　编译源文件

```
[tom@localhost tsocks]$ sudo make install
Password:
/bin/sh mkinstalldirs  "/usr/bin"
/usr/bin/install -c tsocks /usr/bin
/bin/sh mkinstalldirs  "/lib"
/usr/bin/install -c libtsocks.so.1.8 /lib
ln -sf libtsocks.so.1.8 /lib/libtsocks.so.1
ln -sf libtsocks.so.1 /lib/libtsocks.so
/bin/sh mkinstalldirs  "/usr/man/man1"
/usr/bin/install -c -m 644 tsocks.1 /usr/man/man
/bin/sh mkinstalldirs  "/usr/man/man8"
/usr/bin/install -c -m 644 tsocks.8 /usr/man/man
/bin/sh mkinstalldirs  "/usr/man/man5"
/usr/bin/install -c -m 644 tsocks.conf.5 /usr/ma
[tom@localhost tsocks]$ _
```

图 9-13　安装软件

```
[tom@localhost tsocks]$ make clean
rm -f *.so *.so.* *.o *~ libtsocks.so.1.8  savem
[tom@localhost tsocks]$ _
```

图 9-14　删除编译中产生的目标文件

示例 4：更新所有相关文件的修改时间。在命令行提示符下输入：

make -t ✓

如图 9-15 所示。

```
[tom@localhost tsocks]$ make -t
touch tsocks.o
touch common.o
touch parser.o
touch libtsocks.so.1.8
touch saveme
touch inspectsocks
touch validateconf
[tom@localhost tsocks]$ _
```

图 9-15　更新所有相关文件的修改时间

（4）相关命令

config。

第10章 打印作业命令

1. cat命令：输出文件内容

（1）语法

cat [OPTION] [FILE]…

cat [-AbeEnstTuv] [--help] [--version]

（2）选项及作用

选　　项	作　　用
-A，--show-all	此参数的效果和同时指定"-vET"的效果相同
-b，--number-nonblank	输出文件时，在非空白行的前面添加编号
-e	此参数的效果和同时指定"-vE"的效果相同
-E，--show-ends	在每一行的行尾显示"$"符号
-n，--number	为所有行添加编号
-s，--squeeze-blanl	当有多行空白行时，仅用一行来表示
-t	此参数的效果和同时指定"-vT"的效果相同
-T，--show-tabs	用"^I"表示制表符号（TAB）
-u	忽略不予处理；解决UNIX兼容性问题
-v，--show-nonprinting	除换行符（LFD）和制表符（TAB）外，其他控制字符均由"^"表示，高位字符则用"M-"表示
--help	显示帮助信息
--version	显示版本信息

（3）典型示例

示例 1：显示多个文件的内容。例如，按先后顺序分别显示文件 testfile_1 和 testfile_2 的内容。在命令行提示符下输入：

`cat testfile_1 testfile_2 ✓`

如图 10-1 所示。

示例 2：在每一行的行尾显示"$"符号。在标准输出显示文件 testfile 的内容，并在每行结尾显示字符"$"。在命令行提示符下输入：

`cat -E testfile ✓`

如图 10-2 所示。

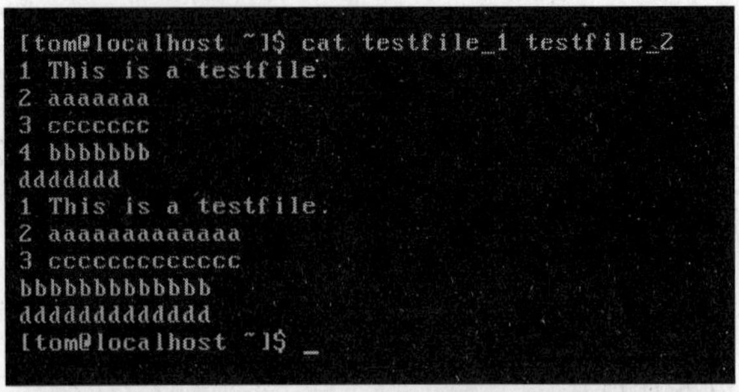

```
[tom@localhost ~]$ cat testfile_1 testfile_2
1 This is a testfile.
2 aaaaaaa
3 ccccccc
4 bbbbbbb
ddddddd
1 This is a testfile.
2 aaaaaaaaaaaaa
3 ccccccccccccc
bbbbbbbbbbbbb
ddddddddddddd
[tom@localhost ~]$ _
```

图 10-1　显示多个文件的内容

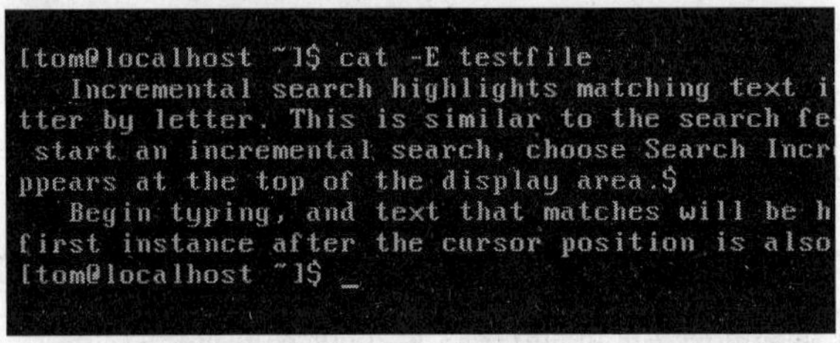

```
[tom@localhost ~]$ cat -E testfile
  Incremental search highlights matching text i
tter by letter. This is similar to the search fe
 start an incremental search, choose Search Incr
ppears at the top of the display area.$
  Begin typing, and text that matches will be h
first instance after the cursor position is also
[tom@localhost ~]$ _
```

图 10-2　在每一行的行尾显示“$”符号

示例 3：显示文件内容，并为所有的行添加编号。在命令行提示符下输入：

```
cat -n testfile ↙
```

如图 10-3 所示。

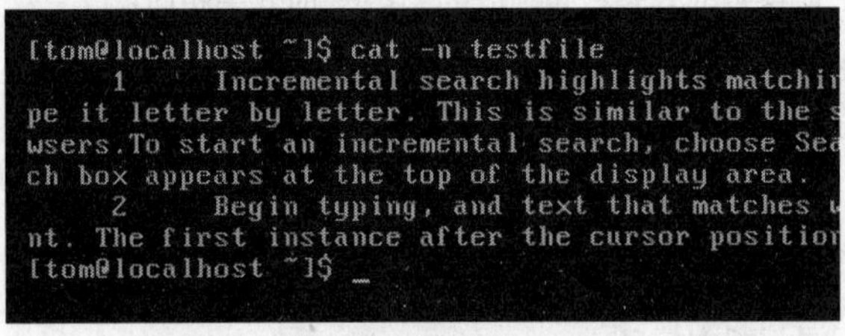

```
[tom@localhost ~]$ cat -n testfile
     1     Incremental search highlights matchi
pe it letter by letter. This is similar to the s
wsers.To start an incremental search, choose Sea
ch box appears at the top of the display area.
     2     Begin typing, and text that matches w
nt. The first instance after the cursor positio
[tom@localhost ~]$ _
```

图 10-3　为所有的行添加编号

示例 4：连接文件内容。将文件内容连接起来，并保存为新的文件，例如，将文件 testfile_1 和 testfile_2 的内容连接起来，并保存为新文件 catfile。在命令行提示符下输入：

```
cat testfile_1 testfile_2 > catfile ↙
```

如图 10-4 所示。如果已经存在一个名为 catfile 的文件，则该文件的内容将被覆盖；如果要保留该文件的内容，可以将符号“>”改为“>>”。

示例 5：显示控制字符。例如，将.bash_profile 文件的内容显示在显示器上，制表符（TAB）用“^I”表示，其他控制字符均由“^”表示，高位字符则用“M-”表示，在每行的行尾显示“$”符号。在命令行提示符下输入：

```
cat -A .bash_profile ↙
```

如图 10-5 所示。

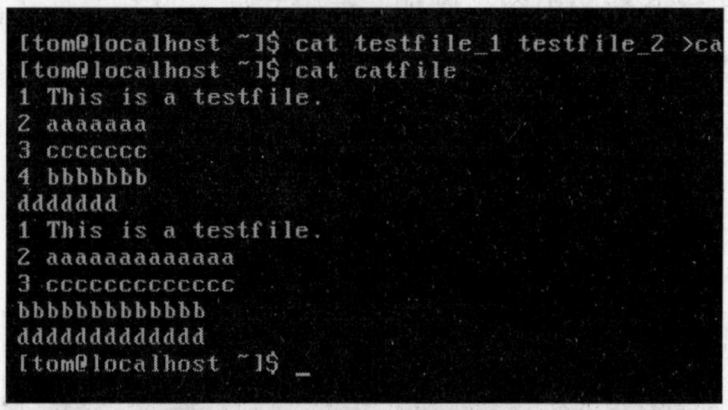

图 10-4 连接文件内容

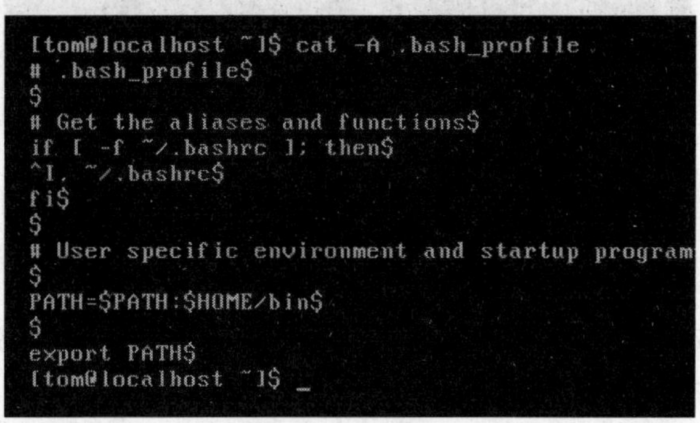

图 10-5 显示控制字符

（4）相关命令

pr、vi。

2. cut 命令：剪切文件

（1）语法

cut [-ns] [-b<输出范围>] [-c<输出范围>] [-d<分界字符>] [-f<输出范围>] [--help]
[--version] [文件]

（2）选项及作用

选　项	作　用
-n	与-b选项一起使用，不分割多字符的字符
-s，--only-delimited	若没有分界字符存在，则不输出列的内容
-b，--bytes=LIST	输出指定字节数的内容
-c，--characters=LIST	输出指定字符
-d，--delimiter=DELIM	指定列的分界字符，默认制表符为当前列分界字符
-f，--fields=LIST	输出指定列
--help	显示帮助信息
--version	显示版本信息

（3）典型示例

示例 1：输出指定字节数的内容。例如，编辑文件 testfile，通过 cat 命令将该文件内容显示在标准输出，通过 cut 命令将 testfile 文件中每行的第 3 个字节的内容显示在标准输出。在命令行提示符下输入：

```
cut -b3 testfile ↙
```

如图 10-6 所示。

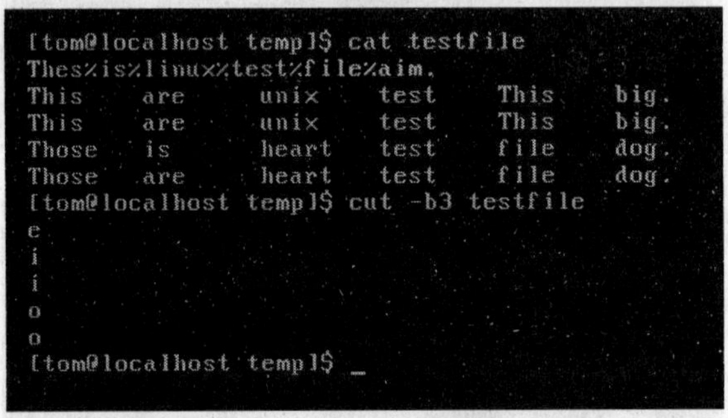

```
[tom@localhost temp]$ cat testfile
Thes%is%linux%test%file%aim.
This    are    unix    test    This    big.
This    are    unix    test    This    big.
Those   is     heart   test    file    dog.
Those   are    heart   test    file    dog.
[tom@localhost temp]$ cut -b3 testfile
e
i
i
o
o
[tom@localhost temp]$ _
```

图 10-6　输出指定字节的内容

示例 2：输出指定字符。例如，通过 cut 命令将 testfile 文件中每行的第 2 个字符显示在标准输出。在命令行提示符下输入：

```
cut -c 2 testfile ↙
```

如图 10-7 所示。

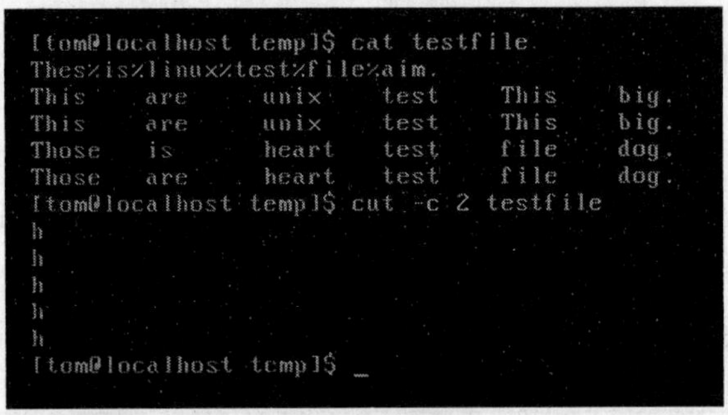

```
[tom@localhost temp]$ cat testfile
Thes%is%linux%test%file%aim.
This    are    unix    test    This    big.
This    are    unix    test    This    big.
Those   is     heart   test    file    dog.
Those   are    heart   test    file    dog.
[tom@localhost temp]$ cut -c 2 testfile
h
h
h
h
h
[tom@localhost temp]$ _
```

图 10-7　输出指定字符

示例 3：同示例 1，输出指定字节数的内容，指定的字节数为一个范围。例如，将文件 testfile 的第 2~5、13、16 字节的内容显示到标准输出。在命令行提示符下输入：

```
cut -b 2-5,13,16 testfile ↙
```

如图 10-8 所示。

示例 4：指定分界符。默认分界符为制表符，可通过选项-d 指定分界符。例如，将文件 testfile 的第 1、4 列输出到标准输出，并指定“%”为分界符。在命令行提示符下输入：

cut -f 1,4 -d % testfile ✓

如图 10-9 所示。

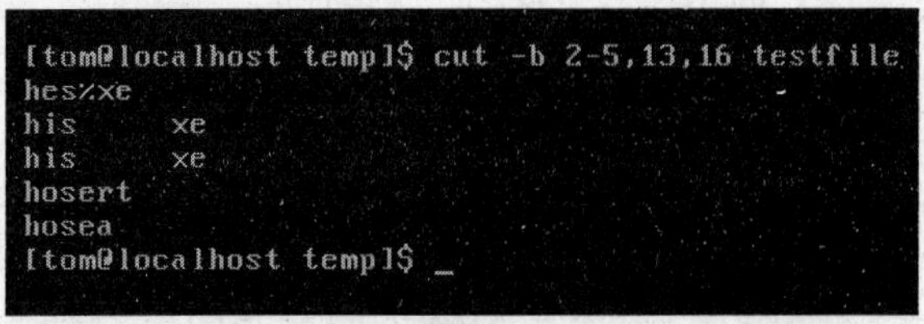

图 10-8　输出指定字节范围内的内容

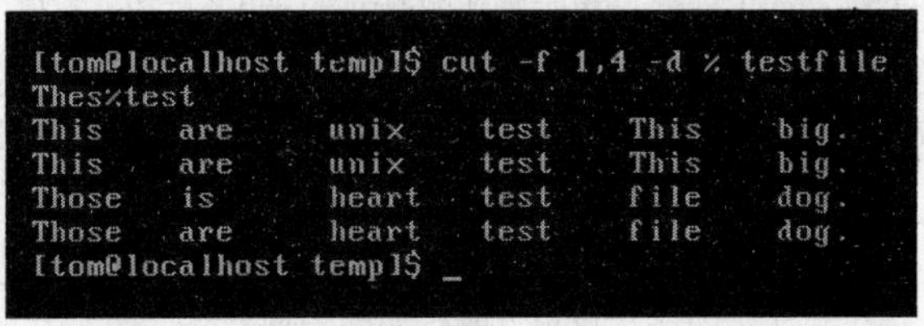

图 10-9　指定分界符（1）

制表符（TAB）不再是分界符，因此除第 1 行外，其他行都只有一列。如果加上-s 选项，则不会再显示第 2~5 行的内容，如图 10-10 所示。

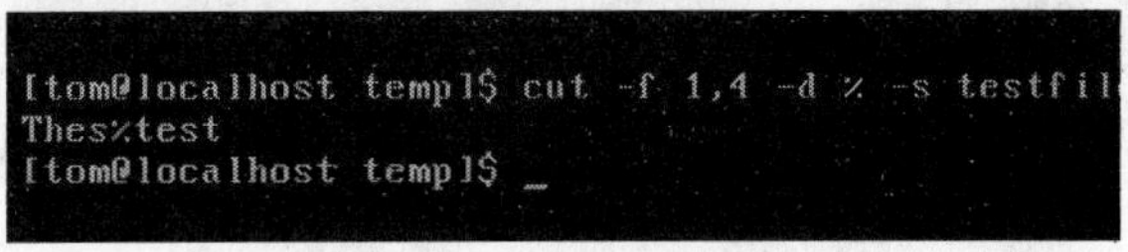

图 10-10　指定分界符（2）

（4）相关命令

paste。

3. pr 命令：编排文件格式

（1）语法

pr [-acdfJmrTv] [-e<Tab 字符><字符宽度>] [-h<文件头字符串>] [-i<Tab 字符><字符宽度>] [-l<每页行数>] [-n<间隔字符><编号位数>] [-N<行数编号>] [-o<偏移量>] [-s "<间隔字符串>"] [-w<每行字符数>] [+<打印首页><:打印尾页>] [-<每页栏位数>] [--help] [--version]

（2）选项及作用

选　　项	作　　用
-a	将竖栏转换为横栏
-c	"^"符号加上字母显示可打印的控制字符
-d	每列插入空白列
-f	在每页的最后添加FF控制字符
-J	把文件的所有内容合并成一行

选 项	作 用
-m	同时打印多个文件
-r	忽略警告信息
-t	取消每页的首页和尾页
-T	取消每页的首页和尾页，并删除FF控制字符
-v	当无法打印控制字符时，用八进制的倒退字符显示
-e<Tab字符><字符宽度>	设定读取数据时的Tab字符和其宽度
-h<文件头字符串>	设定文件头的字符串
-i<Tab字符><字符宽度>	设定输出数据时的Tab字符和其宽度
-l<每页行数>	设定每页的总行数
n<间隔字符><编号位数>	列出文件内容时在行的前面添加行的标号
-N<行数编号>	设定首页首行的编号数
-o<偏移量>	设定左边界向右边界的偏移量
-s "<间隔字符串>"	设定分隔栏间的字符
-w<每行字符数>	设定每行最大的字符数
+<打印首页><:打印尾页>	打印指定页的内容
-<每页栏数>	设定每页的栏数目
--help	显示帮助信息
--version	显示版本信息

（3）典型示例

示例 1：以默认方式编排文本文件格式。例如，将文本文件 testfile（文本内容见前面示例，将文本中的"%"符号换为制表符）通过 pr 重新编排格式，并将内容输出到文件 q 中，通过 cat 命令显示文件 q 中的内容。在命令行提示符下输入：

```
pr testfile > q ↙
cat q |more ↙
```

如图 10-11 所示。

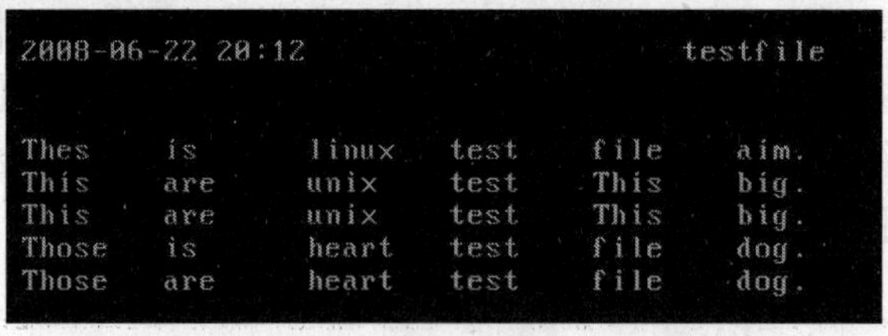

图 10-11 以默认方式编排文本文件格式

示例 2：设定每页的栏数目。例如，重新编排文本文件 manual 的格式，以每页 2 栏编排，将编排后的文件保存为 manual2，通过 cat 命令显示重排后文件的内容。在命令行提示符下输入：

pr -2 manual >manual2 ✓
cat manual2 |more ✓

如图 10-12 所示。

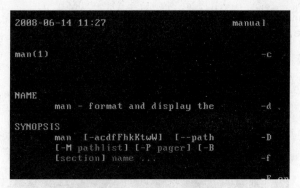

图 10-12　设定每页的栏数目

示例 3：设定每页的总行数。例如，将文件 manual 按每页 20 行进行重新编排，将重新编排后的文件保存为 manual3，通过 cat 命令显示重排后文件的内容。在命令行提示符下输入：

pr -l 20 manual >manual3 ✓

如图 10-13 所示。

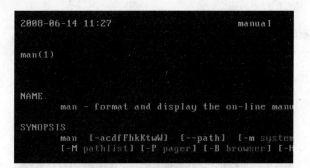

图 10-13　设定每页的总行数

示例 4：设定每行最大的字符数。例如，将文件 manual 按每页 20 行、每行 80 个字符数进行重新编排，将重新编排后的文件保存为 manual4，通过 cat 命令显示重排后文件的内容。在命令行提示符下输入：

pr -l 20 -w 80 manual >manual4 ✓

如图 10-14 所示。

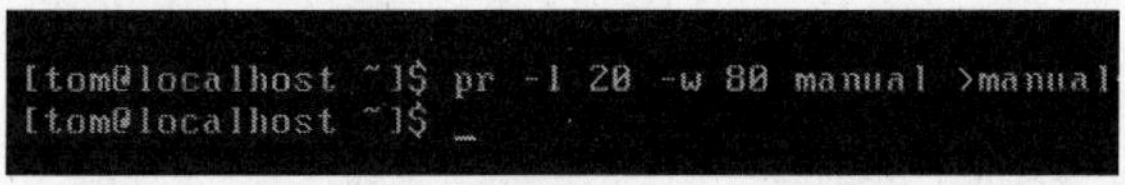

```
[tom@localhost ~]$ pr -l 20 -w 80 manual >manual
[tom@localhost ~]$ _
```

图 10-14　设定每行最大的字符数

示例 5：列出文件内容时，在行的前面添加行的标号。例如，将文本文件 manual 的每行前面加上编号，并将加上编号后的文件保存为 manual5，可以通过 cat 命令查看文件 manual5 的内容。在命令行提示符下输入：

```
pr -n manual >manual5 ✓
cat manual5 |more ✓
```

如图 10-15 所示。

图 10-15　在每行前面添加标号

示例 6：同时打印多个文件。重新编排 testfile_1 和 testfile_2 两个文件，并将两个文件各以一栏显示，将结果保存到文件 filepr，并通过 cat 命令查看 filepr 文件的内容。在命令行提示符下输入：

```
pr -m testfile_1 testfile_2 >filepr ✓
cat filepr |more ✓
```

如图 10-16 所示。

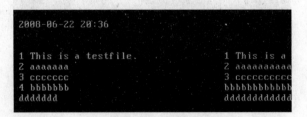

图 10-16　同时打印多个文件

示例 7：每列插入空白列。重新编排文件 testfile，并且每列插入空白列，将重排后的文件保存为文件 testpr，通过 cat 命令查看该文件内容。在命令行提示符下输入：

```
pr -d testfile ✓
cat testpr |more ✓
```

如图 10-17 所示。

（4）相关命令

cat。

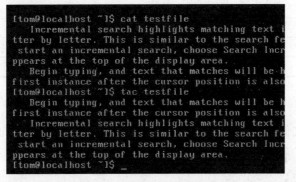

```
2008-06-22 20:12                    testfile

Thes    is      linux   test    file    aim.

This    are     unix    test    This    big.

This    are     unix    test    This    big.

Those   is      heart   test    file    dog.

Those   are     heart   test    file    dog.
```

图 10-17　每列插入空白列

4. tac 命令：反序输出文件

（1）语法

tac [-br] [-s<间隔字符>] [--help] [--version]

（2）选项及作用

选　　项	作　　用
-b，--before	把间隔字符的字符串放在文件头记录的开头
-r，--regex	把间隔字符的字符串视作一般字符
-s，--separator=STRING	使用指定间隔字符串STRING代替新增行控制字符
--help	显示帮助信息
--version	显示版本信息

（3）典型示例

示例 1：显示文件内容。通过 tac 反序显示文本文件内容。在命令行提示符下输入：

tac testfile ✓

如图 10-18 所示，为方便比较，首先通过 cat 命令显示了文本文件 testfile 的内容。

```
[tom@localhost ~]$ cat testfile
    Incremental search highlights matching text i
tter by letter. This is similar to the search fe
 start an incremental search, choose Search Incr
ppears at the top of the display area.
    Begin typing, and text that matches will be h
first instance after the cursor position is also
[tom@localhost ~]$ tac testfile
    Begin typing, and text that matches will be h
first instance after the cursor position is also
    Incremental search highlights matching text i
tter by letter. This is similar to the search fe
 start an incremental search, choose Search Incr
ppears at the top of the display area.
[tom@localhost ~]$ _
```

图 10-18　反序显示文件内容

示例 2：将从标准输入读取的数据反序输出。在命令行提示符下输入：

```
tac ↙
```

按 Enter 键后，输入如下内容：

```
1st line
2nd line
3rd line
```

按 Ctrl+D 组合键退出 tac 命令，结果如图 10-19 所示。

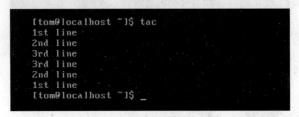

图 10-19　将从标准输入读取的数据反序输出

（4）相关命令

cat。

5. tail 命令：显示文件的末尾内容

（1）语法

tail [-fqv] [-c<显示数目>] [-n<显示数目>] [--help] [--version]

tail [OPTION]… [FILE]…

（2）选项及作用

选　　项	作　　用
-f，--follow[=name |descriptor]	当读取文件的最后部分数据时，将会反复尝试读取更多的数据
-q，--quiet，--silent	从不显示文件的名称
-v，--verbose	总是显示文件的名称
-c，--bytes=N	以B为单位，输出最后N个字节的内容
-n，--lines=N	输出最后N行的内容
--help	显示帮助信息
--version	显示版本信息

（3）典型示例

示例 1：输出文件最后部分指定字节的内容。例如，将文件 manual 的最后 400B 的内容输出到标准输出。在命令行提示符下输入：

```
tail -c 400 manual ↙
```

如图 10-20 所示。

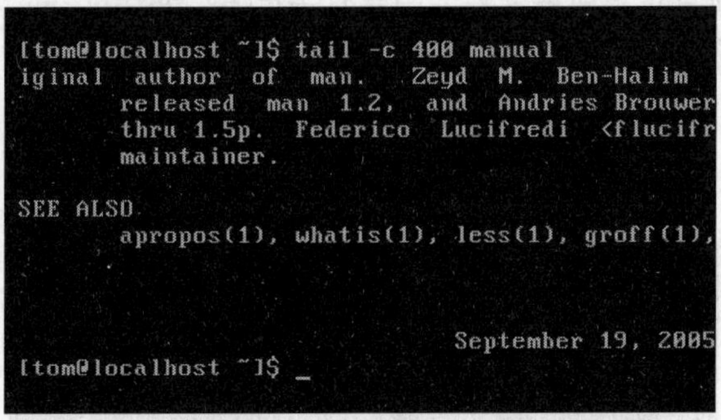

图 10-20　输出文件最后部分指定字节的内容

示例 2：以默认方式输出文件的最后部分的内容。tail 命令默认会输出文件最后 10 行的内容。例如，以默认方式输出文件 manual 最后部分的内容。在命令行提示符下输入：

tail manual ↙

如图 10-21 所示。

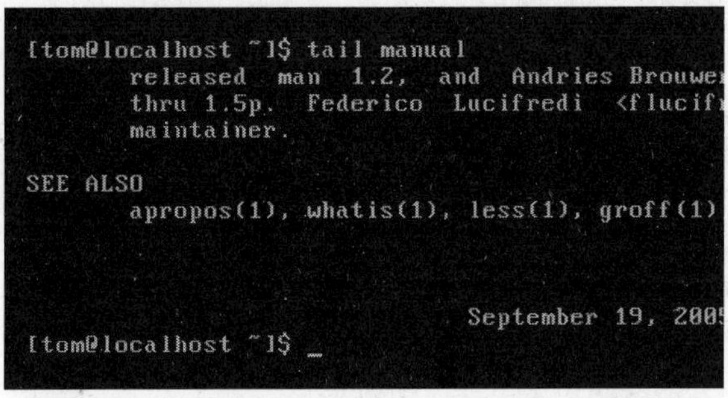

图 10-21　以默认方式输出文件的最后部分的内容

示例 3：输出文件最后指定行的内容。例如，将文件 manual 的最后 16 行的内容输出到标准输出。在命令行提示符下输入：

tail -n 16 manual ↙

如图 10-22 所示。

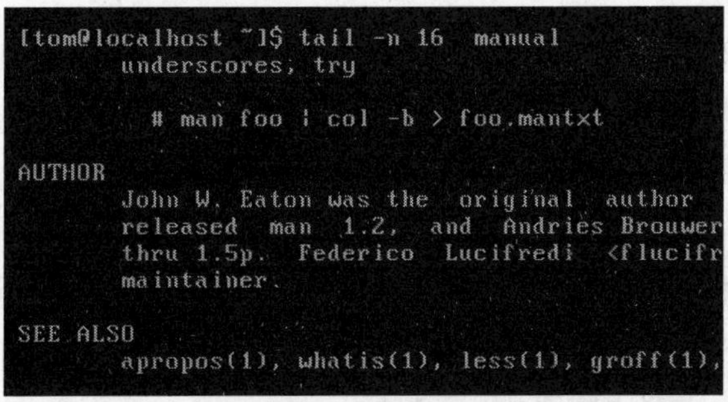

图 10-22　输出文件最后 16 行的内容

示例 4： 显示当前目录下所有文件名中含有字符串"testfile"的文件的最后部分内容。在命令行提示符下输入：

tail testfile* ✓

如图 10-23 所示。

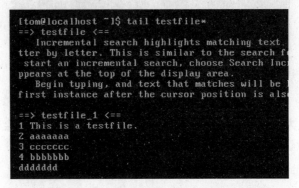

图 10-23　显示多个文件的最后部分内容

（4）相关命令

head。

6．zcat 命令：显示压缩文件的内容

（1）语法

zcat [-fhLV] [name …]

（2）选项及作用

选　　项	作　　用
-f，--force	强制解压缩文件
-h，--help	显示帮助信息
-L，--license	显示版权信息
-V，--version	显示版本信息

（3）典型示例

示例 1： 将文本文件 manual 通过 gzip 命令压缩为压缩文件 manual.gz，通过 zcat 命令直接查看该压缩文件的内容。在命令行提示符下输入：

zcat manual.gz |more ✓

如图 10-24 所示。

示例 2： 解压缩两个文件，并将两文件的内容连接起来保存为新文件。例如，将压缩文件 testfile_1.gz 和 testfile_2.gz 的内容连接起来，通过特殊符号">"将其合成一个新的文件 testfile.gz。在命令行提示符下输入：

zcat testfile_1.gz testfile_2.gz >testfile.gz ✓

如图 10-25 所示。

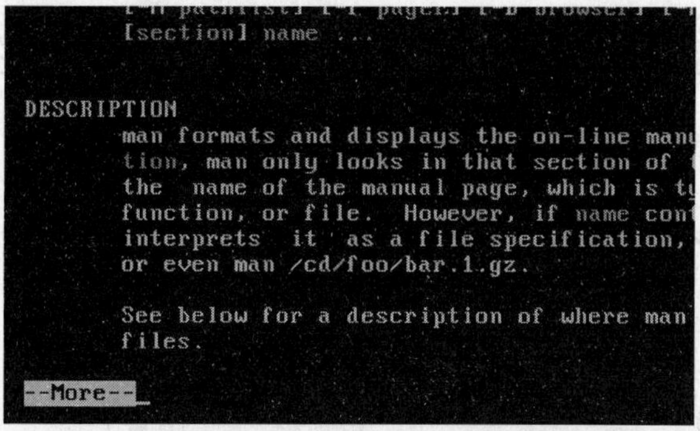

图 10-24　通过 zcat 命令直接查看压缩文件内容

图 10-25　连接压缩文件中的内容（1）

注意，示例中产生的文件 testfile.gz 是一个文本文件，而不是压缩文件，可以通过 cat 命令查看该文本文件的内容。在命令行提示符下输入：

cat testfile.gz ✓

如图 10-26 所示。

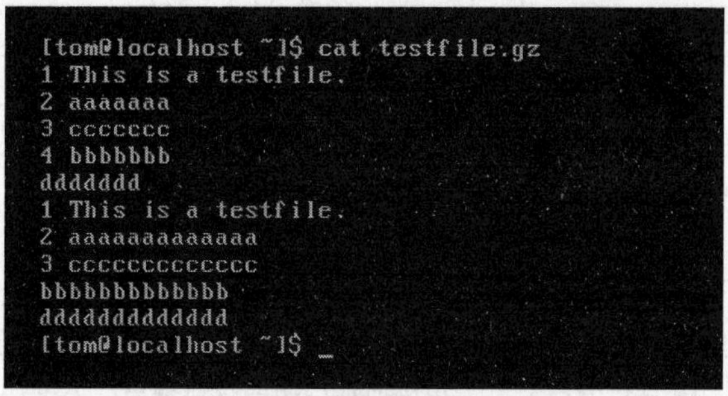

图 10-26　连接压缩文件中的内容（2）

（4）相关命令

znew、zcmp、zmore、zforce、gzexe、zip、unzip、compress、pack、compact。

第11章 电子邮件及新闻组命令

1. fetchmail 命令：获得邮件

（1）语法

fetchmail [option…] [mailserver…]

（2）选项及作用

选　　项	作　　用
-a，--all	不论新或旧，接收所有的邮件
-A <认证类型>，--auth<认证类型>	设置连接邮件服务器时的认证类型
--bsmtp	将邮件附上BSMTP文件
-b <邮件数目>，--batchlimit <邮件数目>	在连接邮件服务器之前设置要传送给SMTP的邮件数目
-B <邮件数目>，--fetchlimit <邮件数目>	设定每次和邮件服务器连接之后要下载邮件的数目
-d <时间间隔>，--daemon <时间间隔>	将fetchmail命令以常驻服务的类型执行
-D <域名>，--smtpaddress<域名>	设定要放在电子邮件中，RCPT TO的域名
-E，--envelope	复制邮件文件头的信封位置
-F，--flush	先删除旧邮件，再接收新邮件
-f <设定文件>，--fetchmai l<设定文件>	设置fetchmail文件的名称
--invisible	尝试隐藏fetchmail命令
-i <识别文件>，--idfile <识别文件>	指定fetchmail用来存储POP3用户识别码的文件名称
-I <传输界面>，--interface <传输界面>	指定传输界面供fetchmail命令使用
--lmtp	设定邮件通过LMTP进行传输
-l <邮件大小>，--limit <邮件大小>	设置每封邮件的大小
-L <记录文件>，--logfile <记录文件>	设定记录文件的名称
-M <传输端口>，--monitor <传输端口>	指定监控网络的传输端口，供fetchmail使用
--nobounce	将RFC-1849的错误送到邮件管理者
--nosyslog	关闭记录ferchmail命令执行的错误信息
-N，--nodetach	在启动常驻服务模式执行fetchmail命令时不采用后台模式执行
--plugin <外挂程序>	设定用来建立TCP协议的外挂程序
--plugout <外挂程序>	设定用来建立SMTP协议的外挂程序
--postmaster	把没有适当收件者的邮件转传到电子邮件管理者
-p <通信协议>，--protocol <通信协议>	设置邮件的通信协议
-P <通信端口>，--port <通信端口>	设置连接邮件服务器的TCP/IP通信端口

续表

选　项	作　用
-Q <删除字符串>, --qvirtual <删除字符串>	设置要删除文件头的字符串
-r <邮件目录>, --folder <邮件目录>	指定接收该目录的电子邮件
-S <目的主机>, --smtphost <目的主机>	设定发送电子邮件的目的主机
-t <时间>, --timeout <时间>	以秒为单位，设置等待服务器返回的时间
-u <账号名>, --username <账号名>	设定登录邮件服务器的账号名
-w, --warning	当邮件大小超过限定时发出警告信息
-Z <错误号码>, --antispam <错误号码>	设定SMTP错误号码的列表

（3）典型示例

示例 1： 从指定服务器接收电子邮件。在命令行提示符下输入：

fetchmail -u testmail -p POP3 mail.uestc.edu.cn ✓

如图 11-1 所示，输入邮箱密码后便可以下载邮件了。其中，"testmail" 为邮箱用户名。

```
[tom@localhost ~]$ fetchmail -u testmail -p POP3
Enter password for testmail@mail.uestc.edu.cn: _
```

图 11-1　从指定服务器接收电子邮件

示例 2： 接收所有的邮件。在命令行提示符下输入：

fetchmail -a -u testmail -p POP3 mail.uestc.edu.cn ✓

如图 11-2 所示。

```
[tom@localhost ~]$ fetchmail -a -u testmail -p
Enter password for testmail@mail.uestc.edu.cn:
```

图 11-2　接收所有的邮件

示例 3： 如果不想每次都要输入邮箱服务器、用户名和密码等信息，可以在用户根目录下新建 ".fetchmailrc" 设定文件，文件内容如下：

```
set postmaster "用户名（如 root）"
poll mail.uestc.edu.cn with proto POP3
user "user（邮箱用户名）" there with passwd "邮箱密码" is 用户名（如 root）here
options fetchall
```

保存该文件后，以后要登录该邮箱下载邮件时，只需执行 fetchmail 命令即可。例如，接收邮件前，先删除旧的邮件。在命令行提示符下输入：

fetchmail -F ✓

如图 11-3 所示。

图 11-3　接收邮件前，先删除旧的邮件

（4）相关命令

mutt、elm、mail、sendmail、popd、imapd、netrc。

2. getlist 命令：下载新闻

（1）语法

getlist [-A] [-h host] [list [pattern [types]]]

（2）选项及作用

选　　项	作　　用
-A	发布LIST命令前进行验证
-h <新闻服务器>	指定要连接的新闻服务器

（3）相关命令

active、nnrpd、uwildmat。

3. mail 命令：收发邮件

（1）语法

mail [-iInv] [-s subject] [-c cc-addr] [-b bcc-addr] to-addr...

　　　[-- sendmail-options...]

mail [-iInNv] -f [name]

mail [-iInNv] [-u user]

（2）选项及作用

选　　项	作　　用
-b <地址>	指定密件副本的收信人地址
-c <地址>	指定副本的收信人地址
-f <邮件文件>	指定读取邮件文件中的信件
-i	忽略来自tty的干扰信号
-I	即使输入不是一个终端，也强制该命令运行在交互模式
-n	启动程序时，不使用mail.rc文件中的设置
-N	在执行mail命令后，不显示邮件的标题
-s <subject>	在命令行指定邮件的主题
-u <user>	指定读取用户的邮件，等同于：mail -f /var/spool/mail/user
-v	显示执行时的详细信息

（3）典型示例

示例 1：发送邮件到电子邮箱 testmail@yahoo.com.cn。在命令行提示符下输入：

mail testmail@yahoo.com.cn ✓

如图 11-4 所示，"Subject"为邮件标题，标题下面为邮件内容，"Cc"表示抄送副本收信人邮件地址。

```
[tom@localhost ~]$ mail testmail@yahoo.com.cn
Subject: TestMail
This is a test e-mail.
Cc:
[tom@localhost ~]$ _
```

图 11-4　发送邮件

示例 2：读取邮件。读取指定邮件文件中的信件。在命令行提示符下输入：

mail -f /var/spool/mail/tom ✓

如图 11-5 所示。

```
[tom@localhost ~]$ mail -f /var/spool/mail/tom
Mail version 8.1 6/6/93.  Type ? for help.
"/var/spool/mail/tom": 2 messages
>   1 MAILER-DAEMON@localh  Thu Jul 24 02:41  6
    2 MAILER-DAEMON@localh  Thu Jul 24 02:42  6
& _
```

图 11-5　读取邮件

示例 3：读取指定用户邮件。例如，使用 root 用户读取 jerry 的邮件。在命令行提示符下输入：

mail -u jerry ✓

如图 11-6 所示。

```
[root@localhost ~]# mail -u jerry
No mail for jerry
[root@localhost ~]# _
```

图 11-6　读取指定用户邮件

（4）相关命令

fmt、newaliases、vacation、aliases、mailaddr、sendmail。

4. mailq 命令：显示发件箱的邮件

（1）语法

mailq [-Ac] [-q…] [-v]

（2）选项及作用

选　项	作　　用
-Ac	显示文件/etc/mail/submit.cf中指定的待发邮件队列，而不是文件/etc/mail/sendmail.cf中的MTA队列
-v	显示执行的详细信息

（3）典型示例

显示待发邮件列表。在命令行提示符下输入：

mailq ✓

如图 11-7 所示。

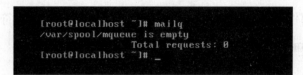

```
[root@localhost ~]# mailq
/var/spool/mqueue is empty
                Total requests: 0
[root@localhost ~]# _
```

图 11-7　显示待发邮件列表

（4）相关命令

sendmail。

5．mutt 命令：E-mail 管理

（1）语法

mutt [-nRyzZ] [-e cmd] [-F file] [-m type] [-f file]

mutt [-nx] [-e cmd] [-F file] [-H file] [-i file] [-s subj] [-b addr] [-c addr]
　　　[-a file [...]] [--] addr [...]

mutt [-n] [-e cmd] [-F file] -p

mutt [-n] [-e cmd] [-F file] -A alias

mutt [-n] [-e cmd] [-F file] -Q query

mutt -v[v]

mutt -D

（2）选项及作用

选　项	作　　用
-a <文件>	在邮件中添加附件
-b <地址>	指定密件副本的收信人地址
-c <地址>	指定副本的收信人地址
-f <邮件文件>	指定载入的邮件文件
-F <设置文件>	指定mutt程序的设置文件，但不读取.muttrc文件

选　项	作　用
-H <邮件草稿>	将指定的邮件草稿送出
-h	显示帮助信息
-i <文件>	将指定的文件插入到邮件之中
-m <类型>	指定邮件的信箱类型
-n	不读取程序设置文件
-p	对邮件编辑完毕后，暂缓发送
-R	以只读的模式打开邮件文件，在此模式下不得删除邮件
-v	显示版本信息以及编译此文件所给予的参数
-x	模拟mailx的编辑方式
-z	如果在邮件文件中没有邮件，则不启动mutt

（3）典型示例

示例 1： 开启 mutt 程序。第一次运行 mutt 时，将提示在主目录下建立 Mail 目录。在命令行提示符下输入：

mutt ✓

如图 11-8 所示，屏幕最上方是相关操作命令，下方显示读取邮件的位置及总邮件数等信息。

图 11-8　开启 mutt 邮件管理程序

示例 2： 如果在邮件文件中没有邮件，则不启动 mutt。在命令行提示符下输入：

mutt -z ✓

如图 11-9 所示。

Mailbox is empty.
[tom@localhost ~]$

图 11-9　无邮件时不启动 mutt

示例 3： 指定载入的邮件文件。例如，root 用户运行 mutt 命令，并指定载入的邮件文件为/var/spool/mail/tom。在命令行提示符下输入：

mutt -f /var/spool/mail/tom ✓

如图 11-10 所示。

图 11-10　指定载入的邮件文件

（4）相关命令

curses、mailcap、maildir、mbox、muttrc、ncurses、sendmail、smail。

6. nntpget 命令：从新闻服务器下载文章

（1）语法

nntpget [-d list] [-f file] [-n newsgroups] [-t timestring] [-o] [-u file] [-v] host

（2）选项及作用

选　　项	作　　用
-d <list>	当使用选项-u或-f时，指定新闻组类型为distribution的清单
-f <file>	下载其移动时间较指定文件或目录的移动时间，更接近当前的新闻文章
-n <newsgroups>	如果未使用选项-u或-f，则该选项可以用于指定新闻组名称的清单；默认为"*"
-o	下载本地主机所没有的新闻文章；当主机上的innd服务正在运行时可以使用该选项
-t <timestring>	指定时间和日期，较该日期时间更新的新闻文章都会被下载
-u <file>	该选项和-f选项相似，但在下载完毕后会更改指定文件或目录的移动时间
-v	和-o选项一起使用，执行后将每篇文章的信息识别码送到标准输出设备

（3）相关命令

innd。

7. pine 命令：收发邮件

（1）语法

pine [options]

（2）选项及作用

选　　项	作　　用
-attch <附加邮件>	将指定的文件附加在信件里一并发送
-attch-and-delete <附件文件>	将指定的文件附加在信件里一并发送，并在信件发出后删除指定的文件
-attchlist <附加清单>	设定一份文件清单，并将该清单中的文件全部附加到信件中发送
-c <邮件编号>	打开指定编号的邮件

续表

选　项	作　用
-creat_lu <地址簿><排序法>	将地址簿用指定的排序法排序，并产生.addressbook.lu索引文件
-f <收件夹>	打开指定的收信文件夹
-h	显示帮助信息
-I <临时热键>	设置进入pine命令的临时热键
-i	直接进入收件夹
-k	支持"F1"、"F2"键的功能
-nr	使用UWIN的特殊模式
-o	设置收件夹为只读
-pinerc <输出文件>	指定输出文件的名称
-P <设定文件>	另外指定pine的设定文件
-r	启动仅展示各项功能的模式
-sort <排序法>	将收件夹中的信件按照指定的排序方法排序
-url <URL>	直接打开所给予的URL
-z	设置pine命令可被Alt+Z中断
-<功能选项>=<设定值>	暂时指定各项功能的设定值

（3）相关命令

mail。

8. slrn 命令：新闻阅读程序

（1）语法

slrn [-aCdknmw] [-C-] [-Dname] [-f newsrc-file] [-i config-file] [-k0] [--create] [-create] [--debug file] [--help] [--inews] [--kill-log file] [--nntp [-h server] [-p port]] [--spool] [--version]

（2）选项及作用

选　项	作　用
-a	当检查新的新闻时读取新闻文章
-C	使用彩色模式
-C-	即使终端支持彩色模式，也不使用该模式
--creat	首次连接新闻组服务器时使用的命令，可下载服务器的组清单，并存储在指定的newsrc文件中
-creat	--create的较早版本
-d	下载清单时将每个组的说明一并下载
--debug <file>	将调试信息输出到指定文件
-f <newsrc-file>	指定要存储组内容的文件，默认为.newsrc文件
-h <host [:port]>	指定新闻组服务器；连接到主机上的NNTP服务器，重写$NNTPSERVER环境变量
--help	显示命令行转换帮助

续表

选　项	作　用
-i <config-file>	读取指定文件作为初始化（slrnrc）文件，默认使用/home目录下的.slrnrc（或slrc.rc）文件
-k	不读取score文件
-k0	读取score文件
-m	强制鼠标支持
-n	不检查是否有新的新闻组
-p <N>	设定新闻组服务器的连接端编号
--spool	直接从spool读取
--help	显示帮助信息
--version	显示版本信息

（3）典型示例

示例 1：连接新闻组服务器。第一次连接时，建立要存储组内容的文件.newsrc。在命令行提示符下输入：

slrn -h news.stuhome.net -f ~/.newsrc -create ✓

如图 11-11 所示。

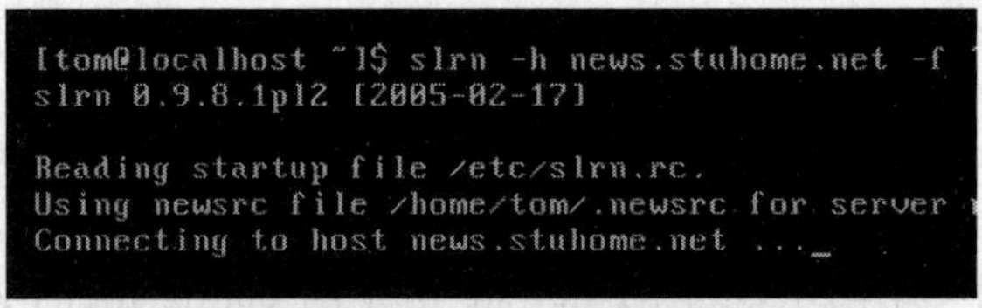

图 11-11　连接新闻组服务器

示例 2：连接新闻组服务器，不检查是否有新的新闻组。在命令行提示符下输入：

slrn -h news.stuhome.net -n ✓

如图 11-12 所示。

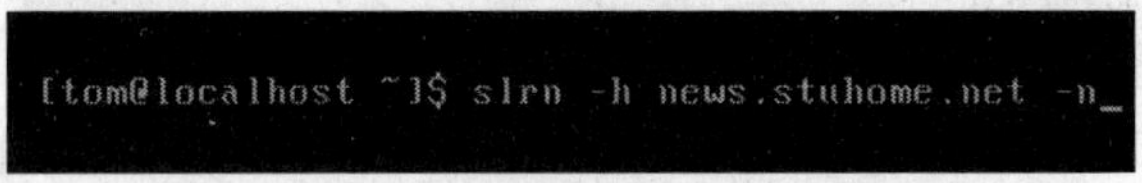

图 11-12　不检查是否有新的新闻组

（4）相关命令

nntpget。

第 12 章　格式转换命令

1. dvips 命令：将 DVI 文件转换为 PostScript 文件

（1）语法

dvips [-aABfFijkmMqrR] [-b<数目>] [-c<数目>] [-C<数目>] [-d<数目>] [-h<名称>] [-m
<模式>] [-n<数目>] [-o<文件名>] [--help] [--version]

（2）选项及作用

选　　项	作　　用
-a	设置内存
-A	仅打印奇数页
-B	仅打印偶数页
-f	运行过滤器
-F	执行Ctrl+D（ASCII码为4）操作
-i	将每一部分作为一个单独的文件
-j	从类型1字体中下载需要的字符
-k	打印crop标志
-m	指定打印手册指南
-M	自动产生字体工具
-q	不显示调试信息
-r	按相反页数排序
-R	运行安全模式
-b<数目>	仅产生每页指定数目的备份
-c<数目>	仅产生默认值为1的页备份
-C<数目>	产生指定数目的备份
-d<数目>	设置调试标签
-h<名称>	指定文件作为附加的头文件名
-m<模式>	指定模式
-n<数目>	指定打印最大页数
-o <name>	输出文件名，默认的文件名为<file>.ps，<file>为要转换文件的文件名
--help	显示帮助信息
--version	显示版本信息

（3）典型示例

示例 1： 以生成 DVI 文件为例，建立文本文件 dvifile（使用 vim 文本编辑器或图形界面下的 gedit 文本编辑器）。在命令行提示符下输入：

vim dvifile ✓

在 vim 编辑器中输入如下内容：

\documentstyle{article}
\begin{document}
My example Latex to DVI file.
\end{document}

如图 12-1 所示，保存并退出 vim 编辑器（在命令模式下输入 ":x"）。

图 12-1　编辑 tex 源文件

在命令行提示符下输入：

latex dvifile.tex ✓

如图 12-2 所示，可以看到产生了 DVI 文件 dvifile.dvi，可以通过图形界面下的 KDVI 等软件查看文件的内容。

```
(/usr/share/texmf/tex/latex/base/latexsym.sty)
(/usr/share/texmf/tex/latex/base/latex209.cfg)
(/usr/share/texmf/tex/latex/tools/rawfonts.sty)
(/usr/share/texmf/tex/latex/tools/somedefs.sty)
(/usr/share/texmf/tex/latex/base/ulasy.fd)))
(/usr/share/texmf/tex/latex/base/article.cls
Document Class: article 2004/02/16 v1.4f Standar
(/usr/share/texmf/tex/latex/base/size10.clo)) (.
(./dvifile.aux)
Output written on dvifile.dvi (1 page, 248 bytes
Transcript written on dvifile.log.
[tom@localhost ~]$ dir dvifile.*
dvifile.aux  dvifile.dvi  dvifile.log  dvifile.t
[tom@localhost ~]$
```

图 12-2　编译 tex 源文件

将上面的 DVI 文件转换为 PostScript 文件。在命令行提示符下输入：

dvips -o dvifile.ps dvifile.dvi ✓

如图 12-3 所示。

（4）相关命令

mf、afm2tfm、tex、latex、lpr。

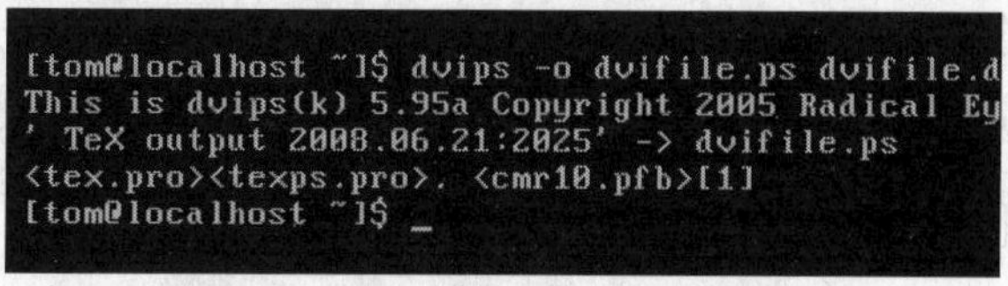

图 12-3 将 DVI 文件转换为 PostScript 文件

2. fiascotopnm 命令：将压缩的 fiasco 镜像文件转换为 pgm 或 ppm 格式

（1）语法

fiascotopnm [option]… [filename]…

（2）选项及作用

选　　项	作　　用
-z，--fast	快速转换
-o[name]，--output=[name]	指定输入文件文件名
--help	显示帮助信息
--version	显示版本信息

（3）典型示例

示例 1：转换文件类型，将镜像文件转换为 ppm 文件。在命令行提示符下输入：

fiascotopnm foo.wfa >foo.ppm ✓

如图 12-4 所示，将 fiasco 镜像文件 foo.wfa 解压缩并保存为文件 foo.ppm。

图 12-4 转换文件类型

示例 2：同时转换多个文件。在命令行提示符下输入：

fiascotopnm -o foo1.wfa foo2.wfa ✓

如图 12-5 所示，解压缩 fiasco 镜像文件 foo1.wfa 和 foo2.wfa，并分别保存为 foo1.wfa.pnm 和 foo2.wfa.pnm。

图 12-5 同时转换多个文件

（4）相关命令

pnmtofiasco、pnm。

3. find2perl 命令：将 find 命令行转换为 perl 代码

（1）语法

find2perl [paths] [predicates] | perl

（2）典型示例

将 find 命令行转换为 perl 代码。例如，在命令行提示符下输入：

find2perl ✓

如图 12-6 所示。

```
# Traverse desired filesystems
File::Find::find({wanted => \&wanted}, '.');
exit;


sub wanted {
    my ($dev,$ino,$mode,$nlink,$uid,$gid);


    (($dev,$ino,$mode,$nlink,$uid,$gid) = lstat
    print("$name\n");
}

[tom@localhost ~]$ _
```

图 12-6　将 find 命令行转换为 perl 代码

（3）相关命令

find。

4. gemtopbm 命令：转换图形文件

（1）语法

gemtopbm [-d] [文件]

（2）选项及作用

选　　项	作　　用
-d	调试模式

（3）相关命令

gemtopnm。

5. gemtopnm 命令：文件转换

（1）语法

gemtopbm [-d] [gemfile]

（2）选项及作用

选　　项	作　　用
-d	调试模式

（3）典型示例

将 IMG 文件转换为 PNM 文件。可以通过 dd 命令生成 IMG 文件。例如，以 root 身份在命令行提示符下输入：

```
sudo dd if=/dev/zero of=~/test.img bs=512 count=2048 ↙
```

如图 12-7 所示。

```
[tom@localhost ~]$ sudo dd if=/dev/zero of=~/tes
2048+0 records in
2048+0 records out
1048576 bytes (1.0 MB) copied, 0.0126436 s, 82.9
[tom@localhost ~]$ ls *.img
test.img
[tom@localhost ~]$ _
```

图 12-7　生成 IMG 文件

将 IMG 文件转换为 PNM 文件。在命令行提示符下输入：

```
gemtopnm test.img >test.pnm ↙
```

如图 12-8 所示。

```
[tom@localhost ~]$ gemtopnm test.img >test.pnm
gemtopnm: unknown version number (0)
[tom@localhost ~]$ dir *.img *.pnm
test.img   test.pnm
[tom@localhost ~]$ _
```

图 12-8　将 IMG 文件转换为 PNM 文件

（4）相关命令

pbmtogem、pnm。

6. giftopnm 命令：将 GIF 文件转换为 PNM 文件

（1）语法

giftopnm [-v] [-comments] [-image<页数>]

giftopnm [--alphaout={alpha-filename,-}] [-verbose] [-comments] [-image={N,all}] [-quitearly] [GIFfile]

（2）选项及作用

选　　项	作　　用
-v	显示运行时的信息
-comments	仅显示GIF89注释
-image<页数编号>	指定页数，依次以动画的形式显示

（3）典型示例

将 GIF 文件转换为 PNM 文件。例如，将 GIF 文件 heart.gif 转换成 PNM 文件 heart.pnm。在命令行提示符下输入：

giftopnm heart.gif >heart.pnm ↙

如图 12-9 所示，在图形界面下可以通过图像查看软件打开 heart.pnm 图形文件。

```
[tom@localhost ~]$ giftopnm heart.gif  >heart.pnm
[tom@localhost ~]$ _
```

图 12-9　将 GIF 文件转换为 PNM 文件

（4）相关命令

ppmtogif、ppmcolormask、pamcomp、ppm。

7. iconv 命令：将给定文件的编码进行转换

（1）语法

iconv -f encoding -t encoding inputfile

（2）选项及作用

选　　项	作　　用
-l，--list	列出已有的字符集
-s	不显示警告信息
-f encoding，--from-code	原始文件编码
-t encoding，--to-code	输出编码
-o file，--output	输出文件
--help	显示帮助信息
--version	显示版本信息
--verbose	显示程序运行信息

（3）典型示例

示例 1：列出已有的编码字符集。例如，列出系统中已有的字符集。在命令行提示符下输入：

iconv -l ↙

如图 12-10 所示。

示例 2：将给定文件的编码进行转换。例如，文件 testfile 的字符编码为 utf8，将其编码转换为 gbk，并将文本内容输出到标准输出。在命令行提示符下输入：

iconv -f utf8 -t gbk testfile ↙

如图 12-11 所示。

图 12-10　列出已有的字符集

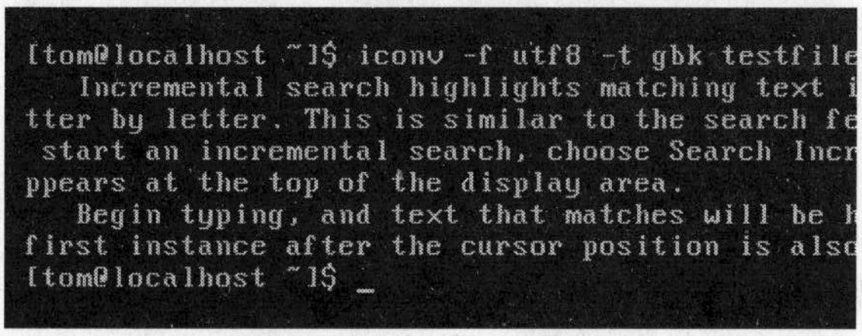

图 12-11　将给定文件的编码进行转换

示例 3：将给定文件的编码进行转换，将转换后的文件保存为新的文件。例如，将示例 2 中转换字符编码后的文件输出到文件 iconvfile 中。在命令行提示符下输入：

iconv -f utf8 -t gbk testfile -o iconvfile ✓

如图 12-12 所示，可以通过 cat 命令查看新字符编码文件 iconvfile 的内容。

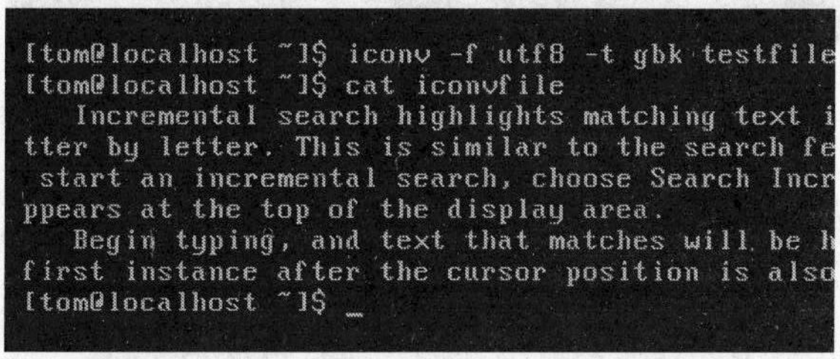

图 12-12　将转换编码后的文件保存为新文件

（4）相关命令

fmt。

8. pcxtoppm 命令：将 PCX 图像文件转换为 PPM 文件

（1）语法

pcxtoppm [-stdpalette] [-verbose] [pcxfile]

（2）选项及作用

选　项	作　用
-stdpalette	当颜色数低于16色时，使用默认的色彩配置表
-verbose	显示详细信息

（3）典型示例

示例 1：将 PCX 图像文件转换为 PPM 文件。例如，将 PCX 格式的图像文件 jiangnan .pcx 转换成 PPM 格式。在命令行提示符下输入：

pcxtoppm -stdpalette jiangnan.pcx >jiangnan.ppm ↙

如图 12-13 所示，将转换格式后的文件另存为 jiangnan.ppm，如果没有命令行中的 ">jiangnan.ppm"，则会在标准输出文件的数据中显示出大量乱码。

图 12-13　将 PCX 图像文件转换为 PPM 文件（1）

示例 2：同示例 1，转换完后显示详细信息。在命令行提示符下输入：

pcxtoppm -stdpalette -verbose jiangnan.pcx >jiangnan.ppm ↙

如图 12-14 所示。

```
[tom@localhost ~]$ pcxtoppm -stdpalette -verbose
pcxtoppm: Version: 5
pcxtoppm: BitsPerPixel: 8
pcxtoppm: Xmin: 0    Ymin: 0    Xmax: 333    Ymax:
pcxtoppm: Planes: 3    BytesPerLine: 334    Pale
pcxtoppm: Color map in image:  (index: r/g/b)
[tom@localhost ~]$ _
```

图 12-14　将 PCX 图像文件转换为 PPM 文件（2）

（4）相关命令

ppmtopcx、ppm。

9．picttoppm 命令：将 PICT 文件转换为 PPM 图形文件

（1）语法

picttoppm [-fontdir<设定文件>] [-fullres] [-noheader] [-quickdraw] [-verbose] [PICT 文件]

（2）选项及作用

选　项	作　用
-fontdir<设定文件>	指定字体的设定文件
-fullres	强制以最高分辨率输出图像内容
-noheader	不忽略PICT图像文件开头的512字节数据
-quickdraw	启动快速绘制功能
--verbose	显示执行的详细信息

（3）典型示例

以默认方式将 PICT 文件转换为 PPM 文件。例如，将图像文件 test.pict 转换为 PPM 文件 test.ppm。在命令行提示符下输入：

```
picttoppm test.pict >test.ppm✓
```

如图 12-15 所示。

```
[tom@localhost ~]$ picttoppm test.pict >test.ppm
```

图 12-15　将 PICT 文件转换为 PPM 文件

（4）相关命令

pfbtops、pcxtoppm。

10. piltoppm 命令：将 PIL 文件转换为 PPM 图形文件

（1）语法

piltoppm [--help] [--version] [文件]

（2）选项及作用

选　项	作　用
--help	显示帮助信息
--version	显示版本信息

（3）典型示例

将 PIL 文件转换为 PPM 文件。例如，将 PIL 图像文件 test.pil 转换为 PPM 文件 test.ppm，可以在命令行提示符下输入：

```
piltoppm test.pil test.ppm ✓
```

（4）相关命令

pcxppm、picttoppm。

11. pjtoppm 命令：将 HP PaintJet 打印文件转换为 PPM 图片

（1）语法

pjtoppm [文件]

（2）相关命令

pcxppm、picttoppm。

12. qrttoppm 命令：将 QRT 文件转换为 PPM 文件

（1）语法

qrttoppm [文件]

（2）相关命令

pcxppm、picttoppm。

13. sox 命令：音频文件转换工具——处理音频文件的瑞士军刀

（1）语法

sox [-ehpV] [输入文件] [-c<频道>] [-r<频率>] [-t<文件类型>] [-v<音量>] [输出文件][stat]

sox [global-options] [format-options] infile1 [[format-options] infile2] ... [format-options] outfile [effect [effect-options]] ...

（2）选项及作用

选　　项	作　　用
-e	不指定输出文件，结果输出到标准输出，与stat参数一起使用
-h	显示帮助信息
-V	显示执行的详细信息
-c<频道>	指定音效文件的频道数
-r<频率>	指定采样的频率
-t<文件类型>	指定音效文件的类型
-v<音量>	调节输出文件的音量

（3）典型示例

示例 1：分析音频文件。例如，分析音频文件 brave.wav。在命令行提示符下输入：

sox brave.wav -e stat ✓

如图 12-16 所示。

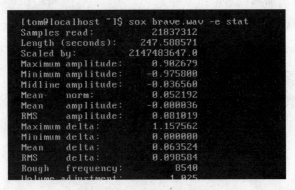

图 12-16　分析音频文件

示例 2：以默认方式转换音频文件格式。例如，将示例 1 中的音频文件 brave.wav 转换为 brave.ogg，并显示命令运行过程。在命令行提示符下输入：

sox -V brave.wav brave.ogg ✓

如图 12-17 所示。

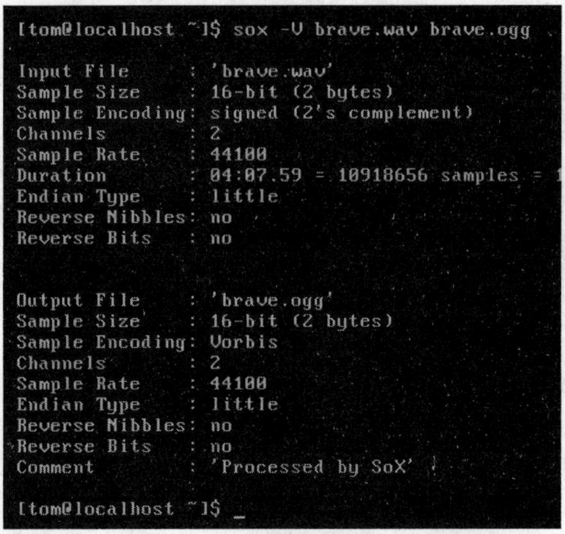

图 12-17 转换音频文件格式

示例 3：转换音频文件格式，并且指定采样频率。例如，同示例 2，将音频文件 brave.wav 转换为 OGG 格式的 brave.ogg 文件，并且采样频率指定为 44100Hz。在命令行提示符下输入：

```
sox -r 44100 brave.wav brave.ogg ✓
```

如图 12-18 所示。

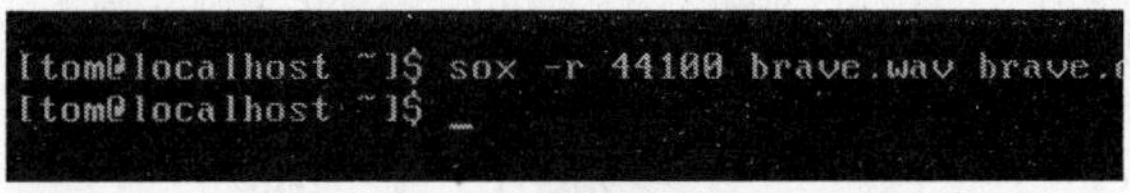

图 12-18 指定采样频率

示例 4：转换音频文件格式，并且调节输出文件的音量。例如，将音频文件 brave.wav 转换为 OGG 格式的 brave.ogg 文件，转换时将音量放大 2 倍。在命令行提示符下输入：

```
sox -v 2 brave.wav brave.ogg ✓
```

如图 12-19 所示。

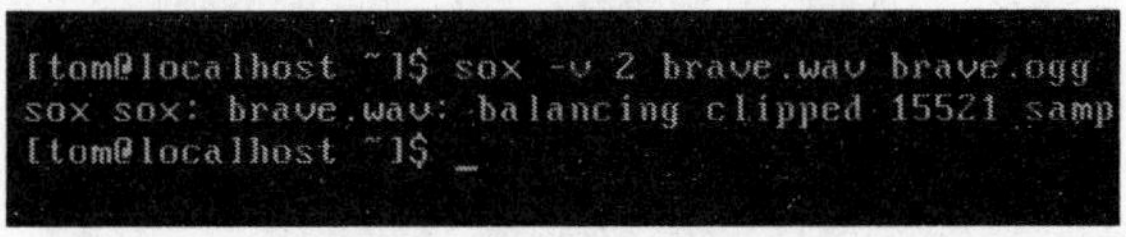

图 12-19 调节输出文件的音量

示例 5：指定音效文件的频道数。例如，将音频文件 brave.wav 转换为 VOC 文件 brave.voc，指定频道数为 1，并显示命令运行的详细信息。在命令行提示符下输入：

```
sox -V -c 1 brave.wav brave.voc ↙
```

如图 12-20 所示。

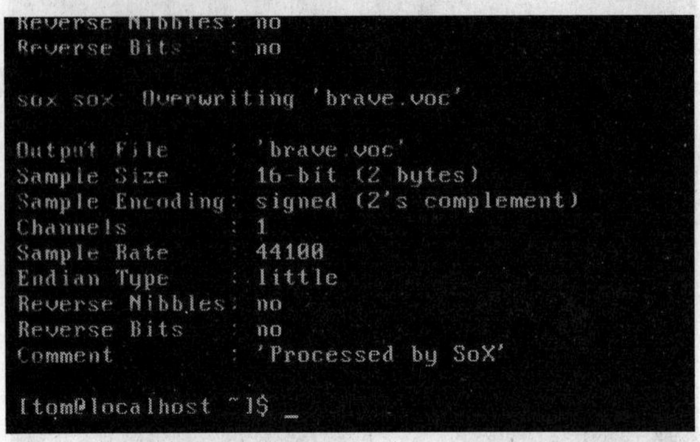

```
Reverse Nibbles: no
Reverse Bits    : no

sox sox: Overwriting 'brave.voc'

Output File     : 'brave.voc'
Sample Size     : 16-bit (2 bytes)
Sample Encoding: signed (2's complement)
Channels        : 1
Sample Rate     : 44100
Endian Type     : little
Reverse Nibbles: no
Reverse Bits    : no
Comment         : 'Processed by SoX'

[tom@localhost ~]$ _
```

图 12-20　指定音效文件的频道数

（4）相关命令

soxexam、libst。

第 13 章 系统软件工具

1. dc 命令：一个任意精度的计算器

（1）语法

dc   [-V] [--version] [-h] [--help]

  [-e scriptexpression] [--expression=scriptexpression]

  [-f scriptfile] [--file=scriptfile]

  [file ...]

（2）选项及作用

选　　项	作　　用
-e	增加脚本中的命令到程序的命令设置
-f	增加脚本文件中的命令到程序的命令设置
-h，--help	显示帮助信息
-V，--version	显示版本信息

能进行计算的类型包括+、-、*、/、%、~、^、|、v（开方）。

堆栈操作如下。

c：清空堆栈。

d：复制堆栈顶端的值。

r：交换堆栈顶端的两个值。

p：弹出堆栈顶端的值。

P：输出堆栈顶端的值。

nk：精度设置。

q：退出程序。

（3）典型示例

示例 1：进行加法运算。例如，利用该命令计算 3.97-2.145。在命令行提示符下输入：

dc ✓

如图 13-1 所示，然后输入被减数、减数和减号，最后输入小写字母 p，即可得到运行结果，输入字母 q，则退出该程序。

示例 2：混合运算。例如，计算 3+6×4-7。在命令行提示符下输入：

dc ✓

如图 13-2 所示。

图 13-1　加法运算

图 13-2　混合运算

（4）相关命令

expr、xcalc。

2. expr 命令：简单计算器

（1）语法

expr EXPRESSION

expr OPTION

（2）选项及作用

选　　项	作　　用
--help	显示帮助信息
--version	显示版本信息

（3）典型示例

示例 1：数学运算。例如，计算 2×6。在命令行提示符下输入：

expr 2 '*' 6 ✓

如图 13-3 所示。

图 13-3　数学运算

示例 2：判断表达式真假。表达式为真则返回 1，表达式为假则返回 0。在命令行提示符下输入：

```
expr 3 '>' 2 ✓
expr 3 '<' 2 ✓
```

如图 13-4 所示。

```
[tom@localhost ~]$ expr 3 '>' 2
1
[tom@localhost ~]$ expr 3 '<' 2
0
[tom@localhost ~]$ _
```

图 13-4　判断表达式真假

示例 3：判断字符串长度。在命令行提示符下输入：

```
expr length abcdefghijklmn ✓
```

如图 13-5 所示。

```
[tom@localhost ~]$ expr length abcdefghijklmn
14
[tom@localhost ~]$ _
```

图 13-5　判断字符串长度

（4）相关命令

dc。

3. startx 命令：启动图形界面

（1）语法

startx [[client] options …] [--[server] [display] options …]

（2）选项及作用

选　　项	作　　用
--help	显示帮助信息
--version	显示版本信息
--verbose	显示命令执行的详细过程

（3）典型示例

启动图形界面。在命令行提示符下输入：

```
startx ✓
```

如图 13-6 所示。

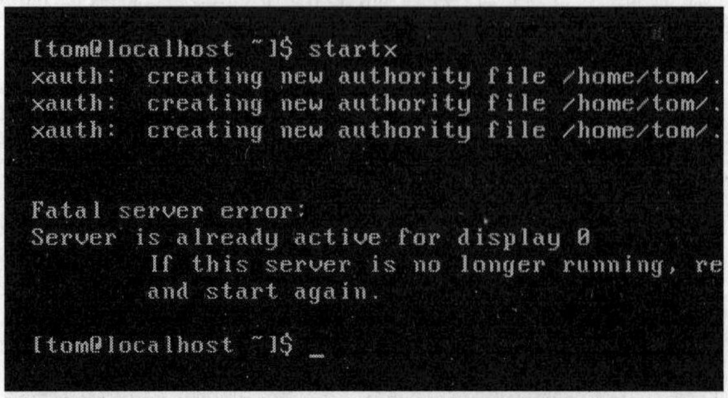

图 13-6　启动图形界面

（4）相关命令

xinit、Xserver、Xorg。

4．xset 命令：设置 X Window

（1）语法

xset [-display display]

　　[-b] [b {on|off}] [b [volume [pitch [duration]]]]

　　[-bc] [bc]

　　[-c] [c {on|off}] [c [volume]]

　　[+dpms] [-dpms]

　　[dpms standby [suspend [off]]]　　　　[dpms force {standby|suspend|off|on}]

　　[fp=pathlist] [-fp=pathlist] [+fp=pathlist] [fp-pathlist] [fp+pathlist]

　　[fp default] [fp rehash]

　　[-led [integer]] [+led [integer]]

　　[led {on|off}]

　　[mouse [accel_mult[/accel_div] [threshold]]] [mouse default]

　　[p pixel color]

　　[-r [keycode]]　　[r [keycode]] [r {on|off}] [r rate delay [rate]]

　　[s [length [period]]] [s {blank|noblank}] [s {expose|noexpose}] [s {on|off}]　　[s

default] [s activate] [s reset]

　　[q]

（2）选项及作用

选　　项	作　　用
b	控制铃音
c	控制键盘声音
p	控制像素颜色值
r	控制按键信号设置
s	屏幕保护设置

续表

选　　项	作　　用
q	显示当前设置
--display	指定设备
dpms <flags…>	设置电源模式
led on/off	显示灯设置
mouse	鼠标参数设置

（3）典型示例

显示当前 X Window 设置。在命令行提示符下输入：

xset ✓

如图 13-7 所示。

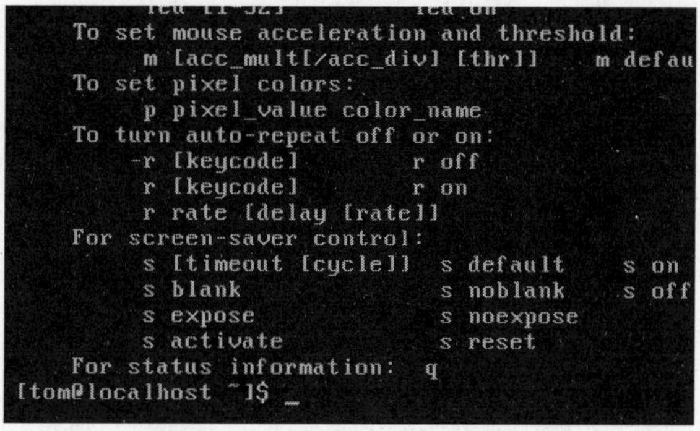

图 13-7　显示当前 X Window 设置

（4）相关命令

Xserver、xmodmap、xrdb、xsetroot、X。

《Linux 命令应用大全》读者反馈表

1. 姓名_____ 2. 性别_____ 3. 年龄_____ 4. 电话_____
5. 单位_____ 6. 职务/职称 _____
7. 通信地址 _____ 邮编 _____
8. 电子信箱 _____ 单位网站 _____

9. 您的文化程度: □中专以上 □大专 □本科 □研究生以上
10. 您所学专业: □通信电子 □计算机类 □机电控制 □数学类 □其他
11. 您所在行业: □商业网站 □硬件开发 □邮政银行 □软件企业 □系统集成
　　　　　　　 □服务行业 □科研院校 □政府机关 □网络通信 □制造业
12. 您的工作性质: □设计开发 □大学教学 □普通培训 □学生
13. 您使用计算机在: □办公室 □实验室 □网吧 □宿舍和家 □笔记本电脑
14. 您每季度买书在: □五十元内 □一百元内 □二百元内 □可以报销
15. 您购买本书在: □新华书店 □校园书店 □科技书店 □网站 □其他
16. 您使用编程语言: □C/C#/C++ □Java □Delphi □VB □其他
17. 您使用数据库为: □Oracle □DB2 □SQL Server □Sybase □其他
18. 您的开发平台为: □.Net □JavaOne □UNIX □Linux □其他
19. 您认为本书作者应该创作哪些其他书籍,如何写?
_____
_____
_____
_____

20. 您认为市面上类似书籍的特点有哪些?
_____
_____
_____

21. 您对本书的建议和意见:
_____
_____

22. 您今后需要哪些本类的书籍?
_____
_____

读者咨询方式

北京清华大学校内出版社白楼二层第六事业部　　邮编: 100084
电话: 010-62788951/62791976-219　　　　　　传真: 010-62788903
信箱: xucq@tup.tsinghua.edu.cn　　　　　　　网址: www.tup.com.cn

图书邮购方式

汇款方式: 邮局汇款　　　　　　　　　　　　　地址: 北京清华大学校内金地公司
收款人: 金地公司　　　　　　　　　　　　　　邮编: 100084
汇款金额: 书价+邮费(书价的15%)　　　　　联系电话: 010-62788951-266